한국산업인력공단 새 출제기준 반영 **최신판!!**

조경기능사

필기 시험문제

대한민국 국가대표 브랜드
국가자격 시험문제 전문출판
에듀크라운
국가자격시험문제 전문출판
최고의 적중률!! 최고의 합격률!!
크라운출판사
국가자격시험문제 전문출판
http://www.crownbook.co.kr

저자 약력

임 권 희

- 경원대 조경학과 졸업
- 한국종합기술 조경부 근무
- 대호엔지니어링 근무
- 조경특급기술자, 수석감리사
- 녹원조경학원, 국제직업학교, 한훈직업학교, 건설협력회, 부천시 근로복지관 등 강사
- 현 가원조경기술학원 원장

PREFACE

이 책을 발행하면서...

삶의 질이 높아지고 여가 시간이 늘어남에 따라 자연과 함께 할 수 있는 더 나은 환경에서의 생활을 위해 사람들은 시각적인 아름다움과 안락함을 추구하게 되고, 조경 공간 창출에 대한 관심이 날로 높아지고 있다.

조경에 대한 영역은 문을 나서는 순간부터의 모든 외부 공간을 가리키고 있다고 볼 수 있다. 즉, 주택정원 및 상업건물의 정원, 가로 및 광장, 대규모 주거단지, 대학 캠퍼스, 고속도로 · 공업단지 · 항만 · 공장 등의 기간시설, 놀이터 · 근린공원 · 운동공원 등의 도시공원녹지, 묘지공원 · 도립공원 · 국립공원 · 천연기념물보호지 등의 자연공원, 궁원 · 사찰 · 고주택 등의 문화유적지, 동물원 · 야영장 · 경마장 · 골프장 · 스키장 · 유원지 등의 관광 및 레크리에이션 시설 등이 조경이라는 인간 행위의 대상인 것이다.

최근 조경과 관련된 자격증의 인기가 점차 늘어나고 있으며 산업현장에서 자격증은 필수 조건으로 여겨진다.

자격증을 취득하면 외부 공간을 디자인하는 기본 구상 및 기본 계획을 수립하고 도면과 시방서, 내역서 등 시공을 위한 모든 자료를 작성하는 실시설계, 시공과 감리분야, 유지관리분야로의 취업이 가능하다. 그 외에 일반건설, 전문건설, 조경 설계사무소, 엔지니어링회사, 관리전문용역회사 등의 취업 또한 가능하며, 공무원시험이나 공기업 취업 시 가산점이 주어져 취업의 문을 넓히는 데 많은 도움이 된다.

이 수험서는 조경기능사 필기시험이 예전에 비해 어렵게 출제되고, 갈수록 더 어려워지는 것을 대비하여 좀 더 깊이 있는 내용을 다루었으며 구체적인 그림과 사진을 많이 수록하여 수험생들의 이해를 돕기 위해 노력하였다. 특히 조경 수목 부분은 수목도감을 따로 보지 않아도 될 정도로 특징별로 나누어 이해하기에 매우 수월할 것이다.

저자는 25년간의 실무와 10여년간 조경기능사를 강의해 온 기술 축적을 바탕으로 수험서를 개선하고 보완하여 자격증을 보다 쉽고 빠르게 취득할 수 있도록 수험생들의 길라잡이가 될 것이며 합격의 기쁨을 누리도록 할 것이다.

끝으로 이 책의 출간을 위해 힘써주신 크라운출판사 이상원 회장님, 편집부 임직원 여러분께 감사의 인사를 드린다.

편저자 씀

출제기준(필기)

○ 직무 내용 : 조경 실시설계도면을 이해하고 현장 여건을 고려하여 시공을 통해 조경 결과물을 도출하여 이를 관리하는 직무이다.

필기검정방법	객관식	문제수	60	시험시간	1시간

필기과목명	문제수	주요항목	세부항목	세세항목
조경설계, 조경시공, 조경관리	60	1. 조경양식의 이해	1. 조경일반	1. 조경의 목적 및 필요성
				2. 조경과 환경요소
				3. 조경의 범위 및 조경의 분류
			2. 서양조경 양식	1. 고대 국가
				2. 영국
				3. 프랑스
				4. 이탈리아
				5. 미국
				6. 이슬람 국가 및 기타
			3. 동양조경 양식	1. 한국의 조경
				2. 중국/일본의 조경
				3. 기타 국가 조경
		2. 조경계획	1. 자연, 인문, 사회 환경 사분석	1. 지형 및 지질조사
				2. 기후조사
				3. 토양조사
				4. 수문조사
				5. 식생조사
				6. 토지이용조사
				7. 인구 및 산업조사
				8. 역사 및 문화유적조사
				9. 교통조사
				10. 시설물조사
				11. 기타 조사
			2. 조경 관련 법	1. 도시공원 관련 법
				2. 자연공원 관련 법
				3. 기타 관련 법
			3. 기능분석	1. 환경심리학
				2. 환경지각, 인지, 태도
				3. 미적 지각 · 반응
				4. 문화적, 사회적 감각적 환경
				5. 척도와 인간
				6. 도시환경과 인간
				7. 자연환경과 인간
				8. 환경시설 연구방법

필기과목명	문제수	주요항목	세부항목	세세항목
조경설계, 조경시공, 조경관리	60	2. 조경계획	4. 분석의 종합, 평가	1. 기능분석
				2. 규모분석
				3. 구조분석
				4. 형태분석
			5. 기본 구상	1. 기본개념의 확정
				2. 프로그램의 작성
				3. 도입시설의 선정
				4. 수요측정하기
				5. 다양한 대안의 작성
				6. 대안 평가하기
			6. 기본계획	1. 토지이용계획
				2. 교통동선계획
				3. 시설물배치계획
				4. 식재계획
				5. 공급처리시설계획
				6. 기타계획
		3. 조경기초 설계	1. 조경디자인요소 표현	1. 레터링기법
				2. 도면기호 표기
				3. 조경재료 표현
				4. 조경기초도면 작성
				5. 제도용구 종류와 사용법
				6. 디자인 원리
			2. 전산응용도면(CAD) 작성	1. 전산응용장비 운영
				2. CAD 기초지식
			3. 적산	1. 조경적산
				2. 조경 표준품셈
		4. 조경설계	1. 대상지 조사	1. 대상지 현황조사
				2. 기본도(basemap) 작성
				3. 현황분석도 작성
			2. 관련분야 설계 검토	1. 건축도면 이해
				2. 토목도면 이해
				3. 설비도면 이해
			3. 기본계획안 작성	1. 기본 구상도 작성
				2. 조경의 구성과 연출
				3. 조경소재 재질과 특성
			4. 조경기반 설계	1. 부지 정지설계
				2. 급·배수시설 배치
				3. 조경구조물 배치
			5. 조경식재 설계	1. 조경의 식재기반 설계
				2. 조경식물 선정과 배치
				3. 식재 평면도, 입면도 작성

필기과목명	문제수	주요항목	세부항목	세세항목
조경설계, 조경시공, 조경관리	60	4. 조경설계	6. 조경시설 설계	1. 시설 선정과 배치
				2. 수경시설 설계
				3. 포장설계
				4. 조명설계
				5. 시설 배치도, 입면도 작성
			7. 조경설계도서 작성	1. 조경설계도면 작성
				2. 조경 공사비 산출
				3. 조경공사 시방서 작성
		5. 조경식물	1. 조경식물 파악	1. 조경식물의 성상별 종류
				1. 조경식물의 분류
				2. 조경식물의 외형적 특성
				3. 조경식물의 생리 · 생태적 특성
				4. 조경식물의 기능적 특성
				5. 조경식물의 규격
		6. 기초 식재 공사	1. 굴취	1. 수목뿌리의 특성
				2. 뿌리분의 종류
				3. 굴취공정
				4. 뿌리분 감기
				5. 뿌리 절단면 보호
				6. 굴취 후 운반
			2. 수목 운반	1. 수목 상하차작업
				2. 수목 운반작업
				3. 수목 운반상 보호조치
				4. 수목 운반장비와 인력 운용
			3. 교목 식재	1. 교목의 위치별, 기능별 식재방법
				2. 교목식재 장비와 도구 활용방법
			4. 관목 식재	1. 관목의 위치별, 기능별 식재방법
				2. 관목식재 장비와 도구 활용방법
			5. 지피 초화류 식재	1. 지피 초화류의 위치별, 기능별 식재방법
				2. 지피 초화류식재 장비와 도구 활용방법
		7. 잔디식재 공사	1. 잔디 시험시공	1. 잔디 시험시공의 목적
				2. 잔디의 종류와 특성
				3. 잔디 파종법과 장단점
				4. 잔디 파종 후 관리
			2. 잔디 기반 조성	1. 잔디 식재기반 조성
				2. 잔디 식재지의 급 · 배수 시설
				3. 잔디 기반조성 장비의 종류
			3. 잔디 식재	1. 잔디의 규격과 품질
				2. 잔디 소요량 산출
				3. 잔디식재 공법
				4. 잔디식재 후 관리
			4. 잔디 파종	1. 잔디 파종시기
				2. 잔디 파종방법
				3. 잔디 발아 유지관리
				4. 잔디 파종 장비와 도구

필기과목명	문제수	주요항목	세부항목	세세항목
조경설계, 조경시공, 조경관리	60	8. 실내조경 공사	1. 실내조경기반 조성	1. 실내환경 조건
				2. 실내 조경시설 구조
				3. 실내식물의 생태적 · 생리적 특성
				4. 실내조명과 조도
				5. 방수공법
				6. 방근재료
			2. 실내녹화기반 조성	1. 실내녹화기반의 역할과 기능
				2. 인공토양의 특성과 품질
				3. 실내녹화기반시설 위치 선정
			3. 실내조경시설 · 점경물 설치	1. 실내조경 시설과 점경물의 종류
				2. 실내조경 시설과 점경물의 설치
			4. 실내식물 식재	1. 실내식물의 장소와 기능별 품질
				2. 실내식물 식재 시공
				3. 실내식물의 생육과 유지관리
		9. 조경인공 재료	1. 조경인공재료 파악	1. 조경인공재료의 종류
				2. 조경인공재료의 종류별 특성
				3. 조경인공재료의 종류별 활용
				4. 조경인공재료의 규격
		10. 조경시설 물공사	1. 시설물 설치 전 작업	1. 시설물의 수량과 위치 파악
				2. 현장상황과 설계도서 확인
			2. 측량 및 토공	1. 토양의 분류 및 특성(지형묘사, 등고선, 토량변화율 등)
				2. 기초측량
				3. 정지 및 표토복원
				4. 기계장비의 활용
			3. 안내시설물 설치	1. 안내시설물의 종류
				2. 안내시설물 설치위치 선정
				3. 안내시설물 시공방법
			4. 옥외시설물 설치	1. 옥외시설물의 종류
				2. 옥외시설물 설치위치 선정
				3. 옥외시설물 시공방법
			5. 놀이시설 설치	1. 놀이시설의 종류
				2. 놀이시설 설치위치 선정
				3. 놀이시설 시공방법
			6. 운동시설 설치	1. 운동시설의 종류
				2. 운동시설 설치위치 선정
				3. 운동시설 시공방법
			7. 경관조명시설 설치	1. 경관조명시설의 종류
				2. 경관조명시설 설치위치 선정
				3. 경관조명시설 시공방법
			8. 환경조형물 설치	1. 환경조형물의 종류
				2. 환경조형물 설치위치 선정
				3. 환경조형물 시공방법
			9. 데크시설 설치	1. 데크시설의 종류
				2. 데크시설 설치위치 선정
				3. 데크시설 시공방법

필기과목명	문제수	주요항목	세부항목	세세항목
조경설계, 조경시공, 조경관리	60		10. 펜스 설치	1. 펜스의 종류
				2. 펜스 설치위치 선정
				3. 펜스 시공방법
			11. 수경시설	1. 수경시설의 종류
				2. 수경시설 설치위치 선정
				3. 수경시설 시공방법
			12. 조경석(인조암)설치	1. 조경석(인조암)의 종류
				2. 조경석(인조암) 설치위치 선정
				3. 조경석(인조암) 시공방법
			13. 옹벽 등 구조물 설치	1. 옹벽 등 구조물의 종류
				2. 옹벽 등 구조물 설치위치 선정
				3. 옹벽 등 구조물 시공방법
			14. 생태조경 설치(빗물처리시설, 생태못, 인공습지, 비탈면, 훼손지, 생태숲)	1. 생태조경의 종류
				2. 생태조경 설치위치 선정
				3. 생태조경 시공방법
		11. 조경포장 공사	1. 조경 포장기반 조성	1. 배수시설 및 배수체계 이해
				2. 조경 포장기반공사의 종류
				3. 조경 포장기반공사 공정순서
				4. 조경 포장기반공사 장비와 도구
			2. 조경 포장경계 공사	1. 조경 포장경계공사의 종류
				2. 조경 포장경계공사 방법
				3. 조경 포장경계공사 공정순서
				4. 조경 포장경계공사 장비와 도구
			3. 친환경흙포장 공사	1. 친환경흙포장공사의 종류
				2. 친환경흙포장공사 방법
				3. 친환경흙포장공사 공정순서
				4. 친환경흙포장공사 장비와 도구
			4. 탄성포장 공사	1. 탄성포장공사의 종류
				2. 탄성포장공사 방법
				3. 탄성포장공사 공정순서
				4. 탄성포장공사 장비와 도구
			5. 조립블록 포장 공사	1. 조립블록포장공사의 종류
				2. 조립블록포장공사 방법
				3. 조립블록포장공사 공정순서
				4. 조립블록포장공사 장비와 도구
			6. 조경 투수포장 공사	1. 조경 투수포장공사의 종류
				2. 조경 투수포장공사 방법
				3. 조경 투수포장공사 공정순서
				4. 조경 투수포장공사 장비와 도구
			7. 조경 콘크리트포장 공사	1. 조경 콘크리트포장공사의 종류
				2. 조경 콘크리트포장공사 방법
				3. 조경 콘크리트포장공사 공정순서
				4. 조경 콘크리트포장공사 장비와 도구

필기과목명	문제수	주요항목	세부항목	세세항목
조경설계, 조경시공, 조경관리	60	12. 조경공사 준공 전관리	1. 병해충 방제	1. 병해충 종류
				2. 병해충 방제방법
				3. 농약 사용 및 취급
				4. 병충해 방제 장비와 도구
			2. 관배수관리	1. 수목별 적정 관수
				2. 식재지 적정 배수
				3. 관배수 장비와 도구
			3. 토양관리	1. 토양상태에 따른 수목 뿌리의 발달
				2. 물리적 관리
				3. 화학적 관리
				4. 생물적 관리
			4. 시비관리	1. 비료의 종류
				2. 비료의 성분 및 효능
				3. 시비의 적정시기와 방법
				4. 비료 사용 시 주의사항
				5. 시비 장비와 도구
			5. 제초관리	1. 잡초의 발생시기와 방제방법
				2. 제초제 방제 시 주의 사항
				3. 제초 장비와 도구
			6. 전정관리	1. 수목별 정지전정 특성
				2. 정지전정 도구
				3. 정지전정 시기와 방법
			7. 수목보호조치	1. 수목피해의 종류
				2. 수목 손상과 보호조치
			8. 시설물 보수 관리	1. 시설물 보수작업의 종류
				2. 시설물 유지관리 점검리스트
		13. 일반 정지 전정관리	1. 연간 정지전정 관리계획 수립	1. 정지전정의 목적
				2. 수종별 정지전정계획
				3. 정지전정 관리 소요예산
			2. 굵은 가지치기	1. 굵은 가지치기 시기
				2. 굵은 가지치기 방법
				3. 굵은 가지치기 장비와 도구
				4. 상처부위 보호
				5. 굵은 가지치기 작업 후 관리
			3. 가지 길이 줄이기	1. 가지 길이 줄이기 시기
				2. 가지 길이 줄이기 방법
				3. 가지 길이 줄이기 장비와 도구
				4. 가지 길이 줄이기 작업 후 관리
			4. 가지 솎기	1. 가지 솎기 대상 가지 선정
				2. 가지 솎기 방법
				3. 가지 솎기 장비와 도구
				4. 가지 솎기 작업 후 관리
			5. 생울타리 다듬기	1. 생울타리 다듬기 시기
				2. 생울타리 다듬기 방법

필기과목명	문제수	주요항목	세부항목	세세항목
조경설계, 조경시공, 조경관리	60	13. 일반 정지 전정관리	5. 생울타리 다듬기	3. 생울타리 다듬기 장비와 도구
				4. 생울타리 다듬기 작업 후 관리
			6. 가로수 가지치기	1. 가로수의 수관 형상 결정
				2. 가로수 가지치기 시기
				3. 가로수 가지치기 방법
				4. 가로수 가지치기 장비와 도구
				5. 가로수 가지치기 작업 후 관리
				6. 가로수 가지치기 작업안전수칙
			7. 상록교목 수관 다듬기	1. 상록교목 수관 다듬기 시기
				2. 상록교목 수관 다듬기 방법
				3. 상록교목 수관 다듬기 장비와 도구
				4. 상록교목 수관 다듬기 작업 후 관리
			8. 화목류 정지전정	1. 화목류 정지전정 시기
				2. 화목류 정지전정 방법
				3. 화목류 정지전정 장비와 도구
				4. 화목류 정지전정 작업 후 관리
			9. 소나무류 순 자르기	1. 소나무류의 생리와 생태적 특성
				2. 소나무류의 적아와 적심
				3. 소나무류 순 자르기 시기
				4. 소나무류 순 자르기 방법
				5. 소나무류 순 자르기 장비와 도구
				6. 소나무류 순 자르기 작업 후 관리
		14. 관수 및 기타 조경관리	1. 관수 관리	1. 관수시기
				2. 관수방법
				3. 관수장비
			2. 지주목 관리	1. 지주목의 역할
				2. 지주목의 크기와 종류
				3. 지주목 점검
				4. 지주목의 보수와 해체
			3. 멀칭 관리	1. 멀칭재료의 종류와 특성
				2. 멀칭의 효과
				3. 멀칭 점검
			4. 월동 관리	1. 월동 관리재료의 특성
				2. 월동 관리대상 식물 선정
				3. 월동 관리방법
				4. 월동 관리재료의 사후처리
			5. 장비 유지 관리	1. 장비 사용법과 수리법
				2. 장비 유지와 보관 방법
			6. 청결 유지 관리	1. 관리대상지역 청결 유지관리 시기
				2. 관리대상지역 청결 유지관리 방법
				3. 청소도구
			7. 실내 식물 관리	1. 실내식물 점검
				2. 실내식물 유지관리방법
				3. 입면녹화시설 점검
				4. 입면녹화시설 유지관리방법

필기과목명	문제수	주요항목	세부항목	세세항목
조경설계, 조경시공, 조경관리	60	15. 초화류 관리	1. 계절별 초화류 조성 계획	1. 초화류 조성 위치
				2. 초화류 연간관리계획
			2. 시장 조사	1. 초화류 시장조사계획과 가격조사
				2. 초화류의 유통구조
			3. 초화류 시공 도면작성	1. 초화류 식재 소요량 산정
				2. 초화류 식재 설계도 작성
			4. 초화류 구매	1. 초화류 구매방법
				2. 초화류 반입계획
			5. 식재기반 조성	1. 식재기반 구획경계
				2. 객토 등 배양토 혼합
			6. 초화류 식재	1. 시공도면에 따른 초화류 배치
				2. 초화류 식재도구
			7. 초화류 관수 관리	1. 초화류 관수시기
				2. 초화류 관수방법
				3. 초화류 관수장비
			8. 초화류 월동 관리	1. 초화류 월동관리재료
				2. 초화류 월동관리재료 설치
				3. 초화류 월동관리재료의 사후처리
			9. 초화류 병충해 관리	1. 초화류 병충해 관리 작업지시서 이해
				2. 초화류 농약의 구분과 안전관리
				3. 초화류 농약조제와 살포
		16. 조경시설물관리	1. 급배수시설	1. 급배수시설의 점검시기
				2. 급배수시설의 유지관리 방법
			2. 포장시설	1. 포장시설의 점검시기
				2. 포장시설의 유지관리 방법
			3. 놀이시설물	1. 놀이시설물의 점검시기
				2. 놀이시설물의 유지관리 방법
			4. 편의시설	1. 편의시설의 점검시기
				2. 편의시설의 유지관리 방법
			5. 운동시설	1. 운동시설의 점검시기
				2. 운동시설의 유지관리 방법
			6. 경관조명시설	1. 경관조명시설의 점검시기
				2. 경관조명시설의 유지관리 방법
			7. 안내시설물	1. 안내시설물의 점검시기
				2. 안내시설물의 유지관리 방법
			8. .수경시설	1.수경시설의 점검시기
				2.수경시설의 유지관리 방법
			9. 생태조경시설(빗물처리시설, 생태못, 인공습지, 비탈면, 훼손지, 생태숲)	1. 생태조경시설의 점검시기
				2. 생태조경시설의 유지관리 방법

Contents

제1편	조경의 개념과 대상
	제1장 조경의 개념 16 제2장 조경가의 자격 19 ■ 적중예상문제 21
제2편	조경 양식
	제1장 조경사 흐름 · · · · · · · · · · · · 24
	제2장 동양의 조경 양식 27
	■ 적중예상문제 · · · · · · · · · · · · · · · · · · ·
	제3장 서양의 조경 양식 · · · · · · · · · 6 3
	제4장 현대 조경의 경향 · · · · · · · · · · · · · · · · 78
	■ 적중예상문제 ************************************
제3편	경관구성의 미적 원리
	제1장 경관구성의 요소 90
	제2장 경관구성의 원리 · · · · · · 94
	제3장 경관구성의 기본 원칙 96
	제4장 경관구성의 기법 · · · · · · 98
	제5장 배식의 기법 · · · · · · · · · 100
	■ 적중예상문제 · · · · · · · · · · · · · · · · · · ·

제4편	조경 계획
	제1장 조경 계획과 설계의 과정 108 ■ 적중예상문제 119
제5편	조경 설계
	제1장 조경 제도 기초 128 제2장 조경 설계 기준 136 ■ 적중예상문제 153
제6편	조경 재료
	제1장 조경 재료의 분류와 특성 164 제2장 식물 재료 165
	제10장 그 밖의 재료 · · · · · · · · · · · · · · · · · ·

제7편	조경 시공
	제1장 시공 계획 및 시공 관리 256
	제2장 토공 260
	제3장 콘크리트 공사 · · · · · · · · · 270
	적중예상문제 · · · · · · · · · · · · · · · · · · ·
	제4장 돌쌓기와 돌놓기 · · · · · · · · · · 282
	제5장 원로 포장 공사 · · · · · · · · · 288
	제6장 수경 공사 및 관·배수 공사 293
	제7장 조경 시설물 공사 · · · · · · · · · · 298
	제8장 식재 공사 306
	■ 적중예상문제 · · · · · · · · · · · · · · · · · · ·
제8편	조경 관리
	제1장 조경 관리 계획 · · · · · · · · 330
	제2장 조경 수목 관리 · · · · · · · · · · 336
	제3장 잔디와 화단의 관리 · · · · · · · 367
	제4장 실내 조경 관리 · · · · · · · · · 373
	제5장 조경 시설물 관리 · · · · · · · · 375
	■ 적중예상문제 · · · · · · · · · · · · · · 379
제9편	과년도 필기 출제문제
	2012 ~ 2016년 · · · · · · · · · 392
[부록]	실전 모의고사
	조경기능사 필기 모의고사 · · · · · · 558

제 1 편

조경의 개념과 대상

제 1 장 조경의 개념

1 조경의 기원과 발달

초기의 조경기술	왕,귀족 계급의 궁전과 저택 정원을 중심으로 발전
근 대	인간 환경에 적용
산업혁명 이후	도시 환경 문제가 대두 – 자연 경관 조성 필요

참 고 》

조경학이 시작된 직접적인 동기

조경 분야가 다양해지면서 새로운 욕구에 부응할 수 있는 새로운 전문 분야가 필요했다.

근세 이전	개인 정원 위주로 발전
오늘날	도시 공원, 녹지와 같은 공적인 조경 중심으로 발전

2 조경의 뜻 (정원을 포함한 옥외공간을 조형적으로 다루는 일)

(1) 좁은 의미

식재를 중심으로 한 전통적인 조경기술(정원을 만드는 일)로서, 집 주변의 옥외공간이 주 대상이다(정원사).

(2) 넓은 의미

정원을 포함한 옥외공간 전반을 다루는 개념이다(조경가).

3 조경의 개념과 발전

(1) 1858년 옴스테드

"조경이라는 전문 직업은 자연과 인간에게 봉사하는 분야이다."라고 조경이라는 용어를 처음 사용하였다.

(2) 1900년 미국 하버드 대학

조경학과를 신설하였다.

(3) 미국 조경가 협회

① 1909년 "인간의 이용과 즐거움을 위하여 토지를 다루는 기술"
② 1975년 "실용성과 즐거움을 줄 수 있는 환경 조성에 목표를 두고 자원의 보전과 효율적 관리를 도모하며, 문화적 및 과학적 지식의 응용을 통하여 설계 · 계획하고 토지를 관리하며 자연 및 인공요소를 구성하는 기술"

(4) 1967년 한국 "공원법 제정"

(5) 1973년 대학에 조경학과

조원 분야에서 조경학으로 탈바꿈하는 선언적 의미이다.

(6) 1973년 서울대학교, 영남대학교 조경학과 신설

서울대학교 환경대학원 신설

(7) 1975년 우리나라 건설부 조경 설계 기준

조경이란 "경관을 조성하는 예술이다. 옥외공간과 토지를 이용, 보다 기능적이고 경제적이며 시각적인 환경을 조성하고 보존하는 생태적 예술성을 띤 종합과학예술"이다.

4 동양 3국의 조경 용어

한국	조경(造景)	중국	원림(園林)
북한	원림(園林)	일본	조원(造園)

5 조경의 대상

(1) 수행 단계로 본 과정으로서의 조경

계 획	설 계	시 공	관 리
• 자료의 수집 • 자료의 분석 • 자료의 종합	• 자료를 활용하여 기능적, 미적인 3차원적 공간을 창조	• 공학적 지식 • 생물을 다룬다는 점에서 특수한 기술 요구	• 식생의 이용 관리 • 시설물 이용 관리

(2) 영역별로 구분한 조경 대상지

영역별	주거지	공 원	위락/관광시설	문화재 주변	기타 시설
대상지	• 개인주택의 정원 • 아파트 단지	• 도시공원 • 자연공원	• 휴양지 • 유원지 • 골프장	• 궁궐 • 왕릉 • 전통민가 • 사찰	• 도로 • 광장 • 사무실 • 학교 • 공장 • 항만

제2장 조경가의 자격

1 조경가의 자격과 자질

(1) 조경가의 자격

① 자연의 원리 이해 : 계획
② 예술적 재능 : 창조력
③ 각종 재료 다루는 법
④ 식물의 생리, 생태, 형태 및 그 이식, 배식, 재배 및 관리
⑤ 풍부한 경험 : 적재적소에 설계
⑥ 상대방의 심리 파악

(2) 조경가의 자질

① 자연과학적 지식 : 수목, 토양, 지질, 기후 등
② 공학적 지식 : 건축, 토목
③ 예술적 소양 : 아름다운 공간 창조
④ 인문 사회 과학적 지식 : 인류학, 지리학, 사회학, 환경심리학

2 조경가의 역할

(1) 조경 계획 및 평가

① 생태학, 자연과학에 기초한다.
② 토지의 체계적 평가, 용도상 적합도, 이용 배분계획, 휴양시설 개발 등을 한다.

(2) 단지 계획

① 가장 일반적인 일의 하나이다.
② 대지 분석과 종합, 이용자 분석을 하여 기능적으로 대지 특성에 맞게 배치한다.

(3) 조경 설계

구성요소, 재료, 수목들을 선정하여 세부적으로 설계한다.

3 조경 산업의 분야

(1) 조경 재료의 생산 분야

① 조경 식물 재료의 생산 : 조경수, 지피 식물 재배
② 자재 생산 : 자연석, 포장 재료, 인공토양 재료, 기타 식재 재료 등
③ 조경 시설 제품 생산 : 유희 시설, 체육 시설, 휴게 시설

(2) 조경 설계 분야

① 조경 개발의 조사 및 기본 계획
② 조경 식재 계획 및 설계
③ 부지 정지 및 배수 등 계획 및 설계
④ 조경 시설물 설계

(3) 조경 시공 분야

① 조경 식재 시공
② 조경 시설물 시공
③ 녹화 및 복원 시공

(4) 조경 관리 분야

① 조경 수목 일반 관리 : 정원, 주거 단지, 공원
② 자연 자원과 시설 및 이용자 관리 : 자연 공원, 유원지, 휴양지
③ 수목 보호 및 관리 : 천연 기념물, 보호수

(5) 조경학 전공 졸업생의 직업 진로

① 조경 설계 기술자 : 종합 및 전문 엔지니어링 회사, 조경 설계사무소, 건축 설계사무소
② 조경 시공 기술자 : 조경식재 전문업체, 조경시설물 전문업체, 건설회사
③ 조경 관리 기술자 : 수목생산 농장, 식물 병원 및 골프장 관리, 공원녹지 관련 공무원

(6) 조경 관련 국가 기술 자격의 종류

직무 분야	직무 내용	응시 자격 기준
국토개발	기능사	• 제한 없음
	산업기사	• 기능사 취득 후 동일 직무 분야에서 1년 이상 종사자 • 2년제 대학 졸업자 또는 졸업 예정자
	기사	• 산업기사 취득 후 동일 직무 분야에서 1년 이상 종사자 • 대학 졸업자 또는 졸업 예정자
	기술사	• 기사 취득 후 4년 • 산업기사 취득 후 6년 • 기능사 취득 후 8년 이상 동일 직무 분야에서 실무에 종사한 자

제1편

적중예상문제

1 **다음에서 넓은 의미의 조경을 올바르게 설명한 것은?**

① 궁전 또는 대규모 저택 중심
② 기술자를 정원사라 부르고 있음
③ 정원을 만드는 일에 중점을 둠
④ 광범위한 옥외공간 건설에 적극적 참여

해설
- 좁은 의미(造園) : 식재를 중심으로 한 전통적인 조경기술, 즉 정원을 만드는 일
- 넓은 의미(造景) : 정원을 포함한 옥외공간 전반을 다루는 개념

2 **조경의 정의를 "조경이라는 전문직업은 자연과 인간에게 봉사하는 분야"라고 1858년에 정의한 사람 또는 단체는?**

① 미국조경가협회(ASLA)
② 옴스테드
③ 한국주택공사
④ 세계조경가협회(ISLA)

3 **각 나라에서 사용하는 조경 용어를 예로 든 것 중 틀린 것은?**

① 한국 – 조경
② 북한 – 조원
③ 중국 – 원림
④ 미국 – Landscape Architecture

4 **조경가에 대한 설명 중 틀린 것은?**

① 1858년 미국의 옴스테드(Olmsted, Frederick Law)가 처음 사용하였다.
② 정원사(Landscape Gardener)와 같은 개념이다.
③ 조경가는 건축가의 작업과 많은 유사성을 지니고 있다.
④ 조경가는 예술성을 지닌 실용적, 기능적인 생활 환경을 창조한다.

5 **우리나라에서 처음 조경의 필요성을 느끼게 된 주된 요인은?**

① 급속한 경제 개발로 인한 국토 훼손을 해결하기 위하여
② 인구 증가로 인한 휴게시설의 부족 때문에
③ 공장 폐수로 인한 수질오염을 해결하기 위하여
④ 자동차의 급속한 증가로 인한 대기오염을 예방하기 위하여

6 **조경 분야를 프로젝트의 수행 단계별로 구분한 것은?**

① 시공 – 계획 – 설계 – 관리
② 계획 – 시공 – 설계 – 관리
③ 계획 – 설계 – 시공 – 관리
④ 시공 – 관리 – 설계 – 계획

7 **조경에서 주로 자료의 수집, 분석, 종합에 초점을 맞추는 프로젝트 수행 단계는?**

① 조경 계획
② 조경 설계
③ 조경 시공
④ 조경 관리

정답 1④ 2② 3② 4② 5① 6③ 7①

8 공학적 지식과 생물을 다루는 특별한 기술이 필요한 수행 단계는?

① 조경 시공 ② 조경 계획
③ 조경 관리 ④ 조경 설계

9 자료를 활용하여 3차원적 공간을 창조해 나가는 수행 단계는?

① 조경 설계 ② 조경 시공
③ 조경 관리 ④ 조경 계획

10 식생과 시설물의 이용에 관한 전체적인 것을 다루는 수행 단계는?

① 조경 관리 ② 조경 시공
③ 조경 계획 ④ 조경 설계

11 훌륭한 조경가의 자질에 대한 설명 중 틀린 것은?

① 수목, 토양 등 자연과학적 지식이 요구된다.
② 예술적 소양이 그다지 필요하지 않다.
③ 건축, 토목 등 공학적 지식이 반드시 필요하다.
④ 인류학, 지리학 등 인문과학적 지식이 요구된다.

12 식재, 포장, 계단, 분수 등을 시공하기 위한 세부적인 설계로 발전시키는 일은 무엇인가?

① 조경 설계 ② 조경 계획
③ 평가 계획 ④ 단지 계획

정답 8 ① 9 ① 10 ① 11 ② 12 ①

제 2 편

조경 양식

제 1 장 조경사 흐름

구분	고대	중세	근대 전기	근대 후기	현대
동양	원시시대 ~ 9C 조경문화 싹트는 시기	9 ~ 14C 과도기 정원이 궁궐, 성내에서 점차 성밖과 민간 중심으로 넘어옴	14 ~ 16C 나라마다 독특한 조경문화 형성	16 ~ 19C 고유 조경문화 정착	20C 전반 서양과 인근국가 조경문화 유입 전통 혼란
한국	5C ~ 918 삼국시대 ~ 통일신라	918 ~ 1392 고려시대	1392 ~ 1622 조선초 ~ 광해군	1621 ~ 1896 인조 ~ 고종	20C 전기 현대
중국	B.C 11 ~ 907 주, 진, 한, 진, 남북조, 수, 당	960 ~ 1367 북송, 남송, 금, 원	1368 ~ 1644 명	1616 ~ 1911 청	현대
일본	593 ~ 966 아스카(비조) 나라(나량) 헤이안(평안) 전기 임천식 해안풍경묘사 신선정원	967 ~ 1333 헤이안 후기 가마쿠라(겸창) 침전조 정토 정원 선종정원 "작정기"	1334 ~ 1615 무로마치(실정) 모모야마(도산) 축산고산수 (14C) 평정고산수 (15C후반) 신선정원, 다정	1603 ~ 1867 에도(강호) 원주파 임천식 축경식	20C 전반 메이지(명치) 신주쿠 히비야공원 축경식
서양	B.C 5C 문명 발생 서로마 멸망	5 ~ 16C 동로마 (비잔틴 문명) 기독교 중심	15C 초 ~ 17C 문예부흥 (인문주의) 인간중심	18 ~ 19C 산업혁명 (영국)	20C 1, 2차 세계대전 미국 경제문화 주도권

1 조경 양식

정형식 정원

(1) 정형식 정원

① 서아시아, 유럽에서 발달한 형식을 포함한 기하학식 정원이다.

② 건물에서 뻗어 나가는 강한 축을 중심으로 좌우대칭형이다.

평면 기하학식	평야지대에서 발달 : 프랑스 정원이 대표적, 평면상의 대칭적 구성
노단식	• 경사지 : 이탈리아 정원이 대표적 • 경사지에 계단식 처리 : 바빌로니아 공중 정원 등
중정식	건물로 둘러싸인 내부 : 스페인 정원, 중세 수도원 정원, 소규모 분수나 연못 중심

(2) 자연식 정원

① 동아시아, 유럽의 18C 영국정원이다.
② 정원 구성에서 자연적 형태를 이용했다.
③ 자연을 모방하거나 축소하여 자연적 형태로 정원을 조성하였다.
④ 주변을 돌아 볼 수 있는 산책로를 만들어 다양한 경관을 즐기도록 하였다.

자연식 조경

전원풍경식	영국, 독일 : 넓은 잔디밭을 이용한 전원적이며 목가적인 자연풍경
회유임천식	• 중국 : 자연과 대담한 대비, 숲과 깊은 굴곡의 수변 이용 • 일본 : 자연풍경의 섬세한 조화, 곳곳에 다리 설치로 정원 회유
고산수식	일본(불교영향–용안사) : 물을 전혀 이용하지 않고 나무, 바위(중심), 왕모래 사용

(3) 절충식 정원

① 정형식 정원과 자연식 정원의 형태적 특성을 동시에 지닌다.
② 실용성과 자연성을 절충한 조경 양식이다.
③ 우리나라 조선시대 조경 양식이다.

절충식 조경

2 발생 요인

(1) 자연적 요인

기후	• 사막 : 그늘과 물을 사용 • 기온이 온화한 지역 : 많은 수목 사용 • 바람이 심한 곳 : 방풍 식재
지형	• 정원 형태에 **가장 큰 영향**을 줌 • 경사로 : 경사진 지형을 잘 활용 – 이탈리아 **노단식** • 평탄지 : 평탄지형 이용 – 프랑스 **평면 기하학식**
그밖의 요인	• 식물, 토질, 암석

노단식 정원

(2) 사회적 요인

사상과 종교	• 동양 정원(한국, 중국, 일본) : **신선사상**의 영향, 불로장생하는 신선의 거처를 현실화 시키고자 한 것 – **궁남지, 안압지** • 서양 정원 : 중세 시대 수도원 정원이 발달 • 이슬람 정원 : 손을 씻거나 목욕 의식을 위한 **물**을 도입
역사성	• **폐쇄적 정원** : 외부의 침입으로부터 방어하기 위한 정원(고대 담으로 둘러싸인 주택정원, 중세성곽, 해자성곽) • **개방적 정원** : 자유와 민주주의를 상징하는 자연 풍경식 정원

민족성	• 유럽 지역 : **정형식 정원** 발달 • 영국 : 목가적 전원생활을 좋아하고 전통을 고수하려는 민족성 – **풍경식 정원** 발달 • 일본 : 축소지향적 민족성 – **고산수식 정원**(축소된 정원) 발달
그 밖의 요인	• 정치, 경제, 건축, 예술, 과학기술

신라의 안압지

중세 성곽

평면기하학식(프랑스)

전원풍경식(영국)

고산수 정원(일본)

회유임천식(일본)

중정식(수도원)

제2장 동양의 조경 양식

한국

1 한국 조경사개요

시 대	대표 조경 유적				
고조선	**유(囿)** : 대동사강에 기록된 우리나라 최초 정원, 금수 기르던 곳(중국에서 유래)				
삼국	고구려	동명왕릉, **안학궁**(못은 자연곡선으로 윤곽처리), **장안성, 대성산성**			
	백제	**임류각**(경관조망), **궁남지**(무왕의 탄생설화), **석연지**(정원용 첨경물)			
	신라	**황룡사** 정전법(격자형 가로망 계획)			
통일신라	**임해전 지원(안압지)** : 신선사상 배경, 해안풍경 묘사, 호안주변 조성				
	포석정 곡수거 : 왕희지의 난정고사, 음양사상(용두석-양, 곡수거-음)				
	사절유택 : 귀족들의 별장				
	최치원 은둔생활 : 별서풍습 시작				
고려	궁궐 정원	귀령각지원(**동지**) : 공적기능의 정원			1. 강한 대비 2. 사치스러움 3. 관상 위주
		격구장 : 동적기능의 정원			
		화원, 석가산 정원(중국으로부터 도입)			
	민간 정원	**문수원** 남지, 이규보의 사륜정			
	객관 정원	순천관(고려의 가장 대표적인 것)			
조 선	궁궐 정원	경복궁	**경회루** 지원	공적기능의 정원(**방지방도**)	1. 한국적 색채 농후
			아미산원(교태전 후원)	왕비의 사적정원(계단식 후원)	
			향원정 지원	방지원도	
			자경전의 화문장	화문장과 십장생 굴뚝	

<table>
<tr><td rowspan="14">조 선</td><td rowspan="8"></td><td rowspan="6">창덕궁</td><td rowspan="4">후원(비원)</td><td>부용정역</td><td>방지원도</td><td rowspan="14">2. 풍수지리설 택지선정에 영향 : 후원 발달</td></tr>
<tr><td>애련정역</td><td>계단식 화계</td></tr>
<tr><td>반월지역</td><td>반월지상의 곡선형</td></tr>
<tr><td>옥류천역</td><td>후정안쪽에 곡수거</td></tr>
<tr><td>낙선재 후원</td><td colspan="2">계단식 후원</td></tr>
<tr><td>대조전 후원</td><td colspan="2">화계</td></tr>
<tr><td>창경궁</td><td colspan="3">통명전</td></tr>
<tr><td>덕수궁(경운궁)</td><td colspan="3">석조전 : 우리나라 최초 서양식 건물
침상원 : 우리나라 최초 유럽식 정원</td></tr>
<tr><td rowspan="5">민간 정원</td><td>주택정원</td><td colspan="3">유교사상 영향, 남녀 엄격히 구분</td></tr>
<tr><td>별서 정원</td><td colspan="3">양산보 소쇄원, 윤선도 부용동원림</td></tr>
<tr><td>별업정원</td><td colspan="3">윤개보 조석루원</td></tr>
<tr><td>누정원림</td><td colspan="3">광한루지원, 활래정지원(방지방도), 명옥헌원,
전신민의 독수정 원림</td></tr>
<tr><td>별당 정원</td><td colspan="3">서석지원, 하환정 국담원(방지방도), 다산 초당원림</td></tr>
</table>

(1) 한국 조경의 특징

① **직선을 기본**으로 한다. 예 경복궁

※예외 : 안압지(직선+곡선)

② **신선사상**(삼신산과 십장생의 불로장생, 연못 내에 중도 설치)을 배경으로 한다. 예 **경회루**, 신라 **안압지**, 남원 **광한루**, 백제 **궁남지**

③ **음양오행설** : 정원 연못의 형태 – **방지원도**

④ **풍수지리사상** : 배산임수의 양택풍수 – **후원식** 탄생

⑤ **유교사상**

㉠ 서원의 공간 배치, 정원의 독특한 양식을 창출했다.

㉡ 궁궐 배치, 민가 주거공간 배치에 영향을 주었다.

⑥ 계단상의 **후원** 또는 **화계**를 만들었다. 예 경복궁 **아미산**, 창덕궁 **낙선재**

⑦ 공간구성이 단조롭고, 원림속의 풍류적인 멋이 있다. 낙엽활엽수로 계절변화를 즐겼으며 자연과의 일체감을 형성하려 했다(정원이 자연의 일부).

2 한국 조경

(1) 고조선시대

① 최초의 기록이다(3900년 전 고조선 시대).

② **대동사강**(정원에 관한 최초 기록) : **노을왕**이 **유(囿)**를 만들어 새와 짐승을 놓아 길렀다는 기록이 있다.

(2) 삼국시대

① **고구려**

㉠ 진취적이며 정열적이고 패기가 있다. 규모가 크고 장엄하며 정연하고 정형화된 유형이다.

㉡ 유리왕 22년 국내성의 궁전과 궁원을 조성했고, 당시 대보협부가 있어 궁원조성을 전담했던 관직이 있었다.「삼국사기」

㉢ 기록 : 삼국사기, 삼국유사, 동사강목 등

동명왕릉의 진주지	• 평안남도 중회군에 있는 동명왕릉 서쪽 400m 거리의 낮은 지대에 만들어진 못의 이름이다. • 크기는 약 동서 100m, 남북 70m이다. 못 바닥에는 자갈이 깔려 있다. 연화씨가 발견되었다. • 고구려의 붉은 기와 조각을 발견하여 정자가 있었음을 추측할 수 있다. • 못 안에는 4개의 섬이 있는데 보통은 봉래, 영주, 방장의 3개가 있는 것이 원칙이나 중국 한나라 때 태액지원에는 호랑섬을 더한 4개의 섬이 있었고 거북이상을 배치하였다. • 평양이 한나라가 낙랑군을 설치했던 지역임을 감안할 때 고구려의 조경 문화는 한나라의 영향을 받았던 것 같다.
안학궁(AD 427)	• 평안남도 평양지방에 발달해 있는 대동강 상류의 대성산성 남쪽에 위치한다. • 남궁, 중궁, 북궁으로 구분한다. • 남궁 서쪽에 곁들여 있는 정원은 못과 축산으로 이루어진다. – 못 : 자연곡선으로 윤곽처리, 4개의 섬 – 축산 : 자연스러운 형태(경석이 다수 발견) • 안학궁의 지원은 신선사상을 배경으로 하는 자연풍경 묘사의 정원 양식인 듯하다(중국 한나라의 상림원과 유사).
장안성(평양성) (AD 586)	• 4성과 을밀대를 비롯한 장대가 7개 있다. • 중국 수나라의 도성제를 본 따 조영하였다. • 4성으로 구분한다. – 외성 : 민가 – 중성 : 관청 – 내성 : 왕궁 – 북성 : 사원 및 군대
대성산성	• 우리나라 성곽 중 가장 많은 170개의 연못이 있다. • 여섯 개의 크고 작은 봉우리를 포함한 산성이다. • 무기, 식량비축 등 군사기지의 역할과 유사 시 왕궁 역할을 하였다. • 동서 : 2,300m, 남북 : 1,700m, 성 둘레 : 7,076m, 면적 : 약 2백만m^2

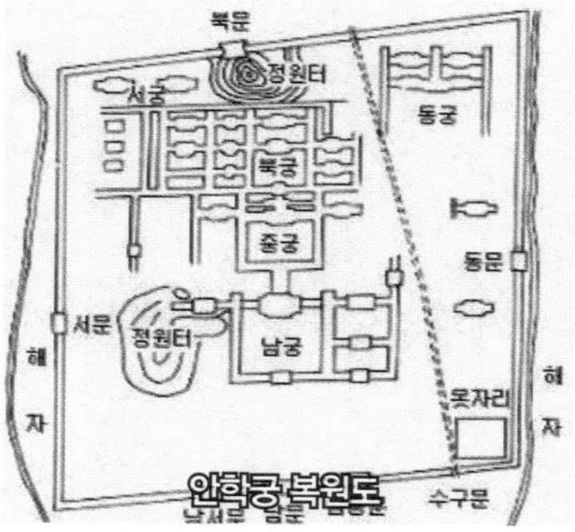

안학궁 복원도

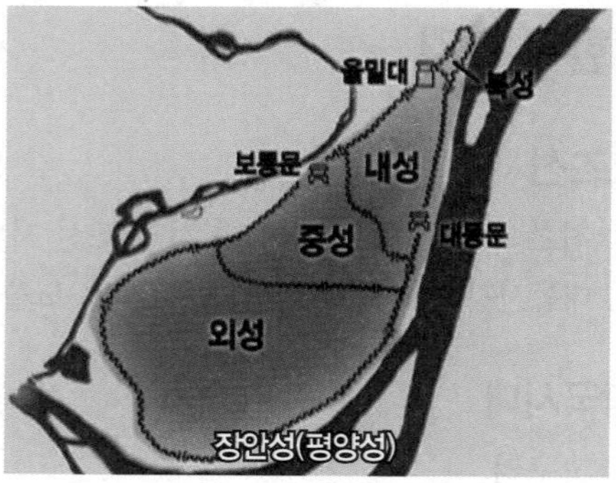

장안성(평양성)

② **백제**(BC 18 ~ AD 660) : 귀족적 성격이 강하여 온화하고 화려한 문화를 이루었다.

임류각 (동성왕 22년 500년)	• 우리나라 정원 중 문헌상 최초의 정원이다. • 물가에 세워져 강의 수경과 산야의 경관을 바라보면서 즐기는 위락의 기능을 했다. • 경관조망을 위한 높은 누각과 궁궐의 후원 구실을 하였으며, 사냥이 주목적이었다. • 못을 파고 금수(희귀한 새와 짐승)를 우리 안에서 길렀다고 한다. 「삼국사기」
궁남지 (무왕 35년 634년)	• 우리나라 최초의 신선사상을 배경으로 한 방형의 못이다. • 못 주위에는 버드나무 식재, 누각이 있다. • 못 안에는 방장산을 상징하는 지름 약 20미터의 섬을 만들고 팔각지붕형 정자(포용정)를 지었으며 섬과 남안 사이는 나무다리로 연결하였다.
석연지(石蓮池)	• 의자왕 때의 정원용 첨경물이다. • 화강암질의 돌을 둥근 어항과 같은 생김새로 물을 담아 연꽃을 심었다. (지름 18cm, 높이 1m) • 궁남지를 바라볼 수 있는 곳에 위치했다. • 조선시대의 세심석으로 발전했다.

임류각

궁남지

석연지

참 고

노자공

• 백제 사람으로 일본 조원의 선구자였다.
• 일본에 건너가 수미산과 오교로 이루어진 정원을 꾸몄다.
• 일본 정원에 대한 최초 기록이 「일본 서기」에 나타난다.

③ **신라(BC 57 ~ AD 938)** : 조경문화는 고구려와 백제에 비해 늦게 싹텄지만 통일 이후부터 경원의 종류가 비교적 다양하고 우수한 형태로 발전했다.

임해전지원 (안압지, 월지) (AD 674)	• 특징 : 해안의 풍경과 중국의 무산 12봉을 상징하여 연못 주위에 동산을 조성했다. • 문무왕 14년 궁내에 못을 파고 조산하여 기화요초를 심고 진기한 짐승과 새(진금기수)를 길렀다. 「삼국사기」 • 크기 : 동서 190m, 남북 220m, 전체 면적 약 40,000m², 연못 면적 약 17,000m² • 연못 – 대, 중, 소 3개의 섬(북서방향) – 북쪽의 섬은 굴곡과 경석을 이용한 거북 형태 – 못의 밑바닥은 강회로 다지고 작은 천석을 깔아 둠 • 호안 주변 조성 – 장대석 모양의 돌로 호안석축, 바닷가 돌을 배치하여 바닷가 경관을 조성했다. – 남안과 서안은 직선, 북안과 동안은 다양한 곡선 형태이다. • 임해전의 기능 – 왕과 신하간의 정적인 연회의 장 – 호수에서는 배를 띄워 노는 주유(舟遊)공간으로서의 기능 – 건물명처럼 정원을 바다로 표현하고자 한 구상(임해전 포함 누각이 3개) • 신선사상을 배경으로 하는 해안 풍경 묘사의 경원이며 정적인 관상과 동적인 주유의 기능을 한다. • 수백의 경석이 적절히 배치되었다(일본의 고산수식 정원 발달에 영향).
포석정의 곡수거 (사적 제1호)	• 왕희지의 난정고사를 본딴 왕의 공간이다. • 사적 제1호로 지정되어 있는 곳이다(정자는 없어지고 느티나무 아래에 곡수거만 남아 있다). • 물도랑을 따라 흐르는 물에 잔을 띄운 후, 그 잔이 자기 앞을 지나기 전에 시 한 수를 지어 잔을 들었다는 풍류놀이 공간이다.
사절유택	• 귀족들이 철 따라 자리를 바꿔가면서 놀이장소로 삼던 별장을 말한다. • 봄(동야택), 여름(곡양택), 가을(구지택), 겨울(가이택)

임해전지원(안압지)

포석정

④ **삼국시대의 조경 식물** : 이 시대의 조경 식물에 관하여 직접 다룬 문헌은 없으나 삼국사기와 삼국유사 그리고 동국통감의 기록에서 간접적으로 찾을 수 있다.

㉠ 복숭아, 자두, 매화, 회화나무 : 궁궐이나 관아 또는 요소에 심었다.

㉡ 배나무, 목단, 살구나무 : 고구려 시대에 자주 쓰이던 나무이다.

㉢ 버드나무 : 백제 무왕 35년, 인공지안에 버드나무를 심었다는 우리나라 최초의 기록이 있다. 「삼국사기」

㉣ 측백나무, 소나무, 대나무, 산수유 : 「삼국사기」에 최초로 기록되었다.

㉤ 신라 진평왕 때 당나라로부터 처음으로 모란씨가 도입되었다.

> **참 고**
> - 삼국시대 조경에 관한 기록 : 삼국사기, 삼국유사, 동사강목
> - 시대순 정리 : 고구려 안학궁(427) – 백제 임류각(500) – 백제 궁남지(634) – 신라 안압지(674)

(3) 고려시대(AD 918 ~ 1392) : 화려한 송의 영향, 화려한 관상위주의 정원

① **궁궐 정원(금원)** : 괴석에 의한 석가산, 지원, 화원, 정자, 격구장

화원	• 관상목적의 화훼, 화목류를 송, 원나라에서 수입 : 이국적 분위기
석가산	• 기이한 암석으로 산을 만들어 신선세계를 묘사 : 석가산 • 수려한 자연의 기암절벽이나 불로장생이 있는 신선세계를 울타리 안에 상징적으로 도입하였고, **예종, 의종** 때 성행하였다.
원정	• 전망 좋은 강변과 언덕에 휴식과 조망을 위해 정자를 설치하였다.
귀령각지원(동지)	• 경종 977년 : 고려 말까지 존속한 고려 대표적 정원 • 백제의 궁남지, 신라 안압지와 유사한 기능 • 선발시험, 검열 · 사열 유락, 물놀이(뱃놀이) – 주유
정자	• 경치가 좋은 곳에서 놀기 위한 벽이 없고 사방이 트인 건축물 : 이규보 • 여름철의 휴식, 피서 : 산수의 경관을 관상 ※ 루 : 집 위에 집이 있는 구조라 하여 2층으로 된 형태의 건물(현감, 군수)
격구장	• 격구는 젊은 무과 상류층 청년의 무예 일종이다. • 신라시대에 중국으로부터 들어왔고 고려시대에 크게 성행하였다.

② **민간 정원** : 적극적인 조경 행위보다 수경적인 입장에서 못을 파고 화초를 심었다.

문수원의 남지	• 강원도 춘성군 별서면 – 이자현(1061~1125) • **영지(影池)** : 연못에 부용봉이라는 산이 투영되었다. 사다리꼴모양의 장방형지이다. • 석가산기법으로 자연석을 인공적이지 않은 형태로 조성하였다.

문수원 영지

> **참 고** **고려시대의 조경 식물**
> - 8대 조경 식물 : 소나무, 버드나무, 매화나무, 향나무, 은행나무, 자두나무, 배나무, 복숭아나무 등 낙엽활엽수가 많이 쓰였다.
> - 무궁화, 대나무 : 울타리로 많이 쓰였다.

• 원산지를 중심으로 살펴볼 때 한국의 야생종이라고 할 수 있는 것은 소나무, 전나무 등 17종에 불과하다.
• 외래식물은 30종에 이르며, 대부분 원산지가 중국이거나 중국을 통해 들어왔다.

③ 고려시대 정원의 특징

㉠ 대비가 강하고 호화, 사치스런 양식이 발달하였다.
㉡ 시각적 쾌감을 부여하기 위한 관상 위주의 정원을 조성하였다.
㉢ 괴석에 의한 석가산, 원정, 화원 등을 후원이나 별당에 배치하였다.
㉣ 휴식과 조망을 위한 정자가 정원시설 일부로서의 기능을 가졌다.

참 고
• **내원서 : 충렬왕 때 궁궐의 원림을 맡아 보는 관서(조선시대 : 장원서)**
• 조선시대 : 태조 때 상림원 → 태종 때 산택사 → 세조 때 장원서 → 연산군 때 원유사

(4) 조선시대

한국적 색채가 농후하게 발달하였다. 중엽 이후 풍수설로 인하여 후원이 발달하였다.

예 궁원, 민가, 별서

① 궁궐 정원

경복궁(정궁)	남북축을 중심으로 기하학적 좌우 대칭으로 배치	
	경회루 지원	• 연회, 과거시험, 궁술구경, 정치적 행사를 치렀다. • 경회루 건물은 임진왜란 때 불에 타 없어지고 고종 2년 대원군(1867년)에 의해 재건되었다. • 크기 130*100m, 방지 3개의 방도로 구성되었다. • 경회루가 세워져 있는 큰 섬은 지안과 3개의 석교(石橋)로 연결되었다. • 가상적인 동서의 축을 중심으로 장방형의 소도가 좌우대칭으로 배치(소나무)되었다. • 느티나무, 회화나무가 있다. • 누마루를 받치고 있는 외주 24개는 방형이며, 내주 24개는 원형[바깥쪽 네모의 기둥은 땅(음)을, 안쪽의 둥근 기둥은 양을 상징]이다.
	교태전 후원(아미산원) – 화계	• 왕비의 침전이다. • 평지에 인공적으로 축산(경회루 연못을 판 흙으로 만듦)한 계단식 정원(**화계**), **계단**, **괴석**, **석지**(세심석), 육각형 굴뚝 4개, 벽면에 **십장생**(해, 산, 구름, 물, 바위, 소나무, 학, 불로초, 사슴, 거북), **사군자**(매화, 난초, 국화, 대나무), **화마와 악귀를 쫓는 그림**, **부귀와 영화를 상징하는 그림**(당초무늬, 박쥐, 봉황, 나티, 해치, 불가사리, 새, 나비 등), 아미산(교태전 후원)이 있다. • **꽃나무** : 쉬나무, 돌배나무, 말채나무

	향원지	• 경복궁 후원의 중심을 이루는 연못이다. • 원형에 가까운 부정형으로 연꽃을 식재했다. • **방지** 중앙에 **원도,** 그 위에 정육각형 2층 건물의 향원정이 있다. • 취향교 : 섬을 연결하는 다리(**목교**)
	자경전	• 대비가 거처하는 침전이다. • 신선사상을 잘 나타낸다. • **화문장(꽃담)** : 벽면에 매화, 대나무, 난초, 석류, 모란, 국화, 나비, 연꽃을 부조했다. 기하학적이고 화려한 무늬로 장식했다. • **십장생 굴뚝** : 굴뚝에 십장생, 대나무, 국화, 연꽃, 포도 등의 식물을 새겼다.
창덕궁 (별궁, 동궐) 후원	• 자연 지형을 적절히 이용한 궁궐 안의 원림이다. • 유네스코 세계문화 유산에 등재되었다. • 울창한 수림 속 우아한 건물에 의해 구성된 규모가 작은 정원이 알맞게 배치되었다. • 낮은 곳에 못을 파고 높은 곳에 정자를 세워 관상 휴식을 취했다.	
	대조전(왕비의 침전) 후원	• 계단식 화계에 살구, 앵도나무를 식재하였다. • 창덕궁에서 가장 자연스럽고, 아담하고 조용한 분위기를 풍긴다.
	낙선재 후원	• 조선 헌종 13년(1847) 창덕궁 안에 지은 전각, 후궁 김씨를 위해 지었다. • 4단의 계단식 화계와 괴석 : 괴석대에 3선도(봉래, 방장, 영주)를 상징하는 음각을 했다(신선사상). • 상량전 : 육각형 정자
	후원 (금원, 비원, 북원으로 불림)	1. **부용지 중심 공간**(부용정, 주합루, 어수문, 영화당) • 부용지 : 방지원도(땅은 네모고 하늘은 둥글다) • 둥근 섬이 있는 방지를 중심으로 연못의 남쪽에 부용정, 동쪽에 영화당, 서쪽에 사정비각, 북쪽에 주합루 등이 있다. • 영화당 : 주변의 꽃을 감상하며 즐기거나 왕이 참석한 가운데 시험을 치르는 곳이다. • 부용정 : 단층 다각기와 지붕으로 2개의 석주가 기둥에 세워졌다. • 부용지는 네 건축물(영화당, 부용정, 사정비각, 주합루)에 의해 둘러싸여 있고 지안은 장대석으로 축조되었다. 2. **주합루와 어수문** • 주합루는 정조(1776년) 때 지은 2층 누각으로 아래층은 규장각, 위층은 열람실이다. 3. **애련지와 연경당**(민가모방 99칸 건물로 단청하지 않음) 중심 공간 • 계단식 화계로 철쭉류, 단풍, 소나무를 식재하였다. • 불로문, 장락문, 장양문, 수인문, 농수정, 선향재가 있다. • 애련지 : 주돈이의 애련설에 영향을 받았다. 4. **반월지 중심 공간**[**관람정(부채꼴)**, **존덕정**, 일영대] • 관람지(반도지) : 한반도 모양의 자연곡지로 부채꼴 모양의 정자이다. • 존덕정 : 가장 아름다운 정자(이중지붕을 한 육각정자)로 꼽힌다. 5. **옥류천 공간(곡수연 터) 청의 정**과 태극정 • 후원의 가장 안쪽에 있다. • 창덕궁 후원 속에서 가장 깊은 계원(溪苑)이다(1636년 인조가 조성). • 계류는 북악산의 동편 줄기 중 하나인 응봉(鷹峯)의 산록에서 흘러내리는 맑은 산내와 어정(御井)을 파서 천수(泉水)를 흐르게 하였다. • 계류가에는 청의 정 · 소요정 · 태극정 · 농산정을 적절히 배치하고 판석 등으로 간결한 석교를 놓고 어정 옆의 자연 암석인 소요암을 ㄴ형으로 파서 곡수구와 폭포를 만들고 암벽에 시문을 새기기도 했다. • 청의 정은 창덕궁의 유일한 초가지붕 정자이다.

창경궁	통명전	• 통명전을 중심으로 한 후원과 서쪽의 석난지(중도형 장방지) • 창경궁의 으뜸가는 침전으로 왕의 연회 장소로도 쓰였다.
	춘당지	• 일제시대에 조성된 연못이다. 장대석으로 쌓는 전통 양식과 달리 자연석으로 조성되었다.
덕수궁 (경운궁)	석조전	• 우리나라 최대의 서양건물이다. • 정관헌 : 최초의 서양식 건물
	침상원	• 우리나라 최초의 유럽식 정원이다. • 분수와 연못을 중심으로 한 프랑스식 정원이다.

경복궁 경회루 지원

아미산(교태전 후원)

향원지

화문장(꽃담)

대조전 후원

낙선재 후원

부용지, 부용정

주합루, 어수문

애련지, 애련정

반도지, 관람정

존덕정

옥류천

청의 정

통명전

석조전, 침상원

② 민간 정원

민가 정원	• 소박하고 친근한 분위기가 풍긴다. • 마당을 중심으로 건물 또는 담장이 둘러싸인 구성이다. • 마당 : 수목은 심지 않고 가족행사, 농사일(행랑, 사랑, 안마당)을 주로 했다.	
	별장	경제적으로 여유 있는 사람들이 경관이 수려한 장소에 제2의 주택을 지은 것
	별서	은둔을 목적으로 자연과 벗 삼아 살기 위한 소박한 주거지
	별업	관리를 목적으로 지은 제2의 주거지
	누정원림	주거를 멀리 떠나 자연 경관과 함께 간단한 정자를 세워 자연과 벗하여 즐기기 위해 마련한 곳
별서 정원	사대부가 본가와 떨어져서 초야에 지은 집	
	양산보의 소쇄원(1530)	• 전남 담양군 오곡, 석가산 • 뛰어난 공간 구성 : 경사면을 계단으로 처리(자연과 조화)했다. • 자연 경관에 약간의 인공미를 가한 자연식 정원이다. • 자연계류를 그대로 활용했다. • 각 부분의 공간이 자연스럽게 연결된다.
	윤선도의 부용동 원림 (1640)	• 전남 완도군 보길도 • 세연정 : 원림 중 가장 정성들여 꾸민 곳이다. • 동천석실 : 여름에 더위 피할 수 있는 정자이다. • 활터, 선착장, 말무덤이 있다. • 자연 그 자체를 울타리가 없는 정원으로 삼았다(최소한의 인위적 구성) – 인공적으로 방지 방도 축조
	정영방의 서석지원 (1605)	• 경북 영양군 • 정원의 대부분이 못인 수경이며 중도가 없다. • 못을 파다 나온 돌을 그대로 사용했다.
	정약용의 다산초당 (1810)	• 전남 강진 • 방지원도, 섬 안에 석가산이 있다.
	주재성의 하환정 국담원 (18C 초)	• 방지방도, 거북이 모양의 돌이 있다.
	그 외	**• 김조순의 옥호정(계단식 후원)**

산수 정원 (누정원림)	산수의 경관이 좋은 자연 속에 주로 여름철의 더위를 피하기 위해 지어 놓은 정자를 중심으로 한 수경 공간이다.	
	독수정 원림	• 독수정 : 공민왕 때의 전신민이 이성계 왕조가 들어서자 두 임금을 섬기지 않겠다는 뜻을 굳히고 은거생활을 하면서 지어 놓은 정자이다. • 「서은실기」에 의 하면 독수정 후원에 소나무를 심고 앞쪽 화계에 대나무를 옮겨 심었다고 한다(송 · 죽 : 수절의 상징) ⇒ 무등산 주변에 정자 문화를 탄생시키는 데 기여했다고 할 수 있다.
	광한루 지원 (1434)	• 광한루는 2층 건물의 팔각지붕 양식이다. • 동서 100m, 남북 50m 장방형의 연못이며, 연못에 3개의 섬이 동에서 서로 배치되었다. • 삼신선도 – 봉래섬 : 중앙, 대나무 식재 – 방장섬 : 동쪽, 백일홍 – 영주섬 : 서쪽, 연꽃 • 오작교 : 네 개의 구멍이 뚫린 석축의 다리이다. • 노령의 수종을 식재하였다. • **조선시대 정원 중 신선사상을 가장 구체적으로 부각시키고 있는 곳이다.**
	활래정 지원 (1816)	• 강릉 선교장의 동남쪽에 위치하고 있다. • 방지방도를 조성했다.

소쇄원 광풍각 뒤 제월당

부용동 정원

세연지, 세연정

참 고

1. 별서의 비교

• 방지가 없는 별서 : 옥호정, 소한정
• 대가 없는 별서 : 다산 초당
• 샘이 있는 별서 : 다산 초당의 약천 – 옥호정의 혜생천
• 계곡이 있는 별서 : 소쇄원, 소한정

2. 누각과 정자

구분	樓(누)	亭(정)
지은 사람	고을의 수령	다양한 계층
이용 형태	정치, 행사, 연회 등 공적 공간	시 짓기, 시 읊기, 관람 등 사적 이용 공간
건물 형태	2층으로 구성(마루를 높임), 방이 있는 경우가 대부분	높은 곳에 세운 집, 방이 있는 경우가 50%
경관 기법	원경, 팔경	

3. 방지방도와 방지원도

방지방도	• 강릉의 활래정 지원 • 보길도 부용동 세연정 지원 • 경남 하환정 국담원 • 경복궁 경회루 지원
방지원도	• 창덕궁 부용정 • 경복궁 향원지원 • 다산초당 • 하엽정원

3 우리나라(조선) 정원의 특징

(1) 사상

① 신선사상

㉠ 삼신산(봉래, 방장, 영주) : 십장생도(불로장생)

㉡ 연못 내 중도(섬) 설치 : 백제의 궁남지, 신라의 안압지, 광한루 지원

② 은거사상 : 조선시대 별서 정원이 주가 된다.

③ 음양오행설 : 정원 연못의 형태[方池圓島 : 하늘은 원(양), 땅은 방(네모, 음)]

※십장생 : 소나무, 거북, 학, 사슴, 불로초, 해, 산, 물, 바위, 구름

④ 풍수지리설 : 배산임수의 양택(후원조경의 탄생)

⑤ 유교사상 : 서원의 공간 배치와 궁궐, 민가 주거공간 배치에 영향을 주었다.

(2) 지형

① **풍수지리설** 영향 : 완만한 구릉과 경사지

② 직선적인 윤곽의 처리 : 담 · 화계와 방지(경회루 원지, 아미산 정원)

③ 연못의 형태와 구성이 단조로움 : 직선적인 방지를 기본으로 하는 단순 형태

※ 일본 : 변화가 많은 다양한 형태(조롱박형, 마음심자형) / 중국 : 한국과 일본의 중간 형태

(3) 기후

계절의 변화(사계절)를 느낄 수 있도록 하였다(**낙엽활엽수로 식재**).

(4) 민족성

자연과의 일체감, 마음을 수양하는 정원으로 **순박함**이 나타난다.

(5) 수목의 인위적인 처리 회피

4 조경식물에 관한 문헌

(1) 양화소록(강희안)

① 중국의 문헌과 자신의 경험을 바탕으로 저술하였다.
② 이 분야에 관한 한 우리나라 최초의 문헌이다.
③ 17종의 조경식물과 괴석이 나온다.

(2) 화암소록(강희안) : 양화소록의 부록이다.

(3) 산림경제(홍만선) : 농가생활에 필요한 백과사전이다.

(4) 임원경제지(서유구) : 정원식물의 종류와 경승지 등을 소개한다.

5 정원을 담당하는 관청

(1) 고려(충렬왕) : 내원서

(2) 조선(태조) : 상림원

(3) 조선(세조) : 장원서

6 근대 한국 조경

(1) 1897년 파고다 공원 조성

우리나라 최초의 공원(영국 브라운 설계)

(2) 1967년 공원법 제정

최초의 국립공원 67년 지리산 국립공원

(3) 1971년 도시계획법 제정

(4) 최초의 유럽식 정원

덕수궁 석조전(최초의 유럽식 건물) 앞 침상원 : 분수와 연못을 중심으로 한 프랑스식 정원

중국

1 중국 조경사 개요

시대	연대	대표작	특징	조경 관련 문헌
은·주	BC 1400 ~ 1500	**원(園), 유(囿), 포(圃), 영대**	• 원 : 과수원, 유 : 금수를 키우던 곳 포 : 채소밭 • 영대 : 제사 지내는 곳의 성격	
진	BC 245 ~ 206	**아방궁**	• 시황제의 천하통일 : 궁궐 조성	
한	BC 206 ~ AD 220	**상림원, 태액지원, 대, 각, 관**	• 상림원 : 왕의 사냥터, 중국정원 중 가장 오래된 정원, 곤명호 등 주위에 6개의 대호수	
삼국시대	221 ~ 581	화림원	• 못을 중심으로 하는 간단한 정원	
진·수	581 ~ 617	현인궁	• 서예 : 왕희지, 시 : 도연명 회화 : 고개지 • 난정고사(AD 353 왕희지) : 원정에 곡수 돌리는 기법 기록	
당	618 ~ 906	**온천궁(화청궁)** 이덕유의 평천산장	• 문인활동 : 이태백, 두보, 백거이(백낙천) • 중기 이후 태호석 사용	백낙천의 장한가, 두보의 시에서 예찬
송	960 ~ 1279	**만세산(석가산) 창랑정(소주)**	• 태호석을 본격적으로 사용(석가산 수법)	이격비 : 낙양명원기 구양수 : 취옹정기 사마광 : 독락원기 주돈이 : 애련설
금·원	1279 ~ 1367	**북해공원 사자림(소주)**	• 금원(禁苑) : 현재 북해공원 이름으로 일반인에게 공개 • 송나라의 석가산 수법이 곁들여진 정원 축조	
명	1368 ~ 1644	**졸정원(소주)**	• 졸정원 : 부채꼴 모양의 정자, 중국 사가정원의 대표작 • 미만종의 작원 : 자연 경관 조성, 버드나무 식재	
청	1644 ~ 1922	건륭화원 **이화원, 원명원 이궁, 만수산 이궁, 열하피서산장**	• 원명원 이궁 : 동양최초의 서양식, 정원 시초(르노트르 영향) • 이화원 : 건축물과 자연의 강한 대비	

(1) 정원의 기원 : 후한 시대 "설문해자"에 기록되어 있다.

- 원 : 과수원
- 유 : 금수 키우던 곳
- 포 : 채소밭

(2) 중국 정원의 특징

① 자연 경관이 수려한 곳에 정자와 누각을 짓고 인위적으로 암석과 수목을 배치하여 심산유곡의 느낌(자연미와 인공미)이 든다.
② **태호석**을 이용한 석가산 수법을 사용하였다.
③ 경관의 조화보다 **대비**에 중점을 두었다.
  ㉠ 인공적 건물과 자연 경관의 대비
  ㉡ 우뚝 솟은 **괴석**과 기하학적 형태의 **바닥 포장**
④ 직선과 곡선을 사용하였다.
⑤ **사의 주의, 회화풍경식**
⑥ 하나의 정원 속에 부분적으로 **여러 비율을 혼합**하여 사용하였다(우리나라와 영국의 자연 풍경식 1:1, 일본 축경식 100:1).
⑦ **차경수법** 도입 : 앙차 – 올려보기, 부차 – 내려보기(원야)
⑧ 시선을 제한시키는 구성 : 높은 담, 축산, 담장에 뚫린 기하학적 창

사자림, 태호석

담장에 뚫린 창

2 시대별 특징

(1) 주시대(BC 11C ~ 250)

① 조경에 관한 최초의 기록이 나타난다.
② 「시편」 대아편에 소개 : 영대, 영유, 영소(문왕대)
  ※ 영대 : 낮에는 조망을 하고 밤에는 은성명월을 즐기기 위한 높은 자리가 필요하다.
③ 원(園) : 과수를 심는 곳
④ 포(圃) : 채소를 심는 곳
⑤ 유(囿) : 금수를 키우는 곳, 왕의 놀이터, 후세의 이궁

(2) 진시대(BC 245 ~ 206)

진의 시황제가 천하를 통일하여 함양을 수도로 삼으면서 궁궐의 조영을 비롯하여 광대한 토목공사를 벌였다[상림원에 아방궁 축조(170km), 만리장성 축조].

(3) 한시대(BC 206 ~ AD 220)

진의 영토와 문물제도를 그대로 이어받은 통일국가이다. 수도였던 장안과 낙양에서는 화려한 궁전과 궁원이 아름다움을 과시한다.

① 궁원(금원)

㉠ **상림원(上林苑)**

- 중국 정원 중 가장 오래된 정원이며 장안의 서쪽 위수 남쪽에 위치한다.
- 진의 궁원이었던 것을 다시 꾸민 것이다.
- 곤명호를 비롯하여 6개의 대호수, 70개의 이궁이 있고, 꽃나무 3000여 종을 식재하였다.
- 백수를 사육하여 황제의 사냥터로도 쓰였다.
- 곤명호 동서 양안에 견우직녀 석상을 세워 은하수를 상징하고, 길이 7m의 돌고래상을 세웠다.

㉡ 태액지원

- 궁궐에 가까운 금원이다.
- 영주, 방장, 봉래의 세 섬을 축조하고 조수(鳥獸)와 용어(龍魚)의 조각을 배치하였다(신선사상을 반영한 수법).

② 한시대 건축의 특색

㉠ 토단을 작은 산 모양으로 쌓아올려 그 위에 건물을 지었다(이보다 더 높이 지어진 건물을 「대」라고 함).

㉡ 관(觀) : 높은 곳으로부터 경관을 바라보기 위한 건물

㉢ 각(閣) : 궁이나 서원의 정자

(4) 삼국(위 · 촉 · 오)시대(AD 221 ~ 281)

① 삼국 중 위와 오는 화림원이라는 같은 이름의 금원을 조영하였다.

② 두 곳 모두 못을 중심으로 하는 간단한 경원이다.

③ 위의 화림원(낙양성 내) : 여러 개의 대를 축조하였다.

④ 오의 화림원 : 낙양성의 화림원을 모방하였다.

(5) 진시대(AD 265 ~ 419)

① 왕희지의 난정기 : 원정에 곡수수법을 사용하였다(**유상곡수연**).

② 도연명(시인)의 안빈낙도 : 정원 구현에 영향을 미쳤다[고개지(회화)].

(6) 남북조시대(AD 420 ~ 581)

① 남조 : 삼국시대 오나라의 화림원을 계승하였다.

② 북조 : 삼국시대 위나라(낙양성)의 화림원을 복원(양현지의 낙양가림기에 묘사)하였다.

③ 화림원 : 왕조는 바뀌어도 궁원이 계승되었다.

(7) 수시대(AD 581 ~ 618)

① 양제

㉠ 낙양에 성을 축조하여 수만호를 이주시켜 수도를 번성하게 하였다.

㉡ 즉위하면서 **현인궁**을 조영하여 궁원을 꾸몄다.

㉢ 남북을 연결하는 운하를 완성했다.

(8) 당시대(AD 618 ~ 907)

① 정원의 특징

㉠ 자연 그 자체보다 인위적 정원을 중시하였다.

㉡ 중국 정원의 기본적인 양식이 확립되는 시기이다.

㉢ 불교의 영향을 받아 온건, 고상하면서도 유정한 분위기를 풍긴다. 건물 사이 공간에 화훼류를 식재했다.

② 궁원 : 대명궁원 – 장안성의 북쪽에 위치, 봉래지를 중심으로 한 경원이다.

③ 이궁

㉠ 온천궁

- 대표적인 이궁이며 태종이 건립했다.
- 온천을 이용, 장생전을 비롯한 전각과 누각이 줄줄이 세워졌다(산의 모습도 바뀔 정도).
- 후일 현종에 의해 「화천궁」으로 이름을 바꾸고 양귀비와 환락생활을 보냈다.
- 백거이(백낙천)의 장한가, 두보의 시에서 예찬하였다.

㉡ 구성궁

- 수시대에 경영되었던 인수궁의 터이다.
- 태종이 피서를 위해 이곳을 찾았을 때 샘이 솟아난 것을 기념하여 비를 세운 것에서 비롯되었다.
- 산악지대의 이궁으로서 산이 아홉으로 겹쳐 보인다고 해서 구성궁이라 이름지었다.

㉢ 대명궁

- 궁원의 동남에 위치한다.
- 태액지를 중심으로 화려한 정원을 조성하였다.

㉣ 그 외 홍경궁, 취미궁 등이 있다.

④ 민간 정원

㉠ 이덕유의 평천산장 : 무산십이봉과 동정호 상징(신선사상과 자연풍경 묘사)

㉡ **백거이(백낙천)의 원림생활**

- 일평생 조원 생활과는 떨어져 살 수 없었던 애원가(스스로 설계하고 만듦)이다.
- 최초의 조원가이며 「장한가」, 「지상편서문」, 「동파종화」같은 시에 당시 정원을 묘사하였다.

(9) 송시대(AD 960 ~ 1279)

① 시대 배경

㉠ 남송 : 태호, 심양호, 동정호 같은 큰 호수 주변에 자연 경관이 수려한 곳이 많았다. 그곳에 별장, 저택을 짓고 부지 안에 지산을 만들고 괴석을 도입하였으며 모방보다는 수경에 더 비중을 두었다 (주밀의 「오흥원림기」).

㉡ 북송 : 남송과는 자연 조건이 달라 명산 · 호수를 모방하는 조경 수법을 사용했다.

② 정원의 특징

㉠ **태호석**(중국에서 가장 오래된 돌)을 이용하여 산악이나 호수의 경관과 유사하게 조성했다.

㉡ **화석강** : 태호석을 운반하기 위한 배, 운하를 이용하였다(북송 멸망의 주원인).

태호석

③ 궁원

㉠ 4원(園) : 경림원, 금명지, 의 춘원, 옥진원

㉡ **만세산** : 휘종이 세자를 얻기 위해서 나쁜 기운을 막기 위해 봉황산을 닮은 가산을 쌓아올렸다. 후에 간산으로 개칭하였다.

④ 정원에 관련된 문헌

㉠ 이격비의 「낙양명원기」 : 이격비는 낙양지방의 명원 20곳을 소개하였다.

㉡ 구양수의 「취옹정기」 : 시골에서의 산수생활을 표현하였다(산수화 수법).

㉢ 사마광의 「독락정기」 : 낙양에 600여 평 규모의 독락원을 꾸미고 유유자적하였다.

㉣ 주돈이의 「애련설」 : 주돈이가 연꽃을 군자에 비유하여 예찬한 글이다.

※ 애련설은 유학자, 선비들에게 영향을 주었다. 경원의 주요한 사상적 배경이다.

(10) 금시대(AD 1115 ~ 1234)

① 궁원

㉠ 여진족이 금원을 창시하여 태액지를 만들고 경화도를 쌓아 원, 명, 청 3대 왕조의 궁원구실을 한 정원을 축조하였다.

㉡ 북해공원이라고 하는 이름으로 현재 일반에게 공개하고 있다.

(11) 원시대(AD 1206 ~ 1367)

① 시대 배경 : 수도를 북경으로 옮기고, 동서 사이의 도로가 개통되어 외국문화가 수입되었다.

② 궁원

㉠ 원시대의 금원은 송대 이후 계속되어 온 석가산 수법으로 도처에 석가산이나 동굴을 만들었다.

㉡ 금시대에 만든 태액지 내 경화도의 중앙에 자리 잡은 산을 만수산이라 부르고 정상에는 티베트식인 백색의 라마 탑을 세웠다.

③ 민간 정원

㉠ 북경의「만류당」: 수백 그루의 버드나무가 있다.

㉡ 소주의「사자림」

- 불교의 사자자리에서 딴 이름이다.
- 조경가 **예찬**과 화가 · 시인인 **주덕윤**이 공동 설계했다.
- **태호석을 이용한 석가산이 아주 유명하다.**

사자림

(12) 명시대(AD 1368 ~ 1644) : 수려한 풍토미를 갖춘 곳이기 때문에 서경정원 · 서참정원 · 왕원미의 소지원 · 졸정원 등 우수한 정원이 많았다.

① 궁원

㉠ 어화원 : 자금성 근처에 축조했으며, 건축과 정원이 모두 대칭적으로 배치되었다.

㉡ 경산 : 자금성 밖 북쪽에 위치하며 원시대에는「청산」, 송시대에는「만세산」이라고 불렀다.

② 민간 정원

㉠ **작원** : 미만종이 북경에 조영하였으나, 현재는 **남아 있지 않다.**

㉡ **졸정원(중국의 4대 명원)**, 12,000평

- **소주**에 위치하는 중국의 대표적 정원이다. 절반 이상이 수경이며, 3개의 섬과 곡교로 연결되어 있다.
- 「여수동좌헌」이라는 **부채꼴** 모양의 정자가 있다.

졸정원

㉢ **유원** : 중국의 4대 명원(서태시)

참고 **부채꼴 모양의 정자**

- 창덕궁 후원의 관람정
- 사자림의 사자정
- 소주의 졸정원(여수동좌헌)

③ 명대에 발간된 정원 관계 서적

㉠ 문진향의「장물지(長物志)」: 조경배식에 관한 유일한 책(12권)

㉡ 원야

- 저자는 이계성이다.
- 일본에서 탈천공(奪天工)으로 발간되었다.
- 중국 정원을 전문적으로 다루어 놓은 유일한 책이며 3권으로 구성된다.
  - 제1권 : 흥조론(설계자가 시공자보다 중요하다는 것을 강조)
  - 제2권 : 난간에 대한 100여 가지 방식
  - 제3권 : 차경수법에 대한 설명

> **참 고** 차경에 대한 부분 : 외부의 풍경을 이용하여 정원의 일부로 삼는 차경수법은 매우 중요
> - 원차(遠借) : 원경을 이용(=일차)
> - 인차(隣借) : 인접 부분의 경관을 빌어 쓰는 것
> - 앙차(仰借) : 높은 산악의 경치를 빌어 쓰는 것
> - 부차(俯借) : 낮은 곳에 전개되는 경치를 빌어 쓰는 것
> - 응시이차(應時而借) : 時節 풍경에 따라 경물을 차용

(13) 청시대(AD 1644 ~ 1922)

① 궁원 : **건륭화원**(**자금성** 내)

㉠ 괴석으로 이루어진 석가산과 여러 개의 건축물로 이루어진 입체공간이다.

㉡ 자연미가 없는 인공미이다.

② 이궁(왕의 피서지, 피난처) : 청조의 이궁은 강희제, 건륭제 시대에 많이 축조하였다. 그중 건륭시대에 만든「만수산 정의 원(이화원)」,「옥천산 정명원」,「향산 정의 원」,「원명원」,「장춘원」을 일컬어「3산 5원」이라 한다. 현재 남아 있는 것은 **이화원**과 **피서산장**이다.

㉠ **이화원(만수산 이궁)**
- 전체의 4분의 3이 수면이며 호수의 중심은 만수산이다.
- 건축물과 자연의 대비가 강하다.
- 대가람인 불향각을 중심으로 한 수원(水苑)이다.
- 강남의 명승을 재현, 신선사상이 배경이다.
- 규모면에서 현존하는 세계제일의 정원이다.

㉡ **열하피서산장**
- 승덕에 있는 황제의 여름별장이다.
- 특징으로는 남방의 명승, 건축을 모방, 소나무의 정연한 식재, 산장 안의 다수의 사묘 등을 들 수 있다.

㉢ 원명원
- 북경에 위치한다.
- 동양 최초 서양식 정원의 시초이다.
- 전정에 대분천을 중심으로 한 프랑스식 정원을 꾸몄다.
- 현존하지 않는다.

이화원의 불향각

이화원의 곤명호

피서산장

> **참 고**
> - **중국의 4대 명원**
>   - 북경 : 이화원, 피서산장 　　　– 소주 : 졸정원, 유원
> - **소주의 4대 명원**
>   - 졸정원, 사자림, 유원, 창랑정

일본

1 일본 조경사 개요

시대		대표 조경 양식	특징 및 대표 작품		
비조(아스카)		임천식	• 일본서기 : 백제인 **노자공**이 **수미산과 오교**(홍교)를 만들었다는 기록(612년) • 연못과 섬 중심의 **신선정원**		
평안시대	전기	침전식	해안 풍경 묘사	하원원, 육조원, 차아원	
			신선 정원	신천원, 조우전 후원, 주성원의 백량전	
	후기	침전식	침전조 정원	일승원, **동삼조전**(가장 정형적)	
			정토 정원	평등원, 모월사	
겸창(가마쿠라)		침전식 임천식 회유임천식	정토 정원	정유리사, 청명사, 영보사	
			선종 정원	서천사, **서방사**, 남선원	
실정(무로마치)		축산고산수식 (1378 ~ 1490) 평정고산수식 (1490 ~ 1580)	정토 정원	**천룡사**, 녹원사(금각사), 자조사(은각사)	
			고산수 정원	• 전란의 영향으로 경제가 위축 • 고도의 상징성과 추상성 • 식재는 상록활엽수, 화목류는 사용 안 함	
실정(무로마치)		축산고산수식 (1378 ~ 1490) 평정고산수식 (1490 ~ 1580)	고산수 정원	축산고산수	대덕사 대선원
					나무, 바위, 왕모래
				평정고산수	용안사
					바위, 왕모래

도산시대	**다정식**	신선 정원	시호사 삼보원
		다정원	• 다도를 즐기기 위한 소정원 • 수수분, 석등, 마른 소나무 가지 등 사용
강호시대	**회유식, 원주파 임천식 (1600 ~ 1868)**	계리궁, 수학원 이궁 강산 후락원, 육의 원 겸육원	**회유임천식 + 다정양식의 혼합형** 다정양식은 계속 발전
명치시대	**축경식 (1868)**	히비야 공원	서구식 정원 등장

(1) 일본 조경의 특징

① 중국의 영향을 받아 사의 주의 자연풍경식이 발달하였다.

② 자연풍경을 이상화하여 독특한 축경법으로 상징화된 모습을 표현했다(**자연재현 → 추상화 → 축경화로 발달**).

③ 기교와 관상적 가치에만 치중하여 세부적 수법이 발달하였다(실용, 기능면 무시).

④ 조화에 비중을 두었다.

⑤ 차경수법이 가장 활발하였다.

⑥ 인공적 기교를 중시하였다. 축소지향적, 추상적인 구성을 사용하였으며 관상적이다.

⑦ 지피류를 많이 사용하였다.

2 정원의 양식 변천

임천식	• 침전 건물 중심, 정원 중심에 연못과 섬을 만드는 수법 • 자연 경관을 인공으로 축경화(縮景화)하여 산을 쌓고, 못과 계류 수림을 조성한 정원
회유임천식	• 임천식 정원의 변형
축산고산수법(14C)	• 다듬은 나무(산봉우리), 바위(폭포), 왕모래(냇물) 표현하는 수법 • 정토세계의 신선사상 표현 • 대표작 : 대덕사 대선원
평정고산수법(15C 후반)	• 정원재료로 왕모래(바다)와 몇 개의 바위(섬)만 사용(식물재료 사용 안 함) • 축석기교가 최고로 발달 • 연못모양이 복잡해짐 • 대표작 : 용안사
다정양식(16C)	• 다실을 중심으로 한 상록활엽수가 멋을 풍기는 소박한 양식 • 윤곽선 처리에 복잡한 곡선 사용
원주파 임천식	• 임천식 + 다정식의 결합 • 실용에 미를 더함
축경식 수법	• 자연 경관을 그대로 옮기는 수법(축소)

(1) 비조시대(아스카, 593 ~ 709) : 백제인 노자공이 수미산과 오교로 된 정원 축조(612년)

① 일본서기에 기록 : 일본 조경에 관한 현존 최초 기록
② 중국의 영향으로 곡수거를 설치하였다.
③ 불교사상 배경 : 수미산(신선설의 영향)

(2) 나라시대(나량, 710 ~ 793)

① 신라에 망한 백제인들이 활약하였다.
② 서방사 등 불교사원 건립이 활발하였다.
③ 고사기, 일본서기, 만엽집 등 한문학 도입이 활발하였다.
④ 가산(假山)을 축조하여 정원의 첨경물로 활용하였다.

(3) 평안시대(헤이안) 전기(793 ~ 966) : 임천식 정원(회유임천식 정원) – 여러 작은 섬과 소나무를 식재하였다.

임천식 정원

① 해안 풍경 묘사 정원
　㉠ 하원원 : 사교 장소, 못가에 가마솥을 설치하여 해수를 끓여 수증기가 오르게 하였다.
　㉡ 차아원 : 대택지
　㉢ 육조원 : 신이 있는 해안 풍경
② 신선정원 : 신천원(수렵장이자 사교장), 조우전 후원, 백량전

(4) 평안시대(헤이안) 후기(967 ~ 1191) : 침전조 정원 양식, 정토 정원 양식 출현, 불교식 정토사상의 영향으로 회유임천식 정원 양식이 성립되었다.

회유임천식 정원

① 침전조 정원
　㉠ 주택건물 앞에 정원을 배치하는 기법(정형화된 정원)이 사용되었다.
　㉡ 대표 정원 : **동삼조전**
② 정토 정원
　㉠ 불교의 정토사상을 바탕으로 한 사원이다.
　㉡ 수미산 사상, 신선사상의 영향 속에서 정토를 현세에 묘사하려는 의도가 나타났다.
　㉢ 정원의 주건물로서 금당과 아미타당을 건립하여 그 앞에 연못을 파고 연꽃을 심어 화원을 설치하였다.
③ 신선정원 : 조우이궁(신선도를 본뜬 정원의 시초)

참 고 **작정기(作庭記)**

- 일본 최초의 조원 지침서(저자 : 귤준강)
- 정원 축조에 관한 가장 오래된 비전서(침전조 건물에 어울리는 조원법)
- 내용 : 돌을 세울 때의 마음가짐과 세우는 법, 못의 형태, 섬의 형태, 폭포 만드는 법

(5) 겸창시대(가마쿠라) : 선종의 전파로 정원 양식에 영향을 미쳤으며, 회유임천식 정원이 출현하였다.

① 정토 정원 : 정유리사 정원, 청명사정원, 영보사 정원

② 선종 정원 : 자연 지형(心자형) 이용한 입체적 요소

㉠ 서방사 정원 : 나무와 물을 쓰지 않는 고산수지천 회유식 心자형 연못이 있고 해안풍의 지안선을 갖춘 황금지를 중심으로 한 정원

③ 몽창국사(몽창소석)

㉠ 겸창, 실정시대 대표적 조경가

㉡ 정토사상의 토대 위에 선종의 자연관 접목

㉢ 대표작 : 서방사 정원, 서천사 정원, 영보사 정원, 천룡사 정원

참 고 **선종(禪宗)**

- 교종(敎宗)에 대립하는 명칭이며 선불교라고도 한다. 선종에서는 인간의 마음을 참구하여 본래 지니고 있는 성품이 부처의 성품임을 깨달을 때 부처가 된다는 것이다.
- 언어나 문자를 거치지 않고 곧바로 부처의 마음을 중생의 마음에 전하므로 불심종(佛心宗)이라고도 하며, 수행법으로 주로 좌선을 택한다.

(6) 실정시대(무로마치, 1334 ~ 1573)

① 선종의 영향으로 고산수 정원이 형성되었다. 정토 정원은 계속 유지된다.

② 일본 조경의 황금기이다.

③ 선(禪)사상이 정원 축조에 영향을 주었다.

정토 정원	천룡사지원, 금각사(녹원사), 은각사(자조사)
고산수(故山水) 정원	• 선사상의 영향으로 고도의 상징성과 추상적 구성을 갖는다. • 축소지향적인 일본의 민족성이 나타난다. • 고도의 세련미를 요구한다. 예 대선원, 용안사 • 물 대신 돌이나 모래 사용해 바다나 계류를 나타내었다. • 상록 활엽수를 사용하다가 나중에 식물을 사용하지 않았다.

고산수(故山水) 정원	**축산고산수** 수법 (14C)	• 정토사상, 신선사상 • **바위(폭포), 왕모래(냇물), 다듬은 수목**(산봉우리)을 사용했다. • 나무를 다듬어 산봉우리 생김새 얻게 하고 바위를 세워 폭포를 상징시키며 왕모래를 깔아 냇물이 흐르는 느낌을 얻게 하는 수법이다. • 대표 정원 : 대덕사 **대선원** – 흰 모래, 소나무 식재, 고산수의 초기 작품
	평정고산수 수법 (15C 후반)	• 축산고산수에서 더 나아가 초감각적 무(無)의 경지를 표현(극도의 추상적)하였다. • 식물을 사용하지 않고, 왕모래와 몇 개의 바위만 사용했다. • 대표 정원 : **용안사** 방장선원 – 서양에서 가장 유명한 동양 정원이다. – 두꺼운 토담으로 둘러싸인 장방형의 마당에 백사를 깔고 물결모양으로 손질했다.

금각사

은각사

대선원

용안사

(7) 도산시대(모모야마, 1574 ~ 1603)

① 자연순응적 정원에서 탈피하여 과장되고 호화로운 정원을 축조하였다.

② 다정(茶庭)원의 출현 : 선사상(仙思想)에서 출발하였다.

③ **다정원**(노지형, 다정)

㉠ 다도를 즐기는 다실과 인접한 곳에 자연의 한 단편을 교묘히 묘사한 자연식 정원이다.

㉡ 음지식물을 사용, 화목류를 일체 사용하지 않았다.

㉢ 좁은 공간에 필요한 모든 시설을 설치했다.

㉣ 윤곽선 처리에 곡선을 많이 사용했다.

㉤ 특정 구조물 : 징검돌, 자갈, 물통(츠쿠바이), 세수통, 석등, 이끼 낀 원로
㉥ 대표적 조원가 : 소굴원주, 천리휴

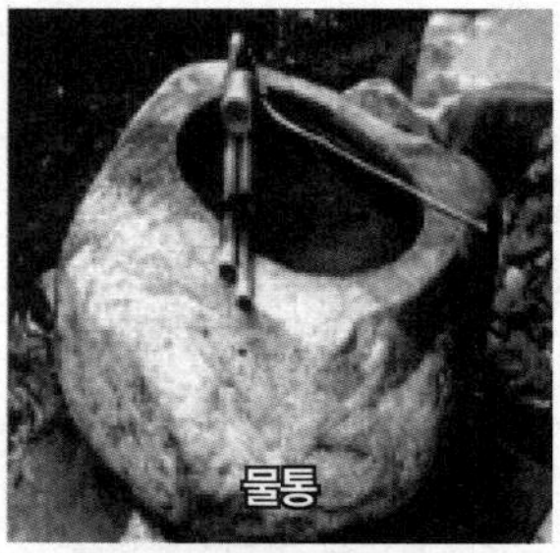
물통

디딤돌

다정원

다실

(8) 강호시대(에도, 1603 ~ 1867)

① 일본의 특징적 정원문화인 **축경식 정원**이 탄생했다.
② **원주파 임천식** : 임천양식과 다정양식의 혼합, 지천회유식
③ 다정양식이 완성된 시대이다.
④ 대표 정원
㉠ 수학원 이궁 : 상중하 3개의 독립적 다실역으로 구성된 자연풍경식이다.
㉡ **계리궁** : 서원이나 다정 주위에 직선적 원호를 배치하였다(섬 : 신선사상).
⑤ 강호시대 3대 공원
㉠ 강산 후락원 : 곡수 다정식
㉡ 육림원
㉢ 겸육원 : 원주파 임천식

강산 후락원

(9) 명치(메이지)시대 이후

① 문호개방에 따른 서양풍 조경문화가 도입되었다.
② 축경식
㉠ 자연풍경을 그대로 축소시켜 묘사한 방식이다.
㉡ 규모가 작은 공간에 기암절벽, 폭포, 산, 연못, 절, 탑 등을 한눈에 감상할 수 있게 하였다.
㉢ 대표 정원 : **히비야 공원**(일본 최초 서양식 공원)

제2-1편 적중예상문제

1 정원 양식을 형태 중심으로 분류하는 방법 중 틀린 것은?

① 절충식 정원 ② 노단식 정원
③ 정형식 정원 ④ 자연식 정원

2 정형식 정원의 특징으로 틀린 것은?

① 동아시아, 유럽 18C 영국에서 발달
② 축중심으로 좌우 대칭형
③ 수목을 전정으로 기하학적 형태
④ 직선, 원, 원호 등을 즐겨 사용한 형식

3 정형식 정원에 해당하는 양식은?

① 전원풍경식 ② 노단식
③ 회유임천식 ④ 고산수식

4 정형식 정원의 설명으로 올바른 것은?

① 주로 동아시아에서 발달된 양식
② 정원 구성시 기하학적 형태를 이용
③ 연못이나 호수를 중심으로 조성
④ 유럽에서는 18C경 영국에서 발달

5 정형식 정원을 세분한 것 중 올바르게 짝지어진 것은?

① 평면기하학식 – 이탈리아
② 노단식 정원 – 프랑스
③ 중정식 정원 – 스페인
④ 회유임천식 – 독일

6 정원 양식의 발생 요인 중 자연 환경 요인으로 올바른 것은?

① 종교 ② 과학기술
③ 역사성 ④ 기후

7 이탈리아의 노단식 정원이나 프랑스의 평면기하학식 정원에 영향을 미친 요소는?

① 기후 ② 지형
③ 종교 ④ 역사성

8 종교에 영향을 받은 정원 양식으로 틀린 것은?

① 이탈리아의 노단식 정원
② 백제의 궁남지
③ 중세의 수도원 정원
④ 신라의 안압지

9 다음 보기에서 설명하고 있는 정원의 양식으로 올바른 것은?

〈보기〉
- 건물로 둘러싸인 내부
- 소규모 분수나 연못 중심
- 중세수도원 정원, 스페인의 정원 등

① 고산수식 ② 회유임천식
③ 평면기하학식 ④ 중정식

정답 1② 2① 3② 4② 5③ 6④ 7② 8① 9④

10 이조시대 궁궐의 침전 후원에서 볼 수 있는 대표적인 양식은?

① 작은 크기의 방지
② 화단
③ 경사지를 이용하여 만든 계단식 노단
④ 조경 설계

11 고구려 정원에 대한 설명으로 틀린 것은?

① 동사강목에 유리왕이 신하를 궁원을 맡아보는 관직으로 좌천시켰다 한다.
② 장수왕(6C 중엽) 때의 안학궁은 고구려 정원유적의 대표적인 것이다.
③ 직사각형의 연못과 함께 연못 내에 섬을 만들지 않았다.
④ 고구려 양식은 비정형적 자연풍경식이다.

12 중국식 정원 양식을 소화하여 한국적 색채가 짙은 정원 양식으로 발달시킨 시대는?

① 고구려　② 통일신라
③ 고려　④ 조선

13 신라 정원에 대한 설명으로 틀린 것은?

① 안압지, 포석정 등의 정원유적이 남아 있다.
② 안압지와 임해전 지원은 신선사상을 바탕으로 구성되었다.
③ 안압지는 연회와 관상, 뱃놀이 등의 목적을 지닌 정원이다.
④ 한 가지 흠은 못의 관·배수를 위한 시설이 없다는 것이다.

14 다음 보기의 설명은 어느 정원 유적을 말하는 것인가?

〈보기〉
- 674년경 5,100평으로 대·중·소 3개의 섬
- 물가는 다듬은 돌로 호안 석축
- 못가에는 석가산을 쌓아 기화요초 심음
- 반석 사용, 유속의 감소를 위한 수로의 형태가 정교함

① 궁남지　② 안압지
③ 동지　④ 향원지

15 다음 보기의 설명은 어느 시대의 정원에 관한 것인가?

〈보기〉
- 석가산과 원정, 화원 등이 특징이다.
- 대표적 정원으로 동지가 있다.
- 정자를 설치하기 시작하였다.
- 송나라의 영향으로 화려한 관상 위주의 이국적 정원이 나타났다.

① 고구려　② 백제
③ 신라　④ 고려

16 백제의 정원에 대한 설명으로 틀린 것은?

① 궁남지는 신선사상과는 관계없이 독특한 양식으로 표현되었다.
② 634년경 궁남지를 만든 기록이 삼국사기에 나와 있다.
③ 궁남지 못가에는 버드나무를 심었다.
④ 노자공이 일본궁실 남정에 수미산과 오교를 만들었다.

✔ 정답　10 ③　11 ③　12 ④　13 ④　14 ②　15 ④　16 ①

17 **윤선도의 부용동 원림에 대한 설명으로 바른 것은?**

① 자연 경사면을 직선적 계단으로 처리
② 최대한의 인위적 구성을 가미한 정원
③ 자연 그 자체를 울타리가 없는 정원으로 삼음
④ 전남 담양군에 위치

18 **조선시대 정원에 대한 설명으로 맞는 것은?**

① 고려시대의 풍수설은 조선시대에 와서 영향을 주지 못하였다.
② 소쇄원과 부용동 원림은 별서 정원으로 구분할 수 있다.
③ 일반적으로 마당에는 많은 나무를 심어 숲을 연상케 하였다.
④ 인공적으로 축산한 계단식 정원인 아미산은 창덕궁에 있다.

19 **우리나라 정원의 특징으로 틀린 것은?**

① 신선의 거처를 모사하고자 하였으며 불로 장생하고자 했다.
② 기하학적 형태인 건물과 유기적 형태의 자연을 철저히 분리시켰다.
③ 계절감을 강하게 느낄 수 있다.
④ 최소한의 손질을 가한 무기교의 기교이다.

20 **보기의 우리나라 정원 특징은 다음 중 어느 것인가?**

〈보기〉
• 방장산과 같은 섬
• 담장, 굴뚝 등의 장식물에 십장생 그림

① 신선사상 ② 지형
③ 기후 ④ 민족성

21 **중국 정원의 설명 중 틀린 것은?**

① 신선사상을 바탕으로 한 풍경식이다.
② 풍경식이면서도 대비에 중점을 두고 있다.
③ 진 · 당시대의 정원 유적이 많다.
④ 북경, 상해, 항주 지방에서 찾아볼 수 있다.

22 **중국 정원에 대한 설명 중 틀린 것은?**

① 기록에는 은 · 주시대에서부터 나타난다.
② 정원의 특색이 정리된 것은 당(唐)시대에 이르러서이다.
③ 현존하는 것은 당 · 명 · 청시대의 정원 유적이다.
④ 왕실 정원은 대규모이며 호화스럽고 사대부 정원은 소박하다.

해설 현재 남아 있는 정원 유적은 명 · 청시대의 유적이 대부분이다.

23 **중국 정원을 시대별로 보았을 때 가장 오래된 것은?**

① 상림원 ② 아방궁
③ 영대 ④ 온천궁

24 **자연 경관을 바탕으로 한 정원을 꾸미려는 노력이 시작되었으며 대표적 정원으로는 상림원이 있었던 시대는?**

① 주(周)나라 ② 진나라
③ 한나라 ④ 남북조시대

25 **중국 정원에 있어서 나라가 안정기에 접어들면서 왕조 및 신하의 과시욕 등에 의해 많은 조경이 이루어진 시대는?**

① 남북조시대 ② 수 · 당시대
③ 송나라 ④ 원나라

정답 17 ③ 18 ② 19 ② 20 ① 21 ③ 22 ③ 23 ③ 24 ③ 25 ②

26 당시대의 정원으로 인위적 요소가 증가되고 연못을 만들어 괴석을 배치시킨 호화스럽고 거대한 이궁은?

① 영대 – 아방궁
② 상림원 – 작원
③ 온천궁 – 구성궁
④ 원명원 – 만수산 이궁

27 보기의 중국 정원 설명은 어느 시대의 것인가?

〈보기〉
• 사대부의 정원이 발달했다.
• 아취를 중요시 했다.
• 기암, 수목을 배치했다.
• 태호석을 이용했다.

① 당시대 ② 송시대
③ 원시대 ④ 명시대

28 명나라 시대에는 많은 정원서적이 발간되었는데, 이 시대의 대표적 정원은 어느 것인가?

① 작원 ② 원명원
③ 구성궁 ④ 아방궁

29 중국 청나라 시대의 정원으로 현존하는 세계 제일의 정원이라 일컫는 것은?

① 원명원
② 온천궁
③ 만수산 이궁
④ 구성궁

30 일본서기에 나타난 백제 유민 노자공이 만든 일본 정원문화의 시초인 것은?

① 동삼조전
② 조우이궁
③ 금각사
④ 남정에 수미산과 홍교

31 극도의 상징성과 축소지향적인 일본의 민족성에 의해 이루어진 정원 양식은?

① 고산수식 정원
② 전원풍경식 정원
③ 중정식 정원
④ 평면기하학식 정원

32 14C 일본의 나무를 다듬어 산봉우리를 나타내고 바위를 세워 폭포를 상징하며 왕모래를 깔아 냇물처럼 보이게 하는 수법은?

① 침전식
② 임천식
③ 축산고산수식
④ 평정고산수식

33 다음 보기의 설명으로 알 수 있는 일본정원 수법은?

〈보기〉
• 9C 무렵
• 동삼조전
• 침전 앞 뜰에 정원 조성

① 임천식 정원
② 축산고산수 정원
③ 평정고산수 정원
④ 다정양식

정답 26 ③ 27 ② 28 ① 29 ③ 30 ④ 31 ① 32 ③ 33 ①

34 선원과 정토교적 정원이 복합되어 경관을 조성하였으며, 뒤에 축조되는 여러 정원의 원형이 되는 정원은?

① 동삼조전 ② 조우이궁
③ 서방사정원 ④ 금각사

35 다음 보기의 정원 수법은 무엇인가?

〈보기〉
- 부지 협소, 돌 이용 증가
- 14C부터의 경향
- 추상적 구성
- 대선원

① 임천식 정원
② 축산고산수 정원
③ 평정고산수 정원
④ 회유식 정원

36 다음 보기의 정원 수법은 무엇인가?

〈보기〉
- 15C 후반
- 수목 완전 배제
- 극도의 추상성

① 임천식 정원
② 축산고산수 정원
③ 평정고산수 정원
④ 다정양식

37 16C 일본의 정원요소로 석등과 수수분 따위가 주요하게 자리잡게 된 양식은?

① 임천식 정원 ② 축산고산수 정원
③ 평정고산수 정원 ④ 다정양식

38 16C 이후 임천식 정원 양식에 다정양식을 가미시킨 수법을 무엇이라 하는가?

① 축산고산수 정원
② 평정고산수 정원
③ 회유임천식 정원
④ 회유식 정원

39 일본 정원의 특징으로 설명이 틀린 것은?

① 관상적 가치와 실용성이 강하게 부각된다.
② 돌, 나무의 섬세한 사용으로 정신세계를 상징한다.
③ 극도의 인공적 기교를 중요시 했다.
④ 자연적인 멋은 떨어지나 시각적 예술성은 높다.

해설 관상적 가치가 강조됨으로써 실용성이 약한 점이 있다.

40 동양 정원에 대한 설명으로 틀린 것은?

① 포석정은 동양 유일의 곡수지이다.
② 상림원은 중국 한나라 궁원이다.
③ 계리궁은 일본의 강호(에도)시대의 궁원이다.
④ 용안사의 정원은 평정고산수 정원이다.

41 한국 조경 문화에서 나타나는 한국미의 특징은?

① 장엄한 스케일과 수직, 수평적 안정감
② 소박한 형태나 색채의 친근감을 느끼게 하는 아름다움
③ 섬세하고 정교한 기능적인 아름다움
④ 자연을 인위적으로 이용하여 창출한 아름다움

정답 34 ③ 35 ② 36 ③ 37 ④ 38 ④ 39 ① 40 ① 41 ②

42 우리나라 고대의 석연지는?

① 가장자리를 돌로 보기 좋게 단장한 연못
② 돌로 연꽃모양을 정교하게 조각하여 연못 가운데에 놓은 것
③ 화강암을 이용하여 어항과 같이 만든 것으로 그 속에 연꽃을 심어 정원의 점경물로 사용한 것
④ 연못 가장자리에 연꽃모양을 조각한 디딤돌을 잘 배치해 놓은 것

43 안압지에 대한 설명으로 틀린 것은?

① 물가에는 다듬은 돌로 호안석축을 하였는데 허튼층쌓기 방법을 사용하였다.
② 안압지는 전체 면적이 약 5,100평으로 마치 바다를 느낄 수 있도록 만들었다.
③ 3개의 인공섬으로 축조되었으며 그중의 하나는 거북이 모양을 나타낸다.
④ 문무왕 14년에 궁내에 못을 파고 석가산을 축조했다.

44 1975년 발굴한 안압지에 관한 설명으로 틀린 것은?

① 곳곳에 괴석형태의 바닷돌을 자연스럽게 배치하였다.
② 못가에는 석가산을 쌓지 않고 평지로 조성하였다.
③ 바닥은 석회, 점토, 흙, 모래, 자갈 등이다.
④ 정원을 바다로 표현하고자 섬에는 바닷돌을 사용하였고 임해전이란 건물 이름을 사용하였다.

45 곡수지에 대한 설명 중 적합하지 않은 것은?

① 기록상 최초의 것은 왕희지의 난정기
② 포석정
③ 우리나라 유일의 연못 유형 중의 하나
④ 인공적으로 만든 굴곡 수로와 연회

46 고려시대 궁궐의 정원을 맡아 보던 관서는 어느 것인가?

① 내원서 ② 상림원
③ 장원서 ④ 원야

47 백제의 무왕이 만든 정원 유적은?

① 임류각 ② 궁남지
③ 석연지 ④ 망해정

48 고려시대의 정원과 관계없는 사항은?

① 내원서 ② 격구장
③ 동지 ④ 아미산 정원

49 조선시대 정원 양식에 미친 영향을 짝지은 것 중 틀린 것은?

① 풍수지리설 → 택지, 후원, 배식
② 신선주의 → 중도, 석가산
③ 음양오행설 → 방형 연못과 둥근 섬
④ 선 및 만다라 → 화계, 굴뚝

50 조선시대 정원 식물에 대한 문헌은?

① 동사강목 ② 양화소록
③ 원야 ④ 작정기

정답 42 ③ 43 ① 44 ② 45 ③ 46 ① 47 ② 48 ④ 49 ④ 50 ②

51 동산바치라는 용어는 현재 사용하지 않고 있다. 올바른 뜻은?

① 정원의 순수한 우리말
② 정원 관리인
③ 후원의 별칭
④ 산림 감시원

52 조선시대 후기의 궁궐 정원을 담당하던 관서는 무엇인가?

① 장원서 ② 내원서
③ 사선서 ④ 상림원

53 조선시대 별서를 나열한 것 중 틀린 것은?

① 소쇄원 ② 서석지
③ 부용동 원림 ④ 광한루

54 조선시대 정원의 담과 굴뚝에 십장생을 그림으로 나타낸 것 중 아닌 것은?

① 소나무 ② 불로초
③ 사슴 ④ 대나무

55 조선시대의 후원이 아닌 것은?

① 창덕궁 비원
② 경복궁 교태전
③ 창덕궁 낙선재
④ 경복궁 경회루

56 차경과 축경의 차이점을 가장 잘 나타낸 것은?

① 자연상태의 명승지의 경치 크기와 모양
② 자연의 풍경을 경관구성 재료의 일부로 이용한 것과 명승지의 경치를 축소시켜 그대로 만든 것
③ 명승지의 경치 가운데 주경이 되는 부분만 따서 옮긴 것과 주경 부분만 축소시켜서 만든 것
④ 식재없는 경치를 상상해서 생각하는 경치와 명승지의 경치를 축소시켜 만든 것

57 중국 정원의 특징은?

① 조화에 중점을 두었다.
② 대비에 중점을 두었다.
③ 비스타에 중점을 두었다.
④ 스카이라인에 중점을 두었다.

58 원야에 대한 설명으로 맞는 것은?

① 이조시대의 유명한 정원에 관한 책이다.
② 중국 명대의 계성 정원에 관한 책이다.
③ 정원을 다스리는 기구로써 고려 때부터 있었다.
④ 공원을 뜻하는 옛말이다.

59 옛날 중국 정원을 만들 때 영향을 미쳐 원정의 곡수를 돌리는 수법을 계승케 하는 역할을 한 기록은?

① 왕희지의 난정기 ② 백낙천의 장한가
③ 대업잡기 ④ 설문해자

60 태호석에 관한 기술 중 틀린 것은?

① 중국의 태호에서 많이 나오는 돌
② 중국의 소금성 내에 있는 사자림 내에서 볼 수 있는 유명한 돌
③ 중국의 석회암으로서 수침과 풍침을 받아서 매우 복잡한 모양을 하고 있으나 구멍이 뚫린 것이 많다.
④ 중국에서도 가장 오래된 돌로서 화산의 영향을 받아 생성된다.

정답 51 ② 52 ① 53 ④ 54 ④ 55 ④ 56 ② 57 ② 58 ② 59 ① 60 ④

61 중국에서 최초로 서양식 정원을 도입한 정원은?

① 만수산 이궁 ② 열하산장
③ 원명원 ④ 계리궁

62 중국의 정원 중 규모가 큰 것으로서 현재까지 남아 있는 것은?

① 온천궁 ② 계리궁
③ 만수산 이궁 ④ 원명원

63 중국 명나라 시대의 정원들 중 오늘날까지 대표적 명원으로 보존되어 있는 것은?

① 서경서원 ② 졸정원
③ 서참의 원 ④ 소지원

64 중국 북송시대에 있었던 화석강이란?

① 생김새가 매우 아름다운 태호석
② 태호석을 운반하는 배
③ 태호석을 묶는 밧줄
④ 돌짜임이 잘된 태호석

65 중국 청시대의 이궁으로 틀린 것은?

① 만수산 이궁 ② 원명원 이궁
③ 열하산장 ④ 화청궁

66 중국의 정원 양식에서 말하는 신선사상의 설명으로 맞는 것은?

① 침전식으로 만들었다.
② 수미산과 홍교를 만들었다.
③ 회유임천식으로 만들었다.
④ 영주, 봉래, 방장의 세 섬을 축조하고 연못가에는 조수와 용어의 조각을 배치했다.

67 중국의 정원관계 서적인 원야에 대한 설명으로 틀린 것은?

① 이 책의 이름을 일본에서는 탈천공이라 하였다.
② 그 시대의 풍물이나 꾸밈새를 찬미하는 내용으로 되어 있다.
③ 차경에 대한 부분이 세밀히 기록되어 있다.
④ 체계적이며 연구적인 태도로서 정원구조를 많은 그림으로 제시했다.

68 일본 최초의 조경 지침서로 알려진 정원서는?

① 원야 ② 작정기
③ 일본서기 ④ 축산정조전

69 일본 정원 양식인 다정의 특징으로 틀린 것은?

① 주로 평지에 노지형을 형성된다.
② 디딤돌, 석등, 세심석 등이 배치되어 있다.
③ 차나무를 식재하는 실용원이다.
④ 다도와 함께 발달했다.

70 고구려시대 국내성의 궁전과 궁원을 조성한 사람은?

① 노자공 ② 양산보
③ 대보협부 ④ 윤선도

71 고구려의 정원 중 그 기능이 무기, 식량을 비축하고 유사시에 왕궁의 역할을 하였던 것은?

① 대성산성 ② 안학궁
③ 장안성 ④ 임류각

✔ 정답 61 ③ 62 ③ 63 ② 64 ② 65 ④ 66 ④ 67 ② 68 ② 69 ③ 70 ③ 71 ①

72 백제의 정원으로 역탑상 심지를 조성하였던 특징이 있는 정원은?

① 안학궁 ② 대성산성
③ 장안성 ④ 공주산성

73 백제의 궁남지 주위에 심었던 수목으로 올바른 것은?

① 소나무류 ② 버드나무류
③ 단풍나무류 ④ 향나무류

74 조선시대의 정원으로 북원 또는 금원이라 불린 세계적으로 자랑할 문화재적인 정원은?

① 비원 ② 경회루
③ 낙선재 ④ 아미산

75 경복궁 후원의 중심을 이루는 연못은 어느 것인가?

① 부용지 ② 반도지
③ 애연지 ④ 향원지

76 창덕궁은 낮은 곳에 못을 파고 높은 곳에 정자를 세웠는데, 그 예로 틀린 것은?

① 부용지 → 부용정
② 반도지 → 관람정
③ 옥류천 → 존덕정
④ 애연지 → 농수정

77 정원 양식에서 나라별로 비례를 사용한 예 중 틀린 것은?

① 중국은 여러 비율을 혼용하여 사용
② 영국은 1:1의 자연풍경식을 혼합하여 사용
③ 한국은 축경식과 자연풍경식을 혼합하여 사용
④ 일본은 100:1 등의 축경식 비례 사용

78 신선사상에 의한 봉래, 영주, 방장 세 섬을 축조하고 못가에 조수 용어 조각을 배치한 한시대의 정원은?

① 영대 ② 상림원
③ 만세산원 ④ 태액지원

79 다음 중 대(臺)의 설명으로 맞는 것은?

① 주건물보다 더 높이 지어진 건물
② 높은 곳에서부터 경관을 바라보기 위한 건물
③ 전망 좋은 강변이나 언덕에 휴식을 위해 지어진 건물
④ 수려한 경관을 조망하기 위해 산 위에 만든 건물

80 석가산을 태호석으로 만든 중국 원시대의 유명한 정원은?

① 만세산원 ② 사자림
③ 자금성 ④ 원명원

81 일본 정원에서 헤이안시대 침전조 양식의 대표적 정원은 무엇인가?

① 서방사 정원
② 동삼조전
③ 용안사 정원
④ 대선원

정답 72 ④ 73 ② 74 ① 75 ④ 76 ③ 77 ③ 78 ④ 79 ① 80 ② 81 ②

82 다음 정원 중 일본의 에도시대에 만들어진 것은?

① 신숙어원 ② 천용사
③ 조우이궁 ④ 육의원

83 신라에 패망한 백제인들의 활약으로 불교사원, 저수지 등을 만들고 만엽집 등의 한문학 도입이 활발하였던 일본의 시대는?

① 아스카시대 ② 나라시대
③ 헤이안시대 ④ 가마쿠라시대

정답 82 ④ 83 ②

제3장 서양의 조경 양식

고대 조경

1 이집트

(1) 배경

① 자연환경 : 아프리카의 동북부에 위치하여 국토의 대부분이 사막이며 나일강 유역은 토지가 비옥해 농업과 목축업이 발달했다.

② 인문환경 : BC 322년 알렉산더 대왕의 정복 후 수도 알렉산드리아는 헬레니즘 문화의 중심지가 되고, 자연현상을 숭배하는 다신교를 믿었다.

③ 건축
  ㉠ 분묘건축 : 피라미드, 스핑크스
  ㉡ 신전건축 : 예배신전, 장제신전, 오벨리스크

④ 조경 : 수목을 신성시하였으며(이집트, 서부아시아), 서양에서 최초의 조경기술을 가진 나라였다.

(2) 주택 정원

① 현존하는 것은 없다(무덤의 벽화로 추측).

② 높은 담장에 둘러싸인 직사각형 형태이며 수목을 열식하고 관목이나 화훼류를 분에 심어 원로에 배치하였다.

③ 정문과 주거건물 사이를 연결하는 축을 중심으로 좌우대칭형이다.

④ **키오스크**(원형 정자 : 기둥과 지붕으로만 구성), 구형 또는 T자형 침상지를 설치했다.

⑤ 조경식물 : 시커모어, 대추야자, 파피루스, 연꽃, 석류, 무화과, 포도

⑥ 테베에 있는 아메노피스 3세의 한 신하의 분묘와 **메리레의 정원**이 있다.

(3) 신전 정원(장제 신전)

① 데르엘바하리의 핫셉수트 여왕의 장제신전이 있다.

② 현존하는 최고의 정원 유적이다.

③ 수목 **열식** : 녹음수 식재를 위한 **식재공** 남아 있다.

④ 산중턱 계단식 형태 : 3개의 경사로(Terace)로 계획하였다.

장제 신전

(4) 사자(死者)의 정원

① 죽은 자를 위로하기 위해 무덤 앞에 소정원을 설치하였다.

② 테베의 **레크미라** 무덤벽화가 있다.

③ 중심에 직사각형 연못이 있고 연못 사방에 3겹의 수목을 열식, 키오스크(Kiosk)를 설치하였다.

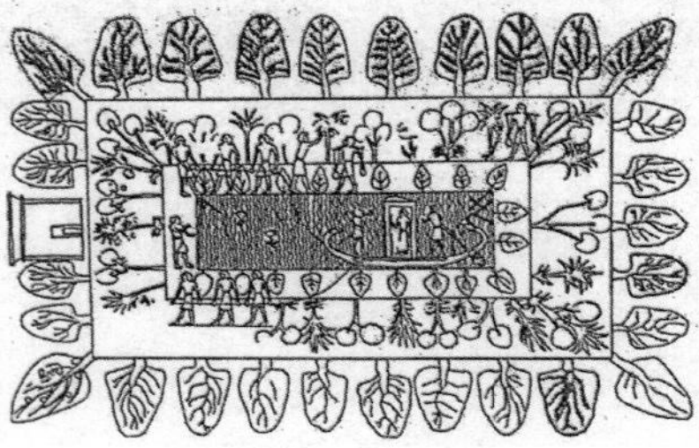

레크미라의 무덤벽화

2 서부아시아

(1) 배경

① 자연환경 : 티그리스강과 유프라테스강이 위치한 메소포타미아 지역이며 강수량이 적고 기후차가 심하다.

② 인문환경 : 수메르인이 메소포타미아 문명을 이룩하기 시작하면서 최초의 도시국가가 형성되었다.

③ 건축 : 지구라트, 공중 정원

④ 조경 : 수목을 신성시하고 관개용 수로를 설치하였다(수목 식재, 관개의 편의 상 규칙적 배치).

(2) 수렵원(Hunting Garden)

① 기능 : 수렵, 야영장, 훈련장, 제사장, 향연장 등 다용도로 이용된다.

② 길가메시 이야기 : 사냥터 경관을 전하는 최고의 문헌이다.

③ 호수와 언덕을 인공으로 조성하고 정상에 신전을 세웠다.

④ 소나무, 사이프러스를 규칙적으로 식재하였다.

⑤ 오늘날 **공원의 시초**이다.

(3) 공중 정원(Hanging Garden)

① 최초의 **옥상정원**으로 세계 7대 불가사의 에 든다.

② 성벽의 높은 노단 위에 수목과 덩굴식물을 식재했다.

③ 벽은 벽돌로 된 것으로 추정한다.

④ 네부카드네자르 2세가 왕비 아마티스를 위해 조성했다.

⑤ 인공관수, 방수층을 만들어 식물을 식재했다.

공중 정원

참고

지구라트(Ziggurat)

- 랜드마크(지표물), 인공산이라 할 만큼 높이 축조하였다.
- 하늘에 있는 신(神)들과 지상을 연결시키기 위한 것이다.

지구라트

3 그리스

(1) 배경

① 기후 : 지중해성 기후(여름 고온다습, 겨울 온난다습)이며 옥외 생활을 즐겼다.
② 특징 : 화려한 개인 주택보다 공공 조경이 발달하였다.
③ 국민성 : 도시 생활을 즐김 → 정원 중심이 아닌 건물 중심 → **아고라** 생성

(2) 주택 정원

① 중정을 중심으로 한 방을 배치했다.
② 외부에 폐쇄적인 내향적 구성이다.
③ 중정의 구성(Court)
㉠ 돌로 포장하고 장식적 화분에 장미, 백합 등 향기 있는 식물을 식재했다.
㉡ 조각물과 대리석, 분수로 장식했다.
④ **아도니스원**
㉠ 지붕에 아도니스 동상을 세우고 주위를 화분으로 장식했다.
㉡ 화분에 밀, 보리, 상추 등을 분이나 포트에 심어 부인들이 가꾸었다.
㉢ 아도니스상 주위를 장식하였으며 후에 포트가든 또는 옥상정원으로 발달하였다.

(3) 공공 조경

① **성림**
㉠ 신들에게 제사 지내는 장소로 시민들이 자유로이 사용하였다.
㉡ 유실수보다 녹음수 식재 : 사이프러스, 플라타너스, 올리브, 상록성 가시나무류
② **짐나지움** : 청소년들이 체육 훈련을 하는 장소였으며, 대중적 정원으로 발달(도시 외부에 설치)하였다.

(4) 도시 조경

① **히포다무스** : 최초의 도시계획가이다. 밀레투스에서 처음으로 장방형 격자 모양의 도시를 계획했다.
② **아고라(Agora)**
㉠ 최초의 광장 개념(옥외 광장, 큰 시장을 의미)이다.
㉡ 물물교환과 집회의 장소였다.
㉢ 도시계획의 구심점이다.
㉣ 플라타너스 녹음수 식재, 조각상, 분수 시설이 있다.

4 고대 로마

(1) 배경

① 기후 : 겨울은 온화하고 여름은 몹시 더워 구릉지에 빌라가 발달하는 계기가 되었다.
② 식물 : 감탕나무, 사이프러스 등 상록활엽수가 풍부하게 자생하였다.
③ 토목기술 발달 : 원형극장, 투기장, 목욕탕, 고가도로 등
④ 건축양식은 열주의 형태를 띤다.

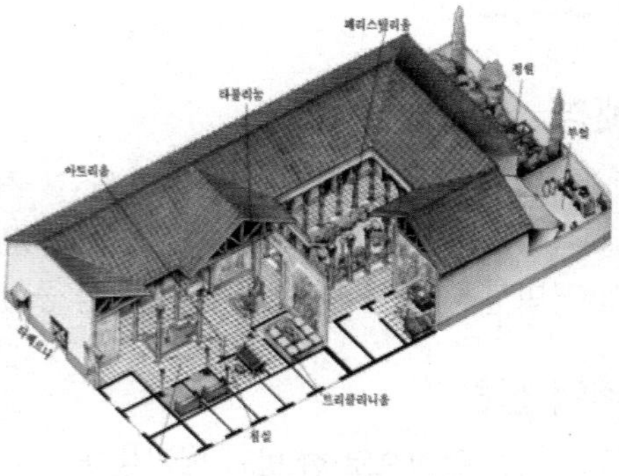

로마의 주택구조

(2) 주택 정원

내향적 구성으로 2개의 중정과 1개의 후정이 있다.

구분	제1중정(아트리움)	제2중정(페리스틸리움)	후정(지스터스)
	무주랑(無柱廊) 중정	주랑식(柱廊) 중정	후원
목적	공적장소(손님 접대)	사적장소(가족 공간)	가족의 옥외공간
특징	• 지붕이 천창(天窓, 채광 위한 천장) • 임플루비움(빗물받이 수반) 설치 • 바닥은 돌 포장 • 화분장식	• 바닥을 포장하지 않음(식재 가능) • 꽃, 분수, 조각 등 정형적 배치, 식재 • 벽화 • 침실 거실과 연결	• 제1, 2중정과 동일한 축선상에 배치 • 5점형 식재 • 관목 군식

(3) 빌라(별장)

① 로마 시대는 혼잡하여 자연을 동경하고 부호들의 과시욕과 피서를 즐기기 위해 빌라를 세웠다.
② 종류 : 전원풍 빌라, 도시풍 빌라
③ 대표 빌라
　㉠ 라우렌틴장 : 전원풍과 도시풍 빌라의 혼합형
　㉡ 터스카나장 : 도시풍의 여름 별장, 토피어리 등장
　㉢ 아드리아누스장 : 아드리아누스 황제가 티볼리에 건설

(4) 포럼(Forum)

① 아고라와 같은 개념의 대화장소로서 아고라에 비해 시장기능이 없다.
② 로마의 공공조경으로 지배계급을 위한 상징적 공간이다.
③ 집회, 휴식의 장소로 사용하였다.

중세 조경

1 개요

① 고대~8C : 비잔틴 미술의 영향
② 9~12C : 로마네스크식(엄숙, 장중)
③ 13~15C : 고딕양식(상승의 경쾌감)
④ 1,000년간(476년~15C) 문화적 암흑기
⑤ 11C 말 십자군 운동으로 교황의 권위가 강화되었고 군주정치가 강화된 반면, 봉건계급의 세력은 약화되었다.
⑥ 서유럽에서는 기독교 문명을 중심으로 한 수도원 정원과 봉건영주들의 성관에 의해 이루어진 성관조경이 발달하고 7~13C에는 이슬람 정원이 발달하였다.

2 서구

(1) 수도원 정원(초기) : 이탈리아 중심으로 발달

수도원 정원

① 특징
㉠ 실용적 정원 : 채소원, 약초원 등
㉡ 장식적 정원 : **회랑식 중정원**(클로이스트 가든)

② **회랑식 중정(클로이스트 가든)**
㉠ 주랑의 기둥 사이로 흉벽이 만들어져 있어 일정한 통로 외에는 정원으로의 출입이 불가능한 폐쇄적인 중정이다.
㉡ 2개의 원로를 4분원한 교차점을 **파라디소**라 한다. 주로 수목을 식재하거나 돌수반, 분수, 우물을 배치(로마의 페리스틸리움과 유사)하였다.

(2) 성관(城館) 정원(후기) : 프랑스, 영국, 독일을 중심으로 발달

성관 정원

① 장원의 규모가 커지면서 주위를 성곽으로 두르는 폐쇄적인 형태로 주위에 방어목적인 해자를 두었다.
② 한정된 공간에 화려한 꽃, 매듭화단(Knot), 미로정원을 조성하였다.

③ 자급자족적 성격이 강하다(초본원, 약초원).

④ 기록 : 장미이야기(장편 연애시)

(3) 스페인의 이슬람 정원

① 개요

㉠ 기독교와 이슬람의 양식이 절충되어 나타난다.

㉡ 이집트와 페니키아인의 정형적인 정원과 로마의 중정 및 비잔틴 제국의 정원을 계승하였다. 파티오(중정식) 정원이 발달하였다.

※ 파티오 중요 구성요소 : 물, 색채타일, 분수

㉢ 관개기술이 발달하여 강을 따라 세빌리아, 코르도바, 그라나다의 도시가 번성하였다.

② 세빌리아의 알카자르(Alcazar at Seville)

㉠ 1181년 이슬람 왕 아부 야굽 주숩(Abu-Yakub Jusuf)이 건설한 궁전이다.

㉡ 연못은 모두 침상지이며, 원로나 파티오에 타일이나 석재로 포장하였다.

③ 코르도바의 대모스크(Mosque at Cordova)

㉠ 아부드 알 라흐만 1세가 786년에 착공하였으며, 계속 확장되었다.

㉡ 오렌지 중정 : 2/3은 원주, 1/3은 오렌지 중정이며 대연못과 네 개의 작은 연못, 오렌지 나무와 야자나무, 벽돌로 만든 관개수로로 조성하였다.

④ 그라나다의 **알함브라 궁전**(Alhambra at Granada)

㉠ 1240년 경 모하메드 1세 때 축조되었으며, 무어 양식의 극치를 나타낸다.

㉡ 그라나다 시를 조망하는 배 모양으로 구릉지에 축조하였다.

㉢ 주요 건물이나 성채를 붉은 벽돌로 지었으며, 네 개의 중정(Patio)이 남아 있다.

알베르카(Alberca) 중정	• 입구의 중정이자 **주정**(主庭) : 공적 기능 • 연못 양쪽에 도금양(천인화)이 열식되어 '도금양(천인화)의 중정'이라고도 부른다. • 종교적 욕지인 연못, 투영미가 뛰어나다.
사자(Lion)의 중정	• 1377년 모하메드 5세가 조영하였다. • **주랑식 중정으로 가장 화려하다.** • 검은 대리석으로 만든 12마리의 사자가 수반과 분수를 받치고 있으며, 분수로부터 네 개의 수로가 뻗어 중정을 사분(四分)하는 것은 파라다이스 가든 위 「낙원의 4개의 강」을 의미한다. • 물의 존귀성이 나타난다. • 그라나다에 현존하는 귀중한 아랍식 중정이다.
다라하(린다라야) 중정	• 부인실에 부속된 정원이다. • 회양목 열식하고 원로를 포장하지 않았다. • 중정을 중심에 분수가 있다.
창격자 중정 (사이프러스 중정, 레아의 중정)	• 1454년에 조영하였다. • 바닥은 둥근 색자갈로 꾸몄다. • 네 귀퉁이에 사이프러스를 식재하였다. • 중앙 분수 : 전체적으로 환상적이고 엄숙한 분위기가 난다.

> **참 고**
> • 알베르카 중정, 사자의 중정 : 이슬람적 성격
> • 다라하 중정, 창격자 중정 : 기독교적 성격

⑤ 제네랄리페 이궁
㉠ 노단에 의한 물의 처리 기법 : 이탈리아 노단식 정원에 영향을 주었다.
㉡ 그라나다 최초의 왕이 축조하였다. 피서를 위한 은둔처로 전체가 정원이다.
㉢ 주변 경치가 아름답고, '높이 솟은 정원'을 의미한다.
㉣ 경사지가 계단식 처리되었고, 기하학적으로 구성되었다.
㉤ 수로(Canal)의 중정 : 주정이며 연꽃모양의 수반과 회양목으로 구성한 무늬화단과 장미원을 조성하였다. 「연꽃의 분천」

⑥ 스페인(중정식) 정원의 특징
㉠ 중정 구성이 독특하다(파티오식).
㉡ 물과 분수를 풍부하게 이용할 수 있다.
㉢ 장식이 섬세하다.
㉣ 대리석과 벽돌을 이용한 기하학적 형태를 띤다.
㉤ 매듭무늬 화단, 화려한 식물을 사용하여 다채로운 색채를 도입하였다.
㉥ 그 외 기둥, 복도, 열주, 조각상, 장식분이 있다.

(4) 이란의 이슬람 조경

① 사막기후의 영향으로 도시전체를 하나의 거대한 정원으로 조영하였다. 이스파한은 소정원을 연속적으로 이어가면서 도시 자체를 하나의 정원으로 전개하였다.
② 종교와 환경의 영향으로 물이 정원의 중요한 요소를 담당한다. 깊고 푸르게 보이도록 푸른색, 회색 조약돌을 사용하였다.
③ 당초무늬, 아라베스크무늬 등의 문양이 발달하였다.

(5) 무굴인도의 이슬람 조경

① 열대지방이므로 녹음수가 중요시 되고 연못이 장식, 목욕, 종교적 행사를 위한 정원의 주요소가 되었다.
② 고대 인도의 정원을 바탕으로 물, 그늘, 꽃이 중점이 되고, 높은 담을 설치하였다.
③ 정원은 궁전과 별장을 중심으로 발달한 바그(Bagh)와 정원과 묘지를 결합한 형태로 구분한다.
④ 람 바그(Ram Bagh), 샬리마르 바그, 니샤트 바그(캐시미르 지방의 여름 별장)가 있다.
⑤ 타지마할 : 샤자한 왕이 왕비 뭄타지마할을 기념하여 세운 묘소(높은 담, 대리석 분천지, 수로, 넓은 정원)이다.

알베르카 중정

사자의 중정

제네랄리페 이궁

타지마할

르네상스 조경

1 이탈리아(노단식)

- 15C 르네상스 시대 시민계급 자본을 바탕으로 한 정원이다.
- 자연존중, 인간존중, 시민생활 안정을 위하며 정원이 옥외 미술관적 성격을 띤다.

(1) 특징

① 높이가 다른 여러 개의 노단(테라스)의 조화로 좋은 전망을 살리고자 했다.
② 강한 축을 중심으로 정형적 대칭을 이룬다.
③ 지형과 기후로 구릉과 경사지에 빌라가 발달했다.
④ 흰 대리석과 암록색의 상록활엽수가 강한 대조를 이룬다.
⑤ 축을 따라 축을 직교하여 분수, 연못 등을 설치했다. **예** 케스케이드(계단폭포)
⑥ 르네상스 3대 빌라 : 에스테(리고리오), 랑테, 파르네제(비뇰라)

(2) 빌라 메디치(피에졸레)

① 미켈로지가 설계(설계자의 이름이 밝혀지기 시작)했다.
② 주변의 전원풍경을 즐길 수 있도록 차경수법을 이용했다.
③ 경사지를 테라스로 처리했다.

(3) 빌라 에스테(Este) : 설계자 – 리고리오

① 14,000평에 다양한 디자인을 설계했다.
② 평탄한 노단 중앙의 중심축선이 최상부 노단에 이르고 이 축선 상에 분수를 설치했다.
③ 축선과 직교하여 정원이 전개된다.
④ 사이프러스 군식과 연못, 자수화단, 미로, 덩굴 올린 터널이 있다.
⑤ 짙은 그늘과 수림속의 맑은 물, 조각품이 조화를 이룬다.
⑥ 100개의 분수, 물풍금, 물극장, 물계단, 경악분천이 있다.

에스테 빌라

100개의 분수(에스테)

워터오르간(에스테)

미로원

(4) 바로크 양식(17C 후기)

① 1600~1750년까지 풍미한 예술의 한 양식으로서 고전주의 의 명쾌한 균제미로부터 벗어나고 화려하고 세부적인 기교에 치중했으며 물을 즐겨 사용했다(케스케이드, 비밀분천, 물극장, 물풍금, 경악분천, 정원동굴).

② 대표작 : 알도브란디니장, 이졸라벨라, 가르조니장

2 프랑스 평면 기하학식

(1) 특징

① 산림 내 소로(Allee)를 이용한 장엄한 스케일이다.

② 정원이 주가 된다.

③ 산울타리로 총림과 기타 공간을 명확히 구분한다.

④ 비스타(Vista, 통경선)를 형성한다.

⑤ 정원이 화려하고 장식적이다(자수화단, 대칭화단, 구획화단, 물화단).

⑥ 운하(Canal) : 르노트르를 특징하는 가장 중요한 시설이다.

평면기하학식 정원

보르비꽁트

(2) 보르비꽁트 정원

① 최초의 평면기하학식 정원이다.

② 조경은 르노트르, 건축은 루이르보가 설계했다.

③ 조경이 주이고 건물은 정원의 장식요소라 생각했다.

④ 궁전 전면 중앙의 주축선 중심으로 좌우대칭하여 장식화단, 수로가 놓이고 화단은 수림을 배경으로 한다.

⑤ 비스타(Vista) 정원 : 좌우로 시선이 숲 등에 의해 제한되고 정면의 한 점으로 시선이 모이도록 구성되어 주축선이 두드러지게 하는 경관구성 수법을 사용했다.

⑥ 산책로(Allee), 총림, 비스타, 자수화단을 배치했다.

⑦ 루이 14세를 자극하여 베르사유를 설계하는 계기가 되었다.

(3) 베르사유 궁원

① 수렵지로 쓰던 소택지에 궁원과 정원을 조성했다.

② 300ha에 이르는 세계 최대 정형식 정원이다.

③ 바로크 양식이다.

④ 조경은 르노트르, 건축은 루이르보가 설계했다.

⑤ 궁원의 모든 구성이 중심축과 명확한 균형을 이루며 축선은 방사상으로 전개된다[태양왕(루이14세) 상징].

⑥ 특징

㉠ 총림, 롱프윙(Rondspoint, 사냥의 중심지), 미로원(Maze), 소로(Allee), 연못, 야외극장 등을 배치했다.

㉡ 강한 축과 총림(보스케, Bosquet)에 의한 비스타를 형성한다.

베르사유궁전

베르사유궁전

3 프랑스의 풍경식 정원

(1) 특징

① 18C 말부터 19C 초에 걸쳐 영국의 풍경식 양식이 유행했다.

② 대표적인 정원 : 쁘띠 뜨리아농, 몽소공원, 말메종, 에르메농비유

(2) 쁘띠 뜨리아농(Petit Trianon)

루이 14세 때 건설하고, 루이 16세 때 마리 앙뜨와네트가 농가와 같은 풍경식으로 건설했다.

참고 프랑스 정원의 영향

- 오스트리아 : 벨베데레 정원, 쉔브룬 궁전
- 네덜란드 : 기하학적 경작지, 수로
- 중국 : 원명원이궁
- 도시계획 : 미국 워싱턴 계획

영국 조경

1 개요

(1) 자연환경

① 흐린 날이 많아 잔디밭과 보울링 그린이 성행했다.
② 완만한 기복을 이룬 구릉이 전개되고 강과 하천도 완만한 흐름을 나타낸다.

(2) 인문환경

① 튜더조 후기, 영국의 르네상스가 절정에 이르렀다.
② 스튜어트조 때, 청교도 혁명과 명예혁명이 일어나고 잉글랜드 공화국이 성립되었다.

2 정형식 정원(11~17C)

① 처음 장원 중심의 소규모에서 튜더왕조 후기에 이탈리아, 프랑스의 영향을 받았다.
② 축을 중심으로 한 기하학적 구성과 매듭화단(Knot Garden), 미원 등이 유행했다.

3 자연풍경식(전원풍경식) 정원

(1) 배경

계몽주의 사상, 풍경화, 문학의 낭만주의, 자연주의 운동이 일어났다. 17C 정형식 정원의 기하학적인 형태에 대한 반동으로 영국의 자연 조건에 부합하는 풍경식 정원 양식이 발생하여 유럽 대륙으로 전파되었다.

(2) 조경가

① 조지 런던(Georgy London), 헨리 와이즈(Henry Wise) : 최초의 상업 조경가
② 스테판 스위처(Stephen Swizer)
　㉠ 울타리를 없애고 주위를 전원으로 확장시키려 했다.
　㉡ 최초의 풍경식 조경가이다.

독일 조경

1 독일의 정원(풍경식)

(1) 무스코 정원

① 퓌클러 무스카우(1785~1871) 공작의 정원이다.
② 강물을 자연스럽게 흐르게 한 수경시설이 역점이다.
③ 전원생활의 모든 활동이 가능한 시설로 부드럽게 굽어진 도로와 산책로를 통해 시각적 아름다움을 표현했다.
④ 센트럴 파크에 낭만주의적 풍경식을 옮기는 교량적 역할을 한다.

(2) 분구원

① 19C 중엽 쉬레베르(Schreber)가 제창하였다.
② 200m²를 한 단위로 하는 소정원을 시민에게 대여하였다. 채소, 과수, 꽃 등의 재배와 위락 공간을 대도시 주민의 보건을 위해 설치했다.
③ 1차 세계대전 후 급격히 발달하여 1930년대 성황을 이루었다.
④ 현재는 화훼재배장 또는 주택난 해소를 위해 사용하고 있다.

분구원

(3) 시뵈베르원 : 1750년 축조된 독일 최초의 풍경식 정원이다.

2 독일 정원의 특징

① 과학적 지식을 이용한 자연 경관의 재생이 목적이다.
② 그 지방의 향토수종을 배식하여 자연스러운 경관을 형성했다.
③ 실용적 형태의 정원이 발달하였다.

제4장 현대 조경의 경향

1 미국의 조경

(1) 프레드릭 로 옴스테드(Frederik Low Olmstead)

① 옴스테드는 현대 조경가의 아버지라 불리며, 1863년 Landscape Architect라는 용어를 정식으로 사용하였다.

② 공원설계 응모에서 옴스테드와 보우(Calvert Vaux)의 「그린 스워드」 안이 당선되어 1858년 센트럴 파크가 탄생하였다.

③ 의 의 : 미국 도시공원의 효시가 되고 재정적으로 성공하였으며, 국립공원운동에 불을 붙여 1872년 옐로우 스톤 공원(Yellow Stone Park)이 최초의 국립공원으로 지정되었다.

(2) 센트럴 파크(Cental Park)

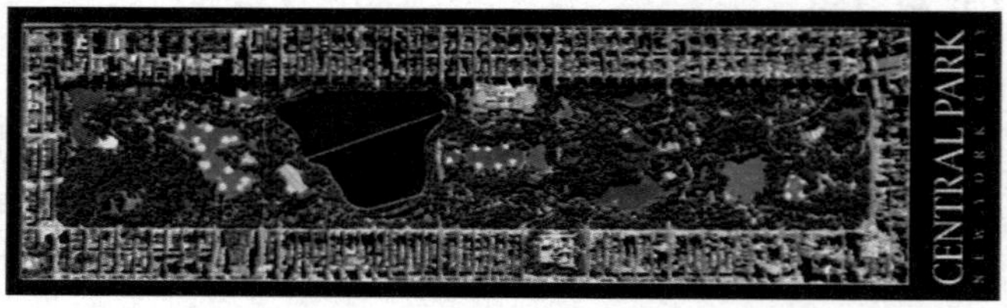

① 옴스테드가 설계하였다.

② 영국 최초 공공정원인 버큰헤드 공원의 영향을 받은 최초의 도시공원이다.

③ 부드러운 곡선과 수변, 입체적 동선 체계, 차음, 차폐 식재, 넓고 쾌적한 마차길, 산책로, 아름다운 자연의 View 조성, 드라이브 코스, 넓은 잔디밭, 동적 놀이를 위한 운동장이 있다.

(3) 다우닝(Downing) : 허드슨 강변을 따라 옥외지역을 개발하고 공공조경의 필요성을 주장했다.

(4) 공원 계통(Park System)

① 찰스 엘리어트(Charles Eliot, 1859~1897)가 1890년 수도권 공원 계통을 수립하였다.

② 1895년 보스턴의 홍수조절과 도시문제를 해결하기 위해 공원위원회가 설립되고 옴스테드 부자와 엘리어트가 보스턴 공원 계통을 수립하였다.

(5) 시카고 박람회(콜롬비아 박람회)

① 1893년 미대륙 발견 400주년을 기념하기 위한 박람회로서 건축에 다니엘 번함(Daniel Burnham), 도시설계에 맥킴(Mckim), 조경에 옴스테드가 참여하였다.

② 의 의 : 도시계획이 발달하는 기틀이 되었으며, **도시미화운동**(City Beautiful Movement)**이 일어나고, 조경 전문직에 대한 인식이 높아졌다.**

(6) 도시 미화 운동(City Beautiful Movement)

① 배경 : 시카고 박람회의 영향으로 아름다운 도시를 창조함으로써 공중의 이익을 확보할 수 있다는 인식에서 일어난 시민운동이다.

② 로빈슨(Charles Mulford Robinson)과 번함(Daniel Burnham)이 주도하였으며 시빅센터(Civic Center) 건설, 도심부의 재개발, 캠퍼스 계획 등 각종 도시 개발이 전개되었다.

③ 문제점 : 미에 대한 인식의 오류로 도시개선과 장식의 수단으로 잘못 사용되었으며 조경직과 도시계획 전문직이 분리되어 조경의 도시 계획 및 지역 계획에 대한 영향력이 감소되었다.

(7) 레드번(Redburn) 계획

① 1929년 라이트(Henry Wright)와 스타인(Clarence Stein)이 소규모 전원도시를 건설하여 인구 25,000명을 수용하였다.

③ 슈퍼블럭을 설정하고 차도와 보도를 분리하였다.

④ 쿨데삭(Cul-de-sac)으로 근린성을 높이고, 학교 · 쇼핑센터 등을 주거지에서 공원과 같은 보도로 연결하였다.

(8) 광역 조경 계획(T.V.A)

① 뉴딜 정책의 산업부흥법(N.I.R.A)으로 국토계획국을 설치하고 도시 개발, 주택 개발을 국가적 규모로 시행하였다.

② T.V.A(Tenessee Valley Authority)계획으로 후생시설을 완비하고, 공공위락시설을 갖춘 노리스 댐(Noris Dam, 1936)과 더글라스 댐(Douglas dam, 1943)을 완공하였다.

③ 의 의 : T.V.A는 수자원 개발과 지역 개발의 효시이며 조경가들이 대거 참여하였다.

2 현대의 조경

① 내용이 다양해지고 지역별로 특성이 있으나 형태를 고집하지 않는다.

② 건물 주변에 정형식 정원을, 자연환경 속에는 자연식 정원을 만드는 경향이 있다.

③ 설계자의 의도가 중요하게 작용하여 정원 소재와 정원 양식을 선택한다.

④ 조각공원, 운동공원, 어린이공원 등 테마파크의 경향으로 전문화된 공원이 많아졌다.

⑤ 1967년 우리나라 공원법이 제정되었다.

3 한국의 조경

① 1980년대 이후 한국적 분위기를 창출하는 조경에 관심이 생겼다.

② 원로 포장에 전통적 무늬를 사용한다.

③ 수목의 정형적 전정을 최소화하였다.
④ 품위 높은 나무인 소나무와 느티나무를 도입하였다.
⑤ 파고다 공원(탑골공원, 1897) : 대중을 위해 처음 만들어진 공원이다.

참 고 》 **현대 조경의 경향**

- 현대의 조경 : 건물 주변은 정형식으로 조성하고 그 밖에는 자연식으로 조성한다.
- 우리나라의 현대 조경
  - 우리나라 최초의 유럽식 정원 : 덕수궁 석조전 앞뜰(분수와 연못 중심)
  - 공공을 위한 최초의 정원 : 탑골 공원
  - 1970년대 : 잔디밭과 수목을 이용한 조경 양식을 도입했다.
  - 1980년대 : 소나무, 느티나무 등 향토 수종을 이용한 조경을 시작했다.
  - 현대 : 환경오염과 생태계 복원에 노력을 하고, 특정 양식에 구애받지 않는다.

제2-2편 적중예상문제

1 **이집트 정원의 특징으로 올바르게 설명한 것은?**

① 지구라트를 만들어 수호신을 모시는 경향이 있었다.
② 수렵원이 발달한 것이 특징이다.
③ 종려나무를 많이 식재하였다.
④ 수목의 생육을 중요시하여 원예가 발달하였다.

2 **이집트 정원을 크게 나누어 파악하고자 한다. 그 구분으로 부적당한 것은?**

① 공중 정원 ② 주택 정원
③ 신전 정원 ④ 묘지 정원

3 **이집트 주택 정원의 설명으로 틀린 것은?**

① 현존하는 것을 보고 추측할 수 있다.
② 높은 담장에 둘러싸여 있다.
③ 중심축 좌우에 연못을 배치했다.
④ 연못가에 정자를 설치했다.

4 **이집트의 신전 정원에 대한 설명으로 틀린 것은?**

① 데르엘바하리에 신전이 있다.
② 계단식 형태로 이루어졌다.
③ 열주를 세우고 주변에 정원을 만들었다.
④ 수목을 심지 않았다.

5 **이집트 정원에서 식재공에 대한 설명으로 틀린 것은?**

① 나무를 심는 인부를 말한다.
② 녹음수를 심기 위한 것이다.
③ 세계 최고의 조경 유적이다.
④ 지금까지 남아 있다.

6 **다음 중 이집트의 묘지 정원은 어느 것인가?**

① 지구라트 ② 데르엘바하리
③ 레크미라 ④ 행잉가든

7 **이집트의 묘지 정원에 대한 설명으로 틀린 것은?**

① 무덤벽화로 추측할 수 있다.
② 사자의 정원이라 한다.
③ 포도나무를 심어 그늘지게 했다.
④ 테베의 무덤에서 보여 주고 있다.

8 **서아시아의 주택 정원 식물에 대한 설명으로 맞는 것은?**

① 포도덩굴을 심어 그늘지게 했다.
② 파피루스를 심었다.
③ 아카시아를 심어 그늘지게 했다.
④ 정원수로 과수를 식재했다.

9 **수목을 신성시하였고 대규모 동산을 만들어 정상에 수호신을 모신 지구라트를 만들었던 나라는?**

① 이집트 ② 그리스
③ 바빌로니아 왕국 ④ 로마

✔ 정답 1④ 2① 3① 4④ 5① 6③ 7③ 8④ 9③

10 수목을 식재하기 위해 관개용 수로를 설치하였던 고대의 나라는?

① 이탈리아 ② 스페인
③ 그리스 ④ 바빌로니아

11 지구라트(Ziggurat)의 설명으로 맞는 것은?

① 핫셉수트 여왕이 태양신인 아몬드를 모신 신전 정원이다.
② 스핑크스를 배치하고 아카시아를 심었다.
③ 야영장, 훈련장의 용도로 사용되었다.
④ 도시의 중앙에 조성한 신의 언덕으로 수호신을 모셨다.

12 다음 중 네부카드네자르 2세와 관련이 있는 것은?

① 공중 정원 ② 아도니스원
③ 수렵원 ④ 레크미라 묘원

13 헌팅 가든 또는 수렵원의 계획기법으로 맞는 것은?

① 태양신을 모신 신전 정원이다.
② 인공으로 언덕을 쌓고 인공호수를 조성했다.
③ 대표적인 것이 지구라트이다.
④ 공중 정원을 말한다.

14 공중 정원의 계획기법으로 바르지 않은 것은?

① 계단층을 만들어 조성했다.
② 각 노단의 외부를 회랑으로 둘렀다.
③ 벽은 자연석을 이용하여 축조했다.
④ 노단 위에 수목과 덩굴식물을 식재했다.

15 고대 그리스의 정원 양식에서 시민들이 사용하며 제사도 지냈고 신전을 분수, 꽃으로 치장하였던 곳은?

① 성림 ② 지스터스
③ 공중 정원 ④ 데르엘바하리

16 고대 그리스 광장의 역할을 하였던 공간은 무엇인가?

① 포럼 ② 아트리움
③ 페리스틸리움 ④ 아고라

17 고대 그리스 주택 정원의 구성상 틀린 것은?

① 중정은 돌로 포장했다.
② 장미 등 향기 있는 식물을 식재했다.
③ 외부에 개방적인 구조로 되어 있다.
④ 대리석 분수로 장식했다.

18 다음 중 고대 그리스의 중정을 뜻하는 말은 무엇인가?

① 코트 ② 빌라
③ 아고라 ④ 포럼

19 수목과 숲을 신성시하여 과수보다 녹음수 위주의 식재를 하였던 고대 국가는 다음 중 어디인가?

① 스페인 ② 고대 로마
③ 고대 그리스 ④ 이집트

20 그리스의 성림에 식재하였던 식물이 바르게 짝지어진 것은?

① 떡갈나무, 올리브 ② 장미, 백합
③ 올리브, 장미 ④ 백합, 떡갈나무

정답 10 ④ 11 ④ 12 ① 13 ② 14 ③ 15 ① 16 ④ 17 ③ 18 ① 19 ③ 20 ①

21 그리스의 일반 주택에서 장식적 화분에 식재하였던 식물은?

① 연꽃, 백합
② 파피루스, 떡갈나무
③ 올리브, 떡갈나무
④ 백합, 장미

22 고대 로마에서 광장의 성격을 지녔던 공간은?

① 아고라 ② 파티오
③ 빌라 ④ 포럼

23 다음 중 고대 로마의 주택 정원 구성에 속하지 않는 것은?

① 아트리움 ② 지스터스
③ 코트 ④ 페리스틸리움

24 다음 중 아트리움에 대한 설명으로 맞는 것은?

① 현관에 들어서면서 만들어진 손님을 위한 공간
② 가족을 위한 사적인 공간
③ 넓고 포장되지 않은 공간에 꽃들을 정형적으로 심은 공간
④ 수로가 있는 공간

25 고대 로마시대의 주택 정원에서 5점형 식재를 하였던 공간은 무엇인가?

① 아트리움
② 페리스틸리움
③ 코트
④ 지스터스

26 다음 중 스페인의 정원과 관계가 있는 것은?

① 빌라 정원 ② 회랑식 중정
③ 수렵원 ④ 공중 정원

27 다음 중 대표적인 이슬람 정원이라고 할 수 있는 것은?

① 빌라 데스테 ② 베르사유 궁원
③ 스토 정원 ④ 알함브라 궁원

28 다음 중 알함브라 궁원의 중정이 아닌 것은?

① 사자(Lions)의 중정
② 알베르카 중정
③ 창격자 중정
④ 헤네랄리페 중정

해설 헤네랄리페 중정은 알함브라 궁에서 얼마 떨어지지 않은 헤네랄리페 이궁의 중정을 말한다. 알함브라궁원의 중정, 사자의 중정, 알베르카 중정, 린다라야 중정, 창격자 중정이 있다.

29 다음은 각 나라의 중정에 대한 용어의 표현 방법 중 틀린 것은?

① 코트 – 그리스의 중정
② 지스터스 – 로마의 제1중정
③ 페리스틸리움 – 로마의 제2중정
④ 파티오 – 스페인의 중정

30 이슬람 정원의 알함브라 궁원에서 궁전의 주정원 역할을 한 곳은?

① 알베르카 중정
② 사자의 중정
③ 린다라야 중정
④ 창격자 중정

정답 21 ④ 22 ④ 23 ③ 24 ① 25 ④ 26 ② 27 ④ 28 ④ 29 ② 30 ①

31 주랑식 중정이라고 부르며 기둥이 섬세한 장식의 아치를 떠받치고 있는 알함브라궁전의 중정은 무엇인가?

① 창격자 중정 ② 사자의 중정
③ 알베르카 중정 ④ 린다라야 중정

32 회양목으로 가장자리를 식재하여 여러 모양의 화단을 만들고 중정 가운데 분수 시설을 하였던 이슬람 정원의 중정은?

① 창격자 중정 ② 아트리움 중정
③ 린다라야 중정 ④ 코트 중정

33 이슬람 정원에서 경사지에 위치하여 계단식 처리와 기하학적 구성을 한 정원은?

① 알함브라 궁원 ② 헤네랄리페 이궁
③ 린다라야 중정 ④ 베르사유 궁원

34 이슬람 정원의 특징이 아닌 것은?

① 산 속의 경치 좋은 곳에 빌라 정원을 많이 꾸몄다.
② 물과 분수를 풍부하게 사용했다.
③ 섬세한 장식과 다채로운 색채를 도입했다.
④ 대리석과 벽돌을 이용하여 기하학적 형태를 띤다.

35 이슬람 정원 중 헤네랄리페의 중정에 대한 설명으로 틀린 것은?

① 건물 입구까지 길 양쪽의 분수가 아치처럼 자리한다.
② 분수의 물보라와 소리를 들을 수 있다.
③ 흰벽의 밝은 광선과 아케이드의 깊은 그늘이 조화를 이룬다.
④ 매우 환상적이나 조화를 이루지 못한 부분이 안타깝다.

36 다음 중 이탈리아 정원의 양식을 무엇이라 하는가?

① 회랑식 중정원 ② 평면기하학식
③ 노단건축식 ④ 자연풍경식

37 이탈리아 정원에서 주변의 전원풍경을 차경수법으로 대담하고 질서 정연하게 구성한 정원은?

① 빌라 데스테 ② 빌라 메디치
③ 헤네랄리페 이궁 ④ 스토우 정원

38 빌라 메디치에 대한 설명으로 틀린 것은?

① 설계자의 이름이 밝혀지기 시작하였다.
② 정형식으로 만들어졌다.
③ 이때까지는 경사지의 노단처리를 하지 않았다.
④ 플로렌스 근교의 피에솔레에 위치하고 있다.

39 빌라 데스테에 대한 설명으로 틀린 것은?

① 방문자를 압도하고자 하는 정원조성 의도가 있다.
② 중심축 선상에 대규모 녹음수를 식재했다.
③ 축선과 직교하여 정원이 전개되었다.
④ 짙은 그늘과 수림 속의 맑은 물이 조각품과 잘 어울린다.

40 이탈리아 정원의 특징으로 틀린 것은?

① 평면적으로 강한 축을 중심으로 정형적 대칭을 이룬다.
② 축선상과 축선에 직교한 곳은 비워 놓았다.
③ 지형을 극복하기 위해 경사지 이용했다.

정답 31 ② 32 ③ 33 ② 34 ① 35 ④ 36 ③ 37 ② 38 ③ 39 ② 40 ②

④ 높이가 서로 다른 노단을 여러 개 만들어 활용했다.

41 프랑스의 정원 양식을 확립한 사람은?

① 미켈로초 ② 사이몬드
③ 르노트르 ④ 옴스테드

42 르노트르가 프랑스에서 조경 설계로 이름을 얻게 된 최초의 정원은 무엇인가?

① 베르사유 궁원
② 보르비꽁트 정원
③ 센트럴 파크
④ 버큰헤드 공원

43 다음 중 보르비꽁트 정원에 대한 설명으로 맞는 것은?

① 프랑스 양식을 확립하게 된 정원이라 할 수 있다.
② 옴스테드가 설계하고 르노트르가 시공하였다.
③ 소택지로서 수렵원과 합쳐진 지형을 이용하였다.
④ 루이 14세의 왕권을 과시하고자 만들었다.

44 베르사유 궁원에 대한 설명으로 틀린 것은?

① 건물과 연못 중심으로 방사상의 축선을 전개하였다.
② 주축을 따라 저습지의 배수를 위하여 수로를 설치하였다.
③ 부축의 교차점에 화려한 화단, 분수 등을 만들었다.
④ 프랑스 최초의 비스타 정원을 형성한 정원이다.

45 프랑스 정원의 특징을 바르게 설명하지 않은 것은?

① 소로와 삼림을 적극적으로 이용하였다.
② 도시를 떠난 전원별장에서 정원이 발달하였다.
③ 장식적인 평면상의 구성이 특징이다.
④ 왕과 귀족의 저택에서만 유명한 정원이 나타났다.

46 영국의 정형식 정원의 특징 중 매듭화단이란 무엇인가?

① 수목을 전정하여 정형적 모양으로 미로를 만드는 것
② 낮게 깎은 회양목 등으로 화단을 구획하는 것
③ 정원 부지 경계선에 도랑을 파서 주변에 화단을 구획하는 것
④ 넓은 목초지에 목장을 구획하기 위해 만드는 화단

47 영국의 자연풍경식 정원을 무엇이라 하는가?

① 정형식 자연풍경
② 평면기하학식 정원
③ 전원풍경식 정원
④ 노단건축식 정원

48 18C 영국 자연 경관의 특징이 아닌 것은?

① 주목, 쥐똥나무의 무성한 숲
② 넓은 목초지
③ 드문드문 서 있는 교목과 목장의 산울타리
④ 목가적인 전원풍경

정답 41 ③ 42 ② 43 ① 44 ④ 45 ② 46 ② 47 ③ 48 ①

49 18C 영국은 자연풍경식 정원으로 조경을 창조하자는 운동이 전개되었는데 이때 영향을 미친 사람과 주요 내용이 잘못 짝지어진 것은?

① 포프 – 자연의 상식대로 살자.
② 에디슨 – 자연 그대로가 더 아름답다.
③ 브릿지맨 – 자연으로 돌아가자.
④ 켄트 – 자연은 직선을 싫어한다.

50 다음 중 영국의 자연풍경식 정원의 대표적인 예를 올바르게 든 것은?

① 스토우 정원
② 센트럴 파크
③ 메디치 정원
④ 데스테 정원

51 스토우 정원을 처음 설계한 사람과 후에 이를 수정하고 개조한 사람으로 올바르게 짝지어진 것은?

① 브릿지맨 → 켄트 → 브라운
② 켄트 → 브라운 → 브릿지맨
③ 랩튼 → 켄트 → 브릿지맨
④ 브릿지맨 → 켄트 → 랩튼

52 영국 정원에서 하하 개념을 도입한 사람과 그 정원은?

① 브라운과 스투어헤드 정원
② 켄트와 스투어헤드 정원
③ 랩튼과 스토우 정원
④ 브릿지맨과 스토우 정원

53 정원의 연속적 변화와 지적 의미를 가지고 시와 신화의 기초 위에서 감상할 수 있게 설계한 영국 18C 정원은?

① 불랜하임 정원
② 버큰헤드 공원
③ 스투어헤드 정원
④ 스토우 정원

54 레드 북을 가지고 다니며 정원설계를 하였던 영국 풍경식 정원의 완성자는?

① 윌리엄 켄트 ② 란셀로트 브라운
③ 험프리 렙튼 ④ 찰스 브릿지맨

55 영국의 산업혁명 이후 사유 정원을 개방하기 시작하였는데 이때의 정원으로 틀린 것은?

① 성제임스 파크 ② 센트럴 파크
③ 하이드 파크 ④ 리젠트 파크

56 영국에서 1843년에 탄생된 버큰헤드 공원의 의미로 바람직하지 못한 것은?

① 조셉 팩스턴이 설계하였다.
② 주택단지와 공적 위락용으로 나누었으나 재정적으로 실패하였다.
③ 옴스테드에 영향을 미쳐 후에 센트럴 파크 설계에 도움을 주었다.
④ 공원 중앙을 차도가 횡단하고 주택단지가 공원을 향해 배치되었다.

57 독일 풍경식 정원 가운데 가장 유명한 것으로 알려져 있는 것은?

① 켄싱턴 정원 ② 분구원
③ 스토우 정원 ④ 무스코 정원

정답 49 ③ 50 ① 51 ① 52 ④ 53 ③ 54 ③ 55 ② 56 ② 57 ④

58 무스코 정원에 관한 설명으로 틀린 것은?

① 수경시설을 가능한 한 배제하였다.
② 도로를 부드럽게 굽어지도록 하였다.
③ 산책로와 도로가 어울리도록 설계하여 조화를 꾀하였다.
④ 한마디로 목가적인 푸른 초원을 만들고자 하였던 정원이다.

59 실용적 차원에서 인정을 받고 있으며 시민에게 대여하여 식물 재배 및 위락을 위한 공간으로 활용하도록 한 정원 유형은?

① 수렵원 ② 빌라정원
③ 묘원 ④ 분구원

60 독일 정원의 특징을 설명한 것으로 틀린 것은?

① 과학적 지식을 활용하였다.
② 식물생태학에 기초한 자연 경관의 재생을 위해 노력하였다.
③ 그 지방의 향토수종은 되도록 정원에 배식하지 않았다.
④ 실용적 형태의 정원이 발달되었다.

61 센트럴 파크에 대한 설명으로 틀린 것은?

① 최초의 본격적인 도시공원이다.
② 조셉 팩스턴이 설계하였다.
③ 부드러운 곡선의 수변을 만들었다.
④ 영국의 버큰헤드 공원의 영향을 받았다.

62 현대 조경의 아버지라고 불리며 조경이라는 말을 최초로 사용한 사람은?

① 팩스턴 ② 험프리 렙튼
③ 르노트르 ④ 옴스테드

63 현대 정원의 특징을 올바르게 설명한 것은?

① 나라와 지역마다 고정된 형태와 양식을 정하여 이를 지킨다.
② 설계자와 의뢰자의 의도는 설계에 개입할 수 없다.
③ 조각 공원, 운동 공원 등 주제 공원이 많아지고 있다.
④ 장소에 의해 자연식, 정형식이 결정되어져 이를 반드시 지킨다.

64 우리나라의 조경 양식의 변천에 관한 설명으로 틀린 것은?

① 조선시대에 한국적 개성을 지닌 독특한 정원 양식을 발달시켰다.
② 1970년대에는 미국조경의 영향을 받아 넓은 잔디밭이 등장하였다.
③ 1980년대에는 소나무, 느티나무 등 한국적 소재 개발이 시작되었다.
④ 향나무를 좋아하여 앞으로도 계속 경관 식재로 활용될 것이다.

65 다음 중 한국적인 분위기의 조경을 위한 노력으로 바르지 못한 것은?

① 수목의 전정으로 멋있는 정원을 꾸민다.
② 원로 포장에 창살 무늬의 문양을 사용한다.
③ 소나무나 느티나무를 도입한다.
④ 향나무는 일본 정원의 영향을 입은 것이므로 사용을 줄인다.

정답 58 ① 59 ④ 60 ③ 61 ② 62 ④ 63 ③ 64 ④ 65 ①

MEMO

제 3 편

경관구성의 미적원리

제 1 장

경관구성의 요소

- **경관구성의 기본 요소 :** 선, 형태, 크기와 위치, 질감, 색채, 농담
- **경관구성의 우세 요소 :** 선, 형태, 질감, 색채
- **경관구성의 가변 요소 :** 광선, 기상조건, 계절, 시간

1 경관구성의 기본 요소

(1) 선

① 수직선 : 존엄성, 상승력, 엄숙, 위엄, 권위
② 수평선 : 친근, 평화, 평등, 정숙 등 편안한 느낌
③ 사선 : 속도, 운동, 불안정, 위험, 긴장, 변화, 활동적 느낌
④ 직선 : 굳건하고 남성적이며 일정한 방향 제시
⑤ 지그재그선 : 유동적, 활동적, 여러 방향 제시
⑥ 곡선 : 부드럽고 여성적이며, 우아하고 섬세한 느낌

(2) 형태 : 경관의 구성에 가장 주요한 역할[지형(평야, 구릉지, 산악지)이 경관의 골격 형성]

① 기하학적 형태
㉠ 주로 직선적이고 규칙적인 구성이다.
㉡ 도시 경관의 건물, 도로, 분수 등과 수목의 전정 등
② 자연적 형태
㉠ 곡선적이고 불규칙적인 구성이다.
㉡ 자연 경관의 바위, 산, 하천, 수목 등

도시 경관

자연 경관

(3) 크기와 위치

① 크기가 커질수록, 높은 곳에 위치할수록 **지각 강도**가 높아진다.
② 같은 크기라도 놓인 위치(강가, 산기슭, 산봉우리 등)에 따라 지각 강도가 달라진다.

③ 크기의 지각은 상대적이다.

④ 스카이라인이 가장 눈에 잘 보인다.

※ 스카이 라인 : 물체가 하늘을 배경으로 이루어진 윤곽선

(4) 질감

① 물체의 표면이 빛을 받았을 때 생겨나는 밝고 어두움의 배합률에 따라 시각적으로 느껴지는 감각이다.

② 질감의 결정 사항

㉠ 지표상태 : 잔디밭, 농경지, 숲, 호수 등 각각 독특한 질감을 갖는다.

㉡ 관찰거리 : 멀어질수록 전체의 질감을 고려해야 한다(멀수록 부드러움).

㉢ 구분 : **거칠다(칠엽수, 플라타너스)** ⟷ 섬세하다(부드럽다 : 회양목, 옥향)

③ 질감과 공간구성

㉠ 적은 면적 : 고운 질감을 식재한다.

㉡ 거친 질감에서 고운 질감으로 연속 : 멀리 떨어져 있게 보인다(칠엽수).

㉢ 고운 질감에서 거친 질감으로 연속 : 식재구성을 앞으로 끌어당긴다.

(5) 색채

① 감정을 불러일으키는 직접적인 요소

㉠ 따뜻한 색 : 전진, 정열적, 온화, 친근한 느낌

㉡ 차가운 색 : 후퇴, 지적, 냉정함, 상쾌한 느낌

② 경관에서 색채의 적용

㉠ 생동적이며 정열적이다(봄철의 노란 개나리꽃, 가을의 붉은 단풍).

㉡ 차분하고 엄숙하다(침엽수림이나 깊은 연못의 검푸른 수면).

㉢ 질감과 함께 경관의 분위기 조성에 지배적 역할을 한다.

③ 한국인의 색(오방색) : 北黑水, 東青木, 中黃土, 西白金, 南赤火

④ 색채의 대비

㉠ 동시 대비 : 명도, 색상, 채도, 보색

㉡ 계시대비 : 시간 차이를 두고 두 개의 색을 순차적으로 볼 때 생기는 색의 대비 현상이다.

㉢ 연변 대비 : 어느 두 개의 색이 맞붙어 있을 때 그 경계 언저리는 멀리 떨어져 있는 부분보다 동시 대비가 더 강하게 일어난다.

㉣ 면적 대비 : 명도가 높은 색과 낮은 색이 병렬될 때 높은 것은 넓게 보이고 낮은 것은 좁게 느껴지는 현상이다. 면적이 크면 채도, 명도가 증가한다.

⑤ 색의 혼색

㉠ 가법 혼색 : 색광을 혼합하여 새로운 색을 만드는 방법이다. 색광을 가할수록 혼합색이 점점 밝아진다.

㉡ 중간 혼색 : 혼색 결과의 밝기와 색이 평균치보다 밝아 보이는 혼합이다.

㉢ 감법 혼색 : 원래의 색보다 명도가 낮아지도록 혼합하는 방법이다.

⑥ 농담

㉠ 투명한 정도이다.

㉡ 연못보다 시냇물이 더 투명하고, 느티나무와 은행나무보다 향나무가 더 짙다.

㉢ 농담의 정도 및 변화는 경관의 분위기 형성에 기여한다.

참고

1. 색의 3요소

- 색상(H) : 빨강, 노랑, 파랑 등 색의 구분, 또는 그 색만이 가지고 있는 독특한 성질
  - 3원색 : 빛 – 빨강, 녹색, 파랑
    물감 – 빨강, 노랑, 파랑
  - 기본 5색 : 빨강(R), 노랑(Y), 녹색(G), 파랑(B), 보라(P)
  - 주요 10색상 : 빨강(R), 주황(YR), 노랑(Y), 연두(GY), 녹색(G), 청록(BG), 파랑(B), 남색(PB), 보라(P), 자주(RP)
- 명도(V) : 색의 밝고 어두운 정도(검정 : 0, 흰색 : 10, 11단계)
- 채도(C) : 색의 맑고 탁한 정도(1~14까지, 14단계)

※H · V/C : 5R · 4/14(빨강), 5Y · 9/14(노랑)

※보색 : 색상환에서 서로 반대 위치에 있는 색으로 두 색의 색상 차가 가장 크다.

2. 색의 분류

- 무채색 : 흰색, 회색, 검정색(색의 3요소 중 명도)
- 유채색 : 무채색을 제외한 모든 색(색상, 명도, 채도)
- 순색 : 한 색상 중 채도가 가장 높은 색으로 무채색이 전혀 섞이지 않은 색
- 청색 : 순색에 흰색이나 검정색을 혼합한 색
  - 명청색 : 순색 + 흰색(명도는 높아지고, 채도는 낮아짐)
  - 암청색 : 순색 + 검정색(명도와 채도가 모두 낮아짐)
- 탁색 : 순색 + 회색

※유채색의 경우 빨강 · 보라 · 청록은 무겁게 느껴지고, 주홍 · 파랑은 중간 정도, 노랑은 가볍게 느껴진다.

※푸르키네의 현상 : 어두운 곳에서는 빛의 파장이 긴 적색이나 황색이 어두워 보이고 파장이 짧은 녹색이나 청색이 밝아 보인다.

2 경관구성의 가변 요소

(1) 광선

① 물체에 그림자를 조성하여 **형태의 지각을 가능하게 한다.**

② 광선의 밝기와 광원의 위치에 따라 물체를 밝고 명랑하게, 음침하고 괴기스럽게 하여 경관의 분위기를 나타낸다.

(2) 기상조건

① 경관 변화의 요인이다.

② 안개 낀 기상 또는 비온 뒤 갠 모습에 따라 새로운 경관의 느낌을 준다.

(3) 계절

① 계절의 변화는 경관을 변화시킨다.

② 색채와 형태 및 분위기가 계절에 따라 완연히 바뀌게 된다.

(4) 시간

① 시간의 변화에 따라 경관도 변화한다.

② 해뜰 때, 낮의 활기, 저녁 노을의 분위기 등 시시각각 변화한다.

(5) 기타

운동, 거리, 관찰 위치, 규모 등이 경관에 관여한다.

제2장 경관구성의 원리

1 경관의 유형

(1) 파노라마 경관(전 경관)

① 시야를 제한받지 않고 멀리까지 트인 경관이다.
② 주로 높은 곳에서 내려다보는 경관으로 조감도적 성격을 갖는다.
③ 수평선과 지평선에 따라 **웅장함, 아름다움, 자연에 대한 경외심**이 생긴다.
④ 하늘과 땅의 대비적인 구성을 지닌다.

(2) 지형 경관

① 지형지물이 경관에서 지배적인 위치를 지니는 경우이다.
② **주변환경의 지표(Landmark)** : 산봉우리, 절벽 등
③ **지형 형상에 따라 신비함, 괴기함, 경외감 등 다양한 감정**이 생긴다.

(3) 위요 경관

① 수목, 경사면 등 주위 경관 요소들에 의하여 울타리처럼 자연스럽게 둘러싸인 경관이다.
② 주로 정적인 느낌(안정감, 포근함)을 주며 중심 공간의 경사도가 증가할수록 정적인 느낌이 증가한다.
③ 위요 경관이 될 수 있는 조건
㉠ 시선을 끌 수 있는 낮고 평탄한 중심 공간
㉡ 중심 공간 주위를 둘러싸는 수직적 요소

(4) 초점 경관

① 관찰자의 시선이 경관 내의 어느 한 점으로 유도되도록 구성된 경관이다.
② 초점이 되는 경관 요소 : 폭포, 수목, 암석, 분수, 조각, 기념탑
③ 비스타(Vista) 경관 : 좌우의 시선이 제한되고, 중앙의

한 점으로 시선이 모이도록 구성된 경관(통경선)

④ 시각적 통일성이 강하고 구도가 안정적이며 사람을 초점으로 끌어들이는 힘이 있다.

(5) 관개 경관

관개 경관

① 교목의 수관 아래에 형성되는 경관이다. 수림의 가지와 잎들이 천장을 이루고, 수간이 기둥처럼 보인다.

② 숲 속의 오솔길, 밀림 속의 도로, 노폭 좁은 지역의 가로수 등이 해당된다.

③ 나뭇잎 사이의 햇빛과 짙은 그늘의 강한 대비로 인해 신비로움, 안정감, 친근감을 준다.

(6) 세부 경관

세부 경관

① 사방으로의 시야가 제한되고, 협소한 공간 규모로서 공간구성 요소들의 세부적인 사항까지도 지각될 수 있는 경관이다.

② 여러 상상을 할 수 있는 분위기로 내부지향적 구성이다.

③ 잎, 꽃 등의 모양 색채, 무늬, 맛, 냄새나 지표의 토양 등 세부적 지각이 가능하다.

(7) 일시적 경관

일시적 경관

① 대기권의 기상변화에 따른 경관 분위기의 변화가 생긴다.

② 수면에 투영 또는 반사된 영상, 동물의 일시적 출현 등의 순간적 경관이다.

③ 계절감, 시간성, 자연의 다양성을 경험할 수 있다.

제3장

경관구성의 기본 원칙

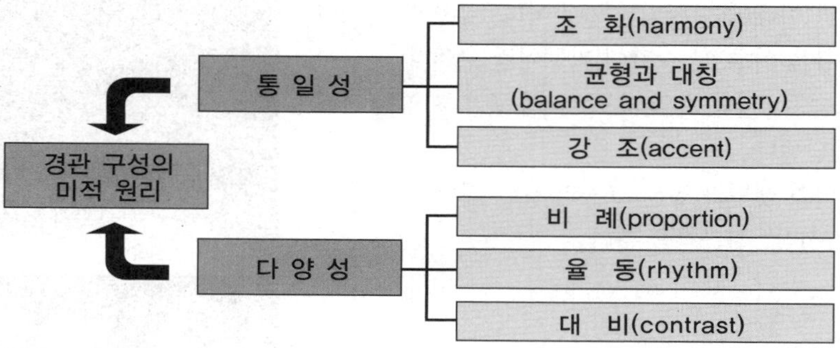

1 통일성

- **통일미 : 전체를 하나의 힘찬 형태나 색채 또는 선으로 통일시켰을 때의미(美)이다.**
- 통일성 부여 방법 : **가깝게, 반복적, 점진적 연결성을 부여한다.**
- 이질적, 극단적 변화는 혼란을 주어 통일감이 결여된다.
- **통일성을 너무 강조하면 지루함을 느끼게 된다.**
- 통일성을 달성하기 위하여 **조화, 균형과 대칭, 강조** 수법을 이용한다.

(1) 조화

① 색채나 형태가 유사한 시각적 요소들이 어울려야 한다.
② 전체적 질서를 잡아 주는 역할을 한다.
③ 구릉지의 곡선과 초가지붕의 곡선 : 부분 요소들 간에 동질성을 부여한다.

(2) 균형과 대칭 : 균형미란, 한쪽에 치우침 없이 양쪽의 크기나 무게가 보는 사람에게 안정감을 주는 구성미이다.

① 대칭 균형 : 축을 중심으로 좌우 또는 상하로 균등하게 배치(정형식 정원)한다.
② 비대칭 균형 : 모양은 다르나 시각적으로 느껴지는 무게가 비슷하거나 시선을 끄는 정도가 비슷하게 분배되어 균형을 유지(자연풍경식 정원)한다.

(3) 강조

① 동질의 형태나 색감들 사이에 이와 상반되는 것을 넣어 시각적 산만함을 막고 통일감을 조성하기 위한 수법(숫자, 흩어짐에 주의)이다.
② 자연 경관의 구조물(**절벽과 암자, 호숫가의 정자 등**)은 전체 경관에 긴장감을 주어 통일성이 높아진다.

2 다양성

• 통일성과 상호 보완적으로 적절하게 유지되어야 한다.
• 다양성 달성 수법 : **비례, 율동, 대비**를 이용한다.

(1) 비례

① 길이, 면적 등 물리적 크기의 비례에 규칙적 변화를 준다.
② 땅가름 : 경관요소들의 다양한 면적 비례 도입하여 변화한다.
③ 구조물, 시설물 : 높이와 나비, 길이와 높이에 비례한다.

참 고

• 피보나치(Fibonacci) 수열
• 황금비례(황금분할) 1:1.618
• 모듈러 : 르 코르뷔지에는 휴먼스케일을 디자인 원리로 사용, 인체 기준으로 황금비례를 적용했다.

(2) 율동(운율미, 리듬)

① 동일한 요소나 유사한 요소가 규칙적 혹은 주기적으로 반복되는 것이다.
② 연속적인 운동감을 지니는 것은 생명감, 활기 있는 표정과 경쾌한 느낌을 준다.
③ 시각적 율동 : 수목의 규칙적 배열
④ 청각적 율동 : 폭포, 시냇물, 새, 풀벌레
⑤ 그 외 색채의 변화를 통한 율동 등이 있다.

(3) 대비

① 상이한 질감, 형태, 색채를 서로 대조시킴으로써 변화를 주는 것이다.
② 특정 경관 요소를 더욱 부각시키고 단조로움을 없애고자 할 때 이용한다. 잘못하면 산만하고 어색한 구성이 된다.
③ 형태상의 대비 : **수평면의 호수에 면한 절벽**
④ 색채상의 대비 : **녹색의 잔디밭에 군식된 빨간색의 사루비아 꽃**

제4장 경관구성의 기법

1 경관의 형성기법

① 경관의 기본 골격을 형성하는 요소이다.
② 지형의 변화 : 굴곡의 완화 또는 강조, 마운딩 설계, 수목을 이용한다.
③ 수목에 의한 구성 : 위요공간과 교목의 하부에 시선을 열어 주는 반투과적인 공간이다.
④ 연못의 형태 : 가능하면 기하학적 형태보다 연못의 형태에 변화를 주어 물과 접촉할 수 있는 부분을 많이 만든다.
⑤ 구조물의 형태 : 자연 경관에서 스카이라인을 해치지 않는 범위에서 조화를 추구한다(기념성 강조 시 대비의 효과 노림).

2 경관의 수식기법

(1) 패턴

① 1차적 패턴 : 가까이에서 느끼는 것, 물체의 부분적인 패턴
② 2차적 패턴 : 멀리서 보는 것, 전체적 · 집합적인 패턴
③ 건물의 벽면, 바닥면의 디자인(포장 패턴) : 1차적 패턴 + 2차적 패턴

(2) 인간적 척도

① 손으로 만지고, 걷고, 앉는 등 인간활동과 관련된 적절한 규모 또는 크기를 말한다.
② 기념성 강조 : 의도적 큰 규모의 비인간적 척도를 도입한다.
③ 높은 건물, 구조물 : 교목으로 완화 식재하여 상부로의 시선을 차단시키고 인간적 척도의 공간을 조성한다.
④ 위요 공간, 관개 경관, 세부 경관 : 인간적 척도를 지닌 경관이 될 가능성이 높다(편안함과 친근감).

(3) 슈퍼 그래픽(Super Graphic)

① 건물 벽면이나 건물군 전체를 하나의 화폭으로 생각하고 색채 디자인 혹은 그래픽 디자인을 하는 것이다.
② 도시 경관 요소로써 인지도가 높다.

(4) 환경조각

① 환경과 조화, 공간의 흥미, 공간의 분위기를 쾌적하게 만드는 조각을 말한다.
② 분수, 조각, 상징탑, 놀이조각 등 경관요소로 존재하는 구조물 또는 조각이 해당된다.
③ 장소의 기능, 이용자 동선 패턴, 관찰 지점, 주변 건물의 높이와 나비 등을 고려하여 크기와 형태를 결정한다.

(5) 소리 : 경관 지각에 영향을 미친다. 예 도심지의 폭포, 분수 등

(6) 표지판 및 옥외 시설물

① 각종 시설물과 표지판이 장소의 분위기에 맞도록 통일성을 지녀야 한다.
② 통일된 색채, 소재, 형태로 공간의 개성을 살리며 식별성을 높이는 역할을 한다.

3 경관의 연결 기법

① 내 · 외부 공간의 연결 : 매개적 공간(전이공간)을 만든다. 예 테라스, 필로티
② 계단을 이용하여 연결한다.
③ 연속적 공간을 구성한다(개방공간 – 전이공간 – 닫힌 공간).

제5장 배식의 기법

• 지형은 기본적인 바탕이고, 수목은 장식적인 역할이다.

• 공간의 분위기, 주변 환경은 설계자의 의도에 따라 선택한다.

1 수목 배식법

(1) 점식

① 한 그루의 나무를 다른 나무와 연결시키지 않고 독립하여 심는 경우이다.

② 시각적 초점 : 수형 좋은 대형목, 랜드마크 역할

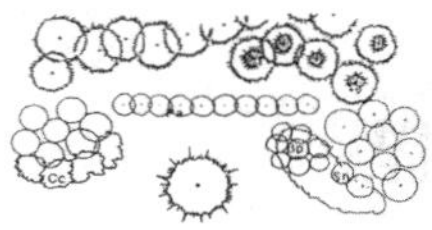

(2) 열식

① 일렬 선형으로 식재하는 것이다. 예 도로, 산책로변

② 정형식 조경 양식에서 필수이다.

③ 진입로에 강한 축을 조성할 때 교목을 좌우로 열식한다.

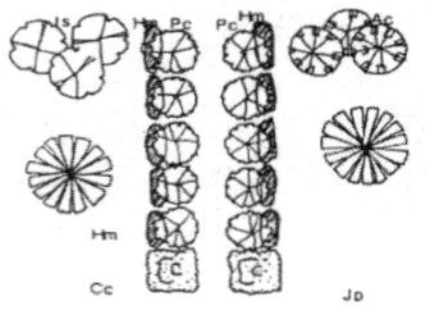

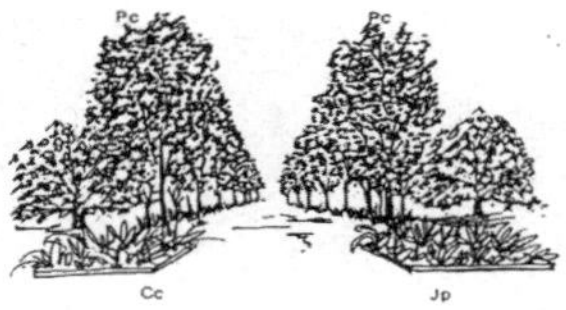

(3) 부등변 삼각형 식재

① 세 그루의 나무를 부등변 삼각형의 꼭지점에 식재하는 방법이다.

② 크기나 종류가 다른 세 그루의 나무를 상호 거리를 다르게 하여 균형을 이루고 자연스럽게 식재한다.

③ 자연풍경식 조경 양식에 사용

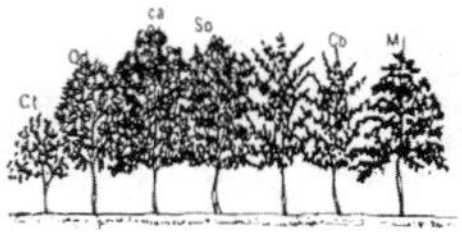

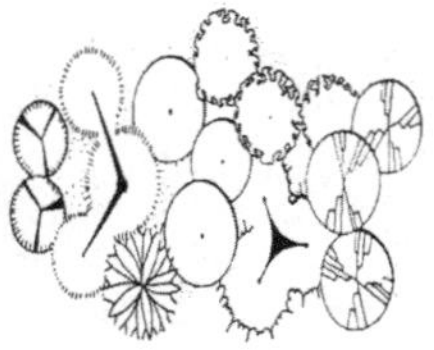

(4) 군식

① 관목이나 초본류를 모아 심는 것이다.

② 자연스럽고 유기적인 형태를 표현한다.

③ 한곳에 대규모로 밀식하거나 여러 그룹으로 형성하여 군식하는 방법이 있다.

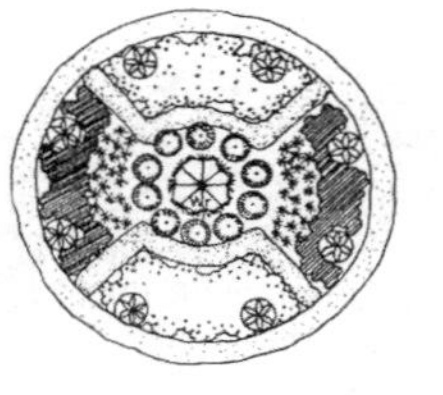

(5) 혼식

① 군식의 한 유형이다.

② 낙엽수와 상록수를 적절한 비율로 섞어 심는 경우가 많다.

③ 원로에 혼식할 때에는 낙엽수와 상록수를 한 그룹으로 하고, 이들 단위 그룹을 반복 배치하여 통일성과 다양성을 부여한다.

(6) 배경 식재

① 가까이 있는 식생을 강조하고 멀리 있는 식생을 배경이 되게 하는 기법이다.

② 배경의 구성에 변화를 주면 주의 집중되는 부분이 변화가 있고 흥미로운 경관으로 관찰자에게 지각된다.

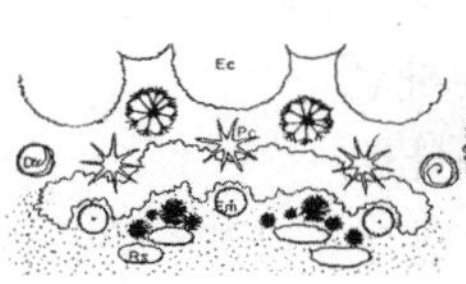

③ 배경은 교목, 주의 집중되는 부분은 관목, 화훼 등을 이용한다.

2 경관을 위한 식재수법

(1) 정형식 식재

① 개념

㉠ 재료 자체가 지니는 특성보다 일정한 규격에 맞는 재료의 배치에 중점을 두어 식물의 자연성보다 조형적 특성이 먼저 고려된다.

㉡ 정원 구성요소 중 '**선**'이 가장 중요하다. 땅가름이 엄격하고 식재의 구속이 따른다.

㉢ 단일 수종의 총림에 의해 비스타를 구성하고, 강한 축선을 이용하여 땅가름한다. 질서, 균형, 규칙성, 균질성, 대칭성의 효과가 있다.

② 정형식재의 기본패턴

㉠ 단식(표본식재, 점식) : 중요한 지점, 우수한 정형의 수목을 단독 식재한다.

㉡ **대식** : 축을 중심으로 좌우에 동종동형 수목을 식재하여 정연한 질서감(대칭)이 느껴진다.

㉢ **열식** : 열을 따라 일정한 간격으로 동종동형의 수목을 식재한다. 이종이형을 번갈아 반복식재할 경우 강한 리듬감이 형성된다.

㉣ **교호식재** : 열식의 변형이며 같은 간격으로 어긋나게 식재한다.

㉤ 집단식재(군식) : 일정한 면적에 수목을 규칙적으로 밀식한다.

㉥ 요점식재 : 원형에서는 중심점 사각형의 4개 모서리와 대각선의 교차점에, 직선에서는 중점과 황금비점에 식재한다.

ⓢ 기하학적 식재 : 낮은 관목류 및 화훼류를 기하학적인 모양으로 식재한다.

예 유럽의미로화단, 자수화단

(2) 자연풍경식 식재

① 식재개념

㉠ 자연풍경을 재현(인위적인 질서 배제)한다.

㉡ 비대칭적인 균형감과 심리적 질서감에 기초한다.

㉢ 정형식에 비해 수목의 배치나 선택이 자유롭다.

㉣ 평면구성보다 입면구성에 중점을 두고 수목의 자연미를 강조한다.

② 자연풍경식의 기본패턴

㉠ 부등변 삼각형 식재

- 크기, 형태, 질감이 다른 수목을 부등변삼각형 세 꼭지점에 식재하여 균형을 유도한다.
- 동양식 배식의 기본 패턴이다.

㉡ 임의 식재[랜덤(Random) 식재]

- 형태, 크기가 다른 다수의 수목을 일직선이 되지 않도록 식재 간격을 달리 한다.
- 부등변 삼각형 식재를 기본단위로 삼각망을 확대한다.
- 수관이 불규칙하고 자연스러운 스카이라인을 형성한다.

㉢ 모아심기

- 몇 그루의 나무를 모아서 식재한다.
- 3, 5, 7그루 등 홀수의 수목을 기본으로 한다.

㉣ 군식 : 모아심기의 확대된 형태이다.

㉤ 산재식재

- 한 그루씩 드물게 흩어지도록 식재한다. 반송같은 관목에 이용하는 배경식재이다.
- 주 경관의 배경을 형성한다. 임의 식재법으로 두드러지지 않게 한다.

㉥ 주목(경관목) : 그루 수에 관계없이 경관의 중심적 존재가 되어 경관을 지배한다.

제3편

적중예상문제

1 경관을 구성하는 시각적 요소로 가변 요소에 해당되는 것은?

① 선　② 형태
③ 크기　④ 광선

2 다음 중 경관의 기본 요소에 해당되는 것은?

① 광선　② 기상조건
③ 위치　④ 계절

3 다음 중 직선이 주는 느낌으로 올바르게 설명한 것은?

① 여러 방향을 제시한다.
② 유동적이고 활동적이다.
③ 굳건하고 남성적이다.
④ 부드럽고 우아한 느낌을 준다.

4 경관을 구성하는 선의 요소 중 유동적이며 활동적이고 여러 방향을 제시하여 주는 선은?

① 직선　② 지그재그선
③ 곡선　④ 대각선

5 다음 중 경관의 형성에 가장 주요한 역할을 하며 경관의 골격을 형성하는 것은?

① 지형　② 계단
③ 토양　④ 수목

6 경관을 구성하는 크기와 위치 중 지각 강도에 대한 설명으로 틀린 것은?

① 크기가 크면 지각 강도가 높아진다.
② 높은 곳에 위치한 것보다 낮은 곳에 위치한 것이 지각 강도가 높다.
③ 크기에 대한 지각 강도는 상대적이다.
④ 스카이라인을 형성하는 요소들은 지각 강도가 높다.

7 스카이라인이란 무엇인가?

① 물체가 하늘을 배경으로 표면에서 느껴 나오는 느낌
② 물체가 하늘을 배경으로 나타나는 투명함의 정도
③ 하늘을 배경으로 멀리까지 트여 있는 경관
④ 물체가 하늘을 배경으로 이루어지는 윤곽선

8 질감에 대한 설명으로 맞는 것은?

① 잔디보다 억새와 칡덩굴이 더욱 질감이 곱다.
② 경관에서 질감은 주로 지표상태에 의하여 결정된다.
③ 질감은 관찰거리가 다르더라도 항상 일정한 질감을 유지한다.
④ 경관에서 질감은 손으로 느껴지는 감각을 말한다.

9 경관을 구성하는 요소 중 색채는 사람의 감정을 불러일으키는 역할을 하는데, 따뜻한 색이 주는 느낌으로 틀린 것은?

정답 1④ 2③ 3③ 4② 5① 6② 7④ 8② 9①

① 지적인 분위기 ② 전진하는 분위기
③ 정열적인 분위기 ④ 친근한 분위기

10 경관에서 차분하고 엄숙한 분위기를 조성하기 위한 방법으로 맞는 것은?

① 노란 개나리꽃을 이용
② 가을의 붉은 단풍을 이용
③ 침엽수림을 조성
④ 백목련의 꽃을 이용한 조경

11 경관요소 중 지각 강도를 잘못 표현한 것은?

① 따뜻한 색채가 차가운 색채보다 지각 강도가 높다.
② 둥글고 원만한 모양이 날카로운 모양보다 지각 강도가 높다.
③ 대각선이 수직 또는 수평선보다 지각 강도가 높다.
④ 가까운 데 있는 상태가 멀리 있는 상태보다 지각 강도가 높다.

12 시야를 제한받지 않고 멀리까지 트인 경관을 무엇이라 하는가?

① 파노라마 경관 ② 지형 경관
③ 위요 경관 ④ 초점 경관

13 다음 중 자연에 대한 존경심을 생기게 하는 경관은 무엇인가?

① 세부 경관 ② 파노라마 경관
③ 초점 경관 ④ 위요 경관

14 주변환경의 지표가 되며 다양한 감정을 일으키는 경관은?

① 위요 경관 ② 초점 경관
③ 지형 경관 ④ 세부 경관

15 다음 중 지형 경관의 예로써 맞는 것은?

① 바다 한 가운데에서 수평선상을 바라볼 때의 경관
② 평원에 우뚝 솟은 산봉우리
③ 주위의 산에 의해 둘러싸인 산중 호수
④ 분수, 조각, 기념탑 등

16 수목 혹은 자연 경사면 등 주위 경관 요소들에 의해 울타리처럼 둘러싸여 있는 경관을 무엇이라고 하는가?

① 세부 경관 ② 일시적 경관
③ 관개 경관 ④ 위요 경관

17 위요 경관이 되기 위한 조건으로 맞는 것은?

① 낮고 평탄한 중심 공간과 이를 둘러싸는 수직적 요소가 있을 것
② 높고 다양한 중심 공간과 이를 둘러싸는 수평적 요소가 있을 것
③ 중앙에 초점공간과 이를 둘러싸는 특이한 형태의 폭포가 있을 것
④ 가장자리에 초점공간과 이를 둘러싸는 분수, 기념탑 등이 있을 것

18 다음 중 초점 경관을 올바르게 설명한 것은?

① 좌우로의 시선이 제한되고, 중앙의 한 점으로 모이도록 구성된 경관
② 주위 경관 요소들에 의하여 울타리처럼 둘러싸여 있는 경관
③ 교목의 수관 아래에 형성되는 경관
④ 시선이 경관 내의 어느 한 점으로 유도되도록 구성된 경관

정답 10 ③ 11 ② 12 ① 13 ② 14 ③ 15 ② 16 ④ 17 ① 18 ④

19 다음 중 관개 경관에 속하는 것으로 틀린 것은?

① 4차선 이상의 가로수에서 그 특성을 볼 수 있다.
② 교목의 수관 아래에 형성되는 경관이다.
③ 숲속의 오솔길에서 그 특성을 볼 수 있다.
④ 밀림 속의 도로에서 그 특성을 볼 수 있다.

20 경관에서 다양성을 달성하기 위한 수법으로 맞는 것은?

① 조화 ② 비례
③ 균형 ④ 강조

21 경관에서 통일성을 달성하기 위한 수법으로 맞는 것은?

① 조화 ② 비례
③ 율동 ④ 대비

22 색채나 형태가 비슷한 요소로서 전체적 질서를 잡아 주는 역할을 하는 것을 무엇이라고 하는가?

① 균형 ② 대칭
③ 강조 ④ 조화

23 경관을 구성할 때 한쪽에 치우침 없이 전체적으로 알맞게 분배된 구성을 무엇이라 하는가?

① 비례 ② 조화
③ 균형 ④ 강조

24 같은 형태나 색채의 구성 사이에 이와 상반되는 것을 넣어 시각적 산만함을 막고자 하는 경관구성 수법을 무엇이라 하는가?

① 조화 ② 대칭
③ 강조 ④ 율동

25 다음의 경관 중 조화를 이룬 것이라고 볼 수 있는 것은?

① 절벽 위에 세워진 암자
② 호수가의 정자
③ 수목의 규칙적인 배열
④ 구릉지와 초가 지붕

26 다음 중 비대칭에 의한 균형을 바르게 설명한 것은?

① 축을 중심으로 좌우로 균등하게 배치하는 것
② 모양은 다르나 시각적 무게가 비슷하게 분배된 균형
③ 정형식 정원에서 활용되는 수법
④ 강조하고자 하는 것이 많고 흩어져 있는 것

27 자연 경관에서 절벽 위의 암자나 호수가의 정자 등은 경관구성상 무슨 수법에 해당되는가?

① 조화 ② 강조
③ 균형 ④ 비례

28 경관구성의 원리에서 다양성에 대한 설명 중 틀린 것은?

① 다양성은 통일성과 매우 밀접한 상관성이 있다.
② 복잡한 다양성이 있어야만 통일성도 높아진다.
③ 통일성의 지나친 강조는 다양성을 결여시킨다.
④ 통일성의 지나친 강조는 단조롭고 지루한 느낌을 주게 된다.

정답 19 ① 20 ② 21 ① 22 ④ 23 ③ 24 ③ 25 ④ 26 ② 27 ② 28 ②

29 동일한 요소나 유사한 요소를 규칙적 혹은 주기적으로 반복하면서 연속적인 운동감을 지니는 것을 무엇이라 하는가?

① 비례 ② 강조
③ 율동 ④ 대비

30 경관구성에서 잔디밭에 빨간색 사루비아를 심어 변화를 주는 것을 무엇이라 하는가?

① 대비 ② 강조
③ 균형 ④ 율동

31 경관구성에서 다양성을 주기 위한 율동의 부여방법으로 틀린 것은?

① 수목의 규칙적 배열로 율동을 부여한다.
② 폭포, 새, 풀벌레의 청각적 율동을 부여한다.
③ 색채의 변화를 통하여 율동을 부여한다.
④ 수평면의 호수에 절벽을 통한 율동을 부여한다.

32 경관의 형성기법에 해당되지 않는 것은?

① 지형의 변화
② 수목에 의한 구성
③ 계단의 연결
④ 구조물의 형태

33 인간적 척도란 무엇인가?

① 자연 경관에서 스카이라인을 조화있게 만들 수 있는 규모와 크기
② 공간을 연속적으로 연결할 수 있는 규모와 크기
③ 인간 활동에 관련된 적절한 규모와 크기
④ 환경과 조화를 이루고 공간의 흥미를 줄 수 있는 규모와 크기

34 다음 중 인간적 척도라고 할 수 없는 경우는 어느 것인가?

① 기념탑 ② 위요 경관
③ 관개 경관 ④ 세부 경관

35 다음 중 경관의 수식기법을 설명한 것으로 틀린 것은?

① 환경조각을 설치한다.
② 높은 건물이나 구조물은 교목으로 완화 식재를 한다.
③ 슈퍼 그래픽을 도입한다.
④ 개방공간에서 전이공간으로 공간을 연속적으로 구성한다.

36 군식의 한 유형으로 낙엽수와 상록수를 적절한 비율로 섞어 심는 것을 무엇이라 하는가?

① 점식 ② 군식
③ 열식 ④ 혼식

37 수형이 좋은 대형목을 이용하여 멀리서도 눈에 잘 띄게 하는 배식기법은?

① 열식 ② 군식
③ 점식 ④ 혼식

38 다음 중 자연풍경식 조경에 많이 응용되는 배식기법은?

① 점식 ② 열식
③ 부등변 삼각형 식재 ④ 혼식

39 정형식 조경 양식에서 필수적이며 진입로에 강한 축을 조성할 때 사용되는 배식기법은?

① 점식 ② 열식
③ 배경식재 ④ 부등변 삼각형 식재

정답 29 ③ 30 ① 31 ④ 32 ③ 33 ③ 34 ① 35 ④ 36 ④ 37 ③ 38 ③ 39 ②

제 4 편

조경 계획

제1장 조경 계획과 설계의 과정

▣ 적중예상문제

제 1 장 조경 계획과 설계의 과정

1 계획과 설계의 뜻

(1) 조경 계획의 목표

① 자연자원의 이해와 생활 환경을 중시한다.
② 여가공간을 제공한다.
③ 모든 용도의 토지를 합리적으로 사용한다.
④ 환경 전반에 걸친 문제를 해결한다.

(2) 조경 계획의 접근방법

① 토지이용계획으로서의 조경 계획 : 토지와 자연의 보존과 활용에 중점을 둔다.
② 레크리에이션 계획으로서의 조경 계획
  ㉠ 이용자들의 레크리에이션 계획을 강조한다.
  ㉡ S.Gold의 레크리에이션 계획 접근방법

자원접근법	• 물리적 자원 혹은 자연 자원이 레크리에이션의 유형과 양을 결정하는 방법이다(공급이 수요를 제한). • 강변, 호수변, 풍치림, 자연공원 등 경관성이 뛰어난 지역의 조경 계획에 유용하다.
활동접근법	• 과거의 레크리에이션 활동의 참가사례가 레크리에이션 기회를 결정하도록 계획하는 방법이다(공급이 수요를 창출). • 활동유형, 참여율 등 사회적 인자가 중요하며 대도시 주변 계획에 적합하다. • 과거의 경험에만 의존하여 새로운 레크리에이션 계획 반영이 어렵다.
경제접근법	• 지역사회의 경제적 기반이나 예산규모가 레크리에이션의 종류, 입지를 결정한다. • 토지, 시설, 프로그램 공급은 비용 · 편익분석에 의해 결정한다(경제적 인자가 우선). • 민자유치사업에 활용한다.
행태접근법	• 이용자가 여가 시간에 언제, 어디서, 무엇을 하는가를 상세하게 파악하여 구체적인 행동패턴에 맞춰 계획하는 방법이다(미시적 접근방법). • 활동접근방법에 직접 나타내는 수요에 의한 계획방법이며 잠재적인 수요까지 파악할 수 있다.
종합접근법	네 가지 접근법의 긍정적인 측면만 취하는 접근방법이다.

(3) 조경 계획 수립과정

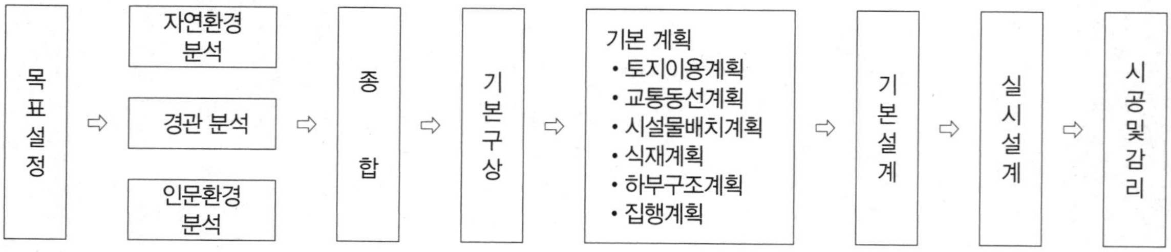

(4) 계획과 설계의 구분

구분	계획(Planning)	설계(Design)
정의	• 장래 행위에 대한 구상을 짜는 일	• 제작 또는 시공을 목표로 아이디어를 도출하고 구체적인 도면 또는 스케치 등의 형태로 표현
요구사항	• 합리적인 측면 요구	• 표현적 창의성 요구
구분	• 목표설정 → 자료분석 → 기본 계획	• 기본 설계 → 실시 설계
특징	• 문제의 발견과 분석의 과정 • 논리적, 객관적으로 문제 접근 • 체계적이고 일반론이 존재 • 논리성과 능력은 교육에 의해 숙달 가능 • 분석결과를 서술형식으로 표현	• 문제의 해결과 종합의 과정 • 주관적, 직관적, 창의성, 예술성 강조 • 일반성이 없고 방법론도 여러 가지 • 개인의 능력, 경험, 미적감각에 의존 • 도면, 그림, 스케치 등으로 표현
일반적	• 규모가 크고 자료 분석 및 합리성을 강조하는 과제	• 규모가 작고 아이디어 및 표현적 창의성이 강조되는 과제

(5) 현대의 도시 계획

① 전원도시론

㉠ 하워드가 제창하였다.

㉡ 도시의 장점인 편리성과 농촌의 장점인 쾌적성을 결합시킨 형태이다(인구 약 2만~3만).

㉢ 1903년 레치워드(최초의 전원도시), 1920년 웰윈

② 위성도시론

㉠ 테일러가 제창하였다.

㉡ 도시의 부분적 기능을 교외로 옮겨 신도시를 건설하고 인구의 집중 및 확산을 방지하였다.

③ 근린주구

㉠ 1929년 C.A 페리에 의해 개념이 도입되었다.

㉡ 근린주구에서 생활의 편리성, 쾌적성, 주민들 간 사회적 교류를 도모한다.

㉢ 규모 : 초등학교 1개에 인구 약 5,000명에 해당하는 크기를 가지는 지역이다.

㉣ 주구의 반경은 400m, 면적은 간선도로로 쌓인 약 64ha이다.

㉤ 단지 내부의 교통체계는 쿨데삭(Cul-de-sac)과 루프형 집분산도로로, 주구의 외곽은 간선도로로 계획한다.

㉥ 일상생활에 필요한 모든 시설은 도보권 내에 둔다.

쿨데삭(Cul-de-sac)

④ 레드번 계획

㉠ 라이트와 스타인의 계획이다.

㉡ 하워드의 전원도시 개념을 적용하여 미국에 전원도시를 건설했다.

㉢ 인구 25,000명을 수용하며 10~20ha의 슈퍼블록을 계획하여 보행자와 차량을 분리했다.

⑤ 대도시론(찬란한 도시)

㉠ 르 꼬르뷔지에가 계획했다.

㉡ 인구 300만 명을 수용하는 거대도시 계획이다.

참고 **쿨데삭(Cul-de-sac) : 막힌 도로**

- 주로 주택단지에 설치되는 도로의 유형이다. 단지 내 도로를 막다른 길로 조성하고 끝부분에 차량이 회전하여 나갈 수 있도록 회차공간을 만들어 주는 기법을 말한다.
- 통과교통을 배제하여 소음 및 안전을 제고시키고 단지 주민의 편의를 도모하기 위해 사용한다.

2 계획과 설계의 과정

(1) 계획과 설계의 과정

목표설정 ⇨ 자료분석 및 종합 ⇨ 기본구상 ⇨ 기본계획 ⇨ 기본설계 ⇨ 실시설계 ⇨ 시공 및 감리 ⇨ 유지관리

(2) 자연 환경 분석

지형	• 지형도 관찰 : 지형 및 지세 파악, 진북방향, 축척, 등고선, 지도 제작일 등 확인 • 고저도 : 계획 구역 내 높은 곳과 낮은 곳을 쉽게 알아 볼 수 있도록 한 것 • 경사 분석도 : 완급경사의 분포를 쉽게 알아볼 수 있도록 경사도에 따라 점진적인 색의 변화를 준 것(높은 곳은 진한 색, 낮은 곳은 옅은 색, 한 계통의 색으로 표현)
토양	• 개략토양도 : 1/50,000의 축척으로 제작 • 정밀토양도 : 1/25,000의 축척으로 제작 • 간이산림토양도 : 1/25,000의 축척으로 제작
수문	• 집수구역조사, 홍수범람지역조사, 지하수유입지역조사
식생	• 기존 자료를 이용하거나 현장조사를 통한 식생 현황 분석 • 계획 규모가 작을 경우 기존 수목의 종류, 위치, 주수 등 면밀히 조사 ※ 식생형 구분 : 단순림, 혼효림, 천이초지, 관리초지, 농경지역, 도시화 지역
야생동물	• 야생동물 서식지 – 식생 현황도가 기초 자료 – 일반적으로 둘 이상의 식생형이 만나는 곳(에코톤 Ecotone/Edge habitat 주연부)에서 많이 발견

기후	• **미기후(Micro Climate)** – 지형이나 풍향 등에 따른 부분적, 장소의 독특한 기상 상태 – 조사 항목 : 태양, 복사열 정도, 공기유통, 안개 및 서리 피해, 일조시간, 대기오염 **예** 도시 외부와 내부의 기온차, 지형이 낮고 배수 불량 지역의 서리, 안개 ※ **Albado(알베도)** 조사 : 태양열이 흡수되지 않고 반사되는 양 조사(반사율 조사)

참 고

1. 경사도 G(%) =(D/L)×100

[D : 등고선 간격(수직거리), L : 등고선 간의 수평거리]

① 0 ~ 3% : 표면배수, 마운딩해서 경관을 조성한다.

② 3 ~ 8% : 식재 시 가장 적합한 경사도이다(흥미로운 경관 제공). 완만한 구배를 나타내어 운동 · 활동에 적합하다.

③ 8 ~ 15% : 토양층이 낮아져 관상수, 대규모 식재가 어렵다.

④ 15 ~ 25% : 일반 조경 식재가 불가능하다.

2. 등고선

① 등고선의 간격 : 두 등고선 사이의 연직거리(높이의 차)

㉠ 주곡선 : 지형도 전체에 일정한 높이 간격으로 그려진 곡선

㉡ 계곡선 : 주곡선 다섯줄마다 굵은 선으로 그려진 곡선

㉢ 간곡선 : 주곡선 간격 1/2 거리의 가는 파선

㉣ 보조곡선(조곡선) : 간곡선 간격 1/2거리의 가는 점선

구 분	1:5,000	1:25,000	1:50,000	1:250,000	선의 모양
계곡선	25m	50m	100m	500m	————
주곡선	5m	10m	20m	100m	————
간곡선	2.5m	5m	10m	–	- - - - - - - - -
조곡선	1.25m	2.5m	5m	–	....

② 등고선의 성질

㉠ 등고선상의 모든 점은 같은 높이이다.

㉡ 등고선은 도면 안 또는 밖에서 서로 나며 없어지지 않는다.

㉢ 등고선이 도면 안에서 만나는 경우는 산꼭대기나 요지(凹地)일 때이다.

㉣ 높이가 다른 등고선은 절벽이나 동굴에서 교차한다.

㉤ 급경사지에서 간격이 좁고, 완만한 사지에서 간격이 넓다.

㉥ 경사가 같으면 같은 간격으로 그린다.

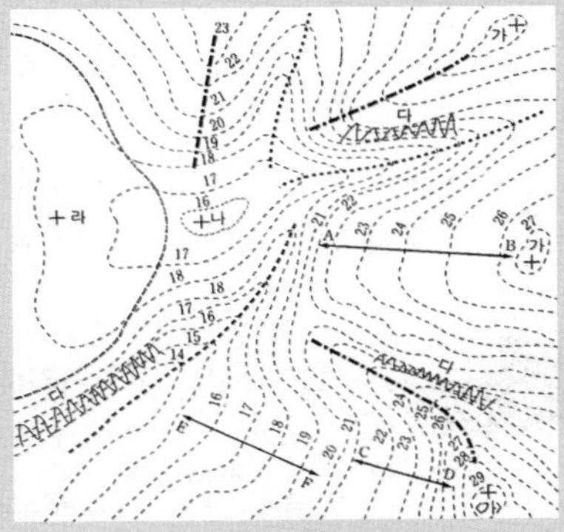

지형도

(3) 인문 환경 분석

① 역사성 분석

㉠ 지방사 조사 : 문화, 천연기념물, 전설, 지역에 스며든 상징적 의미(5차원 설계)

㉡ 토지 이용 조사

토지 이용 행태	인간과 자연의 상호작용 결과, 인간 활동이 자연에 남긴 흔적
분석 내용	• 용도, 이용자 행위, 위치, 변화 추세, 타용도와의 상충성 • 소유별, 등기부상 법정지목과 실제상태, 행정적 관할구역, 지가, 제한요건 조사
토지 이용 계획도 (국제적 약속)	주거(노랑), 농경(갈색), 상업(빨강), 공원(녹색), 공업(보라), 개발제한구역(연녹색), 업무(파랑), 녹지(녹색), 학교(파랑)

㉢ 교통조사 : 계획 부지 내의 교통체계를 조사하고 계획 대상지에 접근할 수 있는 교통수단과 동선 배치 상태를 조사한다.

㉣ 시설물 조사 : 각종 건축물의 현황, 부지 내에 가설되어 있는 전력선, 가스관, 상하수도를 조사

㉤ 역사적 유물 조사

- 무형적 : 각종 행사, 예능, 공예 기술 등
- 유형적 : 역사적 의미가 있는 사적지, 기타 문화재 등

② 이용자 분석 : 이용자 중심적 접근

㉠ 이용자 조사

- 대상 선정 : 이용자 집단의 연령, 성별, 직업, 학력 등
- 이질적 이용자 집단(공원, 광장), 동질적 이용자 집단(가족, 공장종업원, 학생 등)

㉡ 태도 조사

- 일정 사물 혹은 사건에 대한 사람의 느낌(호의, 비호의적)
- 선호도와 만족도 : 이용자들이 계획 대상 공간이나 장소에 갖고 있는 견해
- 이용자 수가 많을 경우 : 설문 조사

㉢ 이용 행태 조사

- 설문 + 실제 행태조사
- 공원, 놀이터, 도시광장 설계에 적용(현장관찰 : 행태도면 작성)

㉣ 공간 이용 분석

- 물리적 공간 구성과 이용 행태의 관계성 분석(영역성 확보 중요)
- 환경 심리 파악 : 물리적 환경과 인간 행태 사이의 관계성 연구

참 고 ≫ 홀(Hall), 대인거리에 따른 의사소통의 유형

친밀한 거리	0 ~ 45cm	아기를 안아 주는 가까운 사람들, 스포츠에서는 공격적 거리
개인적 거리	45 ~ 120cm	친한 친구, 잘 아는 사람 간의 일상적 대화 유지 거리

사회적 거리	120 ~ 360cm	업무상 대화에서 유지되는 거리
공적 거리	360cm 이상	연사, 배우 등의 개인과 청중 사이에 유지되는 거리

(4) 경관 분석 : 눈에 보이는 자연 경관뿐만 아니라 인공적인 풍경까지 포함

① 경관 요소

점, 선, 면적인 요소	점	외딴집, 정자나무, 독립수, 분수, 경관석
	선	하천, 도로, 가로수, 냇물
	면	호수, 경작지, 초지, 전답, 운동장
수평, 수직적인 요소	수평	저수지, 호수
	수직	전신주, 굴뚝
닫힌 공간, 열린 공간	**닫힌 공간**	• 계곡, 수목으로 둘러싸인 공간 • 휴게공간 등의 정적인 시설 배치에 적당 : 위요 공간
	열린 공간	• 넓은 경사지, 초지 등으로 운동경기장 등의 동적인 시설에 배치 : 개방 공간
랜드 마크 (Land Mark)	• 식별성 높은 지형, 지물 등의 지표물(산봉우리, 절벽, 기념탑, 정자나무, 교량) • 스카이라인의 구성에서 지배적인 역할(길, 방향찾기에 도움)	
질감	지표상태에 영향을 받음	

② 시각적 구성의 기본 요소

㉠ 전망(View) : 일정지점에서 볼 때 광활하게 펼쳐지는 경관

㉡ 통경선(Vista) : 좌우로의 시선이 제한되어 전방의 일정 지점으로 시선이 모이도록 구성된 경관 (결정적, 강력한 전망을 향한 요소)

㉢ 축 : 두 개 이상의 지점을 잇는 선 모양의 계획 요소(강력한 경관 요소들로서 계획의 성격에 따라 의도적으로 만듦)

㉣ 대칭과 비대칭 : 흥미의 균형, 균형의 중심, 양쪽에 같은 비중

③ 경관에 대한 반응

㉠ 선호도 : 일정 대상에 대하여 좋아하거나 싫어하는 정도

㉡ 식별성

- 일정 공간 내에서 자신의 위치를 파악하려는 본능 : 안정감, 불안감 형성의 요인
- 공간에서 위치 파악에 강한 인상을 주는 지형지물 : 랜드 마크

④ 경관 분석 기법

㉠ 기호화 방법

- 케빈 린치(Kevin Lynch)의 도시 경관 분석 방법이다.

• 인간환경의 전체적인 패턴 이해와 식별성을 높이는 데 관계되는 개념이다.
• 경관을 분석함에 있어서 기호를 만들어 이를 경관 분석에 이용한다. 경관의 좋고 나쁨을 기호화하여 분석한다.

참 고 》 **도시 공간을 이루는 물리적인 다섯 가지 인자**
- **통로** : 길, 고속도로(승용차)
- **모서리** : 관악산, 북한산, 고속도로(보행자)
- **지역** : 사대문 안 상업지역, 중심지역(도심부)
- **결절점** : 역 앞, 중심지역(주변도시권의 전체적 교통체계를 고려할 때)
- **랜드 마크** : 남산, 63빌딩

ⓛ 시각 회랑에 의한 방법
• 산림 경관을 분석하는 데 이용한다(리튼, Litton).
• 산림 경관을 일곱 가지로 구분하고 이들 경관 유형을 지배하는 네 가지 우세 요소와 또 이들 경관미를 변화시키는 8가지 경관의 변화미를 제시한다.
• 일곱가지 유형 : 전 경관, 지형, 위요, 초점, 관개, 세부, 일시 경관

기본적 유형(거시 경관)	전 경관	시야를 가리지 않고 초원과 같이 오픈된 경관
	지형 경관	지형이 경관에 지배적 위치(보는 사람이 강한 인상을 줌)
	위요공간	주위가 평탄지에 둘러싸인 경관
	초점 경관	시선이 집중될 수 있는 경관
보조적 유형(세부 경관)	관개 경관	상층이 나무로 덮여 있고 하층부가 터널을 이루는 경관
	세부 경관	가까이 접근하는 경관(나무의 잎과 열매)
	일시 경관	기상 상태, 기후 조건에 따라 바뀌는 경관

ⓒ 경관의 네 가지 우세 요소 : 선, 색채, 형태, 질감

선(Line)	• 직선 : 굳건하고 남성적이며 일정한 방향을 제시 • 지그재그선 : 유동적이며 활동적, 여러 방향을 제시 • 곡선 : 부드럽고 여성적이며 우아한 느낌
형태(Form)	• 기하학적 형태 : 주로 직선적이고 규칙적 구성 • 자연적 형태 : 곡선적이고 불규칙적 구성(예 : 자연 경관의 바위, 산, 하천, 수목 등)
색채(Color)	• 질감과 함께 경관의 분위기 조성에 지배적인 역할 • 감정을 불러 일으키는 직접적인 요소 따뜻한 색 : 전진, 정열적, 온화, 친근한 느낌 차가운 색 : 후퇴, 지적, 냉정함, 상쾌한 느낌

질감(Texture)	• 물체의 표면이 빛을 받았을 때 생겨나는 밝고 어두움의 배합률 • 거칠다 ↔ 섬세하다(부드럽다)로 구분

㉣ 8가지 경관 변화 요인 : 운동, 빛, 계절, 시간, 기후조건, 거리, 관찰 위치, 규모

(5) 기본 계획(기본 골격) : 프로젝트에 관한 프로그램이 일단 정해진 후 프로그램의 방향에 맞추어 물리 · 생태적, 사회 · 행태적, 시각 · 미학적 자료들의 분석, 종합 및 기본 구상의 단계들을 거쳐 이루어진다.

① 기본 구상 및 대안 작성

㉠ 기본 구상

- 토지 이용 및 동선을 중심으로 이루어진다.
- 계획안에 대한 물리적, 공간적 윤곽이 드러나기 시작한다.
- 프로그램에서 제시된 문제 해결을 위한 구체적 계획개념을 도출한다.
- 추상적 계량적 자료가 구체적, 공간적 형태로 표현된다.
- 버블 다이어그램으로 표현된다.

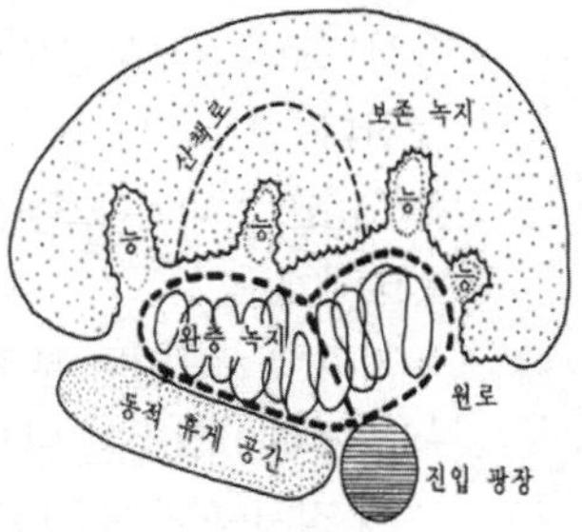

기본 구상

㉡ 대안 작성

- 합리성을 바탕으로 중요성에 따라 몇 개의 안을 표출하여 선택한다.
- 전체 공간 이용에 대한 확실한 윤곽이 드러난다.
- 최종안을 기본 계획안으로 채택한다.

② 토지 이용 계획

㉠ 계획구역 내의 토지를 계획 · 설계의 기본목표, 목적 및 기본 구상에 부합되게 구분하여 용도를 지정하는 것이다.

㉡ 토지 이용 계획 과정 : 토지 이용 분류 → 적지 분석 → 종합 배분

토지 이용 분류	• 예상되는 토지 이용의 종류를 구분 • 각 토지 이용별 이용 행태, 기능, 소요면적, 환경적 영향 등을 분석 • 도시계획 시 : 주거지역, 상업업무지역, 공업지역, 농경지역, 녹지지역 • 국립공원 : 자연보존지구, 자연환경지구, 마을지구, 집단시설지구
적지 분석	• 각 용도별로 계획 구역 내의 어느 장소가 가장 적합한가를 분석 토지의 잠재력, 용도별 특성에 기초 • 적지분석 기준 – 생태적 기준 : 경사도, 배수, 식생밀도 – 인문적 기준 : 접근성, 기존의 토지이용, 도로, 전기, 통신 등 기반 시설의 확보 용이성 – 경관적 기준 : 전망, 선호도, 시각적 영향
종합 배분	• 중복과 분산이 없도록 각 공간 수요를 고려하고 타용도와의 기능적 관계를 고려하여 최종 토지 이용 계획안을 작성

③ 교통 동선 계획

㉠ 통행량 발생 분석 : 토지 이용은 보행 및 차량의 통행을 발생시킨다(계절, 토지 이용 종류에 따라 차이를 나타냄).

㉡ 통행량 분배 : 통행량의 유인은 행위의 특성, 두 지역간의 거리 등이 관계한다.

㉢ 통행로 선정 · 차량 : 짧은 직선도로가 바람직하다.

- 보행인 : 다소 우회하더라도 좋은 전망과 그늘로 쾌적한 분위기를 선정한다.
- 보행동선과 차량동선이 만나는 곳 : 보행동선이 우선(주거)된다.
- 통행의 안정, 쾌적, 자연파괴를 최소화시킬 수 있는 장소를 선정한다.

㉣ 교통 동선 체계

- 통행수단 : 자동차, 자전거, 보행 등 상호 연결과 분리를 적절하게 한다.
- 간선도로, 집 · 분산도로, 서비스 도로, 몰(Mall) 등을 고려하여 막힘없이 순환하는 체계를 구성한다.
- 몰(Mall) : 나무 그늘진 산책로
- 도로체계
  - 격자형 : 균일한 분포를 갖는다. 도심지와 고밀도 토지를 이용한다. 평지인 곳에 효율적이다.
  - 위계형 : 일정한 위계질서를 갖는다. 주거단지, 공원, 유원지, 구릉지 등 다양한 이용행위 간에 질서를 부여한다.

④ 시설물 배치 계획

㉠ 장방형 건물 : 등고선을 고려해야 한다(긴 장축이 등고선과 맞게).

㉡ 여러 시설물 : 구조물 상호관계에 의해 형성되는 외부 공간에 유의해야 한다.

㉢ 유사기능 구조물 : 한곳에 모아서 집단적으로 배치하는 것이 바람직하다.

㉣ 관광지, 공원 집단시설지구를 설정한다.

㉤ 의 자, 휴지통 등은 일정한 간격을 유지한다.

⑤ 식재 계획

㉠ 수종 선택

- 생태적 측면 : 지역 기후 여건, 자생수종의 활용
- 기능적 측면 : 식재 기능(풍치림, 방풍림 등)
- 공간적 측면 : 공간의 분위기

㉡ 배식

- 정형식 : 건물 주변, 기념성 높은 장소
- 비정형식 : 자연에 가까이 접하는 장소

㉢ 녹지 체계

- 교통 동선 체계와 적절히 연결한다.
- 녹지의 전체적 분포 및 패턴에 따라 식생의 보호, 관리, 이용 등에 관한 계획을 세워야 한다.

⑥ 하부 구조 계획

㉠ 공급 처리 시설들은 지하로 매설한다(공동구 = 안정성, 보수의 용이성).

ⓛ 전기, 전화, 상하수도, 가스, 쓰레기 처리 등의 공급 처리 시설과 관련된 계획을 세운다.

⑦ 집행 계획

㉠ 투자 계획 : 실현 가능성, 경제적 측면, 자금의 출처, 단계별 투자액을 계획한다.

ⓛ 법규 검토 : 토지 개발에 관련되는 법규를 검토하여 이에 준하는 계획을 설계한다.

ⓒ 유지 관리 계획 : 유지, 관리의 효율성, 편리성, 경제성을 계획한다.

(6) 기본 설계(기본 계획안의 구체적 발전)

※**기본 설계과정** : 설계원칙 추출 → 공간구성 다이어그램 → 입체적 공간의 창조(설계도 작성)

① 설계원칙의 추출 : 계획의 기본 목표, 프로그램, 기본 계획 등을 검토하여 설계원칙을 찾아내야 한다.

② 공간구성 다이어그램 : 지형조건에 맞도록 공간요소를 배치한다.

㉠ 공간별 배치, 공간상호 간의 관계를 보여 주는 것

ⓛ 설계의도를 정리하는 기회

③ 설계도 작성 : 공간 형태를 만들고 등고선상에 정확한 축척을 사용해서 설계도면을 작성한다.

㉠ 평면구성 : 공학적 지식이 필요하다.

ⓛ 입면구성 : 공간의 수직적 변화 표현을 설명한다.

ⓒ 스케치 : 투시도법을 이용하여 공간의 구성을 일반인이 쉽게 알게끔 사실적으로 표현한다.

ⓔ **사람, 자동차 등 눈에 익숙한 크기의 물체를 함께 표현**하여 전체 공간의 규모를 쉽게 파악할 수 있고 흥미로운 공간이 되게 한다.

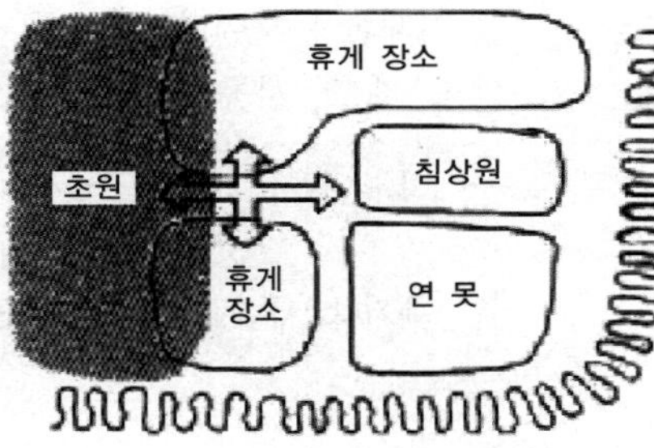

공간구성 다이어그램

(7) 실시 설계

- 실제 시공을 위한 시공도면을 만드는 과정이다.
- 공학적 지식과 성토와 절토, 시설물과 수목의 정확한 크기, 위치, 치수표현 위주로 되어 있다.

① 평면도와 단면도 : 치수 및 재료를 보다 명확하게 표현할 수 있다.

㉠ 평면도

- 투영법에 의하여 입체를 수평면상에 투영하여 그린 도형이다.
- 도로, 시설물의 위치와 크기를 정확히 기록할 수 있다.
- 사용된 축척을 알기 쉽게 표기한다.
- 시설물, 수목 규격과 수량이 포함된 수량표를 작성하여 표제란에 기입한다.

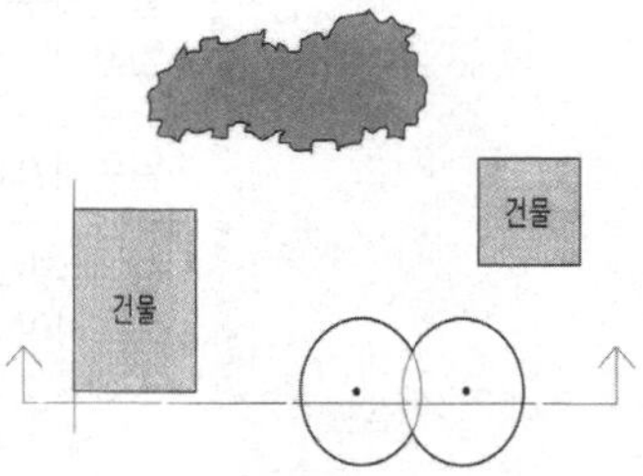

평면도

㉡ 단면도

- 물건의 내부 구조를 명료하게 나타내기 위하여 해당 물건을 절단하였다고 가정한 상태에서 그 단면을 그린 그림이다.
- 종류 : 종단면도, 횡단면도

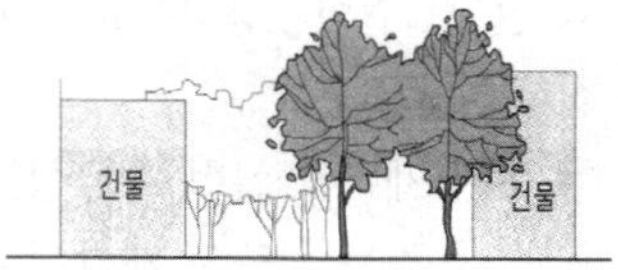

입면도

② 배식 설계

㉠ 배식 평면도에 수목의 위치, 수종, 규격, 수량을 표시하고 수목 수량표를 표제란 혹은 우측 공란에 기입한다.

㉡ 수목 성장을 고려한 설계가 필요하다.

③ 시설물 상세도 : 가로 장치물, 간단한 구조물 등의 치수, 입면 단면, 평면을 기입한다.

④ 시방서

㉠ 공사시행의 기초가 되며 내역서 작성의 기초 자료로 시공방법, 재료의 선정방법 등 기술적 사항을 기재한 문서이다.

㉡ 설계, 제도, 시공 등 도면으로 나타낼 수 없는 사항을 문서로 기록한 것이다.

표준시방서	조경공사 시행의 적정을 기하기 위한 표준 명시(국토부 발행)
특기시방서	• 표준 시방서에 명기되지 않은 사항을 보충한다. • 해당 공사만의 특별한 사항 및 전문적인 사항을 기재한다. • 표준 시방서에 우선, 독특한 공법, 재료, 현장 사정에 맞추기 위한 것이다.

⑤ 내역서

㉠ 설계도와 함께 의뢰인에게 제출하는 문서이다.

㉡ 내역서에 의해 공사비를 추정하고 시공업자를 선정한다.

공사비 구성	• 순공사 원가 : 재료비, 노무비, 경비(전력, 운반, 기계경비, 가설비, 보험료, 안전관리비) • 일반관리비 : 기업 유지관리비 순공사 원가의 7% 이내(본사 경비) • 이윤 : (공사원가 + 일반 관리비)×10% 이내 • 세금 : 국세(부가가치세)
수량 산출	재료의 물량 집계(수목수, 재료의 길이, 면적, 체적, 무게 등)
품셈	• 품이 드는 수효와 값을 계산하는 일 • 인간이나 기계가 공사 목적물을 달성하기 위하여 단위 물량당 소요로 하는 노력과 물질을 수량으로 표시하는 것 • 일위대가표 : 어떤 특정 공정의 일을 하기 위해 드는 단위당 재료비, 노무비, 경비
할증률	• 설계수량과 계획수량의 적산량에 운반, 저장, 절단, 가공 및 시공 과정에서 발생하는 손실량을 예측하여 부가하는 율 – 3% : 이형철근, **합판(일반용)**, **붉은 벽돌**, 경계 블록, 테라코타 – 5% : **시멘트 벽돌**, 원형철근, **목재(각재)**, **합판(수지용)** – 10% : **조경용 수목**, **잔디**, **초화류**, **목재(판재)**, 석재용 붙임용재(정형돌) – 30% : 원석(마름돌용), 석재용 붙임용재(부정형돌)

제4편 적중예상문제

1 다음 중 조경 계획 과정의 순서로 알맞은 것은?

〈보기〉

(1) 시공 및 감리　(2) 유지관리
(3) 목표설정　(4) 자료분석종합
(5) 기본 계획　(6) 기본 설계
(7) 실시설계

① (1) → (2) → (3) → (4) → (5) → (6) → (7)
② (2) → (3) → (4) → (5) → (6) → (7) → (1)
③ (3) → (4) → (5) → (6) → (7) → (1) → (2)
④ (4) → (5) → (6) → (7) → (1) → (2) → (3)

2 조경 계획에 대한 설명으로 틀린 것은?

① 시공을 목표로 구체적인 도면과 스케치 등으로 표현하는 것
② 표현적 창의성보다는 합리적인 측면이 더욱 중요시된다.
③ 규모가 설계 과정보다 크다.
④ 자료분석을 강조하는 과제에 속한다.

3 조경 설계에 해당하는 설명으로 맞는 것은?

① 아이디어를 중요시하고 표현적 창의성을 요구한다.
② 규모가 크고 목표 설정이 중요하다.
③ 자료분석과 기본 계획이 조경 설계 단계에 포함된다.
④ 조경 설계가를 특히 플래너(Planner)라고 부른다.

4 설계 과제의 특성을 바르게 설명한 것은?

① 수학 문제처럼 체계적이고 명확하다.
② 최적의 설계안이 아닐지라도 최선의 안을 만든다.
③ 옳거나 그른 답이 명확히 구별된다.
④ 절대 평가가 가능하다.

5 조경과제를 수행함에 있어서 요구되는 표현의 창의성에 대한 설명으로 맞는 것은?

① 설계 목표 설정 시 요구되는 개념이다.
② 과학자와 같은 분석이 요구된다.
③ 계획 과정에서 필요한 개념이다.
④ 공간의 물리적 형태를 만들어 낼 때 필요한 개념이다.

6 조경 계획을 작성할 때 자연환경, 인문환경, 시각환경을 다루는 과정은?

① 목표설정　② 자료분석
③ 기본 계획　④ 기본 설계

7 토지 이용 계획이나 교통 동선 계획은 어느 단계에서 실시하는가?

① 목표설정　② 자료분석
③ 기본 계획　④ 기본 설계

8 시공이 가능하도록 시공 도면을 작성하는 조경 계획 과정은?

① 실시설계　② 기본 설계
③ 목표설정　④ 기본 계획

정답 1③ 2① 3① 4② 5④ 6② 7③ 8①

9 다음 중 실시설계에 해당되는 것은?

① 기본 계획안 ② 식재계획
③ 교통동선계획 ④ 평면상세도

10 현대에 와서는 5차원의 공간설계로 장소성과 의미의 차원이라는 개념을 사용하고 있는데 이의 내용으로 틀린 것은?

① 시간 흐름에 따른 경험의 공간
② 고향같이 느낄 수 있는 공간
③ 편안함을 가지는 공간
④ 소속감을 줄 수 있는 공간

11 다음 중 사람에 대한 조사를 하는 행태 및 선호도의 연구는 조경분석의 어느 측면에 해당하는가?

① 자연 환경 분석
② 인문 환경 분석
③ 물리 · 생태적 분석
④ 시각 환경 분석

12 계획구역이 넓을 때 지형 및 지세의 파악을 위한 예비조사 중 적당한 것은?

① 지형도 ② 현장답사
③ 정밀토양도 ④ 식생

13 지형도를 보고 확인하여야 할 내용으로 틀린 것은?

① 지도에서 방위표시가 없을 경우에는 위쪽을 북쪽으로 본다.
② 지형도의 축척은 분수 축척이 확대, 축소에 편리하다.
③ 지시등고선은 도면에서 굵은선으로 표시한 것을 말한다.
④ 지도 제작일은 확인하여 최근의 것을 사용한다.

14 지형도를 보고 판독해야 할 항목으로 틀린 것은?

① 최고점과 최저점의 위치와 높이
② 등고선의 수평 간격을 보고 지세를 파악
③ 하천, 절벽, 폭포 등 지형의 특수성
④ 토양의 종류 및 임지의 구분

15 고저도에 대한 설명으로 맞는 것은?

① 같은 색을 번갈아 가며 사용하여 식별을 높인다.
② 가능하면 한 계통의 색을 사용한다.
③ 검정색 계통을 최대한 이용한다.
④ 높은 곳을 옅은 색으로 칠한다.

16 경사 분석도에 대한 설명으로 맞는 것은?

① 등고선 사이의 수직거리는 서로 다르다.
② 등고선 사이의 수평거리는 항상 일정하다.
③ 일정한 경사도는 서로 다른 수평거리를 가진다.
④ 경사도 구분자는 수평거리를 이용하여 만들 수 있다.

17 조경에서 이용하며 1/25,000의 축척으로 제작된 토양도는?

① 개략토양도 ② 정밀토양도
③ 간이 산림 토양도 ④ 고저 토양도

해설 개략토양도는 1/50,000, 정밀토양도와 간이산림토양도는 1/25,000이다. 그러나 간이 산림토양도는 농경지나 방목지 등에 사용되고 정밀토양도는 조경, 건축, 토목, 휴양지 개발 등에 이용된다.

18 수문계획에서 고려하여야 할 항목이 아닌 것은?

① 집수구역 ② 식생분포
③ 홍수 범람지역 ④ 지하수 유입지역

정답 9 ④ 10 ① 11 ② 12 ① 13 ② 14 ④ 15 ② 16 ④ 17 ② 18 ②

19 식생의 변천 과정을 이해할 수 있는 자료로서 2차 천이는 무엇으로부터 시작하는가?

① 신생토의 나지
② 초본류
③ 파괴 군락지의 나지
④ 관목류

20 다음 중 임상도에 대한 설명으로 틀린 것은?

① 등고선이 없다.
② 항공사진을 기초로 하였다.
③ 산림청에서 발행하였다.
④ 1:25,000의 축척이다.

21 야생동물을 많이 발견하는 둘 이상의 식생형이 만나는 곳을 무엇이라 하는가?

① 먹이그물 ② 먹이연쇄
③ 에코톤 ④ 생태계

22 지형이나 풍향 등에 따른 부분적 장소의 독특한 기상상태를 무엇이라 하는가?

① 지역기후 ② 미기후
③ 기압골 ④ 대륙기후

23 다음 중 미기후의 조사 항목으로 틀린 것은?

① 지역의 강우량
② 태양 복사열을 받는 정도
③ 공기 유통의 정도
④ 안개 및 서리해 유무

24 다음 중 미기후 현상이 가장 잘 나타난다고 볼 수 있는 것은?

① 해변과 산악지역의 기온차
② 도시내부와 도시외부의 기온차
③ 남부와 북부지역의 기온차
④ 열대와 한대기후의 기온차

25 조경 계획에서 지하수위를 고려하여야 하는 이유는 무엇인가?

① 기초공사를 위해서
② 지반고를 낮추기 위해서
③ 건물 위치를 결정하기 위해서
④ 수목을 식재하기 위해서

26 미기후 현상 중 안개나 서리는 주로 어느 지역에 많이 발생하는가?

① 홍수범람이 심한 지역
② 경사가 급하고 수목이 밀생한 지역
③ 지하수위가 높고 사질양토인 지역
④ 지형이 낮고 배수가 불량한 지역

27 자연 환경 분석에서 종합 분석의 내용으로 틀린 것은?

① 자연환경을 형성하는 각 인자의 개별성 분석
② 댐건설로 인한 수중생태계와 기상상태의 변화 분석
③ 주거개발로 인한 식생파괴와 침식관계의 분석
④ 포장 면적 증대로 인한 홍수 위험에 대한 분석

28 다음 중 인문 환경 분석의 내용으로 맞는 것은?

① 지형 ② 토양
③ 수문 ④ 토지이용조사

정답 19 ③ 20 ① 21 ③ 22 ② 23 ① 24 ② 25 ④ 26 ④ 27 ① 28 ④

29 이용자의 분석은 조경 계획 과정에서 어느 단계에 속하는 것인가?

① 자연 환경 분석
② 시각 환경 분석
③ 인문 환경 분석
④ 교통 환경 분석

30 지역에 스며든 전설, 천연기념물 등 상징적 의미를 분석하여 설계에 적용하는 것은 어느 설계단계에 해당한다고 할 수 있는가?

① 2차원의 설계 ② 3차원의 설계
③ 4차원의 설계 ④ 5차원의 설계

31 다음에서 지방사 조사방법으로 적당하지 않은 것은?

① 현장답사 ② 통계분석
③ 문헌조사 ④ 면담조사

32 토지이용조사의 내용과 설명으로 타당하지 않은 것은?

① 토지이용형태는 인간활동이 자연에 남긴 흔적이다.
② 토지는 자연이 스스로 형성하여 변화시키는 독립적인 대상물이다.
③ 토지이용조사에서는 용도, 위치 등을 파악하여야 한다.
④ 계획구역 내의 토지이용의 역사적 변천을 조사하여 도면화한다.

33 토지이용 계획도는 국제적 약속을 사용하는데 상업지역은 어떤 색채를 사용하는가?

① 노랑 ② 갈색
③ 빨강 ④ 녹색

34 토지이용 계획도에서 농경지역은 어떤 색채를 사용하는가?

① 노랑 ② 갈색
③ 파랑 ④ 보라

35 토지이용 계획도에서 공원은 무슨 색채를 사용하는가?

① 보라 ② 파랑
③ 녹색 ④ 빨강

36 이용자 수가 많을 경우의 태도를 조사하기 위한 적절한 조사방법은?

① 설문조사 ② 면담조사
③ 문헌조사 ④ 사례연구

37 이용 행태를 조사하기 위한 방법으로 적절한 조사방법은?

① 설문조사 ② 면담조사
③ 사례연구 ④ 현장 관찰법

38 환경 심리적인 측면에서 친밀한 거리란 무엇을 지칭하는가?

① 일상적 대화를 유지할 수 있는 거리
② 연사와 청중 사이에 유지되는 거리
③ 아기를 안아 주는 등 가까운 사람과 유지되는 거리
④ 업무상의 대화에서 유지되는 거리

39 경관 요소에서 시각적으로 점의 효과를 나타내는 것은?

① 외딴 집 ② 하천
③ 호수 ④ 운동장

✔ 정답 29 ③ 30 ④ 31 ② 32 ② 33 ③ 34 ② 35 ③ 36 ① 37 ④ 38 ③ 39 ①

40 경관 요소에서 수직적인 효과를 나타내는 것은?

① 경작지　② 도로
③ 남산타워　④ 저수지

41 닫힌 공간의 설명으로 틀린 것은?

① 초지나 운동경기장이 해당된다.
② 계곡과 수목으로 둘러싸인 공간이다.
③ 휴게공간의 시설 배치에 적당하다.
④ 위요공간이라고도 한다.

42 마을 입구에 있는 정자나무는 경관 요소 중 무슨 요소라 할 수 있는가?

① 선　② 면
③ 수평　④ 점

43 랜드 마크의 설명으로 틀린 것은?

① 큰 규모로는 산봉우리, 절벽, 기념탑 등이 있다.
② 공간의 흥미성을 높여 주고 있으나 길찾기에 혼란스럽다.
③ 작은 규모로는 정자나무, 교량, 표지판 등이 있다.
④ 스카이라인의 구성에 지배적인 역할을 한다.

44 좌우로의 시선이 제한되어 전방의 일정지점으로 시선이 모이도록 구성된 경관요소를 무엇이라 하는가?

① 위요 경관　② 전망
③ 통경선　④ 질감

45 일정 지점에서 볼 때 광활하게 펼쳐지는 경관 요소를 무엇이라 하는가?

① 랜드마크　② 전망
③ 통경선　④ 질감

46 질감은 주로 어떤 요소에 영향을 받는다고 할 수 있는가?

① 지표상태　② 전방의 시선
③ 지표물　④ 스카이라인

47 전체 경관을 동질적인 성격을 지닌 경관으로 구분한 것은?

① 랜드 마크　② 스카이라인
③ 통경선　④ 경관 단위

48 경사면과 평탄지 사이에 경사면에서 시작되어 평탄지 일부까지 수림이 연결되어 있을 경우의 경관 단위는 어떻게 되는가?

① 경사면과 평탄지의 경계에서 경관 단위가 형성된다.
② 경관 단위가 형성되지 않는다.
③ 수림이 끝나고 평탄지가 시작되는 곳에서 경관 단위가 형성된다.
④ 경사지와 평탄지가 하나의 경관단위로 합쳐진다.

49 선호도를 파악하기 위한 방법으로 틀린 것은?

① 면담조사를 한다.
② 설문조사를 이용한다.
③ 질문을 구체화한다.
④ 간접적 질문보다는 직접적 질문을 한다.

정답 40 ③ 41 ① 42 ④ 43 ② 44 ③ 45 ② 46 ① 47 ④ 48 ③ 49 ④

50 다음 중 식별성의 내용으로 틀린 것은?

① 공간에서 자신의 위치를 파악하려는 본능
② 식별성의 존재 유무에 따라 안정감과 불안감이 구별되어 형성된다.
③ 랜드 마크는 식별성을 방해하는 지배적 역할을 한다.
④ 자기집 약도를 그려 봄으로써 식별성의 정도를 파악할 수 있다.

51 기본 계획에서의 기본 구상에 대한 설명으로 틀린 것은?

① 계획안에 대한 물리적, 공간적 윤곽이 드러나기 시작한다.
② 구체적 계획 개념을 도출한다.
③ 여전히 추상적인 개념에서 이루어진다.
④ 버블 다이어그램으로 표현된다.

52 대안 작성에 대한 설명으로 맞는 것은?

① 하나의 안을 가지고 결정하는 과정이다.
② 전체적 공간에 대한 윤곽 파악에는 어려움이 있다.
③ 몇 개의 안이 나올 경우에는 경력자의 안을 채택한다.
④ 최종적으로 선정된 대안은 기본 계획안이 된다.

53 토지 이용 계획의 순서로 알맞은 것은?

① 적지분석 → 종합배분 → 토지이용 분류
② 토지이용 분류 → 종합배분 → 적지분석
③ 종합배분 → 적지분석 → 토지이용 분류
④ 토지이용 분류 → 적지분석 → 종합배분

54 국립공원을 계획할 때의 토지이용 분류에 해당되지 않는 것은?

① 주거지구 ② 자연환경지구
③ 집단시설지구 ④ 자연보존지구

55 다음 중 적지분석에서 인문적 기준에 해당되는 것은?

① 경사도 ② 식생밀도
③ 전망 ④ 접근성

56 다음 중 적지분석에서 경관적 기준에 포함되는 것은?

① 기존의 토지이용
② 배수
③ 선호도
④ 기반시설의 확보성

57 다음 중 통행로 선정 기준으로 바르지 못한 것은?

① 차량은 짧은 직선도로가 바람직하다.
② 보행인은 우회하더라도 좋은 전망과 그늘을 확보하여 준다.
③ 보행동선과 차량동선이 만나는 곳은 차량동선을 우선한다.
④ 자연 파괴를 최소화시킬 수 있는 장소를 선정한다.

58 교통 동선 체계에 대한 설명으로 맞는 것은?

① 통행량이 많은 곳은 막힌 길을 채택한다.
② 가능한 한 막힘이 없는 순환체계를 가져야 한다.
③ 주간선도로는 막힌 길을 만든다.
④ 전체적인 동선체계는 철저히 분리를 원칙으로 한다.

정답 50 ③ 51 ③ 52 ④ 53 ④ 54 ① 55 ④ 56 ③ 57 ③ 58 ②

59 교통 동선 체계의 계획에서 몰(Mall)이란 무엇을 말하는가?

① 간선도로
② 집산도로
③ 서비스도로
④ 나무 그늘이 진 산책로

60 도심지와 같이 고밀도 토지 이용이 이루어지고 있는 곳의 도로체계는 무엇이 좋은가?

① 격자형 ② 위계형
③ 쿨데삭도로형 ④ 점선형

61 다음 중 위계형 도로체계로 적합한 곳이 아닌 곳은?

① 주거단지 ② 도심지
③ 유원지 ④ 공원

62 식재계획에 고려하여야 할 내용으로 맞는 것은?

① 가능하면 외래수종을 도입하여 경관미를 높인다.
② 기능적인 측면보다는 공간적인 측면을 강조한다.
③ 건물 주변에는 보통 정형식 배식을 많이 한다.
④ 자연의 풍치를 살리는 곳에 정형식 배식을 한다.

63 하부 구조 계획이란 무엇인가?

① 녹지의 분포에 따라 식생에 대한 계획을 세우는 것
② 벤치, 가로등, 휴지통 등의 옥외시설물을 배치 계획하는 것
③ 통행을 효율적이고 안전하게 이루어지도록 계획하는 것
④ 전기, 전화, 가스 등의 공급처리 시설에 관련된 계획을 세우는 것

64 집행계획에서 고려하여야 할 사항이 아닌 것은?

① 수종선택 ② 투자 계획
③ 법규검토 ④ 유지 · 관리 계획

65 다음 중 기본 설계 과정의 순서를 올바르게 나타낸 것은?

① 설계원칙의 추출 → 공간구성 다이어그램 → 입체적 공간의 창조
② 공간구성 다이어그램 → 입체적 공간의 창조 → 설계원칙의 추출
③ 설계원칙의 추출 → 입체적 공간의 창조 → 공간구성 다이어그램
④ 공간구성 다이어그램 → 설계원칙의 추출 → 입체적 공간의 창조

66 공간구성 다이어그램에서 이루어지는 내용으로 틀린 것은?

① 동선체계 표현
② 설계원칙 추출
③ 설계의도 정리
④ 공간별 배치 및 상호관계

67 공간의 구성을 일반인이 쉽게 알게끔 투시도법에 의해 사실적으로 표현하는 것은 다음 중 무엇인가?

① 입면도 ② 평면도
③ 스케치 ④ 단면도

정답 59 ④ 60 ① 61 ② 62 ③ 63 ④ 64 ① 65 ① 66 ② 67 ③

68 공사시행의 기초가 되며 내역서 작성의 기초자료가 되는 것은?

① 내역서 ② 시방서
③ 시설물 상세 ④ 배식설계

69 다음 중 특기시방서에 관한 내용으로 틀린 것은?

① 특별한 공사 사항 기재
② 전문적인 사항 기재
③ 독특한 공법에 대한 배려
④ 표준시방서에 따름

70 다음 중 순공사 원가에 해당되는 것은?

① 재료비 ② 일반 관리비
③ 이윤 ④ 세금

71 다음 중 간접 재료비에 속하지 않는 것은?

① 전력비 ② 지주목비
③ 거푸집비 ④ 동바리비

72 공사 목적물을 달성하기 위하여 단위 물량당 소요로 하는 노력과 물질을 수량화한 것을 무엇이라 하는가?

① 시방서 ② 내역서
③ 설계도면 ④ 품셈

73 단위 물량당 소요품과 재료의 수량에 각각 단가를 곱해 금액을 구한 것을 무엇이라 하는가?

① 노무비 ② 재료비
③ 관리비 ④ 일위대가표

정답 68 ② 69 ④ 70 ① 71 ① 72 ④ 73 ④

제 5 편

조경 설계

제 1 장 조경 제도 기초

1 제도 용구

(1) 제도판과 제도대

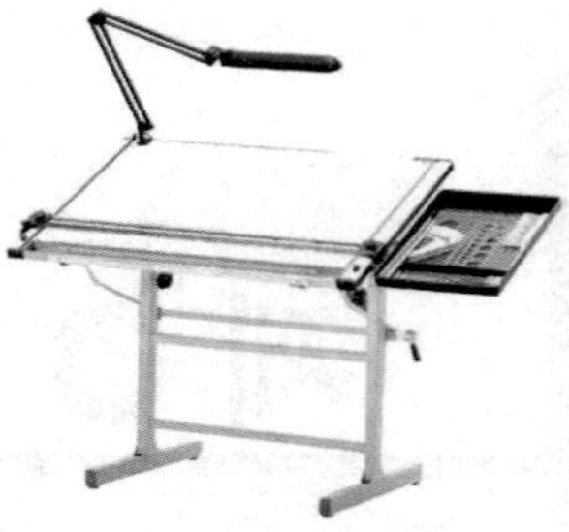
제도판과 제도대

① 제도판 및 제도대의 선택 요령
  ㉠ 도면 크기에 적합한 규격이어야 한다.
  ㉡ 제도대는 높이와 경사가 조절되어야 한다.
  ㉢ 표면의 평탄성과 T자의 안내면 다듬질 정도가 좋아야 한다.

(2) T자

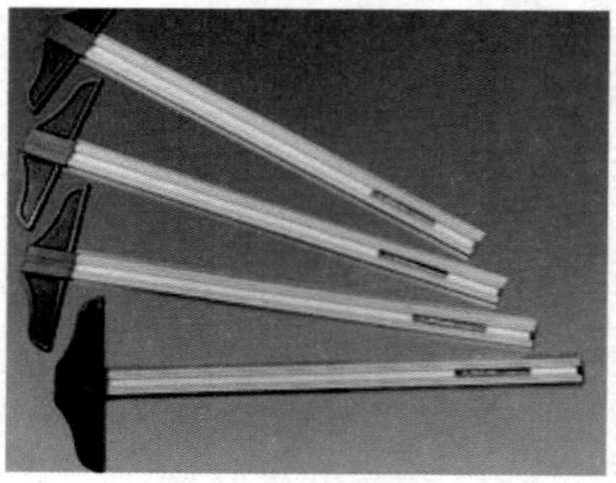
T자

① T자는 주로 평행선을 긋는 데 사용한다.
② 삼각자와 함께 수직선과 사선을 그을 수 있다.
③ T자의 면이 고르지 않거나 휘어 있지 않아야 한다.
④ 머리와 몸통 부분은 반드시 90°를 유지하여야 한다.

(3) 삼각자

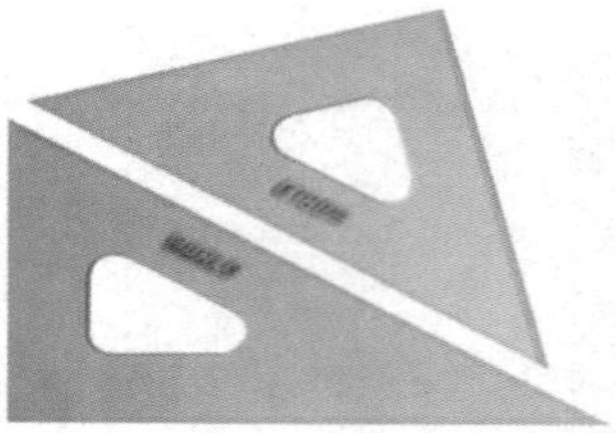
제도용 삼각자

① 수직선과 사선을 긋는 데 사용한다.
② 밑각이 각각 45°인 삼각형과 두 각이 각각 30°와 60°인 각삼각형이 1쌍을 이룬다.
③ 조경 설계에서는 45㎝가 많이 사용된다.
④ 각도를 임의 로 조절할 수 있는 각도 조절 삼각자도 있다.

(4) 삼각축척(삼각스케일)

삼각 스케일

① 축척에 맞추어 길이를 재는 데 쓰이는 자이다.
② 단면이 삼각형으로 1/100~1/600에 해당하는 축척 눈금이 새겨져 있다.
③ 보통 30㎝ 정도의 것을 많이 사용한다.

(5) 템플릿

① 아크릴이나 셀룰로이드 등의 얇은 판에 크기가 다른 원형, 사각형, 타원형, 또는 자주 사용되는 형태의 구멍을 뚫어 놓은 것이다.

② 조경 제도에서는 수목 표현을 위해 원형 템플릿이 가장 많이 사용된다.

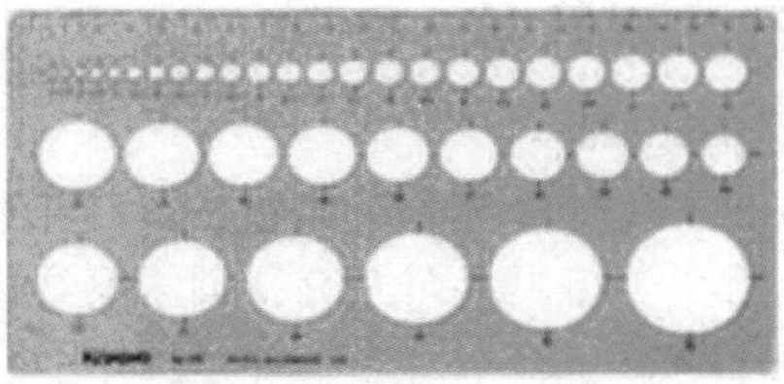

원형템플릿

(6) 곡선자

① 운형자

㉠ 여러 곡선 모양을 본떠 만든 것으로 대개 3~12개가 1조로 구성된다.

㉡ 불규칙한 곡선을 그을 때 사용한다.

운형자

② 원호자

㉠ 보통 곡선자라고 하여 각종 반지름의 원호를 그릴 때 사용한다.

㉡ 곡선자를 이용하여 반지름 5~50㎝ 크기의 원호를 그릴 수 있으며 30매, 50매, 또는 100매가 1조로 되어 있다.

③ 자유곡선자

㉠ 연성 있는 재료로 만들어 자유롭게 곡선을 형성할 수 있도록 한 자이다.

㉡ 조경 설계에서는 불규칙한 원을 이을 때 사용할 수 있다.

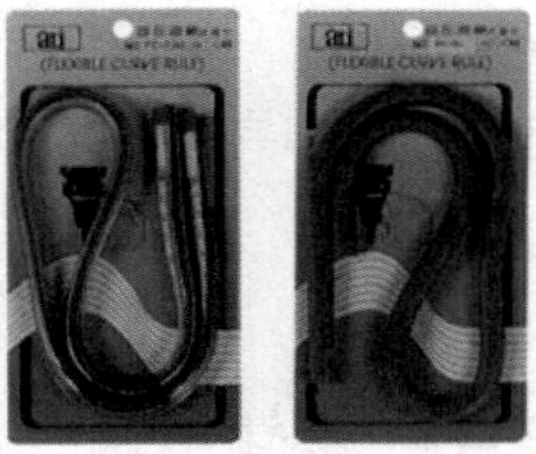

자유 곡선자

(7) 필기구

① 연필

㉠ 제도용 연필은 심의 굳기에 따라 여러 종류로 나뉜다(4B, 2B, B, HB, H, 2H, 4H).

㉡ 조경 설계에서는 0.5㎜ 샤프 펜슬을 많이 사용한다.

㉢ 계획단계의 개념도 등 굵은 선을 긋기 위해서는 2㎜ 굵기의 홀더를 사용한다.

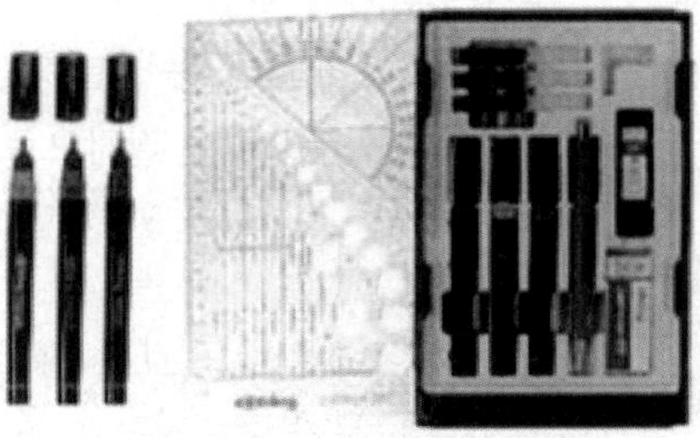

로트링 펜 세트

② 제도용 만년필

㉠ 연필 등으로 그린 도면을 잉크로 제도해야 할 경우 사용된다.

㉡ 여러 굵기의 제도용 만년필인 로트링 펜을 이용한다.

㉢ 제도용 만년필은 연필 제도와 달리 자의 움푹 패인 면을 아래로 향하게 놓고 종이에 수직으로 세워 일정한 힘을 주어야 고른 굵기의 선을 얻을 수 있다.

컴파스

(8) 그 밖의 제도 용구

① 컴퍼스

㉠ 원형 템플릿에 없는 크기의 원을 그리거나 중심점의 표기 등이 필요할 때 사용한다.

㉡ 일반 컴퍼스에 제도용 만년필을 부착할 수 있어 편리하게 되어 있다.

② 제도 용지

㉠ 불투명 용지 : 전시용 도면이나 보존용 도면을 작성할 때 사용한다(켄트지).

㉡ 투명 용지 : 청사진을 작성할 때 사용한다(트레이싱 용지).

③ 기타

㉠ 지우개판과 지우개 : 도면의 특정 부분 또는 세밀한 부분을 지울 때 사용한다.

㉡ 제도용 비 : 깨끗한 도면을 유지하기 위한 브러시이다.

㉢ 각도기

㉣ 레터링 세트(Lettering : 문자 도안)

제도용 비

2 수목의 표시 기호

- 교목, 관목, 덩굴 식물, 지피 식물로 나누어 표시
- 교목과 관목은 침엽과 활엽으로 다시 나누어 표시
  - 침엽수 : 직선 또는 톱날형 곡선을 사용하여 표현
  - 활엽수 : 부드러운 질감으로 표현

(1) 교목과 관목

① 단순한 원이나 원형의 보조선을 따라 윤곽선이 뚜렷하게 나타나도록 표현한다.

② 윤곽선은 나무가 수평적으로 퍼진 크기로 한다.

(2) 덩굴성 식물과 지피 식물

① 덩굴성 식물 : 줄기와 잎을 자연스럽게 표현한다.

② 지피 식물 : 점이나 짧은 선을 이용하여 표현한다.

(3) 수목 표현 연습 순서

① 원형 템플릿을 사용하여 표현할 수목의 수관 폭 크기만큼 가는 선으로 원을 그린다.

② 활엽 또는 침엽으로 구분한 뒤에 적당한 제도 기호를 선택한다.

③ 선택한 제도 기호대로 보조원의 가장자리를 따라 윤곽이 뚜렷해지도록 그린다.

④ 수목의 중심에 점 또는 +표시를 한다.

교목의 표현

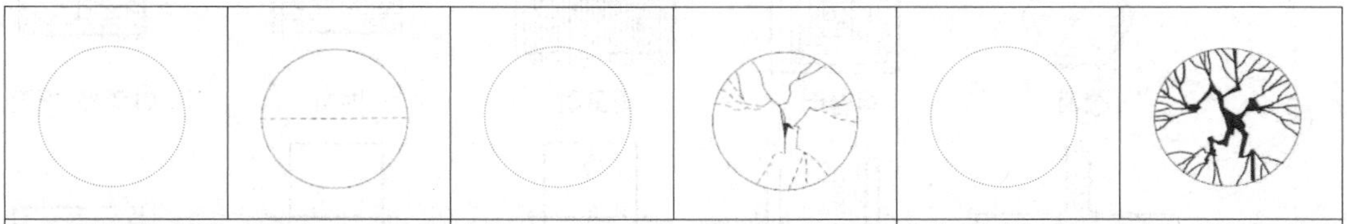

(가) 원형 템플릿을 사용하여 가는 선으로 원을 그린다.	(나) 부드러운 연필로 중요한 가지들을 그린다.	(다) 완전한 가지 패턴을 채운다. 원의 테두리를 넘지 말아야 한다.

관목의 표현

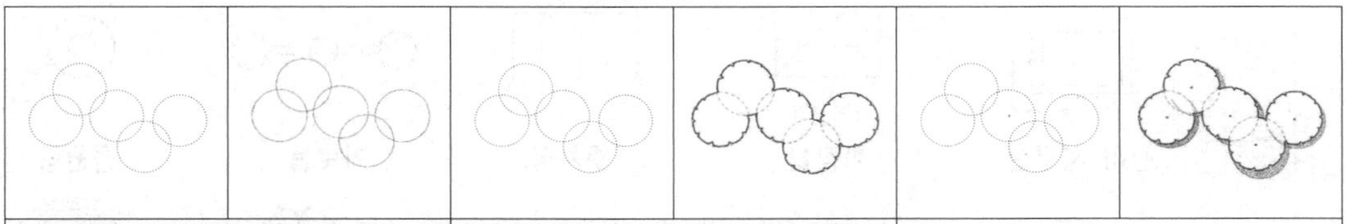

(가) 원형 템플릿을 사용하여 가는 선으로 원을 그려서 나무의 위치를 정한다.	(나) 적당한 수목 표현 기호를 정하여 가는 외곽선을 따라 굵은 선으로 표현한다.	(다) 그림자를 표시하여 완성한다.

3 시설물의 표시 기호

(1) 방위 및 축척의 표시

① 방위 표시 : 화살표 방향으로 북쪽(N)을 나타내며 다양하게 표시한다.

② 축척의 표시

㉠ 분수로 표시하는 방법

㉡ 막대 축척 : 도면을 촬영할 때 같은 비율로 확대 축소되므로 이용이 편리하다.

방위 표시	막대 축척
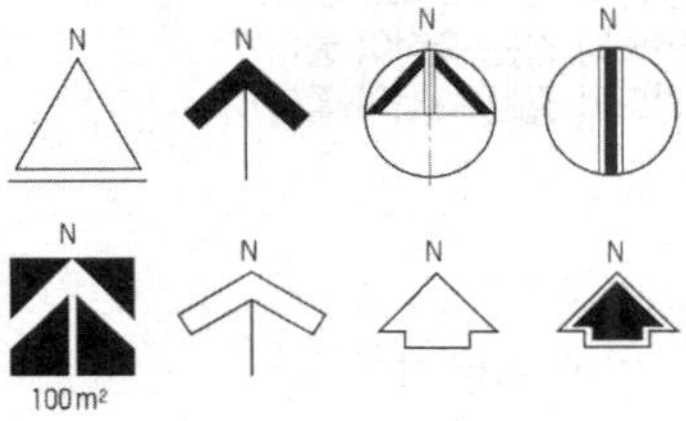	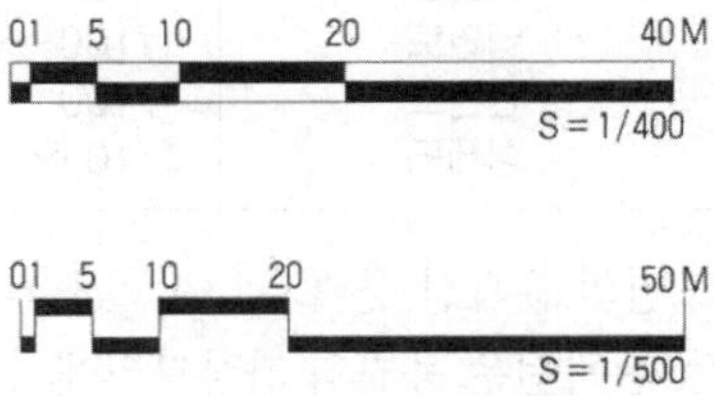

(2) 조경 시설물 표시 기호 : 일반적으로 실물의 평면 형태를 간략히 묘사한다.

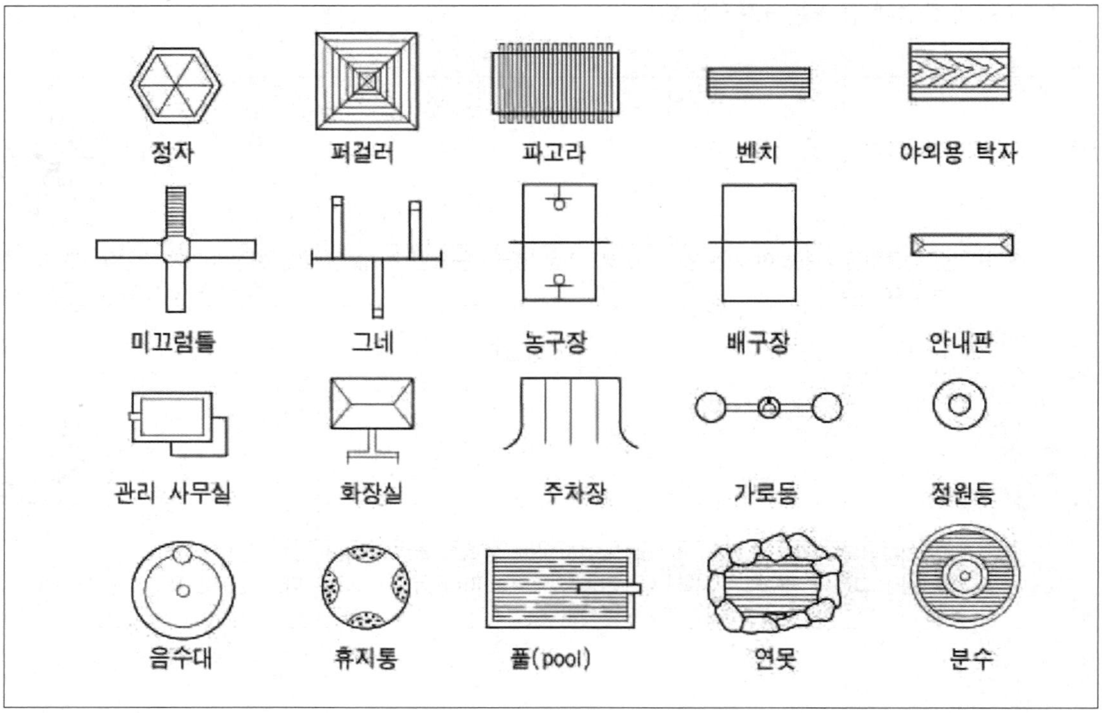

4 조경 제도

(1) 제도의 순서

① 축척과 도면 크기 결정

도면 구별	축척
배치도	1/100 ~ 1/600(규모에 따른다)
평면도	1/100 ~ 1/300(주택조경은 흔히 1/100으로 한다)
입면도	1/100 ~ 1/300(가능한 평면도와 같은 축척이 좋다)
단면도	1/100 ~ 1/300(가능한 평면도와 같은 축척이 좋다)
상세도	1/10 ~ 1/50

② 도면의 윤곽선 긋기

㉠ 윤곽선은 용지의 가장자리에서 10㎜ 정도 떼는 것이 일반적이다.

㉡ 도면을 철할 때는 좌철, 왼쪽은 25㎜ 정도의 여백을 남긴다.

③ 표제란 설정

㉠ 위치 : 도면 하단부에 좌우로 길게, 오른쪽 끝에 상하로 길게, 오른쪽 하단에 작게 위치한다.

㉡ 공사명, 도면명, 범례, 축척, 방위표, 막대축척, 설계자명, 도면번호, 설계일시를 기록한다.

④ 도면의 배치 : 도면의 크기를 결정한 후 윤곽선과 표제란 위치가 설정된 다음 도면 내용을 배치하고 도면의 크기와 여백 배치 조정한다.

⑤ 제도 : 밑그림 후 도면 완성, 표제란 기입

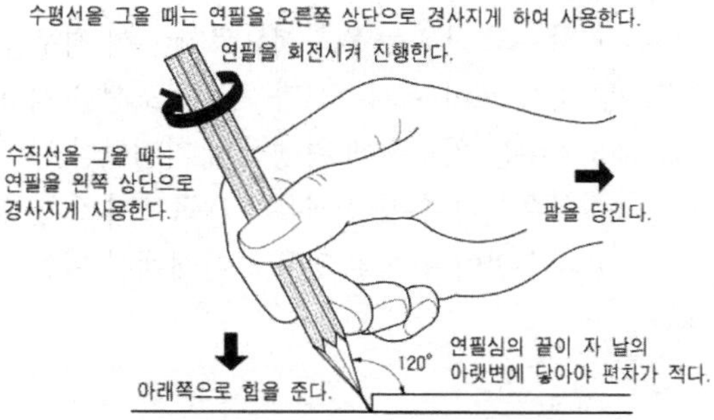

(2) 설계와 제도의 기본 사항

① 도면의 청결성

② 선이나 문자, 기호 등의 정확성

③ 일관성 및 간결성

④ 도면 전체의 구성

(3) 선

① 선 긋기 연습의 고려사항

㉠ 같은 목적으로 사용되는 선의 굵기와 진하기는 모두 같게 한다.

㉡ 연필은 제도판과 보통 60°의 기울기를 유지한다.

㉢ 긋고자하는 선을 생각하고 연필을 한 바퀴 회전시켜 긋는다.

㉣ 연필심의 끝이 자 날의 아랫변에 닿도록 한다.

㉤ 선 긋는 방향은 왼쪽에서 오른쪽, 아래쪽에서 위쪽으로 긋는다.

㉥ 선은 처음부터 끝나는 부분까지 일정한 힘으로 긋는다.

㉦ 선의 연결과 교차 부분이 정확하게 되도록 작도한다.

② 선의 종류와 용도

㉠ 굵은선 : 도면의 윤곽선, 건물의 외곽선, 단면선 등

㉡ 중간선 : 물체의 외곽선, 경계선, 파선 등

㉢ 가는선 : 문자 보조선, 질감, 치수선, 지시선, 해칭선 등

③ 용도에 따른 선의 종류

명칭	굵기(㎜)	용도에 의한 명칭	용도
실선	전선(0.3~0.8)	외형선, 단면선	물체의 보이는 부분을 나타내는 선 절단면의 윤곽선
	가는선(0.2 이하)	치수선, 치수보조선, 지시선, 해칭선	설명, 보조, 지시, 단면 표시
파선	반선(전선의 1/2)	숨은선	물체의 보이지 않는 모양 표시

일점쇄선	가는선(0.2 이하)	중심선	물체의 중심축, 대칭축 표시
	반선(전선의 1/2)	경계선, 절단선	물체의 절단한 위치 및 경계 표시
이점쇄선	반선(전선의 1/2)	가상선, 경계선	물체가 있을 것으로 가상되는 부분 표시

④ 치수 표시

㉠ 치수의 단위는 원칙적으로 ㎜, 이 경우 단위 표시를 하지 않는다.

㉡ 치수 표시는 치수선과 치수보조선을 사용한다.

㉢ 치수는 치수선에 평행하게 기입한다.

㉣ 치수선이 수평일 경우 : 왼쪽에서 오른쪽으로

㉤ 치수선이 수직일 경우 : 아래에서 위로

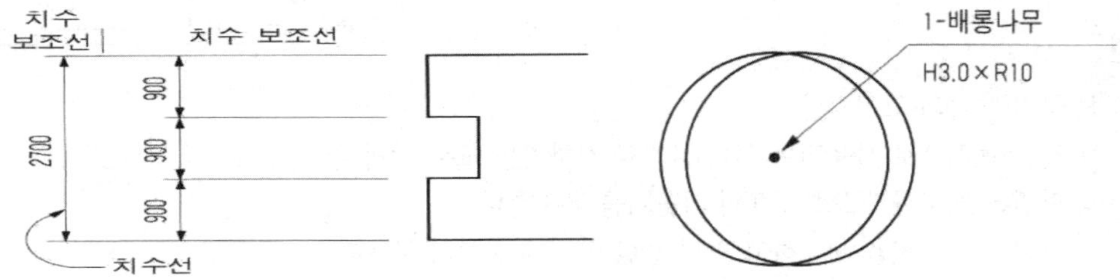

⑤ 인출선 : 도면 내용물의 대상 자체에 기입할 수 없을 때 사용하는 선이다.

㉠ 식재 설계 시 수목명, 수량, 규격 등을 기입하기 위해 많이 이용한다.

㉡ 인출선은 가는 실선을 사용한다.

㉢ 한 도면 내 모든 인출선의 굵기와 진하기를 동일하게 유지한다.

㉣ 긋는 방향과 기울기를 통일한다.

4 설계도의 종류

(1) 평면도 : 가장 기본적인 도면

① 물체를 위에서 수직 방향으로 내려다 본 것을 가정하고 작도(수직투영)한다.

(2) 입면도와 단면도 : 구조물 또는 대상지의 수직면과 수직적 구성을 보여 주는 도면

① 입면도 : 정면에서 본 구조물의 외적 형태를 보여 주기 위한 것(수평투영)

② 단면도 : 구조물을 수직으로 자른 단면의 모습

③ 구조물의 내부 구조 및 내부 공간 구성을 보여 주기 위한 것이다.
④ 단면 부위를 평면도상에 표시해야 한다.

(3) 상세도

① 평면도나 단면도상에 잘 나타나지 않는 세부 사항을 시공이 가능하도록 표현한 도면이다.
② 확대된 축척을 사용한다.

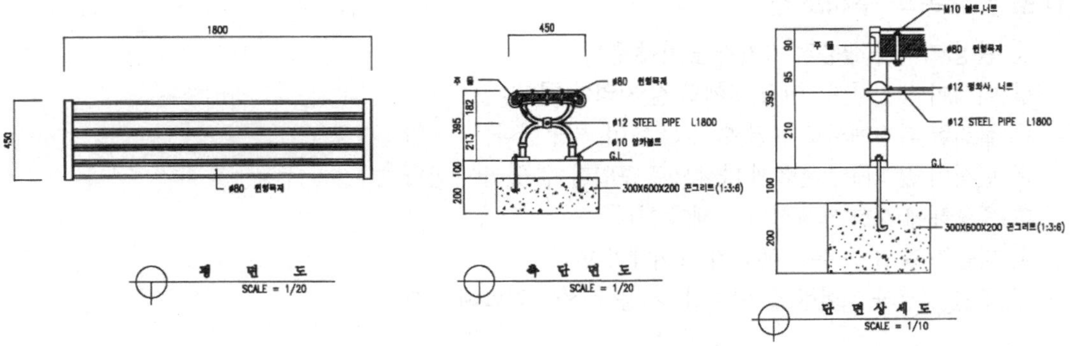

상세도

(4) 투시도와 스케치

① 투시도 : 평면도의 설계 내용을 입체적인 그림으로 나타낸 것이다.
② 스케치 : 눈높이나 눈보다 조금 높은 위치에서 보이는 공간을 표현하는 것이다.

(5) 조감도

① 설계 대상지 전체를 내려다 볼 수 있을 정도의 높은 곳에서 보이는 모습을 그린 것이다.
② 공간 전체를 사실적으로 표현한다.

평면도와 투시도	스케치	조감도
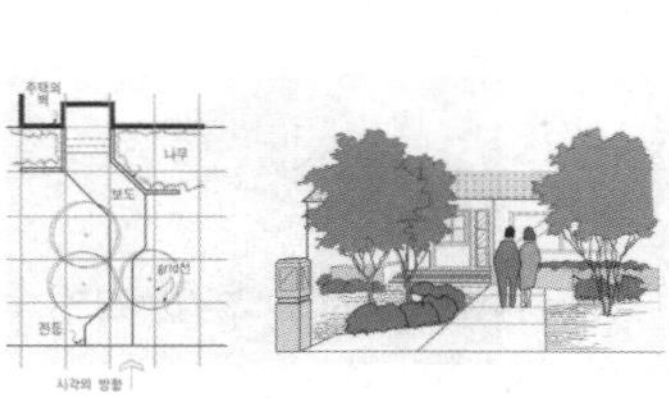		

제2장 조경 설계 기준

1 식재기준

(1) 조경 수목의 구비조건

① 관상 가치와 실용적 가치가 높아야 한다.
② 이식이 용이하며, 이식 후에도 잘 자라야 한다.
③ 불리한 환경에서도 견딜 수 있는 힘이 커야 한다.
④ 번식이 잘 되고, 손쉽게 다량으로 구입할 수 있어야 한다.
⑤ 병충해에 대한 저항성이 강해야 한다.
⑥ 다듬기 작업 등 유지 관리가 용이해야 한다.
⑦ 주변 경관과 조화를 잘 이루며, 사용 목적에 적합해야 한다.

(2) 조경 수목의 규격

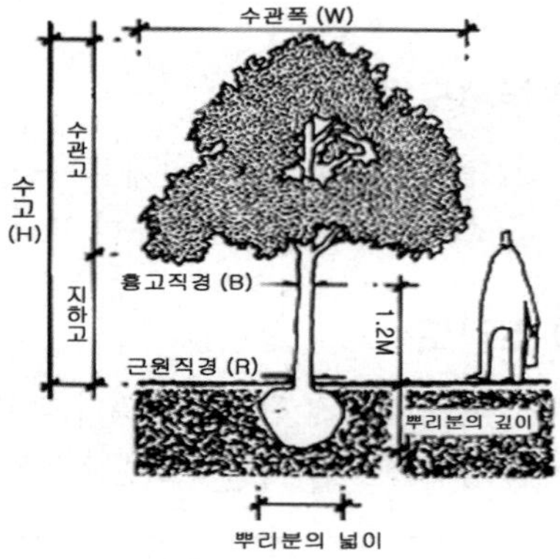

① 수고(Height, 기호 : H, 단위 : m)
㉠ 지표면에서부터 수관의 상단부까지의 수직 높이이다.
㉡ 덩굴성 수목은 줄기의 길이를 측정한다.
㉢ 소철, 야자류 등의 수목은 줄기의 수직 높이를 측정한다.

② 수관폭(Width, 기호 : W, 단위 : m) : 수목의 가지와 잎을 합한 수목의 최대 너비이다.

③ 지하고(Branching height, 기호 : BH, 단위 : m) : 수관을 구성하는 가지 중 맨 아래 가지로부터 지면까지의 수직 거리이다.

④ 흉고 직경(Diameter of breast height, 기호 : B, 단위 : ㎝) : 가슴 높이(지상 120㎝ 높이) 정도에서의 줄기 굵기이다.

⑤ 근원 직경(Root-collar, 기호 : R, 단위 : ㎝)
㉠ 지표면에서의 줄기 굵기로 지상 30㎝ 위에서 측정한다.
㉡ 가슴 높이 이하에서 줄기가 여러 갈래로 갈라지는 성질이 있는 수목인 경우 흉고 직경 대신 근원 직경으로 표시한다.

⑥ 줄기 수(Canes, 기호 : CA) : 지면에서 줄기가 여러 개로 갈라진 후 퍼져서 수관을 구성하는 관목의 경우 중요하다.

⑦ 수관 길이(Length, 기호 : L, 단위 : m)

㉠ 수관의 최대 길이를 말한다.

㉡ 수관이 수평으로 생장하는 특성을 가진 수목이나 조형된 수관일 경우 수관 길이를 적용한다.

(3) 식재 기능별 수종 요구 특성 및 적용 수종

기능 구분	수종 요구 특성		적용 수종
공간 조절	경계식재	• 가지와 잎이 치밀하고 전정에 강한 수종 • 생장이 빠르며 용이한 유지 관리 • 가지가 말라 죽지 않는 상록수	잣나무, 스트로브잣나무, 독일가문비, 서양측백, 화백, 해당화, 박태기나무, 사철나무, 호랑가시, 광나무 등
	유도식재	• 수관이 커서 「캐노피」를 이루거나 원추형 • 정돈된 수형 • 치밀한 지엽	회화나무, 은행나무, 쥐똥나무, 개나리, 사철나무 등
경관 조절	지표식재	• 꽃, 열매, 단풍 등이 특징적인 수종 • 수형이 단정하고 아름다운 수종 • 상징적 의미가 있는 수종 • 높은 식별성	피나무, 계수나무, 주목, 구상나무, 금송, 소나무 등
	경관식재	• 아름다운 꽃, 열매, 단풍 • 수형이 단정하고 아름다운 수종	물푸레나무, 칠엽수, 모감주나무, 참빗살나무, 쉬나무, 소나무, 후박나무, 구상나무, 주목 등
	차폐식재	• 지하고가 낮고 지엽이 치밀한 수종 • 전정에 강하고 유지관리가 용이한 수종 • 아랫가지가 말라 죽지 않는 상록수	주목, 잣나무, 서양측백, 화백, 사철나무, 식나무, 호랑가시나무 등
환경 조절	녹음식재	• 지하고가 높은 낙엽활엽수 • 병충해, 기타 유해요소가 없는 수종	회화나무, 피나무, 꽃물푸레나무, 칠엽수, 가죽나무, 느릅나무, 모감주나무, 느티나무, 백합나무 등
	방풍, 방설식재	• 가지와 잎이 치밀하고 가지나 줄기가 견고한 수종 • 지하고가 낮은 심근성 교목 • 아랫가지가 말라 죽지 않는 상록수	은행나무, 느릅나무, 독일가문비, 소나무, 잣나무, 화백, 사철나무, 말발도리나무 등
	방음식재	• 낮은 지하고 • 잎이 수직방향으로 치밀한 상록교목 • 배기가스 등의 공해에 강한 수종	광나무, 식나무, 사철나무, 회화나무 등
	방화식재	• 잎이 두텁고 함수량이 많은 수종 • 잎이 넓으며 밀생하는 수종 • 맹아력이 강한 수종	은행나무, 주목, 식나무, 호랑가시나무 등
	지피식재	• 키가 작고 지표를 밀생하게 피복하는 수종 • 번식과 생장이 양호하고 답압에 견디는 수종 • 다년생 식물	잔디, 눈향나무, 조릿대, 이대, 비비추, 옥잠화, 송악, 줄사철, 선태류, 맥문동 등
	임해 매립지식재	• 내염 · 내조성 • 척박한 토양에도 잘 자라는 수종 • 토양 고정력이 있는 수종	모감주나무, 해송, 후박나무, 박태기나무, 물푸레나무 등
	침식지 사면식재	• 척박토, 건조에 강한 수종 • 맹아력이 강하고 생장 속도가 빠른 수종 • 토양 고정력이 있는 수종	참죽나무, 붉나무, 쉬나무, 소나무, 잣나무, 보리수나무, 병아리꽃나무, 사철나무, 이대, 조릿대, 인동덩굴, 맥문동 등

(4) 관상면으로 본 조경 수목의 분류

① 과일이 열리는 나무 : 감나무, 매화나무, 모과나무, 살구나무, 자두나무 등

② 꽃이 아름다운 나무 : 매화나무, 목련, 무궁화, 산수유, 살구나무, 벚나무류, 때죽나무, 이팝나무, 영산홍, 자산홍

③ 단풍이 아름답게 드는 나무 : 복자기, 은행나무, 단풍나무류, 마가목, 감나무, 느티나무 등

④ 그늘이 좋은 나무 : 느티나무, 목련, 벚나무류, 은행나무, 회화나무, 계수나무, 칠엽수, 팽나무 등

⑤ 사철 푸른 나무 : 소나무, 잣나무, 전나무, 주목, 향나무 등

(5) 식재 설계의 물리적 요소

① 형태(Form)

㉠ 수관의 모양과 특성

수형			특성	수종
정형	직선형	원주형	기둥 같은 긴 수관 형성	무궁화, 비자나무, 양버들, 포플라류
		원통형	아래, 위 수관폭이 같음	사철나무, 측백나무
		원추형	나무 끝이 뾰족한 긴 삼각형	향나무, 낙엽송, 리기다소나무, 메타세쿼이아, 낙우송, 삼나무, 전나무, 주목, 독일가문비
		우산형	우산 모양(대표적인 정형수관)	왕벚나무, 편백, 화백, 네군도단풍, 금송, 반송, 층층나무, 매화나무, 복숭아나무
		피라밋형(첨탑형)	첨탑형, 탑형(한대지방 수종)	독일가문비, 히말라야시다
	곡선형	원개형	지하고 낮게 지엽이 확장	녹나무, 회양목
		타원형	수관이 타원 모양	동백나무, 박태기나무
		난형	수관이 계란 모양	가시나무, 꽃사과, 튤립나무, 측백나무, 목서, 동백나무, 태산목, 계수나무, 목련, 벽오동
		배형	수관이 술잔 모양	계수나무, 느티나무, 가중나무, 단풍나무, 배롱나무, 산수유, 자귀나무, 석류나무
		구형	수관이 공 모양	반송, 수국, 졸참나무, 가시나무, 녹나무, 생강나무, 수수꽃다리, 화살나무, 회화나무, 때죽나무
곡선형		횡지형	가지가 옆으로 확장	단풍나무, 배롱나무, 석류, 자귀나무
		능수형	가지가 아래로 길게 늘어짐	능수버들, 수양벚나무, 싸리나무, 실편백, 황매화
		포복형	줄기가 지표를 따라 생육	눈향나무, 눈잣나무

	피복형	수관 하단선이 지표 가까이	눈주목, 진달래, 조릿대
	만경형	다른 물체에 기대어 자람	능소화, 등나무, 으름덩굴, 담쟁이덩굴, 송악

㉡ 조경 수목의 수형

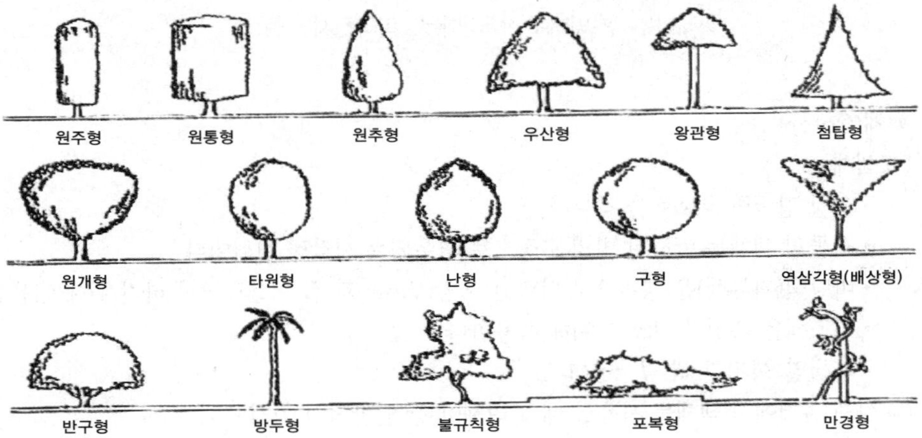

② 질감(Texture)

㉠ 질감이란, 물체의 표면이 빛을 받았을 때 생기는 명암의 배합률에 따라 느끼게 되는 시각적인 느낌, 각 3단계로 구분(거침, 보통, 고움)한다.

㉡ 큰 잎, 큰 줄기, 듬성듬성한 잎과 가지는 거친 질감을 갖는다.

㉢ 빛과 그림자도 질감에 따라 차이가 난다(거친 질감 → 그림자 진함, 고운 질감 → 그림자 엷음).

㉣ 질감의 급격한 변화와 대조는 가급적 피한다.

㉤ 구석진 곳의 식재 처리는 양 끝에 거친 질감으로부터 중간 지점이나 모퉁이에 고운 질감으로의 변화가 좋다.

㉥ 대왕송, 벽오동, 소철, 칠엽수, 태산목, 팔손이나무, 플라타너스 따위와 같이 잎이 큰 수목은 거친 느낌을 주기 때문에 규모가 큰 건물이나 양식건물에 어울린다.

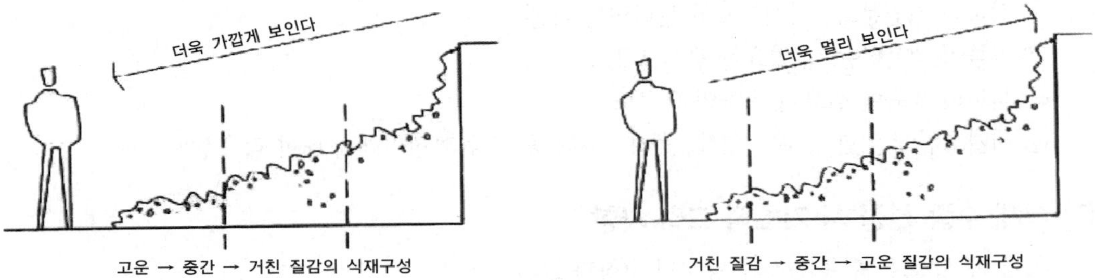

질감의 단계적 사용에 의한 시각적 효과

참 고 **잎의 생김새에 따른 수종**

- 잎이 뾰족한 나무 : 노간주나무, 리기다소나무, 소나무, 유카, 전나무, 종비나무 등
- 거치가 예리한 나무 : 호랑가시나무, 호랑가시남천촉, 호랑가시목서
- 가지에 예리한 가시가 있는 나무 : 매자나무, 명자나무, 보리수나무, 산사나무, 석류나무, 찔레나무, 초피나무, 탱자나무, 피라칸사

③ 색채(Color)

㉠ 색채

- 가장 강력한 호소력을 갖는다.
- 식물의 색채는 반사된 빛의 파장으로 좌우되는 시각적 성질이다.
- 바탕색(기본색)은 경관으로 나타난 조망(View)과 잘 어울리도록 하기 위해 이용한다.
- 강조색은 특성과 강조를 위해 사용한다.
- 녹색잎:화려한 색 잎 = 9:1

㉡ 식재 설계에서 색채를 사용할 때 고려해야 할 일반적인 원칙

- 빛과 선명한 색에 쏠리는 심리적 경향을 이해한다.
- 색의 변화는 연속성 + 점진적 단계이다.
- 따뜻한 색채(적색, 황색, 오렌지색)는 가깝게 느껴진다.
- 차가운 색채(푸른색, 자주색, 초록색)는 멀어지는 느낌이다.

㉢ 신록의 대표적인 색채

- 신록 : 새 봄 어린 잎 속에 함유되어 있는 새로운 엽록의 색채
- 담록색 : 느티나무, 능수버들, 서어나무, 위성류, 일본잎갈나무, 잎갈나무
- 백색 : 칠엽수, 은백양
- 적녹색 : 산벚나무, 홍단풍
- 담홍색 : 녹나무, 배롱나무

(6) 식재수종 선정 시 환경과의 관계에서 고려해야 할 요소

① 식물의 천연분포, 식재분포와 관련되는 기온

② 식물이 생육하는 데 필요한 광선요구도

③ 식물의 생육에 필요한 토양의 요구도

④ 대기오염에 의한 공해나 염해, 풍해, 설해 등 각종 환경피해에 대한 적응성

(7) 식재 수종 선정 시 기초적 고려 사항

① 성목 시 고유 수형과 식재 당시의 수형과 크기

② 잎과 줄기, 꽃, 가지의 상태에 따라 달리 인식되는 질감과 경관미의 형성에 큰 역할을 하는 색채

③ 식물에서 발산되는 미립자에 의해 사람의 취각을 자극하여 발생하는 향기
④ 수목의 맹아, 신록, 개화, 결실, 단풍, 낙엽 등의 계절적 현상
⑤ 수목의 생장도, 맹아성, 이식에 대한 적응성을 나타내는 수세 등으로 구분

(8) 식재 시기

① 가급적 수종 및 수목 특성별로 적합한 시기를 선택하되 수목의 굴취와 활착의 어려운 동절기(12월~2월)나 하절기(6월~9월)는 피한다.
② 부득이하여 부적기에 식재할 경우에는 이에 따른 보호 등 특별한 조치를 취해야 한다.

성상	식재 시기	비고
낙엽수	10월 하순~11월 중순 / 해토 직후~4월 상순	추위가 심한 기간은 피해야 한다.
상록활엽수	3월 하순~4월 중순, 장마철	장마 이후에 식재할 때는 햇빛을 차단하고 자주 급수한다.
침엽수	해토직후~4월 상순 / 9월 하순~10월 하순	온대지방에는 1년 내내 식재가 가능하다.
대나무과	4월 상순(조릿대, 이대)	죽순이 지상에 나타나기 직전이 좋다.

(9) 식물 생육에 필요한 최소 토양 깊이

① 잔디 · **초본류** : 15 ~ 30cm
② **소관목류** : 30 ~ 45cm
③ **대관목류** : 45 ~ 60cm
④ **천근성 교목류** : 60 ~ 90cm
⑤ **심근성 교목류** : 90 ~ 150cm

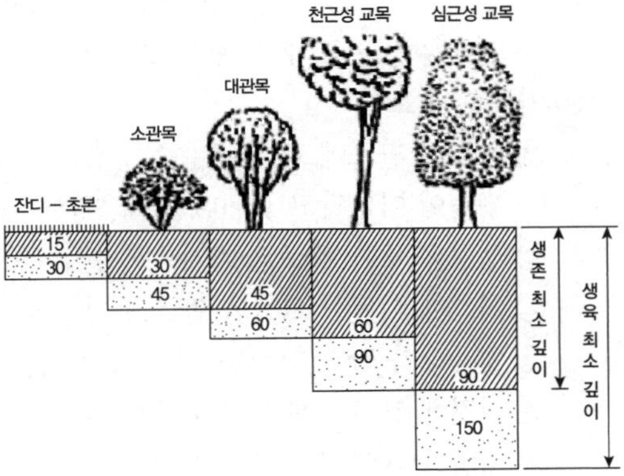

(10) 심근성 수종과 천근성 수종

① 심근성 수종 : 소나무, 곰솔, 전나무, 주목, 일본목련, 동백나무, 느티나무, 백합나무, 상수리나무, 은행나무, 칠엽수, 백목련 등
② 천근성 수종 : 독일가문비나무, 일본이깔나무, 편백, 자작나무, 버드나무, 아까시나무, 사시나무, 현사시나무, 황철나무, 매화나무 등

(11) 식재 간격 및 식재 밀도

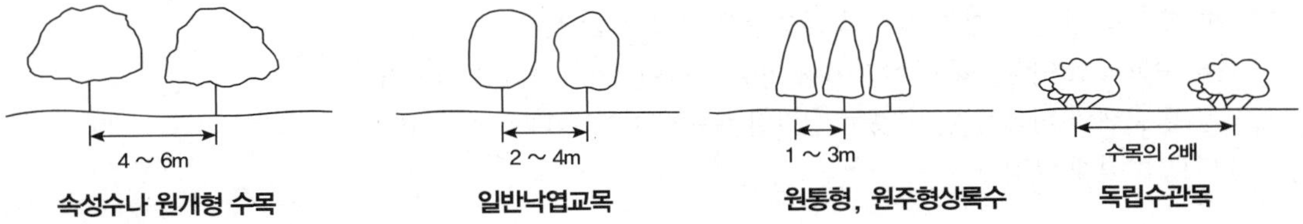

구분	식재 간격(m)	비고
대교목	6	느티나무
중 · 소교목	4.5	단풍나무
작고 성장 느린 관목	0.45 ~ 0.60	회양목
크고 성장 보통인 관목	1.0 ~ 1.2	철쭉
성장 빠른 관목	1.5 ~ 1.8	나무수국
산울타리용 관목	0.25 ~ 0.75	쥐똥나무
지피 · 초화류	0.2 ~ 0.3 / 0.14 ~ 0.2	잔디

(12) 가로수 식재

① 가로수 식재
㉠ 부드럽고 아름다운 도시 경관을 만든다.
㉡ 그늘을 만들어 주고 시원한 느낌을 준다.
㉢ 신선한 산소를 공급하고 공기를 정화한다.
㉣ 안전운행을 할 수 있게 하고 안정감을 준다.

② 가로수의 조건
㉠ 불리한 환경에 견디는 수종
㉡ 수형이 아름답고 꽃이나 열매, 잎이 아름다운 수종
㉢ 생장 속도가 빠르고 잎이 무성한 수종
㉣ 여름에 시원한 그늘을 만들고 겨울에 햇볕이 잘 드는 수종
㉤ 병충해가 적고, 상처를 입어도 견디는 수종
㉥ 전정에 강하고 맹아력이 강한 수종
㉦ 지방 고유의 향토적인 수종
㉧ 꽃이나 열매, 잎 등에 사람에게 해로운 성분이 없는 수종

③ 가로수에 많이 쓰이는 수종 : **은행나무, 플라타너스, 가중나무, 회화나무, 백합나무, 수양버들, 왕벚나무, 은단풍나무, 칠엽수 등**

④ 가로수의 규격
㉠ 줄기가 곧게 자라고 가지가 고르게 자라야 한다.
㉡ 이식 시 잔뿌리 발생이 좋아야 한다.
㉢ 수목 고유의 수형을 가지고 균형있게 자라야 한다.
㉣ 수고 4m 이상, 흉고 직경 6㎝ 이상 되어야 한다(지하고 2m 이상).
㉤ 병충해의 피해를 입지 않는 건강한 수목이어야 한다.

⑤ 가로수 식재 요령

㉠ 보도 너비 2.5m 이상일 때 식재 가능하다.
㉡ 건물로부터 5m 떨어지게 식재해야 한다.
㉢ 식재 간격은 6~12m이며, 8m 간격이 제일 많이 이용된다.
㉣ 보도 너비 3.5m 이상인 경우, 가로수 사이에 관목을 줄지어 심기도 한다.
㉤ 같은 수목과 같은 규격으로 식재하여 통일미를 얻는다.
㉥ 차도의 경계로부터 65㎝ 이상 보도 쪽으로 후퇴하여 심는다.
㉦ 수목이 식재된 자리는 적어도 1m 이상 둘레에 식재하지 않는다.

2 구조물 기준

(1) 범위 : 화단, 연못, 벽천, 분수, 옥외계단, 경사로, 플랜터, 옹벽 등

(2) 설계 요소

① 옥외계단
㉠ 2h+w=60~65cm(h : 발판 높이, w : 너비)
㉡ 계단의 물매 : 30~35°
㉢ 계단폭 : 1인용 90~110cm, 2인용 130cm~150cm
㉣ 계단참 설치 : 3m 이상 또는 방향이 바뀌는 곳

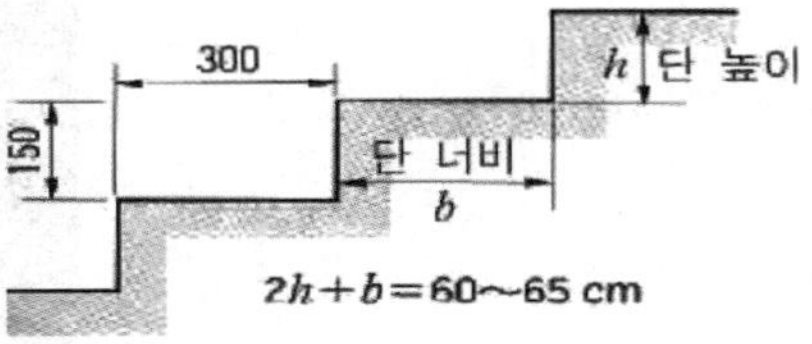

② 경사로
㉠ 신체장애자, 자전거, 유모차를 위한 시설
㉡ 너비 : 1.2m 이상~1.8m
㉢ 물매 : 일반적 10%, 신체장애자 8%, 5% 이상일 경우 난간 병행 설치

계단 및 경사로

③ 플랜트
㉠ 수목의 최소 생육 토심과 뿌리분을 보호할 수 있는 너비 고려
㉡ 교목 75~90cm, 관목 45~60cm 너비와 높이
㉢ 사질양토, 자갈층과 배수 구멍 설치
④ 옹벽 : 하중에 대한 구조적 안정(중력식 옹벽, 캔틸래버식 옹벽, 부벽식 옹벽 등)
⑤ 연못 : 바닥처리 - 점토, 콘크리트, 아스팔트 등으로 방수
⑥ 분수
㉠ 분출 높이 1m 정도이면 지름 2m 이상의 수반 필요
㉡ 수심은 보통 35~60cm

분수

⑦ 벽천
　㉠ 깊이는 0.5m 이상 유지
　㉡ 벽천 낙하 높이와 저수면 너비의 비 3:2 정도 기준

벽천

3 포장 기준

(1) 포장 재료

① 생산량이 많을 것
② 시공이 용이할 것
③ 내구성 · 내마모성이 클 것
④ 자연배수가 용이할 것
⑤ 보행 시 미끄럼이 없을 것

(2) 질감에 따른 구분

구분	소재	특징	장단점
부드러운 재료	잘게 쪼갠 돌, 흙, 잔디, 강자갈, 마사토	장애자 부적당, 보행속도 저하 → 공원, 레크리에이션 지구의 일반 보행	시공비용은 적게 들지만 유지관리비가 많이 든다.
딱딱한 재료	아스팔트, 콘크리트, 콘크리트 타일, 콘크리트 블럭	보행인, 자동차, 장애자 모두 유용	빠른 이동을 보장하지만 시공비가 비싼 반면 유지관리비가 적게 든다.
중간성격 재료	조약돌, 반석, 벽돌, 목재	형태 불규칙, 자연스러운 느낌	보행속도를 완화시키지만 겨울철에 결빙이 된다.

4 시설물 기준

• 시설물 : 안내, 표지, 휴식, 편익, 조명, 경계, 관리, 운동, 도로, 주차 등의 기능으로 옥외 설치 시설

(1) 안내 표지시설

① 통일 : 재료, 형태, 색

② 식별성 : 심볼, 그림문자, 가시성 좋은 색 조합

안내, 표지판

(2) 휴식시설

① 벤치 : 1인용 45~47cm

2인용 1.2m

3인용 1.8m

(좌면너비 38~43cm, 높이 : 35~40cm)

② 퍼걸러 : 높이 2.2~2.7m

퍼걸러

(3) 편익시설

① 휴지통

㉠ 입식 70~100cm, 좌식 50~60cm 높이

㉡ 벤치 2~4개소마다 또는 도로 20~60m마다 1개씩 설치

② 음수전

㉠ 받침 접시는 2% 경사

㉡ 높이 : 꼭지 위로 향한 경우 65~80cm, 아래 향한 경우 70~95cm 기준

음수전

(4) 조명시설

① 보행등 : 3~4m 높이로 인접 조사광과 지면에서 2m 높이에서 겹치게 배열

② 가로등 : 6~9m 높이

(5) 경계시설

① 담장

㉠ 침입 방지 1.8~2.1m

㉡ 출입 통제 0.6~1.0m 기준

② 볼라드 : 보행인과 차량의 교통 분리, 높이 30~70cm, 배치간격 2m 정도

볼라드

(6) 관리시설

① 화장실 : 1인당 1평, $3.3m^2$
② 관리사무실 : 주 진입지점에 위치

(7) 운동시설 : 모든 연령층 고려

(8) 도로시설

① 너비 10m 이상 도로 : 보도와 차도 분리
너비 18m 이상 도로 : 가로수 설치
② 보행자 전용도로 및 자전거 도로 고려

(9) 주차시설

① 규격 : 2.3×5.0m(장애인 주차장 : 3.3×5.0m)
② 90° 주차 : 같은 면적에 가장 많이 주차
③ 60° 주차 : 가장 흔히 사용
④ 45° 주차 : 겹치는 부분이 넓어 적당한 위치에 주차하기 어려움
⑤ 평행주차 : 도로의 연석과 나란히 주차

참고 **노상주차장 설치 기준**

- 주요간선도로에는 가급적 설치하지 않는다.
- 차도폭 6m 이상(보차 구분이 있는 곳)
- 차도폭 8m 이상(보차 구분이 없는 곳)
- 종단구배 4% 이하인 도로
- 평행주차가 바람직하다.

5 공간별 조경 설계

(1) 주택 정원

① 단독주택 정원
㉠ 성격과 유형
- 생활공간의 기능 : 쾌적 · 건강한 환경제공, 편안, 안전과 안정성
- 사생활 보호 기능

㉡ 설계기준 : $200m^2$ 이상 대지에 건축할 경우 조경 규정

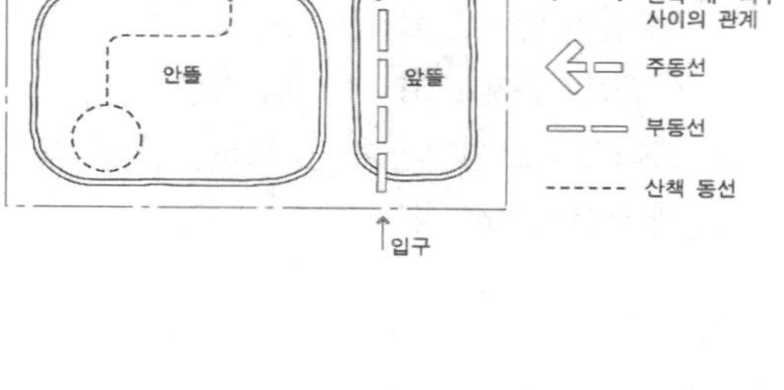

㉢ 설계 지침

- 앞뜰 : 대문~현관 사이 – 인상적, 명쾌하고 가장 밝은 공간(차고, 조명, 울타리)
- 안뜰 : 응접실 · 거실에 면한 뜰, 옥외생활 공간, 조망과 다목적 이용(퍼걸러, 정자, 수경시설, 놀이, 운동시설)
- 작업정 : 창고, 장독대 – 배수, 벽돌이나 타일로 포장, 차폐식재나 초화류, 관목식재
- 뒤뜰 : 침실과 면한 뜰, 조용하고 정숙한 분위기 – 외부와 시선 차단, 사생활 보호

② 주택단지 정원

㉠ 성격과 유형 : 생활권 형성, 공동 정원으로 근린의 식 형성

㉡ 설계 기준

- 인동 간격 : 전면 건물 높이, 위도, 일조 시간에 의해 결정된다.
- 일조시간 6시간 확보 위한 인동 간격(서울) : 1층 정남향은 5.6m, 2층 정남향은 13.3m

㉢ 설계 지침

- 건물군의 배치(입지조건, 주택의 높이와 종류, 조합 방식)
- 간선로 : 자동차 도로
- 지선로 : 2개 간선로 연결하는 도로
- 접근로 : 지선로와 연결되어 건축물들과 연결
- 단지 외곽부 : 차폐 및 완충식재

(2) 학교 정원

① 성격과 유형 : 교육을 위한 시설(교재원, 생산원), 근린공원의 역할

② 설계 기준

㉠ 면적 : 학생 수 변동 고려

㉡ 조망과 일조 고려(겨울철 4시간 이상 일조 필요)

㉢ 자연식생 상태를 이루도록 부지를 활용한다.

③ 설계 지침

㉠ 앞뜰 : 이미지 좌우, 밝고 무게있는 경관, 교실앞은 관목과 화훼류

㉡ 가운데뜰 : 휴식과 단순놀이 공간, 벤치

㉢ 옆뜰 : 교실 건물 마구리 공간, 녹음수와 벤치

㉣ 운동장 : 고정 시설물의 외곽에 설치, 스탠드는 햇빛을 등지고 설치

㉤ 교재원과 실습원 : 자생식물의 경관 표현, 식물명 등 기재

㉥ 주변지역 : 수림대로 차폐 역할, 담장은 투시형이나 산울타리

(3) 공장 정원

① 성격과 유형

㉠ 근로자에게 쾌적한 환경을 제공하여 건강관리, 생산성 증진

㉡ 주민에게 공기정화, 소음차단으로 안정감 부여

② 설계 기준

㉠ 녹지구역 설정 : 완충지역, 예비구역

㉡ 동선은 기능적, 효율적으로 배치한다.

㉢ 녹지조성의 기능을 살리고 방풍, 방화, 방사용의 수림대를 조성한다.

㉣ 잠정적 녹지 : 지피식물, 관목류 식재

㉤ 토양개량, 공해 강한 식물, 복지시설 완비

③ 설계 지침

㉠ 향토수종을 식재한다.

㉡ 수림대 : 30m 이상, 상록교목 식재, 속성수 및 비료목의 양쪽은 관목 배식

㉢ 울타리 : 투시형 울타리와 교목, 관목, 화목류 식재

㉣ 건물 주변에 화단을 조성한다.

㉤ 도로 연변에 잔디대를 조성하고 녹음수를 열식한다.

㉥ 다목적 광장 조성 : 휴식, 운동, 오락 공간 제공

(4) 옥상 정원 : 옥상 정원의 환경은 지상부에 비해 토양수분의 용량이 부족하고 양분 유실 속도가 빠르고 바람의 피해를 받기 쉬우며 토양온도의 변동폭이 매우 크다.

① 설계 기준

㉠ 하중, 옥상바닥 보호와 배수 문제

㉡ 바람, 한발, 강우, 햇볕 등 자연 재해로의 안전성 고려

㉢ 토양층 깊이와 구성성분, 시비 및 식생의 유지관리

㉣ 수종의 적절한 선택

② 설계 지침

㉠ 시설물 : 분수, 벤치, 잔디, 화단, 퍼걸러, 연못, 모래밭, 어린이 놀이터 등

㉡ 바람막이 벽 설치, 옥상 가장자리 난간 설치, 방수막을 슬래브 위에 설치, 그 위에 보존층 놓고 마무리

㉢ 경량재 사용 : 버미큘라이트, 피트모스, 펄라이트, 화산재

㉣ 식물(바람에 강, 뿌리에 세근 발달한 것)

㉤ 수분 증발 억제 조치(진흙, 낙엽, 분쇄목 덮어 억제)

(5) 도시 공원

① 도시 공원 개념

㉠ 자연 경관을 보호한다.

㉡ 시민의 보건, 휴양 및 정서생활을 향상시킨다.

㉢ 도시발전, 공공복리 증진에 힘쓴다.

㉣ 도시민의 위락활동에 이용된다.

② 도시 공원 기능

㉠ 도시 경관의 아름다움으로 쾌적성을 향상시키고 위락기능 및 방재의 효과가 있다.

㉡ 피난처를 제공(도시환경에 자연 제공)하고 공해를 감소시킨다.

㉢ 만남의 장소를 제공한다(운동, 산책, 휴식).

③ 도시 공원의 세분 및 규모「도시공원 및 녹지 등에 관한 법률」(개정 2005. 3. 31)

<table>
<tr><th colspan="3">공원 구분</th><th>유치 거리</th><th>규모</th><th>공원 면적</th><th>건폐율</th><th>공원시설 부지면적</th></tr>
<tr><td rowspan="6">생활권공원</td><td colspan="2">소공원</td><td>제한 없음</td><td>제한 없음</td><td>전부 해당</td><td>5% 이하</td><td>20% 이하</td></tr>
<tr><td colspan="2">어린이 공원</td><td>250m 이하</td><td>1,500㎡ 이상</td><td>전부 해당</td><td>5% 이하</td><td>60% 이하</td></tr>
<tr><td rowspan="4">근린공원</td><td>근린생활권근린공원</td><td>500m 이하</td><td>10,000㎡ 이상</td><td rowspan="4">3만㎡ 미만
3만㎡ 이상~10만㎡ 미만
10만㎡ 이상</td><td rowspan="4">20% 이하
15% 이하
10% 이하</td><td rowspan="4">40% 이하</td></tr>
<tr><td>도보권근린공원</td><td>1,000m 이하</td><td>30,000㎡ 이상</td></tr>
<tr><td>도시지역권근린공원</td><td>제한 없음</td><td>100,000㎡ 이상</td></tr>
<tr><td>광역권근린공원</td><td>제한 없음</td><td>1,000,000㎡ 이상</td></tr>
<tr><td rowspan="5">주제공원</td><td colspan="2">역사공원</td><td>제한 없음</td><td>제한 없음</td><td>전부 해당</td><td>20% 이하</td><td>제한 없음</td></tr>
<tr><td colspan="2">문화공원</td><td>제한 없음</td><td>제한 없음</td><td>전부 해당</td><td>20% 이하</td><td>제한 없음</td></tr>
<tr><td colspan="2">수변공원</td><td>제한 없음</td><td>제한 없음</td><td>전부 해당</td><td>20% 이하</td><td>40% 이하</td></tr>
<tr><td colspan="2">묘지공원</td><td>제한 없음</td><td>100,000㎡ 이상</td><td>전부 해당</td><td>2% 이하</td><td>20% 이상</td></tr>
<tr><td colspan="2">체육공원</td><td>제한 없음</td><td>10,000㎡ 이상</td><td>3만㎡ 미만
3만㎡ 이상~10만㎡미만
10만㎡ 이상</td><td>20% 이하
15% 이하
10% 이하</td><td>50% 이하</td></tr>
</table>

㉠ 생활권공원 : 소공원, 어린이공원, 근린공원

<table>
<tr><th>소공원
(Mini Park)</th><td colspan="2">• 소규모 토지를 이용하여 도시민의 휴식 및 정서함양을 도모하기 위하여 설치하는 공원이다.
• 공원시설면적은 100분의 20 이하(20% 이하), 접근성이 무엇보다 중요하다.</td></tr>
<tr><th rowspan="2">어린이 공원</th><td colspan="2">• 어린이 보건, 정서생활 향상에 기여하며 사회적 학습 터전이다.
• 연령에 따라 : 유아, 유년, 소년공원
• 기능에 따라 : 모험놀이터, 교통공원</td></tr>
<tr><td>설계 기준</td><td>• 완만한 장소의 주택구역 내에 있을 것
• 유치거리 250m 이하, 면적 1,500m² 이상
• 놀이면적(시설률)은 전 면적의 60% 이내, 500세대 이상의 단지인 경우는 화장실과 음수전 설치</td></tr>
</table>

어린이 공원	설계 지침	• 공간구성 : 동적 놀이공간, 놀이공간, 휴게 및 감독공간 • 동선 : 완만한 곡선 사용 • 식재 : 밀식 식재를 피하고 병에 강하고 유지관리가 쉬운 나무, 냄새와 가시가 없는 나무
	놀이 시설물	• 복합놀이시설(조합놀이대), 안전, 유지관리 편리 • 놀이시설의 배치 – 지형의 고저차 활용 – 그네 : 대지 외곽에 배치, 햇볕을 등짐 – 미끄럼대 : 북향
근린공원	• 규모에 따라 구분 – 근린생활권 : 주구중심(이용거리 : 500m, 면적 : 10,000m² 이상) – 도보권 : 도보권 안에 거주하는 자(이용거리 : 1,000m, 면적 : 30,000m² 이상) – 도시지역권 : 도시지역 안에 거주하는 자(면적 : 100,000m² 이상) – 광역권 : 도시지역을 초과하는 광역적인 종합공원(면적 : 1,000,000m² 이상)	
	설계 기준	• 도시공원법에서 유치거리 500m 이하, 공원면적 10,000m² 이상 • 500m 정도 걸어 올 수 있는 위치를 기준 • 도로, 광장, 관리시설 필수
	설계 지침	• 동적 운동공간 : 오락, 운동, 배수 양호, 경사 5% 이하 • 정적 운동공간 : 피크닉, 자연 탐승, 휴식, 구경 • 완충공간 : 문화시설로 동적 · 정적 공간 사이 배치 • 동선 : 주동선, 보조동선, 관리동선으로 분리, 접근로를 많이 조성 • 식재 : 기존식생 보호 및 향토수종 식재
	공원 시설물	• 경관시설 : 플랜터, 잔디밭, 산울타리, 연못, 폭포, 석등, 정원석, 징검다리 • 휴양시설 : 야외탁자, 야유회장, 야영장, 노인정, 노인회관, 퍼걸러 • 유희시설 : 시소, 정글짐, 사다리, 순환 회전차, 모노레일, 케이블카, 낚시터 • 운동시설 : 야구장, 축구장, 농구장, 배구장, 실내사격장, 철봉, 평행봉, 씨름장, 탁구장, 롤러스케이트장 등 • 교양시설 : 도서관, 온실, 야외극장, 전시관, 문화회관, 청소년회관 • 편익시설 : 우체통, 공중전화실, 대중음식점, 약국, 유스호스텔, 전망대, 시계탑, 음수장, 수화물 예치소 • 공원 관리시설 : 창고, 차고, 게시판, 조명시설, 쓰레기처리장, 수도 • 중요한 시설물 : 놀이기구, 운동시설, 녹지와 도로, 주차장, 광장

ⓛ 주제공원

- 생활권공원 외에 다양한 목적으로 설치되는 주제가 있는 공원
- 역사공원, 문화공원, 수변공원, 묘지공원(10만m² 이상), 체육공원(1만m² 이상) 등
- 기타 : 생태공원, 모험공원, 교통공원, 안전공원, 조각공원
- 묘지공원 위치 : 도시외곽 교통이 편리한 곳, 장래 시가지화 전망이 없는 곳, 토지의 취득과 관리가 쉬운 곳, 확장할 여지가 있는 곳
- 모험공원 : 어린이들의 모험심을 길러주는 공원(덴마크의 소렌소)
- 교통공원 : 교통안전에 대한 교육 실시

(6) 자연 공원

① 자연공원 개념 및 목적 : 자연생태계, 자연 경관, 문화 경관 등을 보전하고 지속 가능한 이용을 위해 자연을 보호하면서 야외 레크리에이션 공간을 활용하기 위함

② 자연공원의 발생

㉠ 1865년 미국 캘리포니아의 요세미티 공원 : 최초 자연공원, 현재는 국립공원

㉡ 1872년 몬테나 주의 옐로우스톤 국립공원 : 최초 국립공원

㉢ 1967년 12월 지리산 국립공원 : 우리나라 최초 국립공원

㉣ 1982년 6월 설악산 국립공원 : 유네스코에서 국제 생물권 보존지역으로 지정

③ 유형

㉠ 국립공원 : 환경부 장관이 지정, 관리

㉡ 도립공원 : 서울특별시장, 직할시장, 도지사

㉢ 군립공원 : 시장, 군수

④ 용도지구별 개발 기준

㉠ 자연보전지구 : 자연 보존상태가 원시성을 지닌 곳, 천연기념물이 있는 곳, 특별히 보호 필요 지역, 생물의 다양성이 풍부한 곳, 경관이 아름다운 곳

㉡ 자연환경지구 : 자연보존지구, 취락지구, 집단시설지구를 제외한 전 지구(유보지역)

㉢ 문화유산지구

㉣ 마을지구 : 주민의 취락생활을 유지하는 데 필요한 지구

⑤ 설계 기준

㉠ 충분한 면적, 교통의 요충지, 평균 10ha 내외

㉡ 공원 진입부, 집단시설지구, 휴게공간, 편익시설 등

㉢ 공원 진입부와 출구 : 상징할 수 있는 특유 수종 선별, 식별성 있는 시설

㉣ 집단 시설 지구 : 상가지역은 가로수를 식재해 녹음 제공

㉤ 화장실 : 식별할 수 있게 적당히 차폐

(7) 골프장

① 규모에 따라 : 선수권 코스(연습장), 정규 코스, 실행코스

② 입지조건에 따라

㉠ 정방형보다 약간 구형에 가까운 용지

㉡ 다양한 자연적 지형을 보유하고 있는 곳(산림, 연못, 하천, 구릉지)

㉢ 남북방향으로 길게, 잔디보호를 위한 남사면이나 남동사면

③ 설계 기준

㉠ 공간구성

- 아웃(out)의 9홀과 인(in)의 9홀로 구분
- 소요면적 : 18홀, 60만~100만m^2

㉡ 표준 코스 : 18홀
- 4개의 짧은 홀(타수 3개) : 119~228m
- 10개의 중간 홀(타수 4개) : 274~430m
- 4개의 긴 홀(타수 5개) : 430m 이상

㉢ 홀의 구성

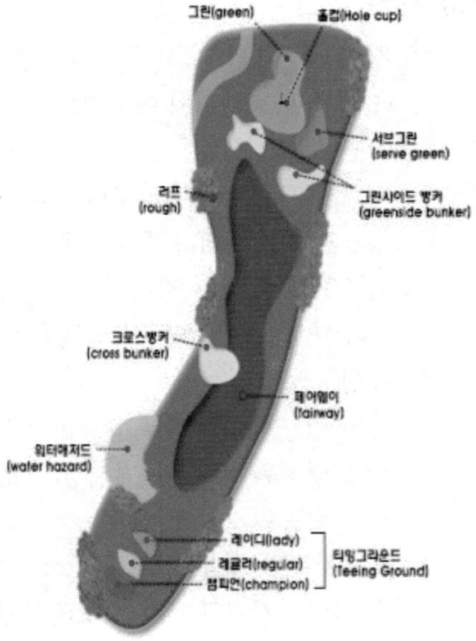

티(Tee)	각 홀의 출발구역 면적 : 400~500m² (주변보다 0.3~1.0m 높게 성토)
그린(Green)	종점지역(퍼팅을 하기 위해 잔디를 짧게 깎은 지역)면적 : 600~900m²
페어웨이(Fair way)	티와 그린 사이에 짧게 깎은 잔디지역 : 너비 40~50m, 면적 20만m² 적당
러프(Rough)	페어웨이 주변의 깎지 않은 초지[잡초 · 관목(灌木) · 수림 등으로 이루어져, 다음 타구(打球)를 어렵게 만듦]
하자드(Hazard)	장애지역, 벙커, 연못, 수목, 마운딩 등 배치

- 티, 페어웨이, 러프 : 들잔디
- 그린 : 벤트 그래스

(8) 사적지

① 문화재 보호법을 준수한다(안내판 – 문화재 관리국 지정 규격).
② 엄숙하고 전통적인 분위기로 설계한다.
③ 향토 수종, 상징적 시설(장승, 문주, 탑)을 설치한다.
④ 계단, 경사지, 절개지는 화강암 장대석을 이용한다.
⑤ 포장은 전돌이나 화강석 판석을 이용한다.
⑥ 모든 시설물에 시멘트를 노출시키지 않는다.
⑦ 식재 금지 구역 : 묘담 내, 묘역 전면, 성의 외곽, 회랑이 있는 사찰, 건물 가까이, 석탑 주위

참 고 **전통 조경 수목**

분류	낙엽교목	낙엽관목	상록교목	상록관목	초화류	기타
식물명	느티, 은행, 모과, 감, 사과, 대추, 살구, 배롱, 호도, 뽕, 왕벚	모란, 앵두, 무궁화, 석류, 월계화	전나무, 측백, 소나무, 주목, 동백	천리향, 치자, 회양목, 사철	국화, 난, 작약, 옥잠화, 원추리, 패랭이꽃, 연꽃	대나무류, 으름덩굴, 머루

제5편 적중예상문제

1 **제도판의 선택요령으로 틀린 것은?**

① 도면 크기에 적합한 규격일 것
② 표면이 평탄할 것
③ T자의 안내면이 거칠 것
④ 제도대의 높이와 경사를 조절할 수 있을 것

2 **정원 설계 시 수목을 표시하기 위하여 많이 쓰이는 제도용구는?**

① 곡선자 ② T자
③ 삼각축척 ④ 템플릿

3 **도면에 수목을 표시하는 방법으로 틀린 것은?**

① 활엽수는 직선 혹은 톱날형 곡선을 사용하여 표현한다.
② 간단한 원으로 표현하는 방법도 있다.
③ 원 내에 가지 또는 질감을 표시하기도 한다.
④ 윤곽선의 크기는 수목의 성숙 시 퍼지는 수관의 크기를 나타낸다.

4 **도면을 확대하거나 축소할 때 편리한 축척은?**

① 방위 축척 ② 막대 축척
③ 분수 축척 ④ 임의 축척

5 **도면을 작성할 때 유의하여야 할 사항은?**

① 전문가가 알 수 있도록 복잡하고 어렵게 표현한다.
② 도면이 약간 불결하여도 내용만 충실하면 된다.
③ 도면 전체의 구성은 고려하지 않아도 된다.
④ 선이나 문자, 기호 등은 일관성 있게 한다.

6 **주택 정원의 평면도 축척은 보통 얼마 정도로 하고 있는가?**

① 1/10~1/50 ② 1/100
③ 1/300 ④ 1/600

7 **실물에 대한 도면에서의 줄인 비율을 무엇이라 하는가?**

① 배척 ② 실척
③ 반척 ④ 축척

8 **도면의 윤곽선은 보통 10mm 정도로 하는데, 도면을 철할 때는 어느 정도가 좋은가?**

① 5mm ② 15mm
③ 20mm ④ 25mm

9 **도면에 표제란을 위치시키는 방법으로 맞는 것은?**

① 도면 상단부에 좌우로 길게
② 왼쪽 끝에 상하로 길게
③ 오른쪽 하단 구석에 작게
④ 도면 중앙에 작게

정답 1③ 2④ 3① 4② 5④ 6② 7④ 8④ 9③

10 다음 중 표제란에 기입하여야 할 사항이 아닌 것은?

① 제도용지의 종류 ② 공사명
③ 설계자명 ④ 축척

11 도면을 만들 때 문자 보조선이나 질감 또는 치수선은 어떤 선을 이용하는가?

① 굵은선 ② 가는선
③ 중간선 ④ 이점쇄선

12 도면에서의 치수 표시방법으로 맞는 것은?

① 단위는 ㎝를 원칙으로 한다.
② 치수선은 굵은 실선으로 한다.
③ 치수보조선은 가는 실선으로 한다.
④ 치수기입은 하지 않는다.

13 도면에서 치수선이 수직일 경우 치수 기입의 위치로 맞는 것은?

① 치수선의 상단에
② 치수선의 아래에
③ 치수선의 오른쪽에
④ 치수선의 왼쪽에

14 조경 설계의 수목 표현 시 사용되는 인출선의 내용으로 틀린 것은?

① 수목의 성상 ② 수목명
③ 수목의 규격 ④ 나무 그루 수

15 인출선을 사용할 때 유의 사항으로 틀린 것은?

① 가는선으로 명료하게 긋는다.
② 인출선의 수평 길이는 기입사항보다 크게 맞춘다.
③ 인출선의 기울기와 방향은 통일하는 것이 좋다.
④ 인출선 간의 교차나 치수선의 교차를 피한다.

16 조경 설계의 가장 기본적인 도면으로서 물체를 위에서 바라본다고 가정하고 작도하는 설계도는 무엇인가?

① 입면도 ② 단면도
③ 상세도 ④ 평면도

17 조경 설계 시 가장 많이 사용하는 평면도는 무엇인가?

① 배치도 ② 식재 평면도
③ 구조물 평면도 ④ 측면도

18 식재 평면도에서 수목의 규격을 나타낼 때 R은 무엇을 의미하는가?

① 수고 ② 수관나비
③ 흉고지름 ④ 근원지름

19 식재 평면도에 수목의 규격을 표시할 때 보통 단위를 생략하는데 이 때 미터(m) 단위를 사용하는 것은?

① 흉고지름 ② 수관나비
③ 근원지름 ④ 나무의 나이

20 평면도의 종류 중 공학적 지식이 많이 요구되는 것은 어느 것인가?

① 배치도 ② 식재 평면도
③ 구조물 평면도 ④ 측면도

21 입면도의 축척은 보통 어떻게 사용하는 게 일반적인가?

정답 10 ① 11 ② 12 ③ 13 ④ 14 ① 15 ② 16 ④ 17 ② 18 ④ 19 ② 20 ③ 21 ②

① 평면도보다 작은 축척
② 평면도와 같은 축척
③ 배치도보다 작은 축척
④ 배치도와 같은 축척

22 입면도에 대한 설명으로 맞는 것은?

① 구조물을 수직으로 보여 준다.
② 구조물의 내부구조를 보여 준다.
③ 구조물의 내부 공간구성을 보여 준다.
④ 구조물의 정면에서 본 외형을 보여 준다.

23 수목 식재 후 지주목의 설치방법을 그려 놓은 도면은 무슨 설계도에 해당하는가?

① 평면도　② 입면도
③ 단면도　④ 상세도

24 유리창을 통해 공간을 보면서 보이는 그대로를 유리창에 그려낸 것과 같은 효과를 무슨 도면이라 하는가?

① 투시도　② 상세도
③ 액소노메트릭　④ 등각투영도

25 다음 중 경계 식재에 사용될 수종의 조건으로 틀린 것은?

① 수관이 커서 캐노피를 이룰 것
② 지엽이 치밀할 것
③ 생장이 빠르며 관리가 쉬울 것
④ 가지가 잘 말라 죽지 않을 것

26 공간을 조절하기 위한 기능의 식재에 해당하는 것은?

① 유도 식재　② 지표 식재
③ 경관 식재　④ 차폐 식재

27 다음 중 환경을 조절하기 위한 목적의 식재에 해당하는 것은?

① 유도 식재　② 녹음 식재
③ 경관 식재　④ 경계 식재

28 유도 식재에 사용되는 수종은 어떤 것이 좋은가?

① 전정에 강하고 유지 관리가 쉬운 수종
② 잎이 두껍고 함수량이 많은 수종
③ 정돈된 수형과 치밀한 지엽을 지닌 수종
④ 맹아력이 강한 수종

29 지표 식재로 쓰이기에 적합한 것은?

① 아랫가지가 말라 죽지 않는 상록수
② 키가 작고 지표를 밀생하게 피복하는 수종
③ 내염성이 있는 수종
④ 높은 식별성이나 상징적 의미가 있는 수종

30 경관 식재로 사용하기에 적당한 것은?

① 지하고가 낮고, 지엽이 치밀한 수종
② 생장이 빠르고 전정에 강한 수종
③ 수형이 단정하고 아름다운 꽃, 열매, 단풍이 드는 수종
④ 지하고가 낮은 심근성 수목

31 차폐 식재로 사용할 수 있는 나무의 조건으로 맞는 것은?

① 수형이 단정하고 아름다운 수종일 것
② 아랫가지가 말라 죽지 않는 상록수일 것
③ 꽃, 열매, 단풍 등이 특징적인 수종일 것
④ 높은 식별성이 있고 상징적 의미가 있는 수종

✔ 정답 22 ④ 23 ④ 24 ① 25 ① 26 ① 27 ② 28 ③ 29 ④ 30 ③ 31 ②

32 다음 중 차폐식재로 쓰일 수 있는 나무는 무엇인가?

① 화백 ② 꽃물푸레나무
③ 모감주나무 ④ 칠엽수

33 녹음 식재로 쓰일 수 있는 나무로 적당한 성질을 가진 것은?

① 지하고가 낮은 심근성 수종
② 낙엽활엽수로 병충해에 강한 수종
③ 아랫가지가 말라 죽지 않는 상록수
④ 지하고가 낮고 지엽이 밀생한 수종

34 방풍과 방설을 위한 나무의 조건은 무엇인가?

① 맹아력이 강한 수종
② 잎이 넓으며 밀생하는 수종
③ 병충해에 강한 수종
④ 지엽이 치밀하고 가지나 줄기가 견고한 수종

35 방음 식재에 어울리는 수종으로 틀린 것은?

① 지하고가 낮은 수종
② 잎이 수직방향으로 치밀한 상록 교목
③ 수형이 단정하고 아름다운 수종
④ 배기가스 등 공해에 강한 수종

36 다음 중 방화 식재에 어울리는 조건으로 옳지 않은 것은?

① 잎이 두껍고 함수량이 많을 것
② 지하고가 낮을 것
③ 잎이 넓으며 밀생하는 수종
④ 맹아력이 강한 수종

37 지피 식재를 위한 수종으로 맞는 것은?

① 키가 큰 수종
② 1년생 식물
③ 지하고가 높을 것
④ 답압을 견디는 힘이 큰 수종

38 수목을 심기 위한 식재 기반의 설명으로 맞는 것은?

① 심근성 교목은 최소 90~150cm 이상 확보할 것
② 관목류는 최소 60~90cm 이상 확보할 것
③ 초화류는 최소 30~60cm 이상 확보할 것
④ 교목의 식재단의 너비는 30~60cm 이상일 것

39 옥외에 설치되는 구조물 중 평면적인 구조를 가진 것은?

① 연못 ② 벽천
③ 분수 ④ 플랜터

40 옥외계단 설계 시 고려하여야 할 내용으로 틀린 것은?

① 계단의 물매는 30~35° 로 설계한다.
② 2h+w=60~70cm로 한다(h : 발판높이, w : 너비).
③ 계단이 길 때에는 계단참을 없앤다.
④ 계단참은 1인용의 경우 90~110cm 정도로 한다.

41 다음 중 신체장애자를 위한 시설은 무엇인가?

① 옥외계단 ② 플랜터
③ 램프 ④ 벽천

정답 32 ① 33 ② 34 ④ 35 ③ 36 ② 37 ④ 38 ① 39 ① 40 ③ 41 ③

42 다음 중 물의 흐름과 떨어짐, 굄이 연속적으로 이루어지게 하는 구조물은?

① 연못 ② 분수
③ 플랜터 ④ 벽천

43 플랜터란 무엇인가?

① 분수에서 물을 받아 주는 수반의 역할을 하는 것
② 수목을 심을 수 있도록 만들어진 큰 화분
③ 계단참의 형태로 이루어진 정원구조물
④ 물에 비친 경관을 조망하는 시설물

44 분수시설에서의 수심은 보통 얼마가 적당한가?

① 10~25cm ② 15~30cm
③ 35~60cm ④ 120cm 이상

45 벽천의 낙하 높이와 저수면 너비의 비는 어느 정도가 좋은가?

① 1:2 ② 1:3
③ 2:1 ④ 3:2

46 포장재료의 선정 시 고려하여야 할 내용으로 틀린 것은?

① 생산량이 적을 것
② 시공이 쉬울 것
③ 보행 시 미끄러짐이 없을 것
④ 외관 및 질감이 좋을 것

47 다음의 포장재료 중 부드러운 질감을 나타내는 소재는?

① 아스팔트 ② 강자갈
③ 콘크리트 ④ 콘크리트 타일

48 다음 중 보행속도를 저하시키는 포장재료는?

① 마사토 ② 아스팔트
③ 벽돌포장 ④ 콘크리트

49 다음 중 시공 비용이 적게 들지만 유지 관리비가 많이 드는 포장 형태는?

① 콘크리트 포장
② 아스팔트 포장
③ 벽돌 포장
④ 마사토 포장

50 안내표지 시설물의 고려사항으로 맞는 것은?

① 재료, 형태, 색 등을 통일시켜 식별성을 높여야 함
② 조망이 좋고 한적한 휴게공간에 설치
③ 그늘진 곳, 습한 곳을 찾아서 설치
④ 차량 전용 도로의 위치에 설치

51 벤치의 좌면 너비는 보통 어느 정도가 적당한가?

① 20~26cm ② 26~30cm
③ 30~36cm ④ 36~40cm

52 퍼걸러의 높이는 어느 정도가 적당한가?

① 1.5~2.0m ② 2.0~2.2m
③ 2.2~2.7m ④ 2.7~3.2m

53 휴지통의 배치방법으로 맞는 것은?

① 벤치 1개소마다 휴지통 1개씩 설치
② 도로에서 5m마다 휴지통 1개씩 설치
③ 벤치 2~4개소마다 휴지통 1개씩 설치
④ 도로에서 10m마다 휴지통 1개씩 설치

정답 42 ④ 43 ② 44 ③ 45 ④ 46 ① 47 ② 48 ① 49 ④ 50 ① 51 ④ 52 ③ 53 ③

54 음수전의 설계방법으로 틀린 것은?

① 그늘진 곳, 습한 곳, 바람의 영향을 받는 곳에 설치한다.
② 받침 접시는 2% 경사로 한다.
③ 물 받는 받침 접시는 배수가 한번에 용이하도록 한다.
④ 꼭지가 위로 향한 경우의 높이는 65~80cm를 기준으로 한다.

55 조명시설을 설계할 때 인접 조사광과 지면에서 어느 높이에 서로 겹치도록 하는 것이 좋은가?

① 1m 높이 ② 2m 높이
③ 3m 높이 ④ 4m 높이

56 볼라드란 무엇인가?

① 보행자 전용도로를 말한다.
② 보행인과 차량 교통의 분리를 위한 시설을 말한다.
③ 차량이 주차할 수 있는 시설물을 말한다.
④ 휴게공간에 설치하는 편익시설물을 말한다.

57 각 나라의 전통적인 주택 정원 유형을 올바르게 설명한 것은?

① 동양은 담이 구별되지 않았다.
② 미국은 담으로 외부와 분리한다.
③ 이탈리아는 주택이 가로와 광장에 접하고 있다.
④ 동양은 정원이 곧 외부환경의 연장이다.

58 주택 정원에서 안뜰의 설계방법으로 맞는 것은?

① 퍼걸러 등을 배치한다.
② 장독대를 배치한다.
③ 사생활을 보호할 수 있게 한다.
④ 인상적인 공간을 조성한다.

59 응접실이나 거실 쪽에 면한 뜰로 옥외생활을 즐길 수 있는 공간은?

① 앞뜰 ② 안뜰
③ 작업정 ④ 뒤뜰

60 다음 중 주택 정원에서 관목이나 초화류로 차폐 식재를 해야 할 공간은?

① 앞뜰 ② 안뜰
③ 작업정 ④ 뒤뜰

61 가족만의 휴식공간으로 외부와의 시선을 차단해야 할 공간은?

① 앞뜰 ② 안뜰
③ 작업정 ④ 뒤뜰

62 퍼걸러, 정자, 벤치, 수경시설, 놀이 및 운동 시설을 배치할 수 있는 공간으로 적당한 것은?

① 앞뜰 ② 안뜰
③ 작업정 ④ 뒤뜰

63 주택단지 정원에서 인동간격을 결정해 주는 요소로 틀린 것은?

① 부지의 크기
② 전면 건물 높이
③ 위도
④ 일조 시간

정답 54 ① 55 ② 56 ② 57 ③ 58 ① 59 ② 60 ③ 61 ④ 62 ② 63 ①

64 주택단지 정원에서 단독 건축물 또는 공동 건축물과 연결되는 도로 유형은 무엇인가?

① 간선로 ② 자전거 도로
③ 지선로 ④ 접근로

65 학교 정원 앞뜰의 설계방법으로 맞는 것은?

① 밝고 무게 있는 경관으로 조성한다.
② 스탠드를 설치한다.
③ 교재원과 실습원을 배치한다.
④ 수림대로 차폐 시킨다.

66 학교 정원의 설계 지침으로 틀린 것은?

① 가운데뜰은 가벼운 휴식과 벤치시설을 한다.
② 운동장의 스탠드는 햇빛을 바라 볼 수 있게 배치한다.
③ 교재원은 가능하면 자생식물의 경관으로 표현한다.
④ 담장은 투시형이나 산울타리로 한다.

67 공장 정원에서 수림대는 어느 정도의 폭을 가져야 하는가?

① 10m 이상 ② 20m 이상
③ 30m 이상 ④ 40m 이상

68 공장 정원의 설계 지침으로 틀린 것은?

① 수림대는 상록 교목을 선정하여 식재할 것
② 도로에 붙은 연변에는 식물을 심지 않을 것
③ 건물 주변에는 화단을 조성할 것
④ 다목적 광장을 조성하여 종업원이 이용하게 할 것

69 옥상 정원에 시용되는 경량재의 토양으로 옳지 않은 것은?

① 버미큘라이트 ② 피트모스
③ 화산재 ④ 진흙

70 어린이 공원의 설계 기준으로 틀린 것은?

① 완만한 장소의 주택 구역 내에 위치 할 것
② 모험놀이터는 관리나 감독상 자연적인 구성이 좋음
③ 놀이면적은 전 면적의 60% 이내로 할 것
④ 놀이시설의 종류와 규격은 기준이 규정되어 있음

71 어린이 놀이터의 유치거리와 면적이 옳게 짝지어진 것은?

① 100m 이내~500㎡ 이상
② 150m 이내~1,000㎡ 이상
③ 200m 이내~1,000㎡ 이상
④ 250m 이내~1,500㎡ 이상

72 어린이 놀이터 설계 기준에서 500세대 이상의 단지인 경우 반드시 설치하도록 한 것은?

① 미끄럼대와 그네
② 화장실과 음수전
③ 모험놀이터와 화장실
④ 음수전과 퍼걸러

73 어린이 놀이터 식재 설계 지침으로 맞는 것은?

① 냄새나 가시가 없는 수종을 선정
② 밀식하여 차폐 위주 식재
③ 유지관리가 힘들고 수형이 좋을 것
④ 산울타리로는 상록 교목 식재

정답 64 ④ 65 ① 66 ② 67 ③ 68 ② 69 ④ 70 ② 71 ④ 72 ② 73 ①

74 어린이 놀이터의 공간 구성에 대한 설계 지침으로 알맞지 않은 것은?

① 동적, 정적, 휴게 및 놀이공간으로 크게 구분
② 동적 놀이공간은 공원 내의 경사지를 활용
③ 동선은 직선이 좋고 경사지는 계단으로 처리
④ 정적 놀이공간은 아늑하고 햇볕 잘 드는 곳에 배치

75 근린공원에서 공원시설은 전 면적의 얼마를 넘으면 안되는가?

① 20% ② 30%
③ 40% ④ 50%

76 근린공원의 식재 설계로 틀린 것은?

① 산책로변은 화목류 중심으로 식재하여 야생동물 유인
② 외래 도입 수종 식재
③ 주택지와 화장실 및 주차장은 차폐 식재
④ 주진입로는 대표 식재로 교목의 경관수 식재

77 다음 중 공원시설에서 편의 시설에 해당하는 것은?

① 플랜터 ② 잔디밭
③ 수화물 예치소 ④ 낚시터

78 다음 중 공원시설에서 휴양시설에 해당되지 않는 것은?

① 산울타리 ② 야외탁자
③ 야유회장 ④ 야영장

79 다음 중 자원 지향적 성격을 가진 공원은?

① 어린이 공원 ② 근린공원
③ 옥상공원 ④ 자연공원

80 묘지공원의 설계 기준으로 틀린 것은?

① 정숙하고 밝은 곳에 조성
② 장래의 시가지화 전망이 있는 곳
③ 일반 교통 노선이 묘지공원을 통과하지 않게 한다.
④ 토지의 취득과 관리가 쉬운 곳

81 다음 중 최초의 자연공원이라 할 수 있는 것은?

① 요세미티 공원 ② 옐로우 스톤 공원
③ 센트럴 파크 ④ 버큰 헤드 공원

82 다음 중 최초의 국립공원은 무엇인가?

① 센트럴 파크
② 요세미티 공원
③ 옐로우 스톤 공원
④ 버큰 헤드 공원

83 우리나라 최초의 국립공원은 무엇인가?

① 설악산 국립공원
② 덕유산 국립공원
③ 다도해 국립공원
④ 지리산 국립공원

84 국립공원은 누가 지정하여 관리하는가?

① 환경부장관
② 농림축산부장관
③ 건설교통부장관
④ 산림청장

정답 74 ③ 75 ③ 76 ② 77 ③ 78 ① 79 ④ 80 ② 81 ① 82 ③ 83 ④ 84 ①

85 자연공원을 용도 지구별로 나누었을 때 해당되지 않는 공간은?

① 자연탐승지구
② 자연보존지구
③ 취락지구
④ 집단시설지구

86 공원 입장자에 대한 편익 제공 시설이 있는 자연공원의 지구는?

① 자연보존지구
② 자연환경지구
③ 집단시설지구
④ 취락지구

87 자연공원의 설계 지침으로 틀린 것은?

① 공원 진입부는 자연공원을 상징할 수 있는 특유 수종을 식재한다.
② 건물, 간판 등은 주위 경관과 대조되게 원색을 사용한다.
③ 산책로 주변은 시계가 트이게 하여 경관을 감상할 수 있게 한다.
④ 공원 진입부에는 식별성이 높은 시설을 설치한다.

88 종합연습장이 있고 골프 시합 개최가 가능한 대규모 골프 코스는?

① 선수권 코스
② 실행 코스
③ 정규 코스
④ 비정규 코스

89 6,000m 이하의 거리로 골프를 즐기고 연습하는 코스는 무엇인가?

① 선수권 코스
② 정규 코스
③ 실행 코스
④ 비정규 코스

90 골프장의 설계 기준으로 틀린 것은?

① 구릉지, 호수, 하천이 있어야 한다.
② 방위는 잔디를 위해 남사면 또는 남동사면이 좋다.
③ 관개용 용수가 풍부하고 쉽게 구할 수 있어야 한다.
④ 토질이 나빠도 골프장 조성에 지장을 주지는 않는다.

91 골프 코스 한 홀의 출발 지점을 무엇이라 하는가?

① 티 ② 그린
③ 하자드 ④ 러프

92 티와 그린 사이에 짧게 깎은 잔디지역을 무엇이라 하는가?

① 페어웨이 ② 러프
③ 하자드 ④ 벙커

93 거친 질감을 주는 깎지 않은 초지로 이루어진 지역을 무엇이라 하는가?

① 하자드 ② 러프
③ 페어웨이 ④ 그린

94 골프 코스 한 홀의 구성에서 장애물 지역을 무엇이라 하는가?

① 그린 ② 페어웨이
③ 러프 ④ 하자드

정답 85 ① 86 ③ 87 ② 88 ① 89 ③ 90 ④ 91 ① 92 ① 93 ② 94 ④

95 그린에 가장 많이 이용되고 있는 잔디는 무엇인가?

① 들잔디
② 버뮤다 그래스
③ 라이 그래스
④ 크리핑 벤트 그래스

96 다음 중 사적지에서 수목을 식재하여야 할 곳은?

① 묘담 내
② 후원
③ 묘역 전면
④ 회랑이 있는 사찰 내

97 사적지 조경에서 바닥포장으로 바람직한 것은?

① 고압블록 포장 ② 전돌 포장
③ 콘크리트 포장 ④ 아스팔트 포장

98 사적지 조경의 설계 지침으로 옳지 않은 것은?

① 안내판은 사적지별로 개성 있게 제작하여 사용한다.
② 계단은 화강암이나 넙적한 자연석을 이용한다.
③ 모든 시설물에 시멘트를 노출시키지 않는다.
④ 경사지나 절개지에는 화강암 장대석을 쌓는다.

정답 95 ④ 96 ② 97 ② 98 ①

제 6 편

조경 재료

제 1 장 조경 재료의 분류와 특성

1 조경 재료의 분류

(1) 기능에 따른 분류

① 생물 재료 : 수목, 지피식물, 초화류
② 무생물 재료 : 석질 재료, 목질 재료, 물, 시멘트, 콘크리트 제품, 점토 제품, 플라스틱 제품, 금속 제품, 미장 재료, 역청 재료, 도장 재료

(2) 특성에 따른 분류

① 자연 재료 : 식물 재료, 목질 재료, 석질 재료, 물
② 인공 재료 : 자연 재료 또는 무생물 재료를 가공하여 주로 공장에서 생산하는 재료

(3) 외관상 용도에 따른 분류

① 평면적 재료 : 잔디 등 지피 재료
② 입체적 재료 : 수목, 담장, 정원석, 퍼걸러, 조각상
③ 구획 재료 : 땅을 가르거나 선에 효과를 내는 회양목, 경계석

2 조경 재료의 특성

(1) 생물 재료의 특성

① 자연성 : 생물로서의 활동(새싹, 개화, 결실, 단풍, 낙엽)
② 연속성 : 생장과 번식을 계속하는 변화
③ 조화성 : 형태, 색채, 종류 등 다양하게 변화하며 조화
④ 비규격성(개성미) : 생물로서의 소재 특이성

(2) 무생물 재료의 특성

재질의 균질성, 불변성, 가공성

제2장 식물 재료

1 수목의 명명법

(1) 보통명 : 모든 민족 또는 종족들의 각각 그들 자신의 언어로 지어진 식물의 이름

① 산지에서 온 이름 : 갯버들, 산단풍, 풍산가문비, 만주곰솔, 히말라야시다
② 특징에서 온 이름 : 쥐똥, 팔손이나무, 적송, 백송, 흑송, 은백양, 꽝꽝, 물푸레, 층층
③ 용도에서 온 이름 : 도장나무, 잣나무, 호두나무, 사탕단풍
④ 타국에서 온 이름 : 사쿠라(벚나무), 플라타너스(버즘나무)

(2) 학명 : 전세계에서 사용할 수 있는 명명법으로 학명의 기원은 그리스이며 현재는 대부분 라틴어화한 형이 사용된다. 학명은 이명식이다.

참 고

이명식 = 속명 + 종명 + 명명자
속명(식물의 일반적 종류, 대문자, 이탤릭체)
종명(한 속의 각각 개체를 서로 구별할 있게 하는 수식적 용어, 소문자, 이탤릭체)

- **주목**(Taxus cuspidata S. et Z.) : 속명은 그리스어의 taxon(활)에서 온 것이고, 종명은 갑자기 뾰족해진 것을 뜻한다.
- **느티나무**(Zelkova serrata Makino) : 속명은 코카사스에서 자라는 식물이름 Zelkowa에서 유래한 것이고, 종명은 "톱니가 있는"의 뜻이다.
- **단풍나무**(Acer palmatum Thunb.) : 속명은 단풍나무의 라틴이름 acer에서 나온 것으로 이 말은 잎이 갈라지는 것을 의미하고, 종명은 장상(掌狀-손바닥모양)의 뜻이다.
- **은행나무**(Ginkgo biloba L.) : 속명은 17C 일본에서 사용되었던 일본어의 gin(은-銀), kyo(행-杏)에서 유래된 것이고, 종명은 bi(2) + loba(갈라지다)의 합성어이다.

(3) 보통명과 학명의 장단점

	보통명	학명
장점	• 배우기 쉽고 기억하기 쉽다. • 정확한 표현을 위해 형용사 첨가가 가능하다. • 학명보다 사용하기 편리하다.	• 전세계적으로 통용된다. • 이명식으로 통일되며 정확하다. • 국제식물명명규칙에 의해 통제된다.
단점	• 불확실하다. • 일부 지역 나라에 사용이 제한되고, 혼동을 가져올 위험이 있다. • 외국인에 있어서 그 지방명을 외우기 어렵다.	• 라틴어이기 때문에 발음 및 문자의 조합이 생소하다. • 일반인의 사용이 어렵다.

2 조경 수목의 분류

(1) 식물의 성상에 따른 분류

① 나무 고유의 모양으로 분류 : 조경 수목의 크기는 조경 공간의 전체적 골격을 형성하는 요인으로 작용한다. 조경 수목은 크게 교목과 관목으로 구분하지만 더 세분한다면 수고에 따라 대교목, 중교목, 소교목, 대관목, 중관목, 소관목, 지피식물로 나눌 수 있다.

㉠ 교목

- 곧은 줄기가 있고, 줄기와 가지의 구별이 명확하다.
- 줄기의 길이 생장이 현저 한 키 큰 나무이다(수고 3~4m 이상인 나무).
- 소나무, 전나무, 주목, 잣나무, 향나무, 은행나무, 자작나무, 느티나무, 백목련, 낙우송, 플라타너스, 벚나무, 단풍나무, 산수유, 감나무, 동백나무 등

㉡ 관목

- 뿌리 부근에서 여러 줄기가 나와 줄기와 가지 구별이 힘든 키가 작은 나무이다(수고 3~4m 이하인 나무).
- 개나리, 명자나무, 철쭉, 회양목, 피라칸사, 사철나무, 조팝나무, 모란, 수국, 수수꽃다리, 낙상홍, 꽝꽝나무 등

㉢ 덩굴식물

- 스스로 서지 못하고 다른 물체를 감아 올라가는 식물이다.
- 등나무, 능소화, 담쟁이 덩굴, 인동덩굴, 송악, 으름덩굴, 머루, 마삭줄, 멀꿀, 줄사철, 오미자

참 고

- 대교목 : 교목이라도 12m 이상 성장하는 나무(소나무, 은행나무, 느티나무 등)
- 소교목 : 교목이라도 4.5~6m까지 성장하는 나무(향나무, 동백나무, 배롱나무, 마가목, 살구나무, 꽃아그배나무, 자귀나무, 매화나무 등)
- 대관목 : 관목이라도 3~4.5m까지 성장하는 나무(광나무, 금목서, 쥐똥나무, 무궁화 등)
- 소관목 : 관목이라도 1m 이하로 성장하는 나무(수국, 철쭉, 진달래, 골담초, 눈향나무 등)
- 지피식물 : 주로 높이가 30㎝ 이하로서 낮게 퍼지는 식물 재료(옥잠화, 비비추, 원추리 등)

• 교목

배롱나무

백목련

모과나무

소나무

전나무

잣나무

• 관목

수수꽃다리

화살나무

나무수국

회양목

철쭉

조팝나무

피라칸타

해당화

• 덩굴식물

능소화

담쟁이

멀꿀

송악

등나무

으름덩굴

② 잎의 모양에 따른 분류

㉠ 침엽수 : 겉씨식물(나자식물)로 잎이 좁다.

예 소나무, 전나무, 잣나무, 측백나무, 낙우송, 메타세쿼이아, 은행나무 등

2엽속생	소나무, 곰솔(해송), 반송, 방크스 소나무
3엽속생	백송, 리기다 소나무
5엽속생	잣나무, 섬잣나무, 스트로브 잣나무

ⓒ 활엽수 : 속씨식물(피자식물)로 잎이 넓다.

예 사철나무, 동백나무, 느티나무, 벚나무, 단풍나무, 버즘나무, 위성류 등

ⓒ 대나무류

예 맹종죽, 오죽, 조릿대 등

침엽수 잎

활엽수 잎

은행나무

위성류

③ **잎의 생태상에 따른 분류**

㉠ 상록수 : 사계절 푸른 잎을 띤다.

예 소나무, 백송, 잣나무, 섬잣나무, 독일가문비, 가시나무, 사철나무, 동백나무, 회양목 등

㉡ 낙엽수 : 생리현상으로 잎을 떨구는 나무

예 은행나무, 낙엽송, 칠엽수, 목련, 층층나무, 산수유, 배롱나무, 이팝나무, 꽃사과 등

독일가문비

주목

백목련

대왕참나무

(2) 관상면으로 본 분류

① 꽃이 아름다운 나무

㉠ 계절별

개화기	수목명
2월	풍년화(노란색)
3월	동백(붉은색), 매화(흰색), 생강(노란색), 개나리(노란색), 산수유(노란색), 조팝(흰색), 미선(흰색)
4월	목련(흰색), 벚나무(흰색), 꽃아그배(흰색), 박태기(분홍색), 명자(붉은색), 수수꽃다리(보라색), 호랑가시(백색)
5월	이팝(흰색), 때죽(흰색), 귀룽(흰색), 산딸(흰색), 쥐똥(흰색), 목백합(노란색), 인동덩굴(노란색), 병꽃(붉은색), 고광(백색), 산사(흰색)

6월	수국(보라색), 아왜나무(백색), 태산목(흰색), 치자(백색)
7월	노각(흰색), 배롱(붉은색, 흰색), 자귀(붉은색), 능소화(주황), 무궁화(흰색, 보라)
8월	배롱, 무궁화, 싸리(보라색)
9월	배롱, 싸리
10월	금목서(노란색), 은목서(흰색)
11월	팔손이(흰색), 비파(노란색)

ⓛ 색상별

꽃색깔	수목명
백색	조팝, 매화, 팥배, 산딸, 노각, 백목련, 탱자, 돈나무, 태산목, 치자, 이팝, 산사, 미선, 고광, 칠엽수, 쥐똥, 때죽, 층층, 피라칸사, 호랑가시, 팔손이, 꽃사과, 불두화, 개쉬땅, 꽃물푸레나무, 앵도, 아그배, 자두, 함박꽃, 마가목 등
붉은색	동백, 박태기, 배롱나무, 명자, 진달래, 모란, 복숭아, 협죽도, 자귀, 능소화, 석류, 부용, 무궁화, 싸리, 해당화, 홍매, 모과, 인동, 칡 등
노란색	개나리, 풍년화, 산수유, 매자, 생강, 목백합, 황매화, 죽단화, 고로쇠, 골담초, 금목서, 비파, 모감주, 영춘화 등
자주색	굴거리, 수국, 으름덩굴, 수수꽃다리, 백당나무, 등나무, 무궁화, 좀작살 등

참 고

개화와 꽃눈

- 봄에 꽃이 피는 나무의 꽃눈
  - 개화 전년도 6~8월 사이에 분화한다.
  - 기온이 높고 건조한 여름철에는 꽃눈 분화가 잘 된다.
  - 햇빛을 많이 받은 나무가 꽃을 잘 피운다.
  - 미선나무, 산수유, 개나리, 진달래, 박태기, 왕벚나무, 매화, 생강, 풍년화 등
- 초여름에서 가을에 꽃이 피는 나무
  - 당년에 자란 가지에 꽃이 피는 수종이다.
  - 장미, 무궁화, 배롱, 나무수국, 능소화, 대추, 감나무, 등나무, 불두화, 싸리, 찔레 등

봄꽃(개나리)

봄꽃(박태기)

봄꽃(매화)

봄꽃(조팝나무)

봄꽃(산수유)

봄꽃(자목련)

봄꽃(미선나무)

봄꽃(명자나무)

봄꽃(수수꽃다리)

여름꽃(협죽도)

여름꽃(자귀나무)

여름꽃(무궁화)

겨울꽃(은목서)

겨울꽃(팔손이)

겨울꽃(호랑가시나무)

• 흰색 꽃

팥배나무

산딸나무

노각나무

백목련

탱자나무

돈나무

태산목

치자나무

쥐똥나무

칠엽수

이팝나무

산사나무

꽃사과

때죽나무

층층나무

불두화

개쉬땅나무

꽃물푸레나무

아그배나무

앵도나무

마가목

피라칸사

광나무

살구나무

회화나무

일본목련

함박꽃나무

• 붉은색 꽃

명자(산당화)나무

박태기나무

병꽃나무

자귀나무

무궁화

해당화

홍매

모란(목단)

산철쭉

영산홍

작약

진달래

배롱나무

모과나무

자목련

능소화

부용

석류나무

복숭아나무

싸리

동백나무

협죽도

덩굴장미

인동덩굴

칡

꼬리조팝

낙상홍

• 노란색 꽃

금목서

영춘화

황매화

죽단화

히어리

모감주나무

백합(튤립)나무

생강나무

인동덩굴

골담초

매자나무

풍년화

• 보라색 꽃

백당나무

수국

수수꽃다리

굴거리나무

등나무

빈카마이너

으름덩굴

무궁화

좀작살나무

② 열매가 아름다운 수목

적색계	여름	오미자, 해당화, 자두
	가을	마가목, 팥배, 동백, 산수유, 대추, 보리수, 석류, 남천, 화살, 가막살나무, 산사, 피라칸사, 산딸, 낙상홍, 백량금, 주목, 호랑가시, 매자, 아왜, 찔레, 백당, 석류, 일본목련, 앵도, 아그배, 먼나무 등
	겨울	감탕나무, 식나무
황색계	여름	살구, 매화, 복사
	가을	탱자, 모과, 명자, 치자나무, 은행, 회화, 비파 등
검정색	여름	벚나무
	가을	생강, 쥐똥, 음나무, 팔손이, 말채, 꽝꽝, 이팝, 광나무, 굴거리, 병아리꽃
보라색		작살, 좀작살
흰색		흰말채

• 빨간색 열매

산수유

남천

뜰보리수

마가목

주목

찔레

호랑가시나무

백당나무

석류

감나무

꽃사과나무

낙상홍

노박덩굴

화살나무

피라칸사

백목련

아그배나무

산사나무

앵도나무

산딸나무

감탕나무

참빗살나무

팥배나무

돈나무

팽나무

먼나무

백량금

누리장나무

식나무

사철나무

호랑가시나무

아왜나무

청미래덩굴

당매자나무

매자나무

자두나무

대추나무

후피향나무

야광나무

• 검정색 열매

생강나무

말채나무

병아리꽃나무

머루

왕벚나무

광나무

굴거리

꽝꽝나무

녹나무

다정큼나무

인동덩굴

이팝나무

쥐똥나무

담쟁이덩굴

팔손이

• 노랑색 열매

비파나무

모과나무

살구나무

칠엽수

은행나무

회화나무(콩과)

매실나무

명자나무

탱자나무

• 기타

쪽동백나무

노린재

자귀나무(콩과)

흰말채나무(흰색)

좀작살나무(보라색)

박태기나무(콩과)

가시나무

미선나무

미선나무

구상나무

모감주나무

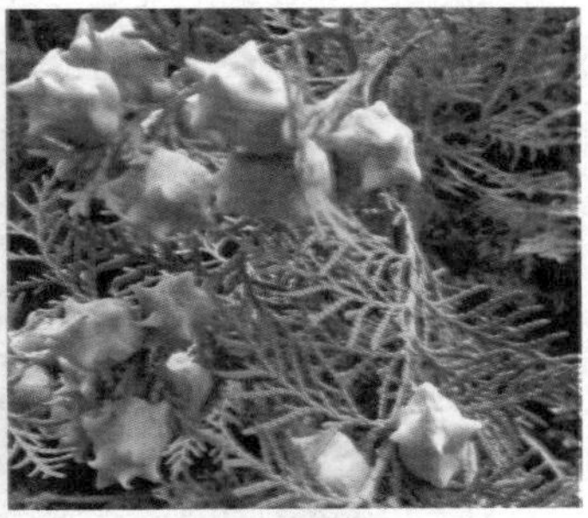
측백나무

무궁화

줄사철

으름덩굴

댕댕이덩굴

다래

고욤나무

자작나무

벽오동

백목련

③ 잎이 아름다운 수목 : 주목, 금식나무, 단풍나무류, 계수, 은행, 측백, 대나무, 호랑가시, 낙우송, 소나무류, 느티나무, 홍단풍, 구상나무, 금송

식나무

호랑가시나무

홍단풍

주목

은행나무

팔손이

구상나무

금송

계수나무

광나무

황매화

구상나무

꽝꽝나무

층층나무

쥐똥나무

④ 단풍이 아름다운 수목

㉠ 홍색계 : 단풍나무류(고로쇠 제외), 복자기, 화살나무, 붉나무, 매자나무, 참빗살, 마가목, 감나무, 신나무, 산딸나무, 남천, 담쟁이덩굴

㉡ 황색 및 갈색계 : 은행나무, 벽오동, 느티나무, 계수나무, 때죽나무, 석류, 버드나무류, 낙우송, 메타세쿼이아, 참느릅나무, 갈참나무, 졸참나무, 고로쇠, 칠엽수

• 홍색

담쟁이덩굴

화살나무

단풍나무

복자기나무

은단풍

화살나무

참빗살나무

남천

마가목

배롱나무

붉나무

흰말채나무

신나무

대왕참나무

중국단풍

• 황색, 갈색

계수나무

은행나무

낙엽송(일본잎갈나무)

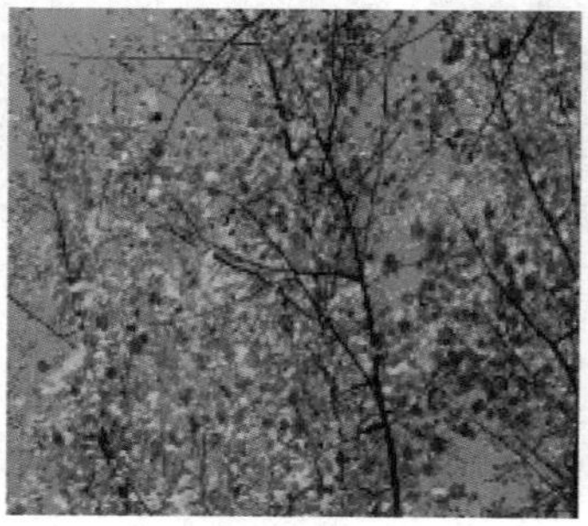
백합나무

모감주나무

느티나무단풍

일본목련

버즘나무

갈참나무

⑤ 수피가 아름다운 수목

㉠ 백색계 : 백송, 분비, 자작나무, 층층나무, 버즘나무, 은사시나무

㉡ 청록색계 : 벽오동, 식나무, 탱자, 황매화, 죽단화

㉢ 적갈색 : 소나무, 주목, 흰말채, 배롱, 모과

㉣ 흑갈색 : 해송, 가문비나무, 독일가문비나무, 히말리아시다

자작나무

백송

버즘나무

은사시나무

벽오동

소나무(적송)

주목

배롱나무

모과나무

노각나무

참빗살나무

독일가문비

황매화

흰말채나무

⑥ 신록이 아름다운 수목
　㉠ 백색 : 은백양, 보리수, 칠엽수
　㉡ 담홍색 : 배롱, 녹나무
　㉢ 적갈색 : 벚, 홍단풍
　㉣ 황색 : 가죽, 단풍나무류
　㉤ 담록색 : 느티, 능수버들, 서어나무
　㉥ 황록색 : 목서, 감탕
⑦ 향기가 아름다운 수목
　㉠ 꽃 : 매화, 서향, 수수꽃다리, 장미, 마삭줄, 일본목련, 태산목, 치자나무, 함박꽃나무, 인동덩굴, 은목서, 금목서, 돈나무, 쥐똥나무
　㉡ 열매 : 녹나무, 모과나무
　㉢ 잎 : 녹나무, 측백, 생강, 월계수, 침엽수의 잎

일본목련

수수꽃다리

치자나무

금목서

생강나무

녹나무

(3) 이용상으로 본 분류

① 경관 장식용 수목 : 주변 경관을 더욱 아름답게 해 주는 역할을 한다.

예 소나무, 은행나무, 단풍나무, 동백나무, 철쭉, 개나리, 명자나무, 조팝나무 등

소나무 군식

은행나무

동백나무

단풍나무

조팝나무

개나리

② 녹음용, 가로수용 수목

㉠ 강한 햇빛을 차단하기 위해 식재하는 나무이다.

㉡ 수관이 크고 잎이 치밀하고 무성하며 지하고가 높은 수종을 고른다.

㉢ 여름에는 그늘을 제공하고 겨울에는 낙엽이 져서 햇볕을 가리지 않아야 한다.

㉣ 낙엽수로 잎이 크고 키가 큰 교목이 좋다.

예 느티나무, 은행나무, 버즘나무, 백합나무. 칠엽수, 회화나무, 단풍나무, 벽오동, 팽나무, 왕벚나무, 일본목련, 갈참나무 등

은행나무

칠엽수

느티나무

회화나무

왕벚나무

팽나무(정자목)

③ 산울타리용, 차폐용 수목

㉠ 산울타리용 : 도로 경계를 표시하거나 담장 역할을 한다.

㉡ 차폐용 : 시각적으로 아름답지 못한 장소를 가린다.

예 측백나무, 서양측백, 쥐똥나무, 사철나무, 개나리, 무궁화, 회양목, 명자나무, 매자나무, 탱자나무, 찔레, 호랑가시나무 등

회양목

꽝꽝나무

쥐똥나무

사철나무

서양측백

탱자나무

측백

탱자나무

조팝나무

④ 방음용 수목

㉠ 소음을 차단하거나 감소시키기 위해 심는 나무이다.

㉡ 잎이 치밀한 상록교목, 지하고가 낮고 배기가스를 견디는 힘이 강한 수종을 고른다.

예 회화나무, 측백, 가시나무류, 광나무, 구실잣나무, 녹나무, 식나무, 동백나무, 아왜나무, 감탕나무, 후피향나무, 태산목, 짱짱나무, 돈나무 등

회화나무

녹나무

아왜나무

⑤ 방풍용 수목

㉠ 바람을 차단하고 심근성이며 줄기와 가지가 강해야 한다.

㉡ 실생 번식으로 자란 직근성 자생수종을 고른다.

예 곰솔, 삼나무, 독일가문비, 편백, 측백, 동백나무, 가시나무, 녹나무, 구실잣밤나무, 아왜나무, 후박나무, 은행나무, 느티나무, 팽나무 등

해송(곰솔)

독일가문비

가시나무

3 조경 수목의 특성

(1) 수형(樹形) : 나무 전체의 생김새로 수관과 수간에 의해 이루어진다.

① 수관(樹冠) : 가지와 잎이 뭉쳐 이루어진 부분으로 가지의 생김새에 의해 수관의 모양이 달라진다.

㉠ 상향형 : 가지가 줄기에 거의 평행할 정도로 수직에 가깝도록 자라고 수형은 원주형을 이룬다. 따라서 입지형(立枝形)이라고도 한다.

예 포플러, 박태기나무, 무궁화

㉡ 사향형 : 가지가 원줄기에 비스듬한 각도를 유지한다.

예 일반적 수목

㉢ 수평형 : 원줄기와 가지가 수평으로 자란다.

예 독일가문비, 히말라야시다

㉣ 분산형 : 일정 높이에서 가지가 사방으로 분산한다.

예 느티나무

㉤ 능수형 : 가지가 지면을 향해 늘어진 형태이다.

예 능수버들

② 수간(樹幹) : 나무 줄기를 말하며 수간의 생김새나 갈라진 수에 따라 전체 수형에 영향을 미친다.

㉠ 직간 : 조경 수목의 주간(主幹)이 지표면에서 나무의 끝부분까지 똑바로 자란 상태의 수형을 말한다.

㉡ 사간 : 유전적 혹은 비바람, 지형 등 환경 조건에 의해 비스듬히 기울어 자라는 곡간형 수형을 말한다.

㉢ 곡간 : 자연상태에서 자연스럽게 주간이 곡선형이 되는 것으로 입지조건에 따라 다르다.

㉣ 쌍간 : 주간의 본수가 두 개로 나란한 직간형 수형이다.

㉤ 다간 : 주간의 본수가 5개 이상인 직간형 수형이다.

ⓑ 포기자람 : 줄기가 지면에서 여러갈래로 나온 것을 말한다.

예 철쭉류

ⓢ 총립 : 포기자람과 같으나 그보다 더 한층 크게 자라는 관목류를 말한다.

예 박태기나무

ⓞ 현애 : 줄기가 아래로 늘어지는 생김새이다.

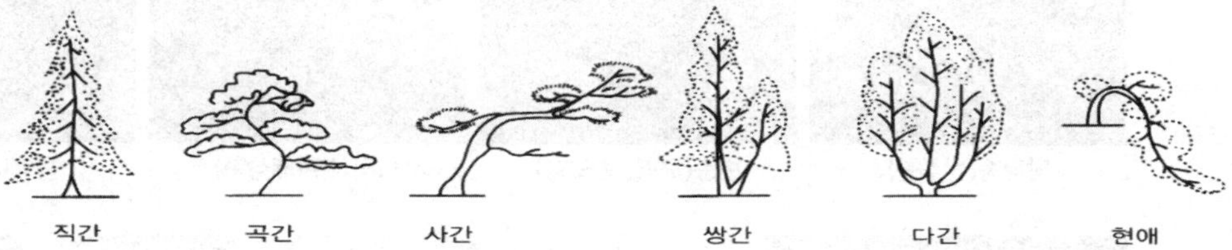

③ 수형 분류

㉠ 원추형 : 나무 끝부분이 뾰족한 긴 삼각형의 수관이다.

예 가이즈카향나무, 낙엽송, 리기다 소나무, 낙우송, 메타세쿼이아, 독일가문비, 히말라야시다, 삼나무, 섬잣나무, 전나무

㉡ 우산형 : 수관의 모양이 우산 같이 생겼다.

예 네군도단풍, 복숭아나무, 솔송나무, 왕벚나무, 편백, 화백

㉢ 구형 : 수관의 모양이 공 모양인 것을 말한다.

예 반송, 수국

㉣ 난형 : 수관의 모양이 달걀 모양인 것을 말한다.

예 가시나무, 꽃사과나무, 구실잣밤나무, 동백나무, 메밀잣밤나무, 박태기

㉤ 원주형 : 기둥 같은 긴 수관을 형성한다.

예 포플러, 무궁화, 비자나무, 양버들

㉥ 배상형(평정형) : 수관의 윗부분이 평면 또는 곡선을 이루는 술잔 모양이다.

예 계수나무, 느티나무

㉦ 능수형 : 가지가 길게 아래로 늘어지는 수관 모양이다.

예 능수버들, 실화백, 수양벚나무, 싸리나무, 황매화

㉧ 만경형 : 다른 물체에 기대어 자라는 수관의 모양이다.

예 능소화, 등나무, 으름덩굴, 인동덩굴, 줄사철

㉨ 포복형 : 수관 밑부분이 지표면 가까이 닿으며 생육하는 수관의 모양이다.

예 눈주목, 진달래, 조릿대, 산철쭉, 눈향나무

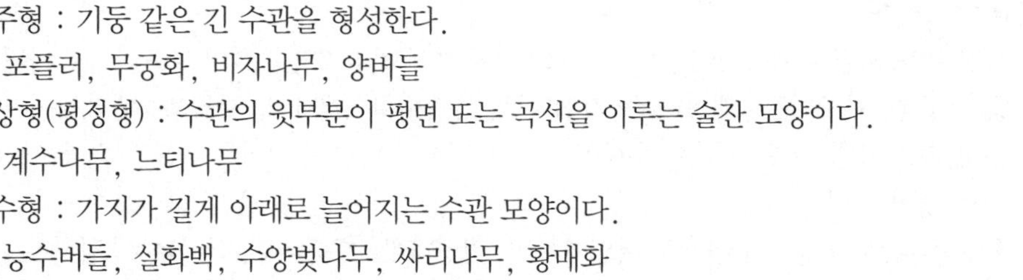

낙우송(원추형)

반송(구형, 반구형)

느티나무(배상형)

동백나무(난형)

수양버들(능수형)

능소화(만경형)

조릿대(포복형)

(2) 수세(樹勢)

① 생장 속도 : 양지에서 잘 자라는 나무는 어릴 때 생장이 빠르지만 음지에서 잘 자라는 나무는 생장이 비교적 느리다.

㉠ 생장 속도 빠른 수종 : 양수, 원하는 크기까지 빨리 자라지만 수형이 흐트러지고 바람에 약하다.

예 낙우송, 가중나무, 배롱나무, 자귀나무, 층층나무, 개나리, 무궁화, 메타세쿼이아, 백합 등

㉡ 생장 속도 느린 수종 : 음수, 수형이 거의 일정하고 바람에 꺾이는 일도 거의 없지만 자라는데 시간이 많이 걸린다.

예 구상나무, 백송, 섬잣나무, 독일가문비, 감탕나무, 때죽나무, 산사나무, 감나무, 주목, 모과 등

② 맹아성 : 가지나 줄기가 상해를 입으면 그 부근에서 숨은 눈이 커져 싹이 나오는 것을 말한다.

㉠ 맹아력 강한 수종 : 낙우송, 사철나무, 탱자나무, 회양목, 능수버들, 프라타나스, 무궁화, 개나리, 가시나무, 쥐똥나무 등

㉡ 맹아력 약한 수종 : 소나무, 해송, 잣나무, 자작나무, 살구나무, 칠엽수, 감나무 등

자귀나무

층층나무

섬잣나무

때죽나무

산사나무

살구나무

(3) 이식

① 이식이 어려운 수종 : 소나무, 전나무, 굴참나무, 자귀나무, 독일가문비, 주목, 때죽나무, 가시나무, 굴거리나무, 태산목, 후박나무, 배롱나무, 피라칸사, 목련, 느티나무, 자작나무, 칠엽수, 마가목

② 이식이 쉬운 수종 : 낙우송, 메타세쿼이아, 편백, 화백, 측백, 가이즈카향, 은행나무, 플라타나스, 단풍나무류, 쥐똥나무, 박태기나무, 화살나무, 버드나무, 사철나무, 철쭉류, 무궁화, 명자나무

자작나무

배롱나무

화살나무

칠엽수

마가목

명자나무(산당화)

(4) 질감

① 보거나 느낄 수 있는 식물 재료의 표면상태를 말한다.
② 결정 요인 : 잎, 꽃의 생김새
③ 수목의 질감
㉠ 거친 질감 : 대체로 잎이 큰 것
예 벽오동, 태산목, 백합나무, 칠엽수, 팔손이, 버즘나무, 일본목련, 소철, 음나무 등
㉡ 고운 질감 : 대체로 잎이 작은 것
예 철쭉류, 편백, 화백, 소나무, 잣나무, 회양목, 꽝꽝나무, 위성류 등

벽오동

백합나무(튤립, 목백합)

위성류

(5) 향기

① 꽃향기 : 매화(이른 봄), 서향(봄), 수수꽃다리(봄), 장미(5~10월), 함박꽃(6월), 일본목련(6월), 인동덩굴(7월), 목서류(10월)
② 열매향기 : 녹나무, 모과나무
③ 잎향기 : 방향성 물질 테르펜 방출, 편백, 화백, 녹나무, 생강나무, 월계수, 노간주 등

서향

금목서

인동덩굴

함박꽃나무

녹나무

생강나무

(6) 조경 수목의 구비 조건

① 관상 가치와 실용적 가치가 높아야 한다.
② 이식이 용이하며, 이식 후에도 잘 자라야 한다.
③ 불량한 환경에서도 잘 견디어야 한다.
④ 번식이 잘 되고, 손쉽게 대량으로 구입할 수 있어야 한다.
⑤ 병충해에 대한 저항성이 강해야 한다.
⑥ 유지 관리가 용이해야 한다.
⑦ 주변 경관과 조화를 잘 이루어야 하며, 사용 목적에 적합해야 한다.

(7) 조경 수목의 규격

- 수고(Height) : 지표면부터 나무의 높이
- 수관 폭(Width) : 나무의 폭
- 흉고 지름(Diameter of Breast Height) : 줄기의 굵기
- 근원 지름(Root-collar Caliper) : 지표면 굵기(교목, 덩굴성 수목, 묘목에 적용)
- 지하고(Branching Height) : 지표면에서 수관의 아랫 가지까지의 높이

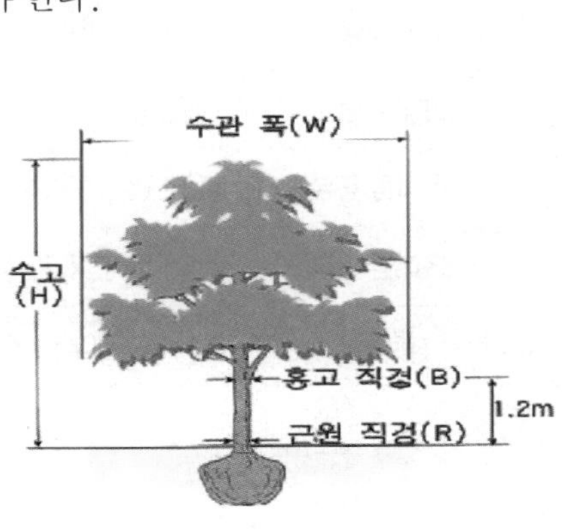

① 교목

구분	수종명
수고×수관폭(H×W)	일반적인 상록수
수고×흉고직경(H×B)	가중나무, 계수나무, 메타세쿼이아, 벽오동, 수양버들, 벚나무, 은단풍, 은행나무, 자작나무, 백합나무, 층층나무, 플라타너스, 현사시나무 등
수고×근원직경(H×R)	소나무, 감나무, 꽃사과나무, 낙우송, 느티나무, 대추나무, 모과나무, 배롱나무, 목련, 산수유, 자귀나무, 단풍나무 등(흉고직경 측정이 어려운 대부분 교목류)

② 관목

구분	수종명
수고×수관폭(H×W)	일반관목, 철쭉류, 회양목, 수수꽃다리, 박태기, 황매화 등
수고×가지의 수(H×가지)	개나리, 덩굴장미 등
수고×수관길이(H×L)	눈향나무, 눈주목

③ 기타

㉠ 묘목 : 간장×근원직경×근장

㉡ 만경목 : 수고×근원직경(등나무, 능소화)

4 조경 수목과 환경

(1) 기온

구분	수종명
난대림	녹나무, 동백나무, 가시나무, 돈나무, 감탕나무
온대림 남부	해송, 서어나무, 굴피나무, 팽나무, 대나무
온대림 중부	졸참나무, 신갈나무, 때죽나무, 밤나무
온대림 북부	박달나무, 피나무, 사시나무, 시닥나무, 신갈나무
한대림	잣나무, 전나무, 주목, 가문비나무, 이깔나무, 종비나무

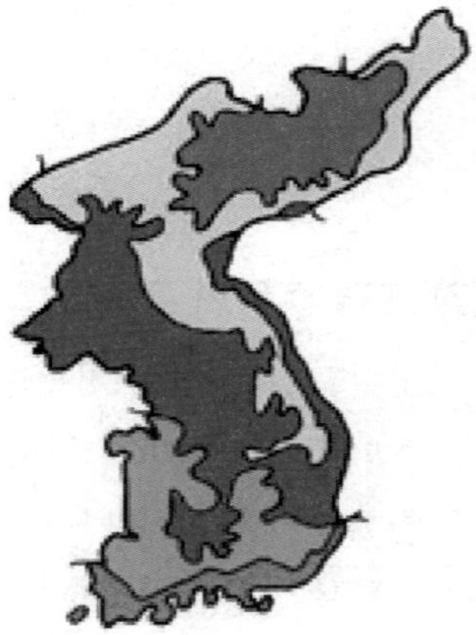

(2) 광선

구분	수종명
음수	• 약한 광선에도 좋은 생육(전 광선량의 50% 내외) • 팔손이, 전나무, 비자나무, 주목, 가시나무, 식나무, 독일가문비, 광나무, 사철나무, 녹나무, 후박나무, 동백나무, 회양목, 눈주목, 아왜나무
양수	• 충분한 광선 밑에서 좋은 생육(전 광선량의 70% 내외 광선 필요) • 소나무, 해송, 일본잎갈, 측백, 자작, 향나무, 플라타나스, 은행나무, 느티나무, 무궁화, 백목련, 개나리, 철쭉류, 가문비나무, 모과나무

(3) 바람

① 수림대와 바람
  ㉠ 방풍림 : 바람 감속, 식물 생장 도움
  ㉡ 수림대의 바람 속도 감소 효과
    • 수림대 위쪽 : 수고 6배~10배 내외 거리
    • 수림대 아래 : 수고 25~30배 거리
    • 가장 큰 효과 : 수림대 아래쪽 수고의 3~5배 해당 지점, 풍속의 65% 정도 감소

② 수목의 내풍성(바람에 견디는 성질)

구분	수종명
내풍력이 큰 수종	곰솔, 구실잣밤나무, 갈참나무, 느티나무, 떡갈나무, 상수리나무, 밤나무, 편백, 화백, 녹나무, 후박
내풍력이 작은 수종	미루나무, 아카시아, 버드나무, 양버들

(4) 토양

• 식물의 환경요소 중 가장 중요한 요소
• 구성 : 광물질 45%, 유기질 5%, 수분 25%, 공기 25%
• 공극이 큰 순서 : 사토 > 사양토 > 양토 > 식양토 > 식토

① 수분
  ㉠ 토양 수분

구분	수종명
습지를 좋아하는 수종	낙우송, 메타세쿼이아, 버드나무류, 위성류, 오동나무, 계수나무, 수국 등
건조지에 견디는 수종	소나무, 곰솔, 향나무, 해당화, 가중나무, 노간주, 자작, 산오리 등
습지, 건조지에 견디는 수종	사철나무, 꽝꽝나무, 플라타너스, 보리수나무, 자귀나무, 명자나무, 박태기나무 등

수국

노간주

뜰보리수

㉡ 토양층 구분

구분	상태
A0층(유기물층)	• A층 위의 유기물 집적층 • L층(낙엽층), F(조부식층), H(정부식층)으로 세분
A층(표층, 용탈층)	• 토양의 표면이 되는 부분 • 많은 성분이 씻겨 내려간 토층으로 식물의 썩은 부분이 모여 있어서 검은 빛을 띤다. • A1층(짙은 암색이고 유기물과 광물질이 섞인 층) • A2층(엷은 암색이고 용탈이 가장 심한 층)
B층(하층, 집적층)	• A층으로부터 용탈된 물질이 쌓인 층
C층(기층, 모재층)	• A층과 B층을 이루는 암석이 풍화된 그대로이거나 풍화 도중에 있는 모재층
D층(기암, 모암층)	• C층 밑의 암석층

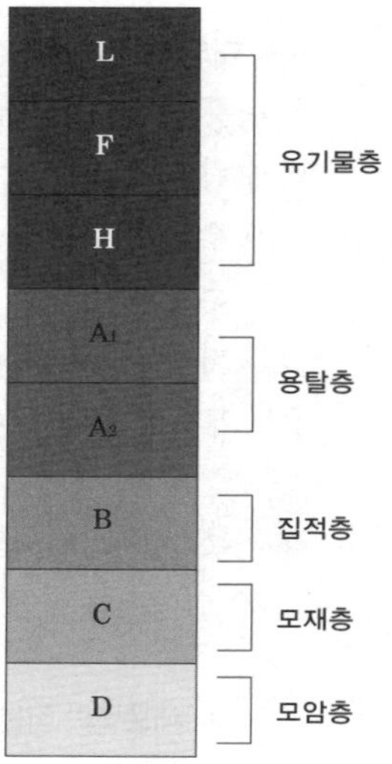

※ 일반 수목의 뿌리는 표층과 하층에서 주로 발달하며 특히 표층에 많다.

㉢ 토양 중의 수분

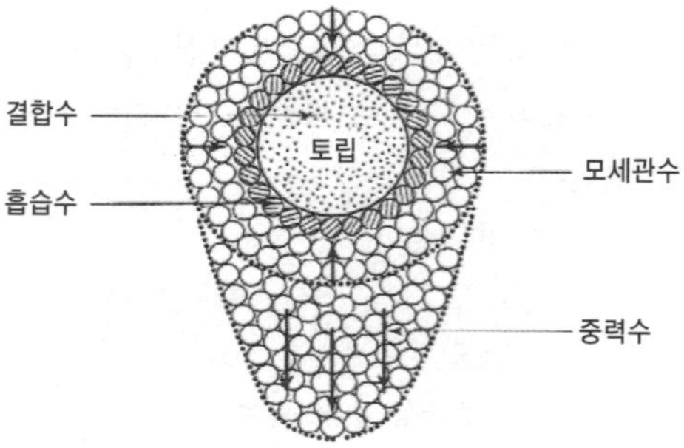

• 결합수(화합수) : 토양입자와 화합적으로 결합되어 있는 수분으로 결합력이 강하여 식물이 직접 이용할 수 없는 수분(pF 7 이상)
• 흡습수(흡착수) : 토양 표면에 물리적으로 결합되어 있는 수분결합력이 강하여 식물이 직접 이용할 수 없는 수분(pF 4.5 ~ 7)
• 모관수(모세관수) : 흡습수 외부에 표면장력과 중력으로 평형을 유지하여 식물이 유용하게 이용되는 수분(pF 2.7 ~ 4.5)
• 중력수(자유수) : 중력에 의해 지하로 침투하는 물로서 지하수원이 된다(pF 2.7 이하).

② 양분

구분	수종명
척박지에 견디는 수종	소나무, 곰솔, 향나무, 오리나무, 자작나무, 등나무, 아카시아, 자귀나무, 싸리나무, 참나무류 등
비옥지를 좋아하는 수종	삼나무, 주목, 측백나무, 가시나무류, 느티나무, 오동나무, 칠엽수, 회화, 단풍, 왕벚 등

※ 비료목과 뿌리혹박테리아

오리나무는 습기찬 곳 뿐만 아니라 메마른 땅에서도 잘 자란다. 오리나무가 뿌리혹박테리아와 공생을 하고 있어 질소 고정을 할 수 있기 때문이다. 질소 고정이란 식물에 필요한 여러 영양소 가운데 하나인 질소를 질소화합물로 바꾸는 것을 말한다.
오리나무 뿌리에는 질소 고정 능력을 갖춘 뿌리혹박테리아가 있어서 나무에 필요한 질소를 뿌리가 빨아들이기 좋게 공급해 주는 역할을 한다. 그래서 메마른 땅에 오리나무를 심으면 오히려 토양이 비옥해진다고 해서 오리나무를 비료목이라고 한다. 보통 콩과 식물들이 질소고정 박테리아와 공생하고 있으며 콩과가 아닌 식물로는 오리나무와 보리수나무를 들 수 있다.

③ 토양반응

㉠ 우리나라 토양은 비교적 강한 산성을 나타내고 있다. 밭 토양의 경우 pH 5.0~6.5의 범위이고, 산 토양은 pH 5.0~6.5의 범위이다. 식물 생육에 적합하지 않은 토양은 물리적 화학적 성질을 개선한 다음 수목을 식재하여야 한다.

㉡ pH 4.0의 강산성 토양은 소석회(수산화칼슘)를 넣어 토양 산도를 높여 주어야 한다.

구분	수종명
강산성에 견디는 수종	소나무, 해송, 잣나무, 전나무, 상수리나무, 밤나무, 낙엽송, 편백, 가문비, 진달래 등
약산성, 중성에 견디는 수종	가시나무, 녹나무, 떡깔나무, 느티나무, 백합나무, 피나무, 갈참나무
알칼리성에 견디는 수종	낙우송, 회양목, 개나리, 단풍나무, 조팝나무, 물푸레나무, 가래나무

④ 토심

구분	수종명
심근성	소나무, 전나무, 주목, 곰솔, 가시나무, 굴거리나무, 녹나무, 태산목, 후박나무, 동백나무, 느티나무, 칠엽수, 회화나무 등
천근성	가문비, 독일가문비, 편백, 자작, 버드나무, 일본잎갈나무(낙엽송) 등

⑤ 식물의 최소 토심

구분	생존 최소 토심 (cm)	생육 최소 토심 (cm)
심근성교목	90	150
천근성교목	60	90
대관목	45	60
소관목	30	45
지피/초화류	15	30

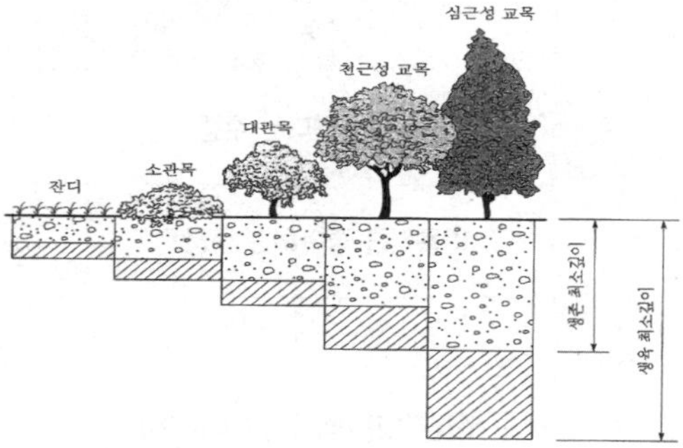

(5) 공해

① 수목의 저항성 : 상록활엽수가 낙엽활엽수보다 비교적 강하다.

② 아황산가스(SO_2)의 피해

㉠ 피해증상 : 식물 체내로 침입하여 피해를 줄 뿐만 아니라 토양에 흡수되어 산성화시키고 뿌리에 피해를 주어 지력을 감퇴시킨다.

㉡ 한낮이나 생육이 왕성한 봄과 여름, 오래된 잎에 피해를 입기 쉽다.

구분		수종명
아황산가스에 강한 수종	상록침엽수	편백, 화백, 가이즈카향나무, 향나무 등
	상록활엽수	가시나무, 굴거리나무, 녹나무, 태산목, 후박나무, 후피향나무 등
	낙엽활엽수	가중나무, 벽오동, 버드나무, 칠엽수, 플라타너스 등
아황산가스에 약한 수종	침엽수	소나무, 잣나무, 전나무, 삼나무, 히말라야시다, 일본잎갈나무(낙엽송), 독일가문비 등
	활엽수	느티나무, 백합나무, 단풍나무, 자작나무, 수양벚나무 등

(6) 내염성 : 수목이 바닷바람이나 조수를 뒤집어쓰면 수목의 잎에 붙은 염분이 기공을 막아 호흡작용을 방해하고 뿌리에 장애를 가져온다.

① 염분 한계 농도 : 수목 0.05%, 잔디 0.1% 정도

구분	수종명
내염성이 큰 수종	해송, 리기다 소나무, 비자나무, 주목, 측백, 가이즈카향, 녹나무, 굴거리, 태산목, 후박나무, 감탕나무, 아왜나무, 먼나무, 동백나무, 호랑가시, 눈향나무, 해당화, 사철나무, 동백나무, 회양목, 찔레 등
내염성이 작은 수종	독일가문비, 소나무, 삼나무, 히말라야시다, 목련, 단풍나무, 개나리

비자나무

먼나무

히말라야시다

5 지피식물

(1) 지피식물의 개념

① 지표면을 낮게 덮어 주는 키가 작은 식물이다.
② 지표면을 피복하기 위해 사용하는 식물이다. 예 잔디, 맥문동 등

(2) 지피식물의 조건

① 지표 피복이 치밀해야 한다.
② 키가 작고 다년생이어야 한다.
③ 번식력이 왕성하고 생장이 빨라야 한다.
④ 환경에 적응성이 강해야 한다.
⑤ 병해충에 대한 저항성이 강해야 한다.
⑥ 내답압성에 강해야 한다.
⑦ 부드럽고 관리가 용이해야 한다.

(3) 지피식물의 효과

① 미적 효과 : 지표면을 아름답게 해 준다.

② 운동 및 휴식 효과 : 표면이 탄력 있고, 감촉이 좋다.
③ 강우로 인한 진땅을 방지한다.
④ 토양유실을 방지한다.
⑤ 흙먼지를 방지한다.
⑥ 동결 방지 : 기온저하를 완화시키고 서릿발 현상을 방지한다.
⑦ 기온 조절 : 맨땅에 비해 온도차가 적다.

(4) 번식

① 포기번식(유성번식)
㉠ 한국잔디(들잔디, 금잔디, 빌로드잔디), 생육적온(25~35℃)
㉡ 서양잔디(버뮤다그래스, 위핑러브그래스), 생육적온(25~35℃)
② 종자번식(무성번식) : 대부분 서양잔디(켄터키블루 그래스, 벤트그래스, 훼스큐류, 라이그래스류), 생육적온(13~20℃)

(5) 주요 지피식물

① 한국잔디
㉠ 특징
- 주로 난지형이고 답압, 공해, 병충해에 강하며 유지관리가 용이하다.
- 생육적지는 전광량의 70% 이상, 일조시간 최소 5시간 이상, 햇볕이 닿는 양지 바른 곳, 완경사가 적합하다.
- 번식 : 떼를 떠서 번식, 종자번식을 할 경우 수산화칼륨(KOH)에 30~45분 침지 후 파종한다.
- 습지에 약하므로 배수가 잘 되는 사양토가 좋다.

㉠ 종류
- 들잔디 : 가장 많이 이용한다. 산지 자생, 강건하고 답압에 강하다.
- 금잔디 : 마닐라, 고려잔디, 섬세하고 유연하나 변종이 많다. 내한성은 들잔디보다 약해 대전 이남에 자생한다.
- 빌로드잔디 : 작고 섬세하나 내한성이 약하여 남해안에 자생한다. 번식력이 약하다.

② 서양잔디
㉠ 특징
- 목초용의 초류를 잔디용으로 이용한 것이다. 한국잔디에 비해 자주 깎아 주어야 하고 더위와 병에 약하다. 관수와 비배관리에 손이 많이 간다.
- 대부분 종자로 번식하나 버뮤다 그래스 종류는 포기번식을 한다.

㉡ 종류
- 난지형 잔디(하록형, 남방형) : 버뮤다 그래스, 위핑러브그래스(60~150cm까지 자람)
- 한지형 잔디(상록형, 북방형) : 켄터키 블루 그래스(가장 많이 사용, 잔디깎기에 약함), 벤트 그래스(골프장 그린), 훼스큐류, 라이그래스류

③ 소관목류

㉠ 가지 다듬기에 잘 견디는 수종이다.

㉡ 눈향나무, 눈주목, 둥근향나무, 회양목, 상록성 철쭉 등이 속한다.

㉢ 맥문동 : 잔디가 자라지 못하는 그늘진 곳에 식재 가능하다. 초여름에 연보라색꽃을 피우고 가을에 검정열매를 맺는다. 뿌리는 약재로 사용한다.

㉣ 비비추, 원추리, 꽃잔디, 옥잠화, 고사리, 사사, 덩굴식물(송악, 돌나물, 헤데라)

둥근향(옥향)

눈향나무

회양목

비비추

옥잠화

송악

사사

맥문동

꽃잔디

6 초화류

(1) 화단의 종류

구분	화단의 종류	내용
평면화단 (키작은 것 사용)	화문화단	양탄자화단(양탄자 무늬와 같음), 자수화단, 모전화단
	리본화단	통로, 산울타리, 담장, 건물 주변에 좁고 긴 화단(대상화단)
	포석화단	• 통로, 연못 주위에 돌 깔고 돌 사이 초화류 식재 • 돌과 조화시켜 관상하는 화단
입체화단	기식화단(모듬화단)	• 중앙에는 키 큰 초화를 심고 주변부로 갈수록 키 작은 초화를 심어 사방에서 관찰할 수 있게 만든 화단 • 잔디밭 중앙, 광장의 중앙, 축의 교차점
	경재화단(경계화단)	• 전면 한쪽에서만 관상(앞쪽은 키 작은 것, 뒤쪽은 키 큰 것) • 도로, 산울타리, 담장 배경으로 폭이 좁고 길게 만든 것
	노단화단	경사지를 계단 모양으로 돌을 쌓고 축대위에 초화를 심는것
특수화단	침상화단	지면보다 1~2m 정도 낮게 하여 기하학적인 땅가름
	수재화단	물에 사는 수생식물(수련, 마름, 꽃창포) 등을 물고기와 함께 길러 관상

화문화단

리본화단

경재화단

기식화단

노단화단

침상화단

(2) 초화류의 분류

구분	종류	초화류
1, 2년생 초화	봄뿌림(춘파)	맨드라미, 샐비어, 매리골드, 나팔꽃, 코스모스, 과꽃, 봉숭아, 채송화, 분꽃, 백일홍 등
	가을뿌림(추파)	팬지, 피튜니아, 금잔화, 금어초, 패랭이꽃, 안개초, 스위트피 등
다년생초화	–	국화, 베고니아, 아스파라거스, 카네이션, 부용, 꽃창포, 제라늄, 플록스, 도라지꽃 등
구근초화	봄심기(춘식)	다알리아, 칸나, 아마릴리스, 글라디올러스, 상사화, 투베로즈, 진저 등
	가을심기(추식)	히아신스, 아네모네, 튤립, 수선화, 크로커스, 백합, 아이리스 등
수생초류	–	수련, 연꽃, 붕어마름, 개구리밥, 창포류, 마름 등

(3) 화단용 초화의 조건

① 외모가 아름다울 것
② 꽃이 많이 달릴 것
③ 개화기간이 길 것
④ 꽃의 색채가 선명할 것
⑤ 키가 되도록 작을 것
⑥ 건조와 병해충에 강할 것
⑦ 환경에 대한 적응성이 클 것

구분	종류	초화류
봄화단용	1, 2년생 초화	팬지, 금어초, 금잔화, 패랭이꽃, 안개초
	다년생 초화	데이지, 베고니아
	구근초화	튤립, 수선화
여름, 가을 화단용	1, 2년생 초화	채송화, 봉숭아, 과꽃, 매리골드, 피튜니아, 샐비어, 코스모스, 맨드라미, 아게라튬, 색비름, 분꽃, 백일홍 등
	구근초화	칸나, 다알리아
겨울 화단용	–	꽃양배추

도라지

수선화

튤립

꽃창포

매리골드

꽃양배추

수련

글라디올러스

금잔화

나팔꽃

다알리아

데이지

무스카리

백일홍

백합

팬지

히아신스

샐비어

제6-1편 적중예상문제

1 조경재료의 분류에서 생물재료에 속하지 않는 것은?

① 수목 ② 지피식물
③ 초화류 ④ 목질재료

2 외관상 용도에 따른 조경재료의 분류방법이 아닌 것은?

① 자연 재료 ② 평면적 재료
③ 입체적 재료 ④ 구획 재료

3 다음 중 조경재료에서 평면적 재료에 속하는 것은?

① 잔디 ② 조경 수목
③ 정원석 ④ 퍼걸러

4 다음 중 생물재료의 특성이 아닌 것은?

① 자연성 ② 연속성
③ 불변성 ④ 비규격성

5 뚜렷한 원줄기를 가지고 있는 키 큰 나무를 무엇이라 하는가?

① 관목 ② 지피식물
③ 덩굴식물 ④ 교목

6 조경 수목을 잎의 생태상으로 분류한 방법은?

① 덩굴식물 ② 상록수
③ 활엽수 ④ 침엽수

7 조경 수목을 잎의 모양에 따라 분류한 방법은?

① 교목 ② 관목
③ 침엽수 ④ 낙엽수

8 스스로 서지 못하고 다른 물체에 감아 올라가는 식물은?

① 교목 ② 관목
③ 덩굴식물 ④ 초화류

9 뿌리 부근에서 여러 줄기가 나오기 때문에 줄기와 가지의 구별이 힘든 나무를 무엇이라 부르는가?

① 교목 ② 관목
③ 침엽수 ④ 활엽수

10 다음 중 교목에 해당하는 나무는?

① 꽃물푸레나무 ② 박태기나무
③ 능소화 ④ 골담초

11 다음 중 관목에 해당하는 나무는?

① 등나무 ② 조팝나무
③ 메타세쿼이아 ④ 소나무

12 다음 중 덩굴식물이 아닌 것은?

① 불두화 ② 등나무
③ 능소화 ④ 칡나무

정답 1④ 2① 3① 4③ 5④ 6② 7③ 8③ 9② 10① 11② 12①

13 다음 중 소교목에 해당하는 나무는?

① 은단풍나무 ② 꽃물푸레나무
③ 박태기나무 ④ 산수유

14 다음 중 침엽수에 해당하는 나무는?

① 사철나무 ② 동백나무
③ 잣나무 ④ 회양목

15 다음 중 활엽수에 해당하는 나무는?

① 회양목 ② 소나무
③ 전나무 ④ 측백나무

16 다음 중 상록수에 해당하는 나무는?

① 낙우송 ② 섬잣나무
③ 메타세쿼이아 ④ 은행나무

17 다음 중 낙엽수에 해당하는 나무는?

① 소나무 ② 백송
③ 사철나무 ④ 칠엽수

18 다음 중 낙엽 활엽 교목에 속하는 나무는?

① 은행나무 ② 가시나무
③ 층층나무 ④ 동백나무

19 다음 중 낙엽 활엽 관목에 속하는 나무는?

① 개나리 ② 사철나무
③ 느티나무 ④ 백송

20 다음 중 낙엽 침엽 교목에 속하지 않는 나무는?

① 은행나무 ② 회화나무
③ 낙우송 ④ 메타세쿼이아

21 다음 중 상록 활엽 교목에 해당하는 나무는?

① 단풍나무 ② 전나무
③ 동백나무 ④ 감나무

22 다음 중 상록 활엽 관목에 해당하는 나무는?

① 사철나무 ② 측백나무
③ 둥근 측백 ④ 반송

23 다음 중 상록 침엽 교목에 해당하는 나무는?

① 소나무 ② 회양목
③ 가시나무 ④ 꽃물푸레나무

24 다음 중 상록 침엽 관목에 해당하는 나무는?

① 사철나무 ② 눈향나무
③ 명자나무 ④ 능수버들

25 다음 중 꽃을 관상하기 위한 나무로 적당한 것은?

① 백목련 ② 단풍나무
③ 은행나무 ④ 갈참나무

26 다음 중 열매를 관상하기 위한 나무로 적당한 것은?

① 배롱나무 ② 낙상홍
③ 진달래 ④ 느티나무

27 다음 중 단풍을 관상하는 나무로 적당한 것은?

① 등나무 ② 화백
③ 복자기나무 ④ 명자나무

정답 13 ④ 14 ③ 15 ① 16 ② 17 ④ 18 ③ 19 ① 20 ② 21 ③ 22 ① 23 ① 24 ② 25 ① 26 ② 27 ③

28 수목 식재 시 상목으로 이용될 수 있는 나무는?

① 눈향나무 ② 능소화
③ 병꽃나무 ④ 소나무

29 수목 식재 시 하목으로 이용될 수 있는 나무로 적당한 것은?

① 전나무
② 꽃물푸레나무
③ 반송
④ 은행나무

30 도로나 옆집과의 경계 또는 담장 구실을 하는 나무를 무엇이라 하는가?

① 녹음용 수종
② 산울타리 수종
③ 미화장식용 수종
④ 방화용 수종

31 산울타리 수종이 갖추어야 할 조건으로 틀린 것은?

① 되도록 활엽수일 것
② 지엽이 치밀할 것
③ 아랫가지 오래 갈 것
④ 맹아력이 클 것

32 산울타리 수종으로 알맞지 않은 나무는?

① 플라타너스 ② 꽝꽝나무
③ 사철나무 ④ 화백

33 녹음용 수종이 갖추어야 할 조건으로 틀린 것은?

① 지하고가 높은 수목
② 수관이 큰 나무
③ 상록수일 것
④ 큰 잎이 무성하고 치밀할 것

34 다음 중 녹음수로 적당하지 않은 나무는?

① 갈참나무 ② 느티나무
③ 은행나무 ④ 소나무

35 방음을 위한 수목으로 적당한 것은?

① 구실잣밤나무 ② 은단풍나무
③ 중국단풍나무 ④ 피나무

36 방풍을 위한 수목의 조건으로 틀린 것은?

① 천근성일 것
② 줄기나 가지가 강인한 것
③ 가옥의 추녀 높이보다 높이 자랄 것
④ 삽목보다는 실생 수종일 것

37 가로수를 심는 목적으로 올바르지 않은 것은?

① 시선 차단 ② 녹음 제공
③ 도시 수식 ④ 방음과 방화

38 가로수용 수목으로 어울리지 않는 나무는?

① 플라타너스
② 꽃물푸레나무
③ 은단풍나무
④ 전나무

정답 28 ④ 29 ③ 30 ② 31 ① 32 ① 33 ③ 34 ④ 35 ① 36 ① 37 ① 38 ④

39 미류나무의 수형은 어느 것에 해당하는가?

① 상향형 ② 사향형
③ 수평형 ④ 분산형

40 독일가문비나 히말라야시다 등은 어느 수형에 해당되는가?

① 상향형 ② 능수형
③ 수평형 ④ 사향형

41 뿌리솟음이 생기는 나무가 아닌 것은?

① 소나무 ② 회양목
③ 느티나무 ④ 낙우송

42 박태기나무의 수간모양은 다음 중 무엇에 해당하는가?

① 직간 ② 쌍간
③ 포기자람 ④ 총립

43 줄기가 아래로 늘어지는 생김새의 수간 모양을 무엇이라 하는가?

① 직간 ② 다간
③ 총림 ④ 현애

44 토피어리로 만들기 쉬운 나무로 적당하지 않은 것은?

① 꽝꽝나무 ② 눈주목
③ 벚나무 ④ 철쭉류

45 다음 중 줄기의 색채가 백색 계열에 속하는 나무는?

① 식나무 ② 벽오동
③ 자작나무 ④ 소나무

46 다음 중 줄기의 색채가 청록색 계열에 속하는 나무는?

① 백송 ② 분비나무
③ 벽오동 ④ 주목

47 다음 중 줄기의 색채가 흑갈색 계열에 속하는 나무는?

① 해송 ② 편백
③ 황매화 ④ 잣나무

48 다음 중 열매의 관상 가치가 높은 수종이 아닌 것은?

① 작살나무 ② 느티나무
③ 노박덩굴 ④ 낙상홍

49 다음 중 그 해 자란 가지에서 꽃눈이 분화하여 그 해 안에 꽃이 피는 나무가 아닌 것은?

① 배롱나무 ② 벚나무
③ 무궁화 ④ 능소화

50 봄에 꽃이 피는 나무의 꽃눈 분화시기로 맞는 것은?

① 그 해 3~4월
② 전년도의 3~4월
③ 그 해 1~2월
④ 전년도의 6~8월

51 꽃눈이 분화되기 쉬운 환경으로 맞는 것은?

① 기온이 높고 건조한 여름철
② 햇빛을 적게 받을 것
③ 가을에 맑은날 계속될 것
④ 낮과 밤의 기온차가 클 것

정답 39 ① 40 ③ 41 ② 42 ④ 43 ④ 44 ③ 45 ③ 46 ③ 47 ① 48 ② 49 ② 50 ④ 51 ①

52 단풍이 잘 드는 환경을 올바르게 설명한 것은?

① 기온이 높고 건조할 것
② 가을의 맑은 날과 낮과 밤의 기온차가 클 것
③ 날씨가 추워서 햇빛을 보지 못할 때
④ 바람이 세게 불고 햇빛을 적게 받을 때

53 다음 중 노란색 계통의 단풍이 드는 나무가 아닌 것은?

① 은행나무　② 배롱나무
③ 층층나무　④ 화살나무

54 다음 중 홍색 계통의 단풍이 드는 나무는?

① 느티나무　② 자작나무
③ 마가목　④ 칠엽수

55 가지나 줄기가 상해를 입어 그 부근에서 숨은 눈이 커져 싹이 나오는 성질을 무엇이라 하는가?

① 이식성　② 맹아성
③ 내병성　④ 내답압성

56 다음 중 맹아력이 약한 나무는 어느 것인가?

① 탱자나무　② 쥐똥나무
③ 칠엽수　④ 플라타너스

57 맹아력이 강한 나무는 어느 것인가?

① 낙우송　② 소나무
③ 능수벚나무　④ 감나무

58 이식이 어려운 나무는 어느 것인가?

① 측백나무
② 칠엽수
③ 메타세쿼이아
④ 은행나무

59 이식이 쉬운 나무는 어느 것인가?

① 독일가문비　② 백송
③ 굴참나무　④ 플라타너스

60 이른 봄에 꽃향기를 내는 나무는 어느 것인가?

① 일본목련　② 함박꽃나무
③ 매화나무　④ 금목서

61 열매의 향기가 특징적인 나무로 올바르게 짝지어진 것은?

① 모과나무 – 수수꽃다리
② 녹나무 – 모과나무
③ 인동덩굴 – 일본목련
④ 매화나무 – 칠엽수

62 다음 중 질감이 거친 것은?

① 철쭉류　② 삼나무
③ 칠엽수　④ 화백

63 전반적으로 조경 수목이 갖추어야 할 조건으로 틀린 것은?

① 이식이 어렵고 독특한 생활 환경을 지닐 것
② 불리한 환경에서의 적용성이 클 것
③ 병해충에 강할 것
④ 다듬기 작업에 견디는 성질이 좋을 것

정답 52 ② 53 ④ 54 ③ 55 ② 56 ③ 57 ① 58 ② 59 ④ 60 ③ 61 ② 62 ③ 63 ①

64 조경 수목의 규격을 표시할 때 수고와 수관 폭으로 표시하는 것은?

① 계수나무 ② 대추나무
③ 화백 ④ 자작나무

65 조경 수목의 규격을 표시할 때 수고와 흉고 직경으로 표시하는 것은?

① 메타세쿼이아
② 낙우송
③ 단풍나무
④ 느티나무

66 조경 수목의 규격을 수고와 근원 직경으로 나타내는 것은?

① 모과나무 ② 은행나무
③ 층층나무 ④ 수양버들

67 수고와 수관 길이를 규격으로 나타내고 있는 나무는?

① 노박덩굴 ② 능소화
③ 눈향나무 ④ 개나리

68 수고와 가지의 수를 규격으로 나타내고 있는 나무는?

① 박태기나무 ② 덩굴장미
③ 등나무 ④ 계수나무

69 능소화의 규격 표시방법으로 맞는 것은?

① 수고×수관 폭
② 수고×근원직경
③ 수고×수관길이
④ 수고×가지의 수

70 묘목의 규격 표시방법으로 맞는 것은?

① 간장×근원직경×근장
② 수고×근원직경
③ 수고×수관길이
④ 수고×가지의 수

71 조경 수목의 천연분포에서 난대림에 속하는 나무로 맞는 것은?

① 가시나무
② 졸참나무
③ 때죽나무
④ 굴피나무

72 한대림에 속하는 나무로 맞는 것은?

① 박달나무 ② 피나무
③ 이깔나무 ④ 사시나무

73 다음 중 음수에 해당하는 나무는?

① 소나무 ② 해송
③ 전나무 ④ 은행나무

74 다음 중 양수에 해당하는 나무는?

① 비자나무 ② 주목
③ 가시나무 ④ 느티나무

75 수림대가 바람의 속도를 줄이는 데 수림대 아래로는 어느 정도까지 바람의 속도를 줄이는 효과가 있는가?

① 수고의 6배 내외의 거리
② 수고의 10배 거리
③ 수고의 15~20배 거리
④ 수고의 25~30배 거리

정답 64 ③ 65 ① 66 ① 67 ③ 68 ② 69 ② 70 ① 71 ① 72 ③ 73 ③ 74 ④ 75 ④

76 다음 중 습지를 좋아하는 수종으로 맞는 것은?

① 소나무 ② 노간주나무
③ 아카시아 ④ 주엽나무

77 다음 중 건조지에서 잘 자라는 나무는?

① 낙우송
② 계수나무
③ 산오리나무
④ 위성류

78 다음 중 수목의 뿌리가 발달하는 토양층은 어느 것인가?

① 유기물층과 기층
② 표층과 하층
③ 유기물층과 하층
④ 기층과 기암

79 척박지에 잘 견디는 수종은 어느 것인가?

① 주목 ② 벚나무
③ 소나무 ④ 모란

80 다음 중 토양의 강한 산성에 잘 견디는 수종은 어느 것인가?

① 소나무 ② 낙우송
③ 개나리 ④ 가래나무

81 다음 중 토양의 알칼리성에 잘 견디는 수종은 어느 것인가?

① 물푸레나무 ② 잣나무
③ 해송 ④ 전나무

82 다음 중 심근성 수종은 어느 것인가?

① 미루나무 ② 상수리나무
③ 편백 ④ 매화나무

83 다음 중 천근성 수종은 어느 것인가?

① 벽오동 ② 느티나무
③ 모과나무 ④ 독일가문비

84 수목에 피해를 주는 가장 큰 오염물질은 어느 것인가?

① 아황산가스 ② 일산화탄소
③ 질소산화물 ④ 탄화수소

85 다음 중 아황산가스에 강한 수종이 아닌 것은?

① 편백 ② 화백
③ 독일가문비 ④ 능수버들

86 다음 중 아황산가스에 약한 수종으로 틀린 것은?

① 소나무 ② 플라타너스
③ 전나무 ④ 삼나무

87 수목에서 염분의 한계농도는 얼마인가?

① 0.05% ② 0.5%
③ 0.1% ④ 0.01%

88 내염성이 큰 수목은 다음 중 어느 것인가?

① 낙엽송 ② 왕벚나무
③ 목련 ④ 비자나무

정답 76 ④ 77 ③ 78 ② 79 ③ 80 ① 81 ① 82 ② 83 ④ 84 ① 85 ③ 86 ② 87 ① 88 ④

89 내염성이 약한 수목은 다음 중 어느 것인가?

① 해송
② 일본목련
③ 눈향나무
④ 해당화

90 지피식물의 조건으로 틀린 것은?

① 키가 크고 1년생일 것
② 내답압성이 클 것
③ 번식력과 생장이 빠를 것
④ 지표 피복력이 치밀할 것

91 지피식물의 특성을 설명한 것으로 틀린 것은?

① 인공구조물을 자연스럽고 아름답게 해준다.
② 맨땅에 비해 온도교차가 작다.
③ 지온의 상승으로 서릿발 현상이 생긴다.
④ 빗물에 의한 토양유실을 방지한다.

92 다음 한국 잔디 중 가장 작고 섬세하며 남해안에 자생하는 잔디는?

① 고려잔디 ② 들잔디
③ 빌로드 잔디 ④ 금잔디

93 들잔디의 발아 촉진에 쓰이는 약품은?

① 염화칼슘
② 수산화칼슘
③ 수산화칼륨
④ 염화칼륨

94 서양 잔디에서 난지형으로 겨울에 잎이 말라 죽는 하록형(夏綠型)은?

① 벤트 그래스
② 버뮤다 그래스
③ 페스큐류
④ 켄터키 블루 그래스

95 초여름의 연보라꽃과 가을의 열매를 관상하기 위한 지피식물은?

① 눈향나무 ② 철쭉
③ 비비추 ④ 맥문동

96 다음 중 평면화단에 속하는 것은?

① 기식화단 ② 화문화단
③ 경재화단 ④ 노단화단

97 다음 중 입체화단에 속하는 것은?

① 리본화단 ② 포석화단
③ 기식화단 ④ 침상화단

98 다음 중 양탄자 무늬와 같다 하여 양탄자화단이라고도 부르는 화단은?

① 화문화단 ② 리본화단
③ 포석화단 ④ 기식화단

99 통로나 연못 주위에 돌을 깔고 돌 사이에 키 작은 초화류를 식재하여 돌과 조화시켜 관상하는 화단은 무엇인가?

① 경재화단 ② 리본화단
③ 포석화단 ④ 노단화단

정답 89 ② 90 ① 91 ③ 92 ③ 93 ③ 94 ② 95 ④ 96 ② 97 ③ 98 ① 99 ③

100 도로나 건물, 산울타리, 담장을 배경으로 폭이 좁고 길게 만들고, 전면 한쪽에서만 관상할 수 있도록 꾸미는 화단은 무엇인가?

① 기식화단 ② 경재화단
③ 노단화단 ④ 수재화단

101 지면보다 낮게 하여 초화류가 한눈에 보이도록 기하학적인 땅가름으로 만들어진 화단은 어느 것인가?

① 침상화단 ② 수재화단
③ 기식화단 ④ 노단화단

102 다음 중 봄뿌림의 1, 2년생 초화류로 틀린 것은?

① 팬지 ② 맨드라미
③ 샐비어 ④ 메리골드

103 다음 중 가을뿌림의 1, 2년생 초화류인 것은?

① 나팔꽃 ② 분꽃
③ 코스모스 ④ 패랭이꽃

104 다음 중 다년생 초화류는 어느것인가?

① 팬지 ② 피튜니아
③ 꽃창포 ④ 안개초

105 다음 중 구근초화로 봄심기를 하는 것은?

① 히아신스 ② 달리아
③ 아네모네 ④ 수선화

106 다음 중 구근초화로 가을심기를 하는 것은?

① 크로커스
② 아마릴리스
③ 글라디올러스
④ 진저

107 화단용 초화류의 조건으로 틀린 것은?

① 외모가 아름다울 것
② 개화 기간이 짧을 것
③ 꽃의 색채가 선명할 것
④ 키가 작을 것

정답 100 ② 101 ① 102 ① 103 ④ 104 ③ 105 ② 106 ① 107 ②

제3장 목질 재료

1 목재의 특징

(1) 목재의 용도

① 안내시설물 : 게시판, 표지판
② 유희시설물 : 그네, 시소, 조합 및 모험놀이터
③ 휴게시설물 : 의자, 탁자, 퍼걸러
④ 경계시설물 : 문, 울타리, 담장

(2) 함수율이 낮을수록, 비중이 높을수록 강도 증가

(3) 목재의 단위

1재(才) = 1치 × 1치 × 12자 (1치 = 3cm, 1자 = 30cm)

(4) 수종별 단단함 정도

① 무른 나무(Soft Wood) : 은행나무, 피나무, 오동나무, 소나무, 벚나무, 미루나무 등
② 단단한 나무(Hard Wood) : 느티나무, 단풍나무, 참나무, 향나무, 박달나무 등

(5) 목재의 장단점

장점	단점
• 색깔과 무늬 등 외관이 아름답다. • 재질이 부드럽고 촉감이 좋다. • 무게가 가벼워 다루기 용이하다. • 무게에 비해 강도가 크다. • 열전도율이 낮다. • 비중이 작고 가공이 용이하다.	• 자연소재이므로 부패성이 크다. • 함수율에 따라 팽창, 수축하여 변형이 잘 된다. • 부위에 따라 재질이 불균질하다. • 해충피해의 우려가 있다. • 불에 타기 쉽다. • 구부러지고 옹이가 있다. • 건조변형이 크고 내구성이 부족하다.

2 목재의 종류

(1) 원목

① 통나무 : 말구지름에 따라 구분한다.
  ㉠ 대경목 : 지름 30cm 이상
  ㉡ 중경목 : 지름 14~30cm 미만
  ㉢ 소경목 : 지름 14cm 미만
② 조각재 : 4면을 따낸 원목을 말한다.

(2) 제재목

① 각재 : 폭이 두께의 3배 미만인 제재목이다.(W<3T)
② 판재 : 두께가 7.5cm 미만이고 폭이 두께의 4배 이상인 것을 말한다.(W>4T)

(3) 가공재

목재는 재질이 균일하지 않기 때문에 넓고 강도가 큰 부재를 얻기 어려우며, 제재를 하면 남는 부분이 많다는 약점이 있다. 가공재는 이러한 약점을 개량·보완하여 만든 것으로 합판, 집성재, MDF, 파티클보드, 플로어링 등이 있다.

① 합판

구분	내용
합판의 종류	• 보통 합판 : 홀수개의 단판을 직교하여 구성한다. 예 베니어 코어 합판, 완전 내수 합판, 보통 내수 합판, 비내수 합판 • 특수 합판 : 형식적으로 보통 합판과 같다.
합판의 특징	• 나뭇결이 아름답다. • 수축, 팽창의 변형이 없다. • 고른 강도를 유지한다. • 넓은 판을 이용할 수 있다. • 내구성과 내습성이 크다. • 홀수의 판(3, 5장 등)을 압축하여 만든다.

참고

베니어 가공 방법

• 로터리컷 베니어 : 가장 일반적으로 많이 사용한다.
• 슬라이스드 베니어 : 곧은결, 무늬결 등의 결을 자유롭게 얻을 수 있다.

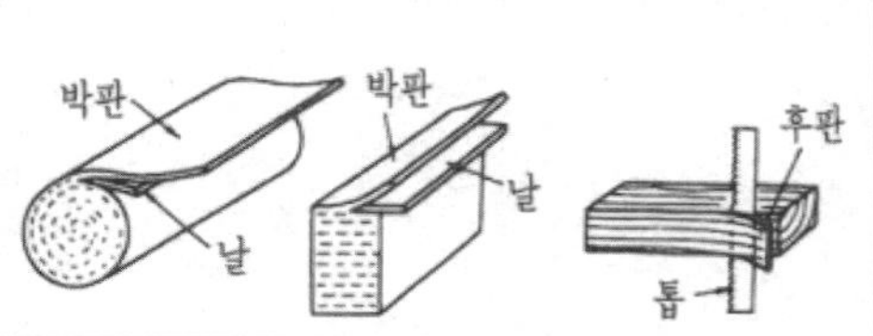

• 소드 베니어 : 톱날을 사용하여 얇은 판을 만든다.

② 플로어링 : 주로 목재인 마루 재료를 지칭할 때가 많다. 바닥면은 더러움을 많이 타고 손상받기 쉬우므로 경질(硬質)의 재료가 사용되며 벽, 마루, 천장, 배의 갑판 등에 쓰인다.
③ 집성재 : 제재 · 목공 후의 잔재를 집성가공하여 목재로 재활용 할 수 있다. 뒤틀림, 갈라짐 등 목재 특유의 결점을 분산시킴으로써 결점이 적은 목재 생산이 가능하다.
④ 파티클 보드 : 원목에서 목재를 생산하고 남은 조각을 잘게 부수어 접착제를 뿌려 높은 온도와 압력으로 만든다. 강도나 변형에 의한 차이가 거의 없으며, 소리를 잘 흡수하고 넓은 면적의 판을 만들 수 있어서 가구, 악기 등에 사용한다.
⑤ MDF(중밀도 섬유판) : MDF는 목질재료를 주원료로 하여 고온에서 결합하여 얻은 목섬유(Wood Fiber)를 합성수지 접착제로 결합시켜 성형, 열압하여 만든 제품이다. 다루기 쉽고 마감이 매끄러워 다양하게 사용되며 3.0mm에서 30mm 두께까지 생산이 가능하다.

(4) 대나무

① 왕대, 맹종죽, 섬대, 해장죽, 솜대 등이 있다.
② 일본식 정원이나 실내 조경 재료로 많이 쓰인다.
③ 외측부분이 내측부분보다 우수하다.
④ 외관이 아름답고 탄력이 있으며 잘 썩지 않고 냄새가 독해서 벌레가 잘 끼지 않는다.
⑤ 벌채 연령 : 왕대, 솜대, 맹종죽은 4~5년, 오죽(검은자색)등 작은 대나무는 2년

(5) 거푸집(Form)

① 철근 콘크리트 구조물이나 콘크리트 구조물을 형성하는 데 필요한 가설 공작물이다.
② 거푸집의 콘크리트 접촉면에 바르는 박리제(폐유)이다.

3 목재의 구조

(1) 침엽수

① 가볍고 목질이 연하며 탄력이 있고 질기다.
② 건축이나 토목의 구조재용으로 사용한다.
※ 예외 : 향나무, 낙엽송은 목질이 단단하다.

(2) 활엽수

① 무늬가 아름답고 단단하며 재질이 치밀하다.
② 가구 제작과 실내 장식을 위한 건축내장용으로 사용한다.
※ 예외 : 포플러, 오동나무, 미루나무, 수양버들은 목질이 연하다.

(3) 목재의 구조

① 수심, 목질부(심재, 변재), 수피부, 부름켜
② 춘재(春材) : 봄, 여름에 자란 세포로 생장이 왕성하며 색깔과 재질이 연하다.
③ 추재(秋材) : 가을, 겨울에 자란 세포로 치밀하고 단단하며 빛깔이 짙다.
④ 나이테 : 수심을 중심으로 춘재와 추재가 동심원으로 나타나며 목재 강도의 기준이 된다.

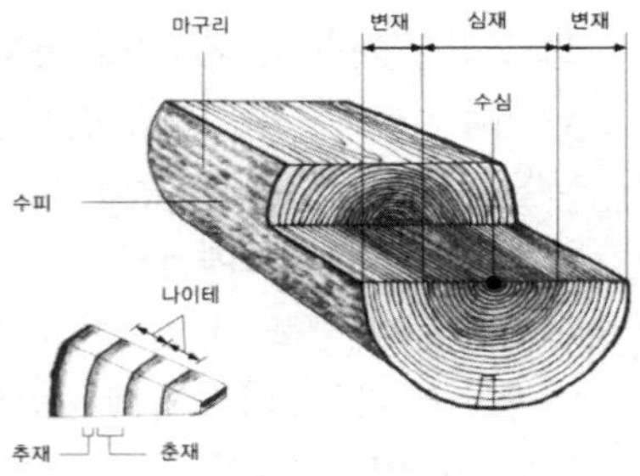

목재의 단면도

4 목재의 성질

(1) 비중

① 함수율에 따라 차이가 난다.
② 일반적으로 목재의 비중은 기건비중을 말하며 0.3~0.9이다.

$$비중 = \frac{W}{V}$$ (W : 공시체 무게, V : 공시체 부피)

③ 생목비중 : 벌채 직후 생재의 비중
④ 기건비중 : 공중습도와 평형하게 건조된 기건재의 비중
⑤ 절대 건조비중 : 100~102℃에서 수분을 완전 제거시킨 전건재의 비중

(2) 함수율

$$목재의\ 함수율(\%) = \frac{건조\ 전\ 중량 - 건조\ 후\ 중량}{건조\ 후\ 중량} \times 100$$

① 함수율은 30% 정도이다.
② 대기 중 습도와 균형상태 : 기건 함수율 15% 정도(기건재)
③ 완전 건조 상태 : 함수율 0%(전건재)
④ 팽창, 수축 및 변형 : 건조 수축, 습윤 팽창

5 목재의 건조

(1) 건조의 목적

① 갈라짐, 뒤틀림, 변색, 부패를 방지한다.
② 탄성과 강도를 높인다.
③ 가공, 접착, 칠이 잘 되고 단열과 전기 절연효과가 크다.

(2) 건조방법

① 자연건조법 : 공기건조법, 침수법
② 인공건조법

방법	장점	단점
찌는법	• 건조시간이 단축된다.	• 목재의 크기에 제한을 받고 강도가 약해진다. • 광택이 줄어든다.
증기법	• 건조실을 증기로 가열하여 건조시키는 방법이다. • 일반적으로 많이 사용한다.	
	• 살균 및 부식 방지효과가 있다.	• 탄성이 저하된다.
공기가열건조법	• 건조실 내의 공기를 가열하여 건조시키는 방법이다.	
훈연건조법	• 연소가마를 건조실 내에 장치하여 톱밥 등을 태워 건조시키는 방법이다.	
		• 온도 조절이 어렵고, 화재의 위험이 있다.
고주파건조법	• 목재의 두꺼운 판을 급속히 건조할 때 사용한다.	

6 목재의 방부

목재의 큰 단점인 부패와 벌레 먹고 갈라짐에 대한 내성을 높이고 균류의 침입을 막거나 균 생육에 부적당한 환경으로 만들기 위함이다.

(1) 목재의 부식 원인

① 부패 : 각종 효소에 의해 화학적인 변화로 변색과 곰팡이가 생긴다.
② 풍화 : 기온변화나 비바람에 의한 자연적 변화로 목질부가 분해되고 가루상태가 된다.
③ 충해 : 흰개미, 하늘소, 왕바구미, 가루나무좀 등이 연한 춘재부를 침식하여 표면만 남기고 내부가 텅 비게 된다.

(2) 방부제의 종류

① 수용성 방부제(실내용제)

㉠ CCA방부제 : 크롬, 구리, 비소의 화합물[최근 비소(AS)의 맹독성 때문에 사용 금지]

㉡ ACC방부제 : 구리와 크롬의 화합물(광산의 갱목에만 사용)

② 유용성 방부제(실외용제)

㉠ 크레오소트유 : 방부력 우수, 저렴한 가격, 흑갈색 자극적인 냄새(철도침목)

㉡ PCP(펜타클로로 페놀) : 방부력 우수, 비싼 가격, 무색무취

㉢ 유성페인트, 오일스테인, 콜타르, 아스팔트 등

(3) 방부제 처리법

① 도장법

㉠ 방수용 도장제 : 페인트, 니스, 콜타르

㉡ 방부제 : CCA방부제, 크레오소트, 콜타르, 아스팔트

② 표면 탄화법 : 표면을 3~12mm 깊이로 태워 탄화시키는 방법으로 흡수성이 증가하는 단점이 있다.

③ 침투법 : 상온에서 CCA, 크레오소트 등에 목재를 담가 침투시킨다.

④ 주입법 : 밀폐관 내에서 방부제를 가압 주입하는 방법이다. 크레오소트가 가장 효과적이다.

제4장

석질 재료

1 석재의 특징

(1) 석재의 성질

① 석재의 비중은 2.0~2.7 정도이고, 화강암의 비중은 2.5~2.7이다.

② 압축강도는 강하지만 휨강도나 인장강도는 약하다.

③ 비중이 클수록 조직이 치밀하고 압축강도가 크다.

④ 장단점

장점	단점
• 외관이 아름답고 내구성과 강도가 크다. • 가공성이 있으며, 변형되지 않는다. • 내화학성, 내수성이 크고 마모성이 적다. • 가공정도에 따라 다양한 외양을 가질 수 있다.	• 무거워서 다루기 불편하다. • 가공하기가 어렵다. • 운반비와 가격이 비싸다. • 긴 재료를 얻기 힘들다.

⑤ 석재의 조경적 이용

㉠ 가공석 : 서양식 정원, 포장, 계단, 화단, 계단폭포, 조각물

㉡ 자연석 : 동양식 정원, 경관용, 축석용, 장식용

(2) 석재의 특징

구분	특징
석리(石理)	• 석재의 구성 조직을 말하며 돌결이라고 한다. 즉, 암석을 구성하는 광물의 종류, 배열, 모양 등의 조직을 말한다.
절리(節理)	• 암석의 표면에 자연적으로 생긴 괴상, 판상 또는 주상 등의 무늬를 말한다. 절리는 화성암에 주로 나타나며 절리가 아름다운 돌은 관상 가치가 높다. • 채석을 하는 데에는 이 절리를 이용한다.
층리(層理)	• 암석이 층상으로 쌓인 상태를 가리킨다. • 퇴적암, 변성암에서 많이 일어나며 돌을 쌓을 때에는 층리가 같은 방향으로 사용한다. • 정원석은 석리, 절리, 층리가 잘 조화된 돌이 관상 가치가 높다.
석목	• 암석이 가장 쪼개지기 쉬운 면이다. 절리보다 불분명하고 절리와 비슷한 것으로 방향이 대체로 일치한다.
조면(야면)	• 비, 바람 등에 의해 풍화, 침식되어 돌의 표면이 거칠어진 것을 말한다.
뜰녹	• 돌이 오랜 기간 풍화작용을 받아 석회 성분중의 철이 산화하여 화강암이나 안산암의 조면에 흔히 생기는 것이다. 고색을 띠며 경관석으로서의 관상 가치가 높다.

주상절리

층리

2 석재의 종류

(1) 화성암

① 마그마가 냉각하여 굳어진 것이다.

② 대체로 큰 덩어리, 대형 석재 채취에 좋다.

③ 화강암, 안산암, 현무암, 섬록암 등이 속한다.

(2) 퇴적암

① 암석 분쇄물 등이 물속에 침전되어 지열과 지압으로 다시 굳은 것을 말한다.

② 응회암, 사암, 점판암, 석회암, 혈암이 속한다.

(3) 변성암

① 화성암, 퇴적암이 지각변동, 지열에 의해 화학적, 물리적으로 성질이 변한 것이다.

② 편마암, 대리석, 사문암 등이 속한다.

구분		특징
화성암	화강암	• 한국 돌의 70%를 차지한다. 조경에서 많이 사용하며 압축강도가 가장 크다. • 흰색 또는 담회색이며 단단하고 내구성이 크다. – 회백색 : 포천, 가평, 익산, 거창석 – 담홍색 : 문경, 상주, 진안, 무주, 괴산석 – 흑색류 : 안성, 도고, 마천석 • 외관이 아름다우며 균열이 적어 큰 석재를 얻을 수 있다. • 내구성, 내화성이 좋으며 바닥 포장용 석재로 우수하다. • 용도 : 경관석, 디딤돌, 포장, 계단, 경계석, 석탑, 석등
	안산암	• 내화성이 크며 석질이 치밀하고 단단하다. • 담회색, 담적갈색, 암회색이 많다. • 판상, 주상의 절리가 있어 채석은 쉬우나 큰 돌을 얻기 곤란하다. • 용도 : 경관석, 돌쌓기, 디딤돌, 바닥포장, 조각물, 구조재, 골재
	현무암	• 지구상 가장 널리 분포되어 있다. • 세립질이고 치밀하여 단단하고 무거우며 다공질인 것도 많다.

화성암	현무암	• 주상절리가 있어 기둥모양으로 갈라지는 것이 많다. • 제주도의 돌이 대부분 포함된다. • 용도 : 문기둥, 석등, 포장용, 건축재
퇴적암	응회암	• 재질이 부드러워 가공이 쉽다. 열에 강하고(내화성) 가볍다. • 흡수율이 높고 내수성이 크지만 강도가 낮아 건축용으로는 부적합하다. • 용도 : 깔돌, 포장용, 실내장식용
	점판암	• 회갈색, 청회색, 암회색으로 불에 강하다. • 판 모양으로 쉽게 떨어진다. • 용도 : 디딤돌, 포장용, 계단설치용, 지붕재, 천연슬레이트
변성암	대리석	• 석회암이 변성된 암석이다. • 무늬가 화려하고 아름답다. • 석질이 연해 가공이 용이하다. • 외장 사용 불가(대기중의 아황산, 탄산 등에 침해받기 쉬움)
	편마암	• 화강암이 변성된 암석이다. • 줄무늬가 아름다워 정원석에 쓰인다.

3 가공석

(1) 각석

① 폭이 두께의 3배 미만이고 폭보다 길이가 긴 직육면체이다.
W 〈 3T (T : 두께, W : 폭)

② 용도 : 쌓기용, 기초용, 경계석

(2) 판석

① 폭이 두께의 3배 이상이고 두께가 15cm 미만인 판 모양의 석재이다.
W 〉 3T (T : 두께, W : 폭)

② 용도 : 디딤돌, 원로 포장용, 계단 설치용

(3) 마름돌

① 직육면체가 되도록 각 면을 다듬은 석재이며 형태가 정형적인 곳에 사용한다.

② 석재 중 가장 고급품이고 시공비가 많이 든다.

③ 용도 : 구조물 또는 쌓기용

(4) 견치돌(견치석)

① 전면은 정사각형의 제두각추제에 가깝다. 주로 흙막이용 축석에 사용한다.

② 옹벽, 흙막이용 돌쌓기 등의 쌓기용으로 메쌓기나 찰쌓기로 사용한다.

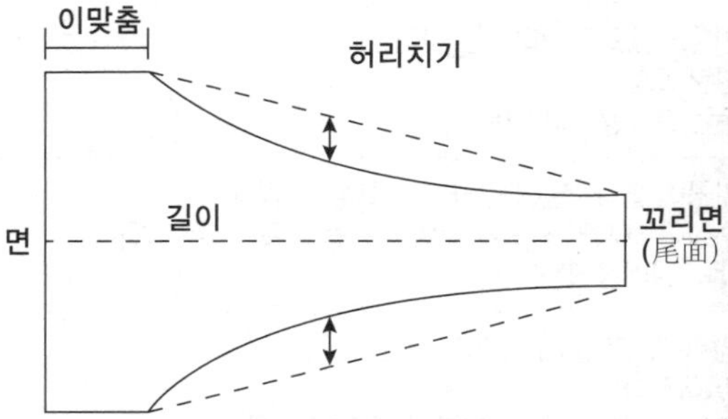

참 고 **견치석의 규격**

- 전체 길이는 앞면 길이의 1.5배 이상
- 이맞춤 너비는 1/5 이상
- 1개의 무게는 보통 70~100kg
- 뒷면 너비는 앞면의 1/16 이상
- 허리치기 평균깊이는 1/10

(5) 사고석(사괴석)

① 15~25cm 정도의 장방형 돌이다.
② 용도 : 고건축의 담장 등(옛 궁궐에서 사용)

(6) 잡석

① 지름 10~30cm 정도의 형상이 고르지 못한 돌이다.
② 용도 : 기초용, 석축 뒷채움돌

(7) 자갈

① 지름 0.5~7.5cm의 돌이다.
② 용도 : 콘크리트의 골재, 석축의 메움돌

(8) 산석, 하천석

보통 50~100cm로 석가산용으로 사용한다.

(9) 호박돌

① 지름 18cm 이상의 둥근 자연석이다.
② 육법쌓기(6개의 돌에 의해 둘러싸이는 형태)에 의해 쌓는다.
③ 용도 : 수로의 사면보호, 연못 바닥, 원로 포장용

(10) 조약돌

① 지름 10~20cm 정도의 계란형 돌이다.
② 가공하지 않은 천연석이다.

4 자연석

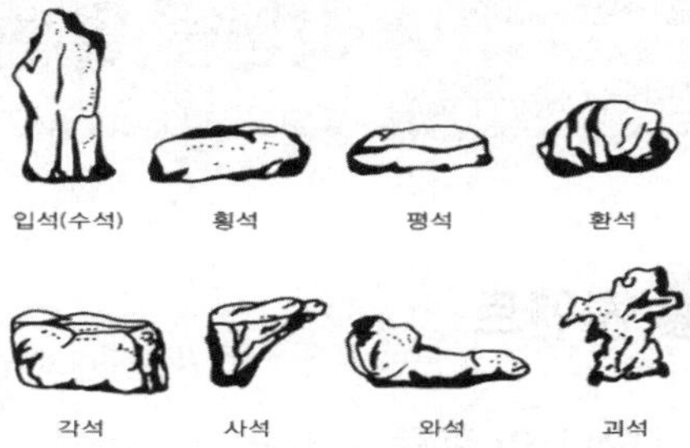

자연석의 여러 가지 모양

(1) 자연석의 모양

① 입석 : 세워 쓰는 돌로 어디서나 감상할 수 있다. 키가 커야 효과가 있다.
② 횡석 : 가로로 쓰이는 돌로 다른 돌을 받쳐서 안정감을 가지게 한다.
③ 평석 : 윗부분이 평평한 돌이다. 주로 앞부분에 배석하고 화분을 올려놓기도 한다.
④ 환석 : 둥근 생김새의 돌이다. 축석에는 바람직하지 못하지만 무리로 배석할 때 이용한다.
⑤ 각석 : 각진 돌로 3각, 4각 등으로 이용한다.
⑥ 사석 : 비스듬히 세워진 돌로 해안절벽 표현, 풍경을 나타낼 때 사용한다.
⑦ 와석 : 소가 누운 형태로 횡석보다 안정감이 있다.
⑧ 괴석 : 괴상하게 생긴 돌이며 태호석, 제주도의 현무암이 해당된다.

(2) 자연석의 종류

① 산석 : 모가 나고 이끼나 뜰녹이 생긴다(화강암, 안산암, 현무암).
② 강석 : 물을 이용한 조경에 사용하며 모가 없고 색이 밝다.
③ 해석 : 모가 없고, 연질부 깎여 괴석 모양을 한다.

(3) 자연석의 특징

① 돌의 조면 : 풍화, 침식되어 표면이 거칠다.
② 돌의 뜰녹 : 조면에 고색(古色)을 띠어 관상 가치가 높다.
③ 돌의 절리 : 돌에 선이나 무늬가 생겨 방향감을 주고 예술적 가치가 생긴다.

5 석재의 가공 방법

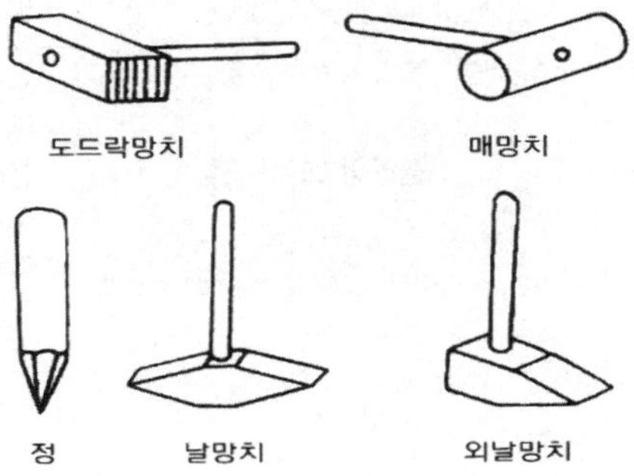

석재의 가공 기구

① 혹두기 : 쇠메를 사용하여 석재 표면의 돌출된 부분을 깨어내는 것이다.
② 정다듬 : 혹두기 면을 정으로 비교적 고르게 다듬는 작업이다.
③ 도드락다듬 : 정다듬한 면을 도드락망치로 두드려 거친 면의 독특한 아름다움을 얻을 수 있다.
④ 잔다듬 : 표면을 평활하게 하기 위해 작은 날망치로 정교하게 깎는 것이다.
⑤ 물갈기 : 잔다듬한 면에 물이나 모래를 끼얹어 숫돌로 가는 것이다.

제5장 시멘트 및 콘크리트 재료

1 시멘트

(1) 시멘트의 종류 : 시멘트의 주재료는 석회암, 질흙, 광석 찌꺼기이다.

① 포틀랜드 시멘트

보통 포틀랜드 시멘트	• 우리나라 시멘트의 90%를 차지하며 일반적인 시멘트를 말한다. • 제조공정이 간단하고 싸며 가장 많이 이용한다.
조강 포틀랜드 시멘트	• 고강도의 석회계 시멘트이다. • 실리카와 알루미나에 대한 석회 비율이 크다. • 조기에 높은 강도(7일 강도로 28일 강도)를 발휘한다. • 긴급공사, 겨울철 공사, 물속 공사 등에 사용한다.
중용열 포틀랜드 시멘트	• 저열 시멘트이며 수화열이 적어 균열방지한다. • 댐인 큰 구조물, 방사선 차단, 도로 포장 등에 사용한다.
백색 포틀랜드 시멘트	• 석회석을 흰색의 석회석으로 사용한다. • 도장용, 치장용, 인조대리석 제조용으로 사용된다.

② 혼합 시멘트 : 포틀랜드 시멘트에 혼합재를 넣고 미분쇄하여 만든 시멘트

고로 시멘트 (슬래그 시멘트)	• 포틀랜드 시멘트의 반제품인 클링커와 고로 슬래그(용광로에서 생긴 광재) 및 석고를 각각 또는 조합하여 분쇄하고 일정한 비율로 혼합한 것이다. • 균열이 적어 폐수시설, 하수도, 항만에 사용한다.
포졸란 시멘트 (실리카 시멘트)	• 포틀랜드 시멘트 클링커에 포졸란(천연산이나 인공 실리카질 혼합재)을 혼합하여 적당량의 석고를 가해 만든 시멘트이다. • 초기강도는 보통 포틀랜드 시멘트보다 약간 낮으나 장기강도는 약간 크다. • 수밀성이 좋고 내구성이 있는 콘크리트를 만들 수 있으며 해수 등에 대한 저항성이 크다. • 콘크리트의 워커빌리티를 증대시키고 블리딩을 감소시킨다. • 방수용으로 사용한다.
플라이 애시 시멘트	• 포틀랜드 시멘트에 플라이 애시(발전소 집진기에서 채취한 분말)를 혼합한 시멘트이다. • 콘크리트의 워커빌리티가 커지게 되고 수밀성이 좋으며 수화열과 건조수축이 적다. • 실리카 시멘트보다 후기강도가 크다. • 초기 강도가 작고 장기강도가 크다. • 균열이 적어 폐수시설, 하수도, 항만에 사용한다.

③ 특수 시멘트

알루미나 시멘트 (Alumina cement)	• 초조강성(1일)이고 산, 염류, 해수 등에 대한 화학적 침식에 대한 저항성이 크다. • 주성분이 알루미나이고 내화성이 우수하다. • 발열량이 크기 때문에 긴급을 요하는 공사나 한중 콘크리트공사의 시공에 적합하다.
백색 포틀랜드 시멘트 (White portland cement)	• 시멘트에 회색을 나타내는 산화철을 제거하거나 백색점토를 사용하면 백색 포틀랜드 시멘트가 된다. • 주로 장식용으로 사용한다.

(2) 시멘트의 일반적 성질

① 비중 : 시멘트의 풍화정도를 알 수 있는 척도이다. [포틀랜드 시멘트 비중(KS) : 3.05]

② 분말도 : 시멘트 입자의 굵고 가는 정도이다. 분말이 미세할수록(분말도가 높은 것) 초기 강도의 발생이 빠르며 수화열이 높아 내구성과 강도가 떨어지고 균열 발생이 쉽다.

③ 시멘트 수화열 : 시멘트가 물에 닿으면 물과 화학반응을 일으키는데, 이를 수화반응이라 하고 수화반응에서 발생하는 열을 수화열 또는 발생열이라고 한다. 이 발열량은 시멘트의 종류, 화학조성, 물-시멘트비, 분말도 등에 의해서 달라진다.

④ 응결(Seting)과 경화(Hardening) : 시멘트의 수화반응에 따라 일어나는 물리적 화학적 반응이다. 수화에 의해서 유동성과 점성을 상실하고 고화하는 것을 응결(초결 1시간 종결 10시간)이라고 하고 그 이후를 경화라 한다.

⑤ 강도(Strength) : 시멘트가 경화하는 힘의 대소를 나타내는 것으로 시멘트의 화합물 조성, 첨가 석고량 및 분말도와 단위 수량에 따라 결정된다.

⑥ 풍화 : 시멘트를 대기 중에 보관하면 수화반응과 탄산반응을 일으키게 되므로 대기에 노출시키지 않는 주의가 필요하다.

※ 시멘트 1포대는 40kg, 1m³의 무게는 1,500kg

(3) 시멘트의 저장

① 시멘트의 저장

㉠ 시멘트는 창고에 저장하면 풍화에 의하여 압축강도가 1개월에 약 15%씩 감소한다.

㉡ 특히 조강 포틀랜드 시멘트는 분말도가 높아서 더욱 풍화되기 쉽다.

② 저장 시 주의 사항

㉠ 시멘트는 방습적인 구조로 된 사일로(Silo, 밀폐공간, 격납고) 또는 창고에 저장하여야 한다.

㉡ 포대 시멘트는 지상에서 30cm 이상 되는 마루 위에 통풍이 되지 않게 배치하여야 한다.

㉢ 필요한 출입구, 채광창 이외는 공기의 유통을 막기 위해 개구부를 설치하지 않는다.

㉣ 3개월 이상 저장한 시멘트 또는 습기를 받았다고 생각되는 시멘트는 실험을 하고 사용한다.

㉤ 시멘트는 입하 순서대로 사용한다.

㉥ 창고 주위는 배수도랑을 만들고 우수의 침입을 방지한다.
㉦ 포대로 올려 쌓기에서는 13포대 이하로 하고 장시일 저장 시에는 7포대 이상 올려 쌓지 않도록 한다.
㉧ 조금이라도 굳은 시멘트는 사용하지 않으면 발견 시 즉시 반출한다.

(4) 시멘트의 KS : 재령 28일(4주), 압축강도 보통 245kg/cm^2

(5) 시멘트의 종류

구분		종류
시멘트	포틀랜드 시멘트	보통 포틀랜드 시멘트(1종)
		중용열 포틀랜드 시멘트(2종)
		조강 포틀랜드 시멘트(3종)
		저열 포틀랜드 시멘트(4종)
		내황산염 포틀랜드 시멘트(5종)
	혼합 시멘트	포졸란 시멘트
		고로슬래그 시멘트
		플라이 애시 시멘트
	특수 시멘트	알루미나 시멘트
		초속경 시멘트
		팽창 시멘트
		백색 시멘트

2 콘크리트

(1) 콘크리트의 개요

① 형상을 임의 대로 변형시킬 수 있으며, 내구성과 내수성이 커 용도가 다양하다.
② 시멘트풀(Cement Paste) : 시멘트에 물을 혼합한 것이다.

③ 모르타르(Mortar) : 시멘트, 잔골재, 물을 비벼 혼합한 것이다.

④ 배합

㉠ 철근 콘크리트 = 1 : 2 : 4(시멘트 : 모래 : 자갈)

㉡ 무근 콘크리트 = 1 : 3 : 6

㉢ 버림 콘크리트 = 1 : 4 : 8

(2) 장단점

장점	단점
• 재료의 채취와 운반이 용이하다. • 압축강도가 크다(인장강도에 비해 10배). • 내화성, 내구성, 내수성이 크다. • 유지 관리비가 적게 든다. • 철근을 피복하여 녹을 방지하고, 철근과의 부착력이 크다.	• 중량이 크다. • 인장강도가 작다(철근으로 인장력 보강). • 수축에 의한 균열이 발생한다. • 보수, 제거가 곤란하다.

(3) 물과 시멘트의 비(W/C)

① 콘크리트의 강도는 물과 시멘트의 중량비에 따라 결정된다.

② 일반적인 물과 시멘트 비는 40~70%이다.

(4) 콘크리트 제품

① 보차도용 콘크리트 제품

㉠ 경계블록 : 길이 1m 단위, A형, B형, C형의 3종류

㉡ 보도블록 : 무근콘크리트판, 300×300×60mm의 정방형과 장방형, 6각형 등이 있다.

㉢ 소형 고압블록(인터로킹블럭, I.L.P) : 고압 · 고열로 처리하여 내구성이 크고 압축강도가 높아 차량통행이 가능하다.

㉣ 인조석 보도블록 : 천연석을 잘게 분쇄하여 시멘트와 색소를 혼합하여 만든 것이다. 크기와 색상이 다양하며 부드러운 질감과 미끄러운 결점이 있다.

㉤ 측구용 블록 : L형, U형이 있다. 배수를 위해 길 가장자리에 설치한다.

② 쌓기용 콘크리트 제품

㉠ 시멘트 벽돌 치장쌓기 아닌 곳, 190×90×57mm

㉡ 속 빈 시멘트 블록

㉢ 콘크리트 인조목(의목) 색소를 넣은 철근 콘크리트, 퍼걸러, 벤치, 휴지통, 말뚝 등에 사용한다.

(5) 굳지 않은 콘크리트의 성질

① 워커빌리티(Workability)

㉠ 콘크리트의 시공성을 말하며, 시공성의 좋고 나쁨은 작업의 용이한 정도 및 재료의 분리에 저항하는 정도로 나타낸다.

㉡ 워커빌리티가 좋은 콘크리트는 작업성이 좋고 분리도 거의 일어나지 않는다.

② 성형성(Plasticity) : 거푸집을 제거하였을 때 허물어지지 않는 콘크리트의 성질이다.

③ 피니셔빌리티(Finishability) : 굵은 골재를 최대치수, 잔골재율, 잔골재의 입도, 반죽질기 등에 따라 마무리하기 쉬운 정도를 나타내는 굳지 않은 콘크리트의 성질이다.

④ 블리딩(Bleeding) : 콘크리트 타설 후 비교적 가벼운 물이나 미세한 물질 등이 상승하고, 무거운 골재나 시멘트는 침하하는 현상이다. 콘크리트의 강도를 저하시킨다.

⑤ 레이턴스(Laitance)

㉠ 백색의 얇은 막이다.

㉡ 블리딩으로 인하여 미세한 입자들이 콘크리트의 표면에 떠올라서 가라앉은 물질로 표피를 형성한 것이다.

(6) 슬럼프 실험

① 워커빌리티(시공성)를 측정하기 위한 수단으로 콘크리트의 반죽질기를 측정하는 방법이다.

② 콘크리트의 시공연도를 추정할 수 있다.

③ 철재원통 시험기구인 슬럼프 콘을 사용하여 반죽한 콘크리트를 10cm씩 3번에 나누어 넣고 다진 후 시험기를 수직으로 빼낸 다음 무너진 높이를 잰 값이 슬럼프 값이다.

④ 슬럼프값의 단위는 cm이고, 슬럼프값이 낮을수록 시공성이 좋다.

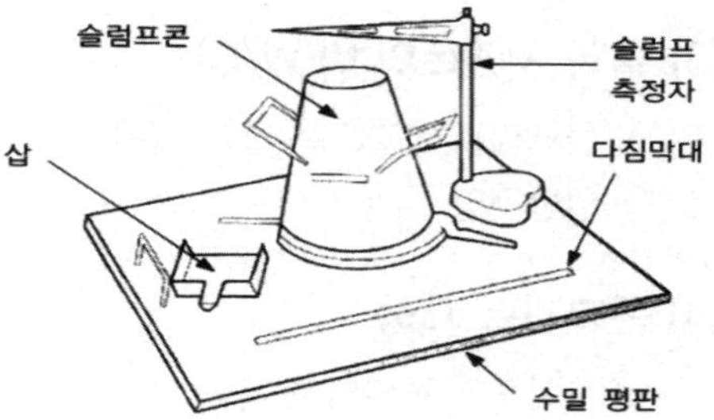

제6장 점토 재료

화성암이 풍화되어 분해된 물질로 생성된 것이며 벽돌, 도관, 타일, 도자기, 테라코타, 기와 등이 있다.

구분		내용
벽돌	• 표준형 : 190×90×57mm • 기존형 : 210×100×60mm	
	보통 벽돌 (붉은 벽돌)	• 바닥포장, 장식벽, 퍼걸러기둥, 계단, 담장 등에 사용한다.
	특수 벽돌	• 내화벽돌 : 내화점토로 빚어 구운 벽돌로 질감이 조잡하여 마감재료를 섞어 사용해야 한다. • 포장벽돌 : '혈암:보통점토:벽돌 부순 것 = 40:40:20'으로 혼합하여 고온에 구운 것이다.
도관, 토관	도관	• 관 자체에 유약을 발라 굽고 흡수성, 투수성이 없어 **배수관, 상하수관, 전선 및 케이블관** 등에 사용한다(도기 : 1,000℃ 이상에서 굽는다).
	토관	• 논밭의 하층토와 같은 저급점토를 원료로 모양을 만든 후 유약을 바르지 않고 바로 굽는다(토기 : 500~600℃ 이상에서 굽는다). • 표면이 거칠고 투수율이 크므로 연기나 공기 등 환기관으로 사용한다.
	• 곧은관(직관) – 플랜지관 : 접합부분에 플랜지가 있는 칼집모양의 관 – 도장집관 : 접합부분에 플랜지가 없는 모양의 관 • 이형관 – 굽은관(곡관) : 30°, 45°, 90°의 3종류 – 가지관(편지관) : 본체에 가지, 가지관의 각도 60°, 90° 2종류 – 점축관 : 관의 지름이 한쪽 끝은 크고 다른 쪽으로 갈수록 점차 작아지는 관	
타일	• 양질의 점토에 장석, 규석, 석회석 등의 가루를 배합하여 성형한 후 유약을 입혀 건조시킨 다음 1100~1400℃ 정도로 소성한 제품이다. • 흡수성이 적으며, 휨과 충격에 강하다. • 모자이크 타일, 외장 타일, 바닥 타일 등으로 구분한다. • 조경장식 및 건축 마무리 재료로 많이 사용한다. • 테라코타(Terracotta) – 이탈리아어로 구운 흙이라는 뜻이다. – 석재조각물 대신 사용하고 있는 장식용 외장재 점토 제품이다. – 화강암보다 내화력이 강하고, 대리석보다 풍화에 강하다. – 석재보다 가볍고, 압축강도는 화강암의 1/2 정도이다.	
도자기 제품	• 돌을 빻아 빚은 것을 1300℃로 구워 물을 흡수하지 않은 것이다(자기). • 마찰, 충격에 견디는 힘이 강하다. • 음료수대, 가로등 기구, 야외탁자 등에 사용한다.	

제7장 금속 재료

1 금속 재료의 성질

(1) 탄성 : 변형된 물체가 변형을 일으킨 힘이 제거되면 원래의 모양으로 되돌아가려는 성질

(2) 연성 : 탄성한도를 초과한 힘을 받고도 파괴되지 않고 늘어나는 성질

(3) 전성 : 금속재료를 얇은 판이나 박으로 만들 수 있는 성질

(4) 인성 : 굽힘이나 비틀림 등의 외력에 저항하는 성질, 높은 응력에 잘 견디면서 큰 변형을 나타내는 성질

2 금속 재료의 종류

(1) 철금속

① 철의 주성분은 Fe이나 순철은 너무 연하여 실용성이 없다. 따라서 철이 주가 된 합금을 주로 사용하고 있으며 탄소합금이 대표적이다.

㉠ 강철 : 탄소함유량 0.4~1.7, 스테인리스, 내열강 등에 사용한다.

㉡ 주철 : 탄소함유량 1.7~6.6, 맨홀두껑, 난로 등 주물제품으로 사용한다.

② 아치, 식수대, 조합놀이대, 그네, 시소, 미끄럼틀, 사다리, 철봉 등 시설물에 사용한다.

(2) 비철금속

① 철 이외의 순수한 금속들과 그런 금속들의 합금이다. 예 구리, 놋쇠, 청동, 알루미늄

② 환경조형, 유희, 수경 등의 시설물 공사에 사용한다.

3 금속 재료의 장단점

장점	단점
• 인장강도가 크다. • 종류가 다양하고 강도에 비해 가볍다. • 다양한 형상의 제품을 만들 수 있다. • 불연재이며 대규모의 생산품 공급이 가능하다. • 고유한 광택이 있고, 재질이 균일하다.	• 가열하면 역학적 성질이 저하한다. • 내산성, 내알칼리성이 작다. • 녹이 슬고 부식이 된다. • 차가운 느낌이 든다.

4 금속의 부식환경

(1) 원인 : 온도, 습도, 해염입자, 대기오염

(2) 부식된 금속의 보수

① 부식이 약할 때 : 부식된 부위를 브러시나 샌드 페이퍼 등으로 닦아 낸 후 도장한다.
② 부식이 심할 때 : 부식된 부분을 절단하여 새로운 재료를 이용해 용접 후 원상태로 복구한다.

5 금속 제품

(1) 철금속

① 형강 : 특수한 단면으로 압연한 강재이다.

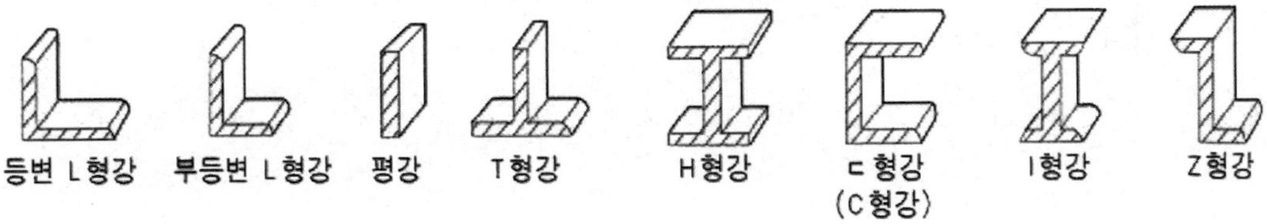

② 강봉 : 철근 콘크리트 옹벽을 구축하는 데 사용한다.
③ 강판 : 강편을 롤러에 넣어 압연한 것이다.
㉠ 후판 : 판두께 3mm 이상, 구조용, 기계제품용
㉡ 박판 : 판두께 3mm 이하, 철재거푸집, 지붕재
㉢ 양철 : 박판에 주석을 도금한 것
㉣ 함석 : 박판에 아연을 도금한 것

④ 철선

㉠ 연강의 강선을 아연도금한 것으로 보통 철사를 말한다.

㉡ 철망, 가설재, 못 등의 원재로 사용하고 거푸집이나 철근을 묶는 데 사용한다.

⑤ 와이어 로프

㉠ 지름 0.26mm~5.0mm인 가는 철선을 몇 개 꼬아서 기본 로프를 만들고 이것을 다시 여러 개 꼬아 만든 것이다.

㉡ 케이블, 공사용 와이어 로프 등에 사용한다.

⑥ 긴결철물 : 볼트, 너트, 못, 앵커볼트 등에 사용한다.

⑦ 스테인리스강 : 철 + 크롬의 합금이다(최소 10.5% 이상의 크롬 함유).

⑧ 와이어 메시(용접 철망) : 콘크리트 보강용으로 이용한다.

(2) 비철금속

① 알루미늄

㉠ 원광석인 보크사이드에서 순알루미나를 추출하여 전기분해과정을 통해 얻어진 은백색 금속이다.

㉡ 경량구조재, 새시, 피복재, 설비, 기구재, 울타리 등에 사용한다.

※ 두랄루민 : 알루미늄 합금의 일종으로 내식성과 내구성이 좋다.

② 구리

㉠ 구리와 아연의 합금형태로 많이 이용한다.

㉡ 내식성이 강하고 외관이 아름다워 외부 장식재(장식철구, 공예, 동상) 등으로 이용한다.

- 놋쇠(황동) : 구리와 아연의 합금
- 청동 : 구리와 주석의 합금

③ 크롬

㉠ 은백색의 단단한 금속이다.

㉡ 철과 합금으로 스테인리스강이 된다.

㉢ 스테인리스강 : 크롬을 10~30% 함유한 합금강으로 탄소함량이 낮고 내식성과 내열성이 뛰어나다.

제8장 플라스틱 재료

※플라스틱이란, 합성수지에 가소제, 채움제, 안정제, 착색제 등을 넣어서 성형한 고분자 물질이다.

1 일반적 특성

① 소성, 가공성이 좋아 복잡한 모양의 제품으로 성형된다.
② 내산성과 내알칼리성이 크고 녹슬지 않는다.
③ 가벼우며 강도와 탄력성이 크다.
④ 접착력이 크고 전성, 연성이 강하다.
⑤ 착색, 광택이 좋다.
⑥ 콘크리트, 알루미늄보다 가볍다. 절연재로 사용된다.
⑦ 단점 : 내열성(내화성)이 부족하고 온도의 변화에 약하다.

2 종류

(1) 열가소성 수지 : 열을 가하여 성형한 뒤 다시 열을 가하면 형태의 변형을 일으킬 수 있는 수지이다.

예 염화비닐수지, 폴리프로필렌, 폴리에틸렌(PE관), 폴리스티렌, 아크릴, 나일론

① 염화비닐관(PVCP, Polyvinyl Chloride Pipe) : 흙속에서 부식되지 않고 유수마찰이 적으며 이음도 용이하다.
② 폴리에틸렌관(PE Pipe)
㉠ 가볍고 충격에 견디는 힘이 크고, 시공이 용이하며 경제적이다.
㉡ 내한성이 커서 추운 지방의 수도관으로 사용한다.

(2) 열경화성 수지 : 한번 열을 가하여 성형하면 다시 열을 가해도 변하지 않는 수지이다(축합반응한 고분자 물질). 예 페놀, 요소, 멜라민, F.R.P, 우레탄, 실리콘, 에폭시, 폴리에스테르

① 페놀 수지 : 강도, 전기절연성, 내산성, 내수성 모두 양호하나 내알칼리성이 약하다.
② 멜라민 수지 : 멜라민과 포름알데히드를 반응시켜 만든 열경화성 수지로 열, 산, 용제에 강하고 전기적 성질이 뛰어나다. 내수성, 내약품이 우수하고 접착력이 강하여 합판의 접합 등에 사용하고 금속도료에도 유용하다.
③ 실리콘 수지 : 내수성, 내열성, 전기절연성, 내약품성, 내후성이 우수하여 유리, 고무 등과의 접착력이 강하다. 방수제, 접착제, 도료로 사용된다.

④ 에폭시 : 물과 날씨 변화에 잘 견디며 빨리 굳고 접착력이 강하다. 우레탄과 그 기능이 유사하며 물탱크, 수영장 방수용, 주차장, 공장바닥 등에 사용된다.

⑤ 유리섬유강화 플라스틱(FRP, Fiberglass Reinforced Plastic) : 약한 플라스틱에 강화재를 넣어 만든 제품으로 벤치, 화단장식재, 인공폭포, 인공암에 사용된다.

제9장 미장 · 도장 재료

1 미장 재료

(1) 미장 재료 : 건축물의 내 · 외벽, 바닥, 천장에 흙손, 스프레이 등을 이용하여 표면을 마무리하는 재료

(2) 종류

① 시멘트 모르타르 : 시멘트 벽돌담, 플라워박스의 마무리
② 회반죽 : 소석회에 여물, 모래, 해초풀 등을 물로 반죽, 흰색의 매끄러운 표면
③ 벽토
㉠ 진흙에 고운 모래, 짚여물, 착색 안료와 물을 혼합하여 반죽한다.
㉡ 자연적인 분위기와 목조 주택의 외벽 고유 토담집 흙벽, 울타리, 담에 사용한다. 전통성을 강조한다.
④ 테라조

2 도장 재료

(1) 도장

① 도장 시 칠 3공정 : 초벌(바탕칠), 재벌, 정벌
② 수성페인트 도장 순서 : 바탕만들기 → 초벌칠 → 퍼티먹임 → 연마하기 → 재벌칠 → 정벌칠
③ 철재부는 광명단을 칠한 후 도장한다.
④ 도장의 목적 : 바탕재료의 부식 방지, 아름다움 증대
⑤ 도장의 효과 : 내식성, 방부성, 방수성, 방습성, 내마멸성, 강도 높임, 광택 등

(2) 도장 재료의 종류

① 페인트
㉠ 유성 페인트 : 안료, 보일류(건성유+건조제), 희석제 등을 혼합한 것이다.
㉡ 수성 페인트 : 광택이 없고 내장 마감용으로 사용한다.
㉢ 에나멜 페인트 : 도막이 견고하며 내수성, 내후성이 좋고 착색이 선명하다.
② 니스(바니시)
㉠ 무색 또는 담갈색의 투명 도료로 목질부 도장에 주로 쓰인다.
㉡ 코팅 두께가 얇아 외부 구조물에 부적당하다.

③ 합성수지 도료 : 건조시간이 빠르고 내산성, 내알칼리성이 있어 콘크리트면에 바를 수 있다.
예 페놀수지, 비닐계수지, 에폭시, 아크릴, 요소, 실리콘제 등

④ 방청 도료(녹막이 도료)
㉠ 금속의 부식방지 도료이다.
㉡ 광명단 : 보일유와 혼합하여 녹막이 도료를 만드는 주황색 안료이다.
㉢ 징크로메이트 : 알루미늄이나 아연철판 등 녹방지용으로 쓰인다.
㉣ 워시프라이머 : 뿜어서 칠하는 것으로 인산을 첨가한 도료이다.
㉤ 방청산화철 : 내구성이 매우 우수하다.
※ 보일유(Boiled Oil) : 건조성이 강하여 페인트, 인쇄 잉크, 인주, 그림물감 따위를 용해시키는 데 사용한다.

⑤ 퍼티(Putty) : 유지 혹은 수지와 탄산칼슘 등의 충전재를 혼합하여 만든 것으로 창유리를 끼우는 데 주로 사용하고, 도장바탕을 고르는 데 사용한다.

⑥ 레커(락카)
㉠ 번쩍이지 않게 표면마감을 한다. 도막시간이 빠르다(스프레이건). 셀룰로오스 도료를 사용한다.
㉡ 외부에서 사용하며 바니시보다 가격이 비싸다.

참 고 **바니시와 페인트의 근본적 차이 : 안료**

제10장 그 밖의 재료

1 물

(1) 물의 특징 : 반영, 움직임 효과(정적, 동적), 음악적 특성, 냉각효과

(2) 물의 이용

① 연못 : 정적 이용
② 분수 : 동적 이용, 바닥분수 및 참여분수 응용
③ 유수 및 폭포
　㉠ 유수 : 하천, 시내, 강
　㉡ 폭포 : 낙수형상, 극적 효과
④ 풀 : 반영의 요소 이용, 기하학적
⑤ 기타 : 벽천, 계단폭포

2 섬유 재료

(1) 섬유 재료

섬유재는 식물의 섬유질 부분을 이용하는 것으로 볏짚, 새끼줄, 밧줄, 녹화마대 등에 사용된다.

(2) 섬유 재료의 이용

① 볏짚 : 잠복소
② 새끼줄 : 뿌리분을 감는 데 사용, 새끼줄 10타래가 1속
③ 밧줄 : 마섬유로 만든 섬유 로프
④ 녹화마대 : 천연식물섬유인 황마를 사용, 이식 후 수간보호자재로 사용

3 유리 재료

(1) 유리의 성분 : 규산, 소다, 석회

(2) 유리재료의 이용

① 유리는 내부와 외부를 연결하는 중요한 소재로 조경시설로는 온실, 수족관 등에 이용된다.
② 최근에는 유리블록제품의 발달로 입체적인 벽체, 바닥포장용으로도 사용된다.

4 역청 재료

역청은 천연탄화수소, 인조탄화수소 또는 이들의 비금속 유도체나 그의 혼합물로서 이황화탄소에 녹는 물질을 말한다. 역청은 천연으로 산출되기도 하지만 대부분은 원유와 석유 등에서 제조되는 인공역청재가 많다.

(1) 역청재의 종류

① 아스팔트 : 천연 아스팔트와 석유정제의 부산물인 석유 아스팔트가 있다.
② 타르 : 석탄, 석유, 원유 등의 유기물을 건유하여 얻어지는 검정색의 액상재료(콜타르)이다.

(2) 역청재의 이용

역청재료는 도로의 포장재료, 방수용재료, 호안재료, 토질안정재료, 주입재료, 줄눈재료, 도포재료 등으로 사용된다.

제6-2편

적중예상문제

1 조경에서 목재의 장점으로 맞는 것은?

① 구부러지고 옹이가 있다.
② 불에 타기 쉽다.
③ 부위에 따라 재질이 불균질하다.
④ 무게에 비해 강도가 크다.

2 목재의 장점으로 옳지 않은 것은?

① 가공이 쉽고 열전도율이 크다.
② 색깔이나 무늬 등의 외관이 아름답다.
③ 비중이 작으면서 압축 인장강도가 크다.
④ 재질이 부드럽고 촉감이 좋다.

3 목재의 굳기에 관한 설명으로 맞지 않는 것은?

① 소프트 우드는 무른 나무를 말한다.
② 무른 나무는 주로 활엽수로 공사용 목재로 쓰인다.
③ 굳은 나무는 장식용과 내구성 시설물에 쓰인다.
④ 활엽수 중에서도 포플러나 오동나무 등은 목질이 연하다.

4 목재가 조경에 이용되는 이유로 틀린 것은?

① 외관이 아름답다.
② 구부러지고 옹이가 있다.
③ 가공하기 쉽다.
④ 재질이 부드럽고 촉감이 좋다.

5 다음 중 목재의 단점에 해당되는 것은?

① 함수율에 따라 변형이 잘 된다.
② 가볍다.
③ 무늬가 좋다
④ 열전도율이 낮다.

6 목재의 구조에서 변재의 설명으로 맞는 것은?

① 수심에 해당된다.
② 색깔이 진하다.
③ 목질이 단단하다.
④ 세포가 살아있다.

7 나무의 줄기를 3단면이 나타나도록 자르면 줄기의 중심에 무엇이 있는가?

① 목질부 ② 수피부
③ 수심 ④ 부름켜

8 일반적으로 활엽수의 목질은 단단하다. 단단한 특성을 설명한 것으로 틀린 것은?

① 하드 우드라고 한다.
② 포플러나 오동나무가 대표적이다.
③ 장식용에 쓰인다.
④ 내구성이 요구되는 시설물에 쓰인다.

정답 1 ④ 2 ① 3 ② 4 ② 5 ① 6 ④ 7 ③ 8 ②

9 춘재의 설명으로 틀린 것은?

① 세포막이 두껍다.
② 생장이 왕성하다.
③ 빛깔이 엷다.
④ 재질이 연하다.

10 추재의 설명으로 틀린 것은?

① 치밀하고 단단하다.
② 봄에서 여름에 성장한다.
③ 이때 자란 부분은 세포가 작다.
④ 빛깔이 짙다.

11 목재의 구조에서 목질부의 안쪽 부분으로 색깔이 진하며, 세포의 생리 기능이 상실되어 목질이 단단한 부분은?

① 변재　② 심재
③ 부름켜　④ 수피부

12 나이테에 대한 설명으로 틀린 것은?

① 수목의 생장 연수를 나타낸다.
② 목재의 강도를 나타내는 기준이다.
③ 활엽수의 단풍나무는 나이테가 뚜렷하게 나온다.
④ 춘재와 추재를 합친 것이다.

13 목재의 비중은 다음 중 무엇을 말하는가?

① 생목비중　② 기건비중
③ 절대건조비중　④ 함수비중

14 목재의 팽창 및 수축 등의 변형은 다음 중 어느 요인에 의한 것인가?

① 수지율　② 함수율
③ 건조율　④ 열전도율

15 목재의 강도에 대한 설명으로 맞는 것은?

① 함수율이 낮을수록 강도가 낮다.
② 비중이 높을수록 강도가 높다.
③ 함수율과 목재의 강도는 서로 관계가 없다.
④ 비중과 목재의 강도는 아무런 관계가 없다.

16 목재 건조의 목적으로 틀린 것은?

① 목재 변형의 방지를 위해
② 목재 부패방지를 위해
③ 가공을 어렵게 하기 위해
④ 탄성과 강도를 높이기 위해

17 목재 건조 시의 함수율로 가장 적당한 것은?

① 15%　② 25%
③ 35%　④ 45%

18 목재의 건조 방법 중 자연 건조법에 해당되는 것은?

① 찌는법　② 증기법
③ 훈연법　④ 공기건조법

19 목재 부식의 요인 중 틀린 것은?

① 부패　② 풍화
③ 충해　④ 방부

20 목재를 부식시키는 충해는 주로 어느 곤충이 가장 큰 피해를 주는가?

① 하늘소　② 흰개미
③ 왕바구미　④ 가루나무좀

정답 9 ① 10 ② 11 ② 12 ③ 13 ② 14 ② 15 ② 16 ③ 17 ① 18 ④ 19 ④ 20 ②

21 목재 건조의 목적으로 틀린 것은?

① 갈라짐과 뒤틀림을 방지한다.
② 변색과 부패를 방지한다.
③ 탄성과 강도를 낮춘다.
④ 가공과 접착 또는 칠이 잘 되게 한다.

22 목재의 부패는 어떤 증상이 나타나는가?

① 목질부가 분해된다.
② 목질부가 가루상태가 된다.
③ 변색이 되고 곰팡이가 핀다.
④ 표면만 남고 내부가 텅 비게 된다.

23 다음 중 수용성 방부제에 속하는 것은?

① 크레오소트류 ② 콜타르
③ C.C.A ④ 오일스테인

24 C.C.A 방부제의 성분으로 바르게 짝지은 것은?

① 구리 – 크롬 – 아연
② 크롬 – 구리 – 비소
③ 구리 – 니켈 – 아연
④ 니켈 – 구리 – 비소

25 목재의 표면에 방수제나 살균제를 처리하는 방법으로 작업이 쉽고 비용이 적게 드는 방부처리 방법은?

① 표면탄화법 ② 도장법
③ 침투법 ④ 주입법

26 방부제의 처리방법 중 흡수성이 증가하는 단점을 가진 방법은?

① 도장법 ② 표면탄화법
③ 침투법 ④ 주입법

27 목재 방부제 처리방법 중 가장 효과적인 것은?

① 주입법 ② 도장법
③ 표면탄화법 ④ 침투법

28 원목의 4면을 따낸 목재를 무엇이라 부르는가?

① 통나무 ② 각재
③ 조각재 ④ 판재

29 합판의 특징으로 틀린 것은?

① 고른 강도를 유지한다.
② 넓은 판을 이용할 수 있다.
③ 수축과 팽창의 변형이 없다.
④ 내구성과 내습성이 작다.

30 다음 중 화성암의 종류로 맞는 것은?

① 사암 ② 석회암
③ 대리석 ④ 화강암

31 다음 중 수성암이라고 불리는 암석은?

① 화성암 ② 사문암
③ 퇴적암 ④ 변성암

32 판 모양으로 떼어 낼 수 있어 바닥 포장용, 계단 설치용, 디딤돌, 지붕 재료로 쓰이는 퇴적암의 일종은?

① 화강암 ② 점판암
③ 안산암 ④ 응회암

정답 21 ③ 22 ③ 23 ③ 24 ② 25 ② 26 ② 27 ① 28 ③ 29 ④ 30 ④ 31 ③ 32 ②

33 주로 흙막이용 돌쌓기에 사용되며 돌 길이는 앞면 길이의 1.5배 이상이 되도록 규격에 맞추어 다듬은 석재는?

① 각석 ② 판석
③ 마름돌 ④ 견치돌

34 회색 또는 흑색으로 세립이고 치밀하며, 다공질이고 기둥모양으로 갈라지는 암석은?

① 응회암 ② 안산암
③ 화강암 ④ 현무암

35 마름돌이나 견치돌보다 값이 싸며, 돌쌓기에 많이 쓰이는 돌은?

① 각석 ② 판석
③ 깬돌 ④ 자갈

36 가공 골재 중 인공 경량 골재에 속하지 않는 것은?

① 버미큘라이트 ② 펄라이트
③ 부순자갈 ④ 화산재

37 한국 돌의 70%를 차지하는 화성암의 일종인 돌로 조경에서 많이 쓰이는 것은?

① 화강암 ② 현무암
③ 대리석 ④ 석회암

38 화강암 중 흑색을 띠는 돌은?

① 포천석 ② 상주석
③ 마천석 ④ 괴산석

39 암석의 분쇄물 등이 물 속에 침전되어 지열과 지압으로 다시 굳어진 암석은?

① 변성암 ② 퇴적암
③ 화성암 ④ 안산암

40 천연 슬레이트 등에 사용되는 돌은?

① 안산암 ② 대리석
③ 점판암 ④ 석회석

41 판석의 규격은 어느 것이 맞는가(W : 폭, T : 두께)?

① W 〈 T ② W 〈 3T
③ W 〉 T ④ W 〉 3T

42 자연석 중 소가 누워 있는 것과 같은 모양의 돌로 횡석보다 더욱 안정감을 주는 돌은?

① 입석 ② 평석
③ 환석 ④ 와석

43 자연석에서 오래된 고색을 띠는 것을 무엇이라 하는가?

① 광택 ② 뜰녹
③ 절리 ④ 색채

44 자연석에서 선이나 무늬가 생겨 방향감을 주며 예술적 가치가 생기는 것은 돌의 어떤 특징에 의한 것인가?

① 돌의 크기 ② 돌의 광택
③ 돌의 뜰녹 ④ 돌의 석리

45 물의 특징으로 틀린 것은?

① 주위의 사물을 사실 그대로 반영시킨다.
② 정적인 상태의 물은 긴장을 풀어주고 감정을 안정시킨다.

정답 33 ④ 34 ④ 35 ③ 36 ③ 37 ① 38 ③ 39 ② 40 ③ 41 ④ 42 ④ 43 ② 44 ④ 45 ④

③ 여러 가지 소리를 내기 때문에 시각을 즐겁게 한다.
④ 폭포, 분수 등은 정적인 상태의 물의 역할을 한다.

46 도시 경관에 어울리고 사물을 반영하는 면으로 이용되며 도시 공간에 기하학적 형태로 만들어지는 물을 이용한 시설물은?

① 연못 ② 분수
③ 풀(pool) ④ 폭포

47 수화열이 적어 균열을 방지하며 댐이나 큰 구조물에 사용되는 시멘트는?

① 백색 포틀랜드 시멘트
② 중용열 시멘트
③ 보통 포틀랜드 시멘트
④ 조강 포틀랜드 시멘트

48 조강 포틀랜드 시멘트에 대한 설명으로 틀린 것은?

① 조기에 높은 강도
② 추운 때의 공사에 사용
③ 치장용이나 컬러 시멘트에 사용
④ 물 속 공사에 이용

49 다음 중 혼합 시멘트에 해당되지 않는 것은 무엇인가?

① 슬래그 시멘트
② 중용열 시멘트
③ 플라이 애시 시멘트
④ 포졸란 시멘트

50 균열이 적어 폐수시설이나 하수도 또는 항만에 사용하는 혼합 시멘트는 어느 것인가?

① 중용열 시멘트
② 포졸란 시멘트
③ 플라이 애시 시멘트
④ 슬래그 시멘트

51 시멘트의 성질을 잘못 설명한 것은?

① 풍화된 것이나 혼화재를 넣은 것은 비중이 커진다.
② 분말도가 높으면 수화작용이 빠르고 조기강도가 크다.
③ 분말도가 높으면 풍화작용과 수화열이 많아 균열된다.
④ 풍화는 강도를 떨어뜨리는 주요인이다.

52 시멘트에서 저장 중에 수분을 흡수하여 생긴 수산화칼슘이 공기 중의 이산화탄소와 결합하여 탄산칼슘을 만드는 작용을 무엇이라 하는가?

① 응결 ② 경화
③ 풍화 ④ 강도

53 한국공업규격에서 정한 시멘트의 재령 28일의 압축강도는 얼마인가?

① 145kg/㎠ ② 245kg/㎠
③ 345kg/㎠ ④ 445kg/㎠

54 다음 중 보도블록의 표준 규격은 얼마인가?(단위 : mm)

① 250×250×50 ② 300×300×60
③ 350×350×50 ④ 400×400×60

정답 46 ③ 47 ② 48 ③ 49 ② 50 ④ 51 ① 52 ③ 53 ② 54 ②

55 배수를 위해 길 가장자리에 설치하는 블록은?

① 경계블록
② 압축 보도블록
③ 인조석 보도블록
④ 측구용 블록

56 벽돌의 표준형 규격으로 맞는 것은? (단위 : mm)

① 190×100×57
② 200×90×60
③ 190×90×57
④ 210×100×60

57 다음 중 점토제품이 아닌 것은?

① 내화벽돌 ② 타일
③ 테라조 ④ 테라코타

58 도관의 용도로 적합한 것은?

① 배수관 ② 환기관
③ 타일 ④ 원형의자

59 토관 중 관의 지름이 한쪽 끝은 크고 다른 쪽으로 갈수록 점차 작아지는 관은 어느것인가?

① 도장집관 ② 점축관
③ 굽은관 ④ 가지관

60 금속재료의 장점이 아닌 것은?

① 가열하면 역학적 성질이 저하된다.
② 인장강도가 크다.
③ 강도에 비해 가볍다.
④ 균일하고 불연재이다.

61 철금속 제품 중 강편을 롤러에 넣어 압연한 것은?

① 형강 ② 강봉
③ 강판 ④ 철선

62 함석은 어떤 금속을 박판에 도금한 것인가?

① 니켈 ② 아연
③ 납 ④ 구리

63 양철은 어떤 금속을 박판에 도금한 것인가?

① 구리 ② 아연
③ 납 ④ 주석

64 다음 중 긴결 철물에 해당되지 않는 것은?

① 함석 ② 볼트
③ 못 ④ 앵커 볼트

65 다음 제품 중 거푸집이나 철근을 묶는 데 사용하는 것은?

① 강판 ② 양철판
③ 와이어 로프 ④ 철선

66 비철금속 제품으로 경량구조재나 피복재로 쓰이는 은백색의 금속은?

① 알루미늄 ② 놋쇠
③ 청동 ④ 구리

67 플라스틱 제품의 일반적 특성으로 틀린 것은?

① 내산성과 내알칼리성이 크고 녹슬지 않는다.
② 접착력이 작고 내열성이 크다.

정답 55 ④ 56 ③ 57 ③ 58 ① 59 ② 60 ① 61 ③ 62 ② 63 ④ 64 ① 65 ④ 66 ① 67 ②

③ 가벼우며 강도와 탄력성이 크다.
④ 착색력과 광택이 좋다.

68 **인공폭포나 인공바위 등에 쓰이는 플라스틱 제품은 어느 것인가?**

① 폴리에틸렌관
② 경질 염화비닐관
③ 연질 염화비닐관
④ 유리섬유 강화 플라스틱

69 **다음 중 추운 지방의 수도관으로 쓰이는 내한성이 큰 제품은?**

① 폴리에틸렌관
② 경질 염화비닐관
③ 연질 염화비닐관
④ 유리섬유 강화 플라스틱

70 **미장재료 중 자연적인 분위기를 살릴 수 있는 제품은 어느 것인가?**

① 시멘트 모르타르 ② 회반죽
③ 벽토 ④ 페인트

71 **표면을 번쩍거리지 않게 마무리 할 때 쓰이는 도장재료는?**

① 페인트 ② 에나멜
③ 니스 ④ 래커

72 **역청 재료의 용도를 설명한 것 중 틀린 것은?**

① 방수용재료 ② 도장재료
③ 호안재료 ④ 줄눈재료

73 **다음 중 역청재료의 종류가 아닌 것은?**

① 래커 ② 천연아스팔트
③ 석유아스팔트 ④ 타르

정답 68 ④ 69 ① 70 ③ 71 ④ 72 ② 73 ①

MEMO

제 7 편

조경 시공

제1장 시공 계획 및 시공 관리

1 시공자의 선정과 계약 제도

(1) 시공에 관련되는 인적 용어

① 시공주 : 공사의 시공을 의뢰하는 주문자, 발주자
㉠ 직영공사 : 시행주 자체가 시공주
㉡ 도급공사 : 공사 시행을 위한 입찰 또는 도급 계약을 체결하여 이를 집행하는 자로 개인, 기업, 법인, 공공단체, 정부기관 등

② 시공자 : 시공주와 계약을 체결하여 공사를 완성하고 그 대가를 받는 자
㉠ 직영공사 : 시공주 자체가 시공자
㉡ 도급공사 : 시공주와 도급 계약을 체결하여 공사를 위임받은 자 또는 회사가 시공자(도급자라 함)
- 원도급자(수급인) : 발주자에게 직접 공사를 도급받은 자
- 하도급자(하수급인) : 수급인이 제3자에게 공사의 전부 또는 일부를 다시 도급을 주어 이를 수행하는 자

③ 감독관 : 재료, 공작물 검사, 시험, 현장지휘 등 감독업무에 종사할 것을 발주자가 도급자에게 통고한 자로 대리인과 보조자도 포함

④ 감리자
㉠ 시공 과정에서 전문 기술자의 지식, 기술, 경험을 활용
㉡ 시공주측의 자문에 응하고 설계도, 시방서와 일치 확인

⑤ 현장대리인
㉠ 공사업자를 대리하여 현장에 상주하는 책임 시공 기술자
㉡ 현장소장이며 감독관의 지시에 따라 공사 완성 추진

(2) 시공자의 선정

① 경쟁 입찰 방식
㉠ 일반 경쟁 입찰 : 관보나 신문 및 게시 등의 방법을 통하여 다수의 희망자를 경쟁에 참가하도록 하고, 그중 가장 유리한 조건을 제시한 자를 선정하여 계약 체결
㉡ 지명 경쟁 입찰 : 지나친 경쟁으로 인한 부실공사를 막기 위해 기술과 경험, 신용이 있는 특정 다수 업체를 선정하는 방법
㉢ 제한 경쟁 입찰 : 계약의 목적, 성질 등에 따라 참가자의 자격을 제한
㉣ 일괄 입찰(Turn-key) : 공사 설계서와 시공도서를 작성하여 입찰서와 함께 제출하는 입찰
㉤ PQ(Pre-Qualification) : 입찰 전에 미리 업체를 심사하여 통과된 자만 입찰에 참가하도록 하

는 제도

② 수의 계약
  ㉠ 특수한 사정으로 인정될 때 체결
  ㉡ 예정가격을 비공개하고 견적서를 제출하게 함으로써 경쟁입찰에 단독으로 참가하는 형식

③ 계약 체결
  ㉠ 낙찰자는 계약일 내에 계약보증금을 납입하고 계약 체결
  ㉡ 계약서류 2통을 서명 날인하여 각 1통씩 보관

(3) 공사의 실시 방식

① 직영방식
  ㉠ 발주자 자신이 계획, 재료 구입, 고용하여 일체 공사를 자기책임으로 시행하는 방식
  ㉡ 입찰과 계약의 수속, 감독 곤란, 경쟁의 폐단을 피할 수 있다.
  ㉢ 경험 부족, 사무 복잡, 공사 지연의 결점이 있다.

② 계약방식
  ㉠ 일식도급 : 공사 전체를 한 도급자에게 위탁한다.
  ㉡ 분할도급 : 공정별, 공구별로 전문업자에게 도급을 위탁한다.
  ㉢ 정산방법
   - 정액 도급 계약 : 총 공사비를 결정한 후 추가 공사비를 불인정한다.
   - 단가 도급 계약 : 재료, 노임 등 단가를 확정하고 공사 완료 후 실시 수량을 결정된 단가에 의해 정산하는 방식이다.
   - 실비 정산 도급 계약 : 공사의 실비를 기업주와 도급자가 확인 정산하고 시공자는 미리 정한 보수율에 따라 도급자에게 그 보수액을 지불하는 방법이다.

2 시공 계획 및 시공 관리

- 시공 계획의 목표(4대 목표) : 품질은 좋게, 원가는 싸게, 공정은 빠르게, 안전은 안전하게
- 조경 공사만 갖는 특수성에 대한 고려 필요 : 최종 마무리 공정, 공종의 다양성, 공종의 소규모성, 지방성, 규격화와 표준화의 곤란성, 점재성, 환경적응성, 작품성, 계절성, 유지관리성

(1) 사전조사 : 설계서에 대한 검토 계약서, 설계도면, 시방서 현장조건에 대한 조사 지형, 지질, 토양, 토지이용현황, 식생, 미기후, 용수, 교통, 전기 및 재료의 수급과 노동력 관련

(2) 현장원 파견

① 공사의 내용, 규모, 시공방법에 따라 직종별 인원을 조직하며 총책임자는 현장대리인(현장소장)이다.
② 공사부, 공무부, 자재부, 노무부, 경리부, 장비부, 품질관리부, 안전관리부 등으로 조직한다.

(3) 노무계획

① 인력을 직종별, 기능별, 시기별로 균형있게 계획한다.
② 고정된 인력이 장기간 작업할 수 있도록 고려 시기를 맞추어 공정에 차질이 없도록 한다.
③ 숙련 기능공의 확보는 공사의 질을 좌우한다.

(4) 자재계획

① 식물재료는 시방서에 따라 정확한 품질 관리가 필요하다.
② 사전에 필요한 식물의 조달 조치를 취해 놓아야 한다.
③ 시설물의 경우도 조달에 지연되지 않게 조치한다.

(5) 공사용 기계 사용계획

① 대형목 이식 등 대규모 공사에 투입한다.
② 적절한 장비와 숙련 기술자를 확보한다.
③ 단기간 사용이 많으니 장비 사용이 필요한 공종을 함께 실시한다.

(6) 공정계획

① 공사를 우수하고 값싸게, 빠르고 안전하게 완공할 수 있도록 한다.
② 공사의 순서를 정하여 각 단위 공종별로 일정을 계획하는 것이다.
③ 공정표 : 공사의 진행순서와 작업방법 및 작업일정을 종합한 공사의 진도를 나타내는 표이다.
㉠ 막대 공정표 : 작업이 간단하고 일목요연하다. 착수일과 완료일이 명료하고 쉽다.
㉡ 네트워크 공정표 : 각 공종 간 상호 관련성을 알기 쉽다. 복잡한 공사와 중요한 공사의 신뢰도가 높고 관리가 편하다. 계산기를 이용할 수 있다.
㉢ S자 곡선(기성고 공정곡선) : 공사전체 진척사항을 파악하기 쉽다.

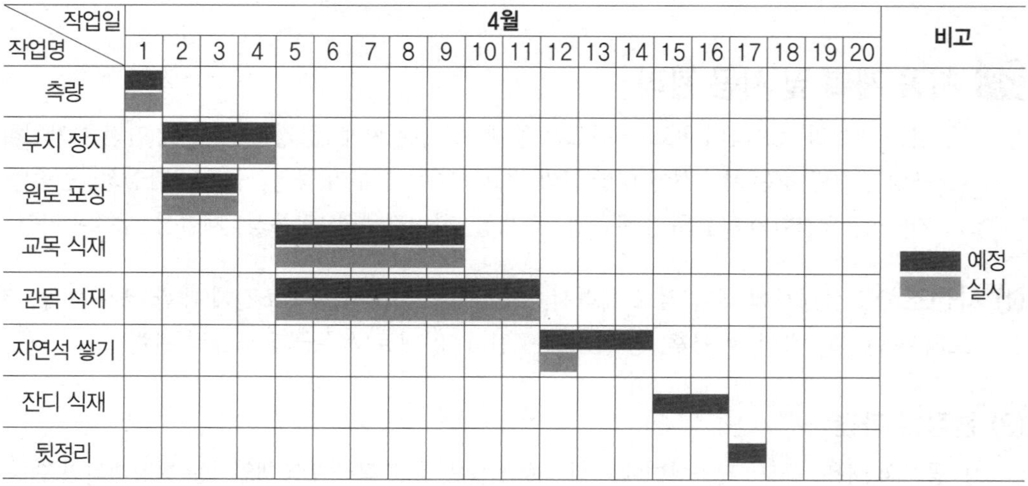

막대 공정표

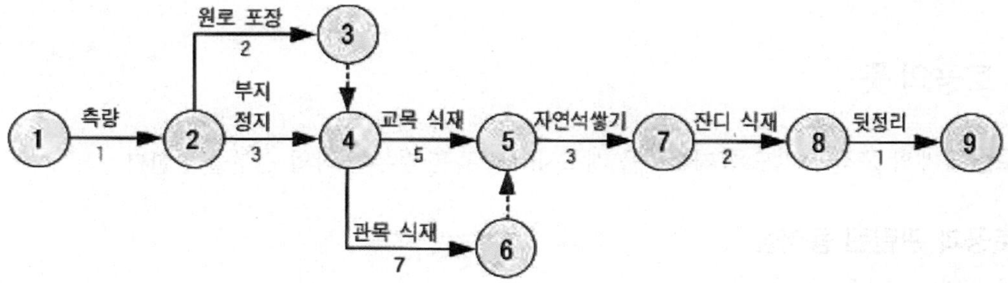

네트워크 공정표

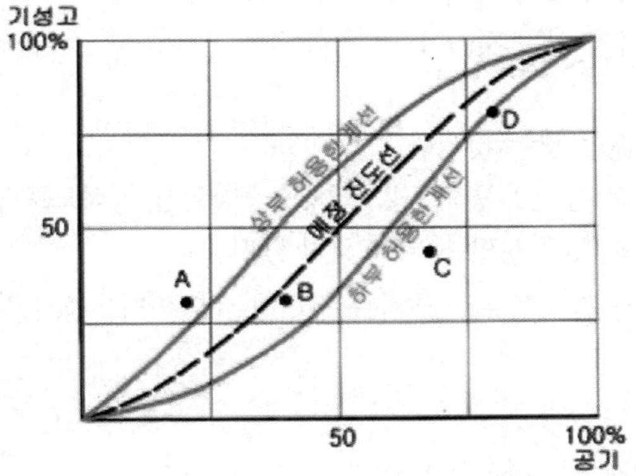

S자 곡선(기성고 공정곡선)

(7) 안전관리

① 대형목 이식, 시설물 공사 증가에 따른 기계장비에 대한 안전을 고려해야 한다.
② 안전관리담당 전문인력을 상주시켜 재해를 사전예방한다.
③ 현장 주변 주민의 소음, 진동, 폐기물 등의 공해 예방에 주력한다.

제2장 토공

1 토공의 뜻

(1) 토공 : 계획 목적에 맞도록 지표면을 개조시키고 흙을 다루는 작업 전부를 말한다.

(2) 토공과 관련된 용어들

① 흙깎기(切土)
 ㉠ 흙을 파내거나 깎아 내는 일이다. 땅깎기, 굴삭, 굴착이라고도 한다.
 ㉡ 절취 : 시설물의 기초작업을 위해 지표면의 흙을 약간(20cm) 걷어내는 일이다.
 ㉢ 터파기 : 절취 이상의 땅을 파내는 일이다.
 ㉣ 준설(수중 굴착) : 물 밑의 토사 암반을 굴착하는 일이다.

② 싣기 : 깎은 토사를 운반차에 싣는 것이다.

③ 흙쌓기(盛土)
 ㉠ 축제 : 철도나 도로에 흙을 쌓는 것이다.
 ㉡ 마운딩(造山) : 조경에서 경관의 변화, 방음, 방풍, 방설을 목적으로 만든 작은 동산이다. 유효토심 확보, 배수방향 조절, 공간분할 등의 효과가 있다.

④ 정지 : 계획 등고선에 따라 절 · 성토로 부지를 정리하는 일이다. 경사를 고려하여 배수에 유의해야 한다.

⑤ 다짐
 ㉠ 쌓아 올린 흙이 단단해지도록 다지는 일이다.
 ㉡ 기계다짐과 인력다짐이 있다.
 ㉢ 전압 : 흙이나 포장재료를 롤러로 굳게 다지는 작업이다.
 ㉣ 끝맺음 : 절 · 성토한 표면을 다듬어 정리하는 일이다.

⑥ 취토
 ㉠ 필요한 흙을 채취하는 일이다.
 ㉡ 취토장 혹은 토취장 : 흙이 제공되는 장소이다.

⑦ 사토
 ㉠ 불량 토사 혹은 잔여 토사를 갖다 버리는 일이다.
 ㉡ 사토장 : 버리는 장소이다.

⑧ 비탈 : 절 · 성토 작업의 결과로 나타나는 경사면이다.

2 흙의 성질과 토공의 안정

(1) 토량변화와 더돋기

① 토량변화

㉠ 자연상태에서 흙을 파내면 공극으로 토량이 증가한다.

㉡ 다짐을 실시하면 토양은 줄어든다.

② 더돋기(여성고)

㉠ 압축 및 침하에 의한 줄어듦을 방지하고 계획 높이를 유지하고자 흙을 더돋기한다.

㉡ 토질, 성토 높이, 시공 방법 등에 따라 다르지만 대개는 높이의 10% 미만이다.

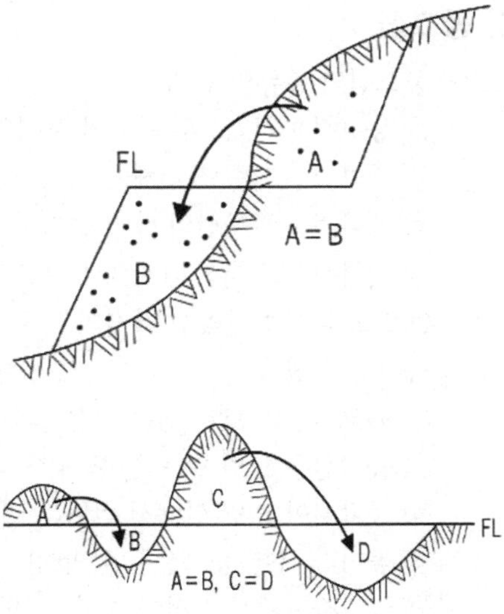

토공의 균형

(2) 안식각과 비탈경사

① 안식각 : 휴식각, 휴지각이라고도 부른다.

㉠ 절 · 성토 후 일정기간 지나 자연 경사를 유지하며 안정된 상태를 이루게 되는 각도이다.

㉡ 흙의 종류와 함수율에 따라 크게 변화한다.

② 비탈면 경사

㉠ 수직고를 1로 본 수평거리의 비율이다.

㉡ 각도나 %로 나타낸다.

㉢ 예를 들어, 수평고 10m, 수평거리 15m이면 1 : 1.5가 되고, %는 10÷15로서 약 67%, 각도는 tan=10/15에서 약 34° 정도가 된다.

㉣ 보통 토질의 성토 경사는 1:1.5, 절토 경사는 1:1을 기준으로 한다.

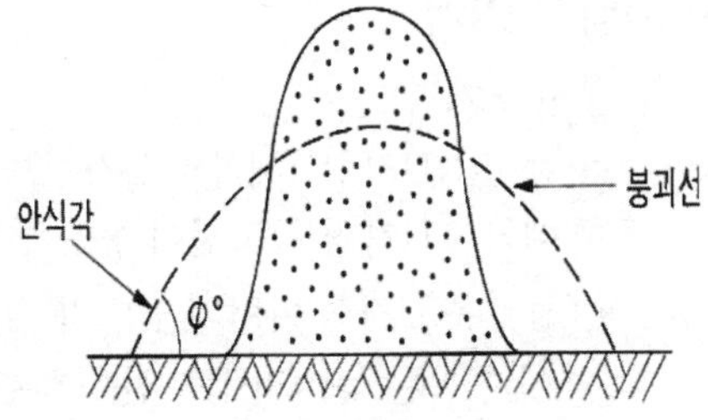

안식각

(3) 토공의 균형

① 정확한 토량을 계산한다.

② 절토량을 성토량에 맞추는 것이 가장 경제적이다. 절토 지역이 성토 지역에서 멀수록 운반거리로 인한 공사비용이 증가하게 된다.

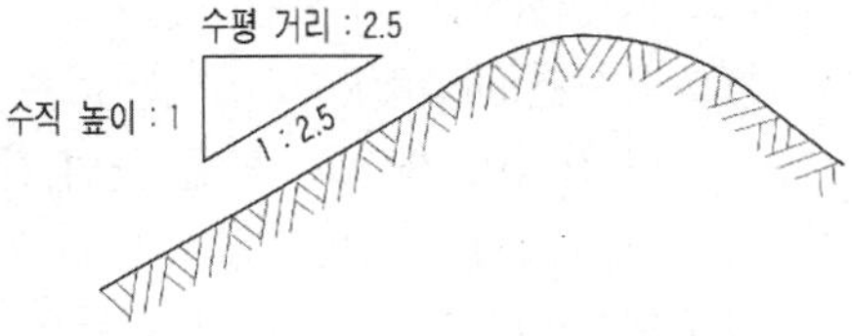

3 지형

• 지형 : 땅 표면의 높고 낮은 모양, 땅 표면에 존재하는 지물을 말한다.
• 지형도 : 지형을 일정 축척과 도식으로 그려 놓은 것, 토공의 필수적, 고저의 관계가 표시되어 있다.

(1) 등고선

① 등고선의 종류와 간격
㉠ 등고선 : 간격, 두 등고선 사이의 연직거리(높이 차)
㉡ 주곡선 : 지형도 전체에 일정 높이의 간격으로 그려진 곡선
㉢ 계곡선 : 주곡선의 다섯 줄마다 굵은 선으로 그어진 것
㉣ 간곡선 : 주곡선 간격의 1/2 거리의 가는 파선으로 표시
㉤ 보조곡선 : 간곡선 간격의 1/2 거리의 가는 점선으로 표시

② 등고선의 성질
㉠ 등고선상의 모든 점은 같은 높이이다.
㉡ 등고선은 도면 안 또는 밖에서 서로 만나며, 없어지지 않는다.
㉢ 등고선이 도면 안에서 만나는 경우는 산꼭대기나 요지(凹地)이다.
㉣ 높이가 다른 등고선은 절벽이나 동굴에서 교차한다.
㉤ 급경사지에서 간격이 좁고, 완만한 경사지에서 간격이 넓다.
㉥ 경사가 같으면 같은 간격이다.

(2) 지형도 읽기

① 능선과 계곡
㉠ 능선 : U자형, 계곡의 U자형보다 둥글다.
㉡ 계곡 : U자형(등고선이 높은 방향으로는 거꾸로 된), 능선보다 예각을 지닌다.
㉢ 능선은 U자형 바닥의 높이가 점점 낮은 높이의 등고선을 향하고, 계곡은 반대로 U자형 바닥의 높이가 높은 높이의 등고선을 향한다.

② 급경사와 완경사 : 등고선 간격이 가까울수록 급경사이다. 넓은 간격의 등고선은 완경사나 평탄한 지형이다.

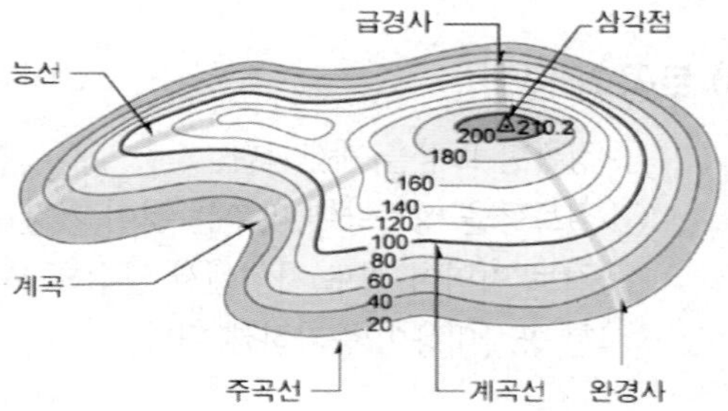

③ 요사면, 철사면, 평사면
㉠ 요사면(凹斜面) : 표고가 높은 곳의 등고선 간격이 가깝고, 낮은 곳의 간격이 멀어지는 지형
㉡ 철사면(凸斜面) : 표고가 높은 곳의 등고선 간격이 멀고, 낮은 곳의 간격이 가까워지는 지형

㉢ 평사면(平斜面) : 전체적으로 통일한 간격을 가지는 등고선

④ 둥글게 닫혀진 등고선이 차차로 높아지는 지형은 凸형의 지형, 반대로 차차 낮아지는 등고선이 있을 때는 凹형의 지형이다.

4 흙깎기와 흙쌓기

(1) 흙깎기

① 표토 50cm 정도를 보존하여 활용한다. 식물생육에 유용하다.

② 작업 중, 작업 후 배수 고려 : 토양 침식 예방

③ 굴삭기계 : 불도저, 파워셔블, 백호 등

④ 방법

- 중심말뚝과 폭말뚝을 나타내는 규준틀을 설치한다.
- 중심선을 파내리고 좌우로 파면서 넓혀 간다.
- 중력 이용 : 높은 곳에서 낮은 곳으로 비탈면 작업 방법 또는 밑에서 토사를 파내려 흙이 무너지게 하는 방법 등이 있다.

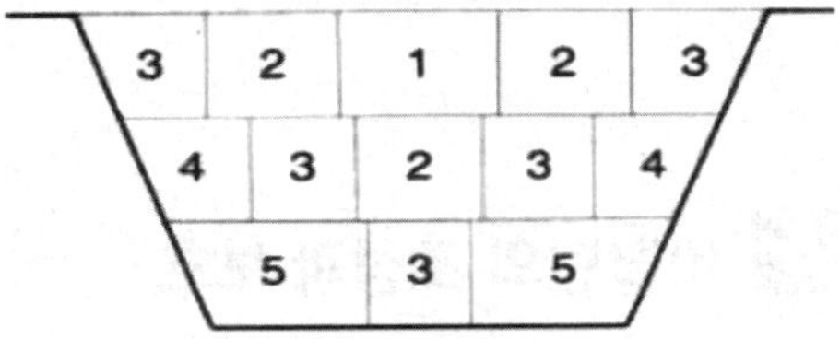

흙깎기 순서

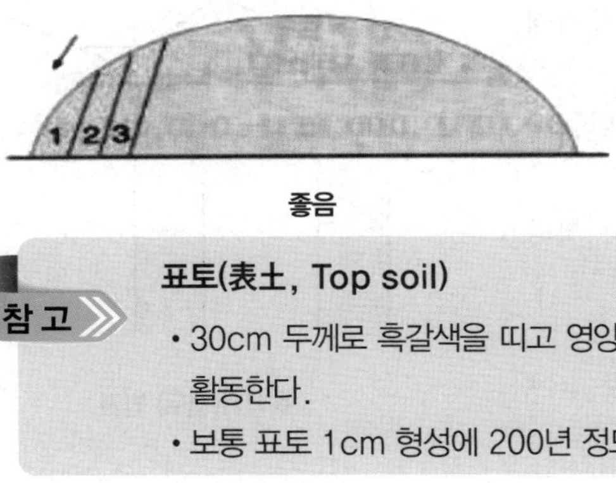

좋음

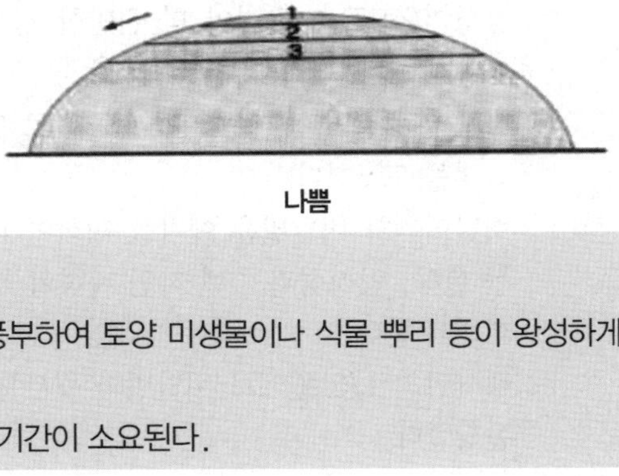

나쁨

> **참고**
>
> **표토(表土, Top soil)**
>
> - 30cm 두께로 흑갈색을 띠고 영양이 풍부하여 토양 미생물이나 식물 뿌리 등이 왕성하게 활동한다.
> - 보통 표토 1cm 형성에 200년 정도의 기간이 소요된다.

(2) 흙쌓기

① 유의 사항

㉠ 풀, 나무 뿌리 제거 : 썩으면 내려 앉는다.

㉡ 수분의 건조 : 변형을 방지한다.

㉢ 층따기 : 경사지 흙쌓기

㉣ 다짐을 하지 않을 경우에는 더돋기를 실시한다.

㉤ 식재 지반으로 이용하고자 할 때는 상부의 다짐을 생략한다.
㉥ 다침층의 배수에 유의하여야 한다.

② 표토 제거
㉠ 미끄러짐을 방지한다.
㉡ 흙쌓기 후 식재작업에 활용하기 위해서이다.

③ 흙쌓기 공법
㉠ 수평쌓기 : 수평층으로 흙을 쌓아 올리는 방법
㉡ 전방쌓기 : 앞으로 전진하여 쌓아가는 방법
㉢ 가교쌓기 : 다리를 가설하여 흙 운반 궤도차로 떨어뜨리는 방법

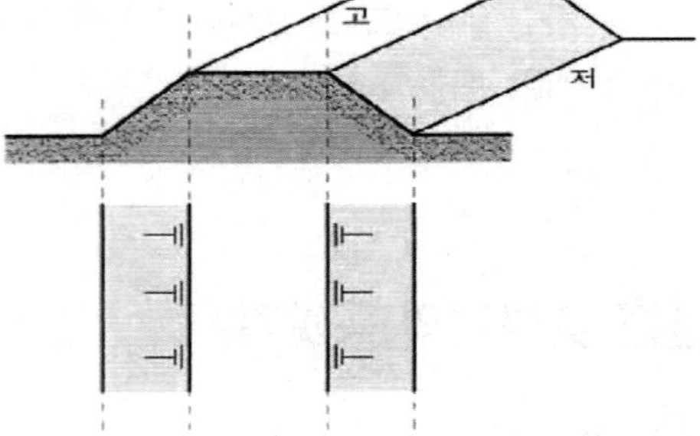

흙쌓기(성토) 법면

5 비탈면의 조성과 보호

(1) 비탈면의 조성

① 자연 비탈면 : 물, 중력에 의한 침식 등으로 이루어진다.
② 인위 비탈면 : 흙깎기와 흙쌓기에 의한 비탈면
㉠ 흙쌓기(성토) 비탈면이 더 완만한 경사를 유지해야 한다.
㉡ 비탈면이 길면 붕괴 우려가 있으므로 단을 만들어 안정을 도모한다.
㉢ 비탈어깨와 비탈밑은 예각을 피하여 라운딩 처리를 한다. 안정성과 주변 자연 지형의 곡선과 잘 조화되게 한다.
㉣ 경사면의 1/3 길이로 비탈면과 윗부분을 잡고 라운딩한다.

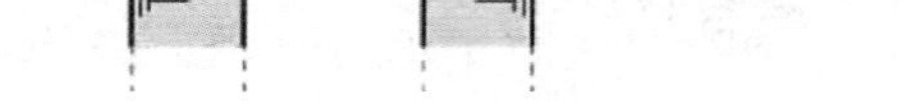

흙깍기(절토) 법면

(2) 비탈면의 보호

① 식물식재에 의한 보호
㉠ 잔디, 잡초 등의 초본류, 관목류로 비탈면을 피복하여 붕괴 예방 및 경관을 살린다. 토양이 양호하고 완만한 경사지에 사용한다.
㉡ 주변 자연 경관과 잘 어울리며 공사비가 적게 든다.

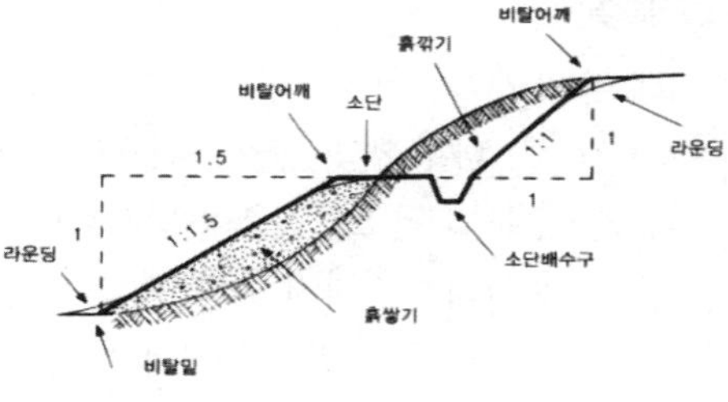

• 떼심기 : 절토 비탈면에 평떼붙이기, 성토 비탈면에 줄떼붙이기
• 종자 뿜어 붙이기(Hydroseeding) : 종자와 비료를 섞어 기계로 분사 · 파종하는 방법, 급경사, 짧은 시간, 절 · 성토 모두 사용가능하다.
• 인력 식생 공법 : 식생매트공, 식생판공, 식생자루공, 식생혈(구멍)공, 식생띠공 등
• 식수공(植樹工) : 초기 효과보다 영속적인 효과를 위해 사용한다, 개나리, 눈향나무 등 상단부에는 칡으로 하향식재, 하단부에는 등나무, 담쟁이덩굴로 상향식재한다. 30cm 정도의 식혈 및 객토가 필요하다.

② 구축물에 의한 보호

㉠ 콘크리트 격자틀 공법

• 정방형 콘크리트 틀을 격자상으로 조립 교차점에 콘크리트 말뚝이나 철침을 박아 고정한다.
• 틀안의 채움처리 : 조약돌 채우기, 콘크리트 채우기, 잔디 심기
• 적용 범위 : 용수 있는 점토 비탈면, 급한 성토 비탈면
• 장점 : 틀 안 식물의 성장에 의해 경관과 조화가 잘 된다.

㉡ 콘크리트 블록 공법

• 비탈면 경사 1:0.5 이상인 급경사면에 사용한다.
• 용수가 있으면 찰쌓기, 없으면 메쌓기를 한다.
• 비교 : 안정성은 높으나 자연 경관과 이질감이 된다.

콘크리트 격자틀 공법

6 토공용 기계

(1) 굴착 기계

① 트랙터계 : 불도저, 트랙터 셔블, 스크레이퍼

② 셔블계 : 백호(드래그 셔블), 파워 셔블, 드래그 라인, 클램셸

㉠ 불도저 : 배토판에 의해서 단거리 흙깎기, 흙운반, 고르기, 도랑파기 등 작업

㉡ 백호 : 주로 지면보다 낮은 곳을 굴착하는 데 유리하다. 단단한 지반 굴착이 가능하며 식재공사에서 가장 많이 사용한다.

㉢ 파워 셔블 : 지반면보다 높은 곳을 굴착할 때 사용한다.

㉣ 스크레이퍼 : 굴착, 적재, 운반, 정지작업 등 모두 할 수 있는 기계이다.

㉤ 버킷 : 흙의 굴착 및 적재에 이용한다.

㉥ 멀티타인 : 쓰레기 등의 적재에 이용한다.

㉦ 클램셸 : 조개 껍질처럼 양쪽으로 열리는 버킷으로 흙을 집는 것처럼 굴착하는 기계이다. 연약한 지반이나 수중 굴착, 자갈 등을 싣는 데 적합하며 좁은 곳을 깊게 팔 때 유용하다.

(2) 싣기 기계 : 로더(굴삭된 토사, 골재 등을 운반기계에 싣는 데 사용)

(3) 운반 기계 : 덤프 트럭, 크레인, 지게차, 체인 블록

(4) 고르기 기계 : 모터 그레이더

(5) 다짐 기계 : 템퍼, 래머, 콤팩트, 롤러

스크레이퍼

롤러

드래그 라인

크레인

램머

콤팩터

지게차

로더

불도저

모터 그레이더

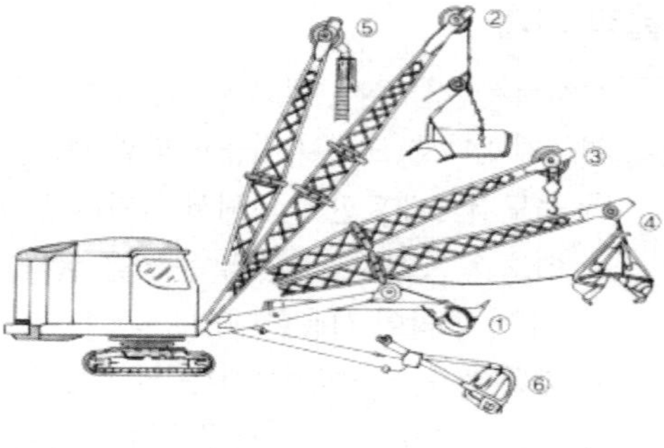
① 셔블(파워셔블) ② 드래그라인 ③ 크레인
④ 크램셸 ⑤ 파일드라이브 ⑥ 백호

〈셔블계 기계의 구조〉

7 측량

(1) 평판 측량

① 특징 : 삼발이 위에 평판을 올리고 수평을 유지한 뒤 땅위의 모양을 도면에 그려 나타내는 측량이다.

장점	단점
• 복잡한 지형을 정확히 그릴 수 있고 오차수정이 가능하다. • 기계구조가 간단하고 작업이 빠르다.	• 외업에 시간이 많이 걸리고 일기에 영향을 많이 받는다. • 정확도가 떨어지며 축척 변경이 곤란하다.

② 도구 : 엘리데이드, 구심기, 평판, 삼발이, 자침기(방위), 줄자, 폴대(Pole)

③ 평판 측량의 3요소

㉠ 정준 : 수평맞추기

㉡ 치심(구심) : 중심맞추기

㉢ 표정(정위) : 방향맞추기(오차에 가장 큰 영향을 끼침)

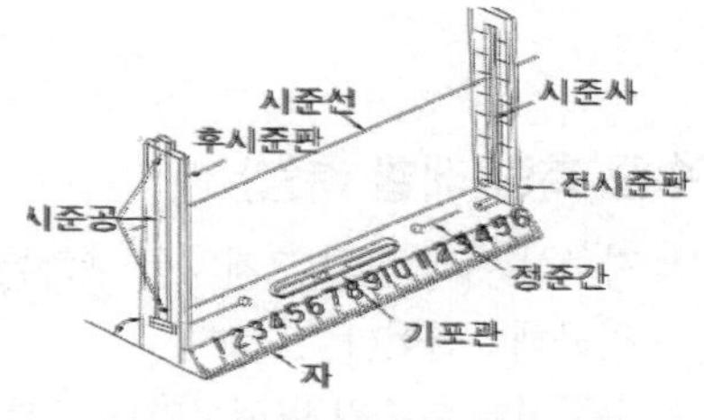

엘리데이드(시준기)

④ 평판 측량의 종류

㉠ 방사법 : 넓은 지역에서 사방에 막힘이 없을 때 사용한다.

㉡ 전진법(도선법) : 도시, 도로, 삼림 등 한 지점에서 여러 방향의 시준이 어렵거나 길고 좁은 장소를 측량할 때 사용한다.

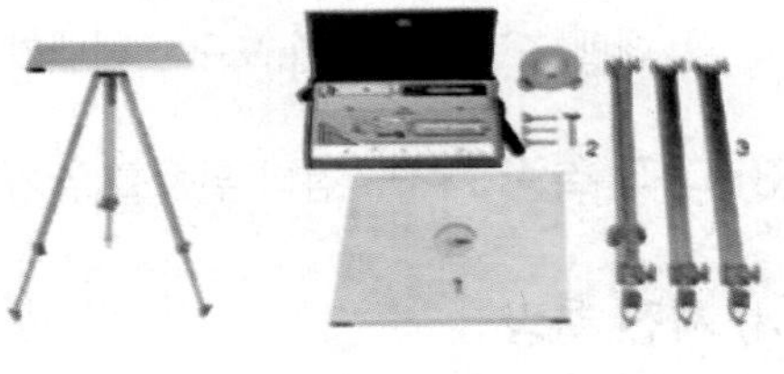
평판측량 기기

㉢ 교회법(교선법)

- 이미 알고 있는 2개, 3개의 측점에 평판을 세우고 이들 점에서 측정하려는 목표물을 시준하여 방향선을 그을 때 그 교점에서의 위치를 구하는 방법이다.
- 광대한 지역에서 소축척의 측량을 하는 것이며 거리를 실측하지 않으므로 작업이 신속하다(전방교회법, 후방교회법, 측방교회법).

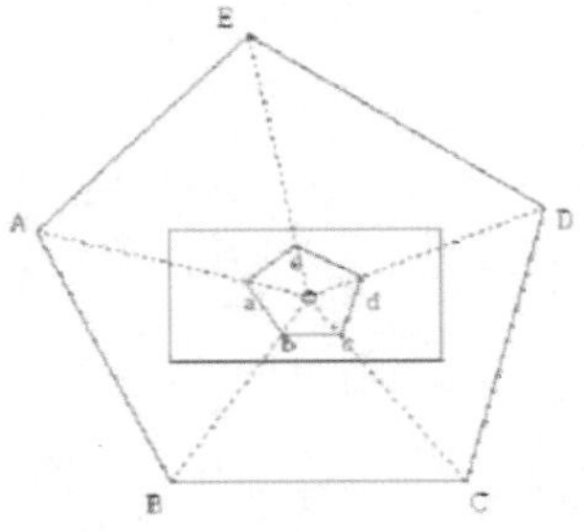

방사법

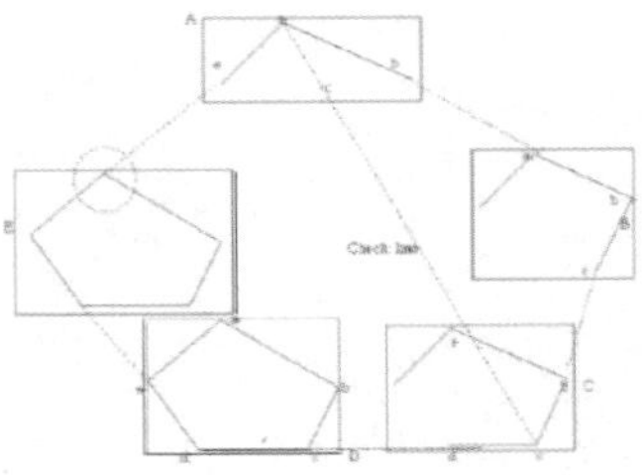
전진법

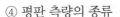

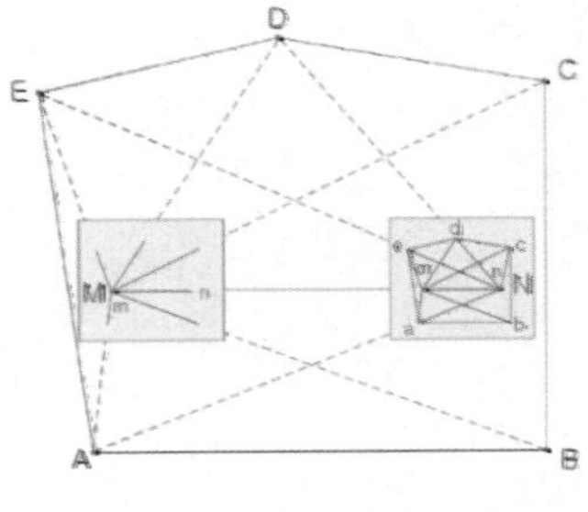

교회법

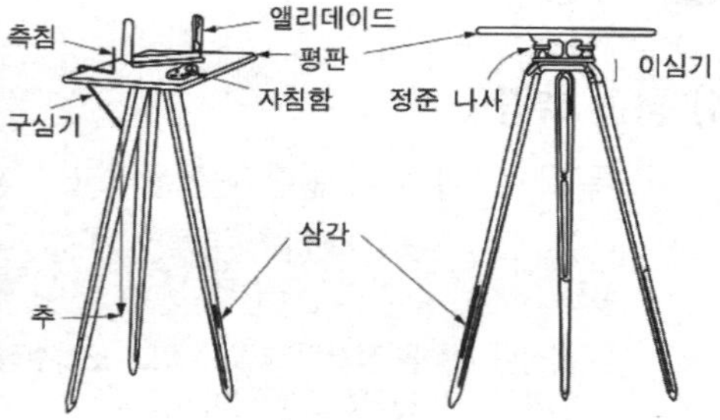

(2) 수준 측량(레벨 측량)

① 지구상 여러 점의 고저차를 구하는 측량으로 기준점은 평균해수면이다.

② 수준점 : 수준원점(해수면)으로부터 정확하게 측정하여 국도 및 주요 도로를 따라 설치해 놓은 점이다(1등 수준점 4km, 2등 수준점 2km).

③ 레벨 측량에 필요한 도구 : 레벨기, 표척, 야장

레벨기

(3) 다각 측량 : 어느 점의 위치를 알기 위해 각을 재서 찾는 것(트랜싯 측량)

(4) 사진 측량

① 공중 사진 촬영 실제 면적 : $A = (as)^2$ (a : 화면 한변의 길이, $\frac{1}{s}$: 축척)

② 축척 : $\frac{1}{m} = \frac{f}{H}$ ($\frac{1}{m}$ = 축척, f = 초점거리, H = 촬영고도)

참 고 》 **옹벽의 종류와 특성**

1. 종류

① 중력식 옹벽 : 상단이 좁고 하단이 넓은 형태이며 하중으로 토압에 저항하도록 설계한다. 4m 이하의 낮은 옹벽, 무근콘크리트를 사용한다.

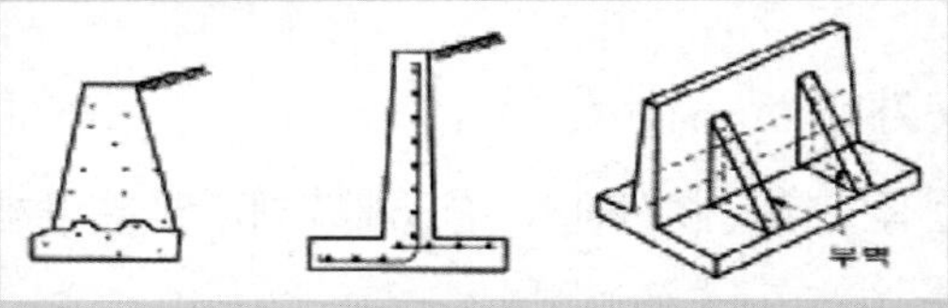

중력식 옹벽 캔틸레버 옹벽 부벽식 옹벽(부축벽)

② 켄틸레버 옹벽 : 5m 내외의 높지 않은 경우에 사용, 철 콘크리트를 사용한다.

③ 부축벽식 옹벽 : 6m 이상의 높은 흙막이 벽에 설치한다.

2. 특성

① 옹벽의 안정 조건

- 활력(슬라이딩, 미끄러짐, 활동력)에 대한 저항성
- 회전력(전도력, 모멘트)에 대한 저항성
- 부동침하로부터 지지력

② 담장의 안정 조건

- 기초 파괴
- 부동 침하
- 저항모멘트가 전도모멘트를 초과할 때

제3장 콘크리트 공사

1 개요

① 콘크리트 : 시멘트, 잔골재(모래), 굵은 골재(자갈)를 물로 비벼 만든 혼합재료로 혼화재를 넣기도 한다.

② 시멘트풀 : 시멘트와 물을 혼합한 것이다.

③ 모르타르 : 시멘트와 잔골재(모래)를 물로 비벼 혼합한다.

④ 비비기, 운반, 치기, 다지기, 양생의 과정이 있다.

⑤ 장단점

장점	단점
• 임의 형상대로 구조물을 만든다. • 재료 획득, 운반이 용이하다. • 압축강도, 내구성, 내화성, 내수성이 크다. • 철근을 피복하여 녹을 방지하며, 철근과 부착력이 크다. • 시공이 용이하고 유지비가 적게 든다.	• 자체 무게가 크다. • 균열의 위험성이 있다. • 개조, 파괴가 힘들다. • 품질 유지 및 시공 관리가 쉽지 않다. • 인장강도, 휨강도가 작아서 보강을 위해 철근 콘크리트를 사용한다.

2 콘크리트 구성 재료

(1) 골재(모래, 자갈)

① 골재의 분류

㉠ 잔골재 : KS A 5101(표준체)에 규정되어 있는 10㎜체를 모두 통과한다. No.4체를 90~100% 통과하는 골재로 보통 모래를 말한다.

㉡ 굵은 골재 : No.4체에 거의 다 남고 0~10% 통과하는 골재로 자갈에 해당한다.

㉢ 천연 골재 : 하천모래, 하천자갈, 산모래, 산자갈, 바다모래, 바다자갈, 천연경량골재 등 이 있다.

㉣ 인공 골재 : 원석을 쇄석기로 부순 것이다. 부순 모래, 부순 자갈, 부순 돌, 인공 경량 골재, 인공 중량 골재 등이 있다.

참고

• 천연 경량 골재 : 슬래그, 버미큘라이트, 펄라이트, 피트모스, 화산재

• 인공 중량 골재 : 자철광, 중정석 등

• 인공 경량 골재 : 팽창혈암, 팽창점토, 소성플라이애시

② 굵은 골재의 최대 치수

㉠ 무근 콘크리트 : 굵은 골재의 지름 100mm 이하, 부재 단면 최소 치수의 1/4 이하

㉡ 철근 콘크리트 : 굵은 골재의 지름 50mm 이하, 부재 단면 최소 치수의 1/5 이하

㉢ 포장 콘크리트 : 40mm 이하

③ 골재의 일반적 성질

㉠ 비중과 단위 용적 무게

- 비중 : 비중이 크면 치밀하고 흡수량이 적고 내구성이 커서 좋다.
- 단위 용적 무게 : 잔골재 1,450~1,700kg/m^3, 굵은 골재 1,550~1,850kg/m^3

㉡ 공극률 및 실적률의 합은 100%의 용적이 된다.

- 공극률 : 골재의 단위 용적 중 공간의 비율을 백분율로 표시
- 실적률 : 골재의 실재 공간 차지 비율

(2) 물

① 기름, 산, 알칼리, 당분, 염분 등의 유기물이 없는 순수한 물이다.

② 대부분 우물물, 지하수, 빗물, 상수도물을 사용한다.

(3) 혼화재료 : 콘크리트의 성질을 개선하고 공사비 절약을 목적으로 사용한다.

① 표면 활성제

㉠ AE제

- 독립기포를 형성하여 콘크리트의 유동성을 양호하게 하고 재료의 분리를 막는다.
- 단위 물량을 적게 하고 동결, 융해에 대한 저항성이 커지게 한다.
- 압축강도와 철근과의 부착강도가 감소하는 단점이 있다.

㉡ 분산제(감수제)

- 계면 활성 작용에 의해 시멘트 입자를 분산시켜 워커빌리티를 좋게 한다.
- 물과 접촉하는 면적이 증가하여 수화작용이 촉진되고 강도가 높아진다.

② 성질 개량제

㉠ 포졸란

- 수화작용 시 강도를 높이고 수밀성, 저항성을 크게 한다.
- 인장강도와 신장률이 커진다.
- 건조, 수축이 큰 것이 단점이다.

㉡ 플라이 애시

- 화력발전소의미분탄 연소 시 나오는 미립분이다.
- 미끄러운 입자로 수화열이 적어지고 저항성이 커진다.
- 워커빌리티가 좋아진다.

㉢ 급결제(응결 경화 촉진제)
- 물 속 공사, 겨울철 공사, 콘크리트 뿜어 올리기 등에 필요한 조기강도 발생 촉진을 위하여 넣는 것이다.
- 염화칼슘, 염화마그네슘, 규산나트륨, 식염 등이 있다.

㉣ 지연제
- 수화작용을 지연시켜 응결 시간을 길게 하는 혼화재료(석고)이다.
- 뜨거운 여름철(고온 시공), 장시간 시공 시, 운반시간이 길 경우에 사용한다.

㉤ 방수제 : 콘크리트의 흡수성, 투수성을 감소시키고 방수성을 높이기 위해 사용하는 혼화재료이다.

3 굳지 않은 콘크리트의 성질

(1) 관계되는 용어

① 반죽질기 : 물량의 다소에 따른 반죽의 되고 진 정도를 나타내는 것이다. 굳지 않은 콘크리트의 유동성을 나타낸다.

② **워커빌리티** : 반죽질기의 정도에 따라 작업이 쉽고 어려운 정도, 재료의 분리에 저항하는 정도를 말한다(시공성, 시공연도).

③ **수밀성** : 물의 투수성이나 흡수성이 매우 적은 것을 말한다.

④ 성형성 : 거푸집으로 쉽게 성형할 수 있으며, 풀끼가 있어 거푸집 제거 시 허물어지거나 재료의 분리가 없는 성질이다.

⑤ 피니셔빌리티
- 콘크리트 표면을 마무리 할 때의 난이도를 나타내는 말이다.
- 워커빌리티와 반드시 일치하지는 않다.
- 굵은 골재의 최대 치수, 잔골재율, 잔골재의 입도, 반죽질기 등에 의해 그 난이도가 변한다.
- 피니셔빌리티가 양호하면 마무리가 잘 되어 외관상 보기 좋다.

⑥ 블리딩 : 재료 선택, 배합이 부적당한 경우 물이 분리되어 먼지와 함께 위로 올라오는 현상이다. 곰보가 생긴다.

⑦ 레이턴스 : 블리딩에 의해 콘크리트 표면에서 침전하고 말라붙어 표피를 형성한 것이다.

(2) 슬럼프 시험

① 워커빌리티(시공성)를 측정하기 위한 하나의 수단으로 반죽질기를 측정하는 방법이다.

② 철재 원통 시험 기구인 몰드를 사용하여 반죽한 콘크리트를 10cm씩 3번 나누어 3단으로 넣고 다진 후 시험기를 수직으로 들어 빼낸 다음 무너진 높이를 잰 값이다.

③ 슬럼프 값은 높을수록 나쁘다(단위는 ㎝).

4 배합

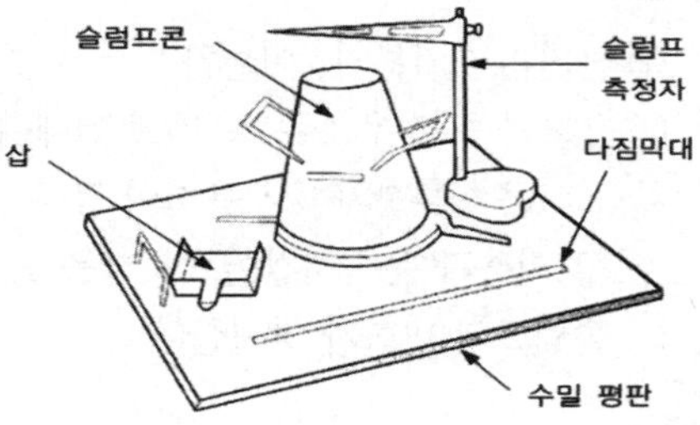

슬럼프 시험기구

(1) 배합법의 표시

① 무게 배합
- 콘크리트 $1m^3$ 제작에 필요한 각 재료의 무게이다.
- 시멘트 387kg : 모래 660kg : 자갈 1,040kg으로 표시한다.

② 용적 배합 : 콘크리트 $1m^3$ 제작에 필요한 재료를 부피로 표시한다. 1:2:4, 1:3:6 등으로 나타낸다.

③ 부배합(Rich Mix) : 표준 배합보다 단위 시멘트 양이 많은 배합(강도가 저하)이다.

(2) 물-시멘트비(W/C)

① 시멘트에 대한 물의 중량비를 말한다.

② 시멘트풀의 농도를 나타내고 콘크리트의 강도, 내구성, 수밀성을 좌우하는 가장 중요한 요소이다.

③ 물-시멘트비의 적용

㉠ 시멘트 성분과 물이 화합해서 응결되는 수화작용에 필요한 물의 양은 32~37%에서 시작한다.

㉡ 일반적으로 물-시멘트비는 40~70%이다.

㉢ 수밀을 요하는 콘크리트 55% 이하이다.

㉣ 정밀도를 지정하지 아니한 보통의 경우는 70% 이하이다.

5 비비기와 치기

(1) 비비기

① 삽비비기(손비비기)

㉠ 조경공사 등 소규모 공사에 감독관의 승인을 받고 실시한다.

㉡ 순서 : 모래, 시멘트 순으로 쏟아 펴, 3회 이상 건비빔한 후 물을 새지 않게 넣으면서 비비고, 그 위에 자갈을 넣고 물과 함께 균일한 색이 될 때까지 4회 이상 물비빔을 한다.

② 기계비비기

㉠ 혼합기에 의한 비비기 : 배치 믹서를 사용한다.

㉡ 1회의 비빔양을 1배치라 하며, 보통 1~2분이 소요된다.

㉢ 배처 플랜트 : 각 재료를 자동 계량하여 비벼서 배출하는 관련 장치 일체를 말한다.

(2) 운반

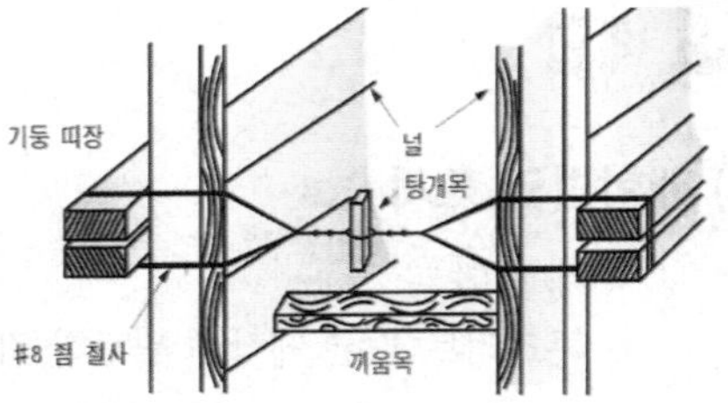

① 근거리 : 일륜차, 이륜차

② 규모가 큰 경우 : 슈트, 벨트 컨베이어, 콘크리트 펌프

③ 레미콘 : 혼합차를 사용하여 공사 규모에 구애받지 않고 이용과 운반시간이 1시간을 넘으면 재료의 분리, 슬럼프의 변화가 발생한다.

(3) 치기

① 거푸집 점검 : 청소, 견고성, 배근, 배관상태, 박리제 바름

② 재료분리로 인한 곰보 등이 생기지 않도록 유의해야 한다.

③ 이어치기 : 시공이음 부분의 레이턴스 제거 및 표면을 쪼아 접촉 부위를 넓게 하거나 모르타르를 발라 실시한다.

참 고

1. 측압 : 콘크리트 타설 시 그 무게에 의해 거푸집에 작용하는 압력
   - 콘크리트 측압이 커지는 경우 : 콘크리트의 유동성이 클 때, 속도가 빠를 때, 높이가 높을 때, 습도가 높을 때, 온도가 낮을 때, 슬럼프 수치가 높을 때, 진동이 클 때, 경화속도가 느릴수록, 수직부재 〉 수평부재
2. 거푸집 : 콘크리트가 소정의 형상을 유지하며 적당한 강도에 도달하기까지 지지하는 가설물(형틀)
   - 소요재료
     - 박리제 : 거푸집 제거 시 재료가 잘 떨어질 수 있게 바르는 기름(폐유, 중유, 파라핀, 합성수지, 비눗물)
     - 격리제(Separater) : 거푸집 상호 간의 간격을 유지하기 위해 바르는 약제
     - 간격재(Spacer) : 철근과 거푸집의 간격 유지
     - 긴장재(Form Tie) : 거푸집 간격을 유지하며 벌어지는 것을 막기 위해 사용

(4) 다지기

① 인력다짐(봉다짐) : 다짐대를 이용하여 여러 곳을 찔러가며 다진다.

② 진동기(기계)에 의한 다짐 : 된반죽, 진동시간을 적절하게 적용한다.

(5) 양생(보양)

① 콘크리트를 친 후 응결과 경화가 완전히 이루어지도록 보호하는 것이다.

② 좋은 양생을 위한 요소

㉠ 적당한 수분 공급 : 살수 또는 침수를 하여 강도를 증진시킨다.

㉡ 적당한 온도 유지 : 양생온도 15~30℃, 보통 20℃ 전후

㉢ 절대 안정상태 유지 : 여름 3~5일, 겨울 5~7일 정도 엄중히 감시해야 한다.

③ 콘크리트 양생 방법

㉠ 습윤 양생
- 콘크리트 노출면을 가마니, 마대 등으로 덮어 자주 물을 뿌려 습윤상태를 유지하는 방법이다.
- 보통 포틀랜드 시멘트 : 최소 5일간 습윤상태로 보호한다.
- 조강 포틀랜드 시멘트 : 최소 3일간 습윤상태를 유지한다.

㉡ 피막 양생
- 표면에 반수막이 생기는 피막 보양제를 뿌려 수분 증발을 방지한다.
- 넓은 지역, 물 주기 곤란한 경우에 이용하는 방법이다.

㉢ 증기 양생
- 단시일 내 소요강도를 내기 위해 고온 또는 고온고압 증기로 양생시키는 방법이다.
- 추운 곳의 시공 시 유리하다.

㉣ 전기 양생 : 콘크리트에 저압 교류를 통하게 하여 발생하는 열로 양생하는 방법이다.

참 고 **서중(署中) 콘크리트와 한중(寒中) 콘크리트의 비교**

구분	서중 콘크리트	한중 콘크리트
사용 시기	하루 평균기온 25℃ 초과	하루 평균기온 4℃ 이하
사용 시멘트	중용열 시멘트	조강 포틀랜드 시멘트
혼화제	응결지연제	응결촉진제
양생 방법	Cooling 양생	가열 보온 양생

제 7 -1편

적중예상문제

1 공사의 시공을 의뢰하는 사람을 무엇이라 하는가?

① 시공주 ② 시공자
③ 도급자 ④ 감독관

2 수급인이 제3자에게 공사의 전부 또는 일부를 다시 도급 주고 이를 수행하는 자를 무엇이라 하는가?

① 감독관 ② 원도급자
③ 하도급자 ④ 시공자

3 다음 중 조경 시공에서 현장소장을 무엇이라 부르는가?

① 감독관 ② 감리자
③ 현장대리인 ④ 수급인

4 시공주측의 자문에 응하고 설계도와 시방서와의 일치 여부를 확인하는 자를 무엇이라 하는가?

① 감독관 ② 감리자
③ 현장대리인 ④ 시공주

5 감독관의 지시를 받으며 공사를 완성하기 위해 추진하는 책임시공 기술자를 무엇이라 하는가?

① 시공주 ② 현장대리인
③ 감리자 ④ 도급자

6 시공자 다수에게 가장 균등한 기회를 제공하여 입찰하는 방법은 무엇인가?

① 일반 경쟁 입찰 ② 지명 경쟁 입찰
③ 제한 경쟁 입찰 ④ 일괄 입찰

7 공사 설계서와 시공도서를 작성하여 입찰서와 함께 제출하는 입찰형식을 무엇이라 하는가?

① 일반 경쟁 입찰 ② 제한 경쟁 입찰
③ 지명 경쟁 입찰 ④ 일괄 입찰

8 다음 중 경쟁 입찰방식이 아닌 것은?

① 수의 계약 ② 지명 경쟁 입찰
③ 제한 경쟁 입찰 ④ 일괄 입찰

9 총 공사비를 결정한 후 추가 공사비를 인정하지 않는 정산 방법은?

① 정액 도급 계약
② 단가 도급 계약
③ 실비 정산 도급 계약
④ 일식 도급 계약

10 실비 정산 도급 계약의 장단점으로 틀린 것은?

① 보수가 보장되어 양심적 시공이 이루어짐
② 기업주가 업자를 신뢰할 수 있음
③ 공사비 절감의 노력이 이루어짐
④ 공사 기일이 늦어질 우려가 있음

정답 1 ① 2 ③ 3 ③ 4 ② 5 ② 6 ① 7 ④ 8 ① 9 ① 10 ③

11 조경 공사와 다른 건설 공사의 특수성을 설명한 것으로 틀린 것은?

① 최초의 공정
② 공종의 다양성
③ 공종의 소규모성
④ 규격화와 표준화의 곤란성

12 노무계획의 내용으로 타당하지 않은 것은?

① 직종별, 기능별, 시기별로 균형있게 계획
② 고정된 인력이 장기간 작업할 수 있도록 고려
③ 공정에 차질이 없도록 계획
④ 공사의 질은 미숙련 기능공의 숫자에 비례

13 시공 계획 시 식물 재료의 확보 및 품질 관리 계획을 하는 단계는?

① 노무 계획　② 자재 계획
③ 기계 계획　④ 공정 계획

14 공사를 우수하고 안전하게 완공할 수 있도록 공사의 순서를 정하는 계획 단계를 무엇이라 하는가?

① 노무 계획　② 자재 계획
③ 기계 계획　④ 공정 계획

15 막대 공정표의 장점은 무엇인가?

① 일목요연하다.
② 상호 관련성 파악이 쉽다.
③ 신뢰도가 높다.
④ 계산기를 이용할 수 있다.

16 물 밑의 토사나 암반을 파 올리는 것을 무엇이라 하는가?

① 굴착　② 절취
③ 터파기　④ 준설

17 시설물의 기초를 위해 지표면의 흙을 약간 걷어 내는 일을 무엇이라 하는가?

① 굴착　② 절취
③ 터파기　④ 준설

18 조경에서 경관의 변화와 방음, 방풍, 방설을 목적으로 작은 동산을 만드는 것을 무엇이라 하는가?

① 축제　② 마운딩
③ 정지　④ 준설

19 축제란 무엇인가?

① 절취 이상의 땅을 파내는 일
② 흙을 파내거나 깎아 내는 일
③ 철도나 도로의 흙을 쌓는 일
④ 쌓아 올린 흙이 단단해지도록 다지는 일

20 전압이란 무엇인가?

① 흙이나 포장재료를 롤러로 굳게 다지는 일
② 흙을 파내거나 깎아 내는 일
③ 철도나 도로의 흙을 쌓는 일
④ 쌓아 올린 흙이 단단해지도록 다지는 일

21 흙이 제공되는 장소를 무엇이라 하는가?

① 취토장　② 절취장
③ 사토장　④ 준설장

정답 11 ① 12 ④ 13 ② 14 ④ 15 ① 16 ④ 17 ② 18 ② 19 ③ 20 ① 21 ①

22 흙을 버리는 장소를 무엇이라 하는가?

① 취토장 ② 절취장
③ 사토장 ④ 준설장

23 더돋기의 높이는 어느 정도인가?

① 계획 높이의 5~10% 정도
② 계획 높이의 10~15% 정도
③ 계획 높이의 15~20% 정도
④ 계획 높이의 20~25% 정도

24 압축 및 침하에 의한 줄어듦을 방지하고 계획 높이를 유지하고자 실시하는 토공 방법은?

① 굴삭 ② 마운딩
③ 전압 ④ 더돋기

25 절토나 성토 후 일정기간이 지나면 자연경사를 유지하며 안정된 상태를 이루게 되는 각도를 무엇이라 하는가?

① 안식각 ② 비탈각
③ 경사각 ④ 절취각

26 보통 토질의 성토경사는 어느 정도가 적당한가?

① 1 : 1.5 ② 2 : 1
③ 1 : 2.5 ④ 2 : 2.5

27 지형도 전체에 일정 높이의 간격으로 그려진 곡선은 무엇인가?

① 주곡선 ② 계곡선
③ 간곡선 ④ 보조곡선

28 계곡선이란 무엇인가?

① 지형도 전체에 일정 높이 간격으로 그려진 곡선
② 주곡선의 다섯 줄마다 굵은 선으로 그어진 것
③ 주곡선 간격의 1/2 거리의 가는 파선으로 표시된 것
④ 간곡선 간격의 1/2 거리의 가는 점선으로 표시된 것

29 등고선에서 가는 점선으로 표시된 것은 무엇인가?

① 주곡선 ② 계곡선
③ 간곡선 ④ 보조곡선

30 다음 중 등고선의 성질을 바르게 설명하지 않은 것은?

① 등고선상의 모든 점은 같은 높이이다.
② 높이가 서로 다른 등고선은 절벽이나 동굴에서 교차한다.
③ 급경사지에서 간격이 넓고 완만한 경사지에서 간격이 좁다.
④ 경사가 같으면 같은 간격이다.

31 능선과 계곡의 등고선에 대한 설명으로 틀린 것은?

① 능선과 계곡은 U자형 곡선을 이룬다.
② 능선은 U자형 바닥의 높이가 점점 낮은 높이의 등고선을 향한다.
③ 계곡은 U자형 바닥의 높이가 점점 높은 높이의 등고선을 향한다.
④ U자형 곡선은 능선이 계곡보다 더 좁은 각을 유지한다.

정답 22 ③ 23 ① 24 ④ 25 ① 26 ① 27 ① 28 ② 29 ④ 30 ③ 31 ④

32 표고가 높은 곳의 등고선 간격이 가깝고 낮은 곳의 간격이 멀어지는 지형은 다음 중 어느 것인가?

① 요사면(凹料面) ② 철사면(凸斜面)
③ 평사면(平料面) ④ 급경사

33 다음 중 굴삭기계가 아닌 것은?

① 불도저
② 파워 셔블
③ 백호
④ 모터 그레이더

34 흙깎기에서 유의하여야 할 사항이 아닌 것은?

① 표토는 깨끗하지 않은 흙이므로 버린다.
② 작업 중에 배수관계를 고려하여 시공한다.
③ 토양 침식을 예방하는 데 노력하여야 한다.
④ 중력을 이용하여 흙깎기하는 것이 좋다.

35 흙쌓기에서 유의하여야 할 사항이 아닌 것은?

① 풀이나 나무뿌리 등은 흙을 단단하게 해주므로 보존한다.
② 흙의 변형을 막기 위해 수분을 건조시켜 사용한다.
③ 경사지 흙쌓기에는 층따기 방법을 사용한다.
④ 다짐하지 않을 경우에는 더돋기를 실시한다.

36 흙깎기나 흙쌓기에서 식재를 위해 가장 고려하여야 할 사항은?

① 절토와 성토의 균형을 잘 맞춘다.
② 배수시설을 생각한다.
③ 표토를 한 곳에 모아 둔다.
④ 급수시설을 생각한다.

37 비탈면을 보호하는 방법으로 짧은 시간과 급경사 지역에 사용하는 시공 방법은 무엇인가?

① 떼심기
② 식수공
③ 종자 뿜어 붙이기
④ 콘크리트 격자틀 공법

38 비탈면 보호를 위한 식수공 방법 중 하향식재로 사용할 수 있는 식물은 어느 것인가?

① 등나무 ② 칡나무
③ 개나리 ④ 담쟁이덩굴

39 비탈면 경사가 1 : 0.5 이상인 급경사면에 시공하는 비탈면 보호공법으로 자연 경관과 이질감을 주는 방법은?

① 떼심기
② 종자 뿜어 붙이기
③ 콘크리트 격자틀 공법
④ 콘크리트 블록 공법

40 시멘트와 물을 혼합한 것을 무엇이라 하는가?

① 콘크리트 ② 시멘트풀
③ 모르타르 ④ 타일

41 다음 중 콘크리트의 단점에 해당되는 것은?

① 임의 형상대로 구조물을 만든다.
② 시공이 어렵고 유지비가 많이 든다.
③ 철근과 부착력이 약하다.
④ 인장강도, 휨강도가 작다.

정답 32 ① 33 ④ 34 ① 35 ① 36 ③ 37 ③ 38 ② 39 ④ 40 ② 41 ④

42 다음 중 인공 경량 골재에 해당되지 않는 것은?

① 슬래그　　② 자철광
③ 펄라이트　　④ 버미큘라이트

43 다음 중 무근 콘크리트의 굵은 골재 지름으로 맞는 것은?

① 100mm 이하　　② 50mm 이하
③ 40mm 이하　　④ 10mm 이하

44 콘크리트의 혼화재료 중 표면 활성제에 속하는 것은?

① AE제　　② 포졸란
③ 플라이 애시　　④ 슬래그

45 콘크리트에서 투수성이나 흡수성을 적게 하고 방수성이 있는 것을 무엇이라 하는가?

① 가소성　　② 슬럼프
③ 수밀성　　④ 워커빌리티

46 조경 공사 콘크리트용으로 가장 많이 쓰이는 시멘트는 무엇인가?

① 고로 시멘트
② 혼합 시멘트
③ 슬래그 시멘트
④ 포틀랜드 시멘트

47 콘크리트 표면 활성제인 AE제의 설명으로 틀린 것은?

① 독립기포를 형성하여 콘크리트의 유동성을 양호하게 한다.
② 동결과 융해에 대한 저항성이 약해진다.
③ 단위 물량을 적게 한다.
④ 압축강도와 철근과의 부착 강도는 다소 감소한다.

48 다음 중 워커빌리티에 대한 설명으로 잘못된 것은?

① 종류, 분말도, 사용량이 영향을 미친다.
② 시멘트의 양이 많아지면 워커빌리티가 좋아진다.
③ 입자가 모난 것이나 납작한 것이 워커빌리티를 개선한다.
④ 재료의 분리에 저항하는 정도를 나타내는 용어이다.

49 다음 중 콘크리트의 워커빌리티에 관한 설명 중 틀린 것은?

① 콘크리트의 강도를 표시한 것이다.
② 재료의 분리에 저항하는 정도이다.
③ 콘크리트 작업에 편리할 정도의 반죽 정도를 말한다.
④ 표시법은 슬럼프치로 나타낸다.

50 급결제에 사용되는 것으로 틀린 것은?

① 염화칼슘　　② 규산나트륨
③ 식염　　④ 소석회

51 방수제로서 물을 튀기게 하는 성질을 가진 재료로 틀린 것은?

① 아스팔트　　② 지방산 비누
③ 명반　　④ 수지

52 콘크리트의 성질 중 풀끼가 있어 거푸집 제거 시 허물어지거나 재료의 분리가 없는 것을 무엇이라 하는가?

정답 42 ② 43 ① 44 ① 45 ③ 46 ④ 47 ② 48 ③ 49 ① 50 ④ 51 ① 52 ②

① 반죽질기　② 성형성
③ 워커빌리티　④ 피니셔빌리티

53 콘크리트 표면을 마무리 할 때의 난이도를 나타내는 말은 무엇인가?

① 반죽질기　② 성형성
③ 피니셔빌리티　④ 워커빌리티

54 콘크리트 표면에 물이 분리되어 먼지와 함께 위로 올라와 곰보가 생기는 현상을 무엇이라 하는가?

① 피니셔빌리티　② 성형성
③ 블리딩　④ 레이턴스

55 블리딩에 의해 콘크리트 표면에서 침전하여 말라 붙어 표피를 형성한 것은 무엇인가?

① 피니셔빌리티　② 성형성
③ 블리딩　④ 레이턴스

56 콘크리트의 강도를 나타낼 때 보통 재령 며칠째의 것으로 나타내고 있는가?

① 3일　② 18일
③ 28일　④ 35일

57 슬럼프치에 대한 설명으로 바르지 않은 것은?

① 콘크리트가 내려 앉은 후의 그 콘크리트 높이를 사용한다.
② 워커빌리티를 표시한 치수이다.
③ 규격시험에 콘크리트가 내려 앉아 낮아지는 치수이다.
④ 단위는 cm로 표시한다.

58 콘크리트 배합비 1 : 2 : 4 혹은 1 : 3 : 6 등은 무슨 배합을 뜻하는가?

① 무게 배합
② 절대 무게 배합
③ 절대 용적 배합
④ 용적 배합

59 일반적인 물 : 시멘트비는 보통 얼마인가?

① 32～37%　② 40～70%
③ 55% 이하　④ 70% 이하

60 콘크리트를 친 후 응결과 경화가 완전히 이루어지도록 보호하는 것을 무엇이라 하는가?

① 운반　② 치기
③ 양생　④ 다지기

61 양생을 하기 위한 적당한 온도는 얼마인가?

① 10～20°　② 15～25°
③ 15～30°　④ 20～40°

62 콘크리트 노출면을 가마니나 마대 등으로 덮어 자주 물을 뿌려 양생하는 방법은 무엇인가?

① 습윤 양생　② 증기 양생
③ 피막 양생　④ 전기 양생

정답 53 ③ 54 ③ 55 ④ 56 ③ 57 ① 58 ④ 59 ② 60 ③ 61 ③ 62 ①

제4장 돌쌓기와 돌놓기

1 자연석 쌓기

- 비탈면, 연못의 호안, 정원 가장자리의 자연스런 멋
- 자연석의 조건 : 각을 가질 것, 뜰녹이 있을 것
- 산비탈에는 산돌, 연못의 호안이나 자연석 인공폭포에는 강돌이나 바닷돌, 주택정원은 다양하게 사용하나 취향을 살릴 것

(1) 자연석 무너짐 쌓기

① 자연풍경에서 암석이 무너져 내려 안정되게 쌓여있는 것을 그대로 묘사하는 방법이다.

② 시공방법

㉠ 기초석 앉히기 : 약간 큰 돌을 20~30cm 정도 깊이로 묻고 주변을 잘 다져 고정한다.

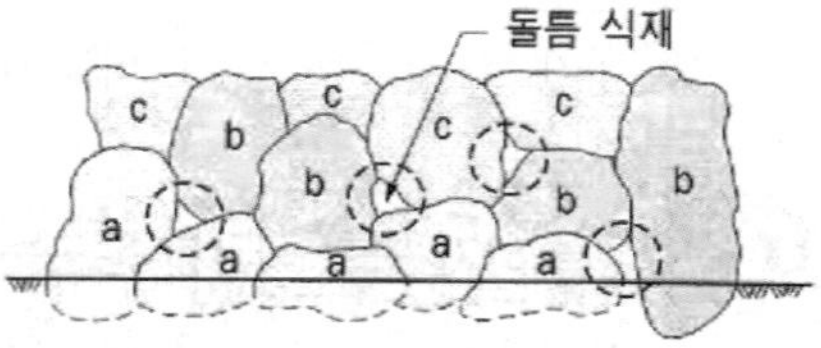

a. 기초석(밑돌) b. 중간석 c. 상석(윗돌)

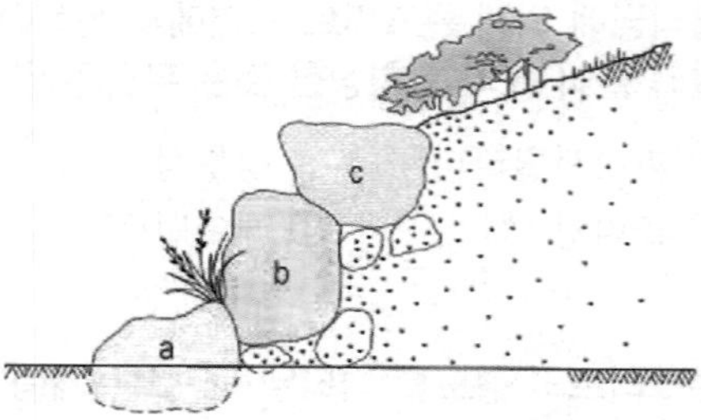

a. 기초석 b. 중간석 c. 상석(윗돌)

㉡ 중간석 쌓기 : 서로 맞닿는 면은 잘 물려지는 돌을 사용한다.

㉢ 크고 작은 자연석을 서로 어울리게 섞어 쌓는다.

㉣ 상부로 갈수록 비교적 작은 돌을 사용한다.

㉤ 시각적 노출 부분을 보기 좋은 부분이 되게 한다.

㉥ 경사가 완만하거나 높이가 낮을 때 메쌓기를 한다. 뒷 부분에 굄돌 및 사춤돌을 넣어 안정시킨다.

㉦ 맨 위의 상석은 비교적 작고, 윗면을 평평하게 하거나 자연스럽게 높낮이가 되도록 처리한다.

㉧ 돌틈 식재 : 돌과 돌 사이의 빈 공간에 비옥한 흙을 채워 회양목이나 철쭉 등의 관목류와 초화류를 식재하는 기법이다.

㉨ 인력, 체인 블록, 래커, 크레인 등을 이용한다.

자연석 무너짐쌓기

(2) 둥근 돌 바로쌓기

① 지름 18cm 이상의 둥근 자연석을 수로의 사면보호, 연못바닥, 원로포장용으로 사용한다.
② 육법쌓기(6개의 돌에 의해 둘러싸이는 형태)에 의해 쌓는다.
③ 불규칙하게 쌓는 것보다 규칙적인 모양을 갖도록 쌓고 십자줄눈이 생기지 않도록 한다.
④ 형태가 일률적이어서 단조로울 수 있는 단점이 있다.
⑤ 호박돌은 안정감이 없으므로 찰쌓기를 한다.
⑥ 모르타르가 돌의 표면에 묻지 않도록 하고 흘러나온 모르타르는 굳기 전에 제거한다.

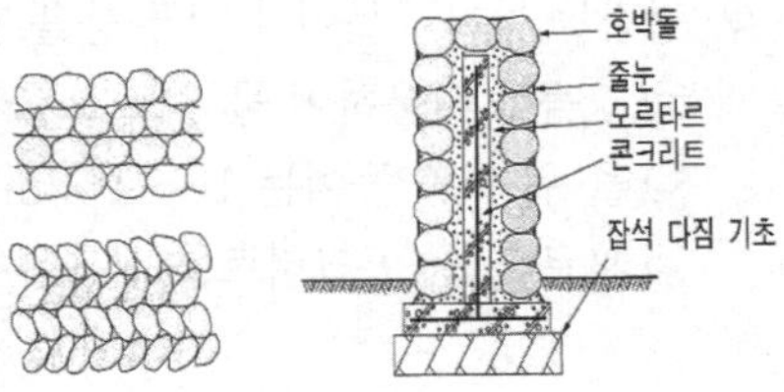

입면도 단면도

경관석

2 자연석 놓기

(1) 경관석 놓기

① 경관석 : 조경공간에서 시각의 초점(시선유도)이 되거나 강조하고 싶은 장소에 보기 좋은 자연석을 배치하여 감상효과를 높이는 데 쓰이는 돌을 말한다.
② 경관석 홀로 놓기 : 위치, 높이, 길이, 기울기 등을 고려하여 감상자에게 경관석의 아름다움을 충분히 느끼게 한다.
③ 경관석 짜임
  ㉠ 경관석을 몇 개 어울려 짝지어 놓는다. 중심되는 큰 주석과 보조 역할하는 부석이 조화롭게 3, 5, 7 등의 홀수로 구성한다. 돌 간의 거리나 크기를 조정 배치하여 힘이 분산되지 않고 짜임새 있게 한다.
  ㉡ 주변에 관목류, 초화류 등을 식재하거나 잔자갈, 모래를 깔아 경관석이 돋보이게 한다.

(2) 디딤돌 놓기

① 디딤돌 놓기 : 보행의 편의 와 지피식물을 보호한다.
  ㉠ 종류 : 한 면이 넓적하고 평평한 자연석, 화강석판, 천연 슬레이트 등의 판석, 통나무나 인조목 등
  ㉡ 배치 : 크고 작은 것을 섞어 직선보다는 어긋나게 배치한다.
  ㉢ 돌의 간격 : 보행폭을 고려하여 돌과 돌 사이의 중심 거리로 잡는다.
  ㉣ 돌의 좁은 방향이 걸어가는 방향으로 오게 방향성을 준다.
  ㉤ 높이는 지표보다 3~5cm 정도 높게 해 준다.
  ㉥ 디딤돌이 움직이지 않게 굄돌, 모르타르, 콘크리트를 안정되게 놓는다.

② 징검돌 놓기 : 못이나 계류 등을 건너가기 위해 놓는다.

㉠ 강돌을 사용하여 물 위로 노출되게 한다.

㉡ 물 위 노출 높이는 10~15cm를 원칙으로 한다.

㉢ 모르타르, 콘크리트를 이용하여 아랫부분을 바닥면과 견고하게 부착한다.

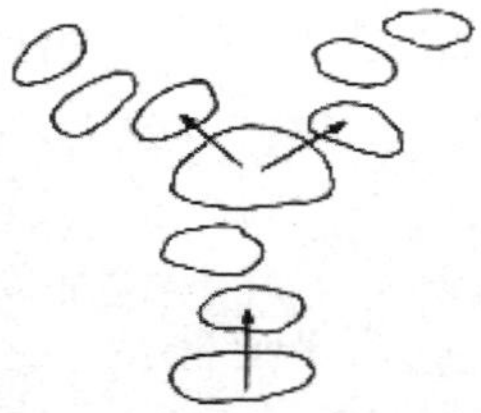

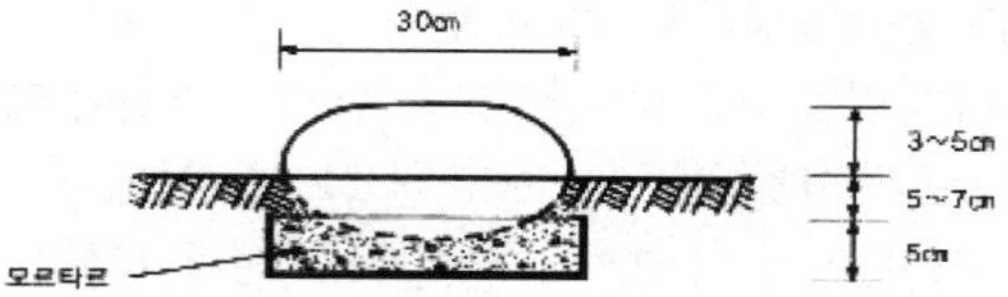

3 마름돌 쌓기

마름돌 쌓기란, 견치석이나 각석 등의 마름돌을 이용하여 쌓는 것이다.

(1) 찰쌓기

① 쌓아 올릴 때 줄눈에 모르타르, 뒤채움에 콘크리트를 사용한다.

② 배수관 설치 : 뒷면의 배수를 위해 $2m^2$마다 배수관을 설치한다.

③ 견고하나 배수 불량 시 토압에 붕괴 우려가 있다.

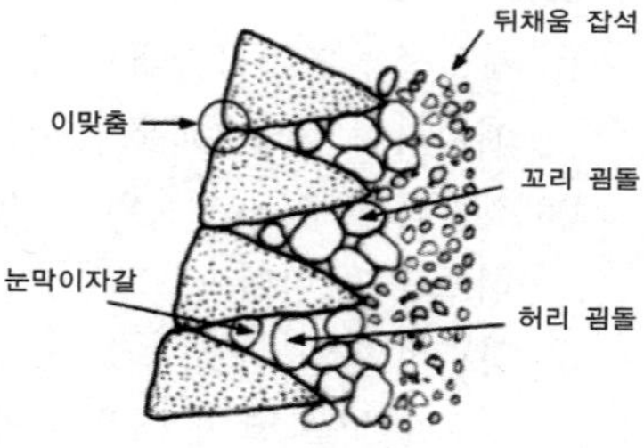

메쌓기

(2) 메쌓기

① 모르타르, 콘크리트를 사용하지 않고 쌓는 방법이다.

② 배수가 잘 되어 붕괴 우려가 없으나 견고성이 없어 높이에 제한이 있다.

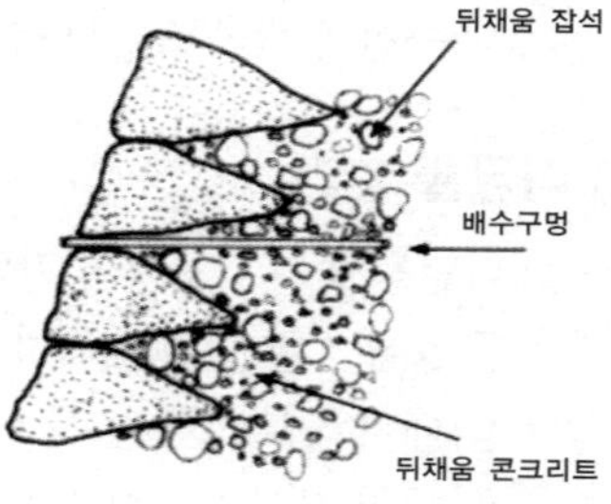

찰쌓기

(3) 골쌓기(흐튼 층 쌓기)

① 줄눈을 물결모양으로 골을 지워가며 쌓는 방법이다.

② 하천공사 등에 견치석을 쌓을 때 이용한다.

③ 시간이 흐를수록 견고해지며, 일부분이 무너져도 전체에 파급되지 않는 장점이 있다.

(4) 켜쌓기(바른 층 쌓기)

① 각 층을 직선으로 쌓는 방법이다.
② 골쌓기보다 약해 높이 쌓기에는 곤란하다.
③ 돌의 크기가 균일하고 시각적으로 좋아 조경 공간에 쓰인다.

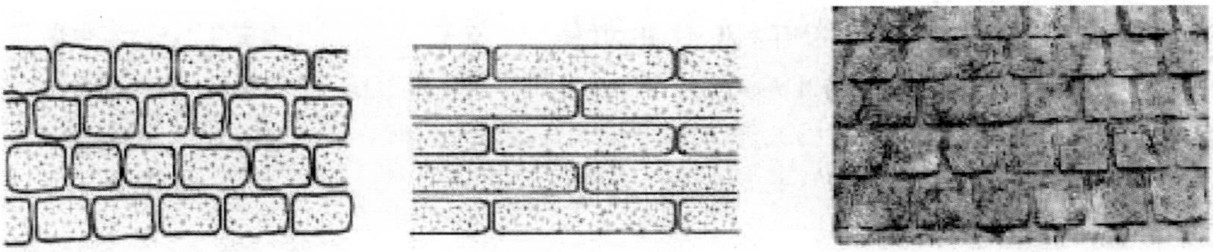

켜쌓기

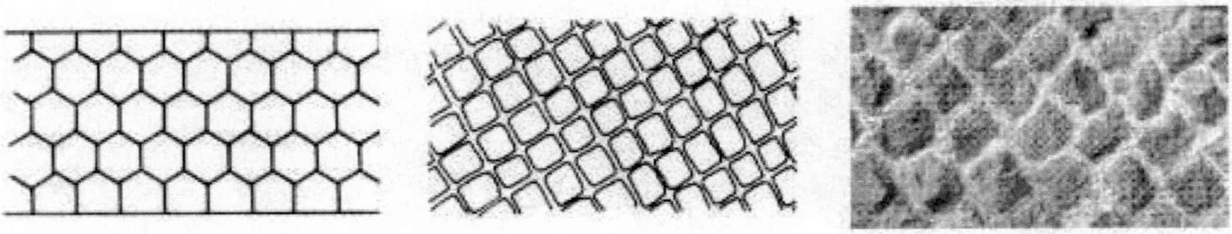

골쌓기

(5) 돌 쌓는 방법

① 가장 중요한 것은 뒤채움과 배수관계이다.
② 쌓는 높이가 높아짐에 따라 일정한 경사를 두고 뒤채움 두께를 크게 넣어 주어야 한다.
③ 줄눈은 통줄눈이 되지 않도록 한다.
④ 줄눈 두께는 9~12mm 정도로 한다.
⑤ 모르타르 배합비는 보통 1:2~1:3, 중요한 곳은 1:1로 한다.
⑥ 하루에 쌓는 높이가 1.2m 이상은 쌓지 않는다.

4 벽돌 쌓기

(1) 줄눈과 쌓는 두께

① 줄눈 : 구조물의 이음부로 벽돌쌓기에서는 벽돌 사이에 생기는 가로 · 세로 부분의 이음줄을 말한다.
㉠ 통줄눈
- 십자 형태로 나타나는 이음줄이다.
- 하중이 분포되지 않아 쉽게 붕괴될 수 있다.

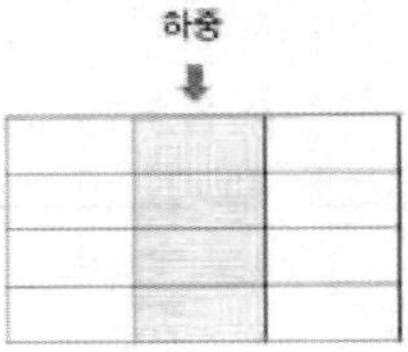

통줄눈

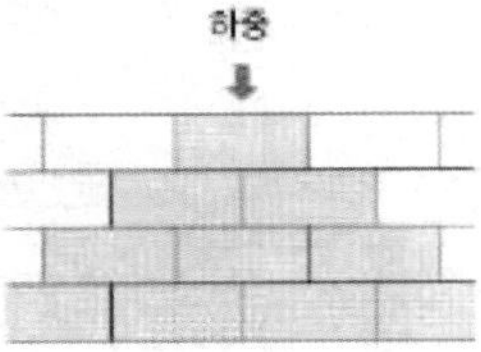

막힌 줄눈

㉡ 막힌 줄눈 : 상하의 세로 줄눈이 일직선으로 이어지지 않고 서로 어긋나게 되어 있는 이음줄이다.
㉢ 치장 줄눈 : 줄눈을 여러 형태로 아름답게 처리하여 벽돌 쌓은 면 전체가 미관상 보기 좋도록 만드는 것이다.

② 쌓는 두께
㉠ 벽돌의 길이를 기준으로 한다.
㉡ 반장 두께는 0.5B, 한장 두께는 1.0B이다.
㉢ 예를 들어, 표준형 벽돌(190×90×57㎜)을 쓰고 줄눈을 10㎜로 한 경우, 한장 반 두께(1.5B)라는 것은 190+90+10=290㎜가 된다.

(2)벽돌 쌓는 방법

① 벽돌 쌓는 방법
㉠ 검사에 합격한 것으로 미리 물을 흡수시킨 후 시공한다.
㉡ 모르타르 배합비는 1:2~1:3로 하고 중요한 곳의 치장줄눈은 1:1로 한다.
㉢ 수평실과 수준기에 의해 정확히 맞추어 시공한다.
㉣ 줄눈의 폭은 10㎜가 표준이다.
㉤ 하루에 1.5m 이하로 쌓으며 보통 1.2m 정도가 좋다.

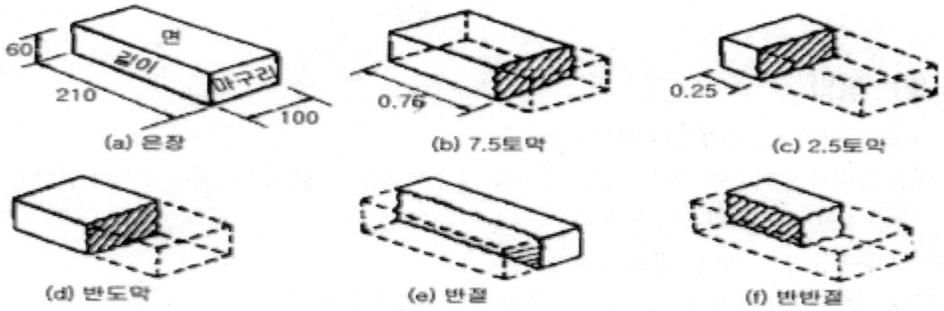

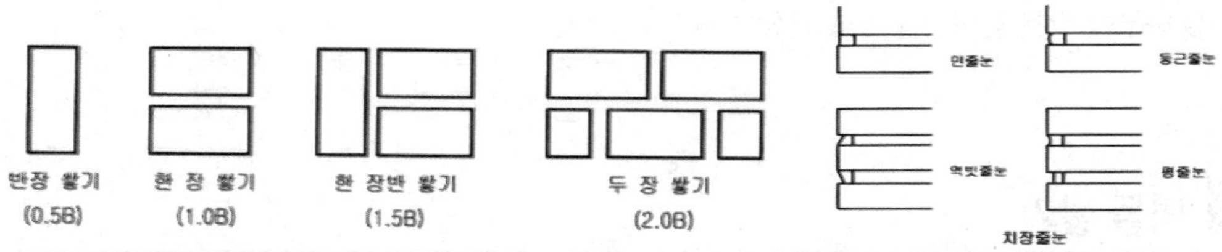

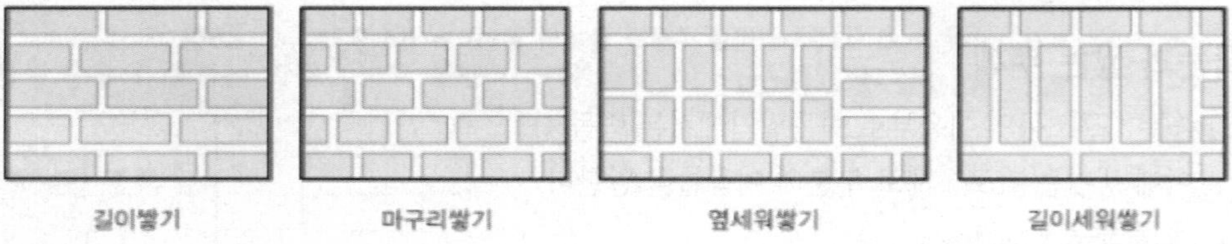

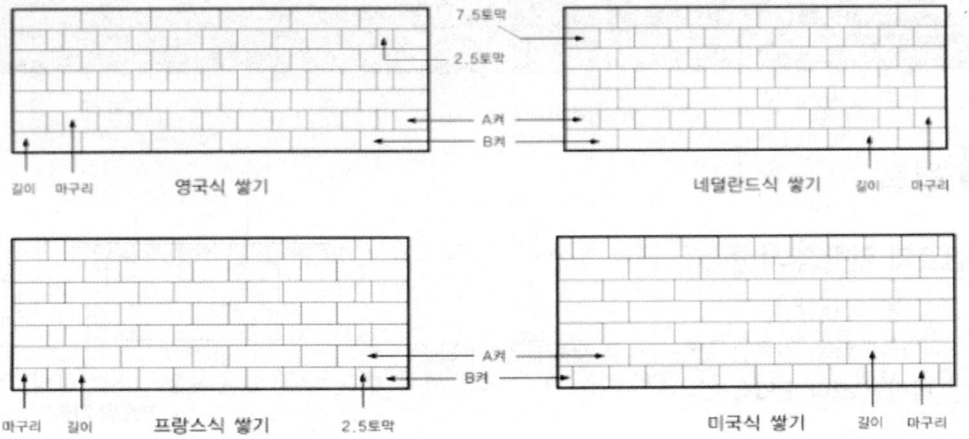

② 벽돌 쌓기의 종류

㉠ 영국식 쌓기 : 쌓기 방법 중 가장 튼튼하고 간단하다. 통줄눈이 생기지 않아 내력벽에 많이 사용한다. 길이쌓기 켜와 마구리쌓기 켜가 번갈아 나온다. 모서리 끝은 2.5토막이다.

㉡ 네덜란드식 쌓기 : 쌓기 편하다. 쌓는 방법은 영국식와 같으나 모서리 끝을 7.5토막으로 처리한다.

㉢ 프랑스식 쌓기 : 한 켜에 길이쌓기, 마구리쌓기가 번갈아 나온다. 외관이 좋다. 통줄눈이 많이 생겨 구조적 중요하지 않은 벽체, 벽돌담 쌓기에 사용한다.

㉣ 미국식 쌓기 : 뒷면은 영국식 쌓기, 표면 5켜 정도는 길이쌓기, 다음 한 켜는 뒷 벽돌에 물려서 마구리 쌓기를 한다.

참 고

1. 벽돌 소요 장수 구하기
   ① 표준형 벽돌(190×90×57㎜)
   - 0.5B 쌓기 : $1m^2 \div 0.0134m^2$(벽돌 1장과 줄눈의 넓이) ≒ 74.62장 ∴ 75장
   - 1.0B 쌓기 : 75장×2 = 150장

   ② 기존형 벽돌(210×100×60㎜)
   - 0.5B 쌓기 : $1m^2 \div 0.0154m^2$(벽돌 1장과 줄눈의 넓이) ≒ 64.93장 ∴ 65장
   - 1.0B 쌓기 : 65장×2 = 130장

2. 벽돌의 매수(㎡당)

구분	0.5 B	1.0 B	1.5 B	2.0 B
기존형	65	130	195	260
표준형	75	149	224	298

제5장 원로 포장 공사

1 원로

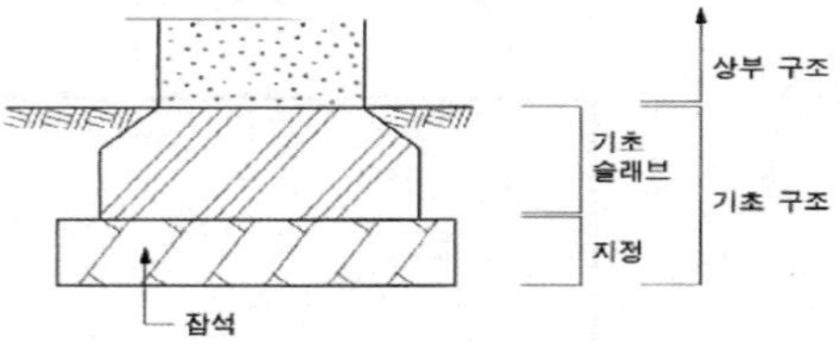

기초 및 지정

(1) 원로의 일반적 사항

① 단순, 명쾌할 것
② 용도가 다른 원로는 분리시키고 재료를 달리 할 것
③ 미적인 고려가 있을 것

(2) 원로의 폭

① 보도 : 1인용 0.7 ~0.9m, 2인용 1.2m~1.5m 유지
② 보도 · 차도 겸용 : 최소 1차선(3m) 폭 유지

(3) 기초 공사 : 기초 + 지정

① 기초 : 상부 구조물의 무게를 받아 지반에 안전하게 전달하기 위해 땅속에 만드는 구조물을 기초라 한다.
㉠ 직접 기초 : 기초판이 직접 흙에 놓여지는 기초를 직접 기초라 한다.
㉡ 독립 기초 : 각 기둥을 1개씩 받치는 기초로 지반의 지지력이 비교적 강한 경우에 가능하다.
㉢ 복합 기초 : 2개 이상의 기둥을 합쳐서 1개의 기초로 받치는 것을 말한다. 기둥 간격이 좁은 경우에 적합하다.
㉣ 연속 기초 : 줄기초라고도 하며, 담장의 기초와 같이 길게 띠 모양으로 받치는 기초를 말한다.
㉤ 온통 기초 : 전면 기초라고도 하며, 구조물의 바닥을 전면적으로 1개의 기초로 받치는 것이다. 지반의 지지력이 비교적 약할 때 쓰인다.

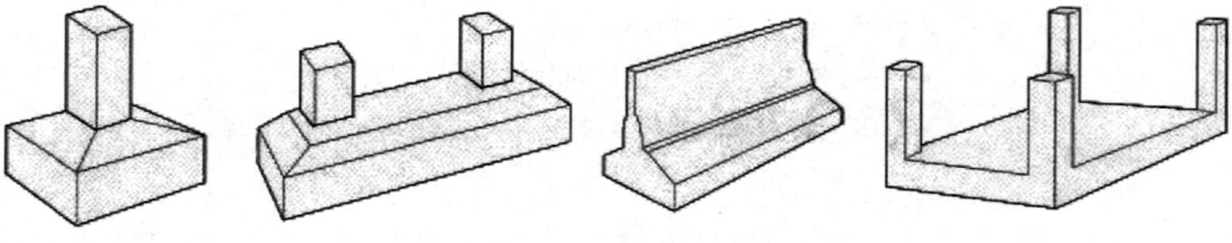
독립기초　복합기초　연속기초　온통기초

② 지정 : 기초를 보강하거나 지반의 지지력을 증가시키는 부분이다. 집터 등을 다질 때 주추 대신 땅속에 박는 통나무나 콘크리트 기둥을 말한다.
㉠ 잡석지정, 자갈지정, 말뚝지정이 있다.

㉡ 가장 많이 쓰이는 것이 잡석지정으로 구조물 기초 밑에 지름 10~30cm의 크고 작은 돌을 깔고 다진 것을 말한다.

2 원로 포장

(1) 보도 블록 포장

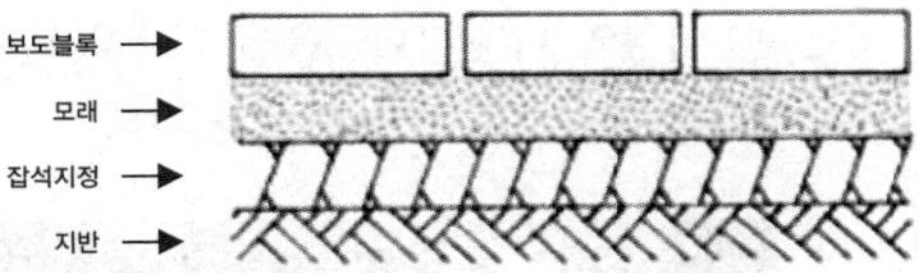

보도블록포장 단면

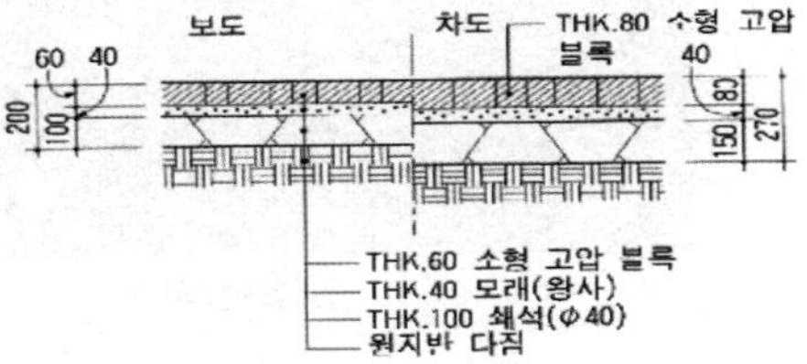

소형고압블록 단면

① 장점 : 재료가 다양하고 공사비가 저렴하다.

② 단점 : 줄눈이 모래로 채워져 결합력이 약하므로 콘크리트를 쳐서 기층을 강화하고 그 위에 설치해야 한다.

③ 포장 방법

㉠ 기존 지반을 다진 후 모래를 3~5cm 깔고 포장한다.

㉡ 가장자리 경계석을 설치한다.

㉢ 포장면은 물매를 주어 배수를 고려

㉣ 줄눈을 좁게 하고 가는 모래를 살포한 후 쓸어 줄눈을 채운다.

㉤ 진동기로 다져서 요철이 없도록 마무리한다.

④ 고강도 조립 블록(소형 고압 블록=I.L.P)

㉠ 내구성과 강도가 크고 시공이 편리하다.

㉡ 종류가 많고 색상이 다양하여 보도와 차도를 분리하거나 주차장을 색상으로 구분할 때 효과적이다.

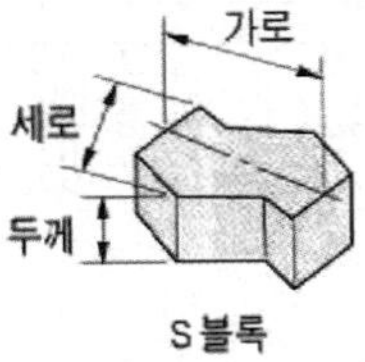

S블록

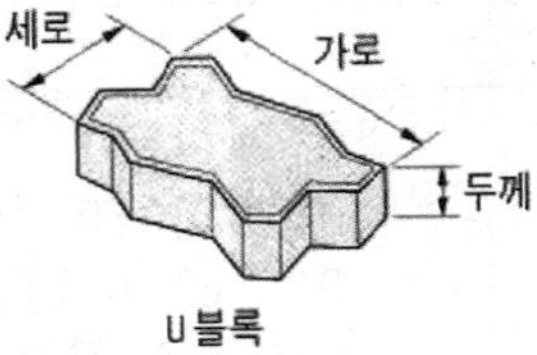

U블록

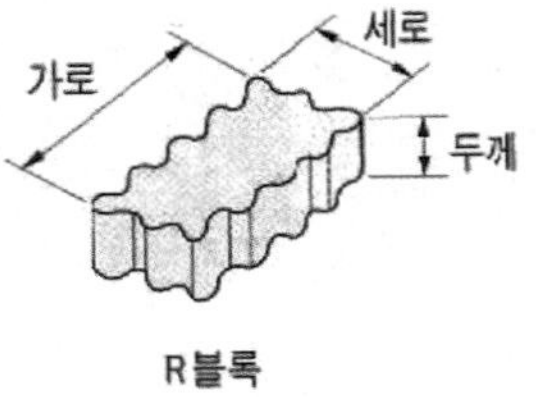

R블록

기반 조성 다짐 | 모래층 포설 | 블록 포설 | 블록 마감 처리 | 콤팩터 다짐 | 모래채우기

(2) 판석 포장

① 재료 : 점판암(천연 슬레이트), 화강석 등을 단독 혹은 혼합한다.

② 모르타르로 고정시키는 것이 원칙이다(횡력에 약하기 때문).

③ 기층은 잡석다짐 후 콘크리트를 치고 모르타르로 판석 고정한다.

④ 판석 배치는 십자형보다 Y자형이 시각적으로 좋다.

⑤ 줄눈의 폭은 보통 10~20mm, 깊이 5~10mm 정도로 한다.

⑥ 석재 타일

㉠ 최근에 많이 쓰며, 화강석 질감이다.

㉡ 색상이 다양하다. 흡습성이 없고 내구성과 내마모성이 좋다.

㉢ 시공방법은 판석 포장과 같다.

판석포장 사례

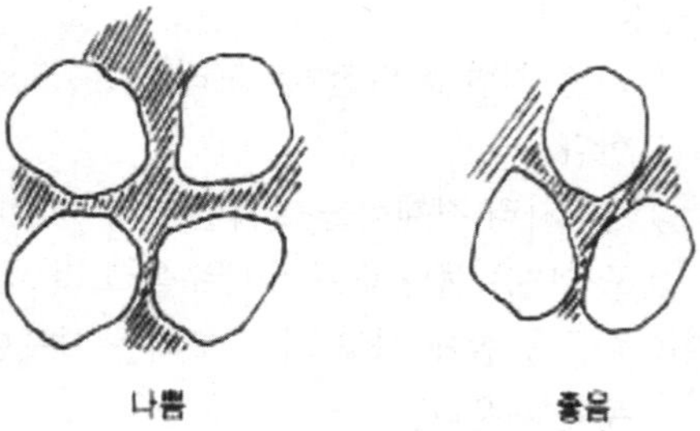

판석포장 줄눈

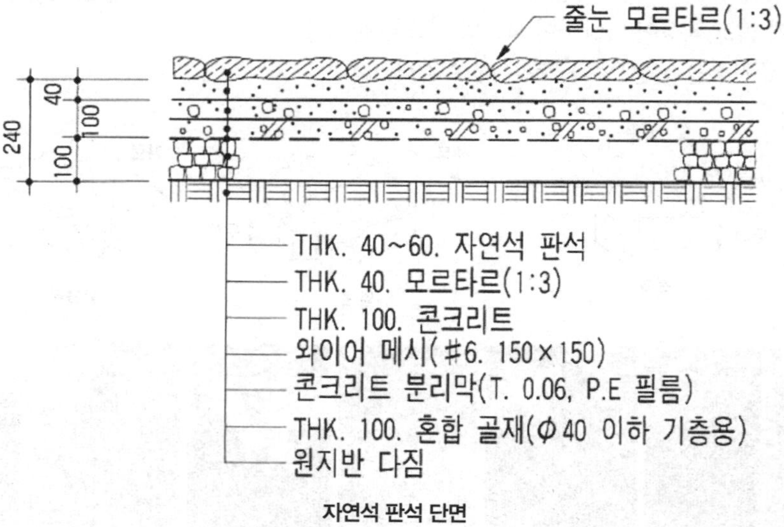

자연석 판석 단면

(3) 벽돌 포장

① 건축용 벽돌을 이용한다.
② 장점 : 질감과 색상에 친근감이 든다. 보행감이 좋고 광선 반사가 심하지 않다.
③ 단점 : 마모와 탈색이 쉽다. 압축강도가 약하고 벽돌 간의 결합력이 작다.
④ 시공방법은 보도 블록 포장과 같다.

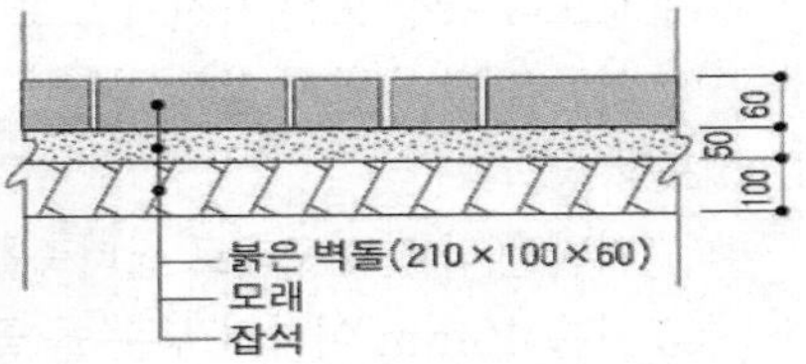

벽돌 포장 단면

(4) 콘크리트 포장

① 내구성과 내마모성이 좋으나, 파손된 곳의 보수가 어렵고 보행감이 좋지 않다.
② 하중을 받는 곳은 철근, 덜 받는 곳은 와이어 메시를 사용한다.
③ 신축 줄눈
　㉠ 포장 슬래브가 자유로이 팽창 · 수축할 수 있도록 하여 콘크리트의 균열과 파괴를 예방하기 위해 설치하는 이음이다.
　㉡ 채움재로 나무판재, 합성수지, 역청 등을 쓴다.
④ 수축 줄눈 : 온도변화에 따른 수축으로 표면의 균열이 불규칙하게 생기는 것을 방지하기 위해 굳기 전에 표면을 일정 간격으로 잘라 놓은 것이다.
⑤ 포장 마감 : 흙손이나 빗자루로 표면을 긁는다.
　㉠ 미끄러운 표면에 요철을 주기 위해서이다.
　㉡ 광선의 반사와 미끄러짐을 방지하고 보행, 차량통행의 안전을 신경쓴다.

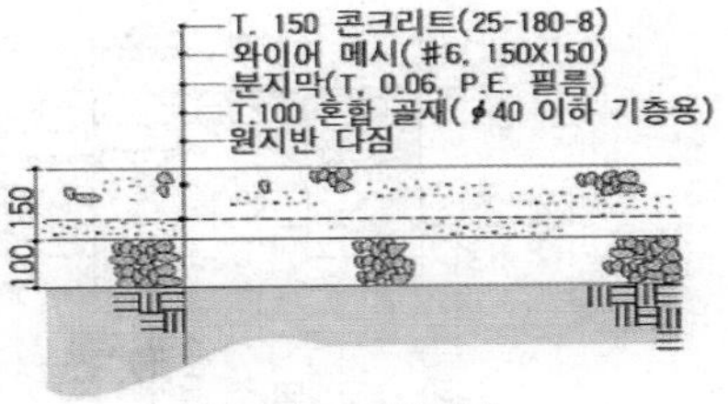

콘크리트 포장 단면

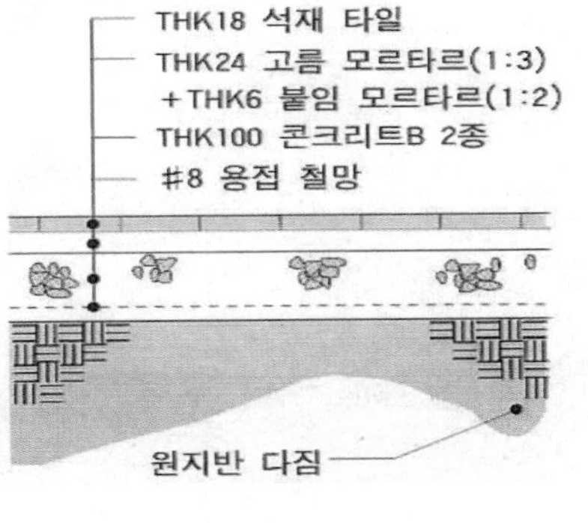

석재 타일 포장 단면

(5) 투수성 포장

① 특성
　㉠ 보행 감각이 좋고 미끄러짐과 눈부심을 방지한다.
　㉡ 강우 때에도 물이 땅으로 스며 보행에 불편이 없다.
　㉢ 하수도 부담 경감과 식물 생육, 토양 미생물의 보호가 장점이다.
② 재료
　㉠ 투수 계수 가지는 아스콘 혼합물이다.
　㉡ 공극률을 높이기 위해 잔골재를 거의 혼합하지 않는다.

③ 용도

㉠ 보도나 광장 또는 자전거 도로에 쓰인다.

㉡ 하중을 많이 받지 않는 차도나 주차장에 쓰인다.

④ 포장 방법

㉠ 지반을 다지고 모래로 필터층을 만든다.

㉡ 지름 40mm 이하의 부순 돌 골재로 기층을 조성한다.

㉢ 투수성 혼화재료를 깔고 다진다.

㉣ 필요한 두께의 확보를 위해 여유 있는 두께로 깐다.

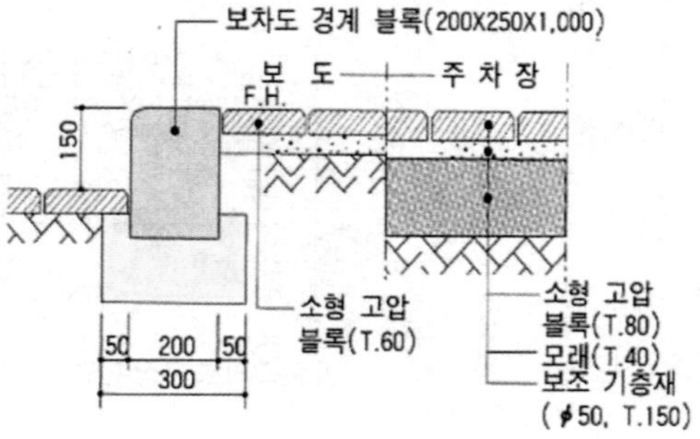

보차도 경계블록 단면

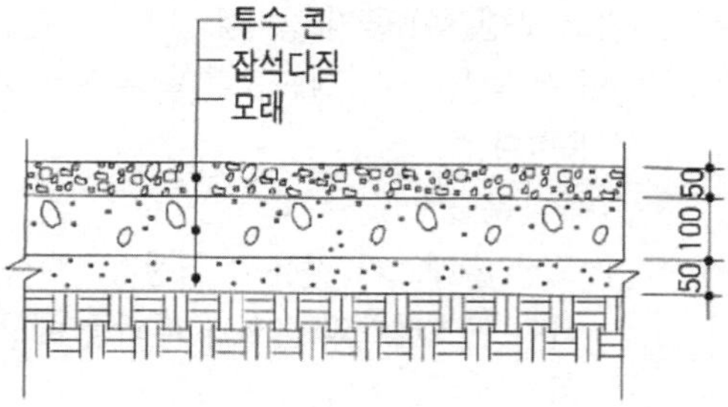

투수콘 포장 단면

제6장

수경 공사 및 관 · 배수 공사

1 수경 공사

• 물의 특성을 고려하여 연못, 분수, 벽천, 폭포 등의 시설을 만드는 것
• 수목, 돌과 함께 중요한 조경 재료
• 이용자에게 신선함과 청량감을 주고, 온도 감소 효과 및 시각적 아름다운 경관 요소

(1) 연못

① 방수 처리
　㉠ 수밀 콘크리트 후 방수 처리하는 방법이다.
　㉡ 진흙다짐에 의한 방법으로 바닥에 점토를 두껍게 다져 준다.
　㉢ 바닥에 비닐시트를 깔고 점토:석회:시멘트를 7:2:1로 혼합사용한다.
② 호안부분의 처리
　㉠ 자연형 연못의 경우 : 진흙다짐, 자연석 쌓기, 자갈깔기, 말뚝박기 등으로 처리
　㉡ 정형식 연못의 경우 : 마름돌, 판석, 벽돌, 타일, 페인트 등으로 치장 마감
③ 공사 지침
　㉠ 급수구 위치는 표면 수면보다 높게 한다.
　㉡ 월류구는 수면과 같은 위치에 설치한다.
　㉢ 퇴수구는 연못 바닥의 경사를 따라 가장 낮은 곳에 배치한다.
　㉣ 순환 펌프, 정수실 등은 노출되지 않게 관목 등으로 차폐한다.
　㉤ 연못의 식재함(포켓) 설치 : 어류 월동 보호소, 수초 식재
　㉥ 자연형 연못 면적은 정원 전체 면적의 1/9 이하가 힘의 균형을 이루는 적정규모이며, 최소 1.5 ㎡ 이상이 되어야 한다.

자연형 연못

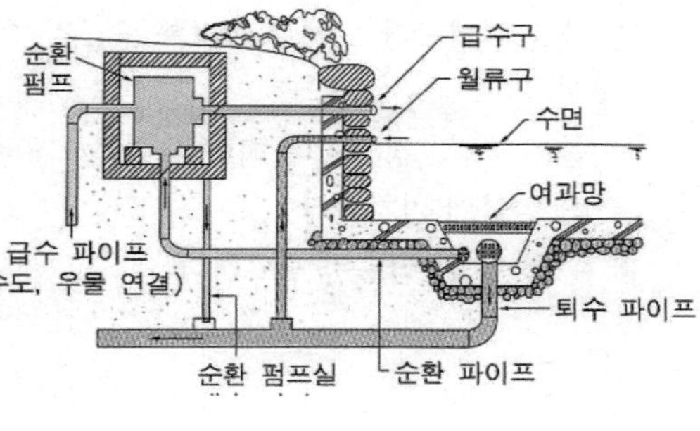

연못 단면

(2) 분수

① 단일관 분수(Single-orifice)

㉠ 한 개의 노즐로 물을 뿜어내는 단순한 형태이다.

㉡ 명확하고 힘찬 물줄기를 만드나, 단위시간에 많은 수량을 요구한다.

㉢ 제트 노즐 : 외관이 장중하고 물소리가 크다.

② 분사식 분수(Spray)

㉠ 살수식 : 여러 개의 작은 구멍을 가진 노즐을 통해 가늘게 뿜는다.

㉡ 안개식처럼 뿜는 형태가 있다.

③ 폭기식 분수(Aerated Mass)

㉠ 노즐에 한 개의 구멍이 있으나 지름이 커서 물이 교란된다.

㉡ 공기와 물이 섞여 시각적 효과가 크다.

④ 모양 분수(Formed)

㉠ 직선형의 가는 노즐을 통해 얇은 수막을 형성하여 분출한다.

㉡ 나팔꽃형, 부채형, 버섯형, 민들레형 등이 있다.

팝업노즐

회전식노즐

모양 분수

(3) 벽천

① 물을 떨어뜨려 모양과 소리를 즐길 수 있도록 하는 것이다.

② 좁은 공간, 경사지나 벽면을 이용하거나 평지에 벽면을 만들어 설치한다.

③ 수조, 순환 펌프가 필요하다.

벽천

2 관수 공사

식물생장에 중요한 습기가 유지될 수 있도록 토양 속에 알맞은 양의 수분을 인위적으로 공급하는 시설 공사이다.

(1) 지표 관개법(Surface Irrigation)

① 수로나 웅덩이를 설치하여 지표면에 흘러 보내거나 관수한다.
② 균일 관수가 어려워 물의 낭비가 심하다(물 이용 효율 20~40%).
③ 현장의 상수관이나 물차에 호스를 연결하여 관수하는 방법도 있다.

(2) 살수 관개법

① 자동식으로 고정된 스프링클러를 통해 자연 강우 효과를 낸다(팝업 노즐 시각적으로 양호하다).
② 물 이용 효율이 높다(70~80%).

(3) 점적식 관개법 : 낙수식 관개법

① 각 수목의 뿌리 부분이나 지정된 지역의 지표 또는 지하에 낙수기의 구멍을 통해 낮은 압력수를 일정 비율로 관개하는 방법이다.
② 물 이용 효율이 가장 높다(90% 이상).

살수 관개법

점적식 관개법

3 배수 공사

지표수 또는 지하수를 수로를 통해 유출시키는 것

(1) 표면 배수

① 지표수를 배수시키는 것 : 부지외곽으로 물이 흐를 수 있는 경사면 조성이 필요하다.
② 표면 배수의 과정
㉠ 경사로 인한 지표수는 배수구, 측구로 유입되어 배출한다.

ⓒ 겉도랑(명거) 설치 : 콘크리트, 호박돌, U형 측구, L형 측구

ⓒ 빗물받이(우수거)가 집수 속도랑(집수거)을 통해 지하의 배수관으로 흘러 들어간다.

- L형 측구, U형 측구의 끝부분 등에 설치한다.
- 표준간격 : 20m, 최대 30m 이내

ⓓ 집수 속도랑의 설치 위치 : 관의 기점과 종점, 관경에 다른 관이 이어지는 지점

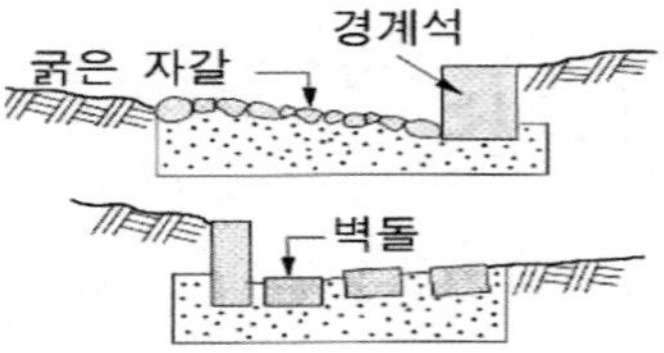

L형 측구

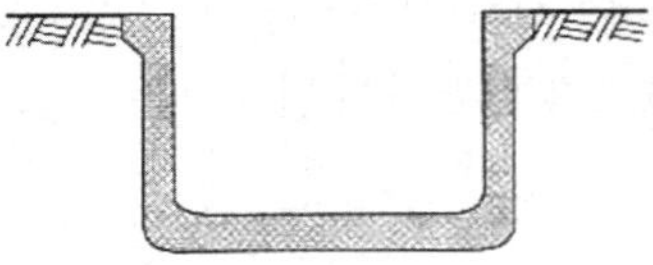

U형 측구

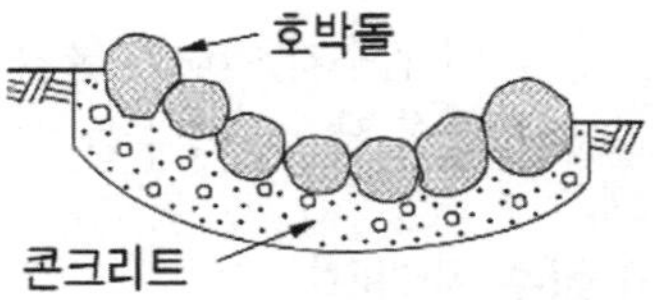

호박돌 측구

L형 측구 및 빗물받이

U형 측구 및 집수정

(2) 지하층 배수 : 속도랑(암거)을 설치하여 배수한다.

① 벙어리 암거(맹암거, Stone-filled Drainage) : 지하에 도랑을 파고 모래, 자갈, 호박돌을 채워 공극을 크게 하여 주변의 물이 스미도록 한 일종의 땅속 수로이다.

② 유공관 암거(Porous Pipe Drainagee) : 벙어리 암거의 자갈층에 구멍있는 관을 설치한 것이다.

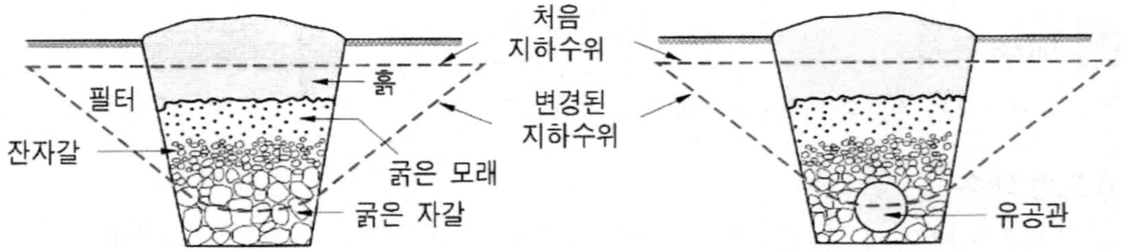

맹암거(벙어리 암거)　　　　유공관 암거

③ 암거 배수망의 배치

㉠ 어골형(Herringbone Type)

- 주관을 중앙에 비스듬히 지관을 설치하는 것이다.
- 경기장 같은 평탄한 지역에 적합하며 전 지역의 배수가 균일하다.

㉡ 절치형(Gridiron Type)

- 지역 경계 근처에 주관을 설치, 한쪽 측면에 지관을 설치하여 연결하는 것이다.
- 비교적 좁은 면적의 전 지역을 균열하게 배수할 때 이용한다.

㉢ 선형(Fan Shaped Type) : 주관, 지관의 구분 없이 같은 표기의 관이 부채살 모양으로 1개 지점으로 집중되게 설치하여 집수 후 배수시킨다.

㉣ 차단법(Intercepting System)

- 경사면 위나 자체의 유수를 막기 위해 사용한다.
- 경사면 바로 위쪽에 배수구를 설치하여 유수를 막는 방법이다.

㉤ 자연형(Natural Type)

- 전면 배수가 요구되지 않는 지역에서 많이 사용한다.
- 지형의 등고선을 따라 주관과 지관을 설치하는 방법이다.

어골형

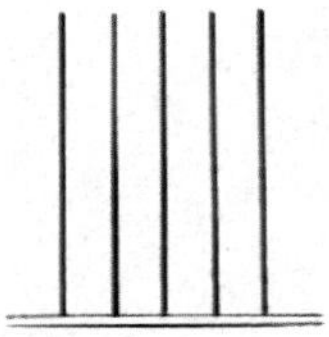
절치형(빗살형)

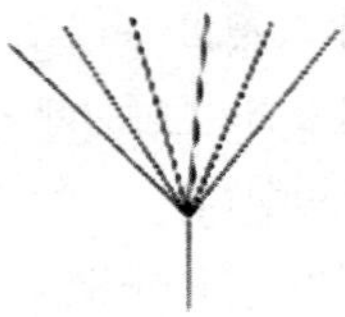
선형(부채살형)

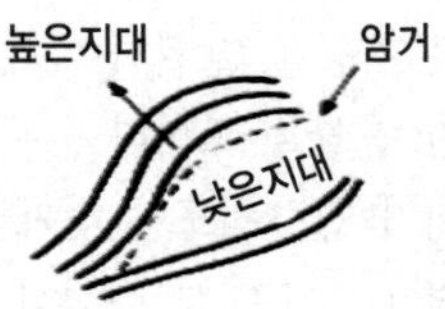

차단법

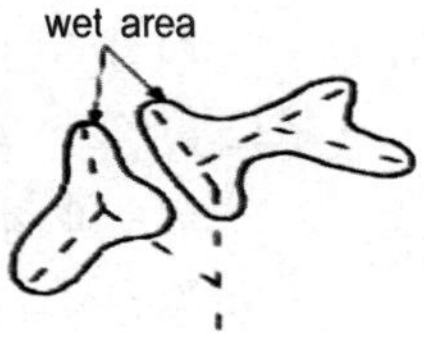

자연형(자유형)

제 7 장 조경 시설물 공사

1 일반 사항

(1) 조경 시설물의 성격

① 옥외공간에 설치되는 모든 시설물의 총칭이다.
② 역할 : 이용자에게 안전, 편의, 편리, 보안과 쾌적을 제공하고 행위를 유도하며 조절한다.
③ 경관의 구성요소로 독특한 분위기를 창출한다.

(2) 조경 시설물 계획과 고려사항

① 조경 시설물의 계획
㉠ 이용자 행태와 요구조건을 반영한다.
㉡ 이용자의 편익 도모와 바람직한 유도를 한다.
② 조경 시설물 계획의 고려사항
㉠ 시설물 고유 기능을 발휘하여 이용자 특성과 행태를 파악한다.
㉡ 공간의 경관 특성을 고려하여 주변환경과 조화되게 설치한다.
㉢ 규모와 형태가 인간척도에 맞게끔 개발한다.
㉣ 실용성과 경제성에 대한 세심한 배려가 필요하다.

(3) 조경 시설물의 유형별 특성

① 단일행위를 위한 시설물 : 음수대, 벤치, 휴지통 등
② 복합행위를 위한 시설물 : 그 밖의 많은 시설물은 의사소통, 안전과 정보전달 등

(4) 단일 시설

① 그네
㉠ 배치와 관리
- 놀이터의 중앙을 피해 설치한다(가급적 외곽 부분).
- 바닥이 움푹 파이는 것에 대한 고려가 필요하다 (배수 처리).

㉡ 설계와 시공상 주의
- 발판 : 참나무 같은 견질 목재(나왕은 피할 것), 모서리는 둥글게 다듬을 것
- 지주나 보는 철재 파이프나 강철봉 사용

그네

- 그넷줄의 안전과 교체 가능성 고려
- 지주는 땅속에 콘크리트 기초를 두껍게 하여 단단히 고정

② 미끄럼대

㉠ 배치와 관리 : 미끄럼대 이용의 동선에 방해되지 않도록 다른 시설이 장애물이 되지 않게 적당한 거리를 띄어 배치한다.

㉡ 설계와 시공상 주의
- 양쪽에 손잡이를 반드시 붙여 준다.
- 미끄럼면이 목재일 경우 결을 내리막 방향으로 맞춘다.
- 스테인리스로 할 경우 접착부위는 아르곤 가스로 용접한다.

미끄럼대

③ 모래터

㉠ 배치와 관리
- 밝고 깨끗한 자리에 설치한다.
- 하루에 5~6시간 정도는 햇볕이 닿는 곳이어야 한다.

㉡ 설계와 시공상 유의
- 둘레는 지표보다 15~20cm 가량 높이고, 모래 깊이는 30~40cm 정도로 유지한다.
- 밑바닥은 배수공을 설치하거나 잡석을 묻어 빗물이 빠지게 한다.

흔들놀이

④ 철봉 : 이용 대상에 맞춘 높이와 기초에 유의한다.

⑤ 시소

㉠ 철재와 목재의 접착 부분은 방부제를 도포한다.

㉡ 지지대와 연결 부분의 회전이 원활하도록 제작한다.

㉢ 좌판과 지면이 닿는 부분은 폐타이어를 활용하여 충격을 줄인다.

시소

(5) 복합 시설

① 창조성과 즐거움을 주며 연속적인 놀이가 되도록 한다.

② 조합 놀이 시설

㉠ 일시에 수십명의 어린이가 함께 놀며 경쟁심, 다양한 놀이욕구를 충족시켜 줄 수 있어야 한다.

㉡ 형태는 조형적 아름다움이 있어야 한다.

복합놀이시설

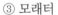

㉢ 상상력과 호기심, 협동심을 키워주어야 한다.
㉣ 보통 규격이 다른 2~3개의미끄럼대와 흔들다리, 고정다리, 기어오름대, 사다리, 줄타기, 놀이 집 등을 조합한다.
㉤ 목재를 활용한다(미송, 삼나무 등).

(6) 운동 및 체력 단련 시설

① 일정공간에 체계적으로 배치하여 모든 연령층이 구별 없이 이용하게 한다.
② 턱걸이, 팔굽혀펴기, 다리올리기, 가슴펴기 등 다양하게 설치한다.

체력단련시설

2 옥외 시설물

(1) 안내시설

① 배치 : 보행 교차점과 주요 시설의 입구에 설치한다.
② 형태 : 단순해야 하며 내용은 위계, 동질성, 조화있게 한다.
③ 식별성을 높이기 위해 상징과 그림 문자를 사용한다.
④ 가시성 높은 색을 조합한다(황색 바탕에 검정 글씨, 백색 바탕에 청색 글씨, 적색 바탕에 백색 글씨 등).

안내판

(2) 휴게시설

① 벤치
㉠ 배치와 관리
• 음지, 습지, 급경사지, 바람받이나 지반이 불량한 곳은 피한다.
• 보안상 안전한 자리에 동선의 지장이 없도록 설치한다.
㉡ 설계와 시공상 주의
• 좌판은 목재가 가장 좋다.
• 벤치 다리의 땅과 접촉되는 부분은 썩지 않게 방부처리한다.
㉢ 벤치의 종류
• 목재 벤치

등벤치

석재 벤치

- 부드러운 느낌과 촉감이 좋고 앉은 감이 좋다.
- 먼지가 쉽게 제거되고 온도 변화에 민감하지 않아 겨울에도 좋고 보수하기 쉽다.
- 쉽게 파손될 우려가 있다.

• 콘크리트 벤치
- 견고하고 관리가 쉬우며 자유로운 모양을 만들 수 있다.
- 비온 뒤 건조가 느리고 물이 괴기 쉬우며, 냉각이 심해 겨울철 이용에는 부적합하다.

• 철재 벤치
- 견고하고 안정감이 있다.
- 좌면은 나무나 플라스틱으로 만들고 부식되지 않게 처리한다.

• 플라스틱 벤치
- 퇴색되지 않고 윤기가 있으며 자유로운 디자인이 가능하다.
- 쉽게 파손되고 보수가 어려우며 여름철엔 뜨거워지는 단점이 있다.

철재 벤치

플라스틱 벤치

㉣ 벤치의 표준치수
• 용도 높이 좌판폭
- 성인용 : 37~43, 40~45
- 소아용 : 30~35, 35~40
- 겸용 : 35~40, 38~43

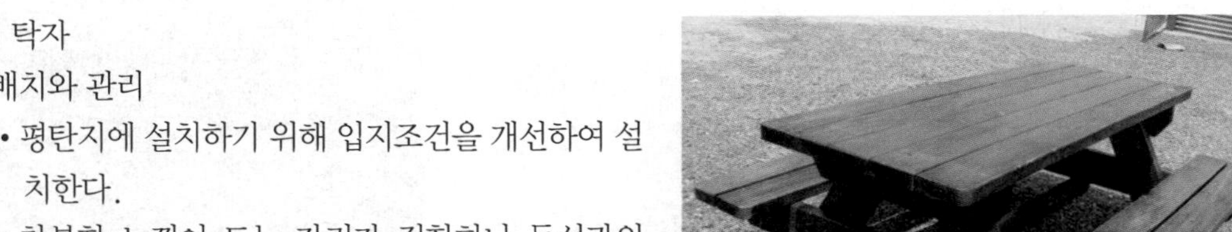

② 야외 탁자
㉠ 배치와 관리
• 평탄지에 설치하기 위해 입지조건을 개선하여 설치한다.
• 차분한 느낌이 드는 자리가 적합하나 동선과의 관계를 고려한다.

㉡ 설계와 시공상 주의

야외 탁자

- 소박하고 청결해야 한다.
- 탁자판은 목재가 좋다(방부처리 필요).

③ 퍼걸러

㉠ 설치 목적 : 태양광선을 차단하여 그늘을 제공하고, 퍼걸러 그늘 속에서 휴식할 수 있도록 하기 위한 것이다.

㉡ 퍼걸러 천장면은 보통 등나무 등의 덩굴식물을 올리거나 그늘막을 덮기도 한다.

㉢ 재료 : 콘크리트, 목재, 철재, 인조목 등을 사용한다. 특히 기둥은 벽돌 쌓기나 마름돌 쌓기로 하고 콘크리트 위에 판석이나 타일 등으로 마감한다.

㉣ 배치 : 옥외공간의 중심적 위치, 경관의 초점이 되는 곳, 통경선의 끝부분, 테라스 위에 배치한다.

㉤ 구조 : 일반적 높이는 2.2~2.7m, 기둥 간격은 1.8~2.7m로 한다.

(3) 편익 시설

① 휴지통

㉠ 배치 및 관리

- 사람이 많이 모이는 장소, 입구 부근, 휴식 장소에 설치한다.
- 대형의 휴지통을 적게 배치하는 것보다 작은 것을 다수 배치하는 것이 좋다.
- 벤치 2~4개마다, 원로의 경우 20~60m마다 한 개씩 배치한다.

㉡ 설계와 시공

- 내구성 있는 재료를 사용한다.
- 견고하여야 하고 녹 방지를 위해 바닥 배수를 위한 물빠짐을 고려해야 한다.

② 음수대

㉠ 배치와 관리

- 양지바른 곳에 설치한다. 불결한 곳, 그늘진 곳 피한다.
- 위생적이고 내구력이 있으며 청소하기 수월하고 수선이 가능한 것으로 한다.

㉡ 설계와 시공

- 사용 후 물은 신속하게 처리되어야 한다.
- 음수대의 받침 접시 : 2%의 경사를 유지하여 단시간 내에 완전 배수가 이루어지도록 한다.

(4) 관리 시설

① 관리소 : 주진입 지점에 위치한다.

② 화장실 : 청결감을 유지하고 건조한 상태를 보존한다.

㉠ 1인당 소요면적은 $3.3m^2$ 정도이다.

㉡ 세면대, 겨울철 동파에 대한 대비가 필요하다.

3 기타 시설물

(1) 경계 시설 : 문, 울타리, 담장, 볼라드와 인지책 등 경계 표시와 출입조정을 위하여 설치되는 시설이다.

① 울타리

㉠ 경계 표시, 위험방지, 통행제한 및 유도의 목적이다.

㉡ 지반 조사 후 기초공사에 대한 사항을 설계에 반영해야 한다.

㉢ 도로변 공원 : 투시형 담장을 설치한다.

투시형 울타리

② 볼라드

㉠ 보행인과 차량 교통의 분리를 위해 설치한다.

㉡ 배치간격은 차도 경계부에서 2m 정도로 한다.

㉢ 필요에 따라 이동식 볼라드, 형광 볼라드, 보행등 겸용 볼라드로 구분한다.

㉣ 볼라드의 색은 식별성을 높이기 위해 바닥 포장 재료와 대비되는 밝은 계통을 사용한다.

㉤ 벤치로서의 역할도 기대할 수 있다.

볼라드

③ 트렐리스(Trellis)

㉠ 격자 울타리란 뜻으로 격자 모양으로 뚫려있거나 투명하게 만들어진 벽면이다.

㉡ 덩굴장미나 덩굴식물을 심어 꾸미기도 하고 작은 화분을 걸기도 한다.

㉢ 간단한 눈가림 구실을 하며 정원을 넓어 보이게 하는 효과가 있다.

트렐리스

(2) 조명 시설

① 설치 목적 : 동선유도, 물체식별, 안전, 보안 및 아름다운 분위기를 연출하고 강조하며 경관미를 높이기 위해 설치한다.

② 설치 장소

㉠ 원로 주변 및 그 교차점 부근, 광장 주위, 출입구, 편익시설이나 휴게시설의 주변에 설치한다.

㉡ 분수, 연못, 벽천, 조각물, 잔디밭 등 경관미가 높은 곳에 설치한다.

③ 조명의 조도

㉠ 단위 : 럭스(lux, lx)

㉡ 조도 : 밝기

㉢ 정원, 공원은 0.5럭스 이상, 주요 원로나 시설물 주변은 2.0럭스 이상을 유지해야 한다.

④ 광원의 종류

㉠ 열효율은 나트륨등이 가장 높고, 백열등이 가장 낮다.

㉡ 수명은 수은등이 가장 길고 백열등이 가장 짧다.

종류	광색	특성
백열등	적색	화초나 단풍이 드는 수목에 효과적이다. 컬러 램프 혹은 컬러필터를 조합시켜 사용하면 특별한 감흥을 낸다.
할로겐등	적색	분수를 외곽에서 조명한다. 수명이 길고, 소형이어서 배광에 특징을 내기 쉽고 효과적이다.
형광등	백색	소정원에서 이용되고, 설비비가 싸다. 온도가 낮은 장소는 램프효율이 저하된다.
수은등	청백색	수목과 잔디의 황록색을 살리는 데 최적이다. 단점은 점등시간이 느리다.(천장 및 투광조명, 가로등)
나트륨등	저압 : 등황색 고압 : 황백색	따뜻한 오렌지색으로 물체의 투시성이 좋지만 설치비가 많이 든다.(도로, 터널, 안개지역)
메탈할라이드		화단 조명에 최고로 좋다. 고효율이고 연색성이 대단히 우수하다.

(3) 계단

① 경사도와 계단

㉠ 일반적으로 15°가 넘는 경사일 경우 계단을 설치한다.

㉡ 계단의 경사는 30~35° 정도가 적당하다.

㉢ 2h+w= 60~65cm(h=12~15cm)

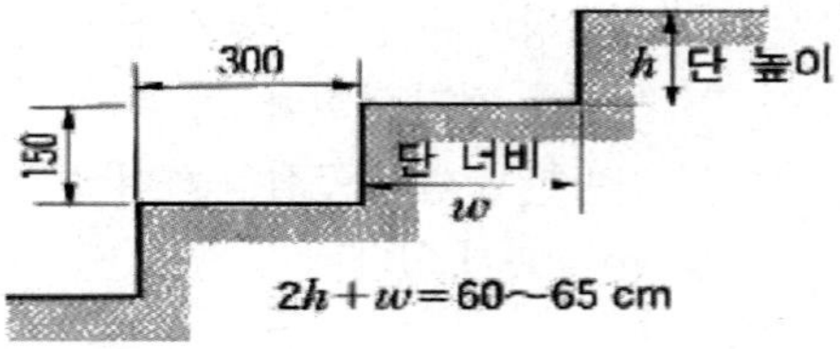

② 계단참

- 10~12계단 올라간 곳에 계단 2~3단 정도 폭으로 만든다.
- 계단의 방향이 바뀌는 곳 등에 설치한다.

② 계단재료와 설치

㉠ 정형식 : 콘크리트, 정형의 마름돌, 타일, 벽돌 등을 사용한다.

㉡ 자연식 : 각종 석재나 목재 등 자연 재료를 이용한다.

㉢ 계단 설치 지침

- 균형 감각이 유지되게 수평면으로 하되 미끄럽지 않게 한다.
- 한 발 밟기가 원칙이나 완경사지일 경우에는 경사도에 맞춰 한 발 밟기와 2~3보 밟기를 되풀이 하는 것이 좋다.
- 계단 보행의 안전성과 계단 옆의 토양 유실 방지를 위해 측벽이나 난간을 설치한다.

③ 램프(Ramp)

㉠ 자전거, 유모차 등의 이용을 위해 계단 옆에 설치하는 구조물이다.

㉡ 신체장애인를 위한 경사로는 8% 이하로 한다.

제8장 식재 공사

1 수목 식재

(1) 이식 계획

① 이식 수목이 기존에 성장하고 있는 지역 환경에 대한 조사 : 이식 수종, 규격, 수량, 이식의 난이도, 인원계획, 기계 사용 계획

② 운반에 관한 조사 : 기존 생장지에서 식재지까지의 운반 거리, 운반 가능 시간, 운반로의 상태, 운반 가능 수단 등

③ 실제로 식재되는 지역에 대한 조사 : 식재 지반의 토양, 식재 가능 수량, 인원 동원 가능성, 기계 사용 여부, 식재 가능 시기 등

(2) 이식 시기 및 습성

- 대체적인 이식 적기 : 가을의 5~10℃ 이하 생육이 정지되는 휴면기
- 대나무류 : 죽순이 자라나기 전(5~6월)(단, 산죽이나 조릿대는 가을).
- 식재 시기의 결정요인 : 식재해야 할 고장의 위고, 표고, 토질, 시가지화의 정도, 수목의 성상 등(특수한 경우 이식 적기 무시)

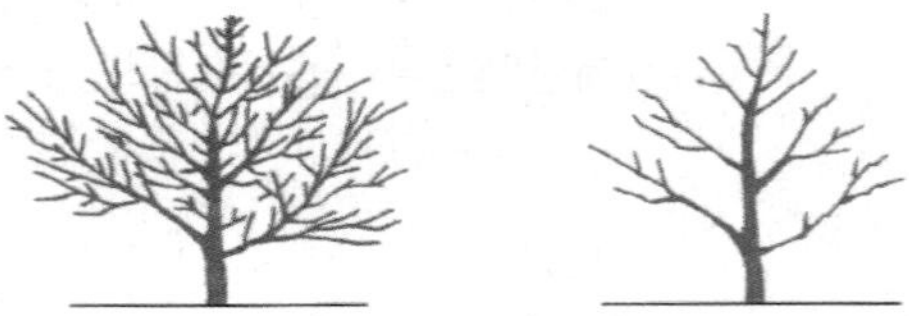

① 낙엽활엽수류

㉠ 낙엽수(낙엽침엽수 포함)

- 가을 이식 : 잎이 떨어진 휴면 기간, 보통 10~11월
- 봄 이식 : 해토 직후부터 4월 상순까지, 보통 이른 봄눈이 트기 전

㉡ 내한성이 약하고 늦게 눈이 움직이는 수종 : 4월 중순이 안정적

예 배롱나무, 백목련, 석류나무, 능소화

㉢ 봄에 일찍 눈이 움직이는 수종 : 전 해 11~12월이나 3월 중순

예 단풍나무, 버드나무, 명자나무, 매화나무 등

㉣ 세근이 많은 나무 : 초여름도 가능하다. 포장에서 자주 옮긴 나무, 뿌리돌림된 나무 등은 잎을 모두 훑어 증산 억제시키면 가능하다.

㉤ 큰 나무 이식 : 줄기에 새끼를 감고 진흙을 이겨 고루 발라 주고 이식한다.

② 상록활엽수류

㉠ 특성

- 눈이 움직이는 것이 약간 느리다.
- 추위에 대한 저항력이 약하다.

㉡ 이식 적기

- 3월 하순~4월 중순(싹 트기 전)
- 6~7월의 장마 때(기온이 오르고 공중습도가 높을 때)
  - 신초가 최대 성장기로 세포분열이 왕성하여 경엽이 충실해지고 내용물이 굳어지기 때문이다.
  - 관리상의 요점은 장마 후의 고온 피해에 주의한다.
  - 착근까지 토양 건조를 막도록 자주 관수한다.
  - 나무 밑 짚, 깎은 풀 등으로 덮어 추위, 더위, 건조를 막는다.
  - 증산억제제를 사용한다[OED그린(그린나) 등].

③ 침엽수류

㉠ 이식 적기

- 해토 후~4월 상순까지
- 9월 하순~10월 하순까지

㉡ 심근성이며 탄닌과 같은 독성 있는 나무의 경우

- 소나무류, 종비나무, 구상나무 등
- 새싹이 움직이기 시작 할 무렵 : 보통 3~4월
- 새싹을 길게 신장하면 착근이 곤란하다.
- 8~9월의 경우 : 조금씩 흙을 넣고 막대로 쑤셔 뿌리에 흙이 밀착되게 하고, 물이 갈아 앉은 다음 나머지 흙을 덮는다.

㉢ 낙엽성 침엽수 : 낙우송, 낙엽송, 메타세쿼이아는 추위를 싫어하므로 늦가을보다 이른 봄이 바람직하다.

(3) 굴취(나무캐기) : 나무를 이식하기 위해 캐내는 작업

① 굴취의 일반 사항

㉠ 뿌리돌림된 수목 그대로 굴취하되 새로 난 잔뿌리를 가위로 매끈하게 잘라 주어 가급적 분의 크기보다 약간 길게 한다.

㉡ 관목은 넓게 교목은 깊게 한다.

㉢ 잔뿌리 많고 이식 용이한 수종 : 경비 절감을 위해 다소 분을 작게 지어 옮긴다.

예 개비자나무, 불두화, 회양목, 사철나무, 목수국, 철쭉, 쥐똥나무 등

㉣ 부정근과 맹아력, 발근력이 왕성한 수종 : 수액 이동 전 분을 짓지 않고 약간의 흙을 붙여 이식한다.

예 수양버들, 은수원사시나무, 플라타너스, 은행나무, 개나리, 단풍나무, 중국단풍나무, 참느릅나무 등

② 나근 굴취법(맨뿌리 캐내기)

㉠ 잔뿌리 형성이 많이 된 낙엽수 포장에서 자주 옮기고 쉽게 활착되며, 흙이 떨어져 나갈 우려가 적은 나무에 사용한다.

㉡ 닭발식 캐내기(떨어 올리기) : 아주 쉽게 착근되는 나무에 사용한다.

예 수양버들, 플라타너스, 은행나무

③ 뿌리감기 굴취법

㉠ 분의 크기

굴취작업

- 상록활엽수 〉 침엽수 〉 낙엽활엽수 순서로 분을 크게 만든다.
- 발근력이 약한 것 : 분 크기 1m 이상 크게 지을 것
- 천근성 나무는 접시분으로, 심근성은 조개분으로 만든다.
- 뿌리분의 지름=24+(N−3)×d

  여기서, N : 줄기의 근원 지름, d : 상수(상록수 : 4, 낙엽수 : 5)

㉡ 뿌리분의 생김새(근원 지름의 4배인 경우)

- 접시분 : 분의 크기=4D, 분의 깊이=2D
- 보통분 : 분의 크기=4D, 분의 깊이=3D
- 조개분 : 분의 크기=4D, 분의 깊이=4D

  여기서, D : 수목의 근원 지름

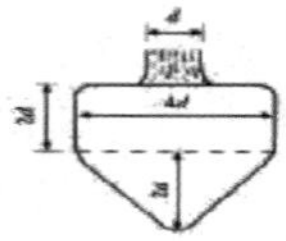

조개분

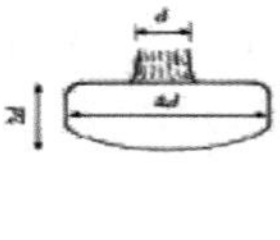

접시분

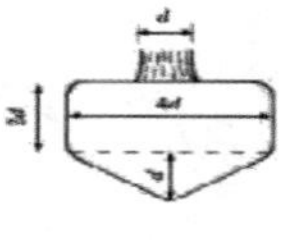

보통분

㉢ 파올리기와 요령

- 지표에 대해 수직으로 파내려 감 : 2D 가량의 여유폭으로 작업 공간을 확보하여야 한다.
- 3cm 이상은 톱으로 자르고 가는 뿌리는 전정가위로 절단한다.
- 허리감기 : 수간 밑둥에 새끼를 매어 절반 깊이에서 1차 감기를 한다.
- 위아래감기 : 작은 분은 8방위 감기로, 큰 분은 삼각 또는 사각으로 각이 뜨면서 감는다(석줄감기, 넉줄감기).

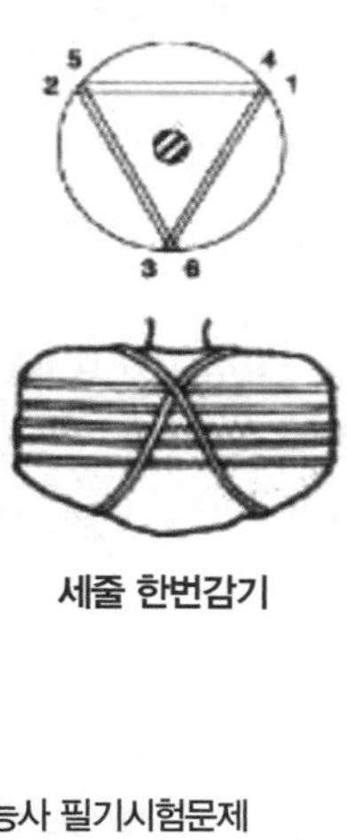

세줄 한번감기

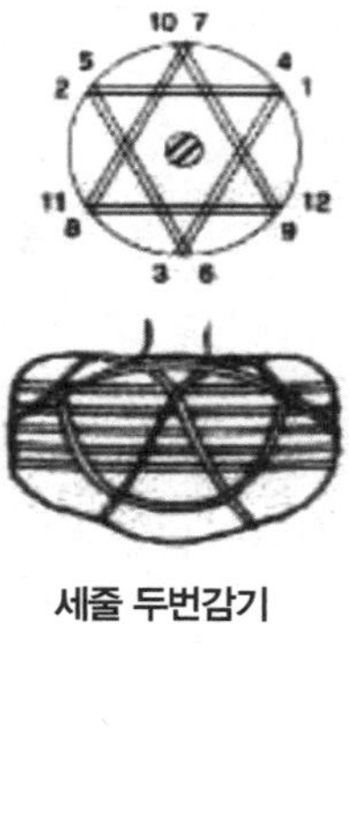

세줄 두번감기

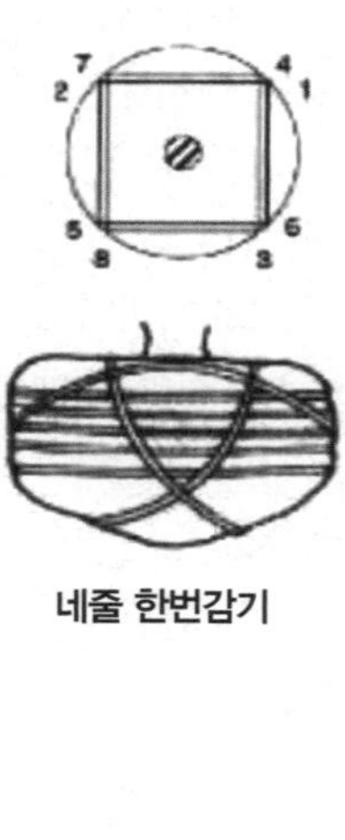

네줄 한번감기

④ 특수 굴취법

㉠ 더듬어 파기(추적 굴취법) : 흙을 파헤쳐 추적해 가며 캐낸다.

예 등나무, 담쟁이덩굴, 모란 등

㉡ 동토법

- 해토 전 낙엽수에 실시한다.
- 미국 북부, 일본 홋카이도, 중국 만주 등 일부 응용된다.
- 방법 : 나무 주위에 도랑을 파 돌리고 밑부분을 헤쳐서 분 모양으로 만들어 2주 정도 방치하여 동결시킨 후 이식한다.
- $-12°$ 정도일 때 활용, 보통 12월 경에 실시한다.
- 적용 : 사질토에서 토립을 보유할 수 없는 경우, 쓰레기 매립장의 나무를 이식할 경우 등

(4) 운반

① 수목 굴취 후 정식지까지 운반되는 상차, 이동, 하차, 반입의 과정을 말한다.

② 뿌리분 들어내기 : 목도, 크레인, 포크레인, 체인 블록, 레커 등이 이용된다.

③ 운반

㉠ 수관부분은 매준다 : 육교, 터널, 전선 등 장애물 통과를 고려하여 이중 적재를 피한다.

㉡ 수목과 접촉하는 부위 : 짚, 가마니 등의 완충재를 댄다.

㉢ 줄기 손상을 막고 증발 억제를 위해 줄기에 거적, 가마니를 싸 준다.

수목 운반, 강우에 대한 사전 조치가 필요하다.

㉣ 적재 방향 : 뿌리분은 차의 앞쪽, 수관은 뒤쪽

수목 운반

전정 전

전정 후

(5) 가식

① 공사진행상 당일 식재가 곤란하여 공사현장 곳곳에 임시로 심어 놓는 것을 말하며, 뿌리의 건조 외 지엽의 손상을 막는 데 주목적이 있다.

② 가식 장소

㉠ 식재지에서 가까운 곳

㉡ 배수가 잘 되고 그늘진 곳

㉢ 나무가 쓰러지지 않도록 세운다.

(6) 식재

- 운반되어 온 수목을 구덩이에 심는 작업이다.
- 수목 식재의 순서 : 배식계획 → 식혈(구덩이 파기) → 시비 → 식재 → 흙채우기 → 수목 앉히기 → 심기 → 물집 만들기 → 관수, 멀칭 → 지주목 세우기 → 전정

① 원칙

㉠ 활착하여 빠른 시일 내에 정상적인 생육이 되도록 한다.

㉡ 수목 고유 수형을 발휘한다(관상용 가치를 지니도록).

② 식재 순서

㉠ 구덩이 파기

- 크기 분보다 1.5~3배 크게 판다.
- 표토와 심토를 분리하고 이물질을 제거한다.
- 중심부에 잘 썩은 유기질 비료 한 삽을 표토와 섞어 중심이 높아지도록 넣고 다시 표토를 덮어준다(뿌리분과 비료가 직접 닿으면 뿌리분이 상할 우려가 있음).
- 관상방향(전면)을 선정하여 전생지의 깊이로 앉힌다.
- 관상방향이 틀렸을 때 바로 잡는 요령 : 살며시 들어 움직여야 바닥의 비료와 닿지 않는다.
- 깊이 심어졌을 때 생기는 현상 : 뿌리가 썩거나 뿌리 호흡이 부적당해지고 발육이 나빠지고 질식하여 죽어 버린다.

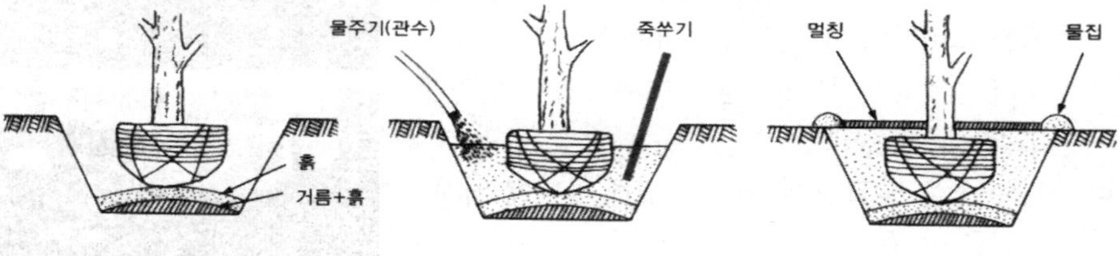

분앉히기 죽쑤기 멀칭

㉡ 흙덮기와 물조임

- 새끼나 가마니 제거(어린 나무의 경우) : 썩으면서 생기는 발효열에 피해를 입는다. 깨지지 않을 정도로 제거하고 큰 교목의 경우 새끼 정도는 제거하지 않아도 된다.
- 뿌리분과 주위 흙과의 공간을 없앤다. 공간이 있으면 새 뿌리가 자라지 못하고 기존 뿌리도 말라 죽는다.
  - 물죔 : 뿌리분의 1/2~2/3 덮고 충분히 관수하여 반죽한 후 나머지 흙을 채운다.
  - 흙죔 : 수분 꺼리는 나무의 경우 구덩이 속으로 조금씩 흙을 넣어가면서 말뚝으로 잘 다진다(소나무의 경우).
- 건축현장 이물질을 제거해야 하고 객토하며 돌을 제거한다.

2 식재 후의 유지관리

(1) 이식시의 전정

① 이식 후 뿌리의 수분 흡수량과 지엽의 수분 증산량의 조절을 위하여 실시한다.
② 잎, 밀생지, 분얼지, 꽃, 열매 등을 정리하여 준다.
③ 발근 촉진제(루톤)와 수분 증발 억제제(그린나)를 사용한다.

(2) 이식 후 수목이 고사하는 이유

① 이식 후 충분히 관수하지 않았을 때
② 이식 적기가 아닌 경우
③ 깊이 심었을 경우
④ 뿌리를 너무 많이 잘라내고 이식할 경우
⑤ 이식 전후의 입지조건이 전혀 다를 경우
⑥ 늙고 허약한 나무를 이식할 경우
⑦ 뿌리돌림이 반드시 필요한 수목을 그냥 옮겨 심을 경우
⑧ 뿌리 사이에 공간이 있어 바람이 들어가거나 햇볕에 말랐을 때
⑨ 바람, 동물에 의해 요동이 있었을 때
⑩ 지하에 각종 오염물이 있거나 지상에 각종 공해가 심할 때
⑪ 지엽의 증산량이 뿌리 흡수량보다 많을 때
⑫ 미숙퇴비나 계분을 과다하게 시비하였을 때
⑬ 배수가 불량한 토양
⑭ 토양 침식으로 뿌리 노출 시
⑮ 유독가스나 유류가 스며든 곳의 식재 시
⑯ 지하수가 높은 토양
⑰ 기후조건이 맞지 않는 경우

(3) 지주 세우기 : 수목을 식재한 후 바람으로 인한 뿌리의 흔들림이나 쓰러짐을 방지하고 활착을 촉진시키기 위해 설치하는 것을 말한다.

① 일반 사항
㉠ 기간 : 활착 후 생육이 충분해질 때까지 설치한다.
㉡ 재료 : 재목, 말목, 다목적 지주대 등이 있고 크기, 풍향, 입지조건을 고려해 조화되는 재료로 미려해야 한다.
㉢ 지주 닿는 부분의 수피가 상하지 않도록 새끼, 마닐라 로프, 고무 등으로 보호 조치한다.

삼발이지주

② 지주 세우기의 종류 및 방법

㉠ 단각지주

- 수고 1.2m 이하의 소교목에 이용한다.
- 수간을 곧게 유인할 때 이용한다.
- 가이즈카향나무, 수양버들, 위성류, 수양벚나무 등의 어린 수목 지주법이다.

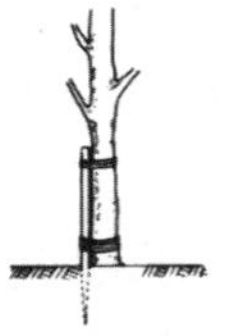

단각지주

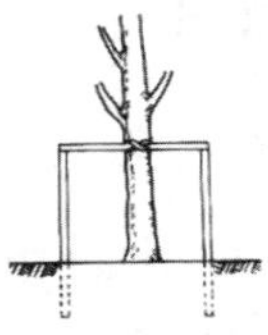

이각지주

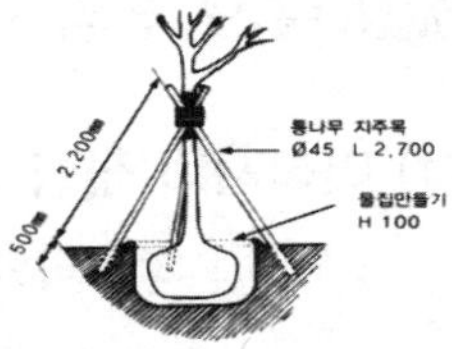

삼발이형 지주

㉡ 이각지주

- 수고 2m 이하의 교목에 이용한다.
- 삼각, 사각 지주 사용이 곤란한 좁은 장소일 경우에 이용한다.
- 깊게 넣어 수목을 튼튼하게 보호할 수 있도록 한다.
- 수피가 상하지 않도록 조심한다.

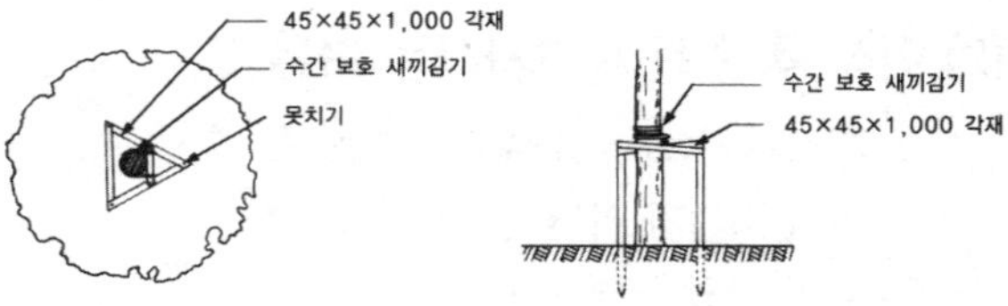

삼각지주 설치(예)

㉢ 삼발이

- 2m 이상의 나무에 적용한다.
- 사람 통행이 많지 않고 경관상 주요 지점이 아닌 곳에 이용한다.
- 안전성이 높고 땅 표면과 지주의 각도는 45~75° 로 한다.

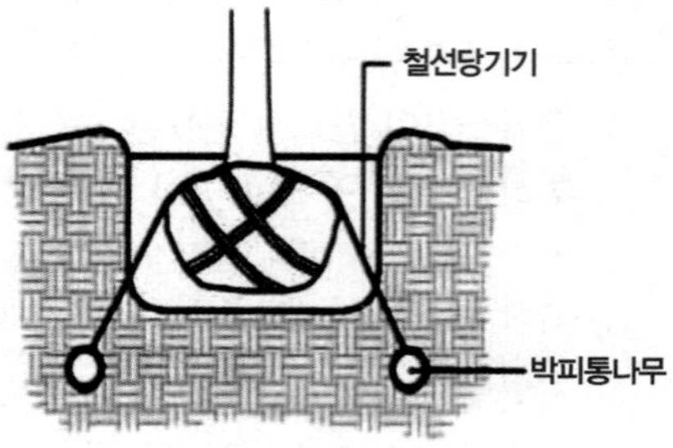

매몰형 지주

㉣ 삼각지주

- 가장 많이 사용하는 방법이다.
- 적당한 높이에 3개의 가로대를 설치하고 중간목을 댄다.

㉤ 사각지주

- 미관상 아름답고 제일 튼튼하다.
- 지주의 추가 비용이 요구된다.

㉥ 울타리식(연결형) 지주 : 지주목을 군데군데 박고 대나무나 철선을 가로로 대서 사용한다.

㉦ 피라미드형 지주

- 말뚝 3개 정도를 위로 좁혀가며 세우고 덩굴식물을 올린다.
- 덩굴장미, 능소화, 클레마티스 등

㉧ 윤대지주

- 멋있게 하기 위해 대작용 국화를 재배하는 것처럼 만든 것이다.
- 수양벚나무, 수양버들, 포도덩굴, 덩굴장미, 등나무 등

㉨ 매몰형 지주 : 지상 설치가 어렵거나 통행지장이 될 때 사용한다.

㉩ 당김줄형 지주 : 대형목의 지주로 활용한다.

사각지주 설치(예)

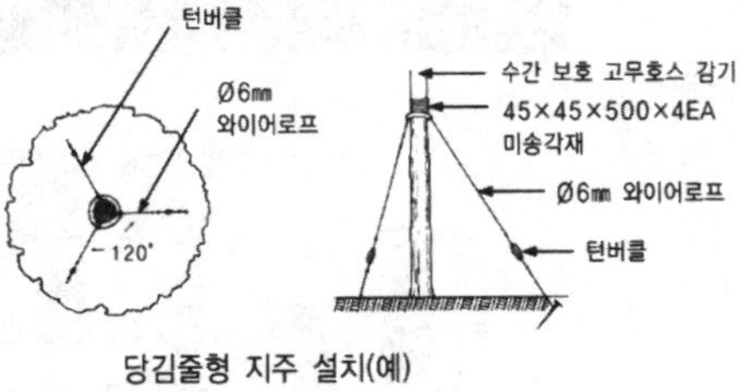

당김줄형 지주 설치(예)

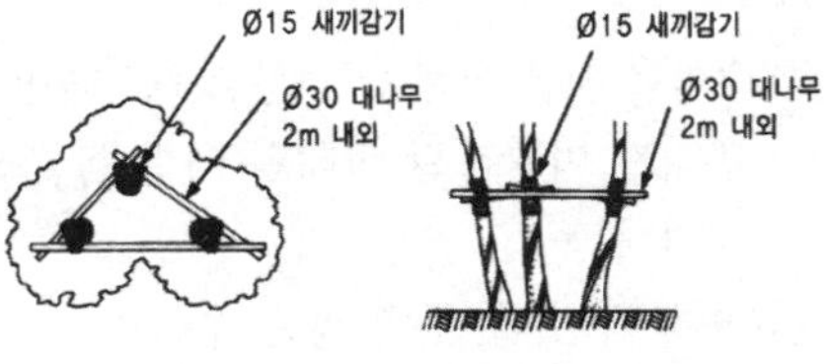

연결형 지주 설치(예)

(4) 수간의 수피감기

① 엽면적이 큰 거대한 수목일수록 수간에서 수분증산이 많다(12~20% 이상 줄기에서 증산).

② 수간에 진흙 발라 주는 방법
- 점토를 체로 쳐서 잘게 썰은 짚에 넣고 물로 이긴다.
- 새끼 감은 줄기에 밀착되게 조밀히 피복하듯 발라 준다.
- 건조하여 갈라지면 다시 발라 메꾸어 준다.

수피감기

③ 수피감기의 효과
- 동해나 병충해를 방지한다.
- 여름 햇빛에 줄기가 타는 것을 막아 준다.
- 소나무류, 삼나무, 왜금송, 주목, 히말라야시다 등

(5) 멀칭

① 볏짚, 풀 등 수목 주위의 토양을 덮는다.

② 멀칭의 효과

㉠ 수분 증발 억제
㉡ 잡초 발생 방지
㉢ 가뭄의 해 방지
㉣ 겨울 지온 보호, 동해 방지

멀칭

(6) 중경

① 수목 주위 표토를 갈아엎거나 삽, 괭이로 파 엎어 토양층의 공극이 생기게 하여 수분의 모세관 현상을 차단시켜 수분 증발을 억제한다.

② 가뭄의 방지책이다.

월동

(7) 관수

① 수목은 처음 식재 시 충분히 관수하면 대부분 활착된다.

② 뿌리가 미활착된 상태의 이른 봄, 초여름 가뭄 시 실시한다.

③ 봄에 싹이 틀 무렵 많은 수분이 요구된다. 잎이 없어 판단하기 곤란하다.

짚싸기

(8) 시비

① 이식 당시 시비를 금하고 새 뿌리를 내리면서 시비를 시작한다.

② 과습, 건조기를 피하여 시비한다.

③ 뿌리 활착기는 7월 하순까지이므로 7월 이후에는 칼륨, 인산만 시비한다. 질소질 비료는 생장을 계속시켜 세포조직을 연약하게 하고 월동 시 동해를 입는다.

(9) 방한

① 월동이 곤란한 수목이나 영양 상태 불균형 시 동해를 입는다.

② 수피를 싸주고 뿌리 주위를 성토 또는 멀칭한다.

③ 벽오동, 자목련, 모과나무, 배롱나무, 능소화, 석류나무 등 중부지방을 기준으로 할 때의 방법이다.

(10) 병충해 방제

① 이식수목은 수세가 약하여 해충의 발생이 쉽다.

② 살충제, 살균제를 구별하여 사용한다.

(11) 뿌리돌림

① 뿌리돌림의 목적

㉠ 이식력이 약한 나무의 뿌리분 안에 미리 세근을 발달시켜 이식력을 높인다.

㉡ 노목이나 쇠약한 나무의 세력 갱신을 위한다.

② 뿌리돌림의 시기

㉠ 적기 : 뿌리의 생장이 가장 활발한 시기인 이른 봄

㉡ 현장 : 혹서기와 혹한기만 피하면 가능하다.

㉢ 이식
- 일반적으로 뿌리돌림 후 1년 뒤에 한다.
- 수세가 약하고 대형목, 노목 등 이식이 어려운 나무의 경우는 뿌리둘레 1/2 또는 1/3씩 2~3년에 걸쳐 뿌리돌림 후 이식한다.

㉣ 낙엽활엽수
- 이른 봄 잎이 핀 뒤보다 수액 이동 전
- 장마 후 신초 굳은 무렵

㉤ 침엽수, 상록활엽수
- 봄의 수액 이동 시작 무렵
- 눈이 움직이는 시기보다 2주(15일 정도) 앞선 시기

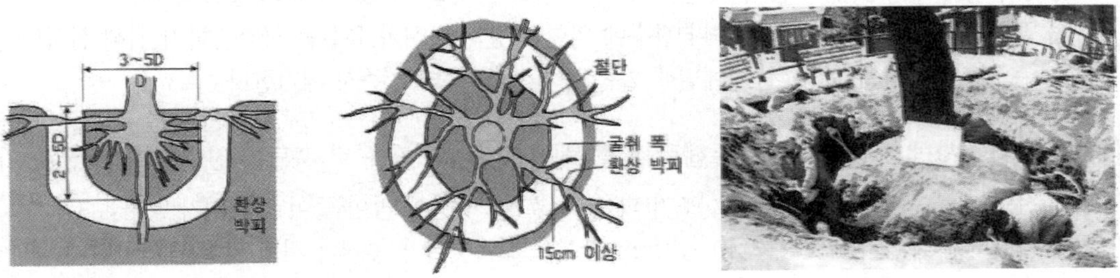

뿌리돌림

③ 뿌리돌림의 방법 및 요령

㉠ 표준 : 근원 지름의 3~5배, 천근성인 것은 넓게 뜨고 심근성인 것은 깊게 파내려 가며 절근한다.

㉡ 이식 용이한 수종은 1회, 어려운 수종은 2~4회 나눠 연차적으로 실시한다.

㉢ 주의 할 점
- 뿌리돌림 기간 중 바람 피해 방지를 위해
  - 4방향의 굵은 겉뿌리 남김 : 15cm 정도 환상박피한다.
  - 소나무, 느티나무(심근성) : 직근을 절단해야 잔뿌리 발생이 좋다.

㉣ 허리감기 : 분이 깨지지 않고 강하게

㉤ 환상박피 : 나무에 자극을 주어 탄수화물의 하향이동 방해, 박피부분에 잔뿌리 발생 촉진

㉥ 흙되메우기
- 거름, 부엽토를 약간 섞어 잔뿌리 발생 촉진
- 물주입 금지 : 괴일 경우 분 밑에 배수 장치
- 공간 발생 금지 : 밟으면서 다짐

㉦ 사후관리
- 지주목 설치
- 가지솎기 : 뿌리털의 건조와 뿌리의 보온을 위함(뿌리돌림한 나무는 물 빨아 올리는 힘이 약함)
- 멀칭 : 양수분의 흡수와 증산의 균형 도모

3 잔디 및 초화류 식재

(1) 잔디 종자 파종

① 경운 : 잡초를 제거한 후 20~30cm 깊이로 갈고 돌, 나무나 잡초뿌리, 그 밖의 이물질을 제거한다.
② 정지 : 레이크나 판자 등으로 표면이 평평하도록 하고 표면 배수가 되도록 경사를 준다.
③ 1차 전압 : 롤러로 가볍게 다져 발아를 돕고 잔디 조성 후 표면이 내려 앉지 않게 한다.
④ 파종 : 순도가 높고 발아율이 좋은 종자를 선택하고, 파종량은 10~20g/㎡ 정도로 한다.
⑤ 레이킹 : 갈퀴로 가볍게 긁어 주어 흙과 잔디씨가 섞이도록 한다.
⑥ 2차 전압 : 흙과 잔디씨가 잘 밀착되도록 60~80kg 정도의 롤러로 다져준다.
⑦ 관수 : 안개처럼 뿌려 줄 수 있는 고압 살수기를 하늘로 쳐들고 충분히 물을 준다.
⑧ 멀칭 : 종자 발아 촉진과 우수나 관수에 의한 토양의 침식과 유실을 극소화하기 위해 실시한다. 재료는 볏짚, 합성 수지망, 폴리에틸렌 필름 등이 쓰이며 발아 즉시 제거한다.

(2) 떼심기 : 사방 30cm에 3cm 두께로 흙을 붙인 흙잔디와 흙을 턴 흙털이 잔디(일명 스폰지)가 있다.

① 전면 떼붙이기(평떼 붙이기) : 조기 피복 시 효과, 뗏장이 많이 들어 공사비가 많다.
② 어긋나게 붙이기 : 뗏장을 20~30cm 간격으로 어긋나게 놓거나 서로 맞물려 어긋나게 배열한다.
③ 줄떼 붙이기 : 뗏장을 5, 10, 15, 20cm 잘라서 그 간격을 15, 20, 30cm로 하여 심는다.

㉠ 시공 시 주의점

- 뗏장 이음새와 가장자리에 흙을 충분히 채우고 뗏장 위에 뗏밥을 뿌려 준다.
- 뗏장을 붙인 후에는 110~130kg 정도의 롤러로 전압하고 관수를 충분히 해서 바닥의 흙과 잔디가 밀착되게 한다.
- 경사면 시공 시는 떼꽂이를 사용한다(1매당 떼꽂이 2개). 아래에서 위로 심어 나간다.

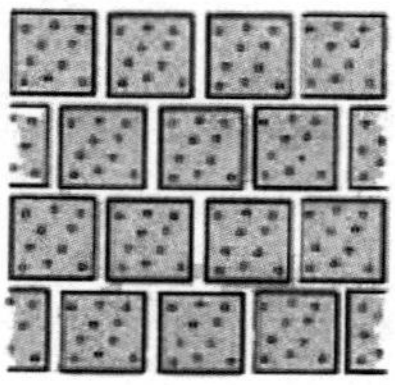
전면붙이기

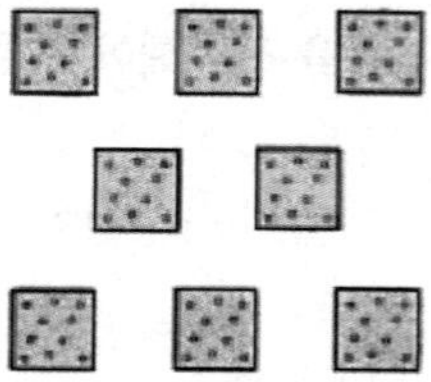
어긋나게 붙이기

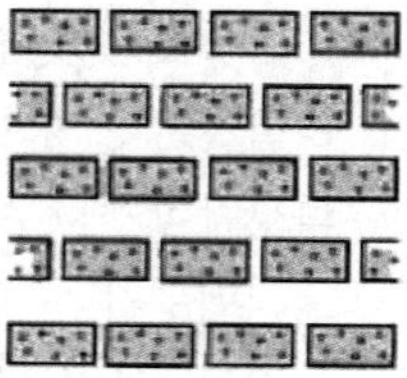
줄떼붙이기

(3) 초화류 식재

① 초화류 선택

㉠ 새잎이 많고 뿌리 발달이 충실하며 병충해의 피해가 없어야 한다.
㉡ 이식이 잘 되고 개화기간이 길며, 토양, 대기, 환경 및 가뭄에 강한 것이 좋다.

② 식재 시기

㉠ 초화류는 연중 식재가 가능하나 7~8월 하절기와 12~2월의 동절기는 피한다.

㉡ 알뿌리의 경우 이른 봄부터 5월 이내 또는 11~2월의 휴면기가 적기이다.

③ 식재 방법

㉠ 식재 전에 우선 관수를 하여 흙이 안정되게 한다.

㉡ 배수를 고려하며 가뭄에 대비한 관수시설을 한다.

㉢ 퇴비와 복합비료를 주고 갈아 엎어 1주일쯤 햇볕에 방치하여 흙덩이가 자연적으로 부서지게 한다.

㉣ 곧바로 정지하되 중앙 부분을 약간 높게 하는 것이 좋다.

㉤ 식재지역을 석회 등으로 표시하고 줄눈자를 사용한다.

㉥ 꽃묘는 줄이 바뀔 때마다 어긋나게 심는 것이 좋다.

㉦ 식재 후 관수시에 꽃과 잎에 흙이 튀지 않도록 주의한다.

㉧ 화단조성에는 1년생 초화류가 많이 쓰이며 3~5회 정도 모종을 갈아 심어야 한다.

(4) 수생식물 식재

생활형	적절한 수심	특징	식물명
습생식물 (습지식물)	0cm 이하	물가에 접한 습지에 서식	갈풀, 달뿌리풀, 여귀풀, 고마리, 물억새, 갯버들, 버드나무, 오리나무
정수식물 (추수식물)	0~30cm	뿌리는 토양에 내리고 줄기를 물위로 내놓아 대기중에 잎을 펼치는 수생식물	택사, 물옥잠, 미나리, 갈대, 부들, 고랭이, 창포, 줄, 속새, 솔잎사초 등
부엽식물	30~60cm	뿌리는 토양에 내리고 잎을 수면 위에 띄우는 수생식물	수련, 어리연꽃, 노랑어리연꽃, 마름, 자라풀, 가래
침수식물	45~190cm	뿌리는 토양에 내리고 물속에서 생육하는 수생식물	말즘, 검정말, 물수세미, 붕어마름
부유식물 (부수식물)	수면	물위를 자유롭게 떠서 사는 수생식물	개구리밥, 생이가래, 부레옥잠

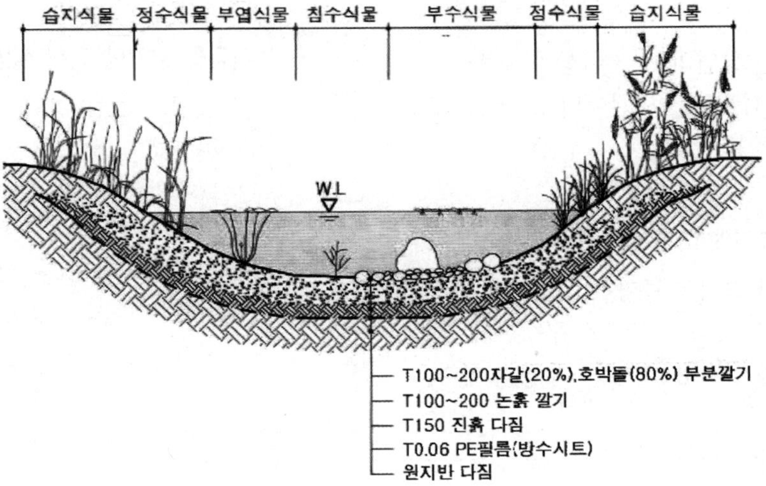

제7-2편 적중예상문제

1 자연석 쌓기의 일반적인 사항으로 바르지 않은 것은?

① 산비탈의 경관을 나타낼 때는 강돌을 사용할 것
② 자연석은 각을 가질 것
③ 뜰녹이 있을 것
④ 자연스런 멋을 풍기게끔 시공할 것

2 찰쌓기에 대한 바른 설명은?

① 쌓아 올릴 때 줄눈에 모르타르, 뒤채움에 콘크리트를 사용한다.
② 메쌓기에 비해 견고성이 부족하다.
③ 높이 쌓지 못해 대략 2m 이하인 곳에서 쓰인다.
④ 기울기 1:0.3 이하인 곳에서 이용된다.

3 견치석에 대한 설명 중 틀린 것은?

① 앞면, 뒷면, 뒷길이, 전면 접촉부 사이에 치수의 제한이 있다.
② 뒷길이는 앞면 최소 치수의 0.8배 길이로 한다.
③ 뒷면은 앞면의 1/16 이상 되게 한다.
④ 전면 접촉부는 뒷길이의 1/10 이상으로 한다.

4 경관석 놓기에 대한 설명 중 틀린 것은?

① 충분한 크기와 중량감이 있어야 한다.
② 대개 2, 4, 6 등 짝수로 구성한다.
③ 부등변 삼각형을 이루도록 배치한다.
④ 경관석 주변에 관목류, 초화류를 심거나 자갈, 왕모래 등을 깐다.

5 디딤돌 놓기 방법으로 틀린 것은?

① 큰 것과 작은 것을 섞어 독특한 운치를 지니게 한다.
② 교차점에는 보다 큰 것을 사용한다.
③ 디딤돌과의 거리는 느리게 걷는 동선일수록 간격을 넓힌다.
④ 디딤돌은 직선상보다는 어긋나게 배치하는 것이 좋다.

6 징검돌 놓기에 대한 바른 설명은?

① 간격은 60~70cm로 한다.
② 물 위의 노출 높이는 10~15cm 정도로 한다.
③ 바닥면을 흙으로 단단히 다져서 움직임이 없도록 한다.
④ 징검돌의 크기는 디딤돌보다 약간 작은 것을 사용한다.

7 디딤돌 놓기에 대한 설명으로 틀린 것은?

① 동선의 흐름 공간을 보다 아름답게 표현한다.
② 보행의 편의 와 지피식물의 보호를 돕는다.
③ 주로 호박돌이나 잡석을 활용한다.
④ 지표면 또는 연못이나 계류 등 물 속에 설치한다.

정답 1 ① 2 ① 3 ② 4 ② 5 ③ 6 ② 7 ③

8 경관석 놓기는 삼재미를 고려하여 돌을 놓는다. 삼재미에 대한 설명으로 옳은 것은?

① 재료미, 내용미, 형식미
② 반복미, 단순미, 통일미
③ 선, 형태, 색채
④ 천, 지, 인의 조화미

9 자연석 무너짐 쌓기에 대한 설명 중 올바르지 않은 것은?

① 산비탈에 암석이 무너져 내려 자연스럽게 쌓여 있는 모습처럼 쌓는다.
② 둥근 형태의 자연석을 바로 세워 쌓는 것을 말한다.
③ 쌓는 방법은 크고 작은 자연석을 서로 어울리게 배치한다.
④ 보기 좋은 면이 밖으로 향하고 안정감이 있도록 자리 앉힌다.

10 자연석 무너짐 쌓기의 방법으로 올바르지 않은 것은?

① 기초석은 20~30cm를 파내고 다져 놓는다.
② 중간석은 맞닿은 부분이 약간씩 움직임이 있게 한다.
③ 상석은 윗면을 가지런히 하는 방법이 있다.
④ 상석은 윗면이 자연스러운 높낮이가 되게 마무리하기도 한다.

11 목도채로 적당한 나무는?

① 참나무 ② 버드나무
③ 목련 ④ 자귀나무

12 돌틈 식재를 할 때 알맞은 식물은 다음 중 어느 것인가?

① 꽃물푸레나무 ② 마가목
③ 회양목 ④ 대왕참나무

13 자연석이나 큰 나무의 운반에 이용되는 기구로 들어 올리거나 짧은 거리를 운반할 때 사용되는 것은?

① 체인 블록 ② 레커
③ 크레인 ④ 목도

14 자연석 쌓기에서 둥근돌 바로 쌓기의 설명으로 틀린 것은?

① 돌틈 식재하면 더욱 운치 있다.
② 연못의 호안에 많이 적용한다.
③ 일률적인 모양을 지니기가 쉽다.
④ 리듬감과 변화감을 주도록 한다.

15 자연석 무너짐 쌓기의 방법 중 틀린 것은?

① 돌을 쌓은 단면의 중간이 오목하게 들어가 보이게 쌓는다.
② 제일 윗부분에 놓이는 돌은 윗부분이 수평으로 되도록 놓는다.
③ 돌과 돌이 맞물리는 곳에는 작은 돌을 끼워 놓는다.
④ 돌 쌓고 난 후 돌과 돌 사이에 키 작은 관목을 심는다.

16 하천공사 등에 견치석을 쌓을 때 이용하는 방법으로 시간이 흐를수록 견고해지는 마름돌 쌓기 방법은?

① 찰쌓기 ② 메쌓기
③ 골쌓기 ④ 켜쌓기

정답 8 ④ 9 ② 10 ② 11 ① 12 ③ 13 ① 14 ① 15 ③ 16 ③

17 돌의 크기가 균일하고 시각적으로 좋아 조경 공간에 많이 쓰이는 마름돌 쌓기 방법은?

① 찰쌓기 ② 메쌓기
③ 골쌓기 ④ 켜쌓기

18 마름돌 쌓는 방법을 설명한 것 중 틀린 것은?

① 뒤채움과 배수관계가 가장 중요하다.
② 줄눈은 가능하면 통줄눈이 되게 한다.
③ 모르타르 배합비는 보통 1:2~1:3으로 한다.
④ 하루에 높이를 1.2m 이상은 쌓지 않는다.

19 벽돌 쌓기에서 열십자(+) 형태로 나타나는 이음줄을 무엇이라 하는가?

① 통줄눈 ② 막힌줄눈
③ 치장줄눈 ④ 허튼줄눈

20 벽돌 쌓기법에서 가장 튼튼한 것은?

① 무늬 쌓기 ② 영롱 쌓기
③ 프랑스식 쌓기 ④ 영국식 쌓기

21 벽돌 쌓기법에서 반장 쌓기(0.5B) 때와 특별한 벽돌을 사용하며 치장 겉벽 쌓기를 하는 데 사용하는 것은?

① 길이 쌓기 ② 마구리 쌓기
③ 영국 쌓기 ④ 프랑스식 쌓기

22 벽돌 쌓는 방법 중 틀린 것은?

① 미리 벽돌에 물축이기를 한다.
② 모르타르 배합비는 1:2~1:3, 또한 치장 줄눈용은 1:1로 한다.
③ 가로, 세로 줄눈 나비는 10mm가 표준이다.
④ 하루 쌓는 높이는 2.2m 정도가 표준이다.

23 줄눈에 대한 설명 중 바른 것은?

① 하중이 골고루 전달되게 하려면 통줄눈으로 쌓는다.
② 통줄눈은 하중을 받으면 쉽게 무너질 우려가 있다.
③ 조경 공사에서는 통줄눈을 주로 사용한다.
④ 통줄눈으로 쌓고 치장줄눈을 만들면 하중에 강해진다.

24 다음 중 원로의 일반적 사항으로서 바람직하지 않은 것은?

① 복잡하고 산만할 것
② 용도가 다른 원로는 분리시키고 재료를 달리 할 것
③ 미적인 고려가 있을 것
④ 보도와 차도 겸용은 최소한 1차선(3m)의 폭을 유지할 것

25 보행자를 위한 원로의 폭으로 알맞게 짝지어진 것은?

① 1인용 0.5~0.7m, 2인용 1.0m
② 1인용 0.7~0.9m, 2인용 1.2m
③ 1인용 0.9~1.2m, 2인용 1.5m
④ 1인용 1.0~1.5m, 2인용 3.0m

26 원로의 폭을 확장하여야 되는 곳으로 틀린 것은?

① 경관이 보기 흉한 곳
② 흥미를 유발하는 곳
③ 동선이 만나는 곳
④ 이용 시설이 있는 곳

정답 17 ④ 18 ② 19 ① 20 ④ 21 ① 22 ④ 23 ② 24 ① 25 ② 26 ①

27 강도가 약하고 포장할 때 결합력이 약하지만 가장 많이 이용되는 포장 방법은?

① 판석 포장 ② 보도 블록 포장
③ 벽돌 포장 ④ 콘크리트 포장

28 판석포장에 대한 설명으로 틀린 것은?

① 판석은 미리 물을 흡수시켜 놓았다가 사용한다.
② 판석의 기층은 지반을 파고 말뚝으로 다져놓는다.
③ 판석의 두께가 얇으므로 모르타르로 접합한다.
④ 포장면의 정밀도를 위해 시공 시 기준 실줄을 설치한다.

29 종류가 많고 색상이 다양하여 주차장을 색상으로 구분할 때 효과적인 포장 방법은?

① 보도 블록 포장
② 고강도 조립 블록 포장
③ 판석 포장
④ 콘크리트 포장

30 벽돌 포장의 장점으로 맞는 것은?

① 흡습성이 없고 내구성이 좋다.
② 마모가 쉽고 탈색이 쉽다.
③ 질감에 친근감이 가고 보행감이 좋으며 광선 반사가 심하지 않다.
④ 압축강도가 약하고 결합력이 작다.

31 콘크리트 포장에 대한 설명으로 틀린 것은?

① 파손된 곳의 보수가 어렵고 보행감이 좋지 않다.
② 포장 마감은 매끄럽게 유지하도록 한다.
③ 하중을 받는 곳은 철근과 와이어 메시로 보강한다.
④ 광선의 반사를 방지할 수 있도록 한다.

32 콘크리트 포장 시 슬래브가 팽창과 수축에 견딜 수 있도록 설치하는 이음을 무엇이라 하는가?

① 균열 줄눈 ② 수축 줄눈
③ 마감 줄눈 ④ 신축 줄눈

33 연못의 방수처리로 적당하지 않은 방법은?

① 자갈깔기로 처리한 후 방수 처리하는 방법
② 진흙다짐에 의한 방법
③ 바닥에 비닐시트를 깔고 점토, 석회, 시멘트 혼합 사용
④ 수밀 콘크리트 후 방수 처리하는 방법

34 자연형 연못 호안 부분의 처리 방법으로 틀린 것은?

① 진흙다짐 ② 자연석 쌓기
③ 마름돌 쌓기 ④ 말뚝박기

35 연못의 공사 지침으로 맞지 않는 것은?

① 급수구 위치는 표면 수면보다 낮게 한다.
② 월류구는 수면과 같은 위치에 설치한다.
③ 퇴수구는 연못바닥의 경사를 따라 가장 낮은 곳에 배치한다.
④ 순환펌프, 정수실 등은 노출되지 않게 관목 등으로 차폐한다.

정답 27 ② 28 ② 29 ② 30 ③ 31 ② 32 ④ 33 ① 34 ③ 35 ①

36 노즐에 한 개의 구멍 지름이 크고 공기와 물이 섞여 시각적 효과가 큰 분수의 유형은?

① 단일관 분수(Single-orifice)
② 분사식 분수(Spray)
③ 폭기식 분수(Aerated Mass)
④ 모양 분수(Formed)

37 제트 노즐은 다음 중 어느 분수의 유형인가?

① 단일관 분수(Single-orifice)
② 분사식 분수(Spray)
③ 폭기식 분수(Aerated Mass)
④ 모양 분수(Formed)

38 물을 떨어뜨려 모양과 소리를 즐길 수 있도록 하는 수경시설물은?

① 분수 ② 연못
③ 벽천 ④ 풀(Pool)

39 다음 중 지표 관개법의 특징을 제대로 설명한 것은?

① 균일 관수가 어려워 물의 낭비가 심하다.
② 자연 강우 효과를 낼 수 있다.
③ 물 이용 효율이 가장 높다.
④ 수목 뿌리 부분 등 지정된 지역에 일정하게 관개할 수 있다.

40 다음 중 표면 배수를 위한 시설이 아닌 것은?

① 명거 ② 우수거
③ 집수거 ④ 암거

41 빗물받이(우수거) 설치 방법으로 틀린 것은?

① L형 측구 밑에 설치
② U형 측구의 끝 부분에 설치
③ 표준 간격은 5m 간격
④ 최대 간격 30m 이내

42 집수 속도랑(집수거)의 설명으로 틀린 것은?

① 청소 관리를 고려하여 위치를 선정하여야 한다.
② 관의 기점과 종점에 설치한다.
③ 관경에 다른 관이 이어지는 지점에 설치한다.
④ 집수거의 관경이 150mm일 때 최대 설치 간격은 12m로 한다.

43 맨홀(Manhole)에 대한 설명으로 옳은 것은?

① 사람이 들어가서 청소할 수 없다.
② 집수거의 안지름이 90~180cm 정도 되는 큰 것을 말한다.
③ 맨홀의 관경이 300mm 이하인 것은 75m 간격으로 설치한다.
④ 맨홀은 집수거와 그 기능을 달리 한다.

44 벙어리 암거(맹암거)의 설명으로 틀린 것은?

① 지하층 배수를 위한 시설 중 하나이다.
② 자갈층에 구멍 있는 관을 설치한 것이다.
③ 도랑을 파고 모래, 자갈, 호박돌 등을 채워 공극을 크게 하여 만든다.
④ 주변의 물이 스며들도록 한 일종의 땅속 수로이다.

45 전 지역의 배수를 균일하게 하기 위한 암거 배수망의 설치 방법은?

① 어골형 ② 절치형
③ 선형 ④ 차단법

정답 36 ③ 37 ① 38 ③ 39 ① 40 ④ 41 ③ 42 ④ 43 ② 44 ② 45 ①

46 비교적 좁은 면적의 지역에 설치되는 암거 배수망은?

① 어골형 ② 절치형
③ 선형 ④ 자연형

47 주관과 지관의 구분없이 관이 부챗살 모양으로 1개 지점에 집중되게 설치하여 집수 후 배수시키는 암거 배수망은?

① 자연형 ② 절치형
③ 선형 ④ 차단법

48 그네의 설치 방법으로 틀린 것은?

① 지주는 땅속에 콘크리트 기초를 두껍게 하여 단단히 고정한다.
② 놀이터의 중앙에 설치한다.
③ 발판은 참나무 같은 견질 목재를 사용한다.
④ 지주나 보는 철제 파이프나 강철봉을 사용한다.

49 미끄럼대 설치 방법으로 틀린 것은?

① 다른 시설이 장애물이 되지 않게 적당한 거리를 띄어 배치한다.
② 미끄럼면이 목재일 경우에는 결을 내리막 방향으로 맞춘다.
③ 양쪽에 손잡이를 만들지 않는다.
④ 스테인리스로 할 경우 접착부위는 아르곤 가스로 용접한다.

50 모래터의 설치 방법으로 옳은 것은?

① 어둡고 구석진 자리에 설치한다.
② 하루에 3~4시간 정도 햇볕이 드는 곳에 설치한다.
③ 둘레는 지표보다 15~20cm 높이고 모래 깊이는 30~40cm로 유지한다.
④ 밑바닥의 배수는 고려하지 않아도 된다.

51 어린이에게 창조성과 즐거움을 주며 요즘 많이 설치되는 시설물은?

① 미끄럼대 ② 조합 놀이 시설
③ 모래터 ④ 그네

52 조합 놀이 시설의 설명으로 틀린 것은?

① 형태는 거칠고 복잡하여야 한다.
② 상상력과 호기심, 협동심을 키울 수 있어야 한다.
③ 규격이 다른 2~3개의미끄럼대와 흔들다리, 놀이집 등이 있다.
④ 가능하면 미송이나 삼나무 등의 목재를 활용한다.

53 다음 중 안내시설의 설치 방법으로 맞는 것은?

① 복잡한 내용이 들어 있을 것
② 가능하면 동선의 구석에 설치할 것
③ 주요 시설의 입구에 설치하지 말 것
④ 식별성을 높이기 위해 상징과 그림 문자를 사용할 것

54 벤치의 좌판 재료로 가장 좋은 것은?

① 철제 ② 플라스틱
③ 목재 ④ 콘크리트

55 다음 중 퍼걸러의 높이와 기둥 간격이 알맞게 짝지어진 것은?

① 높이 1.8~2.0m, 기둥간격 1.5~1.8m
② 높이 2.0~2.2m, 기둥간격 1.5~1.8m
③ 높이 2.2~2.5m, 기둥간격 1.8~2.7m
④ 높이 2.5~3.0m, 기둥간격 1.8~2.7m

정답 46 ② 47 ③ 48 ② 49 ③ 50 ③ 51 ② 52 ① 53 ④ 54 ③ 55 ③

56 다음 중 수목과 잔디의 황록색을 살리는 데 최적인 전등은?

① 수은 램프 ② 할로겐 전구
③ 형광 램프 ④ 백열 전구

57 다음 중 조도를 나타내는 단위는?

① 루멘 ② 럭스
③ 스틸브 ④ 와트

58 표지판을 설치할 때 고려하지 않아도 되는 것은?

① 자연과 인문환경
② 공원의미기후
③ 재료의 선택
④ 배치 장소의 선정

59 열효율이 가장 높은 광원은?

① 나트륨등 ② 백열등
③ 수은등 ④ 할로겐등

60 주요 원로나 시설물 주변의 조도는 어느 정도가 좋은가?

① 0.5럭스 이상 ② 1.0럭스 이상
③ 1.5럭스 이상 ④ 2.0럭스 이상

61 다음 중 이식계획에 포함되어야 할 내용이 아닌 것은?

① 기존 성장지의 지역 환경에 대한 조사를 한다.
② 기계 사용에 관한 조사는 되도록 계획하지 않는다.
③ 운반에 관한 조사를 한다.
④ 실제로 식재되는 지역에 대한 조사를 한다.

62 낙엽수 중 내한성이 약하고 눈이 늦게 움직이는 수종의 이식 시기는?

① 잎이 떨어진 10~11월
② 해토 직후부터 4월 상순까지
③ 4월 중순이 안정적
④ 이른 봄 눈이 트기 전

63 낙엽수 중 봄에 일찍 눈이 움직이는 수종의 이식 시기는?

① 잎이 떨어진 10~11월
② 해토 직후부터 4월 상순까지
③ 4월 중순이 안정적
④ 전 해 11~12월이나 3월 중순

64 상록활엽수의 이식 적기로 알맞은 것은?

① 잎이 떨어진 10~11월
② 3월 하순~4월 중순
③ 4월 중순이 안정적
④ 전 해 11~12월

65 상록활엽수를 6~7월의 장마 때 옮겨 심는 이유는?

① 장마 후 고온의 피해가 적기 때문에
② 증산 억제제의 효과가 좋기 때문에
③ 착근까지 토양이 건조하지 않기 때문에
④ 신초의 세포 분열이 왕성하여 내용물이 굳어지기 때문에

66 다음 침엽수 중 보통 새싹이 움직이기 시작할 무렵이 이식 적기인 나무가 아닌 것은?

① 측백나무 ② 소나무
③ 종비나무 ④ 구상나무

정답 56 ① 57 ② 58 ② 59 ① 60 ④ 61 ② 62 ③ 63 ④ 64 ② 65 ④ 66 ①

67 다음 낙엽침엽수 중 반드시 이른 봄에 이식하지 않아도 되는 나무는?

① 낙우송 ② 은행나무
③ 낙엽송 ④ 메타세쿼이아

68 잔뿌리가 많고 이식이 용이한 수종으로 틀린 것은?

① 개비자나무 ② 회양목
③ 사철나무 ④ 반송

69 굴취의 일반 사항으로 틀린 것은?

① 뿌리돌림된 수목은 새로 난 잔뿌리를 분 크기보다 짧게 한다.
② 관목은 넓게 굴취한다.
③ 교목은 깊게 굴취한다.
④ 잔뿌리가 많고 이식이 용이한 수종은 가급적 분을 작게 지어 옮긴다.

70 발근력이 왕성한 수종으로 수액 이동 전분 짓지 않고 약간의 흙만 붙여 이식할 수 있는 나무가 아닌 것은?

① 플라타너스 ② 전나무
③ 은행나무 ④ 중국단풍나무

71 뿌리분의 크기는 어느 정도가 적당한가?

① 근원 지름의 2~3배
② 근원 지름의 3~4배
③ 근원 지름의 4~6배
④ 근원 지름의 5~7배

72 다음 중 천근성 나무의 뿌리분 모양은 어느 것인가?

① 보통분 ② 접시분
③ 조개분 ④ 맨뿌리분

73 수목을 굴취하는 방법으로 틀린 것은?

① 수직으로 파내려 갈 때 작업공간을 넓게 확보한다.
② 가는 뿌리는 전정가위로 자른다.
③ 3cm 이상의 굵은 뿌리는 삽으로 예리하게 자른다.
④ 허리감기를 먼저 하고 위아래 감기를 한다.

74 다음 중 추적 굴취법을 적용시켜야 하는 나무는?

① 등나무 ② 은행나무
③ 참느릅나무 ④ 떡갈나무

75 사질토에서 토립을 보유할 수 없는 경우나 쓰레기 매립장의 나무를 이식할 때의 굴취법으로 맞는 것은?

① 추적 굴취법 ② 동토법
③ 맨뿌리 굴취법 ④ 조개분 굴취법

76 수목 굴취 후 운반 방법으로 틀린 방법은?

① 이중 적재를 금한다.
② 수목과 접촉하는 부위는 완충재를 댄다.
③ 줄기에 거적이나 가마니로 싸 준다.
④ 수관 부분은 상처를 고려하여 매어 주지 않는다.

77 식재 구덩이의 크기는 어느 정도가 적당한가?

① 분보다 1.5~3배
② 분보다 2.5~4배
③ 분보다 3.5~5배
④ 분보다 4.5~6배

정답 67 ② 68 ④ 69 ① 70 ② 71 ③ 72 ② 73 ③ 74 ① 75 ② 76 ④ 77 ①

78 수목을 식재할 때 주의하여야 할 사항으로 옳은 것은?

① 전생지(前生地)의 깊이로 앉힌다.
② 관상방향은 따로 선정하지 않는다.
③ 수목의 위치는 바꿀 수 없다.
④ 깊이 심어야 생육이 좋아진다.

79 수목식재 시의 유의 사항으로 틀린 것은?

① 뿌리분과 주위 흙과의 공간을 없앤다.
② 물죔과 흙죔의 방법을 수종에 따라 선정하여 실시한다.
③ 건축현장에서는 반드시 이물질을 제거한다.
④ 어린나무의 경우 새끼나 가마니는 그대로 두고 식재한다.

80 다음 중 흙죔으로 수목을 심어야 하는 나무는 무엇인가?

① 물푸레나무　② 참느릅나무
③ 소나무　④ 잣나무

81 이식 후 수목이 고사하는 이유가 아닌 것은?

① 깊이 심었을 경우
② 이식 후 충분히 관수하지 않았을 경우
③ 배수가 불량한 토양
④ 지엽의 증산량이 뿌리 흡수량과 맞을 때

82 수고 1.2m 이하의 소교목인 수양버들, 위성류 등에 알맞은 지주목은?

① 외대지주　② 쌍대지주
③ 삼각지주　④ 사각지주

83 가장 많이 사용하며 가로대를 설치하고 중간목을 대는 형태의 지주목은?

① 외대지주　② 쌍대지주
③ 삼각지주　④ 사각지주

84 다음 중 미관상 아름답고 제일 튼튼한 지주목은?

① 외대지주　② 쌍대지주
③ 삼각지주　④ 사각지주

85 덩굴장미나 능소화 등의 지주목으로 어울리는 것은?

① 외대지주　② 피라미드형
③ 윤대지주　④ 당김줄형

86 다음 중 대형목의 지주에 이용되는 것은?

① 외대지주　② 피라미드형
③ 윤대지주　④ 당김줄형

87 수간에 수피감기의 효과로 틀린 것은?

① 소나무류에 효과가 크다.
② 동해를 방지할 수 있다.
③ 여름 햇빛에 줄기가 타는 것을 막아 준다.
④ 줄기의 모양이 아름답게 된다.

88 수목 이식 후에 멀칭을 하게 되는데 이의 효과가 아닌 것은?

① 수분 증발 촉진
② 잡초 발생 억제
③ 가뭄의 해 방지
④ 겨울 지온 보호와 동해 방지

89 수목 주위의 표토를 파 엎어 수분의 모세관 현상을 차단시켜 수분 증발을 억제하기 위한 방법은?

정답 78 ① 79 ④ 80 ③ 81 ④ 82 ① 83 ③ 84 ④ 85 ② 86 ④ 87 ④ 88 ① 89 ③

① 멀칭 ② 관수
③ 중경 ④ 뿌리돌림

90 다음 중 중부지방에서 방한 조치가 필요한 나무는?

① 배롱나무 ② 은행나무
③ 중국굴피나무 ④ 꽃물푸레나무

91 뿌리돌림에 대한 설명 중 틀린 것은?

① 뿌리돌림의 크기는 근원지름의 3~5배로 한다.
② 뿌리돌림의 깊이는 근원지름의 3~5배로 한다.
③ 굵은 뿌리까지 잘라 주어야 한다.
④ 뿌리돌림 후에는 다시 흙을 엎어 주어야 한다.

92 이식 시 강한 햇빛에 수피가 타 죽는 현상을 방지하기 위한 방법은?

① 물주기 ② 줄기감기
③ 흙묻기 ④ 가지치기

93 상록활엽수류의 이식상 고려해야 할 특성으로 알맞은 것은?

① 눈이 움직이는 것이 매우 빠르다.
② 휴면 기간이 매우 길다.
③ 3월에 세포분열이 왕성하다.
④ 추위에 대한 저항력이 약하다.

94 상록활엽수류는 6~7월의 장마 때 기온이 오르고 공중습도가 높은 시기에 이식할 수 있는데 관리상의 요점으로 틀린 것은?

① 장마 후 고온의 피해에 주의한다.
② 토양은 건조한 상태로 유지한다.
③ 나무 밑에 짚, 깎은 풀 등을 깔아 준다.
④ 추위, 더위, 건조 등을 막아 주어야 한다.

95 수목 이식 후에 사용되는 것으로 특히 상록활엽수류를 이식한 후 잎에서의 증산억제제로 쓰이는 것은?

① 그린나 ② 메네델
③ 루톤 F ④ 하이포넥스

96 뿌리돌림을 해야 하는 경우가 아닌 것은?

① 이식이 쉬운 나무
② 쇠약해진 나무
③ 건전한 묘목 또는 수목을 육성하고자 할 때
④ 귀중한 나무를 이식하고자 할 때

97 뿌리돌림은 보통 나무를 이식하고자 할 날짜로부터 얼마 동안 떨어져서 실시하는가?

① 1개월에서 3개월 후
② 6개월에서 3년 후
③ 1개월에서 3개월 전
④ 6개월에서 3년 전

98 뿌리돌림의 맞는 시기로 틀린 것은?

① 이른 봄에 하면 지온 상승으로 매우 좋다.
② 낙엽활엽수는 수액 이동 전에 한다.
③ 낙엽활엽수는 장마 후 신초가 굳은 무렵에 한다.
④ 침엽수나 상록활엽수는 수액 이동 작무렵에 하는 것이 좋다.

99 뿌리돌림의 표준 크기는 얼마인가?

① 3~5배 ② 2~4배
③ 1~2배 ④ 1배

정답 90 ① 91 ③ 92 ② 93 ④ 94 ② 95 ① 96 ① 97 ④ 98 ① 99 ①

100 뿌리돌림 시 바람의 피해를 막고 잔뿌리 발생을 촉진시키기 위하여 굵은 곁뿌리를 남기고 껍질을 벗겨내는 것을 무엇이라 하는가?

① 사후관리 ② 멀칭
③ 환상박피 ④ 굴취

101 뿌리돌림을 할 때 나중에 다시 흙을 되메운다. 그 설명으로 옳은 것은?

① 거름, 부엽토는 잔뿌리 발생을 방해한다.
② 물 주입을 금지한다.
③ 물이 괴일 경우는 그냥 두는 것이 좋다.
④ 공간이 생기도록 한다.

102 바람이나 동물 등에 의해 심겨진 나무가 흔들리는 것을 방지하기 위하여 할 일은?

① 수피감기 ② 지주목세우기
③ 멀칭 ④ 관수

103 들잔디를 파종할 때의 파종량은 m^2당 어느 정도가 좋은가?

① 5~10g ② 10~15g
③ 10~20g ④ 20~30g

104 잔디밭을 조기 피복하기 위해 실시하는 떼심기 방법은?

① 평떼 붙이기
② 어긋나게 붙이기
③ 줄떼 붙이기
④ 맞물려 어긋나게 붙이기

정답 100 ③ 101 ② 102 ② 103 ③ 104 ①

제 8 편

조경 관리

제 1 장 조경 관리 계획

1 조경 관리의 뜻과 내용

(1) 조경 관리의 뜻

① 조경 관리 : 정원에서 공원에 이르기까지 조경 공간의 모든 시설과 식물이 설계 의도에 따라 운영되고 이용자의 요구기능을 항상 유지하면서 기능을 발휘할 수 있도록 관리하는 것

② 조경 관리의 분야 : 운영 관리, 유지 관리, 이용 관리

(2) 조경 관리의 범위

작은 주택 정원부터 대규모 국립자연공원까지 조경 공간에 형성되는 모든 조경 시설물

① 개인 정원, 학교 정원, 자연 공원, 도시 공원, 공공건물, 학교, 공장

② 조경의 설립목적과 기능에 맞게 관리해야 한다.

2 조경 관리의 내용

(1) 운영 관리 : 조경 시설물을 효과적이고 안전하게 이용하는 것을 주내용으로 한다.

① 주택 정원

㉠ 개인의 사생활 확보와 최상의 주거 조건 유지를 목표로 한다.

㉡ 건물과 정원이 일체가 되도록 관리한다.

㉢ 주거 조건 확보와 이웃과의 환경을 고려한다.

㉣ 통풍, 채광, 녹음, 방재의 기능과 휴양공간의 역할을 제공한다.

㉤ 외래 손님 방문에 따라 보여 주는 경관으로서의 운영관리를 포함한다.

② 유원지

㉠ 이용자에 대한 서비스

- 방송, 인쇄물, 표지판 제공
- 신체 부자유자 및 유아를 위한 시설 운영
- 이용자 의견 수렴
- 계절에 따른 해가림, 방풍벽 등의 설치 운영

㉡ 사고 예방을 위한 경비 업무

- 이용자 상호간 다툼, 범법 행위에 대한 사전 순회 경비

• 경보시설 등 능률적 경비 준비

㉢ 기타 : 시설 정기 점검과 청소와 제초, 소방법 준수 등의 관리

③ 공공시설의 공원

㉠ 공원시설 및 자연물의 최상 기능 유지를 위해 이용 제한이 가능하다.

• 잔디, 화단 등의 시설 이용 제한

• 시간대별 이용 시간 제한(야간과 주간)

• 입장료 징수로 인한 이용 제한

㉡ 이용자 서비스 : 안내방송, 경비업무, 청소, 제초, 화재예방

㉢ 재산 운영관리 : 도시공원 대장, 재산 대장, 비품 대장, 도면 정리, 경계 지역 표시 등의 운영 관리

㉣ 지역 주민과의 바람직한 관계를 유지한다.

④ 자연공원

㉠ 보호를 위한 시설과 규제 : 각종 개발 행위 제한

㉡ 이용을 위한 규제 : 오물, 폐기물, 악취, 소음, 시설 독점 제한

㉢ 자연공원 내 시설 설치 : 숙박시설 등의 제한

(2) 유지 관리

① 유지 관리 체계

㉠ 조경의 기능 유지 감소 요인의 제거 : 자연공원의 불편 요인 제거, 시가지의 안전성 저해요인 제거, 도심지의 쾌적성 저해 요인 제거 등

㉡ 조경 시설물 기능의 증대 : 창조성, 다양성, 심미성, 쾌적성, 편리성, 경제성, 건전성, 보건성, 안전성 등의 기능이 증대되도록 체계를 세운다.

② 유지 관리 내용

㉠ 정원 내의 도로, 광장 등의 진입시설

㉡ 정원수, 잔디, 화단, 산울타리, 개울, 벽천, 연못 등의 경관시설

㉢ 휴게소, 의자, 퍼걸러 등의 휴게 · 휴양시설

㉣ 그네, 미끄럼대, 모래터 등의 놀이시설

㉤ 야구장, 테니스장, 수영장 등의 운동시설

㉥ 식물원, 동물원, 야외극장 등의 교양시설

㉦ 주차장, 화장실, 식수대 등의 편익시설

㉧ 문, 울타리, 조명시설 등의 기타시설

③ 유지 관리의 특성

㉠ 생명이 있는 나무, 잔디, 꽃 등의 식물을 주대상으로 조경의 기능을 유지해야 하기 때문에 토목, 건축과는 다르게 자연수렴이 목적이다.

㉡ 유지관리의 범위 : 정기적 순회 점검, 청소, 조경시설의 손질과 보수, 사회 경제 및 사회적 변화에 대한 조경의 개조 및 관리 등

(3) 이용 관리

① 이용 관리의 목표

㉠ 조성 목적에 적합하도록 이용을 유도하고 적극적인 이용을 위한 프로그램을 작성하여 홍보하는 것이다.

㉡ 안전 관리, 이용 지도, 홍보, 행사 프로그램 주도, 주민 참여 유도

㉢ 안전 관리 내용

- 설치 하자 : 시설물 결함, 시설 설치 미비, 시설 배치 미비
- 관리 하자 : 시설의 노후 · 파손, 위험 장소 안전 대책 미비, 시설물의 쓰러짐 · 떨어짐, 위험물 방치
- 이용자, 보호자, 주최자 등의 부주의 등

3 조경 관리 과정

(1) 조경의 과정 : 계획(자료수집 및 조사) → 설계 → 시공 → 관리(운영, 유지)

(2) 조경 관리 과정 : 서비스 개시 → 기능의 유지 · 확보 → 개선(개선요인, 기능의 감소요인 제거, 기능의 증대) → 개조

4 연간 관리 계획

(1) 계획 수립 시 필요한 조건

① 환경 조건 : 지형, 토양, 기온, 일조시간, 강우량 등

② 시설 조건 : 시설의 종류, 목적, 형태, 규모, 재질, 건축연수

③ 그 밖의 조건 : 경비, 제도, 시설 조건 등의 발견

(2) 관리의 시간적 계획

① 장기계획 15~30년, 시설 구조물 등

② 단기계획 2~3년 간격, 페인트칠, 보수 계획

③ 연간 계획 식물 관리(전정, 병충해 방제 등)

(3) 연간 작업 계획

① 작업 종류의 선정

㉠ 정기 작업 : 청소, 점검, 식물의 손질, 페인트칠

㉡ 부정기 작업 : 죽은 식물의 제거, 보식, 구조물의 보수

㉢ 임시 작업 : 태풍, 갑작스런 청소 발생 작업

② 작업 계획의 수립 : 작업의 중요도에 따른 우선 순위, 용역 위탁의 결정 등

③ 작업 시기의 선정 : 봄, 여름, 가을, 겨울 및 기상자료 활용

(4) 장기적 유지 관리 계획 : 시설물, 나무 등 5~10년간의 장기계획 수립이 필요하다.

(5) 단기적 유지 관리 계획 : 정기적 관찰, 점검, 청소와 연간계획을 실시하면서 생기는 변화에 대한 조치가 필요하다.

(6) 그 밖의 고려사항 : 유지 보수 시 이용자 수, 소음, 대체 시설 등에 대한 고려와 대책이 필요하다.

5 조경 관리 계획의 예시

(1) 조경 수목의 연간 관리 작업 계획표

작업 종류	작업 내용	횟수	작업 시기(월)												소요 자재	작업 기구 및 기계
			1	2	3	4	5	6	7	8	9	10	11	12		
전정	불필요한 가지 전정	1회		■	■										도포제, 끈	각종 전정가위, 톱, 사다리, 산울타리용 전정기
	모양다듬기	2회					■	■		■						
	가지자르기	1회				■	■	■	■	■	■	■				
	순자르기	1회					■	■								
	묵은 잎 따기	1회		■												
	시든 꽃과 열매 따기	2회					■	■		■						
거름주기	밑거름 중심	3회			■							■	■		두엄, 닭똥, 복합거름	삽, 괭이, 일륜차
병해충 방제	약제 살포	수시				■	■	■	■	■	■	■			살충제, 살균제	분무기
	잠복소 설치	1회									■	■			짚, 거적, 끈	전정가위

제초	손 제초 제초제 사용	수시				■	■	■	■	■	■	■			제초제	호미, 괭이 분무기
관수	물주기	수시				■	■	■	■	■	■	■			물	스프링클러, 호스
보식	보식	1회			■	■									조경 수목, 물, 거름	삽, 괭이, 새끼
지주목 보수	수시	2회			■				■	■					지주, 결속 재료	해머, 삽
방한 대책	줄기싸기	1회	■	■	■								■	■	짚, 새끼, 끈	전정가위
	방풍막 설치	1회	■	■	■								■	■	짚, 말뚝, 끈	전정가위, 삽
쇠약한 나무 보호	수간주입	1회					■	■	■	■	■				수간 주입 약제	수간 주입기
	엽면 시비	수시					■	■	■	■	■				영양제	드릴, 분무기
	줄기감기	1회			■										새끼, 진흙	전정가위
	뿌리자르기	1회			■											삽, 전정가위, 칼
	외과 수술	1회				■	■	■	■	■	■				살균제, 인공 수지	끌, 톱, 망치
	멀칭	1회	■	■	■	■	■	■	■	■	■	■	■	■	짚	
재해 대책	수시	수시	■	■	■	■	■	■	■	■	■	■	■	■		

(2) 화단 관리의 연간 작업 계획표

작업 종류	작업 내용	횟수	작업 시기(월)												소요 자재	작업 기구 및 기계
			1	2	3	4	5	6	7	8	9	10	11	12		
화단 경운	아주심기 전	5회			■		■		■		■		■		토양 소독제	삽, 괭이, 레이크
거름주기	밑거름 중심	5회			■		■		■		■		■		거름, 닭똥	리어카, 삽
아주심기	1년생 초화	5회			■		■		■		■		■		꽃 모종	물뿌리개, 모종삽, 호스
관수	물주기	수시			■	■	■	■	■	■	■	■	■			스프링클러, 호스
병해충 방제	약제 살포	수시			■	■	■	■	■	■	■	■	■		살충제, 살균제	분무기
제초	수시	수시				■	■	■	■	■	■	■				호미
방한 대책	보온 처리	1회	■	■										■	짚, 새끼, 비닐	전정가위, 삽
재해 대책	수시	수시	■	■	■	■	■	■	■	■	■	■	■	■		
화단 설계	화단 디자인	1회	■	■											방안지	제도 용구
모종 기르기	연중	수시	■	■	■	■	■	■	■	■	■	■	■	■	비닐 하우스	경운기, 삽, 괭이

(3) 잔디 관리의 연간 작업 계획표

작업 종류	횟수	작업 시기(월) 1	2	3	4	5	6	7	8	9	10	11	12	소요 자재	작업 기구 및 기계
잔디깎기	6회					■	■	■	■	■					론 모어, 레이크
잡초 방제	수시				■	■	■	■	■	■	■			제초제	호미, 괭이, 분무기
거름주기	5~8회				■	■	■	■	■	■	■	■		거름	삽, 리어카
갱신과 보수	1회			■	■	■								잔디	삽, 괭이, 롤러
뗏밥넣기	3회			■			■	■	■	■				뗏밥	삽, 리어카
병해충 방제	수시				■	■	■	■	■	■	■			살충제, 살균제	분무기
관수(물주기)	수시				■	■	■	■	■	■	■			물	스프링클러, 삽
브러싱	1회			■											레이크
통기 작업	1회			■											포크, 스파이크
재해 대책	수시	■	■	■	■	■	■	■	■	■	■	■	■		

6 관리 안전 대책

(1) 폭풍우에 의한 홍수 범람 : 배수시설 점검, 청소, 대체작업 및 옹벽 등의 붕괴에 대비

(2) 전기시설이 파손될 경우 : 정기적 점검 및 우발적 사고 대비

(3) 수도시설이 파손될 경우 : 급수관 점검

(4) 강풍에 대한 대책 : 천근성 수종이나 잘 쪼개지는 나무의 조치와 기왓장, 간판 등이 날릴 위험에 대비

(5) 기타 : 응급 대책 및 복구 대책에 대한 조치

제2장 조경 수목 관리

1 조경 수목의 전정

(1) 전정의 뜻 : 정원수를 심은 목적에 맞게 하고, 건전한 생육과 모양 유지를 위해 나무의 일부분을 감량시켜 주는 작업이다.

(2) 전정의 목적

① 미관에 중점을 두는 경우

㉠ 자연 수형 : 불필요한 줄기, 가지만 제거하고 원래 수형을 유지한다.

㉡ 인공 수형 : 토피어리, 산울타리 등은 직선 또는 곡선을 살린다.

② 실용적인 면에 중점을 두는 경우

㉠ 산울타리, 방풍, 방진용 식재 : 가지와 잎이 밀생되도록 전정한다.

㉡ 가로수 : 태풍의 피해가 없도록 전정한다.

㉢ 송전선, 간판, 도로 표지판, 건물 : 공간에 맞게 크기 조절하여 전정한다.

③ 생리적인 면에 중점을 두는 경우

㉠ 개화 결실 촉진 : 수광, 통풍을 좋게 하여 개화 결실을 촉진하기 위해 전정한다. 과수나 화목류의 경우에 해당한다.

㉡ 대형목 이식 시 뿌리 절단 양만큼 줄기를 전정하여 수분량과 증산량과의 균형을 유지한다.

㉢ 늙고 병든 나무의 수세 회복을 위한 새 가지로 갱신 유도할 때 실시하는 전정이다.

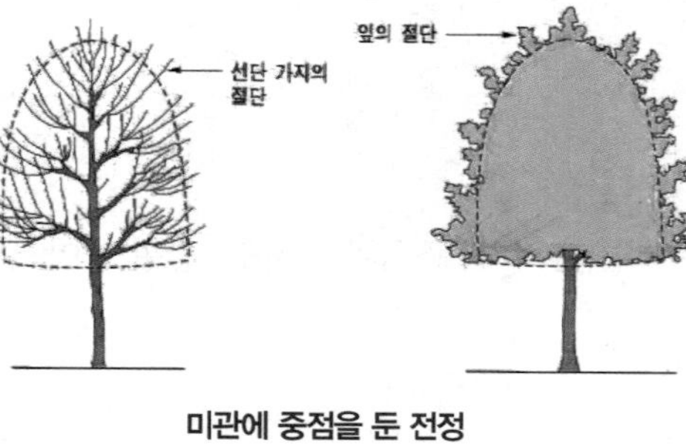

미관에 중점을 둔 전정

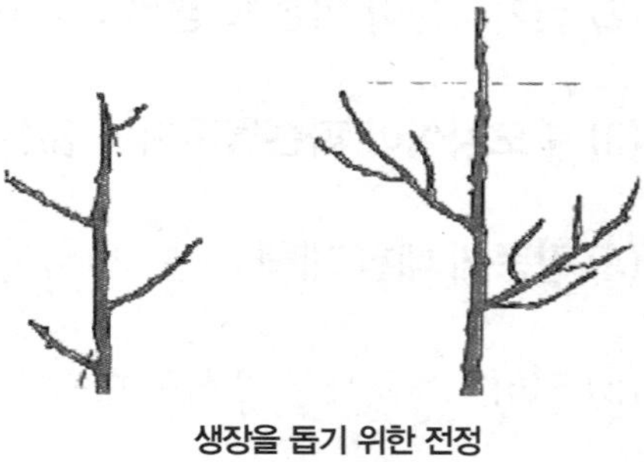

생장을 돕기 위한 전정

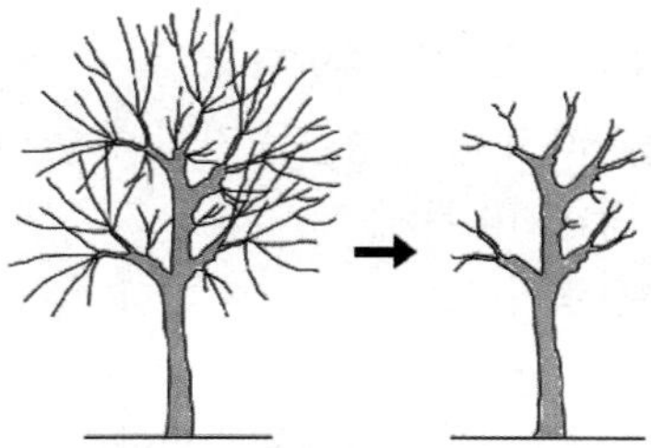

생장억제를 위한 전정

개화를 위한 전정

전기줄과 교차하는 수목의 전정

(3) 전정의 종류

① 생장을 돕기 위한 전정 : 병충해 피해지, 고사지, 꺾어진 가지 등을 제거하여 생장을 돕는 전정

② 생장을 억제하는 전정

㉠ 커지지 않고, 형태 고정을 위한 전정 : 향나무류, 회양목, 산울타리 전정

㉡ 소나무의 순지르기, 활엽수의 잎따기

③ 갱신을 위한 전정

㉠ 맹아력이 강한 나무, 늙은 나무, 꽃맺음이 나쁜 나무에 실시한다.

㉡ 갱신 전정 수종 : 늙은 과일나무, 장미, 배롱나무, 팔손이나무

④ 개화 결실을 많게 하기 위한 전정(해거리 방지 가능) : 감나무나 각종 과수나무, 장미의 여름 전정 등

⑤ 생리조절을 위한 전정

㉠ 이식할 때 지하부가 잘린 만큼 지상부를 전정하여 균형을 유지한다(T/R률=1).

㉡ 병든 가지, 혼잡한 가지 제거 수광, 통풍, 탄소 동화작용 원활을 위해 전정한다.

⑥ 자연 수형

㉠ 원통(원주)형 : 아래로부터 위까지 같은 너비의 수관폭으로 자라는 수종이다.

예 삼나무, 측백나무, 포플러 등

㉡ 원뿔형(원추형) : 초단이 뾰족하고 전체가 길쭉하며 정연한 삼각형을 이룬 수형으로 침엽수에 많다.

예 전나무, 독일가분비, 낙엽송, 금송, 히말라야시다, 메타세쿼이아 등

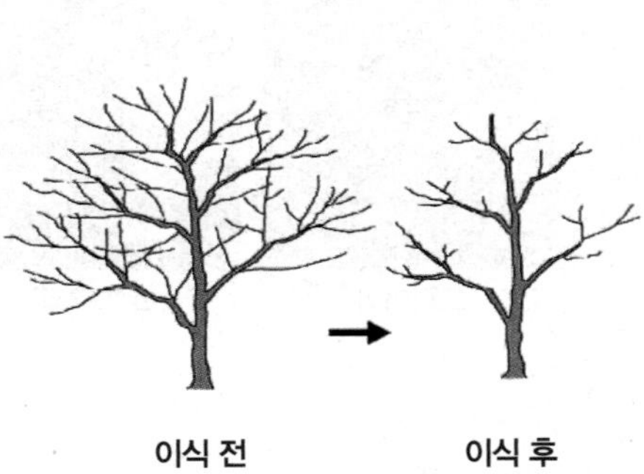

이식 전 이식 후

㉢ 수향형(능수형) : 예 수양버드나무, 수양벚나무, 실화백, 수양단풍 등
㉣ 타원형(난형) : 아랫가지나 아랫잎이 말라 올라가지 않는 성질을 가진 수종이다.
예 녹나무, 동백나무, 느릅나무, 치자나무, 박태기나무 등
㉤ 구형 : 관목성의 나무에서 찾아볼 수 있는 수관형이다.
예 반송, 사즈키 철쭉, 수국 등
㉥ 배상형 : 수관 상단부가 대체로 평면을 이루거나 또는 큰 곡선을 그린다.
예 느티나무, 계수나무 등
㉦ 부정형 : 일정한 형태가 정해지지 않은 자연 수형이다.
예 배롱나무, 단풍나무 등
㉧ 부채형 : 예 팔손이나무
㉨ 덩굴형 : 예 등나무, 덩굴장미, 위령선, 멀꿀

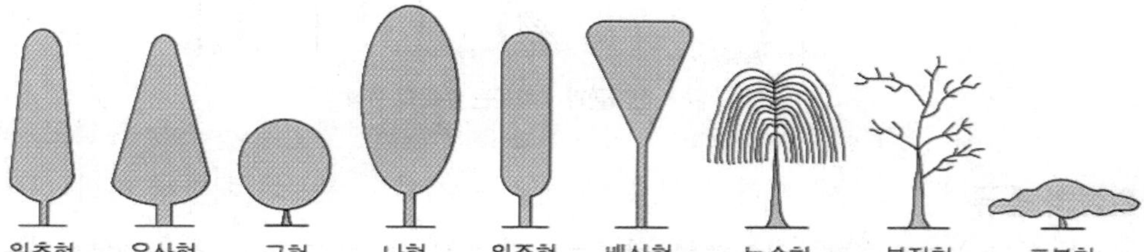

⑦ 인공 수형
㉠ 토피어리(형상수) : 동물 모양, 글자 등 일정한 형태를 갖도록 인위적으로 전정한 것이다.
㉡ 스탠다드형 : 줄기를 길게 하여 우산 모양으로 전정하여 기르는 것이다.
㉢ 폴라드형 : 굵은 줄기를 사슴뿔 모양으로 잘라 새싹을 내는 수형이다. 맹아력이 큰 가로수에 적용한다.
㉣ 산옥형 : 크기가 불규칙하게 둥근 모양으로 깎아 모양을 내는 전정법이다. 향나무에 많이 이용한다.

토피어리

토피어리

산옥형

스탠다드형

스탠다드형

(4) 수목의 생장과 전정 원리

① 뿌리의 생장 시기

㉠ 보통 3~4월에 시작하여 6~7월에 최고 생장한다.

㉡ 9월 상순에 두번째로 최고의 뿌리 활동이 있다.

② 지상부 생장

㉠ 1회 신장형 : 5~6월에 최고 신장(이후는 내년 성장을 위한 양분 축적)

예 소나무, 곰솔, 너도밤나무, 과실수

㉡ 2회 신장형 : 6~7월, 8~9월에 신장한 후 양분 축적

예 철쭉, 화백, 삼나무, 편백

㉢ 낙엽수는 3~5월에 최대의 생장을 보인다.

③ 수목의 생장 습성

㉠ 정아 우세의 법칙 : 가지끝 쪽의 눈이 우세하게 신장하는 나무는 전정 시 자른 바로 밑의 눈에서 강한 새싹이 나온다(교목성 수목, 직립형 나무가 이에 해당).

㉡ 밑가지 우세 및 선단지 열세의 법칙 : 정아 우세와는 반대로 밑눈에서 강한 싹이 나온다(개장형 나무, 늙은 나무).

㉢ 수액 상승의 법칙과 수액 압력의 법칙

- 수액 상승의 법칙 : 가지가 수평이 되면 세력이 약해지고 위로 뻗치면 우세하게 자란다.
- 수액 압력의 법칙 : 굵은 줄기에서 가는 줄기로 줄어들 때 도장지나 새 가지가 쉽게 나온다.

㉣ 지상부 · 지하부 조화의 법칙 : 지하부 흡수량과 지상부 증산량은 같은 비율을 유지한다.

(5) 전정 시기

① 겨울 전정

㉠ 대부분의 조경 수목은 겨울에 전정한다(11~3월).

㉡ 겨울 전정이 가장 중요한 이유

- 낙엽수의 경우 가지의 배치나 수형이 잘 나타난다.
- 휴면 중이라 전정의 영향을 거의 받지 않는다.
- 병해충 피해 가지의 발견이 쉽다.
- 작업이 쉽다.
- 휴면 중에 부정아 발생이 없어 멋있는 수형을 오래 관상할 수 있다.

㉢ 겨울 전정 시 고려사항

- 봄에 싹이 빨리 나오는 수종 : 전정을 빨리 끝낸다.
- 봄에 싹이 늦게 나오는 수종 : 단풍보다 전정이 약간 늦어도 된다(배나무).
- 상록 활엽수는 추위에 약하므로 강전정을 피한다.
- 같은 수종일지라도 따뜻한 곳에 식재된 나무는 일찍 전정한다.
- 눈이 많은 곳은 눈 녹은 후에 전정한다.

② 봄 전정
  ㉠ 새로운 가지와 잎이 나오는 3~5월에 실시하는 전정이다.
  ㉡ 낙엽수는 최대의 생장기로 순지르기나 눈따기 등 약전정을 한다.
  ㉢ 소나무의 순지르기를 실시한다.
  ㉣ 꽃피는 나무는 꽃이 진 후에 실시한다.

③ 여름 전정
  ㉠ 6~8월에 실시한다.
  ㉡ 꽃나무는 6월에 전정을 끝낸다.
  ㉢ 도장지 제거 : 제1신장기를 마친 가지와 잎의 수광, 통풍을 좋게 한다.
  ㉣ 태풍의 영향을 받을 나무는 가지를 솎아 준다(플라타너스, 수양버들, 현사시).

④ 가을 전정
  ㉠ 9~11월에 실시한다.
  ㉡ 여름 전정의 연장으로 약전정을 한다.
  ㉢ 상록활엽수는 이 시기에 전정한다.

(6) 전정 횟수

① 침엽수 : 1회
② 상록수 중 맹아력이 큰 나무 : 3회(5~6월, 7~8월, 9~10월)
③ 상록수 중 맹아력이 보통인 나무 : 2회(5~6월, 9~10월)
④ 낙엽수 : 2회(12~3월, 7~8월)

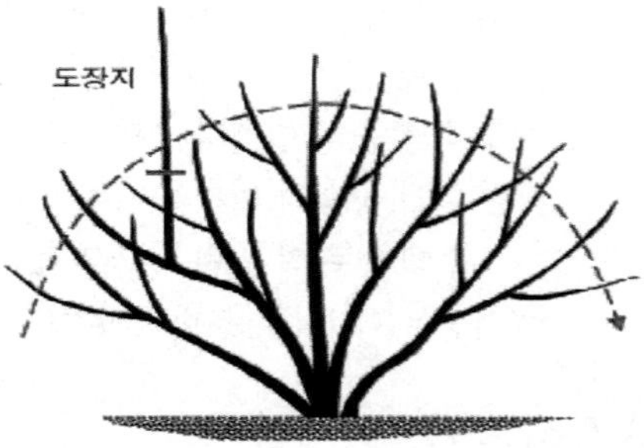

관목의 전정

(7) 전정 순서와 전정할 가지

① 전정 순서
  ㉠ 전체 수형을 스케치한다.
  ㉡ 위에서 아래로, 밖에서 안으로 전정한다.
  ㉢ 굵은 가지에서 가는 가지 순으로 전정한다.

② 전정할 가지
  ㉠ 도장지 : 수형과 통풍에 방해를 준다.
  ㉡ 안으로 향한 가지 : 통풍을 방해하고 수형이 나쁘다.
  ㉢ 고사지, 병충해를 입은 가지
  ㉣ 아래로 향한 가지 : 수형을 나쁘게 한다.
  ㉤ 줄기에 움돋은 가지(줄기 중간이나 땅에 접한 부위의 움)

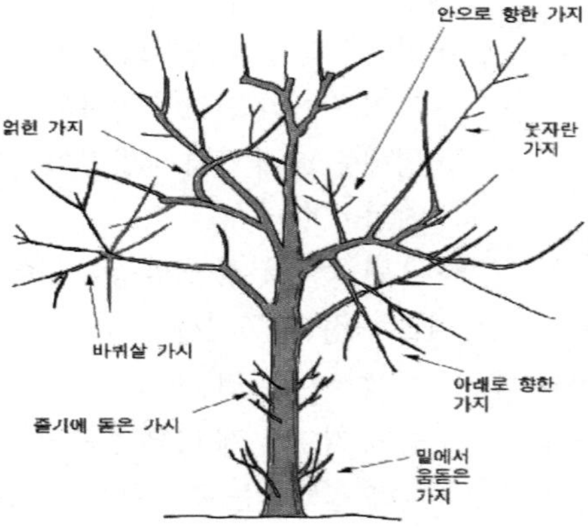

전정해야 할 가지들

㉥ 교차한 가지(주가 되는 굵은 가지와 서로 교차되는 가지)
㉦ 평행지(같은 장소에서 같은 방향으로 평행하게 자란 가지)

(8) 전정 방법

① 만들고자 하는 수형을 머리에 그리며 큰 가지, 굵은 가지를 먼저 자른다.
② 굵은 가지 자르기
㉠ 한 번에 자르면 쪼개지므로 밑에서 위로 베고 위에서 아래로 잘라 무거운 가지를 떨어뜨린 후 바싹 붙여 자른다.

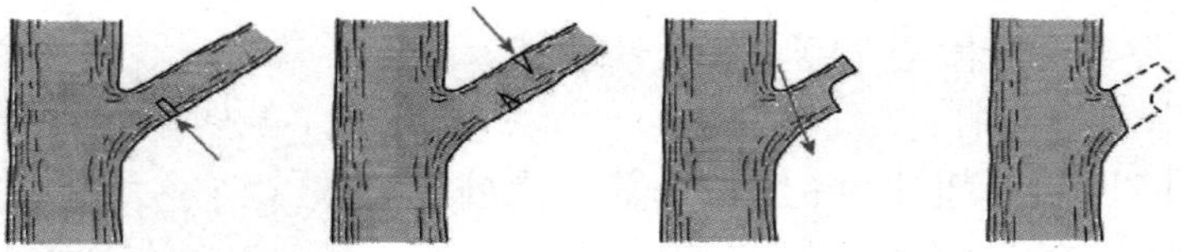

굵은 가지 자르기

③ 마디 위 자르는 요령
㉠ 반드시 바깥눈 위에서 자른다.
㉡ 바깥눈 7~10mm 위쪽 눈과 평행한 방향으로 비스듬히 자른다.
㉢ 눈과 너무 가까우면 눈이 말라 죽고, 너무 비스듬하면 증산량이 많아지며, 너무 많이 남겨 두면 양분의 손실이 크다.
④ 가지솎기 요령
㉠ 나뭇가지는 좌우 대칭으로 배치되도록 솎는다.
㉡ 마주나기 가지의 각도는 70° 내외로 유지한다.
㉢ 어긋나기 가지의 각도는 45° 정도로 유지한다.
㉣ 자른 자리는 작게 하고 남기는 가지는 수평이 되게 한다.

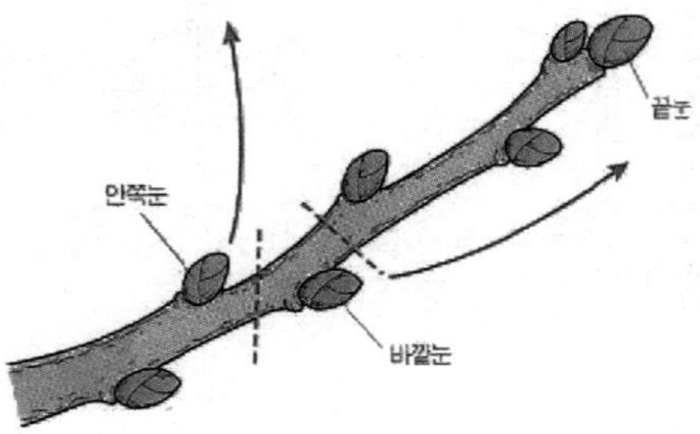

(가) 나쁘다. (나) 좋다.

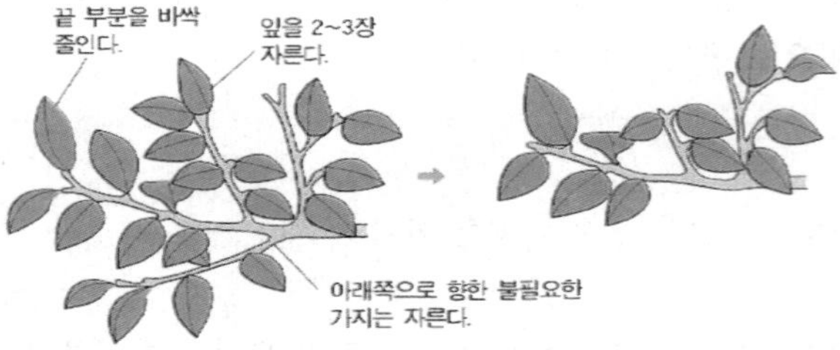

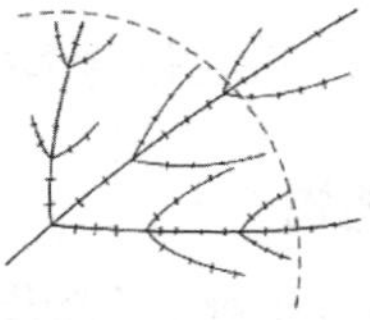

단풍나무의 전정 요령: 가운데 가지를 솎아 두 가닥으로 키워 나간다. 이렇게 함으로써 가지의 길이를 줄이는 결과도 된다.

⑤ 수관 다듬기

㉠ 산울타리나 둥근 향나무류의 잔가지와 좁은 잎이 밀생한 나무의 수관을 긴 전정가위로 일률적으로 잘라버리는 방법이다.

㉡ 봄 새싹이 자랐다가 일시 멈추는 5~6월, 여름에 새싹이 생장한 이후의 9월경에 실시한다.

㉢ 꽃 피는 나무는 꽃이 진 후에 실시한다.

㉣ 산울타리는 밑쪽은 약하게 위쪽은 강하게 하되 한 해 자란 길이보다 다소 깊이 잘라 주도록 한다.

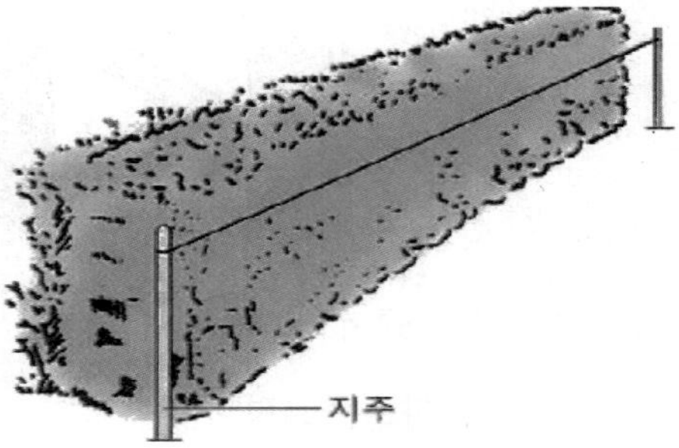

산울타리 전정

⑥ 상록침엽수 순지르기

㉠ 소나무류, 화백, 주목 등의 잎끝을 가위로 자르면 자른 자리가 붉게 말라 보기 흉하기 때문에 순지르기를 한다.

㉡ 5월 하순경에 순지르기나 잎따기를 실시한다.

㉢ 소나무 순지르기 : 5~6월에 2~3개의 순을 남기고 중심순을 포함한 나머지 순은 제거하며, 남길 순도 1/2~2/3 손으로 꺾어 버린다(소나무 잎솎기 : 8월경).

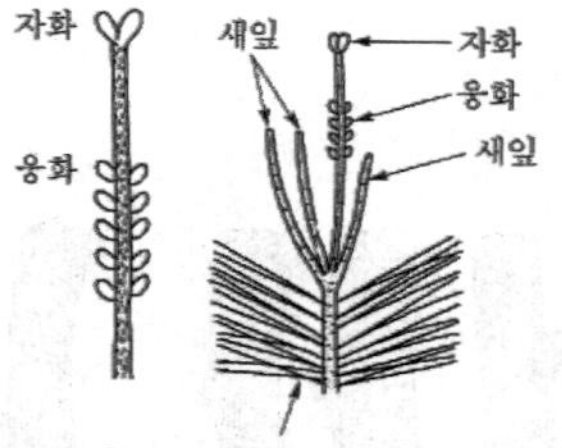

소나무의 신아는 4월 하순에서 맹아하여 신아 끝에는 자화, 기부에는 웅화를 붙게 한다.

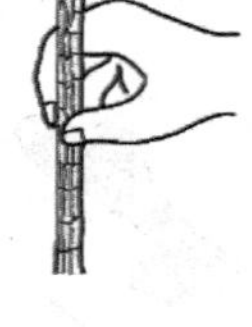

손을 이용한 적심. 이때 빨리 자라게 해야 할 가지의 새잎은 따지 않고 그대로 남긴다.

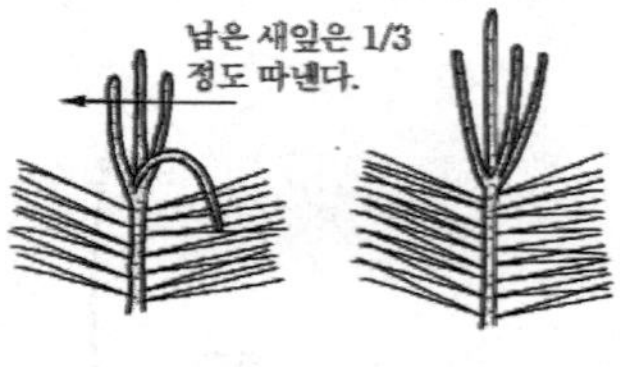

새잎은 3~5본이 나오기 때문에 3본 정도로 수를 줄인다.

⑦ 기타

㉠ 소나무류는 묵은 잎을 뽑아 투광을 좋게 하면서 생장을 억제한다(2월경).

㉡ 해거리를 막기 위하여 꽃따기, 과일 따기를 한다.

㉢ 등나무 등 지상부 생장이 왕성하여 꽃이 안 필 때 가벼운 단근 작업을 하면 화아분화가 촉진된다.

(9) 강전정과 약전정

① 어린 나무와 생육이 왕성하고 새 가지 발생이 잘 되는 나무는 강전정을 한다.

② 부드러운 질감을 갖는 나무는 약전정을 한다.

예 수양버들, 단풍나무

③ 활엽수가 침엽수에 비해 강전정에 잘 견딘다.

(10) 주요 조경 수목의 전정법

① 잔가지 전정 수종 : 메밀잣밤나무, 감탕나무

② 상록침엽수류 : 순지르기로 전정 → 잎과 눈이 연약한 5월 중 → 하순경 순지르기나 잎따기

③ 수형을 위한 전정

㉠ 어릴 때 실시한다.

㉡ 가지의 방향 각도를 유인한다.

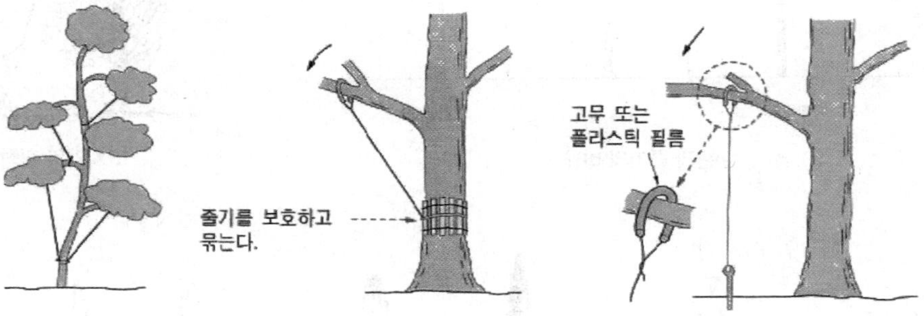

④ 꽃나무류

㉠ 전정에 의해 꽃이 잘 붙는 수종 : 매화나무, 협죽도, 개나리, 꽃복숭아

㉡ 전정을 거의 하지 않는 수종 : 벚나무, 꽃아그배나무

㉢ 방치 또는 혼잡 가지 전정 수종 : 치자나무, 철쭉류, 동백나무

㉣ 1년생 가지 개화형 : 꽃 진 후 다음 해 새싹 전까지 전정(배롱나무, 장미, 무궁화)

㉤ 2년생 가지 개화형 : 개화 직후에 전정

⑤ 가로수 전정

㉠ 지하고는 2.5m 이상으로 한다.

㉡ 수관:줄기 = 6:4 또는 5:5가 좋다.

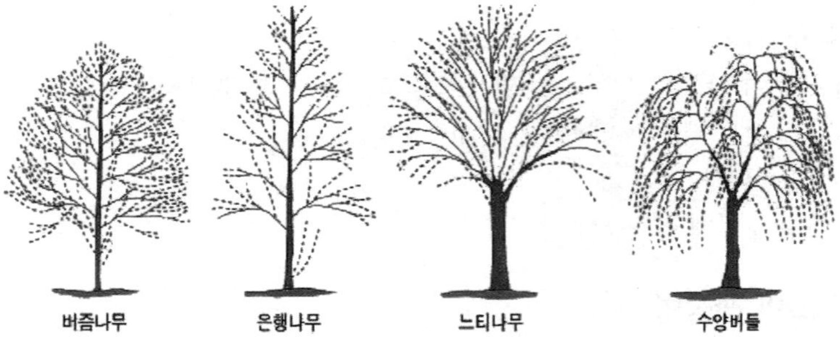

여러 가지 가로수의 전정법(점선 부위는 제거해야 할 부분)

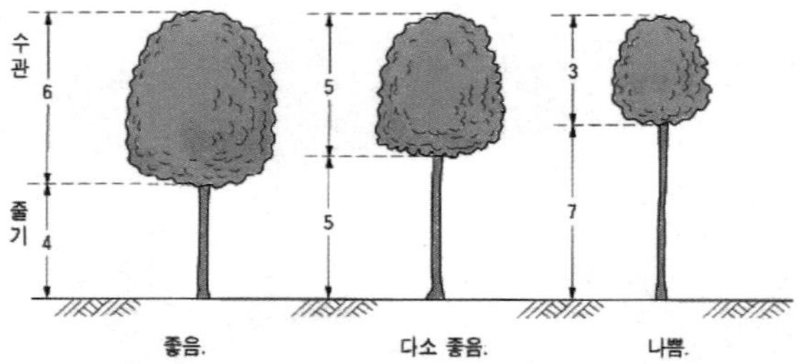

수관과 줄기의 비율

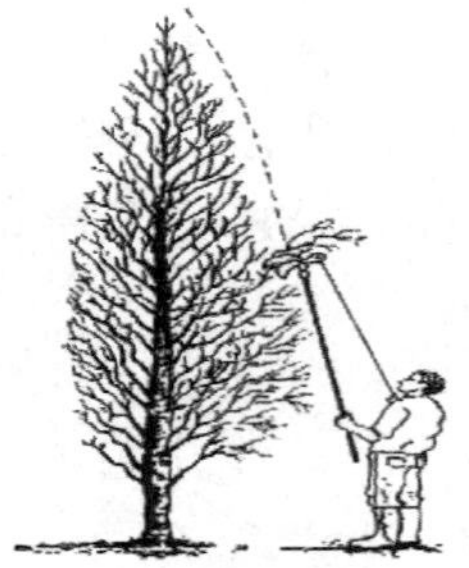

고지가위 전정

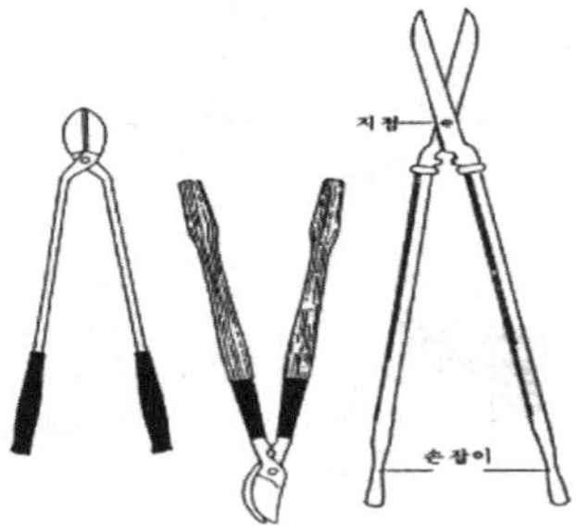

대형전정가위

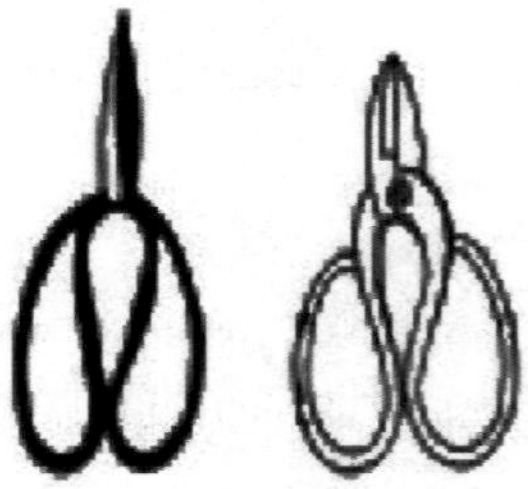

적심가위

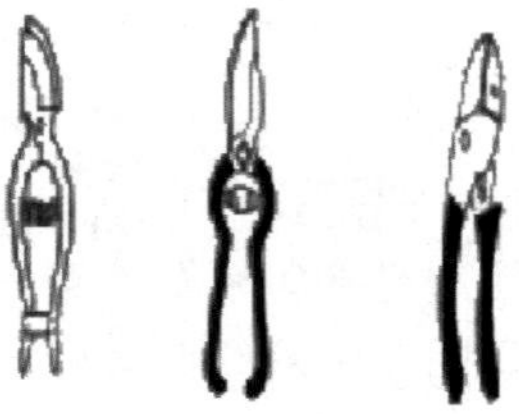

전정가위

2 거름주기

(1) 비료의 의의와 양분 흡수

① 식물에 영양 공급 또는 식물 재배를 돕기 위해 토양과 식물에 공급되는 물질을 비료라 한다.

② 식물체 양분 흡수는 뿌리 끝부분에서 약간 떨어진 뿌리털의 발생이 왕성한 부분에서 이온상태로 흡수된다.

③ 양분 흡수는 토양의 통기성을 개선해 주는 것이 중요하다.

(2) 양분 흡수에 미치는 외부 조건

① 온도 : 지온은 20~30℃가 좋다.

② 광선 : 증산작용, 뿌리 호흡과 대사 작용에 관여한다.

③ 수분 : 건조하면 팽압이 떨어지고 기공이 좁아지며, 이산화탄소의 흡수량이 적어져 광합성 작용이 저하된다.

④ 공기

㉠ 공기 속의 이산화탄소 함량은 0.03%이다.

㉡ 토양 속의 통기는 산소 공급과 이산화탄소의 제거 작용을 한다.

㉢ 토양 속의 산소 증가는 뿌리의 호흡 작용을 왕성하게 한다.

(3) 토양의 산도와 식생

① 산성 토양에 강한 수종 : 소나무류, 잣나무, 가문비나무, 전나무, 아카시아, 밤나무

② 약산성 · 중성 토양 수종 : 삼나무, 낙엽송, 느티나무, 참나무류

③ 알칼리성 토양에 강한 수종 : 낙우송, 회양목, 개나리, 고광나무, 조팝나무, 단풍나무

(4) 뿌리

① 뿌리의 기능

㉠ 양분과 수분을 흡수한다.

㉡ 잎에서 만들어진 동화 양분을 저장한다.

㉢ 수목을 지탱한다.

② 뿌리의 역할

㉠ 뿌리털에서 양분을 흡수한다.

㉡ 굵은 뿌리는 몸을 지탱하며 양분 흡수율이 5% 이내이다.

③ 뿌리털의 기능과 의 의

㉠ 가장 왕성하게 양분을 흡수한다.

㉡ 생장점 윗부분에 있는 뿌리의 세포가 신장을 정지한 후 성숙한 백색 부분의 표피 세포가 돌기되어 형성된다.

㉢ 수명은 수 일 내지 수 주일로 짧으나 뿌리의 신장에 따라 계속 발생한다.

㉣ 심근성 수종과 천근성 수종으로 크게 나눌 수 있다.

(5) 식물에 흡수되는 양분과 역할

① 식물에 필요한 16대 원소

㉠ 다량 원소 : C, H, O, N, P, K, Ca, Mg, S

㉡ 미량 원소 : Fe, Mn, Mo, B, Zn, Cu, Cl

㉢ 비료의 3요소(4요소) : 질소(N), 인(P), 칼륨(K), 칼슘(Ca)

② 주요 비료의 역할

㉠ 질소(N)

- 역할 : 광합성 작용 촉진으로 잎이나 줄기 등 수목의 생장에 도움을 준다.
- 부족 현상 : 줄기나 가지가 가늘어지고 묵은 잎부터 황변하여 떨어진다. 생장이 위축되고 성숙이 빨라진다.
- 과잉 현상 : 도장하며 약해지고 성숙이 늦어진다.
- 비료의 종류 : 요소, 황산암모늄(유안) – 흙을 산성으로 변하게 함, 석회질소, 질산암모늄, 염화암모늄

㉡ 인(P)

- 역할 : 세포 분열을 촉진하고 꽃과 열매 및 뿌리 발육에 관여한다. 새눈, 잔가지를 형성한다.
- 부족 현상 : 뿌리, 줄기, 가지 수가 적어지고 꽃과 열매가 불량해진다.
- 과잉 현상 : 영양 생장이 단축되고 성숙이 촉진되고 수확량이 감소한다.
- 비료의 종류 : 과인산석회, 중과인산석회, 용성인비, 용과인

㉢ 칼륨(K)

- 역할 : 뿌리발육을 촉진시킨다. 병해 · 서리 · 한발에 대한 저항성이 향상된다. 꽃 · 열매의 향기와 색깔을 조절한다.
- 결핍 현상 : 잎이 시들고 단백질과 녹말의 생성이 줄어든다.
- 비료의 종류 : 염화칼륨, 황산칼륨

㉣ 칼슘(Ca)

- 역할 : 식물체 유기산을 중화하고 단백질을 합성한다. 뿌리혹박테리아의 질소 고정에 조력한다.
- 결핍 현상 : 뿌리나 새싹의 생장점이 파괴되어 갈색으로 죽는다. 가뭄과 추위의 피해를 받기 쉽다.

㉤ 망간(Mn)

- 역할 : 철의 도움을 받아 엽록소 합성에 관여하고 식물체 내의 산화환원작용을 지배한다.
- 결핍 현상 : 황화현상으로 생육이 저해된다.

㉥ 붕소(B)

- 역할 : 꽃의 형성과 개화 및 과실을 형성한다. 세포 분열, 원형질막 구성, 대사 작용에 관여한다.
- 결핍 현상 : 줄기끝 생장점이 말라 죽고 다음에 곁눈이 말라 죽는다. 잎이 밀생하고 비틀어지며 변색하여 착화가 곤란하다. 뿌리 생장 저하, 병해에 대한 저항성이 약화된다.

㉦ 황(S)

- 역할 : 꽃과 열매의 향기를 조절하고 호흡작용을 한다. 콩과 식물의 근류를 형성하고 탄수화물의 대사작용에 관여한다.
- 결핍 현상 : 단백질 합성이 늦어진다. 콩과 식물의 질소 고정 작용을 저하시킨다. 안토시안 색소 형성이 생육 중 나타나 생육을 저해한다.

ⓞ 철(Fe)

- 역할 : 엽록소 생성 촉매로 작용한다. 산소를 운반하고 효소의 부활제, 과산화수소의 분해제로 이용된다.
- 결핍 현상 : 엽맥 사이 잎조직에 황화현상을 일으킨다.

(6) 시비시기

① 숙비(기비, 밑거름) : 지효성 유기질 비료(퇴비, 골분, 어분, 계분, 두엄)
- 수목의 성장이 미약한 시기 : 10월 하순~11월 하순(땅이 얼기 전)
  2월 하순~3월 하순(잎이 피기 전)
- 4~6월에 효과가 나타난다.

② 추비(화비, 덧거름) : 무기질 속효성 비료(염화칼슘, N, P, K 등 복합 비료)
- 수목 생장기인 꽃이 진 후 또는 열매를 딴 후 시비한다.
- 4~6월 하순 수세회복을 목적으로 소량 시비한다.

참 고
- 화목류의 인산비료는 7~8월에 준다.
- 잔디의 시비는 지상부와 지하부의 생육이 활발한 시기에 준다.

(7) 거름 주는 방법

① 표토 시비(표면 살포) : 토양 표면에 시비한다. 토양에서 이동 속도가 빠른 질소의 시비 방법이다.

② 토양 내 시비

㉠ 땅을 갈거나 구덩이를 파서 시비한다.

㉡ 토양 이동 속도가 느린 인, 칼륨, 칼슘 등이 적합하다.

㉢ 유기질 비료 시비

전면 거름주기	• 수목 식재 전 밑거름으로 비료를 살포하여 경운하는 경우 • 수목 밀식된 곳에 전면적 살포하는 경우 • 잔디밭 전면에 비료를 살포하는 경우
윤상 거름주기	수관폭 형성하는 가지 끝 아래에 수목 밑동을 중심으로 바퀴 모양으로 구덩이를 파서 거름 주는 방법(깊이 : 20~25cm, 폭 : 20~30cm)
격윤상 거름주기	윤상의 방법이나 일정한 간격으로 띄어 거름을 주는 방법
방사상 거름주기	수목 밑동에서 밖으로 빛이 퍼져나가는 형태로 거름을 주는 방법
선상 거름주기	산울타리처럼 군식된 수목을 따라 도랑처럼 길게 거름 구덩이를 파서 거름 주는 방법
천공 거름주기	몇 군데에 구멍을 뚫고 거름 주는 방법(뿌리가 많은 관목에 적합)

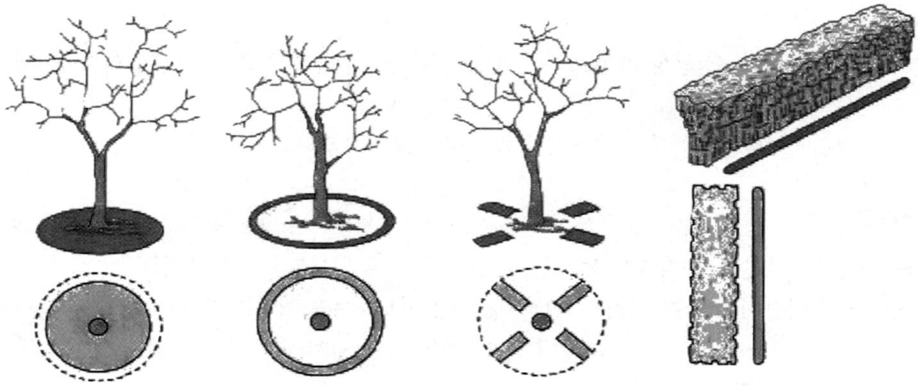

전면 거름주기　　윤상 거름주기　　방사상 거름주기　　선상 거름주기

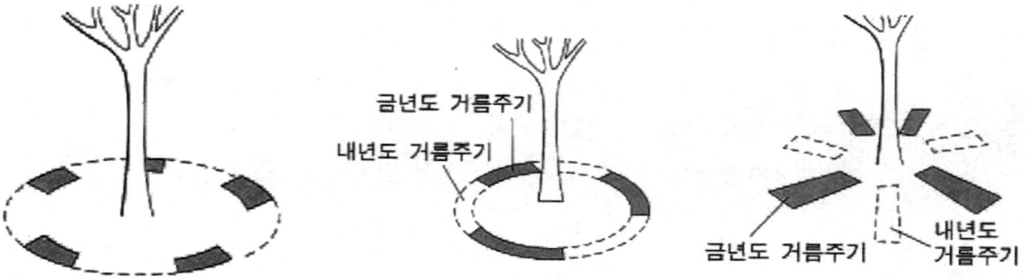

점상(천공) 거름주기　　격윤상 거름주기　　방사상 거름주기

③ 엽면 시비
㉠ 비료를 물에 희석하여 잎에 직접 살포한다.
㉡ 미량 원소 부족 시 효과가 빠르며 맑은 날 아침이나 저녁에 살포한다(광합성이 왕성할 때).
㉢ 뿌리 발육 불량지역에 효과적이다.

3 관수

(1) 수분의 역할

① 식물체 내의 물질 이동
② 물질의 생화학 반응
③ 세포액 팽압에 의한 체형 유지
④ 수분 증산에 의한 수목의 체온 유지
⑤ 토양의 유효물질 용해

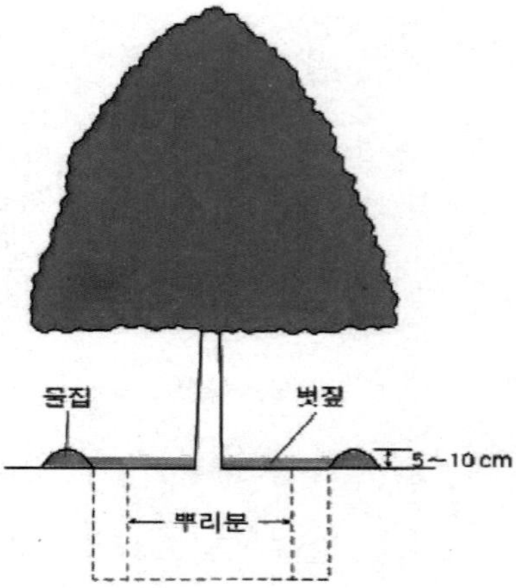

물집 만들기

(2) 관수의 필요성

① 이식 후 착근/뿌리가 넓고 깊게 분포된 심근성 수종 : 관수 필요성 약함

② 이식 후 착근/건조에 약하고 천근성 수종 : 관수 지속적 시행

(3) 관수 유의 사항

① 뿌리가 분포된 땅속 깊이 스며들도록 관수

② 배수불량, 단단하고 굳은 토양 : 뿌리의 산소결핍으로 생장이 둔화되며 뿌리가 썩어 뿌리 기능 상실

③ 물집을 만들고 지표 증발 억제를 위해 멀칭이 필요함

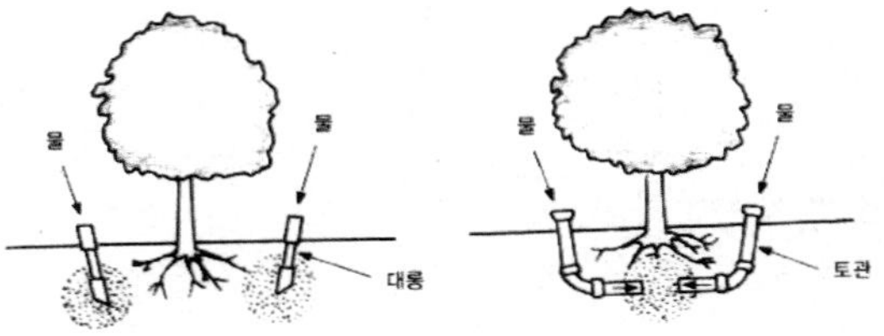

토관관수 방법

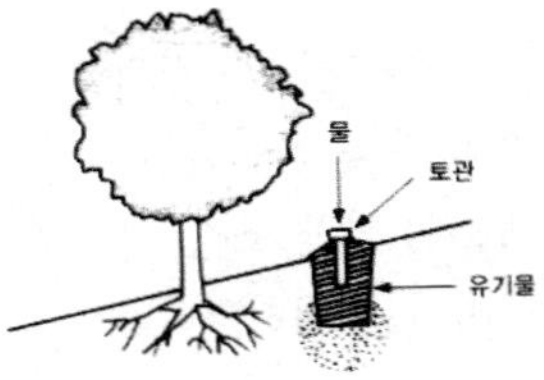

경사면 토관관수

4 잡초방제

• 잡초란, 일상적으로 대수롭지 않은 풀, 가꾸지 않아도 저절로 나는 풀, 원하지 않는 곳에서 저절로 나는 풀이다.

(1) 정원에 많이 발생하는 잡초

① 하계 1년생 잡초
- ㉠ 특징 : 봄부터 여름까지 발아하고 종자는 이듬해 봄까지 토양속에서 휴면한다.
- ㉡ 종류 : 명아주, 강아지풀, 바랭이, 쇠비름

② 동계 1년생 잡초
- ㉠ 특징 : 가을에 주로 발아하며 늦봄 또는 초여름에 종자를 맺는다.
- ㉡ 종류 : 냉이, 망초, 속속이풀, 개미자리, 벼룩나물

③ 2년생 잡초
- ㉠ 특징 : 2년만에 죽는다. 1년 때는 영양 생장, 다음 해에 개화 결실을 한다.
- ㉡ 종류 : 야생 당근, 엉겅퀴속의 잡초

④ 여러 해 살이 잡초
- ㉠ 특징 : 2년 이상 사는 잡초이다.
- ㉡ 종류 : 쑥, 쇠뜨기, 질경이, 띠, 메, 소루쟁이, 클로버

(2) 잡초의 생리 생태

① 환경에 대해 적응성이 크다.
② 재생 및 번식능력이 크다.
③ 종자의 휴면성이 높고, 수명이 길다(명아주 30년, 소루쟁이 70년).
④ 밀식 적응력 및 군생 능력이 크다.
⑤ 종자의 다산성이 크고 발아에서 결실까지 일수가 짧다.

(3) 잡초의 피해

① 양분, 수분을 약탈한다.
② 수온, 지온을 저하시킨다.
③ 광선의 투과를 억제한다.
④ 병 · 해충의 발생 조장 및 월동 장소를 제공한다.
⑤ 정원의미관을 해친다.

(4) 잡초의 방제

① 재배 기술적 방제 : 잔디 식재 비닐 피복으로 잡초 발생을 줄인다.
② 기계적 방제 : 물리적 힘으로 제거(베기, 뽑기, 태우기, 갈아 엎기)한다.
③ 화학적 방제 : 제초제로 방제한다.

㉠ 제초제의 장점
- 효과가 크다.
- 제초 효과가 지속된다.
- 노력과 경비가 절약된다.
- 사용이 간편하다.

㉡ 제초제의 구비 조건
- 제초 효과가 클 것
- 사용이 간편하고 가격이 저렴할 것
- 조경 식물에 해가 없을 것
- 온도, 습도, 광선에 잘 적응할 것

㉢ 제초제 사용 시 주의 사항
- 적용 대상 식물에만 사용한다.
- 조경 식물에 날리지 않도록 주의한다.
- 눈, 비 올 때 사용하지 않는다.
- 토양 수분 과습 시 사용하지 않는다.
- 모래땅, 척박지에서 토양의 약해가 우려된다.
- 살포 시 피부 노출을 피한다.

5 조경 수목의 보호와 관리

(1) 바람에 의한 피해

① 조풍의 해

㉠ 조풍 : 바다로부터 소금기를 품고 불어오는 바람

㉡ 피해 범위 : 바닷가로부터 8~10㎞

㉢ 식물에 해를 주는 염분 농도 : 0.5% 이상

㉣ 증상 : 잎이 갈색 또는 흑색으로 변하고 말라 죽음

㉤ 조풍의 저향력 : 침엽수 〈 활엽수, 낙엽활엽수 〈 상록활엽수

- 조풍에 강한 수종 : 해송, 은행, 향나무, 사철, 자귀, 팽나무, 후박, 동백
- 조풍에 약한 수종 : 소나무, 삼나무, 편백, 화백, 전나무, 벚나무

② 주풍의 해 : 항상 일정한 방향으로 규칙적으로 부는 바람에 나무가 피해를 입는 현상으로 주풍의 해를 많이 받는 곳은 삼림한계 지역과 주풍 직각방향의 산등성이이다.

③ 폭풍의 해 : 초당 29m 이상의 바람이 불 때 폭풍이라 한다.

㉠ 폭풍의 해가 큰 수목의 특성 : 활엽수, 천근성 수종, 늙은 나무, 키 크고 가지 많은 나무, 밀식된 나무

㉡ 폭풍의 해가 큰 토양의 특성 : 토양이 얕은 곳, 습지, 심토가 점토질인 곳

④ 풍해의 예방

㉠ 방풍림을 조성한다.

- 방풍림 효과 범위
  - 위쪽 효과 : 방풍림 높이의 6~10배
  - 아래쪽 효과 : 방풍림 높이의 25~30배

- 방풍림 설치 방법
  - 방풍림의 너비 : 10~20m
  - 나무 간격 : 1.5~2.0m
  - 식재 줄수 : 정삼각형 식재하여 7~8줄
  - 키가 큰 상록성 나무 식재, 하목으로 관목 식재

㉡ 큰가지 치기를 한다.

㉢ 지주목을 설치한다.

- 지주목 묶을 부위에 새끼, 마대, 타이어 튜브를 감아 수피를 보호한다.
- 땅속 20cm 이상 지주목을 박고 보조 말뚝을 박아 지주목과 결박한다.
- 수간과 지주목 결박은 물 적신 새끼로 감으며 십자형이 되도록 죄어 준다.
- 땅속에 묻히는 부분은 태우고(표면 탄화법) 지상부는 페인트 칠을 한다.
- 지주목 제거 시기 : 나무가 완전히 활착되면 제거한다.

(2) 추위로 인한 피해

① 서리의 해(상해, 동해)

㉠ 이른 서리의 해

- 나무가 휴면에 들어가기 전 내린 서리로 피해를 입는 것
- 이른 서리의 해를 입기 쉬운 수종 : 가을 눈이 자란 나무, 웃자란 가지, 강전정으로 맹아가 발생한 수종, 따뜻한 곳에서 추운 곳으로 옮겨 심은 나무

㉡ 늦은 서리의 해

- 이른 봄, 물 오른 나무가 서리의 해로 새싹이 피해를 입는 것
- 상륜(Frost Ring) : 늦은 서리의 해로 인해 1년에 나이테가 2개 생긴 것
- 늦은 서리의 해를 입기 쉬운 수종 : 잎이 일찍 나오는 수종(오리나무류, 이깔나무류, 자작나무류), 추운 곳에서 따뜻한 곳으로 옮겨 심은 나무

㉢ 서리 해의 예방

- 짚싸기(시기 : 9~10월)
- 전정과 거름주기를 일찍 끝낸다.
- 훈연법, 연소법으로 지표면의 온도를 높여 준다.
- 서리 해가 우려되는 지역에는 나무에 미리 살수를 한다.
- 방풍림을 조성하고 저습지는 배수에 유의한다.

② 상렬 : 추위로 인해 나무껍질이 수선방향으로 갈라지는 현상

㉠ 상렬 피해 부위 : 지상 0.5~1.0m의 수간

㉡ 약한 수종 : 참나무류, 포플러류, 수양버들, 느릅나무, 매화류, 벚나무, 전나무, 단풍, 배롱

㉢ 상종 : 상렬로 나무가 갈라지는 것을 반복하여 불룩해진 부분은 병충해 피해를 받기 쉽다.

㉣ 상렬 예방 : 남서쪽 수피가 햇볕을 직접 받지 않도록 하기, 수간의 짚싸기, 석회수 칠하기

③ 서릿발(상주) : 파종한 어린 나무에만 피해를 주며 질흙에서 피해가 크다.

훈연법

관수법

포장법

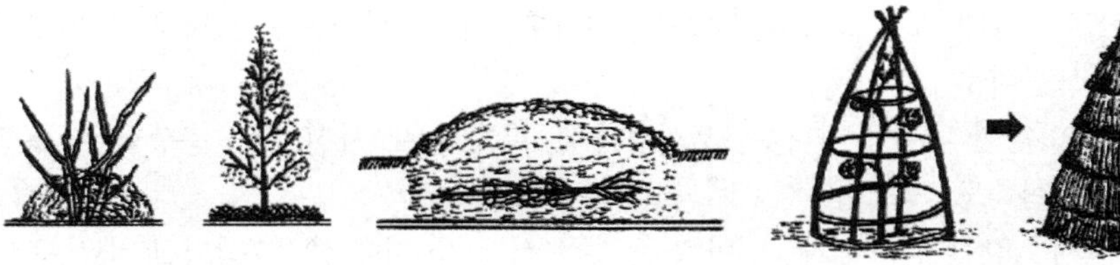

성토법 피복법 매장법 방풍법

(3) 더위로 인한 피해

① 껍질데기(피소)

㉠ 여름철 석양 볕에 줄기가 열을 받아 갈라지는 현상

㉡ 약한 수종의 특징 : 껍질이 얇은 수종, 큰(흉고 직경 15~20cm) 나무의 서쪽, 남서쪽 수간

㉢ 약한 수종 : 오동나무, 일본목련, 느티나무, 버즘나무, 전나무, 벚나무, 배롱나무, 단풍나무

㉣ 예방 : 하목 식재, 새끼감기, 석회수 칠하기

② 한발 해(한해)

㉠ 여름에 기온이 높아 수분 증발이 심해 수분 부족으로 말라 죽는 현상

㉡ 약한 수종 : 오리나무, 버드나무, 미루나무

㉢ 약한 수종의 특징 : 습기 좋아하는 수종, 천근성 수종, 남서쪽의 경사면, 표토가 얕은 토양

㉣ 예방 : 유기질 비료 심층 시비, 지표면 피복, 나무 주변 김매기, 차광, 줄기감기, 물주기

㉤ 물 주는 방법

- 자주 주면 지표 가까이에 잔뿌리가 무성해진다. 이때 물주기를 중단하면 생육이 좋지 못하다.
- 물은 한 번에 충분히 주며 비가 내려 흙 속에 충분한 물이 저장될 때까지는 계속 준다.
- 여름철에 주는 물은 아침 또는 저녁에 준다(한낮은 회피).
- 기온과 비슷한 물을 준다.

(4) 공해

① 공해의 원인 : 일산화탄소, 이산화황, 질소 화합물, 납 화합물, 탄소의미립자

② 급성 피해

㉠ 유해가스 농도가 높을 때 일어난다.

㉡ 침엽수 : 잎 끝이 노란색 또는 적갈색으로 변색하고 심하면 잎이 떨어진다.

㉢ 활엽수 : 잎 가장자리 또는 잎맥 사이가 황백, 회백 또는 갈색의 반점이 생긴다. 기공이 파괴된다.

③ 만성 피해 : 유해가스 농도가 낮을 때 오랜 기간에 걸쳐 잎의 엽록소가 훼손되어 황화현상이 나타난다.

④ 공해에 대한 나무의 저항성

㉠ 약한 수종의 특성 : 어리거나 늙은 나무, 공해 근원에 가까운 곳은 계곡부에 있는 나무, 공해 근원지에서 먼 곳은 능선부에 있는 나무, 척박한 곳, 기온이 높고 날씨가 맑을 때, 침엽수가 공해에 약함

㉡ 저항성이 약한 나무 : 소나무, 낙엽송, 전나무, 섬잣나무, 주목, 삼나무, 느티나무, 자작나무, 팽나무, 느릅나무
㉢ 저항성이 강한 나무 : 향나무, 후피향나무, 은행나무, 사철나무, 층층나무, 동백나무, 녹나무, 팔손이, 협죽도, 벽오동
⑤ 공해의 방제 : 강한 수종 식재, 맹아력 큰 수종 식재, 녹지대 설치, 석회질 비료 시비

6 노목이나 쇠약해진 나무의 보호

(1) 나무가 쇠약해지는 원인

① 뿌리 기능의 쇠약
㉠ 뿌리 기능인 지지, 양분 흡수, 호흡 중 양분 흡수와 호흡 장해에 의해 뿌리가 쇠약해진다.
㉡ 외형적 증상 : 가지 끝부터 말라 죽는다. 심하면 가지 중 일부분이, 아주 심하면 나무 전체가 말라 죽는다.
㉢ 뿌리 쇠약 원인 : 토양이 굳어져 호흡 곤란, 시설물 설치로 인한 토양 환경의 변화, 흙쌓기에 의한 질식으로 뿌리 기능 상실, 토목공사로 인한 배수불량 또는 뿌리 절단
② 나무줄기의 손상
㉠ 기계적 상처 : 나무껍질이 말라 죽고, 목질부 노출로 부후균이 침입하여 동공이 발생한다.
㉡ 유합조직이 형성되지 않을 경우
- 피해 부위가 확산되며 줄기 및 뿌리 손상으로 나무 세력이 쇠약해진다.
- 잎이 작아지고 가지가 짧아진다.
- 열매가 많이 열리고 잎이 퇴색한다.
- 일찍 낙엽이 지고 가지가 하나, 둘 말라 죽기 시작한다.

③ 병해충 및 공해 피해
㉠ 나뭇잎 피해로 나무 세력이 약화된다.
㉡ 병해충의 피해로 이어진다.
㉢ 잎이 말려들거나 일찍 낙엽이 지고, 가지가 자라지 못하며, 뿌리 생장에 영향을 주어 나무 세력이 서서히 쇠약해진다.
④ 기상적 피해 : 설해, 서리해, 동해, 태풍해로 인해 가지의 일부가 말라 죽거나 부러진 것, 또는 갈라진 것을 방치했을 때 부후균의 침입으로 나무껍질이 말라 죽고 수명이 단축된다.

(2) 수목의 외과수술

① 시기 : 4~9월(유합이 잘 될 때)
② 도구 : 목공용 칼이나 접도, 쇠망치, 고무망치, 나무망치, 조각도를 형태별 크기로 제작하여 사용한다. 분무기, 엔진톱, 천공기 등을 이용한다.

③ 외과수술의 실제 : 부패부 제거 → 살균 · 살충처리 → 방부 · 방수처리 → 동공충진 → 매트처리 → 인공 나무껍질처리 → 수지처리

㉠ 살균제 : 에틸알코올, 염화제이수은(승홍), 포르말린

㉡ 살충제 : 파라티온, 스미티온, 다이아톤, 가도나, 리바이지드 등 침투 이행성이 좋은 농약 사용, 훈증제로는 이황화탄소, 메틸브로마이드, 에피홈 등을 사용한다.

㉢ 방부제 : 펜타글린(pentaglin), 구리, 중크롬산 칼륨, 크롬, 비소등의 혼합물을 이용한다.

㉣ 방수제 : 목질부와 접착력과 침투력이 좋은 인공 수지를 이용한다.

㉤ 동공 충진물 : 불포화 폴리에스테르 수지, 우레탄 고무, 에폭시 레진, 폴리우레탄폼 등의 인공 수지를 이용한다.

㉥ 매트 재료 : 에폭시 수지, 페놀 수지, 폴리에스테르 수지, 알키드 수지, 실리콘 수지

㉦ 인공 나무껍질 : 코르크 분제를 염색하여 접착제와 혼합하여 성형 처리한다.

㉧ 수지 처리 : 최종적으로 유합 조직 밑의 목질부에 에폭시, 페놀, 실리콘 수지를 바른 후 코르크 가루를 처리한다.

(3) 수간 주입

① 시기 : 4~9월 증산작용이 왕성한 맑은 날, 노목이나 경제성이 높은 나무

② 수간 주입 방법

㉠ 구멍 뚫기(2곳) : 수간 밑 5~10cm, 반대쪽 지상 10~15cm, 구멍각도 20~30°, 구멍지름 5mm, 깊이 3~4cm

㉡ 수간 주입기 : 높이 180cm 정도에 고정한다.

㉢ 주입관 삽입 : 구멍 속에 약액을 채워 공기를 뺀 후 주입관을 넣고 마개로 닫는다.

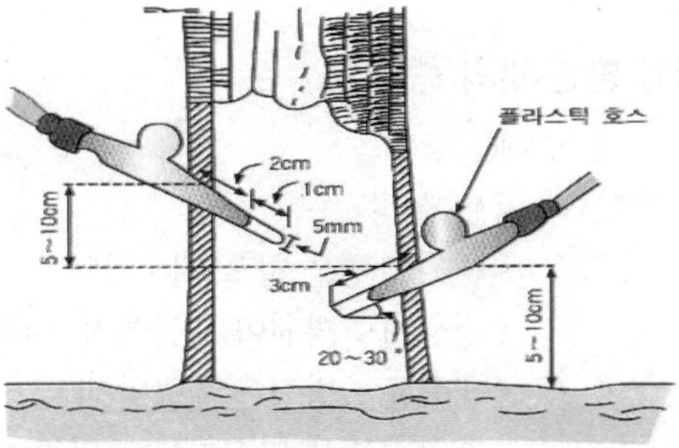

수간 주사

(4) 엽면 시비

① 의미 : 약해, 동해, 공해 또는 인위적 해에 의해 나무 세력이 쇠약해졌을 때 잎에 양분을 공급하여 회복시킨다.

② 맑은 날 오전 : 대상 나무에 요소나 영양제를 필요 농도로 희석하여 지상부 몸 전체가 충분히 젖도록 분무 살포한다.

(5) 줄기 보호대 및 뿌리 보호판 설치

① 통행이 많은 곳, 이용자가 많은 곳에 설치한다.

② 나무껍질의 상처, 다져진 흙으로부터 보호한다.

③ 튼튼하고 미적으로 아름답게 도안된 것 사용한다.

④ 메담쌓기(Dry Well, 마른우물) : 뿌리호흡을 위하여 돌담을 쌓거나 성토를 할 때

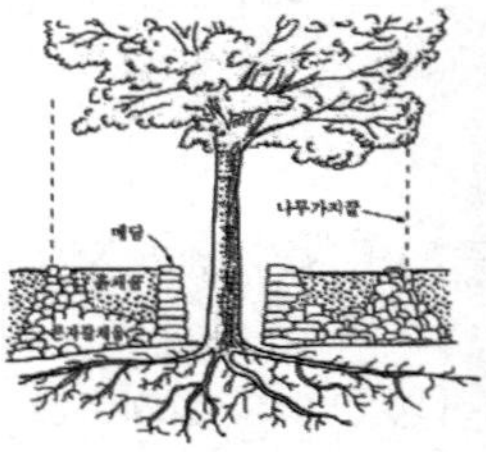

성토시 메담쌓기(마른우물)

수목보호대

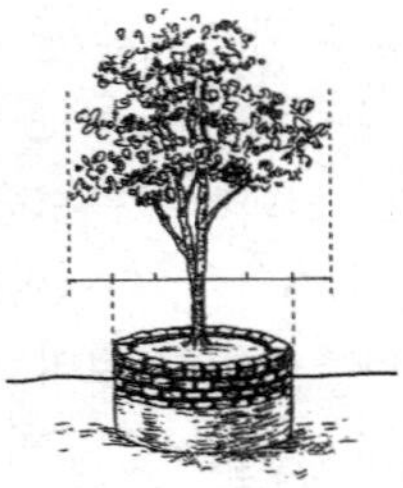

절토시 석축쌓기

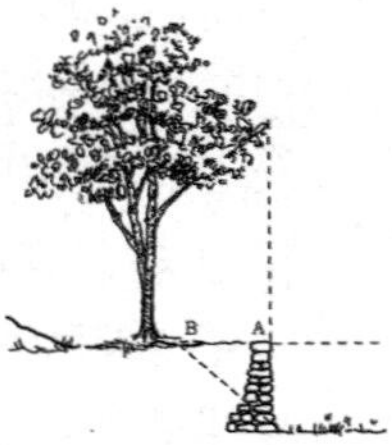

절토시 석축쌓기

(6) 상처 치료

① 상처난 가지의 줄기를 바짝 잘라낸다(굵은 줄기는 3단계로 자름).
② 절단면에 방수제를 발라 준다(치료제 : 오렌지 셀락, 아스팔렘 페인트, 크레오소트 페인트).

7 병충해 방제

(1) 병충해의 종류

① 병해

㉠ 용어 설명

- 병원 : 병을 일으키는 원인
- 병원체 : 병원이 생물이거나 바이러스일 때
- 병원균 : 병원이 세균일 때
- 주인 : 병을 일으키는 주된 원인
- 유인 : 병을 일으키는 2차 원인
- 기주식물 : 병원체가 이미 침입하여 정착한 병든 식물
- 감수성 : 수목이 병원 걸리기 쉬운 성질
- 병원성 : 병원체가 감수성인 식물에 침입하여 병을 일으킬 수 있는 능력
- 감염 : 병원체가 그 내부에 정착하여 기생관계가 성립되는 과정
- 잠복기간 : 감염에서 병징이 나타나기까지, 발병하기까지의 기간
- 병환 : 병원체가 새로운 기주식물에 감염하여 병을 일으키고 병원체를 형성하는 일련의 연속적인 과정
- 병의 발생에 필요한 3가지 요인 : 병원체, 환경, 기주

② 병징과 표징

㉠ 병징(Symptom)

- 병든 식물 자체의 조직변화에 유래하는 이상을 말한다.

- 비전염성병, 바이러스병, 마이코플라즈마의 병에 있어서는 병징만 나타나고 표징은 나타나지 않는다.
- 세균성 병의 경우에도 병원세균이 병환부에 흘러 나와서 덩어리 모양을 이루는 것을 제외하고는 일반적으로 표징이 나타나지 않는다.
- 색깔의 변화, 천공, 위조, 괴사, 위축, 비대, 기관의 탈락, 빗자루모양, 잎마름, 분비, 부패

ⓛ 표징(Sign)
- 병원체가 병든 식물체상의 환부에 나타나 병의 발생을 알리는 것
- 병원체가 진균일 때 거의 대부분 환부에 표징이 나타난다.
- 영양기관에 의한 것, 번식기관에 의한 것이 있다.

③ 병원(病原)의 분류

㉠ 전염성

병원체	표징	병의 예
바이러스(Virus)	없음	모자이크병
마이코플라즈마(Mycoplasma)	없음	대추나무 빗자루병, 오동나무 빗자루병, 붉나무 빗자루병, 뽕나무 오갈병
세균(Bacteria)	거의 없음	뿌리혹병
진균(Fungi)	균사, 균사속, 포자, 버섯 등	입고병, 녹병, 모잘록병, 벚나무 빗자루병, 흰가루병, 가지마름병, 그을음병 등
선충(Nematode)	없음	소나무 시들음병

ⓛ 비전염성
- 부적당한 토양 조건 : 토양 수분의 과부족, 영양결핍 및 과잉, 토양 중 유해물질, 통기성 불량, 토양 산도 부적합
- 부적당한 기상 조건 : 지나친 고온 및 저온, 광선 부족, 건조와 과습, 바람, 폭우, 서리
- 유해물질에 의한 병 : 대기 오염, 토양 오염, 염해, 농약의 해
- 농기구 등에 의한 기계적 상해

ⓒ 발병 부위에 따른 분류
- 잎, 꽃, 과일에 발생하는 병 : 흰가루병, 탄저병, 회색곰팡이병, 붉은별무늬병, 녹병, 균핵병, 갈색무늬병
- 줄기에 발생하는 병 : 줄기마름병, 가지마름병, 암종병
- 나무 전체에 발생하는 병 : 흰비단병, 시들음병, 세균성 연부병, 바이러스 모자이크병
- 뿌리에 발생하는 병 : 흰빛날개무늬병, 자주빛날개무늬병, 뿌리썩음병, 근두암종병

ⓔ 병원체의 월동
- 기주체내에서 월동 : 잣나무 털녹병, 오동나무 빗자루병
- 병환부 또는 죽은 기주체에서 월동 : 밤나무 줄기마름병, 오동나무 탄저병

• 종자에 붙어서 월동 : 묘목의 입고병균, 오리나무 갈색무늬병
• 토양 중에 월동 : 자주빛날개무늬병, 근두암종병

ⓜ 중간 기주 식물

• 기주 식물 : 수목 병원균이 균사체로 다른 나무에서 월동, 잠복하여 활동하는 나무
• 중간 기주 식물 : 균이 생활사를 완성하기 위해 식물군을 옮겨 가면서 생활하는데, 2종의 기주 식물 중 경제적 가치가 적은 쪽을 말한다.

병명	중간 기주 식물	병명	중간 기주 식물
잣나무 털녹병	송이풀, 까치밥나무	소나무 잎녹병	황벽나무, 참취, 잔대
소나무 혹병	졸참나무, 신갈나무	포플러 녹병	낙엽송
붉은별무늬병(적성병)	향나무		

(2) 나무의 병해

• 병해의 증상 : 해충 피해 후나 해충의 매개로 병에 걸린다.
• 예방 : 수광과 통풍을 좋게 하고, 비배 관리를 철저하게 한다.

① 바이러스병 : 상처 또는 곤충의 매개
㉠ 위축병 : 식물 전체 또는 부분의 생장발육이 나빠지면서 가지 마디와 잎이 밀생하여 위축
㉡ 색소체의 이상 : 짙은 녹색 부분과 황토색, 노란색 등의 모자이크 현상, 또는 둥근 결무늬

② 곰팡이류
㉠ 조균 : 포도나무 노균병
㉡ 담자균류 : 배 및 사과나무 붉은별무늬병, 포플러 자주빛날개무늬병, 잣나무 털녹병, 소나무 혹병, 동백의 떡병, 깜부기병과 녹병, 버섯류의 병
㉢ 자낭균 : 복숭아 줄기마름병, 장미 등의 흰가루병과 그을음병, 배나무 검은별무늬병
㉣ 불완전균 : 꽃복숭아 탄저병, 사과갈색 무늬병

③ 세균류 : 박테리아, 구균, 간균, 나선균, 사상균
㉠ 유조직병 : 나뭇잎 등 유조직에 침입하여 점무늬, 썩음, 잎마름과 같은 병징을 나타낸다.
예 천공병, 점무늬병 등
㉡ 시들음병 : 점무늬 형성 세균이 물관으로 침입하여 물의 상승을 막아 시들음을 나타낸다.
예 각종 수목류의 입고성 병 등
㉢ 세균성 혹병 : 세균이 세포에 침입, 세포를 자극하여 세포 분열 촉진하고 이상 증식을 한다.
예 근두 암종병 등

④ 기타 : 파이토플라스마(Phytoplasma)의 일종에 의한 대추나무 빗자루병과 쥐똥나무 빗자루병, 오동나무 빗자루병과 붉나무 빗자루병, 뽕나무오갈병 등[과거에는 마이코플라스마(Mycoplasma) 유사체로 불리었음, 벚나무 빗자루병은 곰팡이의 일종으로 자낭균류에 속함]

(3) 병충해 방제법

① 피해지를 잘라 태우고 낙엽, 잡초를 제거한다.
② 내병충성 품종의 이용 : 정원에 병에 강한 수종으로 선택
③ 건전한 비배관리에 의한 방제 : 토양, 수분, 광선, 통풍
④ 생물학적 방제법 : 천적의 이용
⑤ 물리학적 방제법 : 전정 가지의 소각, 낙엽 태우기, 잠복소, 유살, 소살, 경운 등의 이용
⑥ 화학적 방제법 : 농약 이용
⑦ 종합적 방제법 : 농약, 천적 등 종합적 대처

(4) 나무의 해충

① 가해 방법에 따른 해충의 분류

분류	가해습성	주요 해충
흡즙성	즙을 빨아먹는 습성	진딧물, 응애, 깍지벌레, 매미, 노린재
식엽성	잎을 갉아먹는 습성	나방류(솔나방, 흰불나방), 황금충, 잎벌레, 풍뎅이류
천공성	줄기에 구멍을 뚫는 습성	하늘소류, 소나무좀, 박쥐나방, 버들바구미
충영형성	벌레혹을 만드는 습성	솔잎혹파리, 밤나무혹벌

② 곤충의 환경
㉠ 탈바꿈 : 알 → 애벌레 → 번데기 → 성충의 탈바꿈 과정 중 살충제에 저항이 약한 애벌레 때 방제하는 게 이상적이다.
㉡ 먹이 : 한 가지 식물, 몇 종류의 식물, 여러 종류의 식물 등을 먹고 산다. 애벌레 때 가장 많이 섭취한다.
㉢ 행동 : 화학물질이나 물리적 자극에 따라 이동하는 성질이 있어 유인등, 초음파, 페로몬(Pheromone)을 이용 포살한다.
㉣ 밤과 낮에 따른 행동 : 구별하여 포살한다.
㉤ 월동 : 알 또는 번데기 형태로 월동하는 것을 포살한다.

③ 해충의 특징
㉠ 응애류(거미강)
- 귤응애, 점박이응애, 벚나무응애, 사과응애 등 종류가 많다.
- 1년에 5~9회 발생하고 알 형태로 월동한다.
- 응애의 천적을 살리기 위해 농약의 남용을 줄이고 천적을 보호한다.

㉡ 선충류 : 육안으로 구별이 곤란하다. 뿌리 즙을 빨고 뿌리혹을 형성한다.
㉢ 달팽이류 : 습윤한 곳에서 식물 잎을 갉아 먹는다.
㉣ 새와 짐승의 피해 : 그물, 알루미늄줄 이용, 두더지 피해를 예찰한다.

(5) 주요 병충해 증상 및 방제법

① 주요 병해별 가해 증상 및 방제법

㉠ 흰가루병(백분병)

- 잎과 가지에 흰가루가 생긴다.
- 백색의 점무늬가 퍼져서 곰팡이 모양으로 진행된다.
- 장미, 단풍나무, 배롱나무, 벚나무에 많이 발생한다.
- 새눈 나오기 전 석회황합제산포, 포리독신, 다이젠M45, 지오판, DBEDC(황산구리+산요르), 베노밀, 만코지를 살포한다. 병든 잎이나 가지를 소각한다.

㉡ 그을음병(매병)

- 깍지벌레, 진딧물의 배설물에 의해 발생한다.
- 잎과 줄기에 그을음을 형성하고 각종 바이러스를 유발한다.
- 마라톤제를 살포한다.

㉢ 가지마름병(지고병)

- 소나무, 잣나무, 밤나무, 버즘나무에 피해가 크다.
- 2~3년생 가지가 적갈색으로 말라 죽고 침엽은 갈변하여 떨어진다.
- 수피 파열, 환부 표면에 균체를 형성한다.
- 병든 가지 제거 · 소각, 환부 절단 후 발코트, 페인트 바름, 이른 봄에 보르도액 살포

㉣ 탄저병

- 오동나무, 대추나무, 감나무 등 주로 묘목의 줄기와 잎에 많이 발생한다.
- 5~6월에 엽맥과 새 가지에 담갈색 및 회갈색 윤문이 발생한다.
- 6월에 10일 간격으로 만코지, 석회보르드액, 다이젠Z-78 살포한다.

㉤ 빗자루병(천구소병)

- 도깨비집병, 미친개 꼬리병으로 부른다.
- 오동나무, 대추나무, 붉나무, 쥐똥나무(마이코플라즈마), 벚나무(자낭균) 등에서 발생한다.
- 잎과 줄기가 작아지고 담황록색으로 밀생하여 빗자루처럼 보인다.
- 꽃이 잎으로 변하여 열매가 달리지 않고 수년간 지속되면 고사한다.
- 매개충인 담배장님노린재, 마름무늬매미충을 제거, 발병 초기에 옥시테트라 사이클린을 수간 주사한다.

㉥ 갈색무늬병

- 7월~10월에 갈색 병반, 병든 잎에 갈색 병반, 병든 잎은 8월에 조기 낙엽이 진다.
- 싹트기 전 보르도액 살포한다.

㉦ 붉은별무늬병(적성병)

- 배나무, 사과나무, 모과나무, 명자, 장미, 산사나무 등에서 발생한다.
- 6~7월에 잎과 열매에 반점이 나타나기 시작하여 잎이 조기에 떨어진다.

• 수목생장이 저조해지고 과일이 달리지 않는다.
• 주변에 향나무 식재 금지, 티디폰, 마이탄수화제 살포

ⓞ 녹병(수병)

• 잣나무 털녹병 : 주로 15년 이하의 나무에서 발생한다.
• 중간기주인 송이풀류를 지속적 제거한다.
• 전나무 잎녹병 : 계곡부에서 주로 발생, 중간기주인 뱀고사리를 제거한다.
• 버드나무류 잎녹병 : 갯버들, 수양버들, 용버들 등, 병든잎 소각, 만코지 수화제를 살포한다.

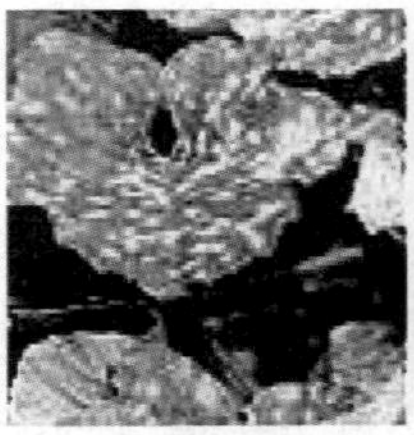
흰가루병

그을음병

가지마름병

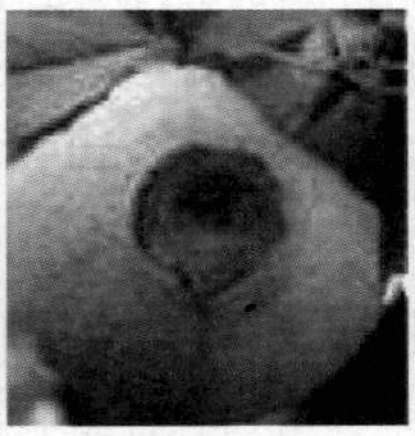
탄저병

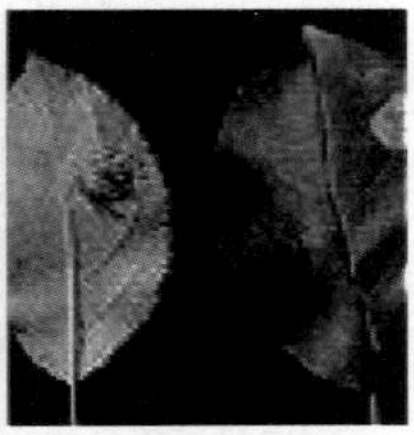
붉은별무늬병

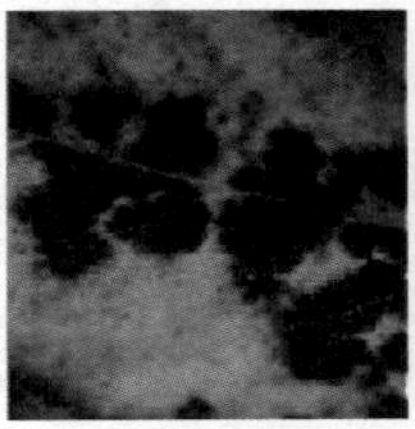
갈색무늬병

녹병

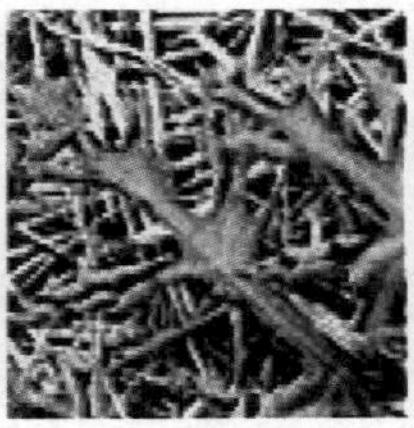
시들음병

잎마름병

모자이크병

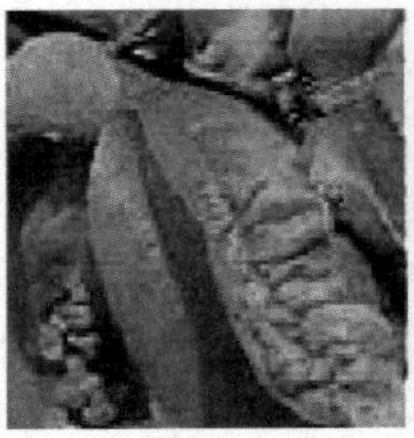
오갈병

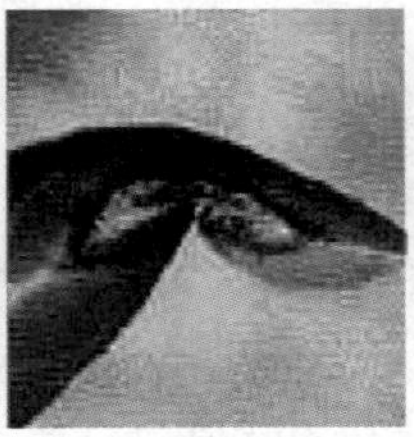
탄저병

빗자루병

② 주요 해충별 가해 증상 및 방제법

㉠ 응애류

• 잎 뒷면의 즙을 먹어 노란색 반점을 남긴다. 수세가 약해지고 심해지면 고사한다.
• 응애는 살비제를 사용하되 동일 약종을 계속 사용하면 저항성의 응애가 생기므로 같은 약종의 연용은 피해야 한다.
• 응애 발생기인 4월 중하순에 시중에 판매되는 응애 약을 7~10일 간격으로 2~3회 살포한다.
• 응애류는 농약의 남용으로 천적인 무당벌레, 풀잠자리, 포식성응애, 거미 등이 감소되었을 때 발생하기 쉬우므로 천적을 보호하여 생태계의 균형을 유지하도록 해야 한다.

㉡ 깍지벌레류(개각충)

- 잎, 가지를 가해, 2차적으로 그을음병을 유발한다.
- 수프라사이드 40% 유제 1,000배 액을 5월 중 · 하순에 1주일 간격으로 2~3회 살포한다.
- 수프라사이드는 냄새가 독하나 최근 포스파미돈(다무르)은 나무좀 예방효과까지 있어 많이 사용된다.
- 무당벌레류, 풀잠자리류 등의 천적을 보호한다.

㉢ 진딧물류

- 잎, 가지를 가해하여 황화현상, 그을음병을 유발한다.
- 발생 초기인 4월에 마라톤 50% 유제, 메타시스톡스 25% 유제 1,000배 희석하여 살포한다.
- 무당벌레류, 꽃등에류, 풀잠자리류, 기생벌 등 천적을 보호한다.

㉣ 미국흰불나방

- 집단 서식하며 잎이나 가지에 거미줄, 애벌레가 노숙해지면 분산해서 가해한다.
- 생물농약인 슈리사이드 1,000배 액을 살포한다. 군서하는 유충을 피해 잎과 함께 태운다.
- 8월 중순에 피해목 수간에 잠복소를 설치하여 유인 · 포살한다.
- 디프 50% 유제, 80% 수용제를 1,000배 살포한다.
- 주론수화제(디밀린)

㉤ 솔나방(디프제)

- 송충이, 애벌레가 솔잎을 갉아먹어 나중에 말라 죽는다.
- 유충가해기에 마라톤 50%유제 1,000배 액 또는 70% 유제 1,500배 액을 살포한다.
- 10월에 피해수간에 잠복소를 설치하여 월동 유충이 들어가게 한 후 태운다.
- 7월 하순~8월 상순에 성충을 등화유살(불빛을 비추어 모은 다음에 죽임)한다.
- 뻐꾸기, 꾀꼬리, 두견새 등은 송충이를 잡아 먹으므로 보호 · 활용해야 한다.

㉥ 오리나무잎벌레

- 애벌레는 굼뱅이로 뿌리 가해, 엄지벌레인 풍뎅이는 밤에 잎을 가해한다.
- 유충 가해기인 5월 하순~7월 하순에 디프제 1,000배 액 등을 살포한다.
- 4월 하순~5월 상순 또는 7~8월에 성충을 잡아 죽인다(포살).
- 5~6월에 잎 뒷면의 알덩어리 또는 군서유충을 채취 · 소각한다.

㉦ 독나방

- 잎 가해, 잎맥을 남겨 그물모양으로 된다.
- 4~5월과 8~10월 유충의 가해 시기, 디프테렉스 80% 수용제 1,000배를 살포한다.
- 성충우화기인 6~7월에 등화유살한다.
- 군서(群棲 : 무리지어 사는 것)하는 유충을 피해 잎과 함께 채취 · 소각(불태움)한다.

㉧ 측백나무 하늘소

- 애벌레가 줄기 속을 가해한다.
- 피해를 입은 가지나 줄기를 10월부터 2월까지 소각한다.
- 향나무에 피해가 많으며 똥이 밖으로 배출되지 않아 발견이 어렵다.

- 4월 상~하순에 메프(스미치온류 등) 1,000배 액을 2~3회 살포한다.

㉨ 소나무좀
- 애벌레가 쇠약목에 구멍을 뚫고, 성충이 신초에 구멍을 뚫는다.
- 세력이 약한 식물 부분 미리 발견하여 제거해야 번식처가 없어진다.
- 근처에 있는 통나무 원목이나 잘라낸 뿌리 등은 5월 이전에 껍질을 벗겨 번식처를 제거해야 한다.
- 보통 벌채된 소나무 원목을 1미터 길이로 잘라 세워두면 성충이 그 껍질에 산란하게 되므로 그 후 껍질을 벗겨 태운다.

㉩ 솔잎혹파리
- 애벌레가 잎 기부에 혹을 만들고 즙을 빨아먹는다.
- 다이메크론 등을 6월 상순~7월 중순에 수간 주사한다.
- 침투성 살충제(입제)를 5월 상순경 뿌리 부근에 살포한다.
- 성충 우화기인 5월 하순~6월 중순에 나크 3% 분제를 2~3회 지면에 살포한다.
- 피해목을 9월 이전에 벌채해야 한다.
- 천적 기생벌인 솔잎혹파리먹좀벌, 혹파리살이먹좀벌 등을 방사한다.

㉪ 소나무시들음병(재선충)
- 솔수염하늘소의 성충이 소나무의 잎을 갉아 먹을 때 나무에 침입하는 재선충에 의해 소나무가 말라 죽는 병이다.
- 일단 감염되면 100% 말라 죽기 때문에 일명 '소나무 에이즈'로 불린다.
- 매개충 : 북방수염하늘소, 솔수염하늘소
- 방제약 : 인덱스 유제, 아바멕틴 유제
- 매개충인 솔수염 하늘소의 연간 이동 능력이 2~3㎞에 불과해 매개충 자체로 인한 감역확산보다는 감염목의 이동에 따른 확산이 더 문제시 되고 있다.

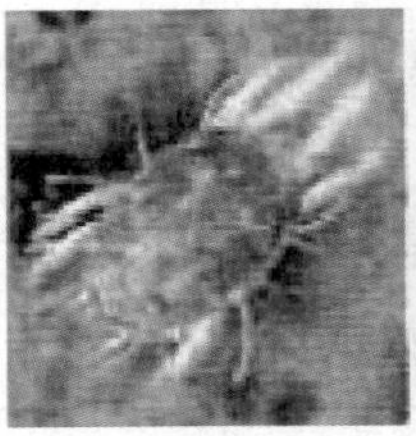
응애

깍지벌레

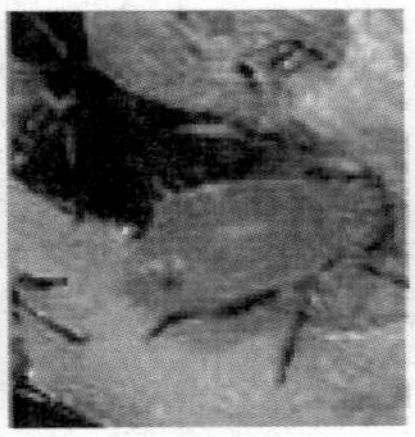
진딧물

진딧물

바구미

잎벌레

쥐똥나무 밀깍지벌레

주홍날개꽃매미(중국매미)

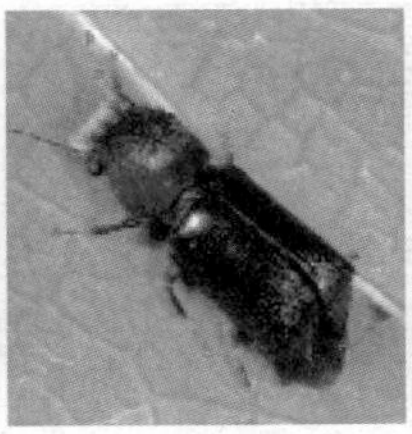
나무좀

밤나무혹벌(혹이 생김)

흰불나방

솔잎혹파리

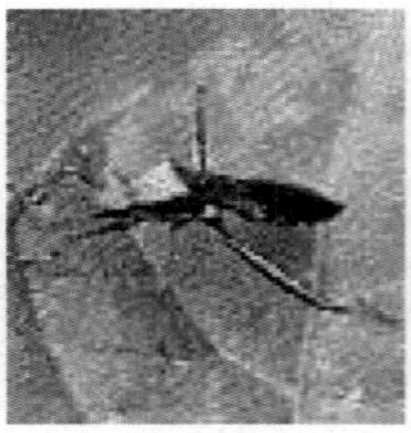
노린재

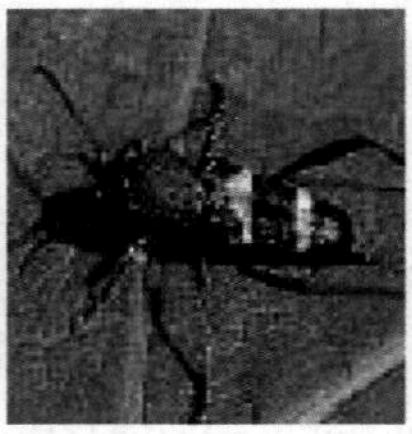
하늘소

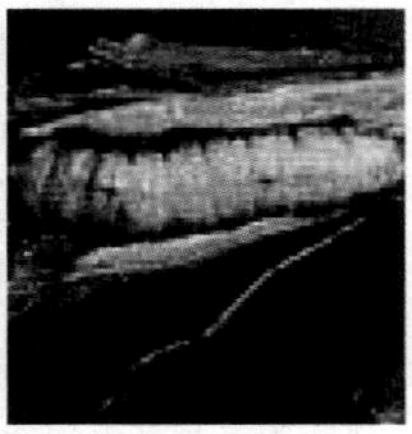
유리나방

이화명나방

재선충과 솔수염하늘소

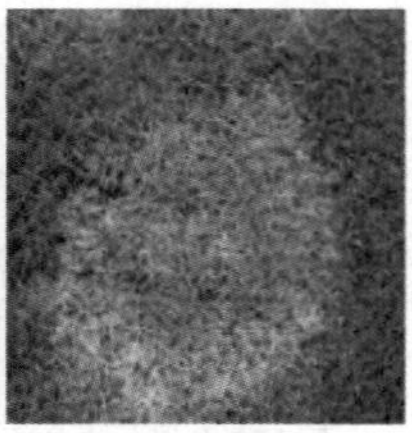
재선충의 피해

8 농약 관리

(1) 농약의 분류

① 사용 목적에 따른 분류

구분		포장지 색깔	작용 및 종류
살충제		초록색	• 해충을 방제하는 약제 • 디프테렉스, 스미치온, DDVP 마라톤계, 메타시스톡스 등
살비제		초록색	• 응애목에 속하는 해충을 방제하는 약제
살균제		분홍색	• 병원균을 방제하는 약제 • 다이젠, 보르드액, 석회황합제, 황(S)제, 만코지, 유기수은제
제초제	선택성	노랑색	• 잔디를 제외한 잡초를 살초하는 약제
	비선택성	빨강색	• 수목과 잡초를 모두 살초하는 약제
생장조절제		파랑색	• 생장을 촉진하고 낙과를 방지하는 약제 • 아토닉, 지베렐린, 시토키닌, 옥신, ABA
보조제		흰색	• 농약이 해충의 몸이나 농작물의 표면에 잘 묻도록 하여 약효를 높여 주는 약제

② 주성분에 따른 분류

분류	내용
유기인계	• 인(P)을 중심, 살충제로 농약 중 가장 많은 종류가 있다.
카바메이트계	• 주로 살충제로 사용되나 제초제도 있다.
유기염소계	• 염소(Cl) 분자를 합유한 농약이며 잔류성이 문제된다.
황계	• 황(S)을 가진 농약이다. • 결합 상태에 따라 무기황제(마네브, 지네브), 유기황제(석회황합제, 황수화제)
동계	• 동(Cu)을 함유한 농약, 살균제(석회보르드액, 동수화제)
유기비소계	• 우리나라에서 사용 중인 농약은 네오아진 하나 뿐이다.
기타농약	• 항생물질계, 페녹시계, 트리아진계, 요소계

③ 제제 형태에 따른 분류

㉠ 액체 시용제 : 액체 상태로 사용한다.

분류	제제형태	사용형태	특성
유제	**용액**	**유탁액**	• 기름에만 녹는 지용성 원제를 유기용매에 녹인 후 계면활성제를 첨가하여 만든 농축된 농약이다.
액제	**용액**	**수용액**	• 수용성 원제를 물에 녹여서 만든 용액이다. 겨울철 동파위험이 있다.
수화제	**분말**	**현탁액**	• 물에 녹지 않는 원제에 증량제와 계면활성제를 섞어서 만든 분말이다. • 조제 시 가루날림에 주의한다.
수용제	**분말**	**수용액**	• 수용성 원제에 증량제를 혼합하여 만든 분말로 투명한 용액이 된다.

㉡ 고형 시용제 : 고체 상태로 살포, 분제(분말가루)와 입제로 나눈다.

㉢ 기타 : 훈증제, 도포제, 캡슐제

④ 소요 약량 계산

$$\text{ha당 원액 소요량} = \frac{\text{ha당 사용량}}{\text{사용희석배수}} = \frac{\text{사용할 농도(\%)} \times \text{살포량}}{\text{원액농도}}$$

기출예제) 디프테렉스 용액 50%를 0.05%로 ha당 1,000 ℓ 를 살포한다면 소요되는 원액량은?

① 1,000cc ② 1,500cc ③ 2,000cc ④ 2,500cc

해설) $\frac{0.05 \times 1,000}{50} = 1\ell = 1,000cc$

정답 : ①

⑤ 농약 살포 시 주의 사항

㉠ 얼굴이나 피부 노출 방지 : 보호 장비를 착용한다.

㉡ 바람을 등지고 농약을 살포한다.

㉢ 작업이 끝나면 옷을 갈아입고 몸을 깨끗이 씻는다.

㉣ 작업 중 음식물을 섭취하지 않는다.

㉤ 농약보관을 철저히 한다.

제3장 잔디와 화단의 관리

1 잔디밭 관리

(1) 잔디의 종류

- 여름형 잔디(남방형, 난지형) : 한국잔디, 버뮤다 그래스, 위핑 러브 그래스
- 겨울형 잔디(북방형, 한지형) : 켄터키 블루 그래스, 벤트 그래스, 라이 그래스, 페스큐 그래스

① 한국 잔디

㉠ 여름용 잔디, 키는 15cm 이하로 완전 포복형, 답압, 병충해, 공해에 강하다.

㉡ 5~9월 사이에 푸른 상태로 있고 그늘에는 잘 자라지 못한다.

㉢ 답압, 병충해, 공해에 강하다.

㉣ 잔디밭 조성에 시간이 많이 소요되고 회복 속도가 느리다.

종류	내한성	특징	용도
들잔디	강	• 잎이 넓고 거칠다. • 생활력과 토양 응집력이 강하다.	공원, 경기장, 비탈면, 묘지
금잔디	약	• 잎이 곱고 부드럽다.	정원, 골프장
빌로드잔디	매우 약	• 남해안에서 자생한다. • 길이가 3cm 이하인 매우 고운 잔디이다.	남부지방 정원용
갯잔디	중간	• 생육정도가 약하다.	해안 조경

② 서양 잔디 : 목초로 사용하던 것을 잔디로 개발했다. 상록성 다년생이며 주로 종자 번식을 한다.

종류	특징
켄터키 블루 그래스	• 겨울형 잔디로 서늘하고 그늘진 곳에서 잘 자란다. • 미국 유럽의 정원과 공원 잔디로 가장 많이 사용되고 골프장, 경기장 등에 사용한다. • 3~12월간 푸른 상태를 유지한다. • 잔디깎기에 매우 약하다.
벤트 그래스	• 가장 품질이 좋은 잔디로 골프장의 그린용이다. • 겨울형 잔디, 푸른 상태를 유지한다. • 그늘 건조에는 약하며 자주 깎아줘야 한다. 병해충에 약하다.
페스큐 그래스	• 겨울형 잔디로 내한성은 가장 강하다. • 분얼로 포기 번식 가능, 건조에 약하다.

종류	특징
라이 그래스	• 겨울형 잔디, 분얼형, 건조에 강하다.
버뮤다 그래스	• 여름형 잔디, 5~9월간 푸르다. 대전 이남에서만 월동 가능하며 불완전 포복형이다. • 내답압성이 크고 관리가 용이하다.
위핑 러브 그래스	• 여름형 잔디, 길이가 60~150cm로 자라며 분얼형이다. • 도로변 비탈면에 식재하며 깎지 않아도 된다.

(2) 잔디깎기

① 잔디깎기의 효과

㉠ 잡초발생을 줄인다.

㉡ 잔디의 밀도를 높인다(분얼 촉진).

㉢ 평탄한 잔디밭을 만든다.

㉣ 병충해 발생을 억제한다.

② 장단점

장점	단점
• 균일한 잔디면을 제공한다. • 분얼을 촉진하여 밀도를 높인다. • 잡초의 발생을 줄일 수 있다. • 잔디면을 고르게 하여 경관을 아름답게 한다. • 통풍이 잘 되어 병충해를 줄일 수 있다. • 평평한 잔디밭을 만들어 경기력을 향상시킬 수 있다.	• 잔디를 깎으면 잎이 절단되므로 탄수화물의 보유가 줄어든다. • 병원균이 침입하기 쉽다. • 물의 흡수능력이 저하된다.

③ 깎은 후의 잔디 길이

㉠ 가정, 공원, 공장 : 2~3cm(한국 잔디 : 3~4cm)

㉡ 축구 경기장 : 1~2cm

㉢ 골프장

- 그린 : 0.5~0.7cm
- 티 : 1.0~1.2cm
- 에이프런 : 1.5~1.8cm
- 페어웨이 : 2.0~2.5cm

(3) 잔디 깎는 횟수

① 여름형 잔디 : 여름철 고온기에 잘 자라므로 이때 자주 깎아 준다.

② 겨울형 잔디 : 봄, 가을 서늘할 때 잘 자라므로 이때 자주 깎아 준다.

③ 가정용 정원 : 적어도 5, 6, 7, 9월은 월 1회, 8월은 월 2회, 총 6회 깎아 준다.

④ 공원용 정원 : 5월 1회, 6월 2회, 7월 2회, 8월 3회, 9월 2회 10월 1회, 총 11~13회

⑤ 벤트 그래스 : 연 35~36회

⑥ 경기장 잔디 : 연 18~24회

⑦ 골프장 잔디

- 그린 : 매일
- 티 : 주 2~3회
- 에이프런 : 주 2~3회
- 페어웨이 : 주 1~2회

(4) 예취기의 종류

① 핸드 모어 : 150m² 미만의 잔디밭 관리용이다.
② 그린 모어 : 골프장의 그린, 테니스 코트장, 0.5mm 단위로 깎는 높이 조절이 가능하다.
③ 로터리 모어 : 150m² 이상 면적의 학교, 공원용이며 깎인 면이 거칠다.
④ 갱 모어 : 15,000m² 이상의 대규모 골프장, 운동장, 경기장용이며 트랙터에 달아 사용한다.
⑤ 어프로치 모어 : 잔디 면적이 넓고 품질이 좋아야 하는 지역에 사용한다. 깍는 속도가 빠르다.

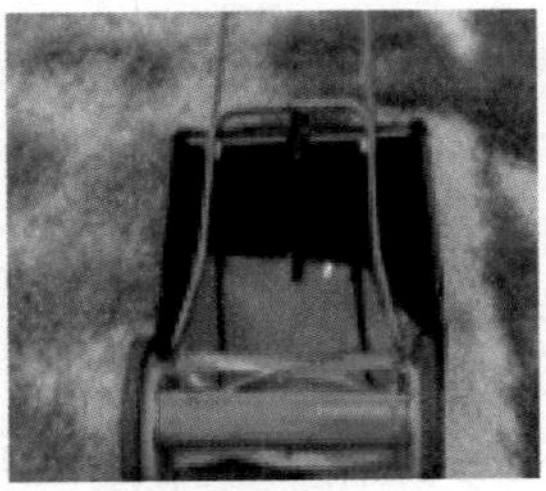
핸드모어

그린모어

로터리모어

갱모어

(5) 잔디의 생육 온도 및 함수량

① 난지형 잔디 : 생육 적온(25~35℃), 생육 정지 온도(10°℃ 이하)
② 한지형 잔디 : 생육 적온(13~20℃), 생육 정지 온도(1~7℃ 이하)
③ 잔디밭의 적정 함수량은 25%이다.

(6) 잔디밭 잡초 방제

① 예방적 방법 : 잔디 생육에 적합한 환경을 만들어 잡초에 대한 경쟁력을 강화시킨다.
② 물리적 방제 : 인력으로 제거한다.
③ 화학적 방제 : 제초제를 사용한다.
㉠ 발아 전 처리 제초제
- 1년생 화본과 잡초들은 발아 전 처리제에 의해 방제한다.
- 시마진(시네마), 론스타, 론파(벤설라이드), 데브리놀(파미드)

㉡ 경엽 처리제
- 다년생 잡초를 포함하여 영양 기관 전체를 제거할 때 사용한다.
- 2,4-D, MCPP, 반벨, 디캄바

㉢ 비선택성 제초제
- 잡초와 작물을 구별하지 못하는 제초제이다.
- 근사미(글리포세이트, 글라신), 그라목손(피라코)

④ 잔디밭에 많이 발생하는 잡초 : 바랭이, 매듭풀, 강아지풀, 클로버
㉠ 잔디밭 관리에 가장 문제가 되는 잡초 : 클로버

㉡ 클로버 방제법
- 약제 : 2~4D, 반벨, 트리박, ATA, BPA, CAT, 그라목손, 근사미
- 그라목손, 근사미는 잔디에 피해를 주므로 생장을 멈춘 상태에서만 사용한다.
- 손 제초 : 클로버의 손 제초를 잘못하면 포복경이 끊어져 오히려 번식을 조장한다.
- 부분 교체 : 클로버가 많이 발생한 곳은 뿌리째 걷어내고 다른 잔디로 교체한다.

(7) 잔디밭의 갱신과 보수

① 통기 작업

㉠ 목적 : 뿌리 호흡 촉진, 검불의 분해 촉진, 비료 · 수분의 침투 용이

㉡ 통기 작업 기구 : 그린 시어, 스파이크, 브러시, 레이크

㉢ 방법 : 2~3개월마다 2.5~10cm 간격으로 지표면을 5~10cm 깊이로 구멍을 낸다.

㉣ 종류
- 코링(Coring) : 단단해진 토양에 지름 0.5cm, 깊이 2~5cm의 원통형으로 토양을 제거한 후 구멍을 허술하게 채워 주는 작업으로 물과 양분의 침투 및 뿌리의 생육을 원활하게 하기 위한 작업이다(작업 도구 : 그린시어, 버티파이어).
- 슬라이싱(Slicing) : 칼로 토양을 베어 주는 작업(레노베이어, 론에어)으로 포복경, 지하경을 잘라줌으로써 잔디의 밀도를 높여 주는 효과가 있다.
- 스파이킹(Spiking) : 끝이 뾰족한 장비로 토양에 구멍을 내는 작업(론스파이크)이다.
- 버티컬 모잉(Vertical Mowing) : 토양의 표면까지 주로 잔디만 잘라 주어 태치를 제거하고 밀도를 높여 주는 작업(버티컬 모어)이다.
- 태치(Thatch) : 잘려진 잎이나 말라 죽은 잎이 땅위에 쌓여 있는 상태로 스폰지 같은 구조를 가지게 되어 물과 거름이 땅에 스며들기 힘들어진다.

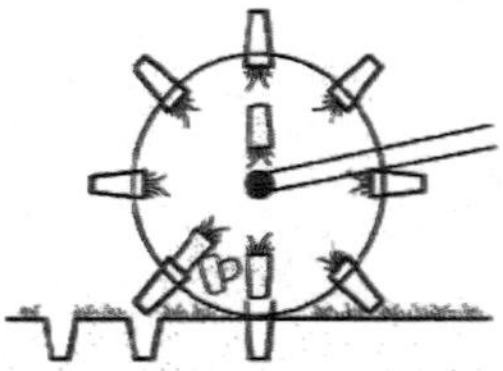
코링(통기) 작업

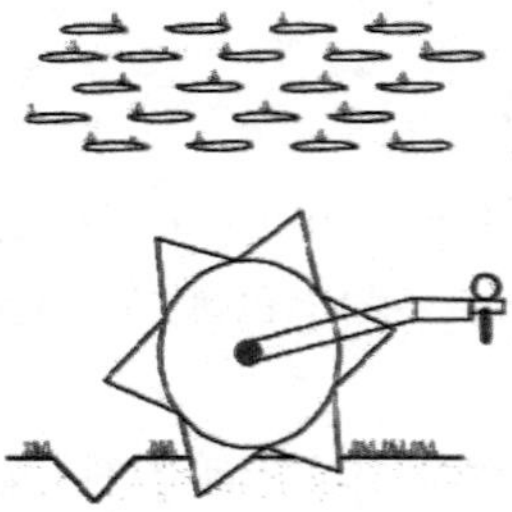
슬라이싱 작업

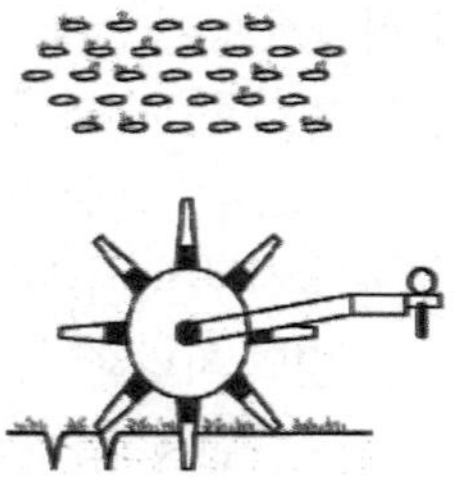
스파이킹 작업

② 갱신 작업 : 망가진 잔디밭을 부분 또는 전면 갱신한다.

㉠ 겨울형 잔디 : 3월 또는 9월

㉡ 여름형 잔디 : 6월

(8) 뗏밥주기(배토작업)

① 목적 : 땅속 줄기가 땅 위로 노출되는 것을 막아 표면이 고른 잔디밭 관리를 한다.

② 효과

㉠ 노출된 땅속 줄기를 보호하고 뿌리 신장을 촉진한다.

㉡ 잔디밭 표면을 평탄하게 하여 잔디의 질을 개량하고 잔디깎기를 용이하게 한다.

㉢ 토양 개량제 혼합 시 토양 개량 효과를 얻는다.

㉣ 퇴적된 태치(검불) 잔디나 잔디 방석의 분해를 촉진한다.

③ 뗏밥의 종류

㉠ 점토 : 밭흙 : 유기물 = 1 : 1 : 1 또는 2 : 1 : 1

㉡ 가는 모래 : 밭흙 : 유기물 = 2 : 1 : 1

④ 뗏밥 넣는 시기

㉠ 남방형(난지형) 잔디 : 6~8월에 각 1회씩 총 3회 또는 6~7월에 각 1회(휴면기엔 실시 안 함)

㉡ 북방형(한지형) 잔디 : 생육이 왕성한 9월에 실시

㉢ 골프장, 경기장 : 연 3~5회

㉣ 잔디 깎은 후, 갱신 작업 후 뗏밥을 넣고 물을 준다(비료를 섞으면 물을 주지 않는다).

⑤ 뗏밥의 두께

㉠ 가정 : 0.5~1.0cm

㉡ 골프장 : 0.3~0.7cm

㉢ 깊게 넣어 주면 해를 입고, 양호한 잔디밭에는 실시하지 않는다.

(9) 잔디의 병충해

① 병해

병명	발병 시기	특성 및 병징	방제약
녹병 (5~6월 붉은 녹병)	5~6월, 9~10월에 발생	한국잔디의 대표적인 병, 엽초에 오렌지색(황갈색) 반점 생김, 배수불량, 많이 밟을 때 발생	만코지, 황수화제, 훼나리
브라운 패치	6~7월, 9월에 발생하며, 고온다습 시 발생	서양잔디(벤트그래스)에만 발생, 토양전염, 전파력이 매우 빠름, 산성땅, 질소비료 과용시 잔디깎기 불량시 많이 발생, 병반은 1m	토양 소독, 훼나리, 티람제
달러스폿	6~7월	서양 잔디에만 발생, 과습, 배수불량, 병 반점은 동전 모양으로 2~10cm	티람제, 훼나리
푸사름 패치	이른 봄, 전년도에 질소거름을 늦게까지 주었을 때	30~50cm의 병반 발생, 눈이 안 나오고 죽음, 한국형 잔디에 많이 발생	구리제, 캡탄제, 만코지
황화현상	이른 봄 새싹 나올 때	금잔디에 많이 발생, 10~30cm 원형 반점 생김, 토양 관리 나쁠 때 발생	땅 굳음 방지, 유지관리

② 충해

병명	발병 시기	특성 및 병징	방제약
황금충류	4~9월	한국 잔디에 심함, 풍뎅이와 비슷, 애벌레가 잔디 뿌리를 가해	메프 유제, 아시트 분제
도둑나방	5~6월, 10~11월	애벌레가 밤에만 나와 식물체를 가해	메프 유제, 아시트 분제

녹병(붉은녹병)

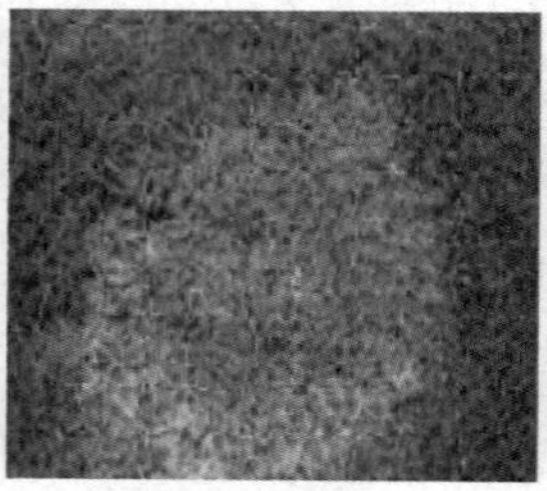
브라운패치

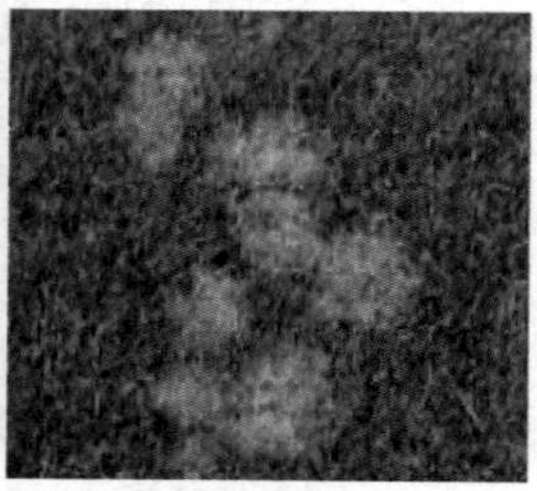
달러스폿

2 화단 관리

(1) 화단 조성

① 이상적인 화단 조성 : 1년에 5회 적어도 3회 꽃 심기
- 5회 화단의 구성 : 봄 화단(3~4월), 초여름 화단(5~6월), 여름 화단(7~8월), 가을 화단(9~10월), 겨울 화단(11~1월)

② 이상적인 묘상의 면적 : 화단 면적의 2~3배
③ 모종 심을 때의 날씨 : 흐리고 바람이 없는 날
④ 모종 심는 시각 : 봄, 가을의 경우 오후 3시 이후
⑤ 모종 심는 방향 : 중앙에서 가장자리 쪽으로 심고, 정삼각형 심기(어긋나게 심기)가 좋다.

(2) 물주기와 거름주기

① 물주기
㉠ 한 번에 충분한 양을 주며, 비가 내려 흙 속에 충분히 수분이 저장될 때까지 계속 준다(중단하면 오히려 생육 저하).
㉡ 대기와 같은 온도의 물을 잎과 꽃에 물이 묻지 않게 뿌리턱에 준다.
② 거름 : 썩은 깻묵 등을 진하지 않게 물에 타서 뿌리턱에 주고 흙을 덮는다.

제4장 실내 조경 관리

1 실내 환경의 특수성

① 실내 식물은 보상점과 광포화점이 낮은 음지 식물이나 관엽류가 알맞다.
② 보상점 : 기공을 통한 이산화탄소의 출입이 일어나지 않을 때의 빛의 세기이다. 식물이 살아가는 최저 광도이다.
③ 광포화점 : 최고 광합성을 나타내는 빛의 세기이다.
④ 양지식물은 음지식물에 비해 보상점과 광포화점이 모두 높다.
⑤ 실내 식물은 광도가 1,600럭스 이하이면 인공조명이 필요하다.
⑥ 관엽 식물은 조명 재배 시 16시간 조명에 8시간은 암기를 시키는 것이 좋다.
⑦ 실내 식물의 개화는 한계 일장을 파악하여 단일식물은 그 이하, 장일식물은 그 이상에 두면 꽃이 핀다.

2 실내 조경 식물의 종류

① 열대 및 아열대 관엽식물
② 제주도와 남부 해안에 자생하는 상록활엽수목
예 식나무, 팔손이, 광나무, 후피향나무, 다정큼나무, 굴거리나무, 동백나무, 태산목
③ 열대 과수
예 감귤, 레몬, 구아바, 망고

3 실내 식물의 이용 방법

① 테라리움 : 투명한 유리그릇에 관상식물을 심어 실내 소온실을 꾸며 관상하는 방법
② 벽걸이 화분 : 현애성 식물을 매달아 놓는 방법
③ 접시 원예 : 접시 등에 식물 및 장식물을 놓아 소정원을 꾸미는 방법
④ 분재 : 화분에 대자연의 수목류나 경관을 축소하여 꾸미는 방법

4 실내 환경의 적응성

① 강한 광선하의 식물을 실내로 옮기면 7~10일부터 낙엽이 진다.
② 그 후 새잎이 나오는데 잎이 얇아지고 잎면적은 넓어진다.
③ 엽록소가 적어져 연녹색을 띠므로 음지 조건에서 길렀던 식물을 쓰는 것이 좋다.

5 실내 조경 식물의 선정 기준

① 낮은 광도에서 견디는 식물
② 온도 변화에 둔감한 식물
③ 내건성 · 내습성이 강한 식물
④ 가스에 잘 견디는 식물
⑤ 병충해에 잘 견디는 식물
⑥ 가시나 독성이 없는 안전한 식물

제5장 조경 시설물 관리

1 유희 시설물의 관리

(1) 유희 시설물의 종류

구분	주요 시설물
유희 시설	그네, 미끄럼틀, 시소, 모래터, 낚시터, 회전목마, 야외무도장, 정글짐
운동 시설	축구장, 야구장, 배구장, 농구장, 궁도장, 철봉, 평행봉, 평균대족구장, 수영장, 사격장, 자전거경기장, 탈의 실, 샤워실
휴양 시설	식재대, 잔디밭, 화단, 산울타리, 자연석, 조각물 등
경관 시설	연못, 분수, 개울, 벽천, 인공폭포 등
휴게 시설	휴게소, 벤치, 야외탁자, 정자, 퍼걸러 등
교양 시설	식물원, 동물원, 온실, 수족관, 박물관, 야외음악당, 도서관, 기념비, 고분, 성터
편익 시설	매점, 음식점, 간이숙박시설, 주차장, 화장실, 시계탑, 음수대, 집회장소, 전망대, 자전거 주차장
관리 시설	문, 차고, 창고, 게시판, 표지판, 조명시설, 쓰레기 처리장, 볼라드, 휴지통, 우물, 수도 등
기반 시설	도로, 보도, 광장, 옹벽, 석축, 비탈면, 배수시설, 관수시설

(2) 유지 관리 방법

① 목재 시설물의 관리
- ㉠ 2년 경과한 것은 정기적인 보수를 한다. 썩지 않도록 방부 처리를 한다.
- ㉡ 순서 : 피복된 페인트 등 제거 → 갈라진 틈을 퍼티로 채움 → 샌드페이퍼로 문지르고 마무리 → 부패 방지를 위해 방부제, 바니스 도장
- ㉢ 이음 부분은 스테인리스를 이용한다.

② 철재 시설물의 관리
- ㉠ 녹 방지 : 녹막이칠(방청도료, 광명단)을 2~3년에 한 번 한다.
- ㉡ 접합부 손질 : 용접, 리벳, 볼트, 너트 등을 점검한다.
- ㉢ 회전축에는 정기적으로 그리스를 주입하고 베어링의 마멸 여부를 점검한다.

③ 합성수지 놀이 시설물 관리
- ㉠ 온도에 의해 굽어지거나 퇴색하기 쉽다.

ⓛ 재료에 흠이 생기면 같은 수지로 코팅 또는 교체한다.
ⓒ 겨울철 저온 때 충격에 의한 파손을 주의해야 한다.

④ 콘크리트 놀이 시설
ⓖ 무거워서 내려앉거나 기울어질 우려가 있다.
ⓛ 콘크리트 모르타르면은 석고로 땜질하고 유성 또는 수성페인트를 칠한다.
ⓒ 도장은 3년에 1회 실시한다.
ⓡ 콘크리트 기초가 노출되면 위험하므로 성토, 모래채움 등으로 보수한다.

⑤ 기타 유희 시설물 관리
ⓖ 모래 놀이터 모래 지름이 1mm 이상의 것을 사용한다.
ⓛ 그네의 발판과 지표면과의 거리는 35~45cm로 한다.
ⓒ 미끄럼대의 착지면과 지표면과의 거리는 10cm로 한다.

2 운동 시설물의 관리

(1) 운동 시설물의 종류

야구장, 육상 경기장, 축구장, 테니스장, 농구장, 배구장, 궁도장, 철봉, 평행봉, 관람석, 탈의실, 운동용 기구 창고, 샤워실 등

(2) 운동장의 조건

① 배수가 잘 되고 먼지가 나지 않도록 적당한 보습력을 유지한다.
② 포장이 너무 딱딱하지 않아야 한다.
③ 구기 종목 운동 시설은 햇빛 반사를 막기 위해 남북으로 길게 설치한다.

(3) 운동장 포장 재료

점토, 앙투카, 잔디, 전천후 포장재(인공잔디, 아스팔트 등)
※ 앙투카 : 붉은 벽돌을 가루 내어 깐 경기장

3 그 밖의 시설물 관리

(1) 토목 시설물의 관리

① 파손된 아스팔트 포장 : 패칭 공법(국부적 침하, 부분적 박리), 표면처리 공법(임시적 재생), 덧씌우기 공법(새로운 포장면 조성)

② 블록 포장 파손 원인 : 모서리 파손, 블록자체 파손, 연약지반, 노반의 부실시공으로 요철, 단차, 만곡 현상 생김 → 파손된 블록을 걷어내고 재시공한다.

③ 배수 관리 : 측구, 빗물받이, 트랜치, 집수정 등 넘치는 물을 모으는 곳으로 1년에 한 번 이상 낙엽, 흙 등을 제거한다.

④ 콘크리트 옹벽 균열 초기에 에폭시 수지로 접합시킨다.

- 대규모 붕괴, 노후, 파손 정도가 심하여 부분 보강이 불가능 할 때 : PC앵커공법(기존지반이 암질이 좋을 때), 부벽식 옹벽 공법, 압성토 공법, 그라우팅 공법(배수구멍) 등

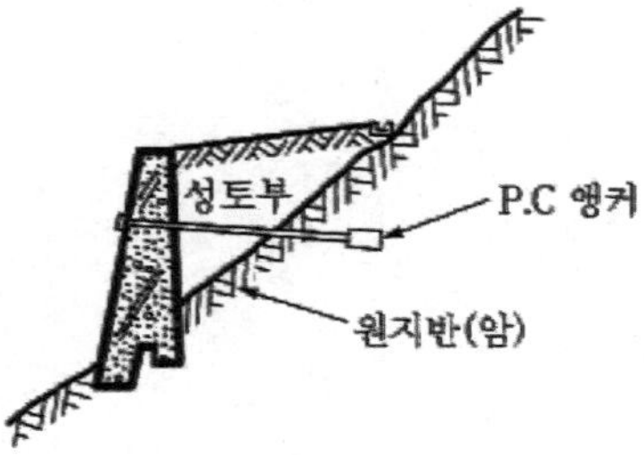

PC 앵커 공법

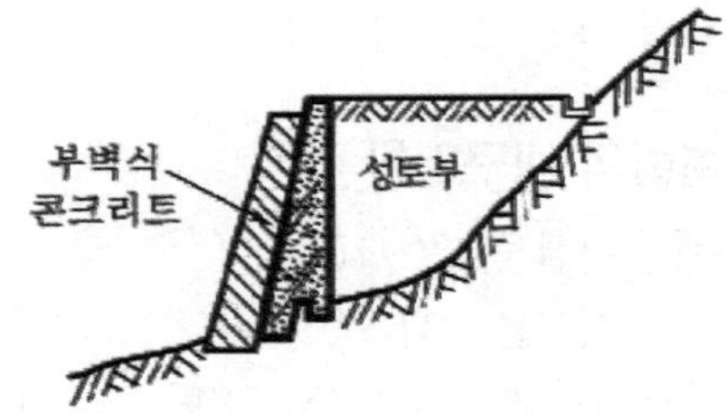

부벽식 공법

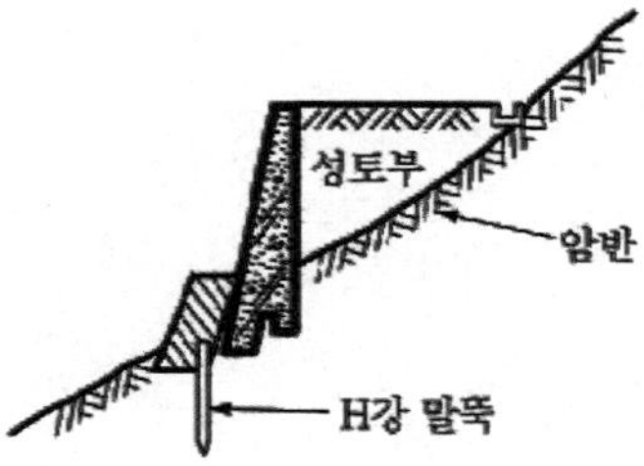

압성토 공법

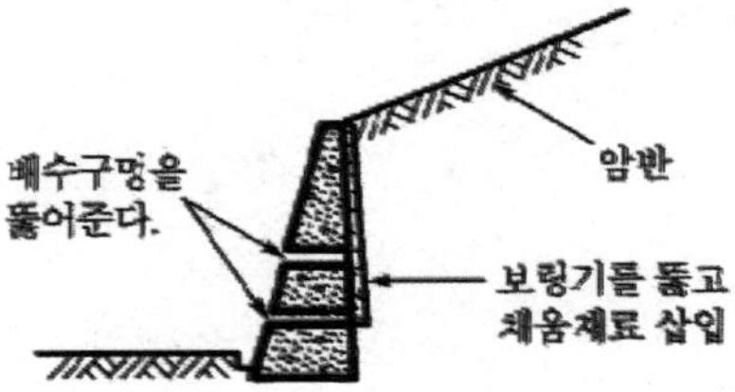

그라우팅 공법

(2) 건축 시설물의 관리 사항

① 청결하고 아름답게 유지한다.

② 위생관리를 철저히 한다.

③ 최상의 기능이 발휘되도록 관리한다.

(3) 옥외 장지물

① 안내시설 : 견고하고, 항상 깨끗하게 관리한다. 세척시 보통 세제를 사용한다. 재도장은 2~3년마다 한다.

② 휴게시설 : 여름에는 그늘, 겨울에는 햇빛이 들도록 관리한다. 안정감, 청결감을 유지한다.

③ 편익시설 : 음수대 동파 방지, 배수구 막히지 않도록 유지, 청결을 유지한다.

(4) 관리 시설물

① 화장실 관리 : 청결, 기능 점검을 철저히 한다.
② 휴지통, 재떨이 : 청결, 미관, 냄새나지 않도록 관리한다.

(5) 조명 시설물

① 기능별로 알맞는 조도를 유지한다.
② 프로야구 내야의 조도 : 2,000럭스
③ 프로야구 외야의 조도 : 1,000럭스
④ 관람석의 조도 : 20～50럭스

(6) 시설물의 내구연한

① 목재 시설물 : 7~10년
② 철재 시설물 : 15~20년
③ 콘크리트 시설물 : 15~20년
④ 플라스틱 시설물 : 7~10년
⑤ 아스팔트 포장 : 15년
⑥ 모래, 자갈 포장 : 10년

제8편

적중예상문제

1 조경의 유지 관리 내용으로 맞는 것은?

① 서비스 제공, 재산을 관리하는 것이다.
② 조경의 경영을 다루는 분야이다.
③ 계획, 설계, 시공에 관한 이해가 필요하다.
④ 협의의 조경 관리로 기술적인 관리가 요구된다.

2 조경의 유지 관리 내용에 대한 설명으로 틀린 것은?

① 자연공원은 편리성에 중점을 두어 관리한다.
② 시가지는 안전성에 중점을 두어 관리한다.
③ 자연녹지는 창조성에 중점을 두어 관리한다.
④ 도심지는 쾌적성에 중점을 두어 관리한다.

3 다음 중 경관 시설에 속하는 것은?

① 벽천 ② 야영장
③ 퍼걸러 ④ 수족관

4 다음 중 교양 시설에 속하지 않는 것은?

① 기념비 ② 고분
③ 수족관 ④ 시계탑

5 다음은 조경이 이루어지는 절차이다. 순서대로 된 것은?

① 설계 → 시공 → 관리
② 설계 → 관리 → 시공
③ 시공 → 관리 → 설계
④ 시공 → 설계 → 관리

6 조경의 유지 관리 과정으로 순서가 옳은 것은?

① 기능의 확보 → 서비스 개시 → 개선
② 기능의 확보 → 개선 → 서비스 개시
③ 서비스 개시 → 개선 → 기능의 확보
④ 서비스 개시 → 기능의 확보 → 개선

7 조경 운영 관리에서 레크리에이션을 위한 서비스 제공에 중점을 두어야 할 분야는?

① 공장 정원 ② 어린이 놀이터
③ 학교 정원 ④ 유원지

8 운영 관리에 속하는 것은?

① 재산 관리 ② 정기 점검
③ 화단 관리 ④ 조경 시설물 보수

9 시설물의 사용연수가 옳지 않은 것은?

① 철제 시소 – 15년
② 목제 벤치 – 7년
③ 철제 퍼걸러 – 40년
④ 원로의 모래자갈 포장 – 10년

10 나무 전체가 잔가지와 잎이 밀생되도록 관리해야 하는 것과 거리가 먼 것은?

① 방풍림 ② 먼지막이 식재
③ 차폐용 수종 ④ 가로수

✔ 정답 1④ 2③ 3① 4④ 5① 6④ 7④ 8① 9③ 10④

11 맹아력이 큰 나무에 적용하는 인공 수형으로 사슴뿔 모양으로 전정하는 것을 무엇이라 하는가?

① 토피어리 ② 산옥형
③ 폴라드형 ④ 스탠다드형

12 인공 수형 중에서 산옥형으로 다듬기에 가장 적합한 수종은?

① 느티나무 ② 전나무
③ 향나무 ④ 소나무

13 1회 신장형 나무는 5~6월에 최고의 신장을 한다. 여기에 해당하는 나무가 아닌 것은?

① 삼나무 ② 소나무
③ 해송 ④ 너도밤나무

14 상록활엽수는 언제 이식하는 것이 가장 좋은가?

① 싹트기 전 ② 새잎이 나올때
③ 눈이 생긴 직후 ④ 가을

15 정원수의 이식 적기에 해당하는 것이 아닌 것은?

① 배롱나무, 벚나무 – 3~4월
② 침엽수류 – 3~4월
③ 상록활엽수 – 6~8월
④ 낙엽활엽수 – 해토 직후

16 감나무 전정의 주목적은?

① 수형을 만들기 위한 전정
② 해거리 방지를 위한 전정
③ 미관을 좋게 하기 위한 전정
④ 갱신을 위한 전정

17 우리나라의 가로수 전정의 주목적은?

① 억제를 위한 전정
② 생리조절을 위한 전정
③ 수형을 만들기 위한 전정
④ 개화결실의 조장을 위한 전정

18 정원수의 전정할 가지에 속하지 않는 것은?

① 도장지
② 수간의 일부
③ 내부로 향한 가지
④ 평행한 가지

19 전정에 대한 설명 중 가장 옳지 않은 것은?

① 성장이 강한 유령목은 강전정을 한다.
② 꽃나무는 꽃이 진 후 전정한다.
③ 전정 분량은 전정의 목적과 수형에 의해 결정한다.
④ 전정할 양은 엽면적의 많고 적음에 의해 정한다.

20 다음 중 전정으로 나무 수형을 만들어야 할 수종은?

① 낙엽송 ② 느티나무
③ 히말라야시다 ④ 가이즈카향나무

21 조경수 전정의 유의 사항이 아닌 것은?

① 전정은 나무의 밑부터 시작하여 위로 올라간다.
② 도장지나 평행지는 수관유지를 위해 전정한다.
③ 뿌리부분에서 나오는 맹아는 전정한다.
④ 상부는 강하게 하부는 약하게 전정한다.

정답 11 ③ 12 ③ 13 ① 14 ① 15 ③ 16 ② 17 ① 18 ② 19 ④ 20 ④ 21 ①

22 다음 설명 중에서 옳지 않은 것은?

① 다듬을 가지가 잘 자라는 수종은 인공 수형을 만든다.
② 굵은 가지를 전정 시 그 부위에 콜타르, 발코트, 진한 먹 등을 바른다.
③ 벚나무는 굵은 가지를 전정하면 그 부위가 잘 썩는다.
④ 감나무의 가지 다듬기의 주목적은 해거리 방지이며 매년 가지 다듬기를 해준다.

23 장마철에 동백, 철쭉류를 전정하면 어떻게 되는가?

① 새로운 가지가 많이 나와 수형을 좋게 한다.
② 꽃이 더 커지고 더 많이 핀다.
③ 다음 해에 꽃이 피지 않는다.
④ 뿌리가 튼튼해지고, 나무의 키가 커진다.

24 다음 중 전정할 가지에 속하지 않는 것은?

① 옆으로 비스듬히 자란 가지
② 안으로 향한 가지
③ 두 개가 평행하게 나온 가지
④ 줄기의 중간에서 새로 나온 가지

25 정원수 전정 시 지하부와 지상부를 균형 있게 자르는 것은 어디에 속하나?

① 생장을 돕는 전정
② 갱신 및 개화 결실 촉진을 위한 전정
③ 생장을 억제하는 전정
④ 생리조절을 위한 전정

26 상록활엽수의 전정 적기는 언제인가?

① 봄 ② 여름
③ 가을 ④ 겨울

27 굵은 가지 전정 후 유합을 촉진하기 위해 방부제를 발라 주어야 할 나무는?

① 단풍나무 ② 소나무
③ 잣나무 ④ 전나무

28 다음 중 연 2회 신장하는 나무는?

① 소나무 ② 너도밤나무
③ 편백 ④ 해송(곰솔)

29 다음 중 내용이 틀린 것은?

① 적심(摘心)은 왕성한 가지의 신장을 억제하기 위해 새순이 굳기 전에 신초의 끝부분을 따버리는 것으로 향나무는 5~6월에 실시한다.
② 적아(摘芽)는 싹트기 전에 많은 눈 중에서 불필요한 눈을 제거하는 것이다.
③ 적심과 적아는 곁눈의 발육을 촉진시키고 새가지의 배치를 고르게 하며 개화작용을 촉진시킬 목적으로 실시한다.
④ 소나무를 적심할 때에는 중심순은 자르지 않는다.

30 강전정을 할 수종이 아닌 것으로 짝지어진 것은?

① 화백, 히말라야시다
② 매실, 은백양
③ 벚, 백목련
④ 배롱, 명자

✔ 정답 22 ① 23 ③ 24 ① 25 ④ 26 ③ 27 ① 28 ③ 29 ④ 30 ③

31 활엽수의 하향아(下向芽 : 바깥눈) 바로 위를 자르는 이유는?

① 수관이 넓게 퍼지도록
② 수고 생장 촉진
③ 안으로 향한 가지 발생 촉진
④ 정아 성장을 촉진

32 전정의 효과가 아닌 것은?

① 수형 유지
② 뿌리 생장 조절
③ 병충해 방제
④ 굵은 가지 발생 유도

33 나무 전정 방법으로 옳은 것은?

① 위는 약하게, 밑은 강하게
② 위는 강하게, 밑은 약하게
③ 아래 위 모두 강하게
④ 아래 위 모두 약하게

34 다음 중 겨울 전정의 이점이 아닌 것은?

① 병해충 피해 가지의 발견이 쉽다.
② 작업이 쉽다.
③ 부정아 발생이 없다.
④ 수형 및 가지 배치를 파악하기 어렵다.

35 전정에 대한 설명 중 맞지 않은 것은?

① 소나무류의 묵은 잎은 뽑아 투광을 좋게 한다.
② 노목은 약전정을 한다.
③ 일반적으로 활엽수는 침엽수보다 강전정에 잘 견딘다.
④ 산울타리는 밑쪽을 강하게, 위쪽을 약하게 전정한다.

36 전정할 가지 중에서 서로 상반되게 뻗은 가지를 무엇이라 하는가?

① 교차지　② 도장지
③ 맹아지　④ 대생지

37 도장한 가지를 자르는 주된 목적은?

① 수형을 잡기 위해
② 수광과 통풍을 좋게 하기 위해
③ 양분을 축적하기 위해
④ 나무 전체의 길이 생장을 막기 위해

38 상록수 중에서 맹아력이 큰 나무는 1년에 몇 번 전정하는 것이 좋은가?

① 1번　② 2번
③ 3번　④ 4번

39 소나무 순지르기에 대한 설명이다. 옳지 않은 것은?

① 5~6월에 실시한다.
② 2~3개 남기고 중심순을 자른다.
③ 남길 순을 1/2~2/3 정도 자른다.
④ 중심순만 남기고 모두 자른다.

40 우리나라에서 많이 실시하는 가로수 전정 방법은?

① 스탠다드형　② 토피어리형
③ 폴라드형　④ 산옥형

41 다음 중에서 건정(Dry Well)의 뜻으로 옳은 것은?

① 수목의 배수를 위한 고랑
② 수목의 관수를 위한 고랑
③ 나무 주변의 성토로 인해 물빠짐이 나쁜 것을 막기 위해 수목둘레에 만든 고랑

정답 31 ① 32 ④ 33 ② 34 ④ 35 ④ 36 ① 37 ② 38 ③ 39 ④ 40 ③ 41 ③

④ 나무 주변의 절토로 인해 뿌리 흔들림을 막기 위해 수목둘레에 만든 고랑

42 이식 후 새끼 감기가 필요 없는 나무는?

① 지하고가 낮고 가지가 많은 나무
② 수피가 밋밋하고 얇은 나무
③ 쇠약한 나무
④ 노목이나 가지가 굵은 나무

43 단근 작업의 목적이 아닌 것은?

① 잔뿌리 발생 촉진
② 이식 시 활착 촉진
③ 도장 억제
④ 자랄 수 있는 충분한 공간 확보

44 뿌리돌림 시기로 가장 적당한 것은?

① 3~4월　② 5~6월
③ 7~9월　④ 10~12월

45 중부 이북지방에서 월동을 위해 줄기감기를 해 주는 수종은?

① 단풍나무　② 배롱나무
③ 주목　④ 소나무

46 대형 조경 수목의 월동 방법으로 적당하지 않은 것은?

① 하우스 설치　② 방풍막 설치
③ 성토법　④ 줄기감기

47 동해 방지를 위해 새끼를 감아줄 시기는?

① 9~10월　② 11~12월
③ 1~2월　④ 3~4월

48 습한 지역에서 겨울에 피해를 입기 쉬운 해는?

① 습해　② 냉해
③ 피소　④ 동해

49 다음 중 서리 피해에 가장 약한 것은?

① 낙엽활엽수　② 상록활엽수
③ 침엽수　④ 대나무

50 동해 발생 환경에 대한 설명으로 틀린 것은?

① 유령목이 성목보다 피해가 심하다.
② 오목한 지형에 있는 수종이 피해가 심하다.
③ 건조지보다 습한 토양에서 피해가 더 크다.
④ 남서쪽보다 북서쪽에서 피해가 더 크다.

51 서리 피해에 대한 설명 중 옳지 않은 것은?

① 수목의 윗부분에 피해가 많다.
② 추비는 속효성이고 칼륨을 많이 준다.
③ 배수가 잘 되도록 한다.
④ 상해는 흐린 날보다 개인 밤에 피해가 크다.

52 모과, 감나무, 목백일홍 등의 수목에 사용하는 월동 방법은?

① 시비조절법　② 훈연법
③ 도포법　④ 줄기감기

53 다음 중에서 바닷바람에 약한 수종은?

① 은행나무　② 해송(곰솔)
③ 소나무　④ 향나무

정답 42 ① 43 ④ 44 ① 45 ② 46 ① 47 ① 48 ④ 49 ② 50 ④ 51 ① 52 ④ 53 ③

54 방풍림에 대한 설명 중 옳은 것은?

① 방풍림의 너비는 7m 이내가 좋다.
② 방풍림의 효과는 위쪽으로 방풍림 높이의 10배, 아래쪽으로 30배 정도이다.
③ 정사각형으로 식재하는 것이 좋다.
④ 크기가 큰 활엽수를 식재하고 하목으로 관목을 식재하는 것이 좋다.

55 상렬에 대한 설명 중 옳지 않은 것은?

① 상렬의 반복으로 나무가 불룩해진 부분을 상종이라 한다.
② 남서쪽의 수피가 햇볕에 직접 받을 때 피해가 크다.
③ 상렬의 피해가 심한 곳은 지상 0.5~1.0m 높이의 수간이다.
④ 상렬의 피해로 나이테가 1년에 2번 생긴 것을 상륜이라 한다.

56 껍질데기(피소)에 대한 설명 중 옳지 않은 것은?

① 흉고직경이 큰(15~20cm) 나무의 서쪽, 남서쪽 수간에 피해가 크다.
② 예방법에는 하목식재, 새끼감기, 석회수 칠하기 등이 있다.
③ 소나무, 해송, 주목 등 송진이 많은 나무에 피해가 크다.
④ 여름철 석양 볕에 줄기가 열을 받아 갈라지는 현상을 피소라 한다.

57 물주기에 대한 설명 중 옳은 것은?

① 봄철부터 물을 주면 장마철 때까지 계속 준다.
② 물은 조금씩 자주 주는 것이 좋다.
③ 여름철에는 10℃, 겨울철에는 20℃의 물을 준다.
④ 여름철에는 한낮에 주는 것이 가장 좋다.

58 바람으로 나무가 넘어져 뿌리가 노출될 때의 대비책이 아닌 것은?

① 뿌리에 직사광선이 닿지 않도록 한다.
② 지주를 설치해준다.
③ 나무를 세워 다시 심는다.
④ 뿌리 보호를 위해 넘어진 채로 둔다.

59 다음 중에서 저온의 해가 아닌 것은?

① 이른 서리의 해 ② 늦은 서리의 해
③ 동상 ④ 피소

60 산울타리 전정 시 잘못된 것은?

① 식재 3년 후부터 모양을 갖게 전정한다.
② 높은 울타리는 옆을 다듬고 위를 전정한다.
③ 일반적으로 연 5회 실시한다.
④ 상부는 깊게 아래는 얕게 전정한다.

61 생울타리 전정에 대한 설명 중 맞는 것은?

① 1년에 봄, 가을 2번 실시한다.
② 전정은 연 3회 한다.
③ 꽃나무는 꽃피기 전에 실시한다.
④ 덩굴식물은 가을에 전정한다.

62 생울타리 관리 시 가지가 무성하여 아랫 가지가 말라 죽을 때 뿌리 자름을 한다. 이때 뿌리 자름은 줄기로부터 몇 cm 떨어진 곳에서 실시하는가?

① 30cm ② 60cm
③ 90cm ④ 120cm

정답 54 ② 55 ④ 56 ③ 57 ① 58 ④ 59 ④ 60 ③ 61 ④ 62 ②

63 산울타리 전정에 대한 설명으로 틀린 것은?

① 울타리 높이가 1.5m 이상일 때는 위쪽이 좁은 사다리꼴로 다듬는다.
② 하부를 약하게 상부를 강하게 전정한다.
③ 수형이 커지면 몇 년에 한번씩 강하게 전정하여 수형을 작게 한다.
④ 사람 키보다 높을 때는 윗면을 먼저 다듬고 옆면을 다듬는다.

64 일반적으로 조경수에 거름 주는 시기는?

① 개화 전　② 장마 직후
③ 낙엽 진 후　④ 개화 후

65 다음 중 추비를 주는 시기로 적당하지 않은 것은?

① 3~4월　② 7월 하순
③ 9월 중하순　④ 11월 하순

66 꽃을 크게 하고 꽃 색깔을 좋게 하며, 결실에도 도움을 주는 비료는?

① 과린산석회　② 요소
③ 황산칼륨　④ 염화칼륨

67 새로운 눈이나 잔가지 형성 및 열매에 관한 비료는?

① 질소　② 인
③ 칼륨　④ 칼슘

68 정원수의 시비는 주로 2~3월에 실시한다. 이때 1년의 시비량은 얼마를 주는가?

① 50%　② 60%
③ 70%　④ 80%

69 모래 땅에 비료를 줄 때 옳은 방법은?

① 밑거름을 많이 주고 덧거름은 적게 준다.
② 밑거름은 적게 주고 덧거름을 많이 준다.
③ 전량을 밑거름으로 준다.
④ 전량을 덧거름으로 준다.

70 수목의 나비목 해충의 방제약으로 효과가 큰 것은?

① 지네브제　② 디프제
③ 레디온제　④ 클로르피크린제

71 다음 중 살균제에 속하는 것은?

① DDVP　② 디프테렉스
③ 다이아지논　④ 다이젠

72 장마철에 많이 발생하는 병충해는?

① 멸강나방, 녹병
② 흰가루병, 탄저병
③ 진딧물, 뿌리혹병
④ 그을음병, 텐트나방

73 진딧물 방제약에 속하는 것은?

① 디프테렉스　② 다이아지논
③ 메타시스톡스　④ 포르말린

74 다음 중 살충제가 아닌 농약은?

① 석회유황합제　② 메타시스톡스
③ 리코폴제　④ 마라톤제

75 흰불나방의 방제법으로 맞는 것은?

① 천적인 먹좀벌의 증식을 꾀한다.
② 파라치온 또는 스프라사이드를 살포한다.

정답 63 ④ 64 ③ 65 ④ 66 ① 67 ② 68 ③ 69 ② 70 ② 71 ④ 72 ② 73 ③ 74 ① 75 ④

③ 강력침투성인 다이젠 Z-78을 살포한다.
④ 디프테렉스 1,000배 액 살포한다.

76 흰불나방은 겨울에 어떠한 상태로 월동하는가?

① 알　② 애벌레
③ 번데기　④ 성충

77 잘록병에 대한 설명 중 틀린 것은?

① 파종상을 파종 1개월 전에 클러로피크린으로 소독한다.
② 종자는 우스프른이나 메르크론 1,000배액으로 1시간 소독한다.
③ 병 발생 시 우스프른이나 다찌가렌 1,000배 액을 흠뻑 뿌린다.
④ 잎이 두터운 상록활엽수종에 주로 발생한다.

78 10월경 수고 1.5m 높이에 30cm 폭으로 가마니를 두르는 이유는?

① 동기 해충이나 유충의 월동을 유인하기 위해
② 겨울 동해 방지를 위해
③ 줄기를 보호하기 위해
④ 미관상 좋게 하기 위해

79 장미 등 화본류에 발생하는 흰가루병에 대한 설명으로 틀린 것은?

① 여름철 저온 건조 시에 발생한다.
② 신초 부위에 많이 발생하며 흰가루 같은 것이 발생한다.
③ 5~6월, 9~10월에 잘 나타난다.
④ 만코지, 배노밀, 톱신 수화제로 방제한다.

80 흰가루병의 방제 약제에 속하는 것은?

① 석회유황제　② 근사미
③ 다이아지논　④ 마세트유제

81 다음 중 즙액을 빨아먹는 해충이 아닌 것은?

① 진딧물　② 응애
③ 미국흰불나방　④ 깍지벌레

82 수분 증산 억제제에 속하는 것은?

① 루톤　② 그라목손
③ P.C.M.B　④ O.E.D 그린

83 지주목 설치에 대한 설명 중 틀린 것은?

① 수고 1.2m 이하는 단각형 지주를 설치한다.
② 매몰형은 경관상 중요한 위치에 사용한다.
③ 지주목은 잘 썩는 나무를 이용한다.
④ 수고 4m 이상의 독립수는 삼각형 지주나 버팀형 당김줄을 설치한다.

84 당김줄 설치에 대한 설명 중 틀린 것은?

① 반드시 턴버클을 설치한다.
② 고무 호스를 두른다.
③ 수고 4.5m 이상의 대형목에 설치한다.
④ 설치 3개월 후 철거한다.

85 다음 중 도로변의 비탈면에 스프레이 파종으로 적당한 잔디는?

① 벤트 그래스
② 빌로드
③ 금잔디
④ 위핑 러브 그래스

정답 76 ③ 77 ④ 78 ① 79 ① 80 ① 81 ③ 82 ④ 83 ③ 84 ④ 85 ④

86 관리가 가장 쉬운 잔디는?

① 벤트 그래스　② 들잔디
③ 금잔디　④ 버뮤다 그래스

87 한국 잔디의 생육 적온은?

① 10~15℃　② 15~25℃
③ 20~25℃　④ 25~35℃

88 씨로 번식이 잘 되나 관리하기 어려운 잔디는?

① 들잔디　② 금잔디
③ 비단잔디(빌로드)　④ 벤트 그래스

89 잔디의 생육이 쇠약하고, 잎이 누렇게 변할 때 줄 비료는?

① 염화칼륨　② 과인산석회
③ 요소　④ 용성인비

90 잔디밭의 클로버 제거용 제초제로 가장 적당한 것은?

① 골　② 그라목손
③ 2-4D　④ 근사미

91 잔디밭의 클로버 제거 방법으로 적당하지 않은 것은?

① CAT 사용　② 손으로 제거
③ BPA 사용　④ ATA 사용

92 잔디밭 잡초 방제법이다. 가장 옳지 않은 것은?

① 통기작업으로 토양 조건을 개선한다.
② 잔디를 자주 깎아 준다.
③ 생육이 왕성할 때 그라목손으로 제거한다.
④ 토양수분을 적정으로 유지한다.

93 잔디밭 1㎡당 유안을 추비로 줄 때 연간 주어야 할 양은?

① 10~15g　② 20~30g
③ 40~45g　④ 50~60g

94 잔디의 관수 시기로 가장 옳은 것은?

① 아침　② 정오
③ 오후　④ 야간

95 골프장의 그린에 많이 이용되고, 3~12월까지 푸른 상태를 유지하는 잔디는?

① 벤트 그래스　② 버뮤다 그래스
③ 빌로드　④ 라이 그래스

96 잔디밭의 병해 중 황색의 반점이 생기는 것은?

① 흰가루병　② 녹병
③ 줄기 썩음병　④ 곰팡이병

97 한국 잔디에 가장 피해를 주는 해충은?

① 진딧물　② 도둑나방
③ 두더지　④ 황금충

98 다음 중에서 서양 잔디에 주로 발생하는 병은?

① 후라지움 팻치　② 브라운 팻치
③ 녹병　④ 황화현상

99 잔디밭이 고온다습할 때 잘 발생하는 병은?

① 탄저병　② 흰가루병
③ 회색곰팡이　④ 붉은녹병

정답 86 ② 87 ④ 88 ④ 89 ③ 90 ③ 91 ② 92 ③ 93 ② 94 ① 95 ① 96 ② 97 ④ 98 ② 99 ④

100 잔디의 녹병 방제법이 아닌 것은?

① 통기와 배수가 잘 되게 한다.
② 만코지 수화제를 살포한다.
③ 황수화제를 살포한다.
④ 메프 유제를 살포한다.

101 잔디밭 통기작업에 속하지 않는 것은?

① 코링 ② 부러싱
③ 스파이킹 ④ 소딩

102 가정용 잔디의 깎는 높이로 가장 알맞은 것은?

① 1.0~1.5cm ② 2.0~3.0cm
③ 4.5~5.0cm ④ 5.0~6.0cm

103 잔디깎이 설명 중에서 틀린 것은?

① 땅이 젖어 있으면 작업을 하지 않는다.
② 크기가 큰 잔디는 높게 깎은 후 상태를 보아 가며 낮게 깎는다.
③ 깎인 잔디는 제거한다.
④ 서양 잔디는 한국 잔디보다 깎는 횟수가 적어도 된다.

104 한국 잔디의 잔디 깎는 횟수는?

① 5~10월까지 매월 1회씩 총 6회
② 5월 1회, 6~9월 2회, 10월 1회로 총 10회
③ 5월 1회, 6~9월 3회, 10월 1회로 총 14회
④ 5월 1회, 6~9월 4회, 10월 1회로 총 18회

105 들잔디의 깎는 높이는?

① 2~3cm ② 3~5cm
③ 5~7cm ④ 7~10cm

106 잔디 깎기의 목적 중 틀린 것은?

① 정기적으로 깎으면 잡초 발생을 줄일 수 있다.
② 통풍은 잘 되지만 병에는 약하다.
③ 알맞게 깎으면 잔디의 생육을 왕성하게 한다.
④ 잔디 분얼을 촉진한다.

107 15,000㎡의 넓은 면적을 깎기에 알맞은 잔디 깎는 기계는?

① 어프로치 모어 ② 핸드 모어
③ 로터리 모어 ④ 갱 모어

108 잔디 깎는 기계 중 깎는 높이가 0.5mm 단위로 조절이 가능하고 깎은 면이 고른 것은?

① 갱 모어 ② 어프로치 모어
③ 그린 모어 ④ 로터리 모어

109 뗏밥넣기 설명 중 틀린 것은?

① 여름형 잔디는 생육이 왕성할 때 실시한다.
② 일시에 많이 주면 황화현상이 일어나므로 조금씩 자주 넣는다.
③ 비료를 섞은 뗏밥을 준 후에는 물을 뿌린다.
④ 뗏밥의 두께는 4mm 이내로 한다.

정답 100 ④ 101 ④ 102 ② 103 ④ 104 ② 105 ② 106 ② 107 ④ 108 ③ 109 ③

110 뗏밥넣기의 설명 중 맞는 것은?

① 고운 모래를 25% 정도 섞는다.
② 뗏밥은 한 번에 소요량을 다 준다.
③ 뗏밥을 넣으면 내한성이 나빠진다.
④ 모든 잔디는 생육 시작 직전에 준다.

111 가장 이상적인 화단을 조성하려면 1년에 몇 번 꽃을 심는 것이 좋은가?

① 1번　② 3번
③ 5번　④ 7번

112 화단용 모종을 확보하려면 최소한 화단 면적 얼마의 토지가 필요한가?

① 0.5배　② 1배
③ 2배　④ 4배

113 화단 모종 심는 날씨로 가장 좋은 것은?

① 흐린 날　② 바람 부는 날
③ 맑은 날　④ 비 오는 날

114 땅이 잘 보이지 않고 비스듬한 방향으로 모종이 배열 돼 가장 많이 이용하는 꽃심기 방법은?

① 직사각형 심기　② 정삼각형 심기
③ 정사각형 심기　④ 사다리꼴 심기

115 화단에 물 주는 방법으로 옳은 것은?

① 물의 온도는 대기의 온도와 비슷해야 한다.
② 물은 잎에 묻게 주는 것이 좋다.
③ 조금씩 자주 주는 것이 좋다.
④ 여름철 물주기는 정오가 좋다.

116 묘상의 면적은 화단 면적의 얼마가 좋은가?

① 0.5~1배　② 2~3배
③ 4~5배　④ 6~7배

117 CCA 방부제의 원소가 아닌 것은?

① 구리　② 크롬
③ 철　④ 비소

118 녹을 방지하기 위해 칠을 할 기초 재료로 가장 좋은 것은?

① 광명단
② 니스
③ 수성페인트
④ 유성페인트

119 그네의 발판은 지표면에서 어느 정도의 간격을 유지하는 것이 좋은가?

① 10cm 이하
② 15~25cm
③ 35~45cm
④ 55cm 이상

120 미끄럼대의 착지면과 지표면과의 간격은?

① 5cm　② 10cm
③ 15cm　④ 20cm

121 야외에 구기종목 구장을 만들 때 설치 방향이 가장 좋은 것은?

① 동서　② 동남
③ 서북　④ 남북

✔ 정답 110 ① 111 ③ 112 ③ 113 ① 114 ② 115 ① 116 ② 117 ③ 118 ① 119 ③ 120 ② 121 ④

122 붉은 벽돌을 가루 내어 깐 코트를 무엇이라 하는가?

① 크레이 코트 ② 잔디 코트
③ 앙투카 ④ 실리콘

123 콘크리트 옹벽이 갈라질 때 초기에 접합할 재료로 가장 알맞은 것은?

① 에폭시 ② 수지 아교
③ 카세인접착제 ④ 페인트

정답 122 ③ 123 ①

제 9 편

과년도 필기 출제문제

2012 ~ 2016년

국가기술자격검정 필기시험문제

2012년 2월 12일 시행

자격종목	코드	시험시간	형별	수험번호	성 명
조경 기능사		**1시간**			

1과목 조경일반

1 **조경 양식을 형태적으로 분류했을 때 성격이 다른 것은?**

① 중정식　② 회유임천식
③ 평면기하학식　④ 노단식

해설
- 평면기하학식, 중정식, 노단식 : 서양 정원의 양식에 해당
- 회유임천식 : **동양 정원의 양식에 해당**

2 **조감도는 소점이 몇 개인가?**

① 1개　② 2개
③ 3개　④ 4개

해설 조감도는 3점 투시로 소실점이 3개이다. 좌, 우, 위의 3개의 소실점이 생기는 위에서 내려다 볼 때의 투시로 조감도라고 부른다.

3 **다음 중 도시공원 및 녹지 등에 관한 법률 시행규칙에서 공원 규모가 가장 작은 것은?**

① 묘지공원　② 어린이공원
③ 광역권근린공원　④ 체육공원

4 **주차장법 시행규칙상 주차장의 주차단위구획 기준은?(단, 평행주차형식 외의 장애인 전용 방식이다)**

① 2.0m 이상 × 4.5m 이상
② 2.3m 이상 × 4.5m 이상
③ 3.0m 이상 × 5.0m 이상
④ 3.3m 이상 × 5.0m 이상

5 **보행에 지장을 주어 보행 속도를 억제하고자하는 포장 재료는?**

① 아스팔트　② 콘크리트
③ 블록　④ 조약돌

6 **옴스테드와 캘버트 보가 제시한 그린 스워드 안의 내용이 아닌 것은?**

① 넓고 쾌적한 마차 드라이브 코스
② 차음과 차폐를 위한 주변 식재
③ 평면적 동선 체계
④ 동적놀이를 위한 운동장

해설 뉴욕 센트럴 파크 공간 구성의 특징은 동선의 입체화와 자연경관의 비스타 조성을 한 자연형의 몰(Mall)과 대로이다.

7 **다음 중 가장 가볍게 느껴지는 색은?**

① 파랑　② 노랑
③ 초록　④ 연두

해설 명도가 높으면 가볍게 느껴지고, 명도가 같을 경우에는 채도가 높을수록 가볍고 낮을수록 무겁게 느껴진다.

8 **다음 정원 시설 중 우리나라 전통 조경 시설이 아닌 것은?**

① 취병(생울타리)　② 화계
③ 벽천　④ 석지

해설 취병(翠屛) : '비취색 병풍'이라는 뜻으로 살아 있는 나무를 사용해 만드는 생(生)울타리이자 궁궐의 핵심지역과 일부 상류층의 정원에만 사용된 친환경 담이다. 관목류 덩굴성 식물 등을 심어 가지를 틀어 올려 병풍모양으로 만든 울타리로 한국 전통 정원의 한 형태이다. 밖에서 내부가 직접 들여다보이는 것을 방지하는 가림막 역할을 하는 동시에 공간을 분할하는 담의 기능을 하면서 경관

정답 1 ② 2 ③ 3 ② 4 ④ 5 ④ 6 ③ 7 ② 8 ③

을 조성하는 기능을 한다. 1820년대 창덕궁과 창경궁을 조감도 형식으로 그린 〈동궐도〉(국보 제249호)의 취병 모습과 취병의 제작 과정이 담긴 〈임원십육경제지〉(19세기 초)를 고증하면, 대나무를 엮어 울타리를 두른 후 그 안에 작은 나무와 넝쿨 식물을 올리는 양식이다.

9 **고려 시대 궁궐 정원을 맡아 보던 관서는?**

① 원야 ② 장원서
③ 상림원 ④ 내원서

해설 **내원서** : 고려시대에 궁내의 원(園)이나 원(苑)을 관장하던 관청

10 **조선시대 후원양식에 대한 설명 중 틀린 것은?**

① 각 계단에는 향나무를 주로 한 나무를 다듬어 장식하였다.
② 중엽 이후 풍수지리설의 영향을 받아 후원 양식이 생겼다.
③ 건물 뒤에 자리 잡은 언덕배기를 계단 모양으로 다듬어 만들었다.
④ 경복궁 교태전 후원인 아미산, 창덕궁 낙선재의 후원 등이 그 예이다.

해설 조선시대 후원은 장대석을 이용하여 계단처리를 한 후 앵두, 매화 등 각종 꽃나무를 식재하였다. 그래서 꽃이 피는 계단이라 일컫는 화계라고 부르기도 한다.

11 **사대부나 양반 계급에 속했던 사람이 자연 속에 묻혀 야인으로서의 생활을 즐기던 별서 정원이 아닌 것은?**

① 다산초당 ② 부용동 정원
③ 소쇄원 ④ 방화수류정

해설 **방화수류정** : 조선 정조 18년(1794)에 건립되었으며, 화성의 동북각루인 방화수류정은 전시용(戰時用) 건물이지만 정자의 기능을 고려해 석재와 목재, 전돌을 적절하게 사용하여 조성된 건물이다. 주변감시와 지휘라는 군사적 목적에 충실하면서 동시에 주변경관과 조화를 이루는 조선시대 정자건축의 특징을 잘 나타내고 있고, 다른 정자에서 보이지 않는 독특한 평면과 지붕 형태의 특이성 등을 토대로 18세기 뛰어난 건축기술을 보여 주는 귀중한 자료이다.

12 **고대 그리스에서 아고라(Agora)는 무엇인가?**

① 유원지 ② 농경지
③ 광장 ④ 성지

해설 **아고라(Agora)** : 그리스시대의 건물로 둘러싸여 상업 및 집회에 이용되는 옥외공간을 말한다. 광장을 말하며, 로마시대에는 포럼(Forum)이다.

13 **영국 정형식 정원의 특징 중 매듭화단이란 무엇인가?**

① 가늘고 긴 형태로 한쪽 방향에서만 관상할 수 있는 화단
② 수목을 전정하여 정형적 모양으로 만든 미로
③ 카펫을 깔아 놓은 듯 화려하고 복잡한 문양이 펼쳐진 화단
④ 낮게 깎은 회양목 등으로 화단을 기하학적 문양으로 구획한 화단

해설 매듭화단은 Knot Gardon이라 하여 회양목으로 기하학적 문양의 테두리를 둘러 식재하는 화단을 말한다.

14 **19세기 유럽에서 정형식 정원의 의장을 탈피하고 자연 그대로의 경관을 표현하고자 한 조경 수법은?**

① 노단식 ② 자연풍경식
③ 실용주의식 ④ 회교식

해설 전원풍경식이라고도 한다.

15 **사적인 정원 중심에서 공적인 대중 공원의 성격을 띤 시대는?**

① 20세기 전반 미국
② 19세기 전반 영국
③ 17세기 전반 프랑스
④ 14세기 후반 에스파니아

해설 18세기에서 19세기에 이르는 산업혁명으로 영국의 귀족 소유 개인 별장들은 공공을 위한 대중공원의 성격으로 기부되어 오늘날에 이르고 있다.

정답 9 ④ 10 ① 11 ④ 12 ③ 13 ④ 14 ② 15 ②

2과목 조경재료

16 수준 측량과 관련이 없는 것은?

① 야장 ② 앨리데이드
③ 레벨 ④ 표척

해설 레벨을 사용하여 그 점에 세운 표척의 눈금 차이로부터 직접 고저차를 구하는 직접 수준 측량과 레벨 이외의 기기를 사용하는 간접 수준 측량이 있다.

17 근대 독일 구성식 조경에서 발달한 조경시설물의 하나로 실용과 미관을 겸비한 시설은?

① 분수 ② 캐스케이드
③ 연못 ④ 벽천

18 다음 중 열경화성 수지도료로 내수성이 크고 열탕에서도 침식되지 않으며, 무색투명하고 착색이 자유로우면 아주 굳고 내수성, 내약품성, 내용제성이 뛰어나며, 알키드 수지로 변성하여 도료, 내수 베니어 합판의 접착제 등에 이용되는 것은?

① 멜라민 수지 도료
② 프탈산 수지 도료
③ 석탄산 수지 도료
④ 염화비닐 수지 도료

19 유리의 주성분이 아닌 것은?

① 규산 ② 수산화칼슘
③ 석회 ④ 소다

해설 유리는 규산(SiO_2)이 71~73%, 소다(Na_2O)가 14~16%, 석회(CaO)가 8~15% 함유되어 있고, 기타 성분으로는 붕산, 인산, 산화마그네슘, 산화아연 등을 소량 함유하고 있다.

20 조경 시설물 중 유리섬유강화플라스틱(FRP)으로 만들기 가장 부적합한 것은?

① 화분대 ② 수족관의 수조
③ 수목 보호판 ④ 인공암

21 스프레이 건(Spray Gun)을 쓰는 것이 가장 적합한 도료는?

① 에나멜 ② 유성페인트
③ 수성페인트 ④ 래커

해설 분사도장(噴射塗裝)에 사용하는 도장용구를 말하는데, 래커나 합성수지도료 등 건조가 빠른 도료를 넓은 면적에 도포할 경우에 사용된다.

22 블리딩 현상에 따라 콘크리트 표면에 떠올라 표면의 물이 증발함에 따라 콘크리트 표면에 남는 가볍고 미세한 물질로서 시공 시 작업 이음을 형성하는 것에 대한 용어는?

① Laitance ② Plasticity
③ Workability ④ Consistency

해설 레이턴스는 약한 박막상(薄膜狀)이며, 이것을 제거하지 않고 새로운 콘크리트를 이어치기하는 경우, 이어치기의 강도가 저해되어 충분한 이어치기 강도를 얻을 수 없고, 수밀성과 기밀성 등의 성능도 악화되는 결과가 초래된다.

23 용광로에서 선철을 제조할 때 나온 광석찌꺼기를 석고와 함께 시멘트에 섞은 것으로서 수화열이 낮고, 내구성이 높으며, 화학적 저항성이 큰 한편 투수가 적은 특징을 갖는 것은?

① 알루미나 시멘트
② 조강 포틀랜드 시멘트
③ 실리카 시멘트
④ 고로 시멘트

24 목재 방부제에 요구되는 성질로 부적합한 것은?

① 목재의 인화성, 흡수성에 증가가 없을 것
② 목재의 강도가 커지고 중량이 증가될 것

정답 16 ② 17 ④ 18 ① 19 ② 20 ② 21 ④ 22 ① 23 ④ 24 ②

③ 목재에 침투가 잘되고 방부성이 큰 것
④ 목재에 접촉되는 금속이나 인체에 피해가 없을 것

해설 목재의 강도 저하나 중량 증가가 되지 않을 것

25 **다음 골재의 입도(粒度)에 대한 설명 중 옳지 않은 것은?**

① 입도란 크고 작은 골재알(粒)이 혼합되어 있는 정도를 말하며 체가름 시험에 의하여 구할 수 있다.
② 입도가 좋은 골재를 사용한 콘크리트는 공극이 커지기 때문에 강도가 저하한다.
③ 입도 시험을 위한 골재는 4분법(四分法)이나 시료분취기에 의하여 필요한 양을 채취한다.
④ 입도 곡선이란 골재의 체가름 시험결과를 곡선으로 표시한 것이며 입도 곡선이 표준 입도 곡선 내에 들어가야 한다.

26 **다음 중 거푸집에 미치는 콘크리트의 측압 설명으로 틀린 것은?**

① 붓기속도가 빠를수록 측압이 크다.
② 수평부재가 수직부재보다 측압이 작다.
③ 경화속도가 빠를수록 측압이 크다.
④ 시공연도가 좋을수록 측압은 크다.

해설 거푸집에 미치는 콘크리트 측압에 영향을 주는 요소 : 부어넣기 속도, 컨시스턴시, 콘크리트 비중, 골재의 입경, 시공연도, 슬럼프, 다짐성(∴배합 예제 : 생콘크리트의 측압은 슬럼프가 클수록, 벽두께가 두꺼울수록, 부어넣기 속도가 빠를수록, 대기 습도가 높을수록 크다. 그리고 부배합이 빈배합보다 크다)

27 **단위 용적 중량이 1.65 t/m³이고 굵은 골재 비중이 2.65일 때 이 골재의 실적률(A)과 공극률(B)은 각각 얼마인가?**

① A : 62.3%, B : 37.7%
② A : 69.7%, B : 30.3%
③ A : 66.7%, B : 33.3%
④ A : 71.4%, B : 28.6%

해설
• 실적률 : (단위용적중량÷골재의 비중)×100
• 공극률(v) $= (1 - \frac{w}{g}) \times 100\%$
w : 단위용적중량, g : 골재의 비중

28 **다음 중 수목을 기하학적인 모양으로 수관을 다듬어 만든 수형을 가리키는 용어는?**

① 정형수 ② 형상수
③ 경관수 ④ 녹음수

29 **다음 중 상록용으로 사용할 수 없는 식물은?**

① 마삭줄 ② 불로화
③ 골고사리 ④ 남천

해설
• 불로화(不老化, Mexican ageratum) : 멕시코 엉겅퀴라고도 한다. 높이 20~60cm이며 가지가 갈라진다. 잎은 마주나거나 어긋나고 달걀모양 또는 심장모양이며 가장자리에 둔한 톱니가 있다. 꽃은 여름부터 가을까지 계속 피며 산방꽃차례에 많은 두상화(頭狀花)가 달린다. 꽃색은 보라색과 흰색의 두 계통이 있으며, 종자는 작으나 발아력이 좋고 꺾꽂이도 잘 된다.
• 골고사리 : 변산일엽 또는 나도파초일엽이라고도 한다. 상록다년생이다.

30 **다음 수목 중 봄철에 꽃을 가장 빨리 보려면 어떤 수종을 식재해야 하는가?**

① 말발도리 ② 자귀나무
③ 매실나무 ④ 금목서

31 **다음 수목 중 일반적으로 생장 속도가 가장 느린 것은?**

① 네군도단풍 ② 층층나무
③ 개나리 ④ 비자나무

해설 비자나무는 음수로 유년기 생장이 매우 느리다.

정답 25 ② 26 ③ 27 ① 28 ② 29 ② 30 ③ 31 ④

32 다음 수종들 중 단풍이 붉은색이 아닌 것은?

① 신나무 ② 복자기
③ 화살나무 ④ 고로쇠나무

해설 고로쇠나무는 노란색 계통이다.

33 다음 중 비옥지를 가장 좋아하는 수종은?

① 소나무 ② 아까시나무
③ 사방오리나무 ④ 주목

34 다음 중 홍초과에 해당하며, 잎은 넓은 타원형이고, 길이 30~40cm로서 양끝이 좁고 밑부분이 엽초로 되어 원줄기를 감싸며 측맥이 평행하고, 삭과는 둥글고 잔돌기가 있으며, 뿌리는 고구마 같은 굵은 근경이 있는 식물명은?

① 히아신스 ② 튤립
③ 수선화 ④ 칸나

35 다음 중 가로수를 심는 목적이라고 볼 수 없는 것은?

① 시선을 유도한다.
② 방음과 방화의 효과가 있다.
③ 녹음을 제공한다.
④ 도시환경을 개선한다.

3과목 조경시공 및 관리

36 조경 설계 과정에서 가장 먼저 이루어져야 하는 것은?

① 평면도 작성 ② 내역서 작성
③ 구상개념도 작성 ④ 실시설계도 작성

37 다음 중 공사 현장의 공사 및 기술관리, 기타 공사업무 시행에 관한 모든 사항을 처리하여야 할 사람은?

① 공사 발주자
② 공사 현장대리인
③ 공사 현장감독관
④ 공사 현장감리원

38 직영공사의 특징 설명으로 옳지 않은 것은?

① 시급한 준공을 필요로 할 때
② 공사내용이 단순하고 시공 과정이 용이할 때
③ 일반도급으로 단가를 정하기 곤란한 특수한 공사가 필요할 때
④ 풍부하고 저렴한 노동력, 재료의 보유 또는 구입 편의가 있을 때

39 항공 사진 측량의 장점 중 틀린 것은?

① 동적인 대상물의 측량이 가능하다.
② 좁은 지역 측량에서 50% 정도의 경비가 절약된다.
③ 분업화에 의한 작업능률성이 높다.
④ 축척 변경이 용이하다.

해설 **장점** : 측량 대상물이 누락되는 일이 없다. 정밀도가 균일하다. 광범위한 지역의 측량에 능률적이다.

40 거실이나 응접실 또는 식당 앞에 건물과 잇대어서 만드는 시설물은?

① 모래터 ② 트렐리스
③ 정자 ④ 테라스

41 조경 시설물 중 관리 시설물로 분류되는 것은?

① 축구장, 철봉

정답 32 ④ 33 ④ 34 ④ 35 ② 36 ③ 37 ② 38 ① 39 ② 40 ④ 41 ②

② 조명시설, 표지판
③ 분수, 인공폭포
④ 그네, 미끄럼틀

해설 ① 운동시설, ② 관리시설, ③ 수경시설, ④ 놀이시설

42 다음 보도블록 포장공사의 단면 그림 중 블록 아랫부분은 무엇으로 채우는 것이 좋은가?

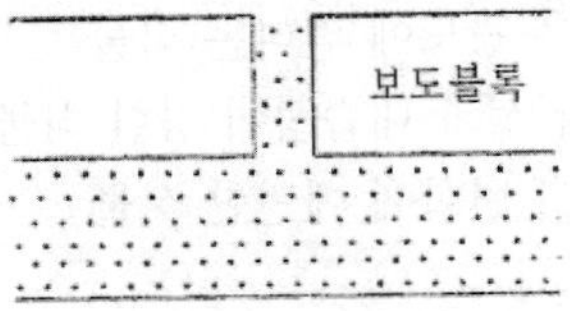

① 모래　　② 자갈
③ 콘크리트　　④ 잡석

43 원로의 디딤돌 놓기에 관한 설명으로 틀린 것은?

① 디딤돌은 주로 화강암을 넓적하고 둥글게 기계로 깎아 다듬어 놓은 돌만을 이용한다.
② 디딤돌은 보행을 위하여 공원이나 정원에서 잔디밭, 자갈 위에 설치하는 것이다.
③ 징검돌은 상 · 하면이 평평하고 지름 또한 한 면의 길이가 30~60cm, 높이가 30cm 이상의 강석을 주로 사용한다.
④ 디딤돌의 배치간격 및 형식 등은 설계도면에 따르되 윗면은 수평으로 놓고 지면과의 높이는 5cm 내외로 한다.

44 자연석(조경석) 쌓기의 설명으로 옳지 않은 것은?

① 크고 작은 자연석을 이용하여 잘 배치하고, 견고하게 쌓는다.
② 사용되는 돌의 선택은 인공적으로 다듬은 것으로 가급적 벌어짐 없이 연결될 수 있도록 배치한다.
③ 자연석으로 서로 어울리게 배치하고 자연석 틈 사이에 관목류를 이용하여 채운다.
④ 맨 밑에는 큰 돌을 기초석으로 배치하고, 보기 좋은 면이 앞면으로 오게 한다.

해설 자연석은 자연의 힘에 의해 풍화 또는 마모되어 종류별 특성이 잘 나타나는 것이어야 한다.

45 벽돌쌓기 시공에 대한 주의사항으로 틀린 것은?

① 굳기 시작한 모르타르는 사용하지 않는다.
② 붉은 벽돌은 쌓기 전에 충분한 물축임을 실시한다.
③ 1일 쌓기 높이는 1.2m를 표준으로 하고, 최대 1.5m 이하로 한다.
④ 벽돌벽은 가급적 담장의 중앙 부분을 높게 하고 끝부분을 낮게 한다.

46 벽돌쌓기에서 사용되는 모르타르의 배합비 중 가장 부적합한 것은?

① 1 : 1　　② 1 : 2
③ 1 : 3　　④ 1 : 4

47 지역이 광대해서 하수를 한 개소로 모으기가 곤란할 때 배수지역을 수 개 또는 그 이상으로 구분해서 배관하는 배수 방식은?

① 직각식　　② 차집식
③ 방사식　　④ 선형식

해설 **하수배수계통** : 일련의 하수관거가 배치된 형태를 평면적으로 구분한 것이다. 관거의 방향, 하천과의 상대적 위치, 지형 등에 따라 직각식, 차집식, 선형식, 방사식, 평행식, 집중식 등으로 구분한다.

정답 42 ① 43 ① 44 ② 45 ④ 46 ④ 47 ③

48 다음 배수관 중 가장 경사를 급하게 설치해야 하는 것은?

① Ø100㎜ ② Ø200㎜
③ Ø300㎜ ④ Ø400㎜

49 경사가 있는 보도교의 경우 종단 기울기가 얼마를 넘지 않도록 하며, 미끄럼을 방지하기 위해 바닥을 거칠게 표면처리 하여야 하는가?

① 3° ② 5° ③ 8° ④ 15°

해설 아치교는 종단경사(종단기울기, 종단구배)가 1/12을 넘지 않도록 하며, 미끄럼방지를 위해 거친 표면처리를 한다.(한국조경학회, 조경설계기준)

50 비탈면의 기울기는 관목 식재 시 어느 정도 경사보다 완만하게 식재하여야 하는가?

① 1 : 0.3보다 완만하게
② 1 : 1보다 완만하게
③ 1 : 2보다 완만하게
④ 1 : 3보다 완만하게

51 퍼걸러(Pergola) 설치 장소로 적합하지 않은 것은?

① 주택 정원의 가운데
② 건물에 붙여 만들어진 테라스 위
③ 통경선의 끝 부분
④ 주택 정원의 구석진 곳

52 다음 중 일반적인 토양의 상태에 따른 뿌리 발달의 특징 설명으로 옳지 않은 것은?

① 척박지에서는 뿌리의 갈라짐이 적고 길게 뻗어 나간다.
② 건조한 토양에서는 뿌리가 짧고 좁게 퍼진다.
③ 비옥한 토양에서는 뿌리목 가까이에서 많은 뿌리가 갈라져 나가고 길게 뻗지 않는다.
④ 습한 토양에서는 호흡을 위하여 땅 표면 가까운 곳에 뿌리가 퍼진다.

53 실내 조경 식물의 선정 기준이 아닌 것은?

① 가스에 잘 견디는 식물
② 낮은 광도에 견디는 식물
③ 내건성과 내습성이 강한 식물
④ 온도 변화에 예민한 식물

54 다음 수목 중 식재 시 근원직경에 의한 품셈을 적용할 수 있는 것은?

① 아왜나무
② 꽃사과나무
③ 은행나무
④ 왕벚나무

55 조경수 전정의 방법이 옳지 않은 것은?

① 전체적인 수형의 구성을 미리 정한다.
② 충분한 햇빛을 받을 수 있도록 가지를 배치한다.
③ 병해충 피해를 받은 가지는 제거한다.
④ 아래에서 위로 올라가면서 전정한다.

56 다음 중 전정을 할 때 큰 줄기나 가지자르기를 삼가야 하는 수종은?

① 오동나무
② 현사시나무
③ 벚나무
④ 수양버들

정답 48 ① 49 ③ 50 ③ 51 ① 52 ② 53 ④ 54 ② 55 ④ 56 ③

57 나무를 옮겨 심었을 때 잘려진 뿌리로부터 새 뿌리가 오게 하여 활착이 잘 되게 하는 데 가장 중요한 것은?

① 온도와 지주목의 종류
② 잎으로부터의 증산과 뿌리의 흡수
③ C/N율과 토양의 온도
④ 호르몬과 온도

58 오늘날 세계 3대 수목병에 속하지 않는 것은?

① 잣나무 털녹병
② 소나무류 리지나 뿌리썩음병
③ 느릅나무 시들음병
④ 밤나무 줄기마름병

59 다음 중 농약의 혼용 사용 시 장점이 아닌 것은?

① 약효 상승
② 약효지속기간 연장
③ 약해 증가
④ 독성 경감

60 솔수염하늘소의 성충이 최대로 출연하는 최성기로 가장 적합한 것은?

① 3~4월 ② 4~5월
③ 6~7월 ④ 9~10월

정답 57 ② 58 ② 59 ③ 60 ③

국가기술자격검정 필기시험문제

2012년 4월 8일 시행

자격종목	코드	시험시간	형별	수험번호	성 명
조경 기능사		1시간			

1과목 조경일반

1 조경의 직무는 조경설계기술자, 조경시공기술자, 조경관리기술자로 크게 분류할 수 있다. 그중 조경설계기술자의 직무 내용에 해당하는 것은?

① 병해충방제 ② 조경묘목생산
③ 식재공사 ④ 시공감리

2 "형태, 색채와 더불어(　　)은(는) 디자인의 필수 요소로서 물체의 조성 성질을 말하며, 이는 우리의 감각을 통해 형태에 대한 지식을 제공한다." (　　) 안에 들어갈 디자인 요소는?

① 입체 ② 공간
③ 질감 ④ 광선

3 실선의 굵기에 따른 종류(가는선, 중간선, 굵은선)와 용도가 바르게 연결된 것은?

① 가는선 – 단면선
② 가는선 – 파선
③ 중간선 – 치수선
④ 굵은선 – 도면의 윤곽선

4 주축선 양쪽에 짙은 수림을 만들어 주축선이 두드러지게 하는 비스타(Vista) 수법을 가장 많이 이용한 정원은?

① 영국 정원 ② 프랑스 정원
③ 이탈리아 정원 ④ 독일 정원

해설 비스타(Vista) : 경관을 구성하는 방법은 좌우로의 시선이 제한되고 중앙의 한 점으로 시선이 모이도록 초점경관 형태로 유형화한다.

5 다음 중 설치기준의 제한은 없으며, 유치거리 500m 이하, 공원면적 10,000m² 이상으로 할 수 있고, 주로 인근에 거주하는 자의 이용에 제공할 목적으로 설치되는 도시공원의 종류는?

① 도보권 근린공원
② 묘지 공원
③ 어린이 공원
④ 근린생활권 근린공원

6 경관구성의 미적 원리를 통일성과 다양성으로 구분할 때, 다음 중 다양성에 해당하는 것은?

① 조화 ② 균형
③ 강조 ④ 대비

7 먼셀의 색상환에서 BG는 무슨 색인가?

① 연두색 ② 남색
③ 청록색 ④ 보라색

해설
- 먼셀의 기본 5가지 색상 : 빨강(R), 노랑(Y), 녹색(G), 파랑(B), 보라(P)
- 먼셀 10색상 : 빨강(R), 주황(YR), 노랑(Y), 연두(GY), 녹색(G), 청록(BG), 파랑(B), 남색(PB), 보라(P), 자주(RP)

8 오방색 중 황(黃)의 오행과 방위가 바르게 짝지은 것은?

① 금(金) – 서쪽 ② 목(木) – 동쪽
③ 토(土) – 중앙 ④ 수(水) – 북쪽

정답 1④ 2③ 3④ 4② 5④ 6④ 7③ 8③

9 **다음 중 별서의 개념과 가장 거리가 먼 것은?**

① 별장의 성격을 갖기 위한 것
② 수목을 가꾸기 위한 것
③ 은둔생활을 하기 위한 것
④ 효도하기 위한 것

10 **정형식 배식 방법에 대한 설명이 옳지 않은 것은?**

① 교호식재 – 서로 마주보게 배치하는 식재
② 대식 – 시선축의 좌우에 같은 형태, 같은 종류의 나무를 대칭 식재
③ 열식 – 같은 형태와 종류의 나무를 일정한 간격으로 직선상에 식재
④ 단식 – 생김새가 우수하고, 중량감을 갖춘 정형수를 단독으로 식재

해설 **교호식재** : 열식의 변형으로 같은 간격으로 어긋나게 식재

11 **"응접실이나 거실 쪽에 면하며, 주택 정원의 중심이 되고, 가족의 구성단위나 취향에 따라 계획한다."와 같은 목적의 뜰은 주택 정원의 어디에 해당하는가?**

① 안뜰　② 앞뜰
③ 뒤뜰　④ 작업뜰

12 **우리나라에서 처음 조경의 필요성을 느끼게 된 가장 큰 이유는?**

① 급속한 자동차의 증가로 인한 대기오염을 줄이기 위해
② 공장폐수로 인한 수질오염을 해결하기 위해
③ 인구 증가로 인해 놀이, 휴게시설의 부족 해결을 위해
④ 고속도로, 댐 등 각종 경제 개발에 따른 국토의 자연훼손의 해결을 위해

13 **중국 청나라 때의 유적이 아닌 것은?**

① 이화원　② 졸 정원
③ 자금성 금원　④ 원명원 이궁

해설 **졸 정원** : 명나라

14 **영국인 Brown의 지도하에 덕수궁 석조전 앞뜰에 조성된 정원 양식과 관계되는 것은?**

① 보르비콩트 정원
② 센트럴 파크
③ 분구원
④ 빌라 메디치

15 **메소포타미아의 대표적인 정원은?**

① 마야사원
② 바빌론의 공중 정원
③ 베르사이유 궁전
④ 타지마할 사원

해설 **공중 정원** : 신바빌로니아의 수도 바빌론 시의 성벽에 만들어졌으며, 신바빌로니아의 네부카드네자르 2세가 왕비 아미티스를 위해 세운 것으로 알려져 있다.

2과목 조경재료

16 **혼화재의 설명 중 옳은 것은?**

① 종류로는 포졸란, AE제 등이 있다.
② 혼화재료는 그 사용량이 비교적 많아서 그 자체의 부피가 콘크리트의 배합계산에 관계된다.
③ 종류로는 슬래그, 감수제 등이 있다.

정답 9 ② 10 ① 11 ① 12 ④ 13 ② 14 ① 15 ② 16 ②

④ 혼화재는 혼화제와 같은 것이다.

해설 혼화제(混和劑)는 약품적인 것으로 자체 부피가 콘크리트의 배합계산에서 무시될 정도로 시멘트 종량에 대해 5% 이하(보통 1% 이하)라는 극히 적은 양을 사용한다. 반면에 혼화재(混和材)는 자체 부피가 콘크리트의 배합계산에 고려되는 것으로 시멘트 중량의 5% 이상(경우에 따라서는 50% 이상)을 쓰며, 콘크리트를 반죽할 때 시멘트에 섞어서 이용한다. 일반적으로 혼화제는 화학제품이 많고, 혼화재는 광물질 분말이다.

17 좋은 콘크리트를 만들려면 좋은 품질의 골재를 사용해야 하는데, 좋은 골재에 관한 설명으로 옳지 않은 것은?

① 납작하거나 길지 않고 구형이 가까울 것
② 골재의 표면이 깨끗하고 유해 물질이 없을 것
③ 굳은 시멘트 페이스트보다 약한 석질일 것
④ 굵고 잔 것이 골고루 섞여 있을 것

해설 골재의 강도는 콘크리트 중의 경화시멘트 페이스트의 강도 이상일 것

18 시멘트 액체 방수제의 종류가 아닌 것은?

① 비소계 ② 규산소다계
③ 염화칼슘계 ④ 지방산계

19 다음 중 화성암 계통의 석재인 것은?

① 화강암 ② 점판암
③ 대리석 ④ 사문암

해설 화성암(화강암, 안산암, 경석), 수성암 또는 퇴적암(점판암, 사암, 응회암, 석회석, 석고), 변성암(대리석, 사문석)

20 석재의 분류방법 중 가장 보편적으로 사용되는 방법은?

① 성인에 의한 방법
② 산출상태에 의한 방법
③ 조직구조에 의한 방법
④ 화학성분에 의한 방법

해설 석재는 형성 원인에 따라 화성암, 수성암, 변성암의 3종류로 분류된다.

21 목재의 방부처리 방법 중 일반적으로 가장 효과가 우수한 것은?

① 가압 주입법 ② 도포법
③ 생리적 주입법 ④ 침지법

해설
- 목재의 방부제 처리법 : 도포법, 침지법(침적법), 상압주입법, 가압주입법, 생리적 주입법으로 나눈다.
- 가압주입법 : 원통 안에 방부제를 넣고 가압하여 주입하는 것으로 70℃ 의 크레오소트유액을 사용한다.

22 다음 중 압축강도(kgf/cm^2)가 가장 큰 목재는?

① 오동나무 ② 밤나무
③ 삼나무 ④ 낙엽송

23 다음 중 인공지반을 만들려고 할 때 사용되는 경량토로 부적합한 것은?

① 버미큘라이트 ② 모래
③ 펄라이트 ④ 부엽토

24 기건상태에서 목재 표준 함수율은 어느 정도인가?

① 5% ② 15%
③ 25% ④ 35%

25 쾌적한 가로 환경과 환경 보전, 교통 제어, 녹음과 계절성, 시선 유도 등으로 활용하고 있는 가로수로 적합하지 않은 수종은?

① 이팝나무 ② 은행나무
③ 메타세쿼이아 ④ 능소화

해설 능소화는 덩굴식물이다.

정답 17 ③ 18 ① 19 ① 20 ① 21 ① 22 ④ 23 ② 24 ② 25 ④

26 생태복원을 목적으로 사용하는 재료로써 가장 거리가 먼 것은?

① 식생매트　② 잔디블록
③ 녹화마대　④ 식생자루

27 조경 수목 규격에 관한 설명으로 옳은 것은?(단, 괄호 안의 영문은 기호를 의미한다)

① 수고(W) : 지표면으로부터 수관의 하단부까지의 수직높이
② 지하고(BH) : 지표면에서 수관이 맨 아랫가지까지의 수직높이
③ 흉고직경(R) : 지표면 줄기의 굵기
④ 근원직경(B) : 가슴 높이 정도의 줄기의 지름

28 줄기의 색이 아름다워 관상 가치를 가진 대표적인 수종의 연결로 옳지 않은 것은?

① 갈색계의 수목 : 편백
② 적갈색계의 수목 : 소나무
③ 흑갈색계의 수목 : 벽오동
④ 백색계의 수목 : 자작나무

해설 벽오동은 초록색계열의 수목이다.

29 홍색(紅色) 열매를 맺지 않는 수종은?

① 산수유　② 쥐똥나무
③ 주목　④ 사철나무

해설 쥐똥나무 : 흑색 계통

30 형상수로 이용할 수 있는 수종은?

① 주목　② 명자나무
③ 단풍나무　④ 소나무

31 다음 조경 수목 중 음수인 것은?

① 향나무　② 느티나무
③ 비자나무　④ 소나무

32 활엽수이지만 잎의 형태가 침엽수와 같아서 조경적으로 침엽수로 이용하는 것은?

① 은행나무　② 산딸나무
③ 위성류　④ 이나무

해설 반면에 침엽수(나자식물)이지만 잎의 형태가 활엽수와 같아서 조경적으로 활엽수로 이용하는 것은 은행나무이다.

33 수종에 따라 또는 같은 수종이라도 개체의 성질에 따라 삽수의 발근에 차이가 있는데 일반적으로 삽목 시 발근이 잘 되지 않는 수종은?

① 오리나무　② 무궁화
③ 개나리　④ 꽝꽝나무

34 다음 중 낙엽활엽교목으로 부채꼴형 수형이며, 야합수(夜合樹)라 불리기도 하고, 여름에 피는 꽃은 분홍색으로 화려하며, 천근성 수종으로 이식에 어려움이 있는 수종은?

① 서향　② 치자나무
③ 은목서　④ 자귀나무

35 산울타리에 적합하지 않은 식물 재료는?

① 무궁화　② 느릅나무
③ 측백나무　④ 꽝꽝나무

정답 26 ③　27 ②　28 ③　29 ②　30 ①　31 ③　32 ③　33 ①　34 ④　35 ②

3과목 조경시공 및 관리

36 다음 중 입찰의 순서로 옳은 것은?

① 현장설명 → 개찰 → 입찰공고 → 입찰 → 낙찰 → 계약
② 입찰공고 → 입찰 → 낙찰 → 계약 → 현장설명 → 개찰
③ 입찰공고 → 현장설명 → 입찰 → 개찰 → 낙찰 → 계약
④ 입찰공고 → 입찰 → 개찰 → 낙찰 → 계약 → 현장설명

37 공사의 실시방식 중 공동 도급의 특징이 아닌 것은?

① 여러 회사의 참여로 위험이 분산된다.
② 이해 충돌이 없고 임기응변 처리가 가능하다.
③ 공사이행의 확실성이 보장된다.
④ 공사의 하자책임이 불분명하다.

38 공사원가에 의한 공사비 구성 중 안전관리비가 해당되는 것은?

① 간접재료비　② 간접노무비
③ 경비　④ 일반관리비

39 공원 행사의 개최 순서로 옳은 것은?

① 기획 → 제작 → 실시 → 평가
② 평가 → 제작 → 실시 → 기획
③ 제작 → 평가 → 기획 → 실시
④ 제작 → 실시 → 기획 → 평가

40 지형도에서 U자 모양으로 그 바닥이 낮은 높이의 등고선을 향하면 이것은 무엇을 의미하는가?

① 계곡　② 능선
③ 현애　④ 동구

41 크롬산아연을 안료로 하고, 알키드 수지를 전색료로 한 것으로서 알루미늄 녹막이 초벌칠에 적당한 도료는?

① 광명단
② 파커라이징
③ 그라파이트
④ 징크로메이트

해설 징크로메이트(안료=크롬산아연, 전색료=알키드수지)철제부 녹막이 칠 종류의 하나

42 어린이 놀이 시설물 설치에 대한 설명으로 옳지 않은 것은?

① 미끄럼대의 미끄럼판의 각도는 일반적으로 30~40도 정도의 범위로 한다.
② 모래터는 하루 4~5시간의 햇볕이 쬐고 통풍이 잘 되는 곳에 위치한다.
③ 시소는 출입구에 가까운 곳, 휴게소 근처에 배치하도록 한다.
④ 그네는 통행이 많은 곳을 피하여 동서 방향으로 설치한다.

43 토공 작업 시 지반면보다 낮은 면의 굴착에 사용하는 기계로 깊이 6m 정도의 굴착에 적당하며, 백호우라고도 불리는 기계는?

① 파워 셔블
② 드래그 셔블
③ 클램셸
④ 드래그 라인

정답 36 ③ 37 ② 38 ③ 39 ① 40 ② 41 ④ 42 ④ 43 ②

해설 백호(Back Hoe)라고도 하며 기계가 설치된 지반보다 낮은 곳을 굴착하는 데 적합하며, 수중 굴착도 가능한 기계를 말한다. 드래그 셔블은 굴착된 구멍이나 도랑 등의 굴착면 마무리가 비교적 깨끗하며 정확하게 파낸다. 따라서 도랑이나 수로, 빌딩의 기초 굴착에 사용한다. 더욱이 그 구조면에서 드래그 라인에 비해 굴착 반경은 작고, 클램셸(Clamshell)에 비해 굴착하는 깊이도 얕아 파워 셔블에 뒤지지 않는 굴착력을 가지고 있기 때문에 토질의 구멍 파기나 도랑파기 등에 적합하다.

유압식 드래그 셔블

44 콘크리트를 혼합한 다음 운반해서 다져 넣을 때까지 시공성의 좋고 나쁨을 나타내는 성질, 즉 콘크리트의 시공성을 나타내는 것은?

① 슬럼프 시험
② 워커빌리티
③ 물 · 시멘트비
④ 양생

45 흙깎기(切土) 공사에 대한 설명으로 옳은 것은?

① 보통 토질에서는 흙깎기 비탈면 경사를 1:0.5 정도로 한다.
② 식재공사가 포함된 경우의 흙깎기에서는 지표면 표토를 보존하여 식물생육에 유용하도록 한다.
③ 작업물량이 기준보다 작은 경우 인력보다는 장비를 동원하여 시공하는 것이 경제적이다.
④ 흙깎기를 할 때는 안식각보다 약간 크게 하여 비탈면의 안정을 유지한다.

46 배수공사 중 지하층 배수와 관련된 설명으로 옳지 않은 것은?

① 속도랑의 깊이는 심근성보다 천근성 수종을 식재할 때 더 깊게 한다.
② 큰 공원에서는 자연 지형에 따라 배치하는 자연형 배수방법이 많이 이용된다.
③ 암거배수의 배치형태는 어골형, 평행형, 빗살형, 부채살형, 자유형 등이 있다.
④ 지하층 배수는 속도랑을 설치해 줌으로써 가능하다.

해설 속도랑은 심근성 수종을 식재할 경우에 더 깊게 만든다.

47 다음 중 교목의 식재 공사 공정으로 옳은 것은?

① 수목 방향 정하기 → 구덩이 파기 → 물 죽쑤기 → 묻기 → 지주 세우기 → 물집 만들기
② 구덩이 파기 → 물 죽쑤기 → 지주 세우기 → 수목 방향 정하기 → 물집 만들기
③ 구덩이 파기 → 수목 방향 정하기 → 묻기 → 물 죽쑤기 → 지주 세우기 → 물집 만들기
④ 수목 방향 정하기 → 구덩이 파기 → 묻기 → 지주 세우기 → 물 죽쑤기 → 물집 만들기

48 생울타리처럼 수목이 대상으로 군식되었을 때 거름 주는 방법으로 가장 적당한 것은?

① 전면 거름주기
② 방사상 거름주기
③ 천공 거름주기
④ 선상 거름주기

정답 44 ② 45 ② 46 ① 47 ③ 48 ④

49 **다음 중 학교 조경의 수목 선정 기준에 가장 부적합한 것은?**

① 생태적 특성　② 경관적 특성
③ 교육적 특성　④ 조형적 특성

50 **다음 중 수목의 굵은 가지치기 방법으로 옳지 않은 것은?**

① 톱으로 자른 자리의 거친 면은 손칼로 깨끗이 다듬는다.
② 잘라낼 부위는 아래쪽에 가지 굵기의 1/3 정도 깊이까지 톱자국을 먼저 만들어 놓는다.
③ 톱을 돌려 아래쪽에 만들어 놓은 상처보다 약간 높은 곳을 위에서부터 내리 자른다.
④ 잘라낼 부위는 먼저 가지의 밑동으로부터 10~15cm 부위를 위에서부터 아래까지 내리 자른다.

해설 아래쪽을 먼저 1/3 정도 자른 후 위를 자른다.

51 **겨울 전정의 설명으로 틀린 것은?**

① 제거 대상가지를 발견하기 쉽고 작업도 용이하다.
② 휴면 중이기 때문에 굵은 가지를 잘라 내어도 전정의 영향을 거의 받지 않는다.
③ 상록수는 동계에 강전정하는 것이 가장 좋다.
④ 12~3월에 실시한다.

52 **다음 중 뿌리분의 형태별 종류에 해당하지 않는 것은?**

① 보통분　② 사각분
③ 접시분　④ 조개분

해설 뿌리분 형태는 보통분을 중심으로 그보다 더 깊게 만드는 조개분, 더 얕게 만드는 접시분으로 3개의 형태로 나누고 있다.

53 **다음 중 수간주입 방법으로 옳지 않은 것은?**

① 구멍의 각도는 50~60도 가량 경사지게 세워서, 구멍지름 20mm 정도로 한다.
② 뿌리가 제 구실을 못하고 다른 시비방법이 없을 때, 빠른 수세회복을 원할 때 사용한다.
③ 구멍속의 이물질과 공기를 뺀 후 주입관을 넣는다.
④ 중력식 수간주사는 가능한 한 지제부 가까이에 구멍을 뚫는다.

해설 구멍의 각도는 20~30도, 구멍지름은 5㎜ 정도

54 **정원수의 거름주기 설명으로 옳지 않은 것은?**

① 지효성의 유기질 비료는 밑거름으로 준다.
② 지효성 비료는 늦가을에서 이른 봄 사이에 준다.
③ 속효성 거름은 7월 이후에 준다.
④ 질소질 비료와 같은 속효성 비료는 덧거름으로 준다.

해설 속효성 거름은 7월 말 이내에 마친다.

55 **질소기아현상에 대한 설명으로 옳지 않은 것은?**

① 미생물과 고등식물 간에 질소경쟁이 일어난다.
② 미생물 상호간의 질소경쟁이 일어난다.
③ 토양으로부터 질소의 유실이 촉진된다.
④ 탄질률이 높은 유기물이 토양에 가해질 경우 발생한다.

해설 **질소기아현상** : 유기물을 토양에 사용할 때에는 유기물 중의 탄소와 질소 함량비(탄질비 C/N율)가 중요하다. 대체로 탄질비가 20을 넘는 유기물을 토양에 주면 유기물

정답 49 ④　50 ④　51 ③　52 ②　53 ①　54 ③　55 ③

중의 질소가 작물에 이용되는 것이 아니라 오히려 토양 중에 있는 미생물들에 의해 이용된다.
다시 말하면 탄질비가 높은 유기물을 토양에 사용하면 토양 중에 있는 작물이 이용할 수 있는 질소를 유기물을 분해시키는 미생물들이 이용하게 되어 작물은 질소를 이용할 수 없게 된다. 이런 현상을 질소기아현상(窒素饑餓現象)이라고 한다.
가령 호밀짚은 녹비로 사용하기보다는 멀칭을 하는 경우가 질소기아현상을 피하는 가장 좋은 방법이 된다. 특히 경사지의 포도밭 같은 데서는 호밀짚 멀칭으로 토양의 유실도 방지할 수 있다.

56 **다음 중 세균에 의한 수목병은?**

① 소나무 잎녹병
② 뽕나무 오갈병
③ 밤나무 뿌리혹병
④ 포플러 모자이크병

57 **참나무 시들음병에 대한 설명으로 옳지 않은 것은?**

① 매개충의 암컷 등판에는 곰팡이를 넣는 균낭이 있다.
② 매개충은 광릉긴나무좀이다.
③ 피해목은 초가을에 모든 잎이 낙엽진다.
④ 월동한 성충은 5월경에 침입공을 빠져나와 새로운 나무를 가해한다.

58 **다음 중 유충은 적색, 분홍색, 검은색이며, 끈끈한 분비물을 분비하고, 식물의 어린잎이나 새가지, 꽃봉오리에 붙어 수액을 빨아먹어 생육을 억제하며, 점착성분비물을 배설하여 그을음병을 발생시키는 해충으로 가장 적합한 것은?**

① 진딧물 ② 깍지벌레
③ 응애 ④ 솜벌레

59 **한국 잔디의 해충으로 가장 큰 피해를 주는 것은?**

① 선충 ② 거세미나방
③ 땅강아지 ④ 풍뎅이 유충

해설

구분	장점	단점
화학적 방제	1. 비용 저렴 2. 성충과 유충 모두 방제	1. 냄새, 인건비 상승 2. 적기 방제 어려움 3. 유충은 땅속으로, 성충은 자연림으로 날아감
페로몬 방제	1. 수목, 잔디에 있는 풍뎅이 동시 방제 2. 친환경적 3. 고객 피해 없음 4. 농약 절감	1. 초기 비용 비쌈 2. 유충 방제 어려움

60 **잔디의 상토소독에 사용하는 약제는?**

① 메티다티온 ② 메틸브로마이드
③ 디캄바 ④ 에테폰

정답 56 ③ 57 ③ 58 ① 59 ④ 60 ②

국가기술자격검정 필기시험문제

2012년 7월 22일 시행

자격종목	코드	시험시간	형별	수험번호	성 명
조경 기능사		1시간			

1과목 조경일반

1 조경 제도 용품 중 곡선자라고 하여 각종 반지름의 원호를 그릴 때 사용하기 가장 적합한 재료는?

① 삼각자 ② T자
③ 원호자 ④ 운형자

해설 곡선자 곡선을 그릴 때 사용하는 자, 원호자, 운형자, 자재자 등이 있다.

2 다음 중 조화(Harmony)의 설명으로 가장 적합한 것은?

① 서로 다른 것끼리 모여 서로를 강조시켜주는 것
② 축선을 중심으로 하여 양쪽의 비중을 똑같이 만드는 것
③ 각 요소들이 강약, 장단의 주기성이나 규칙성을 가지면서 전체적으로 연속적인 운동감을 가지는 것
④ 모양이나 색깔 등이 비슷비슷하면서도 실은 똑같지 않은 것끼리 균형을 유지하는 것

해설 ① 강조, ② 균형, ③ 율동

3 다음 중 색의 3속성에 관한 설명으로 옳은 것은?

① 그레이 스케일(Gray Scale)은 채도의 기준척도로 사용된다.
② 감각에 따라 식별되는 색의 종명을 채도라고 한다.
③ 두 색상 중에서 빛의 반사율이 높은 쪽이 밝은 색이다.
④ 색의 포화상태 즉, 강약을 말하는 것은 명도이다.

4 주변지역의 경관과 비교할 때 지배적이며, 특징을 가지고 있어 지표적인 역할을 하는 것을 무엇이라고 하는가?

① Nodes ② Landmarks
③ Vista ④ Districts

해설 랜드 마크[Land Mark] : 도시의 이미지를 대표하는 특이성 있는 시설이나 건물을 말하며, 물리적 · 가시적 특징이 시설물뿐만 아니라 개념적이고 역사적인 의미가 있는 추상적 공간도 포함된다. 사람은 도시의 각 부분을 상호 관련시키면서 각자의 정신적 이미지를 환경으로부터 만들어낸다. 즉 도시의 물리적 현실로부터 사람이 축출해 낸 그림이 바로 도시의 이미지이다. 서울의 랜드마크는 서울타워(남산타워) 등이 될 수 있다.

5 단독 주택 정원에서 일반적으로 장독대, 쓰레기통, 창고 등이 설치되는 공간은?

① 앞뜰 ② 작업뜰
③ 뒤뜰 ④ 안뜰

6 노외주차장의 구조 · 설비기준으로 틀린 것은? (단, 주차장법 시행규칙을 적용한다)

① 노외주차장에서 주차에 사용되는 부분의 높이는 주차바닥면으로부터 2.1m 이상으로 하여야 한다.

정답 1③ 2④ 3③ 4② 5② 6④

② 노외주차장의 출입구 너비를 3.5m 이상으로 하여야 하며, 주차대수 규모가 50대 이상인 경우에는 출구와 입구를 분리하거나 너비 5.5m 이상의 출입구를 설치하여 소통이 원활하도록 하여야 한다.
③ 노외주차장의 출구와 입구에서 자동차의 회전을 쉽게 하기 위하여 필요한 경우에는 차로와 도로가 접하는 부분을 곡선형으로 하여야 한다.
④ 노외주차장의 출구 부근의 구조는 해당 출구로부터 2m를 후퇴한 노외주차장의 차로의 중심선상 1.0m의 높이에서 도로의 중심선에 직각으로 향한 왼쪽 · 오른쪽 각각 45도의 범위에서 해당 도로를 통행하는 자를 확인할 수 있도록 하여야 한다.

해설 노외주차장 출구 부근의 구조는 해당 출구로부터 2m를 후퇴한 노외주차장 차로의 중심선상 1.4m 높이에서 도로의 중심선에 직각으로 향한 왼쪽 오른쪽 각각 60도의 범위에서 해당 도로를 통행하는 자를 확인할 수 있도록 하여야 한다.

7 **다음 중 식물재료의 특성으로 부적합한 것은?**

① 생장과 번식을 계속하는 연속성이 있다.
② 생물로서 생명 활동을 하는 자연성을 지니고 있다.
③ 불변성과 가공성을 지니고 있다.
④ 계절적으로 다양하게 변화함으로써 주변과의 조화성을 가진다.

8 **다음 중 정형식 정원에 해당하지 않는 양식은?**

① 회유임천식 ② 중정식
③ 평면기하학식 ④ 노단식

9 **화단의 초화류를 엷은 색에서 점점 짙은 색으로 배열할 때 가장 강하게 느껴지는 조화미는?**

① 점층미 ② 균형미
③ 통일미 ④ 대비미

10 **우리나라 후원양식의 정원수법이 형성되는 데 영향을 미친 것이 아닌 것은?**

① 불교의 영향 ② 음양오행설
③ 유교의 영향 ④ 풍수지리설

해설 후원양식이 정립된 시대는 조선시대이다.

11 **우리나라 고유의 공원을 대표할 만한 문화재적 가치를 지닌 정원은?**

① 경복궁의 후원 ② 덕수궁의 후원
③ 창경궁의 후원 ④ 창덕궁의 후원

해설 창덕궁 후원은 세계문화유산으로 지정 · 운영되고 있다.

12 **조선시대 정자의 평면유형은 유실형(중심형, 편심형, 분리형, 배면형)과 무실형으로 구분할 수 있는데 다음 중 유형이 다른 하나는?**

① 광풍각 ② 임대정
③ 거연정 ④ 세연정

해설 거연정은 방이 없는 구조이다.

13 **조선시대 경승지에 세운 누각들 중 경기도 수원에 위치한 것은?**

① 연광정 ② 사허정
③ 방화수류정 ④ 영호정

해설 **방화수류정** : 수원성의 북수구문(北水口門)인 화홍문(華虹門)의 동쪽에 인접한 높은 벼랑 위에 세워져 있는데, 亞자형의 평면구성을 하고 있는 정교한 건물로서 뛰어난 아름다움을 보여 준다.

정답 7 ③ 8 ① 9 ① 10 ① 11 ④ 12 ③ 13 ③

14 다음 중 사절우(四節友)에 해당되지 않는 것은?

① 소나무 ② 난초
③ 국화 ④ 대나무

해설
• 사절우 : 매화, 소나무, 국화, 대나무
• 사군자 : 매화, 난초, 국화, 대나무

15 센트럴 파크(Central Park)에 대한 설명 중 틀린 것은?

① 19세기 중엽 미국 뉴욕에 조성되었다.
② 르코르뷔지에(Le corbusier)가 설계하였다.
③ 면적은 약 334헥타르의 장방형 슈퍼블록으로 구성되었다.
④ 모든 시민을 위한 근대적이고 본격적인 공원이다.

해설 르코르뷔지에는 스위스 출신의 프랑스 건축가

2과목 조경재료

16 다음 중 음수대에 관한 설명으로 옳지 않은 것은?

① 양지 바른 곳에 설치하고, 가급적 습한 곳은 피한다.
② 표면재료는 청결성, 내구성, 보수성을 고려한다.
③ 음수전의 높이는 성인, 어린이, 장애인 등 이용자의 신체특성을 고려하여 적정 높이로 한다.
④ 유지관리상 배수는 수직 배수관을 많이 사용하는 것이 좋다.

17 담금질을 한 강에 인성을 주기 위하여 변태점 이하의 적당한 온도에서 가열한 다음 냉각시키는 조작을 의미하는 것은?

① 불림 ② 뜨임질
③ 풀림 ④ 사출

해설
• **열처리 방법** : 금속에 필요한 성질을 주기 위해 가열, 냉각하는 조작 기계적 성질, 역학적 성질이 달라진다. 풀림, 불림, 담금질, 뜨임질이 있다.
• 풀림(Annealing 소둔) : 강을 800~1,000로 일정시간 가열 후 노안에서 천천히 냉각시킨다. 강을 연하거나 내부 응력을 제거하기 위함이다.
• 불림(Normalizing 소준) : 풀림과 같이 가열 후 대기 중에서 냉각시킴 결정립을 미세화, 조직을 균일하게 해 강력한 재료를 만든다.
• 담금질경화(Quenching, Hardening 소입) : 고온에서 가열 후 냉수, 온수, 기름에 담가 냉각시킴. 단단한 조직을 얻어 경도를 증대, 적은 마모를 위함이다.
• 뜨임질(Tempering 소려) : 담금질한 강을 다시 200~600으로 가열 후 공기 중에서 냉각하는 열처리, 경도를 감소시키고 내부응력을 제거, 연성과 인성을 크게 하기 위함이다.

18 미장재료 중 혼화재료가 아닌 것은?

① 방청제
② 착색제
③ 방수제
④ 방동제

해설 금속재료의 녹발생을 방재하는 약제

19 벽돌쌓기 방법 중 가장 견고하고 튼튼한 것은?

① 미국식 쌓기
② 영국식 쌓기
③ 네덜란드식 쌓기
④ 프랑스식 쌓기

정답 14 ② 15 ② 16 ④ 17 ② 18 ① 19 ②

20 **보통 포틀랜드 시멘트와 비교했을 때 고로(高爐) 시멘트의 일반적 특성에 해당하지 않는 것은?**

① 수화열이 적어 매스 콘크리트에 적합하다.
② 해수(海水)에 대한 저항성이 크다.
③ 초기강도가 크다.
④ 내열성이 크고 수밀성이 양호하다.

해설 **고로 시멘트** : 용광로에서 선철을 제조할 때 생기는 부산물인 슬래그(광재)에 포틀랜드 시멘트와 석고(石膏)를 혼합하여 만든 혼합 시멘트로 용광로 슬래그의 혼입량에 따라 A종 · B종 · C종 등으로 구별하며, 그 성질도 다소 차이가 있다. 보통의 포틀랜드 시멘트에 비하여 고로 시멘트는 시멘트의 경화과정에서 발생되는 열인 수화열(水和熱)이 낮고, 내구성이 높으며, 화학저항성이 큰 한편, 투수(透水)가 적은 특징이 있다.

21 **콘크리트에 사용되는 골재에 대한 설명으로 옳지 않은 것은?**

① 잔 것과 굵은 것이 적당히 혼합된 것이 좋다.
② 불순물이 묻어 있지 않아야 한다.
③ 형태는 매끈하고 편평, 세장한 것이 좋다.
④ 유해물질이 없어야 한다.

해설 골재의 입형은 될 수 있는 대로 편평, 세장하지 않을 것.

22 **콘크리트의 흡수성, 투수성을 감소시키기 위해 사용하는 방수용 혼화제의 종류(무기질계, 유기질계)가 아닌 것은?**

① 염화칼슘
② 고급지방산
③ 실리카질 분말
④ 탄산소다

해설 **탄산소다** : Na_2CO_3로서 속칭 소다회라고 부르며, 회백색의 분말 또는 덩어리로 녹는점이 850℃이다. 기름의 정제, 비누 및 유리의 제조원료나 강의 담금질용 혼합염으로 해서 사용하는 것이 있다.

23 **인공폭포나 인공동굴의 재료로 가장 많이 쓰이는 경량소재는?**

① 복합 플라스틱 구조재(FRP)
② 레드 우드(Red Wood)
③ 스테인레스 강철(Staninless Steel)
④ 폴리에틸렌(Polyethylene)

24 **투명도가 높으므로 유기유리라는 명칭이 있고 착색이 자유로워 채광판, 도어판, 칸막이판 등에 이용되는 것은?**

① 알키드 수지
② 폴리에스테르 수지
③ 아크릴 수지
④ 멜라민 수지

해설 아크릴 수지 : 무색투명하며 빛, 특히 자외선이 보통 유리보다도 잘 투과한다(굴절률 1.49). 옥외에 노출시켜도 변색하지 않고 내약품성도 좋으며, 전기 절연성 내수성이 모두 양호하다.

25 **석재를 형상에 따라 구분할 때 견치돌에 대한 설명으로 옳은 것은?**

① 폭이 두께의 3배 미만으로 육면체 모양 가진 돌
② 치수가 불규칙하고 일반적으로 뒷면이 없는 돌
③ 두께가 15cm 미만이고, 폭이 두께의 3배 이상인 육면체 모양의 돌
④ 전면은 정사각형에 가깝고, 뒷길이, 접촉면, 뒷면 등의 규격화 된 돌

해설 **가공석의 품질** : 각석은 너비가 두께의 3배 미만으로 일정한 길이를 가지고 있는 것이고, 판석은 두께가 15cm 미만으로 너비가 두께의 3배 이상인 것이다. 깬돌은 견칫돌보다 치수가 불규칙하고 일반적으로 뒷면이 없는 돌이다.

정답 20 ③ 21 ③ 22 ④ 23 ① 24 ③ 25 ④

26 다음 중 점토에 대한 설명으로 옳지 않은 것은?

① 화학성분에 따라 내화성, 소성 시 비틀림 정도, 색채의 변화 등의 차이로 인해 용도에 맞게 선택된다.
② 가소성은 점토입자가 미세할수록 좋고 또한 미세부분은 콜로이드로서의 특성을 가지고 있다.
③ 습윤 상태에서는 가소성을 가지고 고온으로 구우면 경화되지만 다시 습윤 상태로 만들면 가소성을 갖는다.
④ 암석이 오랜 기간에 걸쳐 풍화 또는 분해되어 생긴 세립자 물질이다.

해설 점토의 가소성은 외력이 작용하였을 때 파괴되지 않은 채로 변형하다가 외력이 제거된 후에도 변형을 유지하는 성질이다. 점토 제품의 성형에 가장 중요한 성질이다.

27 목재의 강도에 대한 설명 중 가장 거리가 먼 것은?

① 목재는 외력이 섬유방향으로 작용할 때 가장 강하다.
② 휨강도는 전단강도보다 크다.
③ 비중이 크면 목재의 강도는 증가하게 된다.
④ 섬유포화점에서 전건상태에 가까워짐에 따라 강도는 작아진다.

해설 목재를 건조시키면 수축 및 반곡(反曲) 등의 변형이 없어질 뿐 아니라 목재의 중량이 줄어 운반하기 편하고 목질을 야물게 하여 강도 및 내구력을 증대시킬 수 있다.

28 다음 합판의 제조 방법 중 목재의 이용 효율이 높고, 가장 널리 사용되는 것은?

① 소드 베니어(Sawed Veneer)
② 로타리 베니어(Rotary Veneer)
③ 슬라이스 베니어(Sliced Veneer)
④ 플라이우드(Plywood)

해설 합판의 제조 방법
- 로터리 베니어 : 원목을 회전하여 넓은 대팻날로 두루마리처럼 연속적으로 벗기는 방식
- 슬라이스 베니어 : 상, 하 수평으로 이동하면서 얇게 절단하는 방식
- 소드 베니어 : 띠톱으로 얇게 쪼개어 단면을 만드는 방식

29 다음 중 차폐식재로 사용하기 가장 부적합한 수종은?

① 계수나무
② 서양측백
③ 호랑가시
④ 쥐똥나무

해설 계수나무는 줄기가 높게 올라가는 교목이다.

30 다음 중 줄기의 색채가 백색 계열에 속하는 수종은?

① 노각나무 ② 해송
③ 모과나무 ④ 자작나무

31 심근성 수종에 해당하지 않는 것은?

① 은행나무
② 현사시나무
③ 섬잣나무
④ 태산목

해설 현사시나무는 포플러류로 천근성 수종에 해당된다.

32 정원수는 개화 생리에 따라 당년에 자란 가지에 꽃 피는 수종, 2년생 가지에 꽃 피는 수종, 3년생 가지에 꽃 피는 수종으로 구분한다. 다음 중 2년생 가지에 꽃 피는 수종은?

① 살구나무 ② 명자나무
③ 장미 ④ 무궁화

정답 26 ③ 27 ④ 28 ② 29 ① 30 ④ 31 ② 32 ①

33 가을에 그윽한 향기를 가진 등황색 꽃이 피는 수종은?

① 팔손이나무 ② 생강나무
③ 금목서 ④ 남천

34 흰말채나무의 설명으로 옳지 않은 것은?

① 층층나무과로 낙엽활엽관목이다.
② 수피가 여름에는 녹색이나 가을, 겨울철의 붉은 줄기가 아름답다.
③ 노란색의 열매가 특징적이다.
④ 잎은 대생하며 타원형 또는 난상타원형이고, 표면에 작은 털, 뒷면은 흰색의 특징을 갖는다.

해설 열매는 흰색 또는 파랑빛을 띤 흰색이다.

35 우리나라 들잔디(Zoysia Japonica)의 특징으로 옳지 않은 것은?

① 번식은 지하경(地下莖)에 의한 영양번식을 위주로 한다.
② 척박한 토양에서 잘 자란다.
③ 더위 및 건조에 약한 편이다.
④ 여름에는 무성하지만 겨울에는 잎이 말라 죽어 푸른빛을 잃는다.

3과목 조경시공 및 관리

36 일반적인 조경관리에 해당되지 않는 것은?

① 이용관리 ② 생산관리
③ 운영관리 ④ 유지관리

37 우리나라의 조선시대 전통 정원을 꾸미고자 할 때 다음 중 연못시공으로 적합한 호안공은?

① 편책 호안공
② 마름돌 호안공
③ 자연석 호안공
④ 사괴석 호안공

38 하수도 시설기준에 따라 오수관거의 최소 관경은 몇 mm를 표준으로 하는가?

① 100mm ② 150mm
③ 200mm ④ 250mm

해설 최소관경
(1) 오수관거 200mm를 표준으로 한다.
(2) 우수관거 및 합류관거 250mm를 표준으로 한다.

39 삼각형 세 변의 길이가 각각 5m, 4m, 5m라고 하면 면적은 약 얼마인가?

① 약 $8.2m^2$ ② 약 $9.2m^2$
③ 약 $10.2m^2$ ④ 약 $11.2m^2$

해설 삼각형 세변의 길이를 a,b,c라 할 때,
$s=\frac{1}{2}(a+b+c)$라 놓으면,
그 면적 s는 $\sqrt{s(s-a)(s-b)(s-c)}$이다.
이것을 헤론의 공식이라 한다.
$s=(5+4+5)/2=7$,
$s=\sqrt{7\times(7-5)(7-4)(7-5)}$
$=\sqrt{7\times2\times3\times2}=\sqrt{84}=9.16515$
= 약 9.2㎡

40 다음 중 무거운 돌을 놓거나, 큰 나무를 옮길 때 신속하게 운반과 적재를 동시에 할 수 있어 편리한 장비는?

① 트럭 크레인
② 모터 그레이더
③ 체인 블록
④ 콤바인

정답 33 ③ 34 ③ 35 ③ 36 ② 37 ④ 38 ③ 39 ② 40 ①

41 중앙에 큰 암거를 설치하고 좌우에 작은 암거를 연결시키는 형태로, 경기장과 같이 전 지역의 배수가 균일하게 요구되는 곳에 주로 이용되는 형태는?

① 자연형 ② 차단법
③ 어골형 ④ 즐치형

42 한 켜는 마구리쌓기, 다음 켜는 길이쌓기로 하고 길이켜의 모서리와 벽 끝에 칠오토막을 사용하는 벽돌쌓기 방법은?

① 프랑스식 쌓기
② 미국식 쌓기
③ 네덜란드식 쌓기
④ 영국식 쌓기

해설 네덜란드식 쌓기 : 쌓기가 편하여 가장 많이 사용되는 공법이다. 영국식 쌓기와 거의 같으나 모서리 또는 끝에서 반절을 쓰지 않고 칠오토막을 써서 길이쌓기의 켜 다음에 마구리쌓기를 하는 방법으로 모서리가 견고하다.

43 돌쌓기 시공상 유의해야 할 사항으로 옳지 않은 것은?

① 석재는 충분하게 수분을 흡수시켜서 사용해야 한다.
② 하루에 1~1.2m 이하로 찰쌓기를 하는 것이 좋다.
③ 서로 이웃하는 상하층의 세로줄 눈을 연속하게 된다.
④ 돌쌓기 시 뒤채움을 잘 하여야 한다.

44 표면건조 내부 포수상태의 골재에 포함하고 있는 흡수량의 절대 건조상태의 골재중량에 대한 백분율은 다음 중 무엇을 기초로 하는가?

① 골재의 흡수율 ② 골재의 함수율
③ 골재의 표면수율 ④ 골재의 조립률

45 조경 설계 기준에서 인공지반에 식재된 식물과 생육에 필요한 최소 식재토심으로 옳은 것은? (단, 배수구배는 1.5~2%, 자연토양을 사용)

① 잔디 : 15cm ② 초본류 : 20cm
③ 소관목 : 40cm ④ 대관목 : 60cm

해설 인공지반에 식재된 식물과 생육에 필요한 식재토심(배수구배 : 1.5~2.0%)

형태상 분류	자연토양 사용 시 (cm 이상)	인공토양 사용 시 (cm 이상)
잔디/초본류	15	10
소관목	30	20
대관목	45	30
교목	70	60

46 관상하기에 편리하도록 땅을 1~2m 깊이로 파내려 가 평평한 바닥을 조성하고, 그 바닥에 화단을 조성한 것은?

① 기식화단 ② 모둠화단
③ 양탄자화단 ④ 침상화단

47 곁눈 밑에 상처를 내어 놓으면 잎에서 만들어진 동화물질이 축적되어 잎눈이 꽃눈으로 변하는 일이 많다. 어떤 이유 때문인가?

① T/R율이 낮아지므로
② C/N율이 낮아지므로
③ T/R율이 높아지므로
④ C/N율이 높아지므로

48 상록수를 옮겨심기 위하여 나무를 캐 올릴 때 뿌리분의 지름으로 가장 적합한 것은?

① 근원직경의 1/2배
② 근원직경의 1배
③ 근원직경의 3배
④ 근원직경의 4배

정답 41 ③ 42 ③ 43 ③ 44 ① 45 ① 46 ④ 47 ④ 48 ④

49 다음 중 줄기의 수피가 얇아 옮겨 심은 직후 줄기감기를 반드시 하여야 되는 수종은?

① 배롱나무 ② 소나무
③ 향나무 ④ 은행나무

50 다음 중 한발이 계속될 때 짚깔기나 물주기를 제일 먼저 해야 되는 나무는?

① 소나무 ② 향나무
③ 가중나무 ④ 낙우송

51 내충성이 강한 품종을 선택하는 것은 다음 중 어느 방제법에 속하는가?

① 화학적 방제법
② 재배학적 방제법
③ 생물적 방제법
④ 물리적 방제법

52 다음 중 정원수의 덧거름으로 가장 적합한 것은?

① 두엄 ② 생석회
③ 요소 ④ 쌀겨

53 상해(霜害)의 피해와 관련된 설명으로 틀린 것은?

① 성목보다 유령목에 피해를 받기 쉽다.
② 일차(日差)가 심한 남쪽 경사면보다 북쪽 경사면이 피해가 심하다.
③ 분지를 이루고 있는 오목한 지형에 상해가 심하다.
④ 건조한 토양보다 과습한 토양에서 피해가 많다.

해설 서리의 해를 입지 않는 지역은 온도의 차가 심하지 않은 지역으로서, 호숫가나 하천가와 같이 부근에 물이 있는 곳이나 나무가 많이 있는 주변, 경사지에서는 반 이상 지대가 높은 곳, 또는 남쪽으로 연한 경사지 등이다.

54 작물–잡초 간의 경합에 있어서 임계 경합기간(Critical Period of Competition)이란?

① 작물이 경합에 가장 민감한 시기
② 잡초가 경합에 가장 민감한 시기
③ 경합이 끝나는 시기
④ 경합이 시작되는 시기

55 주로 종자에 의하여 번식되는 잡초는?

① 피
② 너도방동사니
③ 올미
④ 가래

56 비중이 1.15인 이소푸로치오란 유제(50%) 100ml로 0.05% 살포액을 제조하는 데 필요한 물의 양은?

① 104.9L ② 110.5L
③ 114.9L ④ 124.9L

해설 희석에 소요되는 물의 양=원액의 용량(cc)×{(원액의 농도/희석하려는 농도)–1}×원액의 비중

> 예 25% DDT유제(비중1.0) 100cc를 0.05%의 살포액을 만드는 데 소요되는 물의 양은?
> • 해답 : 100×(25/0.05–1)×1=49,900cc=49.9ℓ
> • 문제풀이 : 100×(50/0.05–1)×1.15=114,885㎖ =114.9ℓ

57 다음 중 농약의 보조제가 아닌 것은?

① 증량제 ② 협력제
③ 유인제 ④ 유화제

58 다음 해충 중 성충의 피해가 문제되는 것은?

① 뽕나무하늘소
② 밤나무순혹벌
③ 솔나방
④ 소나무좀

정답 49 ① 50 ④ 51 ② 52 ③ 53 ② 54 ① 55 ① 56 ③ 57 ③ 58 ④

해설 소나무좀 : 수세가 약한 소나무에 발생하는 병충해로 소나무 3대 해충 중의 하나이다. 1차 피해는 3~5월경 수간에 구멍을 뚫고 들어가 수간을 가해하고, 알을 낳아 물과 양분의 이동을 불가능하게 하여 소나무를 고사시키고 2차 피해는 알에서 부화한 좀들이 수간을 뚫고 나와 신초에 구멍을 뚫어 신초를 말라 죽게 하거나 부러트린다.

59 솔나방의 생태적 특성으로 옳지 않은 것은?

① 1년에 1회로 성충은 7~8월에 발생한다.
② 식엽성 해충으로 분류된다.
③ 줄기에 약 400개의 알을 낳는다.
④ 유충이 잎을 가해하며, 심하게 피해를 받으면 소나무가 고사하기도 한다.

해설 산란은 우화 2일 후부터 약 500개의 알을 솔잎에 무더기로 나눠 낳으며 알덩어리 하나의 알 수는 100~300개이다.

60 잔디밭의 관수시간으로 가장 적당한 것은?

① 오후 2시경에 실시하는 것이 좋다.
② 정오경에 실시하는 것이 좋다.
③ 오후 6시 이후 저녁이나 일출 전에 한다.
④ 아무 때나 잔디가 타면 관수한다.

정답 59 ③ 60 ③

국가기술자격검정 필기시험문제

2012년 10월 20일 시행

자격종목	코드	시험시간	형별	수험번호	성 명
조경 기능사		1시간			

1과목 조경일반

1 다음 중 순공사원가에 해당되지 않는 것은?

① 이윤 ② 재료비
③ 노무비 ④ 경비

2 "용적율 = $\frac{(A)}{대지면적}$" 식의 A에 해당하는 것은?

① 건축연면적 ② 건축면적
③ 1호당면적 ④ 평균층수

3 조경계획을 위한 경사분석을 할 때 등고선 간격 5m, 등고선에 직각인 두 등고선의 평면거리 20m로 조사 항목이 주어질 때 해당 지역의 경사도는 몇 %인가?

① 4% ② 10% ③ 25% ④ 40%

4 주택단지 안의 건축물 또는 옥외에 설치하는 계단의 경우 공동으로 사용할 목적인 경우 최소 얼마 이상의 유효폭을 가져야 하는가? (단, 단 높이는 18㎝ 이하, 단 너비는 26cm 이상으로 한다)

① 100cm ② 120cm
③ 140cm ④ 160cm

5 주택 정원의 세부공간 중 가장 공공성이 강한 성격을 갖는 공간은?

① 작업뜰 ② 안뜰
③ 앞뜰 ④ 뒤뜰

6 다음 중 1858년에 조경가(Landscape Architect)라는 말을 처음으로 사용하기 시작한 사람이나 단체는?

① 르 노트르(Le Notre)
② 미국조경가협회(ASLA)
③ 세계조경가협회(IFLA)
④ 옴스테드(F.L.Olmsted)

7 다음 중 위요 경관에 속하는 것은?

① 숲속의 호수 ② 계곡 끝의 폭포
③ 넓은 초원 ④ 노출된 바위

8 다음 중 성목의 수간 질감이 가장 거칠고, 줄기는 아래로 처지며, 수피가 회갈색으로 갈라져 벗겨지는 것은?

① 벽오동 ② 주목
③ 개잎갈나무 ④ 배롱나무

9 우리나라의 정원 양식이 한국적 색채가 짙게 발달한 시기는?

① 고조선시대 ② 삼국시대
③ 고려시대 ④ 조선시대

10 우리나라에서 세계문화유산으로 등록되어 지지 않은 곳은?

① 경주역사유적지구 ② 고인돌 유적
③ 독립문 ④ 수원화성

정답 1① 2① 3③ 4② 5③ 6④ 7① 8③ 9④ 10③

11 **자연 경관을 인공으로 축경화(縮景化)하여 산을 쌓고 연못, 계류, 수림을 조성한 정원은?**

① 중정식 ② 전원 풍경식
③ 고산수식 ④ 회유 임천식

12 **중국 정원의 특징에 해당하는 것은?**

① 침전조 정원 ② 직선미
③ 정형식 ④ 태호석

13 **이탈리아 정원의 가장 큰 특징은?**

① 노단건축식
② 평면기하학식
③ 자연풍경식
④ 중정식

14 **스페인의 코르도바를 중심으로 한 지역에서 발달한 정원 양식은?**

① Atrium ② Peristylium
③ Patio ④ Court

15 **일본 정원에서 가장 중점을 두고 있는 것은?**

① 조화 ② 대비
③ 대칭 ④ 반복

2과목 조경재료

16 **콘크리트용 골재의 흡수량과 비중을 측정하는 주된 목적은?**

① 혼화재료의 사용여부를 결정하기 위하여
② 콘크리트의 배합설계에 고려하기 위하여
③ 공사의 적합여부를 판단하기 위하여
④ 혼합수에 미치는 영향을 미리 알기 위하여

17 **다음 중 콘크리트 타설 시 염화칼슘의 사용 목적은?**

① 고온증기 양생
② 황산염에 대한 저항성 증대
③ 콘크리트의 조기 강도
④ 콘크리트의 장기 강도

18 **콘크리트용 혼화재료로 사용되는 플라이 애시에 대한 설명 중 틀린 것은?**

① 플라이 애시의 비중은 보통 포틀랜드 시멘트보다 작다.
② 포졸란 반응에 의해서 중성화 속도가 저감된다.
③ 플라이 애시는 이산화규소(SiO_2)의 함유율이 가장 많은 비결정질 재료이다.
④ 입자가 구형이고 표면조직이 매끄러워 단위수량을 감소시킨다.

19 **다음 그림과 같은 콘크리트 제품의 명칭으로 가장 적합한 것은?**

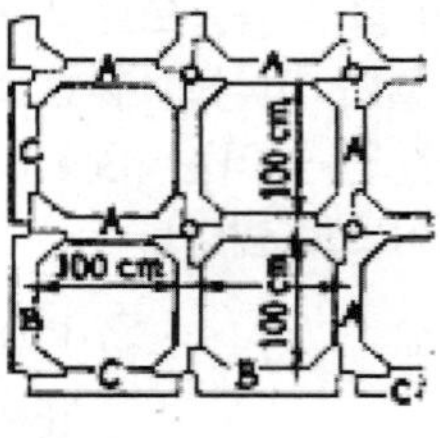

① 기본블록 ② 견치블록
③ 격자블록 ④ 힘줄블록

정답 11 ④ 12 ④ 13 ① 14 ③ 15 ① 16 ② 17 ③ 18 ② 19 ③

20 다음 중 보도 포장재료로서 부적당한 것은?

① 외관 및 질감이 좋을 것
② 자연 배수가 용이할 것
③ 내구성이 있을 것
④ 보행 시 마찰력이 전혀 없을 것

21 철근을 D13으로 표현했을 때, D는 무엇을 의미하는가?

① 둥근 철근의 길이
② 이형 철근의 길이
③ 둥근 철근의 지름
④ 이형 철근의 지름

22 다음 중 건축과 관련된 재료의 강도에 영향을 주는 요인으로 가장 거리가 먼 것은?

① 재료의 색　② 온도와 습도
③ 하중 시간　④ 하중 속도

23 자연석 중 눕혀서 사용하는 돌로, 불안감을 주는 돌을 받쳐서 안정감을 갖게 하는 돌의 모양은?

① 횡석　② 환석
③ 평석　④ 입석

24 일반적인 목재의 특성 중 장점에 해당되는 것은?

① 충격의 흡수성이 크고, 건조에 의한 변형이 크다.
② 충격, 진동에 대한 저항성이 작다.
③ 열전도율이 낮다.
④ 가연성이며 인화점이 낮다.

25 목재의 건조 방법은 자연건조법과 인공건조법으로 구분될 수 있다. 다음 중 인공건조법이 아닌 것은?

① 훈연 건조법　② 고주파 건조법
③ 증기법　④ 침수법

26 식물의 분류와 해당 식물들의 연결이 옳지 않은 것은?

① 덩굴성 식물류 : 송악, 칡, 등나무
② 한국 잔디류 : 들잔디, 금잔디, 비로드잔디
③ 소관목류 : 회양목, 이팝나무, 원추리
④ 초본류 : 맥문동, 비비추, 원추리

27 학명은 "Betula schmidtii Regel"이고, Schmidt birch 또는 단목(檀木)이라 불리기도 하며, 곧추 자라나 불규칙하며, 수피는 흑색이고, 5월에 개화하고 암수 한 그루이며, 수형은 원추형, 뿌리는 심근성, 잎의 질감이 섬세하여 녹음수로 사용 가능한 수종은?

① 오리나무　② 박달나무
③ 소사나무　④ 녹나무

28 1년 내내 푸른 잎을 달고 있으며, 잎이 바늘처럼 뾰족한 나무를 가리키는 명칭은?

① 상록활엽수　② 상록침엽수
③ 낙엽활엽수　④ 낙엽침엽수

29 덩굴로 자라면서 여름(7~8월경)에 아름다운 주황색 꽃이 피는 수종은?

① 등나무　② 홍가시나무
③ 능소화　④ 남천

정답 20 ④　21 ④　22 ①　23 ①　24 ③　25 ④　26 ③　27 ②　28 ②　29 ③

30 가로수로서 갖추어야 할 조건을 기술한 것 중 옳지 않은 것은?

① 강한 바람에도 잘 견딜 수 있는 수종
② 여름철 그늘을 만들고 병해충에 잘 견디는 수종
③ 사철 푸른 상록수
④ 각종 공해에 잘 견디는 수종

31 수목을 관상적인 측면에서 본 분류 중 열매를 감상하기 위한 수종에 해당되는 것은?

① 은행나무 ② 모과나무
③ 반송 ④ 낙우송

32 산울타리용 수종으로 부적합한 것은?

① 개나리 ② 칠엽수
③ 꽝꽝나무 ④ 명자나무

33 줄기의 색이 아름다워 관상 가치 있는 수목들 중 줄기의 색계열과 그 연결이 옳지 않은 것은?

① 청록색계의 수목 – 식나무(Aucuba jap-onica)
② 갈색계의 수목 – 편백(Chamaecyparis obtusa)
③ 적갈색계의 수목 – 서어나무(Carpinus laxiflora)
④ 백색계의 수목 – 백송(Pinus bungeana)

34 형상수(Topiary)를 만들기에 알맞은 수종은?

① 느티나무 ② 주목
③ 단풍나무 ④ 송악

35 두 종류 이상의 제초제를 혼합하여 얻은 효과가 단독으로 처리한 반응을 각각 합한 것보다 높을 때의 효과는?

① 독립효과(Independent Effect)
② 부가효과(Additive Effect)
③ 상승효과(Synergistic Effect)
④ 길항효과(Antagonistic Effect)

3과목 조경시공 및 관리

36 조경 설계 기준상 휴게시설의 의자에 관한 설명으로 틀린 것은?

① 의자의 길이는 1인당 최소 45cm를 기준으로 하되, 팔걸이 부분의 폭은 제외한다.
② 체류시간을 고려하여 설계하며, 긴 휴식에 이용되는 의자는 앉음판의 높이가 낮고 등받이를 길게 설계한다.
③ 등받이 각도는 수평면을 기준으로 85~95°를 기준으로 한다.
④ 앉음판의 높이는 34~46cm를 기준으로 하되 어린이를 위한 의자는 낮게 할 수 있다.

37 기본 계획 수립 시 도면으로 표현되는 작업이 아닌 것은?

① 식재계획
② 시설물 배치계획
③ 집행계획
④ 동선계획

정답 30 ③ 31 ② 32 ② 33 ③ 34 ② 35 ③ 36 ③ 37 ③

38 마스터 플랜(Master Plan)이란?

① 수목 배식도이다.
② 실시설계이다.
③ 기본계획이다.
④ 공사용 상세도이다.

39 공사 일정 관리를 위한 횡선식 공정표와 비교한 네트워크(Net Work) 공정표의 설명으로 옳지 않은 것은?

① 일정의 변화를 탄력적으로 대처할 수 있다.
② 간단한 공사 및 시급한 공사, 개략적인 공정에 사용된다.
③ 공사 통제 기능이 좋다.
④ 문제점의 사전 예측이 용이하다.

40 다음 중 관리하자에 의한 사고에 해당되지 않는 것은?

① 시설의 노후, 파손에 의한 것
② 시설의 구조자체의 결함에 의한 것
③ 위험장소에 대한 안전대책 미비에 의한 것
④ 위험물 방치에 의한 것

41 AE 콘크리트의 성질 및 특징 설명으로 틀린 것은?

① 콘크리트 경화에 따른 발열이 커진다.
② 수밀성이 향상 된다.
③ 일반적으로 빈배합의 콘크리트일수록 공기연행에 의한 워커빌리티의 개선효과가 크다.
④ 입형이나 입도가 불량한 골재를 사용할 경우에 공기연행의 효과가 크다.

42 콘크리트와 관련된 설명 중 옳은 것은?

① 콘크리트는 원칙적으로 공기연행제를 사용하지 않는다.
② 콘크리트의 굵은 골재 최대 치수는 20㎜이다.
③ 물-결합재비는 원칙적으로 60% 이하이어야 한다.
④ 강도는 일반적으로 표준양생을 실시한 콘크리트 공시체의 재령 30일일 때 시험값을 기준으로 한다.

43 건물과 정원을 연결시키는 역할을 하는 시설은?

① 테라스 ② 트렐리스
③ 퍼걸러 ④ 아치

44 거푸집에 쉽게 다져 넣을 수 있고 거푸집을 제거하면 천천히 형상이 변화하지만 재료가 분리되거나 허물어지지 않는 굳지 않은 콘크리트의 성질은?

① Finishability ② Workbility
③ Consistency ④ Plasticity

45 원로의 시공계획 시 일반적인 사항을 설명한 것 중 틀린 것은?

① 원칙적으로 보도와 차도를 겸할 수 없도록 하고, 최소한 분리시키도록 한다.
② 보행자 2인이 나란히 통행 가능한 원로폭은 1.5~2.0m이다.
③ 원로는 단순 명쾌하게 설계, 시공이 되어야 한다.
④ 보행자 한 사람 통행 가능한 원로폭은 0.8~1.0m이다.

✔ 정답 38 ③ 39 ② 40 ② 41 ① 42 ③ 43 ① 44 ④ 45 ①

46 시설물의 기초부위에서 발생하는 토공량의 관계식으로 옳은 것은?

① 잔토처리 토량=기초 구조부 체적−터파기 체적
② 잔토처리 토량=되메우기 체적−터파기 체적
③ 되메우기 토량=터파기 체적−기초 구조부 체적
④ 되메우기 토량=기초 구조부 체적−터파기 체적

47 흙을 이용하여 2m 높이로 마운딩하려 할 때, 더돋기를 고려해 실제 쌓아야 하는 높이로 가장 적합한 것은?

① 2m ② 2m 20cm
③ 3m ④ 3m 30cm

48 창살울타리(Trellis)는 설치 목적에 따라 높이가 차이가 결정되는데 그 목적이 적극적 침입 방지의 기능일 경우 최소 얼마 이상으로 하여야 하는가?

① 50cm ② 1m
③ 1.5m ④ 2.5m

49 가로수는 키 큰 나무(교목)의 경우 식재 간격을 몇 m 이상으로 할 수 있는가? (단, 도로의 위치와 주위 여건, 식재수종의 수관폭과 생장 속도, 가로수로 인한 피해 등을 고려하여 식재 간격을 조정할 수 있다)

① 6m ② 8m
③ 10m ④ 12m

50 다음 중 전정의 목적 설명으로 옳지 않은 것은?

① 미관에 중점을 두고 한다.
② 실용적인 면에 중점을 두고 한다.
③ 생리적인 면에 중점을 두고 한다.
④ 희귀한 수종의 번식에 중점을 두고 한다.

51 나무의 특성에 따라 조화미, 균형미, 주위환경과의 미적 적응 등을 고려하여 나무 모양을 위주로 한 전정을 실시하는데, 그 설명으로 옳은 것은?

① 상록수의 전정은 6월~9월이 좋다.
② 조경 수목의 대부분에 적용되는 것은 아니다.
③ 전정 시기는 3월 중순~6월 중순, 10월 말~12월 중순이 이상적이다.
④ 일반적으로 전정작업 순서는 위에서 아래로 수형의 균형을 잃은 정도로 강한 가지, 얽힌 가지, 난잡한 가지를 제거한다.

52 꽃이 피고 난 뒤 낙화할 무렵 바로 가지다듬기를 해야 하는 좋은 수종은?

① 사과나무 ② 철쭉
③ 명자나무 ④ 목련

53 화단에 초화류를 식재하는 방법으로 옳지 않은 것은?

① 식재하는 줄이 바뀔 때마다 서로 어긋나게 심는 것이 보기에 좋고 생장에 유리하다.
② 식재할 곳에 $1m^2$당 퇴비 1~2kg, 복합비료 80~120g을 밑거름으로 뿌리고 20~30cm 깊이로 갈아 준다.

정답 46 ③ 47 ② 48 ③ 49 ② 50 ④ 51 ④ 52 ② 53 ③

③ 큰 면적의 화단은 바깥쪽부터 시작하여 중앙부위로 심어 나가는 것이 좋다.
④ 심기 한나절 전에 관수해 주면 캐낼 때 뿌리에 흙이 많이 붙어 활착에 좋다.

54 관수의 효과가 아닌 것은?

① 지표와 공중의 습도가 높아져 증산량이 증대된다.
② 토양 중의 양분을 용해하고 흡수하여 신진대사를 원활하게 한다.
③ 증산작용으로 인한 잎의 온도 상승을 막고 식물체 온도를 유지한다.
④ 토양의 건조를 막고 생육 환경을 형성하여 나무의 생장을 촉진시킨다.

55 일반적으로 빗자루병이 가장 발생하기 쉬운 수종은?

① 향나무 ② 대추나무
③ 동백나무 ④ 장미

56 Methidathion(메치온) 40% 유제를 1000배액으로 희석해서 10a당 6말(20L/말)을 살포하여 해충을 방제하고자 할 때 유제의 소요량은 몇 ml인가?

① 100 ② 120
③ 150 ④ 240

57 가해 수종으로는 향나무, 편백, 삼나무 등이 있고, 똥을 줄기 밖으로 배출하지 않기 때문에 발견하기 어렵고, 기생성 천적인 좀벌류, 맵시벌류, 기생파리류로 생물학적 방제를 하는 해충은?

① 장수하늘소 ② 미끈이하늘소
③ 측백나무하늘소 ④ 박쥐나방

58 소량의 소수성 용매에 원제를 용해하고 유화제를 사용하여 물에 유화시킨 액을 의미하는 것은?

① 용액 ② 유탁액
③ 수용액 ④ 현탁액

59 잔디종자 파종작업을 순서대로 바르게 나열한 것은?

① 정지작업 → 파종 → 전압 → 복토 → 기비살포 → 멀칭 → 경운
② 기비살포 → 파종 → 정지작업 → 복토 → 멀칭 → 전압 → 경운
③ 파종 → 기비살포 → 정지작업 → 복토 → 전압 → 경운 → 멀칭
④ 경운 → 기비살포 → 정지작업 → 파종 → 복토 → 전압 → 멀칭

60 다음 뗏장을 입히는 방법 중 줄 붙이기 방법에 해당하는 것은?

①
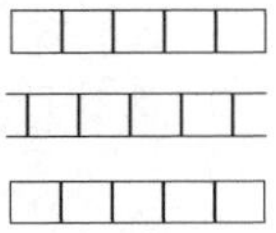
②
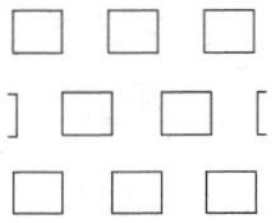
③
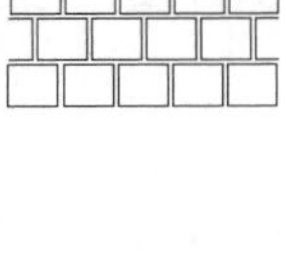
④
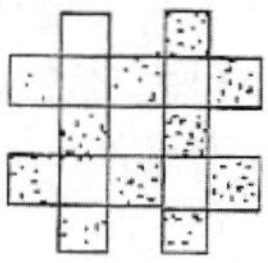

국가기술자격검정 필기시험문제

2013년 1월 27일 시행

자격종목	코드	시험시간	형별	수험번호	성 명
조경 기능사		**1시간**			

1과목 조경일반

1 다음 중 조경에 관한 설명으로 옳지 않은 것은?

① 우리의 생활 환경을 정비하고 미화하는 일이다.
② 국토 전체 경관의 보존, 정비를 과학적이고 조형적으로 다루는 기술이다.
③ 주택의 정원만 꾸미는 것을 말한다.
④ 경관을 보존 정비하는 종합과학이다.

2 조경의 대상을 기능별로 분류할 때 자연공원에 포함되는 것은?

① 경관녹지 ② 군립공원
③ 휴양지 ④ 묘지공원

3 디자인 요소를 같은 양, 같은 간격으로 일정하게 되풀이하여 움직임과 율동감을 느끼게 하는 것으로 리듬의 유형 중 가장 기본적인 것은?

① 점층 ② 반복
③ 방사 ④ 강조

4 도시공원 및 녹지 등에 관한 법률에 의한 어린이공원의 기준에 관한 설명으로 옳은 것은?

① 공원구역 경계로부터 500미터 이내에 거주하는 주민 250명 이상의 요청 시 어린이공원 조성 계획의 정비를 요청할 수 있다.
② 공원시설 부지면적은 전체 면적의 60% 이하로 한다.
③ 1개소 면적은 1200m² 이상으로 한다.
④ 유치거리는 500미터 이하로 제한한다.

5 계단의 설계 시 고려해야 할 기준으로 옳지 않은 것은?

① 계단의 높이가 5m 이상이 될 때에만 중간에 계단참을 설치한다.
② 진행 방향에 따라 중간에 1인용일 때 단너비 90~110cm 정도의 계단참을 설치한다.
③ 계단의 경사는 최대 30~35°가 넘지 않도록 해야 한다.
④ 단 높이를 h, 단 너비를 b로 할 때, 2h+ b=60~65cm가 적당하다.

해설 높이 2미터 넘는 계단에는 2m 이내마다 당해 계단의 유효폭 이상의 폭으로 너비 120cm 이상인 참을 둔다.

6 다음 중 몰(Mall)에 대한 설명으로 옳지 않은 것은?

① 원래의 뜻은 나무 그늘이 있는 산책길이다.
② 도시환경을 개선하는 방법이다.
③ 차량은 전혀 들어갈 수 없게 만든다.
④ 보행자 위주의 도로이다.

해설 도심지 내 보행자의 쇼핑 거리를 중심으로 전개되는 공중보도 및 산책로를 말하는데, 서울의 소공동 상가 일대가 좋은 예이다.

정답 1 ③ 2 ② 3 ② 4 ② 5 ① 6 ③

7 공공의 조경이 크게 부각되기 시작한 때는?

① 고대 ② 군주시대
③ 중세 ④ 근세

8 다음 중 경복궁 교태전 후원과 관계없는 것은?

① 화계가 있다.
② 상량전이 있다.
③ 아미산이라 칭한다.
④ 굴뚝은 육각형 4개가 있다.

9 통일신라 문무왕 14년에 중국의 무산 12봉을 본 딴 산을 만들고 화초를 심었던 정원은?

① 소쇄원 ② 향원지
③ 비원 ④ 안압지

10 다음 중 조선시대 중엽 이후 정원 양식에 가장 큰 영향을 미친 사상은?

① 임천회유설 ② 신선설
③ 자연복귀설 ④ 음양오행설

11 다음 중 소주 4대 명원(四大名園)에 포함되지 않는 것은?

① 졸정원 ② 창랑정
③ 작원 ④ 사자림

해설 중국 4대 명원(졸 정원, 유원, 이화원, 피서산장), 소주 4대 명원(세계문화유산 : 졸 정원, 유원, 사자림, 창랑정)

12 프랑스의 르노트르가 유학하여 조경을 공부한 나라는?

① 이탈리아 ② 영국
③ 미국 ④ 스페인

13 다음 중 일본에서 가장 먼저 발달한 정원 양식은?

① 다정식 ② 고산수식
③ 회유임천식 ④ 축경식

14 골프장에서 우리나라 들잔디를 사용하기가 가장 어려운 지역은?

① 티 ② 그린
③ 페어웨이 ④ 러프

15 우리나라의 산림대별 특징 수종 중 식물의 분류학상 한대림에 해당되는 것은?

① 아왜나무
② 구실잣밤나무
③ 붉가시나무
④ 잎갈나무

2과목 조경재료

16 정적인 상태의 수경 경관을 도입하고자 할 때 바른 것은?

① 하천 ② 계단 폭포
③ 호수 ④ 분수

17 강(鋼)과 비교한 알루미늄의 특징에 대한 내용 중 옳지 않은 것은?

① 강도가 작다.
② 비중이 작다.
③ 열팽창률이 작다.
④ 전기 전도율이 높다.

정답 7 ④ 8 ② 9 ④ 10 ④ 11 ③ 12 ① 13 ③ 14 ② 15 ④ 16 ③ 17 ③

18 구조재료의 용도상 필요한 물리 화학적 성질을 강화시키고 미관을 증진시킬 목적으로 재료의 표면에 피막을 형성시키는 액체 재료를 무엇이라 하는가?

① 도료 ② 착색
③ 강도 ④ 방수

19 다음 중 석탄을 235~315℃에서 고온 건조하여 얻은 타르 제품으로서 독성이 적고 자극적인 냄새가 있는 유성 목재 방부제는?

① 콜타르
② 크레오소트유
③ 플로오르화나트륨
④ 펜타클로르페놀(PCP)

20 점토, 석영, 장석, 도석 등을 원료로 하여 적당한 비율로 배합한 다음 높은 온도로 가열하여 유리화 될 때까지 충분히 구워 굳힌 제품으로서, 대게 흰색 유리질로서 반투명하여 흡수성이 없고 기계적 강도가 크며, 때리면 맑은 소리를 내는 것은?

① 토기 ② 자기
③ 도기 ④ 석기

21 다음 중 열경화성 수지의 종류와 특징 설명이 옳지 않는 것은?

① 우레탄 수지 – 투광성이 크고 내후성이 양호하며 착색이 자유롭다.
② 실리콘 수지 – 열절연성이 크고 내약품성, 내후성이 좋으며 전기적 성능이 우수하다.
③ 페놀수지 – 강도, 전기절연성, 내산성, 내수성 모두 양호하나 내알칼리성이 약하다.
④ 멜라민 수지 – 요소 수지와 같으나 경도가 크고 내수성은 약하다.

해설 투광성이 크고 내후성이 양호하며 착색이 자유로운 것은 아크릴 수지로 열가소성 수지의 종류에 포함된다.

22 콘크리트용 혼화재로 실리카퓸(Silica Fume)을 사용한 경우 효과에 대한 설명으로 잘못된 것은?

① 알칼리 골재반응의 억제 효과가 있다.
② 내화학 약품성이 향상된다.
③ 단위수량과 건조수축이 감소된다.
④ 콘크리트의 재료분리 저항성, 수밀성이 향상된다.

해설 실리카퓸은 초미분이기 때문에 감수제를 사용하지 않으면 단위수량이 증대한다.

23 다음 석재 중 일반적으로 내구연한이 가장 짧은 것은?

① 화강석 ② 석회암
③ 대리석 ④ 석영암

24 두께 15cm 미만이며, 폭이 두께의 3배 이상인 판 모양의 석재를 무엇이라고 하는가?

① 각석 ② 판석
③ 마름돌 ④ 견치돌

25 다음 목재 접착제 중 내수성이 큰 순서대로 바르게 나열 된 것은?

① 아교 〉 페놀 수지 〉 요소 수지
② 페놀 수지 〉 요소 수지 〉 아교
③ 요소 수지 〉 아교 〉 페놀 수지
④ 페놀 수지 〉 아교 〉 요소 수지

정답 18 ① 19 ② 20 ② 21 ① 22 ③ 23 ② 24 ② 25 ② 26 ②

26 목재가 통상 대기의 온도, 습도와 평형된 수분을 함유한 상태의 함수율은?

① 약 7% ② 약 15%
③ 약 20% ④ 약 30%

27 다음 중 목재 내 할렬(Checks)은 어느 때 발생하는가?

① 함수율이 높은 목재를 서서히 건조할 때
② 건조 응력이 목재의 횡인장강도보다 클 때
③ 목재의 부분별 수축이 다를 때
④ 건조 초기에 상대습도가 높을 때

28 수목의 규격을 "H×W"로 표시하는 수종으로만 짝지은 것은?

① 소나무, 느티나무
② 회양목, 잔디
③ 주목, 철쭉
④ 백합나무, 향나무

29 목재의 심재와 변재에 관한 설명으로 옳지 않은 것은?

① 심재의 색깔은 짙으며 변재의 색깔은 비교적 엷다.
② 심재는 변재보다 단단하여 강도가 크고 신축 등 변형이 적다.
③ 변재는 심재 외측과 수피 내측 사이에 있는 생활세포의 집합이다.
④ 심재는 수액의 통로이며 양분의 저장소이다.

30 다음 중 낙우송의 설명으로 옳지 않은 것은?

① 열매는 둥근 달걀 모양으로 길이 2~3cm, 지름 1.8~3.0cm의 암갈색이다.
② 종자는 삼각형의 각모에 광택이 있으며 날개가 있다.
③ 잎은 5~10cm 길이로 마주나는 대생이다.
④ 소엽은 편평한 새의 깃 모양으로서 가을에 단풍이 든다.

해설 메타세쿼이아는 대생이고 낙우송은 호생이다.

31 여름철에 강한 햇빛을 차단하기 위해 식재되는 수종을 가리키는 것은?

① 녹음수 ② 방풍수
③ 차폐수 ④ 방음수

32 건물 주위에 식재 시 양수와 음수의 조합으로 되어 있는 수종들은?

① 눈주목, 팔손이나무
② 자작나무, 개비자나무
③ 사철나무, 전나무
④ 일본잎갈나무, 향나무

33 다음 중 조경수의 이식에 대한 적응이 가장 쉬운 수종은?

① 섬잣나무 ② 벽오동
③ 가시나무 ④ 전나무

34 겨울철 화단용으로 가장 알맞은 식물은?

① 새비어 ② 꽃양배추
③ 팬지 ④ 피튜니아

35 다음 조경용 소재 및 시설물 중에서 평면적 재료에 가장 적합한 것은?

① 퍼걸러 ② 분수
③ 잔디 ④ 조경 수목

정답 27 ② 28 ③ 29 ④ 30 ③ 31 ① 32 ② 33 ② 34 ② 35 ③

3과목 조경시공 및 관리

36 설계도서에 포함되지 않는 것은?

① 설계도면　② 현장사진
③ 물량내역서　④ 공사시방서

37 조경 설계 기준상 공동으로 사용되는 계단의 경우 높이가 2m를 넘는 계단에는 2m 이내 마다 당해 계단의 유효폭 이상의 폭으로 너비 얼마 이상의 참을 두어야 하는가?

① 70cm　② 80cm
③ 100cm　④ 120cm

해설 조경 설계 기준에 제시된 내용으로 구조 및 규격에 해당한다.

38 평판 측량에서 평판을 정치하는 데 생기는 오차 중 측량 결과에 가장 큰 영향을 주기 때문에 특히 주의해야 할 것은?

① 중심 맞추기 오차
② 수평 맞추기 오차
③ 앨리데이드의 수준기에 따른 오차
④ 방향 맞추기 오차

39 경석(景石)의 배석(配石)에 대한 설명으로 옳은 것은?

① 자연석보다 다소 가공하여 형태를 만들어 쓰도록 한다.
② 원칙적으로 정원 내에 눈에 뜨이지 않는 곳에 두는 것이 좋다.
③ 차경(借景)의 정원에 쓰면 유효하다.
④ 입석(立石)인 때에는 역삼각형으로 놓는 것이 좋다.

40 시멘트의 각종 시험과 연결이 옳은 것은?

① 분말도시험 – 루사델리 비중병
② 비중시험 – 길모아 장치
③ 안정성시험 – 오토클레이브
④ 응결시험 – 블레인법

41 시멘트의 종류 중 혼합 시멘트가 아닌 것은?

① 알루미나 시멘트
② 플라이 애시 시멘트
③ 고로 슬래그 시멘트
④ 포틀랜드 포졸란 시멘트

42 골재알의 모양을 판정하는 척도인 실적률(%)을 구하는 식으로 옳은 것은?

① 100 – 조립률(%)
② 조립률(%) – 100
③ 공극률(%) – 100
④ 100 – 공극률(%)

43 표준형 벽돌을 사용하여 1.5B로 시공한 담장의 총 두께는? (단, 줄눈의 두께는 10이다)

① 210mm　② 270mm
③ 290mm　④ 330mm

44 건물이나 담장 앞 또는 원로에 따라 길게 만들어 지는 화단은?

① 카펫화단　② 침상화단
③ 모듬화단　④ 경재화단

45 토양의 입경조성에 의한 토양의 분류를 무엇이라고 하는가?

① 토양반응　② 토양분류
③ 토성　④ 토양통

정답 36 ② 37 ④ 38 ④ 39 ③ 40 ③ 41 ① 42 ④ 43 ③ 44 ④ 45 ③

46 다음 중 흙쌓기에서 비탈면의 안정 효과를 가장 크게 얻을 수 있는 경사는?

① 1 : 0.3 ② 1 : 0.5
③ 1 : 0.8 ④ 1 : 1.5

47 지하층의 배수를 위한 시스템 중 넓고 평탄한 지역에 주로 사용되는 것은?

① 자연형 ② 차단법
③ 어골형, 평행형 ④ 즐치형, 선형

48 조형(造形)을 목적으로 한 전정을 가장 잘 설명한 것은?

① 도장지를 제거하고 결과지를 조정한다.
② 나무 원형의 특징을 살려 다듬는다.
③ 밀생한 가지를 솎아 준다.
④ 고사지 또는 병지를 제거한다.

49 생울타리를 전지 · 전정하려고 한다. 태양의 광선을 골고루 받게 하여 생울타리 밑가지 생육을 건전하게 하려면 생울타리의 단면 모양은 어떻게 하는 것이 가장 적합한가?

① 팔각형 ② 원형
③ 삼각형 ④ 사각형

50 가지 다듬기 중 생리조정을 위한 가지 다듬기는?

① 이식한 정원수의 가지를 알맞게 잘라 냈다.
② 병해충 피해를 입은 가지를 잘라 냈다.
③ 향나무를 일정한 모양으로 깎아 다듬었다.
④ 늙은 가지를 젊은 가지로 갱신하였다.

51 소나무류의 순따기에 알맞은 적기는?

① 1월~2월 ② 3월~4월
③ 5월~6월 ④ 7월~8월

52 비료의 3요소가 아닌 것은?

① 칼슘(Ca) ② 칼륨(K)
③ 인산(P) ④ 질소(N)

53 수간에 약액 주입 시 구멍 뚫는 각도로 가장 적절한 것은?

① 수평 ② 0°~10°
③ 20°~30° ④ 50°~60°

54 다음 중 식엽성(食葉性) 해충이 아닌 것은?

① 복숭아명나방
② 미국흰불나방
③ 솔나방
④ 텐트나방

55 다음 중 파이토플라스마에 의한 수목병은?

① 밤나무뿌리혹병
② 낙엽송끝마름병
③ 뽕나무오갈병
④ 잣나무털녹병

56 다음 중 일년생 광엽 잡초로 논 잡초로 많이 발생할 경우는 기계 수확이 곤란하고 줄기 기부가 비스듬히 땅을 기며 뿌리가 내리는 잡초는?

① 가막사리 ② 사마귀풀
③ 메꽃 ④ 한련초

정답 46 ④ 47 ③ 48 ② 49 ③ 50 ① 51 ③ 52 ① 53 ③ 54 ① 55 ③ 56 ②

57 **제초제 중 잡초와 작물 모두를 살멸시키는 비선택성 제초제는?**

① 디캄바액제
② 글리포세이 트액제
③ 팬티온유제
④ 에태폰액제

58 **잔디밭을 조성하려 할 때 뗏장붙이는 방법으로 틀린 것은?**

① 뗏장붙이는 방법에는 전면붙이기, 어긋나게 붙이기, 줄붙이기 등이 있다.
② 경사면에는 평떼 전면 붙이기를 시행한다.
③ 줄 붙이기나 어긋나게 붙이기는 뗏장을 절약하는 방법이지만 아름다운 잔디밭이 완성되기까지에는 긴 시간이 소요된다.
④ 뗏장 붙이기 전에 미리 땅을 갈고 정지(整地)하여 밑거름을 넣는 것이 좋다.

59 **다음 중 들잔디의 관리 설명으로 옳지 않은 것은?**

① 해충은 황금충류가 가장 큰 피해를 준다.
② 들잔디의 깎기 높이는 2~3cm로 한다.
③ 뗏밥은 초겨울 또는 해동이 되는 이른 봄에 준다.
④ 병은 녹병의 발생이 많다.

60 **다져진 잔디밭에 공기 유통이 잘 되도록 구멍을 뚫는 기계는?**

① 론 모어(Lawn Mower)
② 론 스파이크(Lawn Spike)
③ 레이크(Rake)
④ 소드 바운드(Sod Bound)

✔ 정답 57 ② 58 ② 59 ③ 60 ②

국가기술자격검정 필기시험문제

2013년 4월 14일 시행

자격종목	코 드	시험시간	형 별	수험번호	성 명
조경 기능사		1시간			

1과목 조경일반

1 조경식재 설계도를 작성할 때 수목명, 규격, 본수 등을 기입하기 위한 인출선 사용의 유의사항으로 올바르지 않는 것은?

① 인출선의 수평부분은 기입사항의 길이와 맞춘다.
② 인출선의 방향과 기울기는 자유롭게 표기하는 것이다.
③ 가는 실선을 명료하게 긋는다.
④ 인출선 간의 교차나 치수선의 교차를 피한다.

2 도시공원 및 녹지 등에 관한 법률 시행규칙상 도시의 소공원 공원시설 부지면적 기준은?

① 100분의 20 이하
② 100분의 30 이하
③ 100분의 40 이하
④ 100분의 60 이하

3 다음 중 물체가 있는 것으로 가상되는 부분을 표시하는 선의 종류는?

① 일점쇄선 ② 이점쇄선
③ 실선 ④ 파선

4 미적인형 그 자체로는 균형을 이루지 못하지만 시각적인 힘의 통합에 의해 균형을 이룬 것처럼 느끼게 하여 동적인 감각과 변화있는 개성적 감정을 불러일으키며, 세련미와 성숙미 그리고 율동감과 유연성을 주는 미의 원리는?

① 집중 ② 비례
③ 비대칭 ④ 대비

5 다음 중 온도감이 따뜻하게 느껴지는 색은?

① 주황색 ② 남색
③ 보라색 ④ 초록색

6 빠른 보행을 필요로 하는 곳에 포장 재료로 사용되기 가장 부적합한 곳은?

① 콘크리트 ② 조약돌
③ 소형고압블럭 ④ 아스팔트

7 작은 색 견본을 보고 색을 선택한 다음 아파트 외벽에 칠했더니 명도와 채도가 높아져 보였다. 이러한 현상을 무엇이라고 하는가?

① 면적대비 ② 보색대비
③ 색상대비 ④ 한난대비

8 다음 중 정원에서의 눈가림 수법에 대한 설명으로 틀린 것은?

① 눈가림은 변화와 거리감을 강조하는 수법이다.
② 이 수법은 원래 동양적인 수법이다.

정답 1② 2① 3② 4③ 5① 6② 7① 8④

③ 정원이 한층 더 깊이가 있어 보이게 하는 수법이다.

④ 좁은 정원에서는 눈가림수법을 쓰지 않는 것이 정원을 더 넓게 보이게 한다.

9 "서오능 시민 휴식공원 기본계획에는 왕릉의 보존과 단체이용객에 대한 개방이라는 상충되는 문제를 해결하기 위하여 (　　　) 을(를) 설정함으로써 왕릉과 공간을 분리시켰다." (　　　) 안에 들어갈 적절한 공간적 표현은?

① 완충녹지　② 휴게공간
③ 진입광장　④ 동적공간

10 다음 중 창덕궁 후원 내 옥류천 일원에 위치하고 있는 궁궐 내 유일의 초정은?

① 부용정　② 청의정
③ 관람정　④ 애련정

11 다음 중 "피서산장, 이화원, 원명원"은 중국의 어느 시대 정원인가?

① 진　② 당　③ 명　④ 청

12 오방색 중 오행으로는 목(木)에 해당하며, 동방(東方)의 색으로 양기가 가장 강한 곳이다. 계절로는 만물이 생성하는 봄의 색이고 오륜은 인(仁)을 암시하는 색은?

① 백(白)　② 적(赤)
③ 황(黃)　④ 청(靑)

13 그리스 시대 공공건물과 주랑으로 둘러싸인 열린 공간으로 다목적 열린 공간으로 무덤의 전실을 가르키기도 했던 곳은?

① 테라스　② 키넬
③ 포럼　④ 빌라

14 '사자(死者)의 정원'이라는 묘지 정원을 조성한 고대 정원은?

① 이집트 정원
② 바빌로니아 정원
③ 페르시아 정원
④ 그리스 정원

15 다음 중 본격적인 프랑스식 정원으로서 루이 14세 당시의 니콜라스 푸케와 관련 있는 정원은?

① 퐁텐블로(Fontainebleau)
② 보르 뷔 콩트(Vaux-le-Vicomte)
③ 베르사유(Versailles) 궁원
④ 생클루(Saint-Cloud)

2과목 조경재료

16 재료의 역학적 성질 중 탄성에 관한 설명으로 옳은 것은?

① 재료가 하중을 받아 파괴될 때까지 높은 응력에 견디며 큰 변형을 나타내는 성질
② 물체에 외력을 가한 후 외력을 제거하면 원래의 모양과 크기로 돌아가는 성질
③ 물체에 외력을 가한 후 외력을 제거시켰을 때 영구변형이 남는 성질
④ 재료가 작은 변형에도 쉽게 파괴하는 성질

정답 9 ① 10 ② 11 ④ 12④ 13 ③ 14 ① 15 ② 16 ② 17 ①

17 비금속재료의 특성에 관한 설명 중 옳지 않은 것은?

① 아연은 산 및 알칼리에 강하나 공기 중 및 수중에서는 내식성이 작다.
② 동은 상온의 건조공기 중에서 변화하지 않으나 습기가 있으면 광택을 소실하고 녹청색으로 된다.
③ 납은 비중이 크고 연질이며 전성, 연성이 풍부하다.
④ 알루미늄은 비중이 비교적 작고 연질이며 강도도 낮다.

18 합성수지 중에서 파이프, 튜브, 물받이통 등의 제품에 가장 많이 사용되는 열가소성 수지는?

① 멜라민 수지
② 페놀 수지
③ 염화비닐 수지
④ 폴리에스테르 수지

19 방부력이 우수하고 내습성도 있으며 값도 싸지만, 냄새가 좋지 않아서 실내에 사용할 수 없고, 미관을 고려하지 않은 외부에 사용하는 방부제는?

① 크레오소트 ② 물유리
③ 광명단 ④ 황암모니아

20 강을 적당한 온도(800~1000℃)로 가열하여 소정의 시간까지 유지한 후에 로(爐) 내부에서 천천히 냉각시키는 열 처리법은?

① 불림(Normalizing)
② 뜨임질(Tempering)
③ 풀림(Annealing)
④ 담금질(Quenching)

21 다음 재료 중 기건상태에서 열전도율이 가장 작은 것은?

① 콘크리트 ② 알루미늄
③ 유리 ④ 석고보드

22 투명도가 높으므로 유기유리라는 명칭이 있으며, 착색이 자유롭고 내충격 강도가 크고, 평판, 골판 등의 각종 형태의 성형품으로 만들어 채광판, 도어판, 칸막이벽 등에 쓰이는 합성수지는?

① 아크릴 수지
② 요소 수지
③ 에폭시 수지
④ 폴리스티렌 수지

23 다음 석재 중 조직이 균질하고 내구성 및 강도가 큰 편이며, 외관이 아름다운 장점이 있는 반면 내화성이 작아 고열을 받는 곳에는 적합하지 않은 것은?

① 응회암 ② 화강암
③ 편마암 ④ 안산암

24 암석 재료의 가공 방법 중 쇠망치로 석재표면의 큰 돌출 부분만 대강 떼어내는 정도의 거친 면을 마무리하는 작업을 무엇이라 하는가?

① 도드락다듬 ② 혹두기
③ 잔다듬 ④ 물갈기

25 흙에 시멘트와 다목적 토양개량제를 섞어 기층과 표층을 겸하는 간이포장 재료는?

① 칼라 세라믹 ② 카프
③ 우레탄 ④ 콘크리트

정답 18 ③ 19 ① 20 ③ 21 ④ 22 ① 23 ② 24 ② 25 ②

26 양질의 포졸란(Pozzolan)을 사용한 콘크리트의 성질로 옳지 않은 것은?

① 워커빌리티 및 피니셔빌리티가 좋다.
② 강도의 증진이 빠르고 단기강도가 크다.
③ 수밀성이 크고 발열량이 적다.
④ 화학적 저항성이 크다.

27 목구조의 보강철물로서 사용되지 않는 것은?

① 나사못　② 듀벨
③ 고장력볼트　④ 꺽쇠

28 다음 중 형상수로 많이 이용되고, 가을에 열매가 붉게 되며, 내음성이 강하며, 비옥지에서 잘 자라는 특성을 가진 정원수는?

① 화살나무　② 쥐똥나무
③ 주목　④ 산수유

29 정원의 한 구석에 녹음용수로 쓰기 위해서 단독으로 식재하려 할 때 적합한 수종은?

① 칠엽수　② 박태기나무
③ 홍단풍　④ 꽝꽝나무

30 다음 중 난대림의 대표 수종인 것은?

① 녹나무　② 주목
③ 전나무　④ 분비나무

31 여름에 꽃피는 알뿌리 화초인 것은?

① 수선화
② 백합
③ 히아신스
④ 글라디올러스

32 수확한 목재를 주로 가해하는 대표적 해충은?

① 풍뎅이　② 흰불나방
③ 흰개미　④ 매미

33 나무줄기의 색채가 흰색계열이 아닌 수종은?

① 자작나무　② 모과나무
③ 분비나무　④ 서어나무

34 물의 이용 방법 중 동적인 것은?

① 연못　② 호수
③ 캐스케이드　④ 풀

35 토양수분과 조경 수목과의 관계 중 습지를 좋아하는 수종은?

① 신갈나무　② 소나무
③ 주엽나무　④ 노간주나무

3과목 조경시공 및 관리

36 다음 중 계곡선에 대한 설명으로 맞는 것은?

① 간곡선 간격의 1/2 거리의 가는 점선으로 그어진 것이다.
② 주곡선 간격의 1/2 거리의 가는 파선으로 그어진 것이다.
③ 주곡선은 다섯줄마다 굵은 선으로 그어진 것이다.
④ 1/5000의 지형도 축척에서 등고선은 10m 간격으로 나타난다.

정답 26 ② 27 ③ 28 ③ 29 ① 30 ① 31 ④ 32 ③ 33 ② 34 ③ 35 ③ 36 ③

37 다음 중 주요 기능의 공정에서 옥외 레크레이션의 관리체계와 거리가 먼 것은?

① 이용자 관리 ② 공정 관리
③ 서비스 관리 ④ 자원 관리

38 표준품셈에서 포함된 것으로 규정된 소운반 거리는 몇 [m] 이내를 말하는가?

① 10m ② 20m
③ 30m ④ 50m

39 토양의 3상이 아닌 것은?

① 임상 ② 기상
③ 액상 ④ 고상

40 토양층위 중 집적층에 해당되는 것은?

① A 층 ② B 층
③ C 층 ④ D 층

41 토양의 물리성과 화학성을 개선하기 위한 유기질 토양 개량재는 어떤 것인가?

① 펄라이트 ② 피트모스
③ 버미큘라이트 ④ 제올라이트

42 암거는 지하수위가 높은 곳, 배수 불량 지반에 설치한다. 암거의 종류 중 중앙에 큰 암거를 설치하고, 좌우에 작은 암거를 연결시키는 형태로 넓이에 관계없이 경기장이나 어린이 놀이터와 같은 소규모의 평탄한 지역에 설치할 수 있는 것은?

① 빗살형 ② 어골형
③ 부채살형 ④ 자연형

43 콘크리트 슬럼프값 측정순서로 옳은 것은?

① 시료채취 → 콘에 채우기 → 다지기 → 상단 고르기 → 콘 벗기기 → 슬럼프값 측정
② 시료채취 → 콘에 채우기 → 콘 벗기기 → 상단 고르기 → 다지기 → 슬럼프값 측정
③ 시료채취 → 다지기 → 콘에 채우기 → 상단 고르기 → 콘 벗기기 → 슬럼프값 측정
④ 다지기 → 시료채취 → 콘에 채우기 → 상단 고르기 → 콘 벗기기 → 슬럼프값 측정

44 콘크리트를 친 후 응결과 경화가 완전히 이루어지도록 보호하는 것을 가리키는 용어는?

① 파종 ② 양생
③ 다지기 ④ 타설

45 다음 그림과 같은 땅깎기 공사 단면의 절토 면적은?

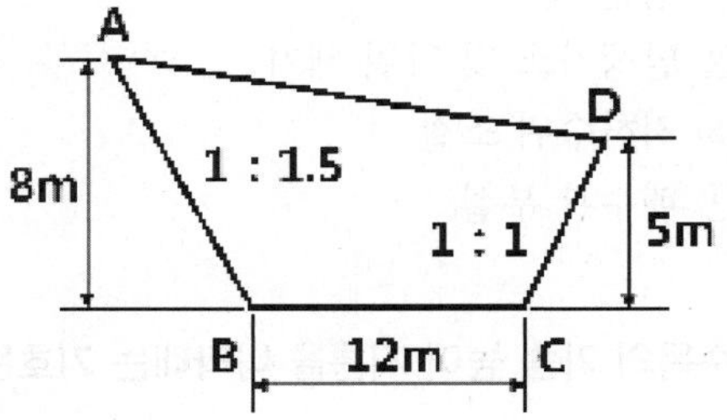

① 60 ② 96
③ 112 ④ 128

해설
- 밑변 =(8×1.5)+12+(5×1) = 12+12+5 = 29m
- 면적 = 1/2×{29(8+5)} – {(12×8)+(5×5)}
  = 1/2×(377–121) = 1/2×256 = 128㎡

정답 37 ② 38 ② 39 ① 40 ② 41 ② 42 ② 43 ① 44 ② 45 ④

46 정원석을 쌓을 면적이 60m², 정원석의 평균 뒷길이 50cm, 공극률이 40%라고 할 때 실제적인 자연석의 체적은 얼마인가?

① $12m^3$ ② $16m^3$
③ $18m^3$ ④ $20m^3$

해설 체적 $60 \times 0.5 = 30m^3$, $30 \times 0.6 = 1.8m^3$

47 벽돌수량 산출방법 중 면적산출 시 표준형 벽돌로 시공 시 1m²를 0.5B의 두께로 쌓으면 소요되는 벽돌량은? (단, 줄눈은 10mm로 한다.)

① 65매 ② 130매
③ 75매 ④ 149매

48 벽면에 벽돌 길이만 나타나게 쌓는 방법은?

① 네덜란드식 쌓기
② 길이 쌓기
③ 옆세워 쌓기
④ 마구리 쌓기

49 임해매립지 식재기반에서의 조경시공 시 고려하여야 할 사항으로 거리가 먼 것은?

① 염분 제거
② 발생가스 및 악취 제거
③ 지하수위 조절
④ 배수관 부설

50 수목의 가슴 높이 지름을 나타내는 기호는?

① F ② SD
③ B ④ W

51 심근성 수목을 굴취할 때 뿌리분의 형태는?

① 접시분 ② 사각형분
③ 조개분 ④ 보통분

52 이른 봄 늦게 오는 서리로 인한 수목의 피해를 나타내는 것은?

① 조상(早霜) ② 만상(晩霜)
③ 동상(凍傷) ④ 한상(寒傷)

53 다음 수목의 외과 수술용 재료 중 동공 충진물의 재료로 가장 부적합한 것은?

① 에폭시 수지
② 불포화 폴리에스테르 수지
③ 우레탄 고무
④ 콜타르

54 눈이 트기 전 가지의 여러 곳에 자리 잡은 눈 가운데 필요로 하지 않은 눈을 따 버리는 작업을 무엇이라 하는가?

① 열매따기 ② 눈따기
③ 순자르기 ④ 가지치기

55 생울타리처럼 수목이 대상으로 군식되었을 때 거름 주는 방법으로 적당한 것은?

① 선상 거름주기
② 방사상 거름주기
③ 전면 거름주기
④ 천공 거름주기

56 수목에 영양 공급 시 그 효과가 가장 빨리 나타나는 것은?

① 엽면시비 ② 유기물시비
③ 토양천공시비 ④ 수간주사

정답 46 ③ 47 ③ 48 ② 49 ② 50 ③ 51 ③ 52 ② 53 ④ 54 ② 55 ① 56 ①

57 **솔잎혹파리에 대한 설명 중 틀린 것은?**

① 유충으로 땅속에서 월동한다.
② 우리나라에서는 1929년에 처음 발견되었다.
③ 유충은 솔잎을 밑부에서부터 갉아 먹는다.
④ 1년에 1회 발생한다.

58 **농약 살포작업을 위해 물 100L를 가지고 1000배액을 만들 경우 얼마의 약량이 필요한가?**

① 50ml ② 100ml
③ 150ml ④ 200ml

59 **잔디밭에 많이 발생하는 잡초인 클로버(토끼풀)를 제초하는 데 가장 효율적인 것은?**

① 디코폴수화재 ② 디캄바액재
③ 베노빌소화재 ④ 캡탄수화재

60 **다음 복합비료 중 주성분 함량이 가장 많은 비료는?**

① 0-40-10 ② 11-21-11
③ 18-18-18 ④ 21-21-17

정답 57 ③ 58 ② 59 ② 60 ④

국가기술자격검정 필기시험문제

2013년 7월 21일 시행

자격종목	코드	시험시간	형별	수험번호	성 명
조경 기능사		1시간			

1과목 조경일반

1 훌륭한 조경가가 되기 위한 자질에 대한 설명 중 틀린 것은?

① 토양, 지질, 지형, 수문(水文) 등 자연과학적 지식이 요구된다.
② 인류학, 지리학, 사회학, 환경심리학 등에 관한 인문과학적 지식도 요구된다.
③ 건축이나 토목 등에 관련된 공학적인 지식도 요구된다.
④ 합리적인 사고보다는 감성적 판단이 더욱 필요하다.

해설 직무를 수행할 때에는 감성적 디자인 감각을 사용하지만, 고객을 설득하는 등 여러 영역에서 합리적 판단을 요구한다.

2 조경 양식을 형태(정형식, 자연식, 절충식) 중심으로 분류할 때, 자연식 조경 양식에 해당하는 것은?

① 강한 축을 중심으로 좌우 대칭형으로 구성된다.
② 한 공간 내에서 실용성과 자연성을 동시에 강조하였다.
③ 주변을 돌 수 있는 산책로를 만들어서 다양한 경관을 즐길 수 있다.
④ 서아시아와 프랑스에서 발달된 양식이다.

해설 회유임천식 정원의 특성은 연못 주변을 돌면서 산책하며 다양한 경관을 즐기는 것이다.

3 도시공원 및 녹지 등에 관한 법률에서 정하고 있는 녹지가 아닌 것은?

① 완충녹지 ② 경관녹지
③ 연결녹지 ④ 시설녹지

해설 시설녹지는 없어진 용어이고 완충녹지, 경관녹지, 연결녹지로 구분된다.

4 다음 중 어린이 공원의 설계 시 공간구성 설명으로 옳은 것은?

① 동적인 놀이 공간에는 아늑하고 햇빛이 잘 드는 곳에 잔디밭, 모래밭을 배치하여 준다.
② 정적인 놀이공간에는 각종 놀이시설과 운동시설을 배치하여 준다.
③ 감독 및 휴게를 위한 공간은 놀이공간이 잘 보이는 곳으로 아늑한 곳으로 배치한다.
④ 공원 외곽은 보행자나 근처 주민이 들여다 볼 수 없도록 밀식한다.

해설 어린이 공원의 외곽은 보행자나 근처 주민이 들여다 볼 수 있도록 높이나 차폐를 고려하여야 한다.

5 휴게공간의 입지 조건으로 적합하지 않은 것은?

① 보행동선이 합쳐지는 곳
② 기존 녹음수가 조성된 곳
③ 경관이 양호한 곳
④ 시야에 잘 띄지 않는 곳

해설 휴게공간은 만남과 약속, 대화의 공간이기도 하다.

정답 1④ 2③ 3④ 4③ 5④

6 조경 양식 중 노단식 정원 양식을 발전시키게 한 자연적인 요인은?

① 지형 ② 기후
③ 식물 ④ 토질

해설 평원인 프랑스와 달리 이탈리아는 구릉지가 많아 지형을 이용한 노단식(테라스) 정원이 발달하고 귀족들의 별장인 빌라가 유행했다.

7 도면상에서 식물재료의 표기 방법으로 바르지 않은 것은?

① 수목에 인출선을 사용하여 수종명, 규격, 관목, 교목을 구분하여 표시하고 총 수량을 함께 기입한다.
② 덩굴성 식물의 규격은 길이로 표시한다.
③ 같은 수종은 인출선을 연결하여 표시하도록 한다.
④ 수종에 따라 규격은 H×W, H×B, H×R 등의 표기방식이 다르다.

해설 인출선 위에 주수(수종명), 인출선 아래에 나무의 규격을 기재하고 관목과 교목은 기입하지 않는다.

8 다음 중 눈높이나 눈보다 조금 높은 위치에서 보여지는 공간을 실제 보이는 대로 자연스럽게 표현한 그림으로 나타내고자 하는 의도의 윤곽을 잡아 개략적으로 표현하고자 할 때, 즉 아이디어를 수집, 기록, 정착화 하는 과정에 필요하며, 디자이너에게 순간적으로 떠오르는 불확실한 아이디어의 이미지를 고정, 정착화시켜 나가는 초기 단계에 해당하는 그림은?

① 입면도 ② 조감도
③ 투시도 ④ 스케치

해설
- 투시도 : 물체를 눈에 보이는 형상 그대로 그리는 그림으로 중심투영도라고도 하는데, 원근법은 이 투시도를 응용한 것이다.
- 조감도 : 높은 곳에서 지상을 내려다본 것처럼 지표를 공중에서 비스듬히 내려다 보았을 때의 모양을 그린 그림이다.

9 수고 3m인 감나무 3주의 식재공사에서 조경공 0.25인, 보통 인부 0.20인의 식재노무비 일위 대가는 얼마인가? (단, 조경공 40,000/일, 보통 인부 30,000/일)

① 6,000원 ② 10,000원
③ 16,000원 ④ 48,000원

해설 (40,000×0.25+30,000×0.2)=16,000원, 일위대가는 한 개 단위당 가격이라는 의미

10 주위가 건물로 둘러싸여 있어 식물의 생육을 위한 채광, 통풍, 배수 등에 주의해야 할 곳은?

① 중정(中庭) ② 원로(園路)
③ 주정(主庭) ④ 후정(後庭)

해설 주정은 정원의 안뜰로 테라스에 면한 넓은 오픈 스페이스와 주변부 식재로 이루어지고, 후정은 건물 뒤편의 공간으로 크기와 구성원에 따라 놀이시설 또는 텃밭, 산책로 등으로 활용할 수 있다. 원로란 정원을 이용하면서 이동할 수 있는 동선을 말하고, 중정은 사방 건물로 둘러싸인 공간의 정원을 말한다. 때로는 포장을 하고 화분을 두기도 한다.

11 줄기나 가지가 꺾이거나 다치면 그 부근에 있던 숨은 눈이 자라 싹이 나오는 것을 무엇이라 하는가?

① 생장성 ② 휴면성
③ 맹아력 ④ 성장력

해설 숨은 눈은 잠아(潛芽)라고 한다. 줄기나 가지가 상해를 입었을 때, 잠아에 의해 세력이 강한 가지가 발생하는데, 그렇게 발생하는 현상을 맹아력으로 표현하고 맹아력이 '강하다 · 약하다'라는 말로 특성을 나누기도 한다.

12 조선시대 전기 조경관련 대표 저술서이며, 정원식물의 특성과 번식법, 괴석의 배치법, 꽃을 화분에 심는 법, 최화법(催花法), 꽃이 꺼리는 것, 꽃을 취하는 법과 기르는 법, 화분 놓는 법과 관리법 등의 내용이 수록되어 있는 것은?

정답 6 ① 7 ① 8 ④ 9 ③ 10 ① 11 ③ 12 ②

① 동사강목 ② 양화소록
③ 택리지 ④ 작정기

13 다음 중 왕과 왕비만이 즐길 수 있는 사적 정원이 아닌 곳은?

① 덕수궁 석조전 전정
② 창덕궁 낙선재의 후원
③ 경복궁의 아미산
④ 덕수궁 준명당의 후원

해설 왕과 왕비 또는 궁녀들이 주로 사용하는 곳은 왕비의 생활공간 뒤에 있는 정원, 즉 후원이다. 경복궁의 아미산 정원은 왕비의 침전인 교태전의 후원을 일컫는 말이다.

14 다음 중 이탈리아의 정원 양식에 해당하는 것은?

① 평면기하학식 ② 노단건축식
③ 자연풍경식 ④ 풍경식

해설 노단건축식은 이탈리아의 경사진 지형을 대표하는 정원 양식이다. 전원풍경식 정원은 18세기 영국의 민족성과 사회적 흐름으로 유행한 정원 양식이다.

15 일본의 다정(茶庭)이 나타내는 아름다움의 미는?

① 통일미 ② 대비미
③ 단순미 ④ 조화미

해설 일본 다정은 자연속의 한 부분을 떼어 와서 그 단편적인 경관으로부터 대자연 전체의 분위기를 느끼게 하려는 것이다. 징검돌을 놓고 자갈을 깔며 물통, 세수통, 석등을 배치한다.

2과목 조경재료

16 다음 중 특히 내수성, 내열성이 우수하며, 내연성, 전기적 절연성이 있고 유리 섬유판, 텍스, 피혁류 등 모든 접착이 가능하고, 방수제로도 사용하고 500℃ 이상 견디는 유일한 수지이며, 주로 방수제, 도료, 접착제 용도로 쓰이는 합성수지는?

① 페놀 수지
② 에폭시 수지
③ 실리콘 수지
④ 폴리에스테르 수지

17 플라스틱 제품의 특성이 아닌 것은?

① 내열성이 약하여 열가소성 수지는 60℃ 이상에서 연화된다.
② 비교적 산과 알칼리에 견디는 힘이 콘크리트나 철 등에 비해 우수하다.
③ 접착이 자유롭고 가공성이 크다.
④ 열팽창계수가 적어 저온에서도 파손이 안 된다.

해설 용광로에서 칠광석을 환원해서 직접 주입한 것을 선철이라고 하며, 주철과 같이 쓰이는 경우가 많다. 크롬, 규소, 망간, 황, 인을 주철의 5원소라고 한다.

18 다음 중 유리의 성질에 대한 일반적인 설명으로 옳지 않은 것은?

① 약한 산에는 침식되지 않지만 염산, 황산, 질산 등에는 서서히 침식된다.
② 광선에 대한 성질은 유리의 성분, 두께, 표면의 평활도 등에 따라 다르다.
③ 열전도율 및 열팽창률이 작다.
④ 굴절률은 2.1~2.9 정도이고, 납을 함유하면 낮아진다.

해설 비중은 2.2~6.3 선팽창계수는 3~20×10^{-6}, 굴절률은 1.45~1.96, 비열은 0.12~0.30, 인장강도는 3.3~8.1kg/mm^2이다. 굴절률을 크게 하기 위해서는 납이나 바륨을 가하고, 작게 하기 위해서는 철을 가한다.

19 다음 중 인공토양을 만들기 위한 경량재가 아닌 것은?

정답 13 ① 14 ② 15 ④ 16 ③ 17 ④ 18 ④ 19 ③

① 펄라이트(Perlite)
② 버미큘라이트(Vermiculite)
③ 부엽토
④ 화산재

20 92~96%의 철을 함유하고 나머지는 크롬, 규소, 망간, 유황, 인 등으로 구성되어 있으며 창호철물, 자물쇠, 맨홀 뚜껑 등의 재료로 사용되는 것은?

① 주철 ② 강철
③ 선철 ④ 순철

21 다음 중 야외용 조경 시설물 재료로서 가장 구성이 낮은 재료는?

① 나왕재 ② 미송
③ 플라스틱재 ④ 콘크리트재

해설 합판의 경우는 내구성이 크다.

22 일정한 응력을 가할 때, 변형이 시간과 더불어 증대하는 현상을 의미하는 것은?

① 취성 ② 크리프
③ 릴랙세이션 ④ 탄성

해설 크리프(Creep) : 외력이 일정하게 유지되어 있을 때, 시간이 흐름에 따라 재료의 변형이 증대하는 현상

23 콘크리트 공사 중 거푸집 상호간의 간격을 일정하게 유지시키기 위한 것은?

① 스페이서(Spacer)
② 세퍼레이터(Seperator)
③ 캠버(Camber)
④ 긴장기(Form tie)

해설 **스페이서** : 철근 콘크리트의 기둥 · 보등의 철근에 대한 콘크리트의 피복 두께를 정확하게 유지하기 위한 방침, 모르타르제 플라스틱제의 것 등이 있다.

24 콘크리트의 단위중량 계산, 배합설계 및 시멘트의 품질 판정에 주로 이용되는 시멘트의 성질은?

① 비중 ② 압축강도
③ 분말도 ④ 응결시간

25 콘크리트의 균열발생 방지법으로 옳지 않은 것은?

① 콘크리트의 온도상승을 작게 한다.
② 물시멘트비를 작게 한다.
③ 단위 시멘트량을 증가시킨다.
④ 발열량이 적은 시멘트와 혼화제를 사용한다.

26 형상은 재두각추체에 가깝고 전면은 거의 평면을 이루며 대략 정사각형으로서 뒷길이, 접촉면의 폭, 뒷면 등이 규격화 된 돌로, 접촉면의 폭은 전면 1변의 길이의 1/10 이상이어야 하고, 접촉면의 길이는 1변의 평균 길이의 1/2 이상인 석재는?

① 각석 ② 사고석
③ 견치석 ④ 판석

해설 견칫돌(間知石), 간지석이라고도 한다. 모양을 재두각추체에 가깝다고 표현한다.

27 정원에 사용되는 자연석의 특징과 선택에 관한 내용 중 옳지 않은 것은?

① 경도가 높은 돌은 기품과 운치가 있는 것이 많고 무게가 있어 보여 가치가 높다.
② 정원석으로 사용되는 자연석은 산이나 개천에 흩어져 있는 돌을 그대로 운반하여 이용한 것이다.
③ 돌에는 색채가 있어서 생명력을 느낄 수 있고 검은색과 흰색은 예로부터 귀하게 여겨지고 있다.

정답 20 ① 21 ① 22 ② 23 ② 24 ① 25 ③ 26 ③ 27 ③

④ 부지 내 타 물체와의 대비, 비례, 균형을 고려하여 크기가 적당한 것을 사용한다.

28 **다음 중 트래버틴(Travertin)은 어떤 암석의 일종인가?**

① 대리석　② 응회암
③ 화강암　④ 안산암

해설 트래버틴은 고급 대리석이다.

29 **목재의 방부법 중 그 방법이 나머지 셋과 다른 하나는?**

① 방청법　② 침지법
③ 분무법　④ 도포법

해설 방청법은 금속재료의 부식 방지를 위하여 표면에 도포하는 방법이다.

30 **다음 중 산울타리 수종이 갖추어야 할 조건으로 틀린 것은?**

① 전정에 강할 것
② 아랫가지가 오래 갈 것
③ 지엽이 치밀할 것
④ 주로 교목활엽수일 것

31 **학교 조경에 도입되는 수목을 선정할 때 조경 수목의 생태적 특성 설명으로 옳은 것은?**

① 구입하기 쉽고 병충해가 적고 관리하기가 쉬운 수목을 선정
② 교과서에서 나오는 수목이 선정되도록 하며 학생들과 교직원들이 선호하는 수목을 선정
③ 학교 이미지 개선에 도움이 되며, 계절의 변화를 느낄 수 있도록 수목을 선정
④ 학교가 위치한 지역의 기후, 토양 등의 환경에 조건이 맞도록 수목을 선정

32 **다음 중 어린 가지의 색은 녹색 또는 적갈색으로 엽흔이 발달하고 있으며, 수피에서는 냄새가 나며 약간 골이 파여 있고, 단풍나무 중 복엽이면서 가장 노란색 단풍이 들며, 내조성, 속성수로서 조기녹화에 적당하며 녹음수로 이용가치가 높으며 폭이 없는 가로에 가로수로 심는 수종은?**

① 단풍나무　② 고로쇠나무
③ 복장나무　④ 네군도단풍

해설 은행나무와 더불어 노란색 단풍이 관상가치가 높다. 녹음수로 쓰이며 흰불나방의 피해를 조심해야 한다.

33 **여름에 꽃을 피우는 수종이 아닌 것은?**

① 능소화　② 조팝나무
③ 석류나무　④ 배롱나무

해설 조팝나무는 봄에 꽃이 핀다.

34 **여름부터 가을까지 꽃을 감상할 수 있는 알뿌리 화초는?**

① 색비름　② 금잔화
③ 칸나　④ 수선화

해설 수선화는 봄 화단용 알뿌리 화초이다.

35 **다음 수종 중 상록활엽수가 아닌 것은?**

① 굴거리나무　② 후박나무
③ 메타세쿼이아　④ 동백나무

해설 메타세쿼이아는 낙엽침엽수

3과목 조경시공 및 관리

36 **설계도면에서 선의 용도에 따라 구분할 때 실선의 용도에 해당되지 않는 것은?**

정답 28 ① 29 ① 30 ④ 31 ④ 32 ④ 33 ② 34 ③ 35 ③ 36 ③

① 치수를 기입하기 위해 사용한다.
② 지시 또는 기호 등을 나타내기 위해 사용한다.
③ 물체가 있을 것으로 가상되는 부분을 표시한다.
④ 대상물의 보이는 부분을 표시한다.

37 평판 측량에서 도면상에 없는 미지점에 평판을 세워 그 점(미지점)의 위치를 결정하는 측량 방법은?

① 측방교선법　② 복전진법
③ 원형교선법　④ 후방교선법

해설 후방교선법(Resection) : 미지점(기계점)으로부터 기지점 방향을 관측하여 수평위치를 결정하는 방법

38 다음 중 건설장비 분류상 배토정지용 기계에 해당되는 것은?

① 모터 그레이더　② 드래그 라인
③ 램머　④ 파워 셔블

39 모래밭(모래터) 조성에 관한 설명으로 가장 부적합한 것은?

① 적어도 하루에 4~5시간의 햇볕이 쬐고 통풍이 잘되는 곳에 설치한다.
② 모래밭의 깊이는 놀이의 안전을 고려하여 30cm 이상으로 한다.
③ 가장자리는 방부 처리한 목재 또는 각종소재를 사용하여 지표보다 높게 모래막이시설을 해준다.
④ 모래밭은 가급적 휴게시설에서 멀리 배치한다.

40 수중에 있는 골재를 채취했을 때 무게가 1000g, 표면건조 내부포화상태의 무게가 900g, 대기건조 상태의 무게가 860g, 완전 건조 상태의 무게가 850g일 때 함수율 값은?

① 4.65%　② 5.88%
③ 11.11%　④ 17.65%

해설 골재의 함수율 = {(수중골재 채취시 무게 − 완전건조상태무게)/완전건조상태무게}×100
=(1,000 − 850)/850×100 = 17.65%

41 경관석 놓기의 설명으로 옳은 것은?

① 일반적으로 3, 5, 7 등 홀수로 배치한다.
② 경관석은 항상 단독으로만 배치한다.
③ 같은 크기의 경관석으로 조합하면 통일감이 있어 자연스럽다.
④ 경관석의 배치는 돌 사이의 거리나 크기 등을 조정 배치하여 힘이 분산되도록 한다.

42 벽돌쌓기법에서 한 켜는 마구리쌓기, 다음 켜는 길이쌓기로 하고 모서리 벽끝에 이오토막을 사용하는 벽돌쌓기 방법인 것은?

① 미국식 쌓기　② 영국식 쌓기
③ 프랑스식 쌓기　④ 마구리 쌓기

43 공원 내에 설치된 목재 벤치 좌판(座板)의 도장보수는 보통 얼마 주기로 실시하는 것이 좋은가?

① 계절이 바뀔 때　② 6개월
③ 매년　④ 2~3년

44 다음 중 침상화단(Sunken Garden)에 관한 설명으로 가장 적합한 것은?

① 양탄자를 내려다보듯이 꾸민 화단
② 경계 부분을 따라서 1열로 꾸민 화단
③ 관상하기 편리하도록 지면을 1~2m 정도 파내려 가 꾸민 화단

정답 37 ④　38 ①　39 ④　40 ④　41 ①　42 ②　43 ④　44 ③

④ 중앙부를 낮게 하기 위하여 키 작은 꽃을 중앙에 심어 꾸민 화단

45 염해지 토양의 가장 뚜렷한 특징을 설명한 것은?

① 치환성 석회의 함량이 높다.
② 활성철의 함량이 높다.
③ 마그네슘, 나트륨 함량이 높다.
④ 유기물의 함량이 높다.

46 수목의 식재 시 해당 수목의 규격을 수고와 근원직경으로 표시하는 것은? (단, 건설공사 표준품셈을 적용한다)

① 현사시나무 ② 목련
③ 자작나무 ④ 은행나무

해설 은행나무, 자작나무, 현사시나무 등은 수고와 흉고직경으로 표시한다.

47 다음 중 정형적 배식 유형은?

① 부등변 삼각형 식재
② 임의 식재
③ 군식
④ 교호 식재

48 조경수를 이용한 가로막이 시설의 기능이 아닌 것은?

① 시선 차단
② 보행자의 움직임 규제
③ 악취 방지
④ 광선 방지

49 다음 중 접붙이기 번식을 하는 목적으로 가장 거리가 먼 것은?

① 씨뿌림으로는 품종이 지니고 있는 고유의 특징을 계승시킬 수 없는 수목의 증식에 이용된다.
② 바탕나무의 특성보다 우수한 품종을 개발하기 위해 이용된다.
③ 가지가 쇠약해지거나 말라 죽은 경우 이것을 보태 주거나 또는 힘을 회복시키기 위해서 이용된다.
④ 종자가 없고 꺾꽂이로도 뿌리 내리지 못하는 수목의 증식에 이용된다.

50 다음 중 큰 나무의 뿌리돌림에 대한 설명으로 가장 거리가 먼 것은?

① 뿌리돌림을 한 후에 새끼로 뿌리분을 감아 두면 뿌리의 부패를 촉진하여 좋지 않다.
② 굵은 뿌리를 3~4개 정도 남겨둔다.
③ 뿌리돌림을 하기 전 수목이 흔들리지 않도록 지주목을 설치하여 작업하는 방법도 좋다.
④ 굵은 뿌리 절단 시는 톱으로 깨끗이 절단한다.

51 양분결핍 현상이 생육초기에 일어나기 쉬우며, 새잎에 황화 현상이 나타나고 엽맥 사이가 비단무늬 모양으로 되는 결핍 원소는?

① Cu ② Mn
③ Zn ④ Fe

52 다음 중 교목류의 높은 가지를 전정하거나 열매를 채취할 때 주로 사용할 수 있는 가위는?

① 갈쿠리전정가위 ② 조형전정가위
③ 순치기가위 ④ 대형전정가위

정답 45 ③ 46 ② 47 ④ 48 ③ 49 ② 50 ① 51 ④ 52 ①

53 다음 중 수목의 전정 시 제거해야 하는 가지가 아닌 것은?

① 밑에서 움돋는 가지
② 아래를 향해 자란 하향지
③ 교차한 교차지
④ 위를 향해 자라는 주지

54 소나무의 순지르기, 활엽수의 잎 따기 등에 해당하는 전정법은?

① 생리를 조절하는 전정
② 생장을 돕기 위한 전정
③ 생장을 억제하기 위한 전정
④ 세력을 갱신하는 전정

55 배롱나무, 장미 등과 같은 내한성이 약한 나무의 지상부를 보호하기 위하여 사용되는 가장 적합한 월동 조치법은?

① 새끼감기 ② 짚싸기
③ 연기씌우기 ④ 흙묻기

56 사철나무 탄저병에 관한 설명으로 틀린 것은?

① 상습발생지에서는 병든 잎을 모아 태우거나 땅속에 묻고, 6월경부터 살균제를 3~4회 살포한다.
② 관리가 부실한 나무에서 많이 발생하므로 거름주기와 가지치기 등의 관리를 철저히 하면 문제가 없다.
③ 흔히 그을음병과 같이 발생하는 경향이 있으며 병징도 혼동될 때가 있다.
④ 잎에 크고 작은 점무늬가 생기고 차츰 움푹 들어가면서 진전되므로 지저분한 느낌을 준다.

57 다음 중 미국흰불나방 구제에 가장 효과가 좋은 것은?

① 카바릴수화제(세빈)
② 디니코나졸수화제(빈나리)
③ 디캄바액제(반벨)
④ 시마진수화제(씨마진)

58 다음 중 밭에 많이 발행하여 우생하는 잡초는?

① 올미 ② 바랭이
③ 가래 ④ 너도방동사니

해설 바랭이는 1년생 잡초로 종자로 번식되며 가장 문제시되는 밭잡초로 알려져 있다. 올미는 논, 수로, 습지등에 발생하는 광엽다년생 잡초 부유성 수생잡초, 너도방동사니는 다년생 논잡초로 분류하고 있다.

59 난지형 잔디에 뗏밥을 주는 가장 적합한 시기는?

① 3~4월 ② 5~7월
③ 9~10월 ④ 11~1월

60 우리나라 조선 정원에서 사용되었던 홍예문의 성격을 띤 구조물이라 할 수 있는 것은?

① 트렐리스 ② 정자
③ 아치 ④ 테라스

정답 53 ④ 54 ③ 55 ② 56 ③ 57 ① 58 ② 59 ② 60 ③

국가기술자격검정 필기시험문제

2013년 10월 12일 시행

자격종목	코드	시험시간	형별	수험번호	성 명
조경 기능사		1시간			

1과목 조경일반

1 다음 중 넓은 잔디밭을 이용한 전원적이며 목가적인 정원 양식은 무엇인가?

① 다정식 ② 회유임천식
③ 고산수식 ④ 전원풍경식

2 주축선을 따라 설치된 원로의 양쪽에 짙은 수림을 조성하여 시선을 주축선으로 집중시키는 수법을 무엇이라 하는가?

① 테라스(Terrace) ② 파티오(Patio)
③ 비스타(Vista) ④ 퍼걸러(Pergola)

3 물체의 절단한 위치 및 경계를 표시하는 선은?

① 실선 ② 파선
③ 일점쇄선 ④ 이점쇄선

해설
- 실선(굵은선–단면선, 외형선, 파단선 / 중간선–치수선, 치수보조선, 인출선 / 가는선–지시선, 해칭선)
- 파선(중간선–숨은선)
- 일점쇄선(가는선–중심선 / 중간선–절단선, 경계선, 기준선)
- 이점쇄선(중간선–가상선)

4 다음 중 점층(漸層)에 관한 설명으로 가장 적합한 것은?

① 조경재료의 형태나 색깔, 음향 등의 점진적 증가
② 대소, 장단, 명암, 강약
③ 일정한 간격을 두고 흐르는 소리, 다변화 되는 색채
④ 중심축을 두고 좌우 대칭

5 안정감과 포근함 등과 같은 정적인 느낌을 받을 수 있는 경관은?

① 파노라마 경관 ② 위요 경관
③ 초점 경관 ④ 지형 경관

6 황금비는 단변이 1일 때 장변은 얼마인가?

① 1.681 ② 1.618
③ 1.186 ④ 1.861

해설 황금비는 주어진 길이를 가장 이상적으로 둘로 나누는 비로, $\frac{\sqrt{5}+1}{2}$이다. 거의 1.60803398...로 근삿값은 1.6018인 무리수이다.

7 골프장에 사용되는 잔디 중 난지형 잔디는?

① 들잔디
② 벤트 그라스
③ 캔터키 블루 그라스
④ 라이 그라스

해설
- 여름형 잔디(남방형 잔디, 난지형 잔디) : 한국잔디, 버뮤다 그래스, 위핑 러브 그래스 등
- 겨울형 잔디(북방형 잔디, 한지형 잔디) : 켄터키 블루 그래스, 벤트 그래스, 라이 그래스, 페스큐 그래스 등

8 미기후에 관련된 조사 항목으로 적당하지 않은 것은?

① 대기오염정도

정답 1④ 2③ 3③ 4① 5② 6② 7① 8④

② 태양복사열
③ 안개 및 서리
④ 지역온도 및 전국온도

9 다음 정원의 개념을 잘 나타내는 중정은?

- 무어 양식의 극치라고 일컬어지는 알함브라(Alhambra) 궁의 여러 개 정(Patio) 중 하나이다.
- 4개의 수로에 의해 4분되는 파라다이스 정원이다.
- 가장 화려한 정원으로서 물의 존귀성이 드러난다.

① 사자의 중정 ② 창격자 중정
③ 연못의 중정 ④ Lindaraja Patio

10 우리나라 고려시대 궁궐 정원을 맡아 보던 곳은?

① 내원서 ② 상림원
③ 장원서 ④ 원야

11 우리나라에서 한국적 색채가 농후한 정원 양식이 확립되었다고 할 수 있는 때는?

① 통일신라 ② 고려전기
③ 고려후기 ④ 조선시대

해설 **조선시대** : 한국적 색채가 짙은 정원 양식으로 발달하고, 많은 유적이 남아 있다. 중엽 이후에는 풍수성 발달, 지형적 제약받아 안채의 뒤, 즉 후원이 주가 되는 정원수법이 생긴다.

12 이탈리아 정원 양식의 특성과 가장 관계가 먼 것은?

① 테라스 정원
② 노단식 정원
③ 평면기하학식 정원
④ 축선상에 여러 개의 분수 설치

13 버킹검의 「스토우 가든」을 설계하고, 담장 대신 정원 부지의 경계선에 도랑을 파서 외부로부터의 침입을 막은 ha-ha 수법을 실현하게 한 사람은?

① 켄트 ② 브릿지맨
③ 와이즈맨 ④ 챔버

14 다음 설명 중 중국 정원의 특징이 아닌 것은?

① 차경수법을 도입하였다.
② 태호석을 이용한 석가산 수법이 유행하였다.
③ 사의주의보다는 상징적 축조가 주를 이루는 사실주의에 입각하여 조경이 구성되었다.
④ 자연경관이 수려한 곳에 인위적으로 암석과 수목을 배치하였다.

해설 사실주의보다는 상징적 축조가 주를 이루는 사의주의에 입각하였다.

15 19세기 미국에서 식민지시대의 사유지 중심의 정원에서 공공적인 성격을 지닌 조경으로 전환되는 전기를 마련한 것은?

① 센트럴 파크 ② 프랭클린 파크
③ 버큰헤드 파크 ④ 프로스펙트 파크

2과목 조경재료

16 재료가 탄성한계 이상의 힘을 받아도 파괴되지 않고 가늘고 길게 늘어나는 성질은?

① 취성(脆性) ② 인성(靭性)
③ 연성(延性) ④ 전성(展性)

정답 9 ① 10 ① 11 ④ 12 ③ 13 ② 14 ③ 15 ① 16 ③

17 해사 중 염분이 허용한도를 넘을 때 철근 콘크리트의 조치방안으로 옳지 않은 것은?

① 아연도금 철근을 사용한다.
② 방청제를 사용하여 철근의 부식을 방지한다.
③ 살수 또는 침수법을 통하여 염분을 제거한다.
④ 단위 시멘트량이 적은 빈배합으로 하여 염분과의 반응성을 줄인다.

해설 • 빈배합 : 콘크리트 배합 시 단위시멘트량이 비교적 적은150~250kg/m³ 정도의 배합
• 부배합 : 콘크리트 배합 시 단위시멘트량이 300kg/m³ 정도의 배합 –Con'c의 강도, 내구성, 수밀성이 커지게 되면 염해에 대한 저항성이 높아진다.

18 시멘트의 응결에 대한 설명으로 옳지 않은 것은?

① 시멘트와 물이 화학 반응을 일으키는 작용이다.
② 수화에 의하여 유동성과 점성을 상실하고 고화하는 현상이다.
③ 시멘트 겔이 서로 응집하여 시멘트 입자가 치밀하게 채워지는 단계로서 경화하여 강도를 발휘하기 직전의 상태이다.
④ 저장 중 공기에 노출되어 공기 중의 습기 및 탄산가스를 흡수하여 가벼운 수화반응을 일으켜 탄산화하여 고화되는 현상이다.

해설 ① 시멘트는 저장 중 공기 중에 방치해 두면 수분을 흡수하여 경미한 수화반응을 일으키게 된다. 수화반응에 의해서 형성된 $Ca(OH)_2$는 다음과 같은 반응을 한다. 즉 $Ca(OH)_2+CO_2 \rightarrow H_2O$상기의 반응에 의해 $CaCO_3$를 생성하는 것을 풍화라 한다.
② 시멘트가 풍화하게 되면 비중이 감속하고 응결이 지연되며, 강도저하를 가져오게 된다.
③ 경미한 풍화를 받았을 경우 시멘트 외관상 변화는 거의 없으나 심한 풍화를 받았을 경우에는 고형물을 생성하게 된다.

19 합성수지에 관한 설명 중 잘못된 것은?

① 기밀성, 접착성이 크다.
② 비중에 비하여 강도가 크다.
③ 착색이 자유롭고 가공성이 크므로 장식적 마감재에 적합하다.
④ 내마모성이 보통 시멘트콘크리트에 비교하면 극히 적어 바닥 재료로는 적합하지 않다.

해설 마모가 적고 탄력성이 커서 바닥 타일, 바닥 시트 등의 바닥 마감재로 쓰인다.

20 우리나라에서 식물의 천연분포를 결정짓는 가장 주된 요인은?

① 광선 ② 온도
③ 바람 ④ 토양

21 다음 중 공기 중에 환원력이 커서 산화가 쉽고, 이온화 경향이 가장 큰 금속은?

① Pb ② Fe
③ Al ④ Cu

22 점토제품 제조를 위한 소성(燒成) 공정순서로 맞는 것은?

① 예비처리 – 원료조합 – 반죽 – 숙성 – 성형 – 시유 – 소성
② 원료조합 – 반죽 – 숙성 – 예비처리 – 소성 – 성형 – 시유
③ 반죽 – 숙성 – 성형 – 원료조합 – 시유 – 소성 – 예비처리
④ 예비처리 – 반죽 – 원료조합 – 숙성 – 시유 – 성형 – 소성

해설 소성 : 점토를 고온으로 가열하여 비중, 용적, 색조 등의 변화가 생겼다가 냉각되면 상호 밀착하여 강도가 현저히 증가되는 작용

정답 17 ④ 18 ④ 19 ④ 20 ② 21 ③ 22 ①

23 다음 중 훼손지 비탈면의 초류종자 살포(종비토 뿜어붙이기)와 가장 관계없는 것은?

① 종자 ② 생육기반재
③ 지효성 비료 ④ 농약

24 돌을 뜰 때 앞면, 뒷면, 길이 접촉부 등의 치수를 지정해서 깨낸 돌을 무엇이라 하는가?

① 견치돌 ② 호박돌
③ 사괴석 ④ 평석

25 화강암(Granite)에 대한 설명 중 옳지 않은 것은?

① 내마모성이 우수하다.
② 구조재로 사용이 가능하다.
③ 내화도가 높아 가열 시 균열이 적다.
④ 절리의 거리가 비교적 커서 큰 판재를 생산할 수 있다.

해설 내화도가 떨어지고 자중이 커서 가공 및 시공에 어려움이 따른다.

26 인조목의 특징이 아닌 것은?

① 제작 시 숙련공이 다루지 않으면 조잡한 제품을 생산하게 된다.
② 목재의 질감은 표출되지만 목재에서 느끼는 촉감을 맛볼 수 없다.
③ 안료를 잘못 배합하면 표면에서 분말이 나오게 되어 시각적으로 좋지 않고 이용에도 문제가 생긴다.
④ 마모가 심하여 파손되는 경우가 많다.

해설
- 자연재인 목재를 대신하여 색상, 질감과 모양 등이 목재와 유사하도록 콘크리트를 활용하여 만든 것이다.
- 장점 : – 마모되지 않는다.
  – 목재의 질감을 느낄 수 있다.
  – 견고하여 파손되는 경우가 적다.
  – 원료의 대량 확보가 가능하다.
  – 원하는 규격품을 자유로이 생산할 수있다.
  – 목재를 절약한다.

27 목재의 구조에는 춘재와 추재가 있는데 추재(秋材)를 바르게 설명한 것은?

① 세포는 막이 얇고 크다.
② 빛깔이 엷고 재질이 연하다.
③ 빛깔이 짙고 재질이 치밀하다.
④ 춘재보다 자람의 폭이 넓다.

28 수목의 여러 가지 이용 중 단풍의 Ω아름다움을 관상하려 할 때 적합하지 않은 수종은?

① 신나무 ② 칠엽수
③ 화살나무 ④ 팥배나무

해설 신나무와 화살나무는 붉은색 단풍, 칠엽수는 팥배나무는 노란색 계열 단풍이다. 팥배나무는 잎이 빨리 떨어지고 단풍이 고르게 들지 않는다.

29 호랑가시나무(감탕나무과)와 목서(물푸레나무과)의 특징 비교 중 옳지 않은 것은?

① 호랑가시나무의 잎은 마주나며 얇고 윤택이 없다.
② 목서의 꽃은 백색으로 9~10월에 개화한다.
③ 호랑가시나무의 열매는 0.8~1.0cm로 9~10월에 적색으로 익는다.
④ 목서의 열매는 타원형으로 이듬해 10월경에 암자색으로 익는다.

해설 잎은 어긋나고 두꺼우며 윤기가 있는 타원상 육각형이다.

30 다음 중 조경 수목의 생장 속도가 빠른 수종은?

① 둥근향나무 ② 감나무
③ 모과나무 ④ 삼나무

31 다음 중 방풍용수의 조건으로 옳지 않은 것은?

정답 23 ④ 24 ① 25 ③ 26 ④ 27 ③ 28 ④ 29 ① 30 ④ 31 ①

① 양질의 토양으로 주기적으로 이식한 천근성 수목
② 일반적으로 견디는 힘이 큰 낙엽활엽수보다 상록활엽수
③ 파종에 의해 자란 자생수종으로 직근(直根)을 가진 것
④ 대표적으로 소나무, 가시나무, 느티나무 등

32 감탕나무과(Aquifoliaceae)에 해당하지 않는 것은?

① 호랑가시나무 ② 먼나무
③ 꽝꽝나무 ④ 소태나무

33 다음 설명에 적합한 수목은?

- 감탕나무과 식물이다.
- 자웅이주이다.
- 상록활엽수 교목으로 열매가 적색이다.
- 잎은 호생으로 타원상의 육각형이며 가장자리에 바늘같은 각점(角點)이 있다.
- 열매는 구형으로서 지름 8~10㎜이며, 적색으로 익는다.

① 감탕나무 ② 낙상홍
③ 먼나무 ④ 호랑가시나무

34 다음 중 황색의 꽃을 갖는 수목은?

① 모감주나무 ② 조팝나무
③ 박태기나무 ④ 산철쭉

35 봄 화단용 꽃으로만 짝지은 것은?

① 맨드라미, 국화
② 데이지, 금잔화
③ 샐비어, 색비름
④ 칸나, 메리골드

3과목 조경시공 및 관리

36 측량에서 활용되며 정지된 평균해수면을 육지까지 연장하여 지구전체를 둘러쌌다고 가상한 곡면은?

① 타원체면 ② 지오이드면
③ 물리적지표면 ④ 회전타원체면

해설 지오이드면(Geoid Surface) : 지구전체를 정지한 바다로 덮었다고 생각한 경우에 해면이 그리는 곡면을 말한다. 지구의 중력이 내부 밀도의 불균일로 인해 일정하지 않기 때문에 단순한 형으로는 되지 않는다.

37 조경 현장에서 사고가 발생하였다고 할 때 응급조치를 잘못 취한 것은?

① 기계의 작동이나 전원을 단절시켜 사고의 진행을 막는다.
② 현장에 관중이 모이거나 흥분이 고조되지 않도록 하여야 한다.
③ 사고 현장은 사고 조사가 끝날 때까지 그대로 보존하여 두어야 한다.
④ 상해자가 발생 시 관계 조사관이 현장을 확인·보존 후 전문의의 치료를 받게 한다.

38 조경 시설물의 관리 원칙으로 옳지 않은 것은?

① 여름철 그늘이 필요한 곳에 차광시설이나 녹음수를 식재한다.
② 노인, 주부 등이 오랜 시간 머무는 곳은 가급적 석재를 사용한다.
③ 바닥에 물이 고이는 곳은 배수시설을 하고 다시 포장한다.
④ 이용자의 사용 빈도가 높은 것은 충분히 조이거나 용접한다.

정답 32 ④ 33 ④ 34 ① 35 ② 36 ② 37 ④ 38 ②

39 다음 그림과 같은 비탈면 보호공의 공종은?

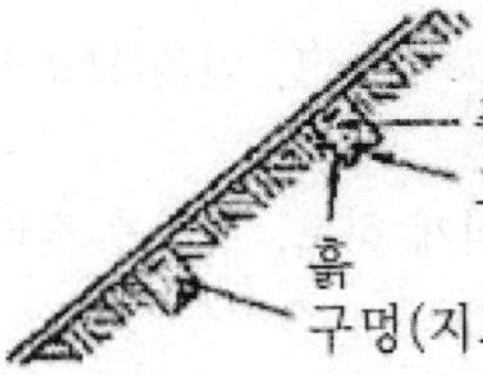

① 식생구멍공 ② 식생자루공
③ 식생매트공 ④ 줄떼심기공

40 벽 뒤로부터의 토압에 의한 붕괴를 막기 위한 공사는?

① 옹벽쌓기 ② 기슭막이
③ 견치석쌓기 ④ 호안공

41 콘크리트의 재료분리 현상을 줄이기 위한 방법으로 옳지 않은 것은?

① 플라이 애시를 적당량 사용한다.
② 세장한 골재보다는 둥근 골재를 사용한다.
③ 중량골재와 경량골재 등 비중차가 큰 골재를 사용한다.
④ AE제나 AE감수제 등을 사용하여 사용수량을 감소시킨다.

해설 비중차가 크면 재료분리현상이 일어나 Cold Joint, 곰보현상이 발생한다.

42 콘크리트의 크리프(Creep)현상에 관한 설명으로 옳지 않은 것은?

① 부재의 건조 정도가 높을수록 크리프는 증가한다.
② 양생, 보양이 나쁠수록 크리프는 증가한다.
③ 온도가 높을수록 크리프는 증가한다.
④ 단위수량이 적을수록 크리프는 증가한다.

43 각 재료의 할증률로 맞는 것은?

① 이형철근 : 5%
② 강판 : 12%
③ 경계블록(벽돌) : 5%
④ 조경용수목 : 10%

해설 이형철근(3%), 강판(10%), 경계블록(3%)

44 다음 중 호박돌 쌓기에 이용되는 쌓기법으로 가장 적합한 것은?

① 십자 줄눈 쌓기
② 줄눈 어긋나게 쌓기
③ 평석 쌓기
④ 이음매 경사지게 쌓기

45 흙은 같은 양이라 하더라도 자연상태(N)와 흐트러진 상태(S), 인공적으로 다져진 상태(H)에 따라 각각 그 부피가 달라진다. 자연상태의 흙의 부피(N)를 1.0으로 할 경우 부피가 큰 순서로 적당한 것은?

① H 〉 N 〉 S ② N 〉 H 〉 S
③ S 〉 N 〉 H ④ S 〉 H 〉 N

46 벽면적 4.8m² 크기에 1.5B 두께로 붉은 벽돌을 쌓고자 할 때 벽돌의 소요매수는? (단, 줄눈의 두께는 10mm이고, 할증률을 고려한다.)

① 925매 ② 963매
③ 1109매 ④ 1245매

해설 –1.5B : 75매(0.5B)+149매(1.0B)=224(매)/m²
224매×4.8m²×1.03(3%는 붉은 벽돌 할증률, 5%는 시멘트 벽돌 할증률)=1,107.456
약 1,108매

정답 39 ① 40 ① 41 ③ 42 ④ 43 ④ 44 ② 45 ③ 46 ③

47 마운딩(Mounding)의 기능으로 옳지 않은 것은?

① 유효 토심 확보
② 자연스러운 경관 연출
③ 공간연결의 역할
④ 배수방향 조절

48 과습지역 토양의 물리적 관리 방법이 아닌 것은?

① 암거배수 시설설치
② 명거배수 시설설치
③ 토양치환
④ 석회시용

49 다음 중 토양수분의 형태적 분류와 설명이 옳지 않은 것은?

① 결합수(結合水) – 토양 중의 화합물의 한 성분
② 흡습수(吸濕水) – 흡착되어 있어서 식물이 이용하지 못하는 수분
③ 모관수(毛管水) – 식물이 이용할 수 있는 수분의 대부분
④ 중력수(重力水) – 중력에 내려가지 않고 표면장력에 의하여 토양입자에 붙어 있는 수분

해설 **중력수** : 토양수의 일부로서 토양 중의 공극 내에 있으면서도 모관력에 의한 토양의 보수력보다는 중력의 작용이 더 큰 상태에 있는 물로 중력의 방향에 의해 아래의 공극으로 하향이동하고 있는 물 또는 하향이동이 가능한 물을 말한다. 포장용수량(圃場容水量) 이상의 압력수두(壓力水頭)를 갖는 물로 과잉수로서 농사짓는 데 배수의 대상이 된다. 중력수가 흘러내리다가 어떤 깊이에서 정체되어 누적되면 토양층 가운데 물의 포화대를 형성하는데, 이 포화대의 경계면이 바로 지하수면이다.

50 단풍나무를 식재 적기가 아닌 여름에 옮겨 심을 때 실시해야 하는 작업은?

① 뿌리분을 크게 하고, 잎을 모조리 따내고 식재
② 뿌리분을 적게 하고, 가지를 잘라낸 후 식재
③ 굵은 뿌리는 자르고, 가지를 솎아내고 식재
④ 잔뿌리 및 굵은 뿌리를 적당히 자르고 식재

51 개화를 촉진하는 정원수 관리에 관한 설명으로 옳지 않은 것은?

① 햇빛을 충분히 받도록 해준다.
② 물을 되도록 적게 주어 꽃눈이 많이 생기도록 한다.
③ 깻묵, 닭똥, 요소, 두엄 등을 15일 간격으로 시비한다.
④ 너무 많은 꽃봉오리는 솎아 낸다.

해설 유기질 거름을 주는 시기는 낙엽진 후 땅이 얼기 전 늦가을이나, 2~3월에 땅이 녹으면 실시한다.

52 소나무류는 생장조절 및 수형을 바로잡기 위하여 순따기를 실시하는데 대략 어느 시기에 실시하는가?

① 3~4월 ② 5~6월
③ 9~10월 ④ 11~12월

53 일반적으로 근원직경이 10cm인 수목의 뿌리분을 뜨고자 할 때 뿌리분의 직경으로 적당한 크기는?

① 20cm ② 40cm
③ 80cm ④ 120cm

해설 평균적으로 근원직경의 4배 정도 크기로 뿌리분 직경을 잡는다.

정답 47 ③ 48 ④ 49 ④ 50 ① 51 ③ 52 ② 53 ②

54 다음 중 일반적으로 전정 시 제거해야 하는 가지가 아닌 것은?

① 도장한 가지　② 바퀴살 가지
③ 얽힌 가지　④ 주지(主枝)

55 수목의 전정작업 요령에 관한 설명으로 옳지 않은 것은?

① 상부는 가볍게, 하부는 강하게 한다.
② 우선 나무의 정상부로부터 주지의 전정을 실시한다.
③ 전정작업을 하기 전 나무의 수형을 살펴 이루어질 가지의 배치를 염두에 둔다.
④ 주지의 전정은 주간에 대해서 사방으로 고르게 굵은 가지를 배치하는 동시에 상하(上下)로도 적당한 간격으로 자리 잡도록 한다.

56 꺾꽂이(삽목) 번식과 관련된 설명으로 옳지 않은 것은?

① 실생묘에 비해 개화 · 결실이 빠르다.
② 봄철에는 새싹이 나오고 난 직후에 실시한다.
③ 왜성화할 수도 있다.
④ 20~30℃의 온도와 포화상태에 가까운 습도 조건이면 항상 가능하다.

해설 싹트기 전에 실시한다.

57 수목의 키를 낮추려면 다음 중 어떠한 방법으로 전정하는 것이 가장 좋은가?

① 수액이 유동하기 전에 약전정을 한다.
② 수액이 유동한 후에 약전정을 한다.
③ 수액이 유동하기 전에 강전정을 한다.
④ 수액이 유동한 후에 강전정을 한다.

58 잎응애(Spider Mite)에 관한 설명으로 옳지 않은 것은?

① 무당벌레, 풀잠자리, 거미 등의 천적이 있다.
② 절지동물로서 거미강에 속한다.
③ 5월부터 세심히 관찰하여 약충이 발견되면, 다이아지논 입제 등 살충제를 살포한다.
④ 육안으로 보이지 않기 때문에 응애 피해를 다른 병으로 잘못 진단하는 경우가 자주 있다.

해설 잎응애(Spider Mite) 는 몸길이가 0.5㎜ 이하의 아주 작은 절지동물로서 거미강에 속하며, 다리가 4쌍 있다. 육안으로 보이지 않기 때문에 응애피해를 다른 병으로 잘못 진단하는 경우가 자주 있다. 침엽수와 활엽수에 폭넓게 기생하며 즙액을 빨아먹는데, 1세대가 15~20일로 짧아서 연 5~10회까지 빠른 속도로 번식하기 때문에 피해가 급속히 진전된다. 덥고 건조하며 먼지가 많은 환경을 좋아한다. 5월부터 세심하게 관찰해야 하며, 약충이 발견되면 즉시 아카루짓 유제등 살비제를 살포한다. 응애는 약제에 대한 저항성이 금방 생기므로 같은 약을 계속해서 사용하지 않는 것이 좋다.

59 흡즙성 해충의 분비물로 인하여 발생하는 병은?

① 흰가루병　② 혹병
③ 그을음병　④ 점무늬병

60 잔디의 잎에 갈색 병반이 동그랗게 생기고, 특히 6~9월경에 벤트 그래스에 주로 나타나는 병해는?

① 녹병　② 브라운패치
③ 황화병　④ 설부병

해설 브라운패치는 한지형 잔디에 잘 걸리는 병으로 여름철 고온다습한 환경에서 잘 발생한다.

정답 54 ④　55 ①　56 ②　57 ③　58 ③　59 ③　60 ②

국가기술자격검정 필기시험문제

2014년 1월 26일 시행

자격종목	코드	시험시간	형 별	수험번호	성 명
조경 기능사		1시간			

1과목 조경일반

1 토양의 단면 중 낙엽이 대부분 분해되지 않고 원형 그대로 쌓여 있는 층은?

① L층 ② F층
③ H층 ④ C층

해설 L층 : 분해되지 않은 낙엽층, F층 : 식물조직을 인정할 수 있는층, H층 : 식물조직을 인정할 수 없는 층으로 L, F, H 층은 모두 유기물층 이라고 한다. C층 : 모재층

2 다음 중 색의 대비에 관한 설명이 틀린 것은?

① 보색인 색을 인접시키면 본래의 색보다 채도가 낮아져 탁해 보인다.
② 명도단계를 연속시켜 나열하면 각각 인접한 색끼리 두드러져 보인다.
③ 명도가 다른 두 색을 인접시키면 명도가 낮은 색은 더욱 어두워 보인다.
④ 채도가 다른 두 색을 인접시키면 채도가 높은 색은 더욱 선명해 보인다.

3 조경 프로젝트의 수행 단계 중 주로 공학적인 지식을 바탕으로 다른 분야와는 달리 생물을 다룬다는 특수한 기술이 필요한 단계로 가장 적합한 것은?

① 조경 계획 ② 조경 설계
③ 조경 관리 ④ 조경 시공

4 다음 중 일반적으로 옥상 정원 설계 시 일반조경 설계보다 중요하게 고려할 항목으로 관련이 가장 적은 것은?

① 토양층 깊이
② 방수 문제
③ 지주목의 종류
④ 하중 문제

5 로마의 조경에 대한 설명으로 알맞은 것은?

① 집의 첫 번째 중정(Atrium)은 5점형 식재를 하였다.
② 주택 정원은 그리스와 달리 외향적인 구성이었다.
③ 집의 두 번째 중정(Peristylium)은 가족을 위한 사적 공간이다.
④ 겨울 기후가 온화하고 여름이 해안기후로 시원하여 노단형의 별장(Villa)이 발달하였다.

6 앙드레 르노트르(Andre Le notre)가 유명하게 된 것은 어떤 정원을 만든 후 부터인가?

① 보르비꽁트(vaux le vicomte)
② 센트럴 파크(Central Prak)
③ 토스카나장(Villa Toscana)
④ 알함브라(Alhambra)

정답 1① 2① 3④ 4③ 5③ 6①

7 경관 구성의 기법 중 한 그루의 나무를 다른 나무와 연결시키지 않고 독립하여 심는 경우를 말하며, 멀리서도 눈에 잘 띄기 때문에 랜드 마크의 역할도 하는 수목 배치 기법은?

① 점식
② 열식
③ 군식
④ 부등변 삼각형 식재

8 계획 구역 내에 거주하고 있는 사람과 이용자를 이해하는 데 목적이 있는 분석 방법은?

① 자연환경분석
② 인문환경분석
③ 시각환경분석
④ 청각환경분석

해설 인문환경분석, 지역현황 및 토지이용분석, 이용자 분석, 공간유형 분석 관련 법규조사

9 다음 중 일본 정원과 관련이 가장 적은 것은?

① 축소 지향적 ② 인공적 기교
③ 통경선의 강조 ④ 추상적 구성

해설 통경선-비스타(Vista) 수법 : 좌우로 시선을 제한하여 일정 지점으로 시선이 모이도록 구성된 경관

10 도시공원 및 녹지 등에 관한 법률에서 어린이 공원의 설계 기준으로 틀린 것은?

① 유치거리는 250m 이하, 1개소의 면적은 1500m^2 이상의 규모로 한다.
② 휴양시설 중 경로당을 설치하여 어린이와의 유대감을 형성할 수 있다.
③ 유희시설에 설치되는 시설물에는 정글짐, 미끄럼틀, 시소 등이 있다.
④ 공원 시설 부지면적은 전체 면적의 60% 이하로 하여야한다.

11 수목을 표시할 때 주로 사용되는 제도 용구는?

① 삼각자 ② 템플릿
③ 삼각축척 ④ 곡선자

12 귤준망의 [작정기]에 수록된 내용이 아닌 것은?

① 서원조 정원 건축과의 관계
② 원지를 만드는 법
③ 지형의 취급방법
④ 입석의 의장법

13 식재설계에서의 인출선과 선의 종류가 동일한 것은?

① 단면선 ② 숨은선
③ 경계선 ④ 치수선

14 다음 중 이탈리아 정원의 장식과 관련된 설명으로 가장 거리가 먼 것은?

① 기둥 복도, 열주, 퍼골라, 조각상, 장식분이 된다.
② 계단 폭포, 물무대, 정원극장, 동굴 등이 장식된다.
③ 바닥은 포장되며 곳곳에 광장이 마련되어 화단으로 장식된다.
④ 원예적으로 개량된 관목성의 꽃나무나 알뿌리 식물 등이 다량으로 식재된다.

정답 7 ① 8 ② 9 ③ 10 ② 11 ② 12 ① 13 ④ 14 ④

15 시공 후 전체적인 모습을 알아보기 쉽도록 그린 그림과 같은 형태의 도면은?

① 평면도 ② 입면도
③ 조감도 ④ 상세도

2과목 조경재료

16 주철강의 특성 중 틀린 것은?

① 선철이 주재료이다.
② 내식성이 뛰어나다.
③ 탄소 함유량은 1.7~6.6%이다.
④ 단단하여 복잡한 형태의 주조가 어렵다.

17 섬유포화점은 목재 중에 있는 수분이 어떤 상태로 존재하고 있는 것을 말하는가?

① 결합수만이 포함되어 있을 때
② 자유수만이 포함되어 있을 때
③ 유리수만이 포화되어 있을 때
④ 자유수와 결합수가 포화되어 있을 때

18 다음 중 옥상 정원을 만들 때 배합하는 경량재로 사용하기 가장 어려운 것은?

① 사질양토
② 버미큘라이트
③ 펄라이트
④ 피트

19 골재의 함수 상태에 대한 설명 중 옳지 않은 것은?

① 절대 건조 상태는 105±5℃ 정도의 온도에서 24시간 이상 골재를 건조시켜 표면 및 골재안 내부의 빈틈에 포함되어 있는 물이 제거된 상태이다.
② 공기 중 건조 상태는 실내에 방치한 경우 골재입자의 표면과 내부의 일부가 건조된 상태이다.
③ 표면 건조 포화 상태는 골재입자의 표면에 물은 없으나 내부의 빈틈에 물이 꽉 차 있는 상태이다.
④ 습윤 상태는 골재 입자의 표면에 물이 부착되어 있으나 골재 입자 내부에는 물이 없는 상태이다.

20 다음 중 자작나무과(科)의 물오리나무 잎으로 가장 적합한 것은?

①

②

③
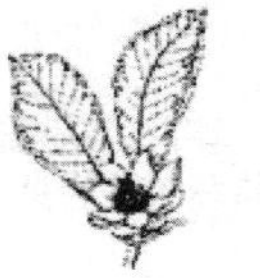
④

21 실리카질 물질(SiO_2)을 주성분으로 하여 그 자체는 수경성(Hydraulicity)이 없으나 시멘트의 수화에 의해 생기는 수산화칼슘 [$Ca(OH)_2$]과 상온에서 서서히 반응하여 불용성의 화합물을 만드는 광물질 미분말의 재료는?

① 실리카퓸 ② 고로 슬래그
③ 플라이 애시 ④ 포졸란

정답 15 ③ 16 ④ 17 ① 18 ① 19 ④ 20 ① 21 ④

22 다음 중 물푸레나무과에 해당되지 않는 것은?

① 미선나무 ② 광나무
③ 이팝나무 ④ 식나무

23 석재의 가공 방법 중 혹두기 작업의 바로 다음 후속작업으로 작업면을 비교적 고르고 곱게 처리할 수 있는 작업은?

① 물갈기 ② 잔다듬
③ 정다듬 ④ 도드락다듬

24 조경 수목 중 아황산가스에 대해 강한 수종은?

① 양버즘나무 ② 삼나무
③ 전나무 ④ 단풍나무

25 수목은 생육 조건에 따라 양수와 음수로 구분하는데, 다음 중 성격이 다른 하나는?

① 무궁화
② 박태기나무
③ 독일가문비나무
④ 산수유

26 다음 중 고광나무(Philadelphus schrenkii)의 꽃 색깔은?

① 적색 ② 황색
③ 백색 ④ 자주색

27 화성암의 심성암에 속하며 흰색 또는 담회색인 석재는?

① 화강암 ② 안산암
③ 점판암 ④ 대리석

28 대취란 지표면과 잔디(녹색 식물체) 사이에 형성되는 것으로 이미 죽었거나 살아있는 뿌리, 줄기 그리고 가지 등이 서로 섞여 있는 유기층을 말한다. 다음 중 대취의 특징으로 옳지 않은 것은?

① 한겨울에 스캘핑이 생기게 한다.
② 대취층에 병원균이나 해충이 기거하면서 피해를 준다.
③ 탄력성이 있어서 그 위에서 운동할 때 안전성을 제공한다.
④ 소수성인 대취의 성질로 인하여 토양으로 수분이 전달되지 않아서 국부적으로 마른 지역을 형성하며, 그 위에 잔디가 말라 죽게 한다.

29 다음 중 가을에 꽃향기를 풍기는 수종은?

① 매화나무
② 수수꽃다리
③ 모과나무
④ 목서류

30 다음 중 정원 수목으로 적합하지 않은 것은?

① 잎이 아름다운 것
② 값이 비싸고 희귀한 것
③ 이식과 재배가 쉬운 것
④ 꽃과 열매가 아름다운 것

31 다음 중 난지형 잔디에 해당되는 것은?

① 레드톱
② 버뮤다 그래스
③ 켄터키 블루 그래스
④ 톨 페스큐

정답 22 ④ 23 ③ 24 ① 25 ③ 26 ③ 27 ① 28 ① 29 ④ 30 ② 31 ②

32 겨울 화단에 식재하여 활용하기 가장 적합한 식물은?

① 팬지 ② 메리골드
③ 달리아 ④ 꽃양배추

33 다음 노박덩굴(Celastraneae)과 식물 중 상록계열에 해당하는 것은?

① 노박덩굴 ② 화살나무
③ 참빗살나무 ④ 사철나무

해설 노박덩굴, 화살나무, 참빗살나무는 낙엽수에 속한다.

34 다음 도료 중 건조가 가장 빠른 것은?

① 오일 페인트 ② 바니시
③ 래커 ④ 레이크

35 지력이 낮은 척박지에서 지력을 높이기 위한 수단으로 식재 가능한 콩과(科) 수종은?

① 소나무 ② 녹나무
③ 갈참나무 ④ 자귀나무

3과목 조경시공 및 관리

36 지형을 표시하는 데 가장 기본이 되는 등선의 종류는?

① 조곡선 ② 주곡선
③ 간곡선 ④ 계곡선

해설 주곡선은 지형을 나타내는 기본적인 등고선으로 1 : 50,000 지형도에서는 20m, 1 : 25,000에서는 10m, 1 : 5,000에서는 5m이다.

37 다음 중 소나무의 순자르기 방법으로 가장 거리가 먼 것은?

① 수세가 좋거나 어린 나무는 다소 빨리 실시하고, 노목이나 약해 보이는 나무는 5~7일 늦게 한다.
② 손으로 순을 따 주는 것이 좋다.
③ 5~6월경에 새순이 5~10cm 자랐을 때 실시한다.
④ 자라는 힘이 지나치다고 생각될 때에는 1/3~1/2 정도 남겨 두고 끝 부분을 따 버린다.

38 시멘트의 응결을 빠르게 하기 위하여 사용하는 혼화제는?

① 지연제 ② 발포제
③ 급결제 ④ 기포제

39 난지형 한국 잔디의 발아적온으로 맞는 것은?

① 15~20℃ ② 20~23℃
③ 25~30℃ ④ 30~33℃

40 용적배합비 1 : 2 : 4 콘크리트 $1m^3$ 제작에 모래가 $0.45m^3$ 필요하다. 자갈은 몇 m^3 필요한가?

① $0.45m^3$ ② $0.5m^3$
③ $0.90m^3$ ④ $0.15m^3$

해설 용적배합비는 시멘트:모래:자갈의 순서로 조합된다.

41 축적이 1/5000인 지도상에서 구한 수평 면적이 $5cm^2$라면 지상에서의 실제면적은 얼마인가?

① $1250m^2$ ② $12500m^2$
③ $2500m^2$ ④ $25000m^2$

정답 32 ④ 33 ④ 34 ③ 35 ④ 36 ② 37 ① 38 ③ 39 ④ 40 ③ 41 ②

해설 1㎝×5㎝=5㎝², 1/5,000인 지도에서는 50m×250m=12,500m²

42 다음 중 잡초의 특성으로 옳지 않은 것은?

① 재생 능력이 강하고 번식 능력이 크다.
② 종자의 휴면성이 강하고 수명이 길다.
③ 생육 환경에 대하여 적응성이 작다.
④ 땅을 가리지 않고 흡비력이 강하다.

해설 **잡초의 생리생태**
- 환경에 대해 적응성이 크다.
- 재생 및 번식능력이 크다.
- 종자의 휴연성이 높고, 수명이 길다.
  (명아주 30년, 소루쟁이 70년)
- 일식 적응력 및 군생 능력이 크다.
- 종자의 다산성이 크고 발아에서 결실까지 일수가 짧다.

43 겨울철에 제설을 위하여 사용되는 해빙염(Deicing Salt)에 관한 설명으로 옳지 않은 것은?

① 염화칼슘이나 염화나트륨이 주로 사용된다.
② 장기적으로는 수목의 쇠락(Decline)으로 이어진다.
③ 흔히 수목의 잎에는 괴사성 반점(점무늬)이 나타난다.
④ 일반적으로 상록수가 낙엽수보다 더 큰 피해를 입는다.

44 소나무류의 잎솎기는 어느 때 하는 것이 가장 좋은가?

① 12월경　② 2월경
③ 5월경　④ 8월경

45 다음 중 천적 등 방제 대상이 아닌 곤충류에 가장 피해를 주기 쉬운 농약은?

① 훈증제　② 전착제
③ 침투성 살충제　④ 지속성 접촉제

해설 **살충제의 침입경로별 분류**
- 접촉제 : 살충제가 해충의 피부나 기공을 통해 침입하며 잔효성에 따라 지속적 접촉제, 비지속적 접촉제로 구분한다.
- 지속적 접촉제 : 유기염소계, 일부 유기인계 살충제는 화학적으로 안정되어 쉽게 분해되지 않아 환경오염의 원인이 된다.
- 비지속적 접촉제 : 피레스로이드계, 니코틴계 및 일부 유기인계 살충제는 속효성이고 잔류성이 짧아 환경오염의 피해가 적다.
- 소화식독제(소독제) : 살충제가 해충의 입을 통해 침입하며 소화기를 통해 살충작용을 하므로 잔효성이 길다.
- 침투성 살충제 : 식물의 뿌리, 줄기, 잎 등에 처리하면 식물 전체에 퍼져 흡즙성 해충에 선택적으로 작용한다.
- 훈증제 : 가스상태로 만들어 해충의 호흡기관을 통해 침입하는 약제로 속효성, 비선택성이 있다.

46 토양수분 중 식물이 이용하는 형태로 가장 알맞은 것은?

① 결합수　② 자유수
③ 중력수　④ 모세관수

해설
- 결합수(흡습수)
  - 토양 중 화학적으로 결합되어 있는 물
  - 식물의 직접 이용이 불가능함(pF 7 이상)
- 흡습수
  - 토양입자 표면에 큰 분자 입력으로 흡착
  - 토양외부의 얇은 피막으로 식물체 이용 불가능함 (pF 7 이상)
- 모세관수
  - 토양입자와 입자의 작은 공극에 채워진 물로서 흡습수에 싸여 표면 장력에 의해 유지
  - 식물의 유효 수분으로 pF 2.54~4.5 사이
- 중력수
  - 토양층의 공극을 중력으로 자유로이 이동하는 수분으로 식물에는 사용이 안 됨
  - 침투수, 정체수, 지하수가 여기에 해당(pF 2.5 이하)

47 "공사 목적물을 완성하기까지 필요로 하는 여러 가지 작업의 순서와 단계를 (　)(이)라고 한다. 가장 효과적으로 공사 목적물을 만들 수 있으며 시간을 단축시키고 비용을 절감할 수 있는 방법을 정할 수 있다." 다음 중 (　)에 알맞은 것은?

① 공종　② 검토
③ 시공　④ 공정

정답 42 ③　43 ③　44 ④　45 ④　46 ④　47 ④

48 다음 선의 종류와 선긋기의 내용이 잘못 짝지은 것은?

① 파선 : 숨은선
② 가는 실선 : 수목인출선
③ 일점 쇄선 : 경계선
④ 이점 쇄선 : 중심선

49 전정도구 중 주로 연하고 부드러운 가지나 수관 내부의 가늘고 약한 가지를 자를 때와 꽃꽂이를 할 때 흔히 사용하는 것은?

① 대형 전정가위
② 적심가위 또는 순치기가위
③ 적화, 적과가위
④ 조형 전정가위

50 콘크리트용 골재로서 요구되는 성질로 틀린 것은?

① 단단하고 치밀할 것
② 필요한 무게를 가질 것
③ 알의 모양은 둥글거나 입방체에 가까울 것
④ 골재의 낱알 크기가 균등하게 분포할 것

해설 **콘크리트용 골재에 요구되는 일반적인 성질**
- 골재의 강도는 단단하고 강한 것으로서 시멘트풀이 경화하였을 때 시멘트풀의 최대강도 이상
- 골재의 표면은 거칠고 모양은 구형에 가까울 것
- 재는 잔 것과 굵은 것이 골고루 혼합될 것
- 골재는 유해량 이상의 염분, 진흙이나 유기불순물 등의 유해물이 포함되지 않을 것
- 운모가 다량으로 함유되지 않을 것
- 골재는 마모에 견딜 수 있고, 화재에 견딜 수 있는 성질을 갖출 것
- 산업부산물을 이용한 골재는 화학적으로 안정될 것

51 임목(林木) 생장에 가장 좋은 토양구조는?

① 판상구조(Platy)
② 괴상구조(Blocky)
③ 입상구조(Granular)
④ 견파상구조(Nutty)

52 다음 중 방위각 150°를 방위로 표시하면 어느 것인가?

① N 30°E ② S 30°E
③ S 30°W ④ N 30°W

53 이식한 수목의 줄기와 가지에 새끼로 수피감기 하는 이유로 가장 거리가 먼 것은?

① 경관을 향상시킨다.
② 수피로부터 수분 증산을 억제한다.
③ 병해충의 침입을 막아 준다.
④ 강한 태양광선으로부터 피해를 막아 준다.

54 다음 중 비탈면을 보호하는 방법으로 짧은시간과 급경사 지역에 사용하는 시공방법은?

① 자연석 쌓기법
② 콘크리트 격자틀공법
③ 떼심기법
④ 종자뿜어 붙이기법

55 농약을 유효 주성분의 조성에 따라 분류한 것은?

① 입제
② 훈증제
③ 유기인계
④ 식물생장 조정제

56 소나무류 가해 해충이 아닌 것은?

① 알락하늘소 ② 솔잎혹파리
③ 솔수염하늘소 ④ 솔나방

정답 48 ④ 49 ② 50 ④ 51 ③ 52 ② 53 ① 54 ④ 55 ③ 56 ①

57 **고속도로의 시선유도 식재는 주로 어떤 목적을 갖고 있는가?**

① 위치를 알려 준다.
② 침식을 방지한다.
③ 속력을 줄이게 한다.
④ 전방의 도로 형태를 알려 준다.

58 **다음 중 여성토의 정의로 가장 알맞은 것은?**

① 가라앉을 것을 예측하여 흙을 계획높이보다 더 쌓는 것
② 중앙분리대에서 흙을 볼록하게 쌓아 올리는 것
③ 옹벽 앞에 계단처럼 콘크리트를 쳐서 옹벽을 보강하는 것
④ 잔디밭에서 잔디에 주기적으로 뿌려 뿌리가 노출되지 않도록 준비하는 것

59 **다음 중 등고선의 성질에 관한 설명으로 옳지 않은 것은?**

① 등고선 상에 있는 모든 점은 높이가 다르다.
② 등경사지는 등고선 간격이 같다.
③ 급경사지는 등고선의 간격이 좁고, 완경사지는 등고선 간격이 넓다.
④ 등고선은 도면의 안이나 밖에서 폐합되며 도중에 없어지지 않는다.

60 **토양침식에 대한 설명으로 옳지 않은 것은?**

① 토양의 침식량은 유거수량이 많을수록 적어진다.
② 토양유실량은 강우량보다 최대강우강도와 관계가 있다.
③ 경사도가 크면 유속이 빨라져 무거운 입자도 침식된다.
④ 식물의 생장은 투수성을 좋게 하여 토양유실량을 감소시킨다.

정답 57 ④ 58 ① 59 ① 60 ①

국가기술자격검정 필기시험문제

2014년 4월 6일 시행

자격종목	코드	시험시간	형별	수험번호	성 명
조경 기능사		**1시간**			

1과목 조경일반

1 다음 중 묘원의 정원에 해당하는 것은?

① 보르비꽁트　② 공중 정원
③ 타지마할　④ 알함브라

해설 인도의 대표적 이슬람 건축 인도 아그라(Agra)의 남쪽, 자무나(Jamuna) 강가에 자리잡은 궁전 형식의 묘지로 무굴제국의 황제였던 샤자한이 왕비 뭄타즈 마할을 추모하여 건축한 것이다. 1983년 유네스코에 세계문화유산으로 지정되었다.

2 다음 중 위요된 경관(Enclosed Land-scape)의 특징 설명으로 옳은 것은?

① 시선의 주의력을 끌 수 있어 소규모의 지형도 경관으로서 의의를 갖게 해준다.
② 보는 사람으로 하여금 위압감을 느끼게 하며 경관의 지표가 된다.
③ 확 트인 느낌을 주어 안정감을 준다.
④ 주의력이 없으면 등한시하기 쉬운 것이다.

해설 **위요 경관(포위된 경관)** : 평탄한 중심 공간에 숲이나 산이 둘러싸는 듯한 경관

3 실물을 도면에 나타낼 때의 비율을 무엇이라 하는가?

① 범례　② 표제란
③ 평면도　④ 축척

해설 실제 거리를 도면상에 축소시킨 비율을 나타낸 것로, 축척이 크다는 것은 축소된 비율이 크다는 뜻이다.

4 고려시대 조경수법은 대비를 중요 시 하는 양상을 보인다. 어느 시대의 수법을 받아들였는가?

① 신라시대 수법
② 일본 임천식 수법
③ 중국 당시대 수법
④ 중국 송시대 수법

5 그림과 같이 AOB 직각을 3등분 할 때 다음 중 선의 길이가 같지 않은 것은?

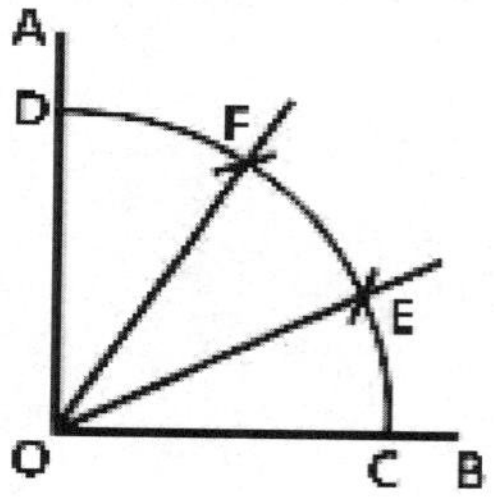

① CF　② EF
③ OD　④ OC

6 "인간의 눈은 원추세포를 통해(A)을(를) 지각하고, 간상세포를 통해(B)을(를) 지각한다." A, B에 적합한 용어는?

① A : 색채, B : 명암
② A : 밝기, B : 채도
③ A : 명암, B : 색채
④ A : 밝기, B : 색조

정답 1 ③　2 ①　3 ④　4 ④　5 ②　6 ①

7 "면적이 커지면 명도와 채도가(㉠)지고, 큰 면적의 색을 고를 때의 견본색은 원하는 색보다(㉡)색을 골라야 한다." (　　)에 들어갈 각각의 용어는?

① ㉠ 높아 ㉡ 밝고 선명한
② ㉠ 높아 ㉡ 어둡고 탁한
③ ㉠ 낮아 ㉡ 밝고 선명한
④ ㉠ 낮아 ㉡ 어둡고 탁한

해설 **면적대비(Area Contrast)** : 동일한 색이라 하더라도 면적에 따라서 채도와 명도가 달라 보이는 현상. 면적이 커지면 명도와 채도가 증가하고 반대로 작아지면 명도와 채도가 낮아지는 현상이다.

8 주로 장독대, 쓰레기통, 빨래건조대 등을 설치하는 주택 정원의 적합 공간은?

① 안뜰　② 앞뜰
③ 작업뜰　④ 뒤뜰

해설 작업뜰, 작업정, 서비스뜰, 서비스정 등으로 사용된다.

9 1857년 미국 뉴욕에 중앙공원(Centralpark)을 설계한 사람은?

① 하워드　② 르코르뷔지에
③ 옴스테드　④ 브라운

10 그림과 같은 축도기호가 나타내는 것은?

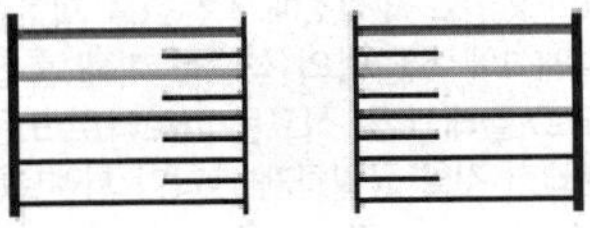

① 등고선　② 성토
③ 절토　④ 과수원

11 어떤 두 색이 맞붙어 있을 때 그 경계 언저리에 대비가 더 강하게 일어나는 현상은?

① 연변대비　② 면적대비
③ 보색대비　④ 한난대비

해설
- 연변대비 : 나란히 단계적으로 균일하게 채색되어 있는 색의 경계 부분에서 일어나는 대비현상이다. 인접색이 저명도인 경계 부분은 더 밝아 보이고, 고명도인 경계 부분은 더 어두워 보인다.
- 면적대비 : 동일한 색일지라도 면적에 따라 채도와 명도가 달라 보이는 현상이다. 면적이 커지면 명도와 채도가 증가하고 반대로 작아지면 명도와 채도가 낮아진다.
- 보색대비 : 색상대비 중에서 서로 보색이 되는 색들끼리 나타나는 대비 효과로 보색끼리 이웃하여 놓았을 때 색상이 더 뚜렷해지면서 선명하게 보이는 현상이다.
- 한난대비 : 차가운 색과 따뜻한 색을 대비시켰을 때 따뜻한 색은 더욱 따뜻하게, 차가운 느낌의 색은 더욱 차갑게 느껴지는 대비 현상으로 일종의 보색대비이다.

12 넓은 의미의 조경을 가장 잘 설명한 것은?

① 기술자를 정원사라 부른다.
② 궁전 또는 대규모 저택을 중심으로 한다.
③ 식재를 중심으로 한 정원을 만드는 일에 중점을 둔다.
④ 정원을 포함한 광범위한 옥외공간 건설에 적극 참여 한다.

해설
- 좁은 의미(造園) : 식재를 중심으로 한 전통적인 조경기술, 즉 정원을 만드는 일
- 넓은 의미(造景) : 정원을 포함한 옥외공간 전반을 다루는 개념

13 먼셀표색계의 10색상환에서 서로 마주보고 있는 색상의 짝이 잘못 연결된 것은?

① 빨강(R) – 청록(BG)
② 노랑(Y) – 남색(PB)
③ 초록(G) – 자주(RP)
④ 주황(YR) – 보라(P)

14 조경미의 원리 중 대비가 불러오는 심리적 자극으로 가장 거리가 먼 것은?

① 반대　② 대립
③ 변화　④ 안정

해설 **대비(Contrast)** : 질적으로나 양적으로 매우 다른 두 요

정답 7 ② 8 ③ 9 ③ 10 ② 11 ① 12 ④ 13 ④ 14 ④

소가 동시에 또는 계속 배열될 때 두 요소의 특질이 한층 강하게 느껴지는 통일적 현상이다. 일반적으로 색상이 다른 두 색을 배열할 경우 색상은 각기 색상환의 반대방향으로 옮아가서 보이고, 명도가 다른 두 색을 배치할 때는 밝은 쪽의 색이 더 밝게 느껴지고 어두운 색은 더 어둡게 느껴진다. 또 채도가 높은 색과 낮은색을 배치하면 채도가 높은 색이 더 선명하게 보이고 채도가 낮은 색이 더 흐려 보인다. 또한 보색(補色)끼리의 대비는 서로 채도를 강조하기 때문에 매우 강렬해진다.

15 다음의 입체도에서 화살표 방향을 정면으로 할 때 평면도를 바르게 표현한 것은?

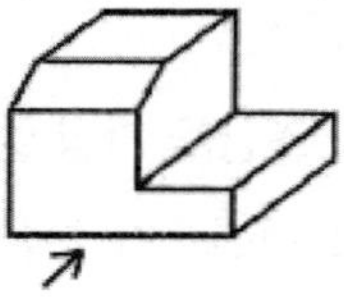

①

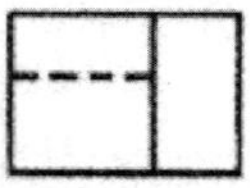

②

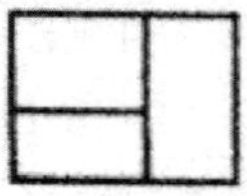

③

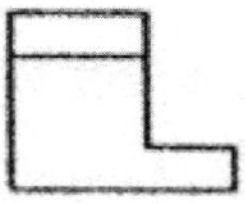

④

2과목 조경재료

16 가로수가 갖추어야 할 조건이 아닌 것은?

① 공해에 강한 수목
② 답압에 강한 수목
③ 지하고가 낮은 수목
④ 이식에 잘 적응하는 수목

해설 지하고는 차량통행에 지장이 없는 1.8m 이상이 좋다.

17 플라스틱의 장점에 해당하지 않는 것은?

① 가공이 우수하다.
② 경량 및 착색이 용이하다.
③ 내수 및 내식성이 강하다.
④ 전기 절연성이 없다.

18 열경화성 수지의 설명으로 틀린 것은?

① 축합반응을 하여 고분자로 된 것이다.
② 다시 가열하는 것이 불가능하다.
③ 성형품은 용제에 녹지 않는다.
④ 불소 수지와 폴리에틸렌 수지 등으로 수장재로 이용된다.

해설 열경화성 수지 : 열경화성 수지는 열을 가하여 모양을 만든 다음에는 다시 열을 가하여도 부드러워지지 않는다. 즉, 한 번 성형을 시키면 다시 다른 형태로 변형시킬수 없는데, 이것은 고분자화합물이 그물 모양으로 결합되어 있기 때문이며, 수지 그대로는 용매에 녹일 수 없다. 열경화성 수지에는 페놀 수지, 요소 수지 등이 있다.

19 시멘트의 종류 중 혼합 시멘트에 속하는 것은?

① 팽창 시멘트
② 알루미나 시멘트
③ 고로 슬래그 시멘트
④ 조강 포틀랜드 시멘트

해설 고로 슬래그 시멘트란 포트랜드 시멘트 클링거(Portland Cement Clinker)와 제철소에서 선철을 제조할 때 부산되는 고로슬래그에 적당량의 석고를 가해 혼합분쇄하거나 클링거, 고로 슬래그 및 석고를 따로따로 또는 적당히 조합시켜 분쇄한 것을 균일하게 혼합한 시멘트를 말한다.

20 이팝나무와 조팝나무에 대한 설명으로 옳지 않은 것은?

① 이팝나무의 열매는 타원형의 핵과이다.
② 환경이 같다면 이팝나무가 조팝나무보다 꽃이 먼저 핀다.
③ 과명은 이팝나무는 물푸레나무과(科)이

정답 15 ② 16 ③ 17 ④ 18 ④ 19 ③ 20 ②

고, 조팝나무는 장미과(科)이다.

④ 성상은 이팝나무는 낙엽활엽교목이고, 조팝나무는 낙엽활엽관목이다.

21 목재의 방부재(Preservate)는 유성, 수용성, 유용성으로 크게 나눌 수 있다. 유용성으로 방부력이 대단히 우수하고 열이나 약제에도 안정적이며 거의 무색제품으로 사용되는 약제는?

① PCP　② 염화아연
③ 황산구리　④ 크레오소트

해설 • 유용성 방부제 : 물에 용해되지 않는 살균력이 강한 화합물을 경유, 등유, 중유, 석탄계 용매 등의 유기용제에 용해시킨 목재 방부제를 말한다.
• Pentachlorophenol(PCP) : 대표적인 유용성 방부제로, 이것은 인축에 대한 독성이 강하여 미국, 일본 등지에서 제조 중지되고 있어 거의 사용하지 않고 있다.

22 다음 중 콘크리트의 워커빌리티 증진에 도움이 되지 않는 것은?

① AE제　② 감수제
③ 포졸란　④ 응결경화 촉진제

해설 모르타르나 콘크리트의 경화를 촉진시키기 위한 혼합제, 조강제 · 경화제라고도 한다. 경화촉진제로서는 주로 염화칼슘($CaCl_2$)을 사용한다. 공기단축, 한중(寒中)콘크리트, 조기탈형용 등으로 사용된다.

23 다음 중 목재의 장점이 아닌 것은?

① 가격이 비교적 저렴하다.
② 온도에 대한 팽창, 수축이 비교적 작다.
③ 생산량이 많으며 입수가 용이하다.
④ 크기에 제한을 받는다.

24 다음 중 산성토양에서 잘 견디는 수종은?

① 해송　② 단풍나무
③ 물푸레나무　④ 조팝나무

25 잔디밭을 조성함으로써 발생되는 기능과 효과가 아닌 것은?

① 아름다운 지표면 구성
② 쾌적한 휴식 공간 제공
③ 흙이 바람에 날리는 것 방지
④ 빗방울에 의한 토양 유실 촉진

26 목재의 열기 건조에 대한 설명으로 틀린 것은?

① 낮은 함수율까지 건조할 수 있다.
② 자본의 회전기간을 단축시킬 수 있다.
③ 기후와 장소 등의 제약 없이 건조할 수 있다.
④ 작업이 비교적 간단하며, 특수한 기술을 요구하지 않는다.

해설 **열기건조** : 온도와 습도가 조절되는 건조실 내에 목재를 잔적한 후 수종 및 두께별로 작성된 건조스케줄에 의해 재를 건조하는 방법이다. 열기건조실은 필요한 온 · 습도를 단시간에 올릴 수 있고 건조실 내의 온 · 습도를 균일하게 장시간 유지할 수 있는 성능이 필요하다. 따라서 단열성이 우수한 건조실, 가열 및 증습장치, 공기순환장치 환기장지 및 온습도 자동조절장치 등의 기본설비가 필요하다.

27 단위 용적 중량이 1,700kgf/m³, 비중이 2.6인 골재의 공극률은 약 얼마인가?

① 34.6%　② 52.94%
③ 3.42%　④ 5.53%

해설 d = w/p×100(%), v = (l−w/p)×100(%) = 100−d(%),
d : 실적률, w(kg/ℓ) : 단위용적중량, p : 골재의 비중,
v : 공극률
d = 1,700/2.6×100 = 65.4%, v = 100−65.4 = 34.6%

28 산수유(Cornus officinalis)에 대한 설명으로 옳지 않은 것은?

① 우리나라 자생수종이다.
② 열매는 핵과로 타원형이며 길이는 1.5~2.0cm이다.

정답 21 ① 22 ④ 23 ④ 24 ① 25 ④ 26 ④ 27 ① 28 모두 답

③ 잎은 대생, 장타원형, 길이는 4~10cm, 뒷면에 갈색털이 있다.
④ 잎보다 먼저 피는 황색의 꽃이 아름답고 가을에 붉게 익는 열매는 식용과 관상용으로 이용 가능하다.

29 재료가 외력을 받았을 때 작은 변형만 나타나도 파괴되는 현상을 무엇이라 하는가?

① 강성(剛性) ② 인성(靭性)
③ 전성(展性) ④ 취성(脆性)

30 다음 중 백목련에 대한 설명으로 옳지 않은 것은?

① 낙엽활엽교목으로 수형은 평정형이다.
② 열매는 황색으로 여름에 익는다.
③ 향기가 있고 꽃은 백색이다.
④ 잎이 나기 전에 꽃이 핀다.

31 석재의 형성 원인에 따른 분류 중 퇴적암에 속하지 않는 것은?

① 사암 ② 점판암
③ 응회암 ④ 안산암

해설 안산암은 경석, 화강암과 함께 화성암에 속하고, 퇴적암(수성암)은 점판암, 사암, 응회암, 석회석, 석고 등이 석재로 분류된다. 참고로 변성암에는 대리석과 사문석이 있다.

32 세라믹 포장의 특성이 아닌 것은?

① 융점이 높다.
② 상온에서의 변화가 적다.
③ 압축에 강하다.
④ 경도가 낮다.

해설 **세라믹 포장** : 특수제작공법에 의해 1,200℃ 이상에서 고온소성하여 제조된 다양한 굵기(3.5㎜ 이하)의 세라믹스 구체로서, 그윽하고 미려한 색채를 띠고 있을 뿐만 아니라 자외선이나 마찰에 의한 변색 및 마모가 없고 모스경도 8도 강도가 뛰어나다. 약 50℃의 표면 온도에서 원적외선 평균 방사율이 94%로 건강 증진에도 효과적인 첨단신소재이다.

33 "한지형 잔디로 불완전 포복형이지만, 포복력이 강한 포복경을 지표면으로 강하게 뻗는다. 잎의 폭이 2~3mm로 질감이 매우 곱고 품질이 좋아서 골프장 그린에 많이 이용하며, 짧은 예취에 견디는 힘이 가장 강하나, 병충해에 가장 약하여 방제에 힘써야 한다." 설명에 해당되는 잔디는?

① 버뮤다 그래스
② 켄터키 블루 그래스
③ 벤트 그래스
④ 라이 그래스

34 다음 중 벌개미취의 꽃 색으로 가장 적합한 것은?

① 황색 ② 연자주색
③ 검정색 ④ 황녹색

35 수목 뿌리의 역할이 아닌 것은?

① 저장근 : 양분을 저장하여 비대해진 뿌리
② 부착근 : 줄기에서 새근이 나와 다른 물체에 부착하는 뿌리
③ 기생근 : 다른 물체에 기생하기 위한 뿌리
④ 호흡근 : 식물체를 지지하는 기근

해설 호흡근(Respiratory Root, 呼吸根), 뿌리의 특수형으로 맹그로브 소택지(沼澤地)의 식물에서 볼 수 있다. 가지 뿌리가 지상에 직립하는 직립근(直立根), 뿌리의 일부가 비대하여 봉상(棒狀)으로 서는 직립슬근(直立膝根), 굴곡한 뿌리의 일부가 지상에 나타나는 굴곡슬근, 뿌리가 띠 모양으로 편평하게 되고 상반이 지상으로 노출되는 판근(板根)등의 종류가 있다. 또 물금매가 수중의 줄기로부터 내는 부근(浮根)도 호흡근의 한 예이다.

정답 29 ④ 30 ② 31 ④ 32 ④ 33 ③ 34 ② 35 ④

3과목 조경시공 및 관리

36 생물분류학적으로 거미강에 속하며 덥고, 건조한 환경을 좋아하고 뾰족한 입으로 즙을 빨아 먹는 해충은?

① 진딧물 ② 나무좀
③ 응애 ④ 가루이

37 노목의 세력 회복을 위한 뿌리자르기의 시기와 방법에서 뿌리자르기의 가장 좋은 시기는 (㉠)이며, 뿌리자르기 방법은 나무의 근원 지름의 (㉡)배 되는 길이로 원을 그려 그 위치에서 (㉢)의 깊이로 파내려 가며, 뿌리 자르는 각도는 (㉣)가 적합하다. ( )에 들어갈 가장 적합한 것은?

① ㉠ 월동 전 ㉡ 5~6 ㉢ 45~50cm ㉣ 위에서 30°
② ㉠ 땅이 풀린 직후부터 4월 상순 ㉡ 1~2 ㉢ 10~20cm ㉣ 위에서 45°
③ ㉠ 월동 전 ㉡ 1~2 ㉢ 10~20cm ㉣ 직각 또는 아래쪽으로 30°
④ ㉠ 땅이 풀린 직후부터 4월 상순 ㉡ 5~6 ㉢ 45~50cm ㉣ 직각 또는 아래쪽으로 45°

38 수량에 의해 변화하는 콘크리트 유동성의 정도, 혼화물의 묽기 정도를 나타내며 콘크리트의 변형 능력을 총칭하는 것은?

① 반죽질기 ② 워커빌리티
③ 압송성 ④ 다짐성

39 우리나라에서 발생하는 주요 소나무류에 잎녹병을 발생시키는 병원균의 기주로 맞지 않는 것은?

① 소나무 ② 해송
③ 스트로브잣나무 ④ 송이풀

해설
• 잣나무 털녹병의 기주 식물 : 송이풀, 까치밥나무
• 소나무 잎녹병 기주식물 : 소나무, 황벽나무, 잣나무, 스트로브잣나무, 해송

40 다음 중 한 가지에 많은 봉우리가 생긴 경우 솎아 내거나, 열매를 따 버리는 등의 작업을 하는 목적으로 가장 적당한 것은?

① 생장조장을 돕는 가지다듬기
② 세력을 갱신하는 가지다듬기
③ 착화 및 착과 촉진을 위한 가지다듬기
④ 생장을 억제하는 가지다듬기

41 조경 수목의 단근작업에 대한 설명으로 틀린 것은?

① 뿌리 기능이 쇠약해진 나무의 세력을 회복하기 위한 작업이다.
② 잔뿌리의 발달을 촉진시키고, 뿌리의 노화를 방지한다.
③ 굵은 뿌리는 모두 잘라야 아랫가지의 발육이 좋아진다.
④ 땅이 풀린 직후부터 4월 상순까지가 가장 좋은 작업 시기다.

42 실내조경 식물의 잎이나 줄기에 백색 점무늬가 생기고 점차 퍼져서 흰 곰팡이 모양이 되는 원인으로 옳은 것은?

① 탄저병 ② 무름병
③ 흰가루병 ④ 모자이크병

정답 36 ③ 37 ④ 38 ① 39 ④ 40 ③ 41 ③ 42 ③

43 표준 품셈에서 조경용 초화류 및 잔디의 할증률은 몇 %인가?

① 1%　　② 3%
③ 5%　　④ 10%

해설
- 3% : 굵은 골재(콘크리트용), 이형철근, 합판
- 5% : 시멘트(미장용), 모래(미장용), 원형철근, 강관(스테인리스 포함), 소형봉강, 봉강, 각파이프, 일반볼트, 리벳(제품), 목재(각재)
- 10% : 시멘트(미장용 : 천장, 벽), 잔골재(콘크리트용), 모래(콘크리트용), 모래(미장용 : 천장, 벽), 강관(스테인리스 포함), 석재(정형), 목재(판재), 조경용 수목, 잔디

44 다음 중 이식하기 어려운 수종이 아닌 것은?

① 소나무　　② 자작나무
③ 섬잣나무　　④ 은행나무

45 잔디의 뗏밥 넣기에 관한 설명으로 가장 부적합한 것은?

① 뗏밥은 가는 모래 2, 밭흙 1, 유기물 약간을 섞어 사용한다.
② 뗏밥은 이용하는 흙은 일반적으로 열처리하거나 증기 소독 등 소독을 하기도 한다.
③ 뗏밥은 한지형 잔디의 경우 봄, 가을에 주고 난지형 잔디의 경우 생육이 왕성한 6~8월에 주는 것이 좋다.
④ 뗏밥의 두께는 30mm 정도로 주고, 다시줄 때에는 일주일이 지난 후에 잎이 덮일 때까지 주어야 좋다.

46 조경관리에서 주민 참가의 단계는 시민 권력의 단계, 형식 참가의 단계, 비참가의 단계 등으로 구분되는데 그중 시민 권력의 단계에 해당되지 않는 것은?

① 자치관리(Citizen Control)
② 유화(Placation)
③ 권한 이양(Delegated Power)
④ 파트너십(Partnership)

47 다음 중 조경 수목의 꽃눈분화, 결실 등과 가장 관련이 깊은 것은?

① 질소와 탄소비율
② 탄소와 칼륨비율
③ 질소와 인산비율
④ 인산과 칼륨비율

48 다음 설계도면의 종류에 대한 설명으로 옳지 않은 것은?

① 입면도는 구조물의 외형을 보여 주는 것이다.
② 평면도는 물체를 위에서 수직방향으로 내려다 본 것을 그린 것이다.
③ 단면도는 구조물의 내부나 내부공간의 구성을 보여 주기 위한 것이다.
④ 조감도는 관찰자의 눈높이에서 본 것을 가정하여 그린 것이다.

해설 조감도 : 높은 곳에서 지상을 내려다본 것처럼 지표를 공중에서 비스듬히 내려다보았을 때의 모양을 그린 그림

49 평판을 정치(세우기)하는 데 오차에 가장 큰 영향을 주는 항목은?

① 수평맞추기(정준)
② 중심맞추기(구심)
③ 방향맞추기(표정)
④ 모두 같다

해설 표정 : 도면의 측선과 지상의 측선 방향을 같게 하는 것

정답 43 ④ 44 ④ 45 ④ 46 ② 47 ① 48 ④ 49 ③

50 다음 중 잔디의 종류 중 한국잔디(Korean Lawngrass or Zoysiagrass)의 특징 설명으로 옳지 않은 것은?

① 우리나라의 자생종이다.
② 난지형 잔디에 속한다.
③ 뗏장에 의해서만 번식 가능하다.
④ 손상 시 회복 속도가 느리고 겨울 동안 황색 상태로 남아 있는 단점이 있다.

51 다음 중 차폐식재에 적용 가능한 수종의 특징으로 옳지 않은 것은?

① 지하고가 낮고 지엽이 치밀한 수종
② 전정에 강하고 유지 관리가 용이한 수종
③ 아랫 가지가 말라 죽지 않는 상록수
④ 높은 식별성 및 상징적 의미가 있는 수종

해설 높은 식별성 및 상징적 의미가 있는 수종 : 지표 식재

52 농약살포가 어려운 지역과 솔잎혹파리 방제에 사용되는 농약 사용법은?

① 도포법 ② 수간주사법
③ 입제살포법 ④ 관주법

53 $900m^2$의 잔디광장을 평떼로 조성하려고 할 때 필요한 잔디량은 약 얼마인가?

① 약 1,000매
② 약 5,000매
③ 약 10,000매
④ 약 20,000매

해설 (평떼의 규격 30cm×30cm)
$900m^2 \div (0.3\times0.3) = 9,003 \div 0.09 = 10,000$매

54 중앙에 큰 맹암거를 중심으로 작은 맹암거를 좌우에 어긋나게 설치하는 방법으로 경기장 같은 평탄한 지형에 적합하며, 전 지역의 배수가 균일하게 요구되는 지역에 설치하며, 주관을 경사지에 배치하고 양측에 설치하는 특징을 갖는 암거배치 방법은?

① 빗살형
② 부채살형
③ 어골형
④ 자연형

55 한 가지 약제를 연용하여 살포 시 방제효과가 떨어지는 대표적인 해충은?

① 깍지벌레 ② 진딧물
③ 잎벌레 ④ 응애

해설 응애류 : 잎 뒷면의 즙을 먹어 노란색 반점을 남긴다.
⇒ 응애는 살비제를 사용하되 동일 약종을 계속 사용하면 약제에 대하여 저항성의 응애가 생기므로 같은 약종의 연용은 피해야 한다. 응애 발생기인 4월 중 · 하순에 시중에 판매되는 응애약을 7~10일 간격으로 2~3회 살포한다. 응애류는 농약의 남용으로 천적인 무당벌레, 풀잠자리, 포식성응애, 거미 등이 감소되었을 때 발생하기 쉬우므로 천적을 보호하여 생태계의 균형을 유지하도록 해야 한다.

56 다음 중 메쌓기에 대한 설명으로 가장 부적합한 것은?

① 모르타르를 사용하지 않고 쌓는다.
② 뒷채움에는 자갈을 사용한다.
③ 쌓는 높이의 제한을 받는다.
④ 2제곱미터마다 지름 9cm 정도의 배수공을 설치한다.

해설 찰쌓기의 경우 콘크리트와 모르타르를 사용하므로 필히 배수를 위하여 $2\sim3m^2$당 1개의 비율로 지름 3~10cm의 물빼기용 관을 설치하여야 한다.

정답 50 ③ 51 ④ 52 ② 53 ③ 54 ③ 55 ④ 56 ④

57 시설물 관리를 위한 페인트 칠하기의 방법으로 가장 거리가 먼 것은?

① 목재의 바탕칠을 할 때에는 별도의 작업 없이 불순물을 제거한 후 바로 수성페인트를 칠한다.
② 철재의 바탕칠을 할 때에는 별도의 작업 없이 불순물을 제거한 후 바로 수성페인트를 칠한다.
③ 목재의 갈라진 구멍, 홈, 틈은 퍼티로 땜질하여 24시간 후 초벌칠을 한다.
④ 콘크리트, 모르타르면의 틈은 석고로 땜질하고 유성 또는 수성페인트를 칠한다.

해설 녹슨 부위를 브러시나 샌드페이퍼 등으로 닦아 낸 후 페이트를 칠한다.

58 옹벽 중 캔틸레버(Cantilever)를 이용하여 재료를 절약한 것으로 자체 무게와 뒤채움한 토사의 무게를 지지하여 안전도를 높인 옹벽으로 주로 5m 내외의 높지 않은 곳에 설치하는 것은?

① 중력식 옹벽
② 반중력식 옹벽
③ 부벽식 옹벽
④ L자형 옹벽

해설 역T형과 L형 옹벽 : L형 옹벽은 캔틸레버(처마 끝이나 현관의 차양처럼 한쪽 끝이 고정되고 다른 끝은 받쳐지지 않은 상태로 되어 있는 보)를 이용해 옹벽의 재료를 절약하는 방법이다. 자중이 적은 대신 배면의 뒷채움을 충분히 보강해 주어야 안전하다. 7m 높이의 옹벽에 사용해야 경제적인 방법이다. 지반이 연약한 경우에는 T형보가 많이 쓰인다.

59 형상수(Topiary)를 만들 때 유의 사항이 아닌 것은?

① 망설임 없이 강전정을 통해 한 번에 수형을 만든다.
② 형상수를 만들 수 있는 대상수종은 맹아력이 좋은 것을 선택한다.
③ 전정 시기는 상처를 아물게 하는 유합조직이 잘 생기는 3월 중에 실시한다.
④ 수형을 잡는 방법은 통대나무에 가지를 고정시켜 유인하는 방법, 규준틀을 만들어 가지를 유인하는 방법, 가지에 전정만을 하는 방법 등이 있다.

60 다음 중 루비깍지벌레의 구제에 가장 효과적인 농약은?

① 페니트로티온수화제
② 다이아지논분제
③ 포스파미돈액제
④ 옥시테트라사이클린수화제

정답 57 ② 58 ④ 59 ① 60 ③

국가기술자격검정 필기시험문제

2014년 7월 20일 시행

자격종목	코 드	시험시간	형 별	수험번호	성 명
조경 기능사		1시간			

1 **창경궁에 있는 통명전 지당의 설명으로 틀린 것은?**

① 장방형으로 장대석으로 쌓은 석지이다.
② 무지개형 곡선 형태의 석교가 있다.
③ 괴석 2개와 앙련(仰蓮) 받침대석이 있다.
④ 물은 직선의 석구를 통해 지당에 유입된다.

해설 통명전은 왕과 왕비가 생활하던 침전건물로 옆 석연지는 뜰의 샘에서 넘치는 물을 받기위한 곳으로 장방형의 연지로서 사면을 장대석으로 쌓아 올리고 돌난간을 돌렸으며 지당을 가로지르는 교각이 무지개형 곡선의 석교가 세워져 있다. 물의 유입은 직선의 석구를 통해 유입된다.

2 **위험을 알리는 표시에 가장 적합한 배색은?**

① 흰색-노랑 ② 노랑-검정
③ 빨강-파랑 ④ 파랑-검정

3 **물체의 앞이나 뒤에 화면을 놓은 것으로 생각하고, 시점에서 물체를 본 시선과 그 화면이 만나는 각 점을 연결하여 물체를 그리는 투상법은?**

① 사투상법 ② 투시도법
③ 정투상법 ④ 표고투상법

해설 제도에서는 투영과 비슷한 원리로 물체의 2차원적인 그림을 얻는데, 이것을 투상(projection)이라 하고, 투상으로 그려진 그림을 투상도(projection view)라 한다.
① 투상법에는 정투상법, 특수투상법, 투시도법 등이 있다. 3차원인 어떤 모양을 2차원의 종이 위에 완전하게 표현하기 위하여 각각의 투상된 정투상도를 정면도, 평면도, 측면도라 한다.
② 특수투상도에는 등각투상법, 부등각투상법, 사투상법 등이 있다
③ 투시도란 설계안이 완공되었을 경우를 가정하여 평면도의 설계 내용을 입체적인 그림으로 나타낸 것이다.

4 **다음 조경의 효과로 가장 부적합한 것은?**

① 공기의 정화
② 대기오염의 감소
③ 소음차단
④ 수질오염의 증가

5 **이탈리아 조경 양식에 대한 설명으로 틀린 것은?**

① 별장이 구릉지에 위치하는 경우가 많아 정원의 주류는 노단식
② 노단과 노단은 계단과 경사로에 의해 연결
③ 축선을 강조하기 위해 원로의 교점이나 원점에 분수 등을 설치
④ 대표적인 정원으로는 베르사유 궁원

해설 베르사이유 궁원은 17C 후기 프랑스 평면기하학식 정원으로서 앙드레 르노트르에 의해 만들어진 정형식 정원이다. 이탈리아 노단식 정원 양식은 지형의 영향을 받아 경치가 뛰어난 구릉지에 별장을 만들고 계단식 테라스로 정원을 꾸몄던 15C~17C 르네상스 초기에 조성되었던 정원의 유형이다 대표적인 정원으로는 에스테, 랑테, 파르네제 등이 있다.

6 **스페인 정원의 특징과 관계가 먼 것은?**

① 건물로서 완전히 둘러싸인 가운데 뜰 형태의 정원
② 정원의 중심부는 분수가 설치된 작은 연못 설치

정답 1③ 2② 3② 4④ 5④ 6③

③ 웅대한 스케일의 파티오 구조의 정원
④ 난대, 열대 수목이나 꽃나무를 화분에 심어 중요한 자리에 배치

해설 스페인 정원은 건물로 둘러싸인 형태의 중정식(파티오) 구조로 그 규모는 작지만 화려한 기법을 사용하였다. 대표적인 정원으로는 알함브라 궁원이 있다.

7 다음 줌 9세기 무렵에 일본 정원에 나타난 조경양식은?

① 평정고산수양식
② 침전조양식
③ 다정양식
④ 회유임천양식

해설 일본정원사의 변천 과정을 살펴보면
① 임천식(林泉式)(8C~11C) 헤이안 시대
② 회유(回遊)임천식 (12C~14C)가마쿠라(겸창) 시대
③ 축산고산수법(14C), 무로마치(실정) 시대
④ 평정고산수법(15C후반), 무로마치(실정) 시대
⑤ 다정(茶庭)양식(16C)
⑥ 지천임천식, 회유식, 원주파 임천식(강호 시대 초기)
⑦ 축경식 수법(강호 후기)
침전조 양식은 중도임천식이 나타날 때 침전을 중심으로 연못과 정원을 조성하는 수법으로 신천원은 최초의 침전조 양식으로 약 9C경에 등장하였다.

8 수도원 정원에서 원로의 교차점인 중정 중앙에 큰나무 한 그루를 심는 것을 뜻하는 것은?

① 파라다이소(Paradiso)
② 바(Bagh)
③ 트렐리스(Trellis)
④ 메리스탈리움(Peristylium)

해설 파라디소(Paradiso) : 원로의 교차점인 중정 중앙에 거목 식재 또는 세정용, 음료용 물받이 수반, 분수 등을 설치해 놓은 것(기독교적인 속죄의 의미)

9 이격비의 낙양원명기 에서 원(園)을 가리키는 일반적인 호칭으로 사용되지 않은 것은?

① 원지　　② 원정
③ 별서　　④ 택원

해설 이격비의 낙양명원기 : 이격비는 낙양지방의 명원 20곳을 소개한 송나라때 만들어진 정원 관련 서적

10 짐을 운반하여야 한다. 다음 중 같은 크기의 짐을 어느 색으로 포장했을 때 가장 덜 무겁게 느껴지는가?

① 다갈색　　② 크림색
③ 군청색　　④ 쥐색

해설 일반적으로 같은색일지라도 명도가 높은색(흰색)이 명도가 낮은색(검정)보다 가볍게 느껴지고 채도가 높은색이 낮은색보다 가볍게 느껴진다.

11 수집한 자료들을 종합한 후에 이를 바탕으로 개략적인 계획안을 결정하는 단계는?

① 목표설정　　② 기본 구상
③ 기본설계　　④ 실시설계

12 도면 작업에서 원의 반지름을 표시할 때 숫자 앞에 사용하는 기호는?

① Ø　　② D
③ R　　④ Δ

해설 ø : 지름(외경), D : 지름(내경), R : 반지름

13 "물체의 실제 치수"에 대한 "도면에 표시한 대상물"의 비를 의미하는 용어는?

① 척도　　② 도면
③ 표제란　　④ 연각선

해설 척도란 실물 크기에 대한 도면에 그려진 비율을 말하며 축척(줄인 비율), 실척(같은 비율), 배척(확대된 비율) 등이 있다.

14 조선시대 궁궐의 첨전 후정에서 볼 수 있는 대표적인 것은?

① 자수 화단(花壇)
② 비폭(飛瀑)

정답 7 ② 8 ① 9 ③ 10 ② 11 ② 12 ③ 13 ① 14 ③

③ 경사지를 이용해서 만든 계단식의 노단
④ 정자수

해설 조선시대에는 정원을 주로 후원(뒷뜰)에 조성하였으며 좁은공간을 활용하기 위하여 계단식으로 조성하고 화목을 식재하였으므로 화계(花階)라 부르며 점경물로 괴석, 세심석 등을 배치하고 굴뚝이 있었다.

15 조선시대 선비들이 즐겨 심고 가꾸었던 사절우(四節友)에 해당하는 식물이 아닌 것은?

① 난초　② 대나무
③ 국화　④ 매화나무

해설 • 사절우 : 매화, 국화, 대나무, 소나무
• 사군자 : 매화, 난초, 국화, 대나무

16 목재를 연결하여 움직임이나 변형 등을 방지하고, 거푸집의 변형을 방지하는 형물로 사용하기 가장 부적합한 것은?

① 볼트, 너트　② 못
③ 꺾쇠　④ 리벳

해설 철판이나 강재 등을 겹쳐서 뚫은 구멍에 리벳을 꽂고 끝을 압착하여 체결하므로 거푸집의 변형을 방지하기 위해 쓰기에는 부적합하다.

17 다음 중 플라스틱 제품의 특징으로 옳은 것은?

① 불에 강하다.
② 비교적 저온에서 가공성이 나쁘다.
③ 흡수성이 크고, 투수성이 불량하다.
④ 내후성 및 내광성이 부족하다.

해설 플라스틱 제품의 특징을 살펴보면
① 소성, 가공성이 좋아 복잡한 모양의 제품으로 성형됨
② 내산성과 내알칼리성이 크고 녹슬지 않음
③ 가벼우며, 강도와 탄력성이 큼
④ 접착력이 크고 전성, 연성이 강함
⑤ 착색, 광택이 좋음
⑥ 콘크리트, 알루미늄보다 가벼움(절연재)
⑦ 단점 : 내열성(내화성) 부족 온도의 변화에 약함

18 다음 중 녹나무과(科)로 봄에 가장 먼저 개화하는 수종은?

① 치자나무　② 호랑가시나무
③ 생강나무　④ 무궁화

해설 녹나무과의 특징으로 향기가 나는 수종이 많으며 생강나무, 녹나무, 참식나무, 비목나무, 월계수, 후박나무 등이 있다. 호랑가시나무는 감탕나무과이며 치자나무는 꼭두서니과, 무궁화는 아욱과이다.

19 콘크리트용 혼화재료로 사용되는 고로슬래그 미분말에 대한 설명 중 틀린 것은?

① 고로슬래그 미분말을 사용한 콘크리트는 보통 콘크리트보다 콘크리트 내부의 세공경이 작아져 수밀성이 향상된다.
② 고로슬래그 미분말은 플라이애시나 실리카흄에 비해 포틀랜드시멘트와의 비중차가 작아 혼화재로 사용할 경우 혼합 및 분산성이 우수하다.
③ 고로슬래그 미분말을 혼화재로 사용한 콘크리트는 염화 물이온 침투를 억제하여 철근 부식 억제 효과가 있다.
④ 고로슬래그 미분말의 혼합률을 시멘트 중량에 대하여 70% 혼합한 경우 중성화 속도가 보통 콘크리트의 2배 정도 감소된다.

20 조경용 포장 재료는 보행자가 안전하고, 쾌적하게 보행할 수 있는 재료가 선정되어야 한다. 다음 선정 기준 중 옳지 않은 것은?

① 내구성이 있고, 시공 · 관리비가 저렴한 재료
② 재료의 질감 색채가 아름다운 것
③ 재료의 표면 청소가 간단하고, 건조가 빠른 재료
④ 재료의 표면이 태양 광선의 반사가 많고, 보행 시 자연스런 매끄러운 소재

정답 15 ① 16 ④ 17 ④ 18 ③ 19 ④ 20 ④

해설 포장 재료의 선정
① 생산량이 많을 것
② 시공이 쉬울 것
③ 내구성 및 내마멸성이 클 것
④ 보행시 미끄러지지 않을 것
⑤ 외관 및 질감이 좋은 재료를 선정할 것

21 콘크리트의 응결, 경화 조절의 목적으로 사용되는 혼화제에 대한 설명 중 틀린 것은?

① 콘크리트용 응결, 경화 조정제는 시멘트의 응결, 경화 속도를 촉진시키거나 지연시킬 목적으로 사용되는 혼화제이다.
② 촉진제는 그라우트에 의한 지수공법 및 뿜어붙이기 콘크리트에 사용된다.
③ 지연제는 조기 경화현상을 보이는 서중콘크리트나 수송 거리가 먼 레디믹스트 콘크리트에 사용된다.
④ 급결제를 사용한 콘크리트의 초기 강도 증진은 매우 크나 장기강도는 일반적으로 떨어진다.

해설 ① 급결제(응결 경화 촉진제) : 물 속 공사, 겨울철 공사, 콘크리트 뿜어 올리기 등에 필요한 조기강도의 발생 촉진을 위하여 넣는 것. 염화칼슘, 염화마그네슘, 규산나트륨, 식염 등
② 지연제 : 수화작용 지연시켜 응결 시간을 길게 하는 혼화재료(석고) 뜨거운 여름철(고온 시공), 장시간 시공시, 운반시간이 길 경우에 사용
③ 방수제 : 콘크리트의 흡수성, 투수성을 감소시키고 방수성을 높이기 위해 사용하는 혼화재료

22 다음 중 합판에 관한 설명으로 틀린 것은?

① 합판을 베니어판이라 하고, 베니어란 원래 목재를 얇게한 것을 말하며, 이것을 단판이라고도 한다.
② 슬라이스트 베니어(Sliced veneer)는 끌로서 각목을 얇게 절단한 것으로 아름다운 결을 장식용으로 이용하기에 좋은 특징이 있다.
③ 합판의 종류에는 섬유판, 조각판, 적층판 및 강화 적층재 등이 있다.
④ 합판의 특징은 동일한 원재로부터 많은 정목판과 나무결 무늬판이 제조되며, 팽창수축 등에 의한 결점이 없고 방향에 따른 강도 차이가 없다.

해설 합판의 종류에는 보통합판, 특수합판 등이 있다.
베니어 가공방법에는
① 로터리컷 베니어 : 가장 일반적으로 많이 사용
② 슬라이스드 베니어 : 곧은결, 무늬결 등의 결을 자유롭게 얻을 수 있다.
③소드베니어 : 톱날을 사용하여 얇은 판을 만든다.

23 다음 중 조경 수목의 계절적 현상 설명으로 옳지 않은 것은?

① 싹틈-눈은 일반적으로 지난 해 여름에 형성되어 겨울을 나고, 봄에 기온이 올라감에 따라 싹이 튼다.
② 개화-능소화, 무궁화, 배롱나무 등의 개화는 그 전년에 자란 가지에서 꽃눈이 분화하여 그 해에 개화한다.
③ 결실-결실량이 지나치게 많을 때에는 다음 해의 개화, 결실이 부실해지므로 꽃이 진 후 열매를 적당히 솎아 준다.
④ 단풍-기온이 낮아짐에 따라 잎 속에서 생리적인 현상이 일어나 푸른 잎이 다홍색, 황색 또는 갈색으로 변하는 현상이다.

해설 주로 여름에 개화하는 수종(능소화, 무궁화, 배롱나무 등은 그 해에 자란 가지에서 꽃눈이 분화하여 그해에 개화한다.

24 다음 괄호 안에 들어갈 용어로 맞게 연결된 것은?

외력을 받아 변형을 일으킬 때 이에 저항하는 성질로서 외력에 대해 변형을 적게 일으키는 재료는 (㉠)가(이) 큰 재료이다. 이것은 탄성계수와 관계가 있으나 (㉡)와(과)는 직접적인 관계가 없다.

정답 21 ② 22 ③ 23 ② 24 ②

① ㉠강도(strength), ㉡강성(stiffness)
② ㉠강성(stiffness), ㉡강도(strength)
③ ㉠인성(toughness), ㉡강성(stiffness)
④ ㉠인성(toughness), ㉡강도(strength)

해설 ① 강도 : 어떤 물체가 파손에 대한 저항하는 정도
② 강성 : 어떤 물체가 변형에 대한 저항하는 정도
③ 인성 : 갈라지거나 잘 깨어지지 않는 성질

25 다음 설명에 가장 적합한 수종은?

- 교목으로 꽃이 화려하다.
- 전정을 싫어하고 대기오염에 약하며, 토질을 가리는 결점이 있다.
- 매우 다방면으로 이용되며, 열식 또는 군식으로 많이 식재된다.

① 왕벚나무 ② 수양버들
③ 전나무 ④ 벽오동

26 자동차 배기가스에 강한 수목으로만 짝지어진 것은?

① 화백, 향나무
② 삼나무, 금목서
③ 자귀나무, 수수꽃다리
④ 산수국, 자목련

해설 배기가스에 강한 수종 : 비자, 편백, 화백, 향나무, 태산목, 가시나무류, 식나무, 가중나무, 물푸레나무, 버드나무류, 은행나무, 위성류, 개나리, 말발도리, 등나무, 송악, 조릿대, 이대, 소철, 종려 등

27 한국의 전통조경 소재 중 하나로 자연의 모습이나 형상석으로 궁궐 후원 점경물로 석분에 꽃을 심듯이 꽂거나 화계 등에 많이 도입되었던 경관석은?

① 각석 ② 괴석
③ 비석 ④ 수수분

28 장미과(科) 식물이 아닌 것은?

① 피라칸다 ② 해당화
③ 아까시나무 ④ 왕벚나무

해설 장미과 식물로 명자나무, 장미, 산사나무, 피라칸사, 조팝나무, 황매화, 꽃아그배나무, 해당화, 찔레나무, 생열귀나무, 마가목, 수양벚나무, 왕벚나무 등이 있다. 아까시나무는 콩과식물로 분류된다.

29 크기가 지름 20~30cm 정도의 것이 크고 작은 알로 고루고루 섞여져 있으며 형상이 고르지 못한 큰돌이라 설명하기도 하며, 큰 돌을 깨서 만드는 경우도 있어 주로 기초용으로 사용하는 석재의 분류명은?

① 산석 ② 야면석
③ 잡석 ④ 판석

30 골재의 표면수는 없고, 골재 내부에 빈틈이 없도록 물로 차 있는 상태는?

① 절대건조상태
② 기건상태
③ 습윤상태
④ 표면건조 포화상태

해설 골재의 함수 상태에 따라
① 절대건조상태 : 수분이 전혀 없는 완전건조 상태의 골재
② 기건상태 : 공기 중의 습도와 일치하는 상태로 건조된 골재
③ 표면건조 포화상태 : 골재 내부는 물이 차 있지만 표면은 건조된 상태
④ 습윤상태 : 골재의 내부와 표면에 수분이 있는 상태로 수중에 있는 골재

31 질량 113kg의 목재를 절대 건조시켜서 100kg로 되었다면 전건량기준 함수율은?

① 0.13% ② 0.30%
③ 3.00% ④ 13.00%

해설 $$\text{목재의 함수율(\%)} = \frac{\text{건조전 중량} - \text{건조후 중량}}{\text{건조후 중량}} \times 100$$
$$= \frac{113-100}{100} \times 100 = 13.0(\%)$$

정답 25 ① 26 ① 27 ② 28 ③ 29 ③ 30 ④ 31 ④

32 다음 재료 중 연성(延性 ; Ductility) 이 가장 큰 것은?

① 금 ② 철
③ 납 ④ 구리

해설 연성 : 탄성한도를 초과한 힘을 받고도 파괴되지 않고 늘어나는 성질

33 다음 중 곰솔(해송)에 대한 설명으로 옳지 않은 것은?

① 동아(冬芽)는 붉은색이다.
② 수피는 흑갈색이다.
③ 해안지역의 평지에 많이 분포한다.
④ 줄기는 한해에 가지를 내는 층이 하나여서 나무의 나이를 짐작할 수 있다.

34 다음 설명하는 열경화성수지는?

- 강도가 우수하며, 베이클라이트를 만든다.
- 내산성, 전기 절연성, 내약품성, 내수성이 좋다.
- 내알칼리성이 약한 결점이 있다.
- 내수합판 접착제 용도로 사용된다.

① 요소계수지
② 메타아크릴수지
③ 염화비닐계수지
④ 페놀계수지

해설 ① 열가소성 수지 : 열을 가하여 성형한 뒤 다시 열을 가하면 형태의 변형을 일으킬 수 있는 수지 – 염화비닐수지, 폴리프로필렌, 폴리에틸렌(PE관), 폴리스티렌, 아크릴, 나이론 등
② 열경화성수지 : 한번 열을 가하여 성형하면 다시 열을 가해도 변하지 않는 수지(축합반응한 고분자 물질) – 페놀, 요소, 멜라민, F.R.P, 우레탄, 실리콘, 에폭시, 폴리에스테르 등

35 다음 중 은행나무의 설명으로 틀린 것은?

① 분류상 낙엽활엽수이다.
② 나무껍질은 회백색, 아래로 깊이 갈라진다.
③ 양수로 적윤지토양에 생육이 적당하다.
④ 암수딴그루이고 5월초에 잎과 꽃이 함께 개화한다.

해설 낙엽침엽교목 : 은행나무, 메타세쿼이아, 낙우송, 낙엽송 모두 4종 뿐이다.

36 기초 토공사비 산출을 위한 공정이 아닌 것은?

① 터파기 ② 되메우기
③ 정원석놓기 ④ 잔토처리

해설 토공사 공정에는 터파기, 되메우기, 잔토처리 등이 있다.

37 식물이 필요로 하는 양분요소 중 미량원소로 옳은 것은?

① O ② K
③ Fe ④ S

해설 ① 다량원소 : C, H, O, N, P, K, Ca, Mg, S
② 미량원소 : Fe, Mn, Cu, Zn, Mo, B, Cl

38 수목식재 시 수목을 구덩이에 앉히고 난 후 흙을 넣는데 수식(물죔)과 토식(흙죔)이 있다. 다음 중 토식을 실시하기에 적합하지 않은 수종은?

① 목련 ② 전나무
③ 서향 ④ 해송

해설 ① 내건성 수종 : 노간주나무, 향나무, 독일가문비, 리기다소나무, 소나무, 전나무, 사철나무, 호랑가시나무, 가중나무, 굴참나무, 아까시 등
② 내습성 수종 : 리기다소나무, 메타세쿼이아, 사철, 팔손이, 멀구슬, 목련, 칠엽수, 홍단풍, 자귀나무, 보리수, 아그배나무, 등나무 등

정답 32 ③ 33 ① 34 ④ 35 ① 36 ③ 37 ③ 38 ①

39 뿌리분의 크기를 구하는 식으로 가장 적합한 것은? (단, N은 근원직경, n은 흉고직경, d는 상수이다.)

① 24+(N−3)×d
② 24+(N+3)÷d
③ 24−(n−3)+d
④ 24−(n−3)−d

40 토량의 변화에서 체적비(변화율)는 L과 C로 나타낸다. 다음 설명 중 옳지 않은 것은?

① L값은 경암보다 모래가 더 크다.
② C는 다져진 상태의 토량과 자연상태의 토량의 비율이다.
③ 성토, 절토 및 사토량의 산정은 자연상태의 양을 기준으로 한다.
④ L은 흐트러진 상태의 토량과 자연상태의 토량의 비율이다.

해설 토량의 변화
① 자연 상태의 흙을 파내면 공극이 증가되어 부피가 증가한다.
② 모래는 15%, 보통흙은 20~30%, 암석은 50~80% 정도 부피가 증가한다.
③ 토량의 증가율 $L = \frac{\text{흐트러진 상태의 토량}}{\text{자연상태의 토량}}$
토량의 감소율 $C = \frac{\text{다져진 상태의 토량}}{\text{자연상태의 토량}}$
④ 토공사의 안정을 위해 비탈면의 경사가 안식각보다 작게 시공한다.
⑤ 보통흙의 안식각은 30~35°이다.

41 다음 중 시방서에 포함되어야 할 내용으로 가장 부적합한 것은?

① 재료의 종류 및 품질
② 시공방법의 정도
③ 재료 및 시공에 대한 검사
④ 계약서를 포함한 계약 내역서

42 진딧물이나 깍지벌레의 분비물에 곰팡이가 감염되어 발생하는 병은?

① 흰가루병 ② 녹병
③ 잿빛곰팡이병 ④ 그을음병

해설 그을음병(매병) : 깍지벌레, 진딧물의 배설물에 의해 발생, 잎과 줄기에 그을음 형성 각종 바이러스 유발. 마라톤제 살포

43 다음 중 재료의 할증률이 다른 것은?

① 목재(각재) ② 시멘트벽돌
③ 원형철근 ④ 합판(일반용)

해설 재료의 할증률
① 3% : 붉은벽돌, 내화벽돌, 경계블럭, 합판(일반용), 타일, 테라코타, 무근콘크리트 구조물
② 4% : 블럭, 포장콘크리트
③ 5% : 목재(각재), 합판(수장용), 아스팔트, 시멘트벽돌, 호안블럭, 원형철근
④ 10% : 조경용수목, 잔디, 목재(판재), 석재판붙임(정형돌)
⑤ 30% : 석재판붙임(부정형), 원석(마름돌)

44 다음 중 평판측량에 사용되는 기구가 아닌 것은?

① 평판 ② 삼각대
③ 레벨 ④ 앨리데이드

해설 평판측량 : 삼발이 위에 평판을 올리고 수평을 유지한 뒤 땅위의 모양을 도면에 그려 나타내는 측량
① 도구 : 엘리데이드, 구심기, 평판, 삼발이, 자침기(방위). 줄자, 폴대
② 평판측량의 3요소
- 정준 : 수평맞추기
- 치심(구심) : 중심맞추기
- 표정(정위) : 방향맞추기, 오차에 가장 큰 영향을 끼침

③ 평판측량의 종류
- 방사법 : 넓는지역에서 사방에 막힘이 없을때 사용.
- 전진법(도선법) : 도시, 도로, 삼림 등 한 지점에서 여러방향의 시준이 어렵거나 길고 좁고 장소를 측량 할 때
- 교회법(교선법) : 이미 알고 있는 2개, 3개의 측점에 평판을 세우고 이들 점에서 측정하려는 목표물을 시준하여 방향선을 그을 때 그 교점에서의 위치를 구하는 방법.
- 광대한 지역에서 소축척의 측량을 하는 것이며 거리를 실측하지 않으므로 작업이 신속하다. (전방교회법, 후방교회법, 측방교회법)

정답 39 ① 40 ① 41 ④ 42 ④ 43 ④ 44 ③

45 "느티나무 10주에 600,000원, 조경공 1인과 보통공 2인이 하루에 식재한다." 라고 가정할 때 느티나무 1주를 식재할때 소요되는 비용은? (단, 조경공 노임은 60,000원/일, 보통공 노임은 40,000원/일이다)

① 68,000원 ② 70,000원
③ 72,000원 ④ 74,000원

해설 느티나무 10주 : 100,000원 → 1주 : 10,000원
조경공 : 6,000원, 보통인부 4,000원×2 = 8,000원
∴ 60,000 + 6,000 + 8,000 = 74,000원

46 소형고압블록 포장의 시공방법에 대한 설명으로 옳은 것은?

① 차도용은 보도용에 비해 얇은 두께 6cm의 블록을 사용한다.
② 지반이 약하거나 이용도가 높은곳은 지반위에 잡석으로만 보강한다.
③ 블록 깔기가 끝나면 반드시 진동기를 사용해 바닥을 고르게 마감한다.
④ 블록의 최종 높이는 경계석보다 조금 높아야 한다.

해설 **소형고압블럭포장**
① 보도용 : 6cm, 차도용 : 8cm
② 지반이 약하거나 이용도가 높은곳은 지반위에 잡석, 콘크리트로 보강한다.
④ 블록의 최종 높이는 경계석보다 조금 낮아야 한다.

47 저온의 해를 받은 수목의 관리방법으로 적당하지 않은 것은?

① 멀칭
② 바람막이 설치
③ 강전정과 과다한 시비
④ wilt-pruf(시들음 방지제) 살포

해설 **저온의 해 방지대책**
① 통풍과 배수가 양호한 곳에 식재한다.
② 상록수를 보호하기 위해서는 바람막이를 설치한다.
③ 두꺼운 피복재료(낙엽, 피트모스 등)를 사용하여 심토층의 결빙방지, 뿌리의 수분흡수를 증진시킨다.
④ 액체 플라스틱 wilt-pruf(시들음 방지제) 잎에 살포하여 겨울의 갈변화를 방지 또는 감소시킨다.

48 공정관리기법 중 횡선식 공정표(bar chart)의 장점에 해당하는 것은?

① 신뢰도가 높으며 전자계산기의 이용이 가능하다.
② 각 공종별의 착수 및 종료일이 명시되어 있어 판단이 용이하다.
③ 바나나 모양의 곡선으로 작성하기 쉽다.
④ 상호관계가 명확하며, 주 공정선의 일에는 현장인원의 중점 배치가 가능하다.

해설 ① 횡선식 공정표의 특성
- 공사의 착수와 완료의 기일과 상호순서관계의 파악이 가능하다.
- 종합공정표에 많이 쓰이며, 부분 공정에 적당하다.
- 전체적인 공사 진척 사항에 대한 파악, 직공의 동원이나 재료의 파악이 곤란하다.
- 비교적 작성이 용이하고, 수정이 쉽고 일목요연하고 간편하여 경험이 적은 사람도 이해하기 쉽다. 조경공정표로 가장 많이 사용한다.
- 단점 : 작업 상호 간의 관계가 불분명하다. 공기에 영향을 미치는 작업 선, 후 관계와 세부 사항을 표기하기가 어렵다. 대형공사에는 적합하지 않다.

② 곡선식(기성고 공정곡선) 공정표
- 공사 착수에 앞서 공정곡선을 작성하고 작업의 진척에 따라 곡선을 넣어 양쪽 곡선을 비교 대조하여 공정을 관리하는 것이다.
- 전체적인 진척사항을 파악하는 데 가장 유리한 공정표이며, 시공 속도 파악이 용이하며, 보조 수단으로 사용한다.
- 기성고 공정곡선 중 계획선의 상, 하에 허용한계선을 그어 공정을 관리하는 곡선으로 바나나 모양과 같다 하여 바나나곡선이라고 한다.

③ 네트워크 공정표의 특성
- 작업을 선행작업, 후속작업, 병행작업으로 순서를 정하고 도식화하는 방법이다.
- 공사의 상호관계가 명료하다.
- 컴퓨터의 이용이 용이하다.
- 작성 및 검사에 특별한 기능을 요구한다.
- 작성 기간이 길다.

정답 45 ④ 46 ③ 47 ③ 48 ②

49 콘크리트 혼화제 중 내구성 및 워커빌리티(workability)를 향상시키는 것은?

① 감수제 ② 경화촉진제
③ 지연제 ④ 방수제

해설 혼화제의 종류
- AE제 : 표면활성제, 워커빌리티를 개선하고, 동결 융해에 대한 저항이 증가한다.
- 감수제 : 소정의 컨시스턴시를 얻기 위해 필요한 단위 중량을 감소시켜 워커빌리티를 증대시킨다.
- 촉진제 : 조기 강도가 필요한 콘크리트에 사용한다.
  ※ 염화칼슘(CaCl), 규산소다
- 응결지연제 : 여름철 레디믹스트 콘크리트를 수송하는 사이에 응결 작용에 의한 슬럼프 저하를 적게 하기 위해 또는 연속해서 다량의 콘크리트를 타설할 때 이음매를 만들지 않고 시공할 때 사용한다.
- 방수제 : 콘크리트의 흡수성, 투수성을 감소시키고 방수성을 높이기 위해 사용하는 혼화재료

50 콘크리트 $1m^3$에 소요되는 재료의 양을 L로 계량하여 1:2:4 또는 1:3:6 등의 배합 비율로 표시하는 배합을 무엇이라 하는가?

① 표준계량 배합
② 용적배합
③ 중량배합
④ 시험중량배합

해설 배합법의 표시
① 무게배합
- 콘크리트 $1m^3$ 제작에 필요한 각 재료의 무게
- 시멘트 387kg : 모래 660kg : 자갈 1,040kg으로 표시

② 용적배합
- 콘크리트 $1m^3$ 제작에 필요한 재료를 부피로 표시 1:2:4, 1:3:6 등으로 나타낸다.

51 철재 시설물의 손상부분을 점검하는 항목으로 가장 부적합한 것은?

① 용접 등의 접합부분
② 충격에 비틀린 곳
③ 부식된 곳
④ 침하된 것

52 수목 외과수술의 시공 순서로 옳은 것은?

① 동공 가장자리의 형성층 노출
② 부패부 제거
③ 표면경화처리
④ 동공충진
⑤ 방수처리
⑥ 인공수피 처리
⑦ 소독 및 방부처리

① ①-⑥-②-③-④-⑤-⑦
② ②-⑦-①-⑥-⑤-③-④
③ ①-②-③-④-⑤-⑥-⑦
④ ②-①-⑦-④-⑤-③-⑥

53 제초제 1000ppm은 몇 %인가?

① 0.01% ② 0.1%
③ 1% ④ 10%

54 농약의 사용 목적에 따른 분류 중 응애류에만 효과가 있는 것은?

① 살충제 ② 살균제
③ 살비제 ④ 살초제

해설 응애는 살비제를 사용하되 동일 약종을 계속 사용하면 약제 대하여 저항성의 응애가 생기므로 같은 약종의 연용은 피해야 한다.

정답 49 ① 50 ② 51 ④ 52 ④ 53 ② 54 ③

55 더운 여름 오후에 햇빛이 강하면 수간의 남서쪽 수피가 열에 의해서 피해(터지거나 갈라짐)를 받을 수 있는 현상을 무엇이라 하는가?

① 피소 ② 상렬
③ 조상 ④ 만상

해설
① 만상(晩霜, Spring Frost) : 초봄 식물이 발육을 시작한 후 기온이 0℃ 이하로 갑자기 하강하여 식물에 피해를 준다.
② 조상(早霜, Autumn Frost) : 초가을 서리에 의한 피해이다.
③ 동상(冬霜, Winter Frost) : 겨울 동안 휴면 상태에 생긴 피해이다.
④ 상렬 : 추위로 인해 나무껍질이 수선 방향으로 갈라지는 현상
- 상렬 피해 부위 – 지상 0.5~1.0m의 수간
- 약한 수종 – 참나무류, 포플러류, 수양버들, 느릅나무, 매화류, 벚나무, 전나무, 단풍, 배롱
- 상종 – 상렬로 나무가 갈라지는 것을 반복하여 불룩해진 부분 → 병충해 피해를 받기 쉬움
- 상렬 예방– 남서쪽 수피가 햇볕을 직접 받지 않도록 함, 수간의 짚싸기, 석회수 칠하기

⑤ 서릿발(상주) : 파종한 어린나무에만 피해를 줌, 질흙에서 피해가 큼

56 식물의 아래 잎에서 황화현상이 일어나고 심하면 잎 전면에 나타나며, 잎이 작지만 잎 수가 감소하며 초본류의 초장이 작아지고 조기낙엽이 비료 결핍의 원인이라면 어느 비료 요소와 관련된 설명인가?

① P ② N
③ Mg ④ K

해설 주요비료의 역할
① 질소(N)
- 역할 : 광합성작용 촉진으로 잎이나 줄기 등 수목의 생장에 도움을 준다.
- 부족현상 : 줄기나 가지가 가늘어지고 묵은 잎부터 황변하여 떨어진다. 생장이 위축되고 성숙이 빨라진다.
- 과잉현상 : 도장하며 약해지고 성숙이 늦어짐

② 인(P)
- 역할 : 세포분열 촉진, 꽃과 열매 및 뿌리 발육에 관여, 새눈, 잔가지 형성
- 부족현상 : 뿌리, 줄기, 가지 수가 적어지고 꽃과 열매가 불량해짐
- 과잉현상 : 영양 생장이 단축되고 성숙 촉진, 수확량 감소

③ 칼륨(K)
- 역할 : 뿌리발육을 촉진, 병해 · 서리 · 한발에 대한 저항성 향상, 꽃 · 열매의 향기 · 색깔 조절
- 결핍현상 : 잎이 시들고 단백질과 녹말의 생성이 줄어듦

57 조경공사의 시공자 선정방법 중 일반 공개경쟁입찰방식에 관한 설명으로 옳은 것은?

① 예정 가격을 비공개로 하고 견적서를 제출하여 경쟁입찰에 단독으로 참가하는 방식
② 계약의 목적, 성질 등에 따라 참가자의 자격을 제한하는 방식
③ 신문, 게시 등의 방법을 통하여 다수의 희망자가 경쟁에 참가하여 가장 유리한 조건을 제시한 자를 선정하는 방식
④ 공사 설계서와 시공도서를 작성하여 입찰서와 함께 제출하여 입찰하는 방식

해설 경쟁입찰방식
① 일반경쟁입찰 : 관보나 신문 및 게시 등의 방법을 통하여 다수의 희망자를 경쟁에 참가하도록 하고, 그중 가장 유리한 조건을 제시한 자를 선정하여 계약 체결
② 지명경쟁입찰 : 지난친 경쟁으로 인한 부실공사를 막기 위해 기술과 경험, 신용이 있는 특정 다수 업체를 선정하는 방법
③ 제한경쟁입찰 : 계약의 목적, 성질 등에 따라 참가자의 자격을 제한
④ 일괄입찰(Turn-key) : 공사 설계서와 시공도서를 작성하여 입찰서와 함께 제출하는 입찰
⑤ PQ(Pre-Qualification) : 입찰 전에 미리 업체를 심사하여 통과된 자만 입찰에 참가하도록 하는 제도
⑥ 수의계약 : 예정 가격을 비공개하고 견적서를 제출하게 함으로써 경쟁입찰에 단독으로 참가하는 형식

58 해충의 방제방법 중 기계적 방재에 해당되지 않는 것은?

① 포살법 ② 진동법
③ 경운법 ④ 온도처리법

정답 55 ① 56 ② 57 ③ 58 ④

해설 방제법

① 생물학적 방제 천적이용, 솔잎혹파리에 먹좀벌 방사
② 물리학적 방제 : 전정가지 소각, 낙엽태우기, 잠복소, 유살
③ 기계적 방제 : 포살법, 진동법, 경운법
④ 화학적 방제 : 농약 사용
⑤ 경종적(생태적)방제 : 윤작, 재배관리개선
⑥ 종합적 방제가 가장 바람직 함
⑦ 건전한 비배관리 : 토양, 수분, 광선, 통풍
⑧ 내병충성 품종

59 조경식재 공사에서 뿌리돌림의 목적으로 가장 부적합한 것은?

① 뿌리분을 크게 만들려고
② 이식 후 활착을 돕기 위해
③ 잔뿌리의 신생과 신장도모
④ 뿌리 일부를 절단 또는 각피하여 잔뿌리 발생촉진

해설 뿌리돌림의 목적

- 이식력 약한 나무의 뿌리분 안에 미리 세근(잔뿌리)을 발달시켜 이식후 활착을 돕기 위한 목적
- 노목이나 쇠약한 나무의 세력 갱신을 위한 목적

60 2개 이상의 기둥을 합쳐서 1개의 기초로 받치는 것은?

① 줄기초　② 독립기초
③ 복합기초　④ 연속기초

해설
① 독립기초 : 각 기둥을 1개씩 받치는 기초로 지반의 지지력이 비교적 강한 경우에 가능하다.
② 복합기초 : 2개 이상의 기둥을 합쳐서 1개의 기초로 받치는 것을 말한다. 기둥 간격이 좁은 경우에 적합하다.
③ 연속기초(줄기초) : 담장의 기초와 같이 길게 띠 모양으로 받치는 기초를 말한다.
④ 온통기초 : 전면 기초라고도 하며, 구조물의 바닥을 전면적으로 1개의 기초로 받치는 것이다. 지반의 지지력이 비교적 약할 때 쓰인다.

정답 59 ① 60 ③

국가기술자격검정 필기시험문제

2014년 10월 11일 시행

자격종목	코 드	시험시간	형 별	수험번호	성 명
조경 기능사		**1시간**			

1 **구조용 재료의 단면 도시기호 중 강(鋼)을 나타낸 것으로 가장 적합한 것은?**

①
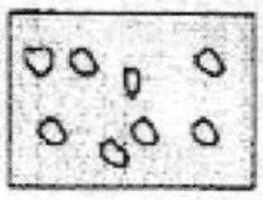
②
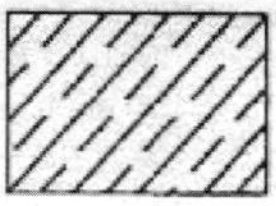
③

④
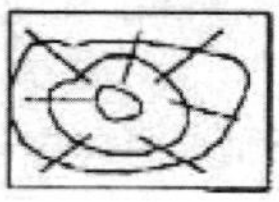

해설 ① 콘크리트
② 석재
③ 철재
④ 목재

2 **채도 대비에 의해 주황색 글씨를 보다 선명하게 보이도록 하려면 바탕색으로 어떤색이 가장 적합한가?**

① 빨간색　② 노란색
③ 파란색　④ 회색

해설 채도 대비 : 채도가 다른 색을 배열할 때 채도가 높은 색은 한층 더 선명하게 보이고, 채도가 낮은 탁한 색은 한층 더 회색이 많아 보인다.

3 **다음 중국식 정원의 설명으로 가장 거리가 먼 것은?**

① 차경수법을 도입하였다.
② 사실주의 보다는 상징적 축조가 주를 이루는 사의주의에 입각하였다.
③ 다정(茶庭)이 정원 구성 요소에서 중요하게 작용하였다.
④ 대비에 중점을 두고 있으며, 이것이 중국정원의 특색을 이루고 있다.

해설 다정식(茶庭式)정원 : 16C 일본에서 유행했던 조경양식으로 다실을 중심으로 한 상록활엽수가 멋을 풍기는 소박한 양식, 다도의 독특한 분위기를 자아낼 수 있도록 꾸민 정원, 노지식(露地式) 이라 함

4 **영국의 풍경식 정원은 자연과의 비율이 어떤 비율로 조성 되었는가?**

① 1:1　② 1:5
③ 2:1　④ 1:100

5 **다음 중 직선과 관련된 설명으로 옳은 것은?**

① 절도가 없어 보인다.
② 표현 의도가 분산되어 보인다.
③ 베르사이유 궁원은 직선이 지나치게 강해서 압박감이 발생한다.
④ 직선 가운데에 중개물(中介物)이 있으면 없는 때보다도 짧게 보인다.

해설 베르사이유 궁원은 프랑스 평면기하학식 정원으로 비스타(vista)기법을 사용하여 직선적인 축의 개념을 정립하였다.

6 **낮에 태양광 아래에서 본 물체의 색이 밤에 실내 형광등 아래에서 보니 달라 보였다. 이러한 현상을 무엇이라 하는가?**

① 메타메리즘　② 메타볼리즘
③ 프리즘　④ 착시

해설 **메타메리즘(metamerism) 조건등색**
어떤 광원하에서는 두 가지 색이 거의 같게 보이나 다른 광원하에서는 다르게 보이는 현상. 예를 들어 옷과 동일한 색상으로 카탈로그가 인쇄된 것을 표준환경에서 확인했어도 소비자에게 옷과 카탈로그가 배송되었을 때, 소비자가 다른 색상으로 인식할 수도 있다는 의미이다.

정답 1③ 2④ 3③ 4① 5③ 6①

7 실제 길이 3m는 축척 1/30 도면에서 얼마로 나타나는가?

① 1cm ② 10cm
③ 3cm ④ 30cm

해설 3m = 300cm
300cm × 1/30 = 10cm

8 컴퓨터를 사용하여 조경제도 작업을 할 때의 작업 특징과 가장 거리가 먼 것은?

① 도덕성 ② 응용성
③ 정확성 ④ 신속성

9 다음 중 단순미(單純美)와 가장 관련이 없는 것은?

① 잔디밭
② 독립수
③ 형상수(topiary)
④ 자연석 무너짐 쌓기

10 다음 중 잔상(殘像, afterimage)과 관련한 설명이 틀린 것은?

① 잔상은 원래 자극의 세기, 관찰시간과 크기에 비례한다.
② 주위색의 영향을 받아 주위색에 근접하게 변화하는 것이다.
③ 주어진 자극이 제거된 후에도 원래의 자극과 색, 밝기가 같은 상이 보인다.
④ 주어진 자극이 제거된 후에도 원래의 자극과 색, 밝기가 반대인 상이 보인다.

해설 잔상(殘像) (after image) : 빛의 자극이 사라진 후에도 시각기관의 흥분상태가 계속되어 시각작용이 잠시동안 남아 있는 현상
① 음성잔상(부의 잔상) : 일반적으로 많이 느끼는 잔상으로 자극이 사라진 후에도 색상, 명도, 채도가 정반대로 느껴지는 현상
• 무채색은 백은 흑으로 흑은 백으로, 유채색에서는 보색으로 나타나는 현상으로 이 현상을 색상대비라 하며 배색효과를 살리는데 중요하다.
• 음성잔상 때문에 색맹은 두가지색이 한조를 이뤄 적색이 색맹이면 그 보색인 녹색도 색맹이 된다.
• 녹색의 야채위에 육류를 올려놓으면 고기가 더욱 붉게 보이고 신선해 보인다.
• 수술실에서 녹색의 가운이나 벽면을 녹색으로 바꾸는 등은 음성잔상을 이용하여 의료진의 피로도를 낮추기 위한 배려이다.
② 양성잔상(정의 잔상) : 비교적 강한 자극을 받았을 때 자극광과 감각기관이 남아 있는 경우를 말하며 영화나 TV 영상은 양성잔상을 이용한 것

11 고려시대 궁궐의 정원을 맡아 관리하던 해당 부서는?

① 내원서 ② 장원서
③ 상림원 ④ 동산바치

해설 내원서:고려시대 충렬왕때 궁궐의 원림을 맡아 보는 관서 (조선시대:장원서)
※ 조선시대
• 태조때 상림원(上林苑) → 태종때 산택사(散澤師) → 세조때 장원서(掌苑署) → 연산군때 원유사(苑有師)

12 다음 중 경주 월지(안압지:雁鴨池)에 있는 섬의 모양으로 가장 적당한 것은?

① 육각형 ② 사각형
③ 한반도형 ④ 거북이형

해설 임해전지원(= 안압지, 월지) (AD 674)
• 문무왕 14년 궁내에다 못을 파고 산을 만들며 화초를 심고 진기한 짐승과 새를 길렀다는 기록 「삼국사기」
• 중국의 무산 12봉을 상징하여 연못 주위에 석가산조성
• 크기 : 동서 180m, 남북 200m 면적은 약 17,000㎡
• 연못 : 대 중 소 3개의 섬(북서방향)–1개,거북모양
• 못의 바닥은 강회로 다지고 작은 천석을 깔아둠
• 2m 내외의 #자형 나무틀에 연꽃 식재
• 장대석 돌로 호안석축(바른층 쌓기)
• 바닷가 돌을 배치하여 바닷가 경관 조성
• 남안과 서안은 직선 북안과 동안은 다양한 곡선
• 못의 관 , 배수시설은 반석을 사용 유속 감소를 위한 수로의 형태

13 다음 중 '사자의 중정(Court of Lion)'은 어느 곳에 속해 있는가?

① 헤네랄리페 ② 알카자르

정답 7 ② 8 ① 9 ④ 10 ② 11 ① 12 ④ 13 ③

③ 알함브라　　　　④ 타즈마할

해설 • 알함브라 궁전 : 1240년경 모하메드 축조
무어양식의 극치
• 그라나다시를 조망하는 구릉지에 붉은 벽돌로 만든 배 모양의 성채
알베르카 중정
• 4개의 파티오가 연결되어 전체 공간 형성
① 알베르카 / ② 사자 / ③ 다라하 / ④ 레하의 중정

14 도시공원의 설치 및 규모의 기준상 어린이 공원의 최대 유치 거리는?

① 100m　　　　② 250m
③ 500m　　　　④ 1000m

해설 어린이공원 : 유치거리 : 250m, 면적 : 1,500㎡
근린공원 : 유치거리 : 500m, 면적 : 1,500㎡

15 다음 관용색명 중 색상의 속성이 다른 것은?

① 이끼색　　　　② 라벤더색
③ 솔잎색　　　　④ 풀색

해설 예부터 관습적으로 사용한 색명. 일반적으로 이미지의 연상어로 만들어지거나, 이미지의 연상어에 기본적인 색명을 붙여서 만들어진 것으로, 식물, 동물, 광물 등의 이름을 따서 붙인 것과 시대, 장소, 유행같은데서 유래된 것이 있다.

16 다음 중 가시가 없는 수종은?

① 산초나무　　　　② 음나무
③ 금목서　　　　④ 찔레꽃

해설 가시가 있는 수종 : 매자나무, 명자나무, 보리수, 산사나무, 찔레나무, 탱자나무, 아까시, 대추나무, 주엽나무, 피라칸사, 음나무, 산초나무

17 다음 중 시멘트의 응결시간에 가장 영향이 적은 것은?

① 수량(水量)
② 온도
③ 분말도
④ 골재의 입도

해설 시멘트 수화열
• 시멘트가 물에 닿으면 물과 화학반응을 일으키는데 이를 수화반응이라 하고 수화반응에서 발생하는 열을 수화열 또는 발생열 이라고 함
• 이 발열량은 시멘트의 종류, 화학조성, 물 시멘트비, 분말도, 양생온도 등에 의해서 달라짐

18 조경에 이용될 수 있는 상록활엽관목류의 수목으로만 짝지어진 것은?

① 아왜나무, 가시나무
② 광나무, 꽝꽝나무
③ 백당나무, 병꽃나무
④ 황매화, 후피향나무

해설 • 상록활엽교목 : 후피향나무, 아왜나무, 가시나무
• 상록활엽관목 : 광나무, 꽝꽝나무
• 낙엽활엽관목 : 백당나무, 병꽃나무, 황매화

19 다음 중 양수에 해당하는 낙엽관목 수종은?

① 독일가문비　　　　② 무궁화
③ 녹나무　　　　④ 주목

해설 ① 양수 낙엽관목 : 무궁화, 쥐똥나무, 싸리나무, 수수꽃다리
② 양수 낙엽교목 : 메타세쿼이아, 가중나무, 떡갈나무, 멀구슬나무, 목백합, 아까시, 오동나무, 왕버들, 자작나무, 양버즘, 위성류, 층층나무, 배롱나무, 목련류

20 소가 누워있는 것과 같은 돌로, 횡석보다 안정감을 주는 자연석의 형태는?

① 와석　　　　② 평석
③ 입석　　　　④ 환석

해설 자연석의 모양
① 입석 : 세워쓰는 돌, 어디서나 감상할 수 있는 돌, 키가 커야 효과 있음
② 횡석(橫石) : 횡석은 가로로 쓰이는 돌로, 다른 돌을 받쳐서 안정감을 가지게 함
③ 평석(平石) : 윗부분이 평평한 돌로, 주로 앞부분에 배석하고 화분을 올려 놓기도 한다.
④ 환석(丸石) : 둥근 생김새의 돌, 축석에는 바람직하지 못한 돌이나 무리로 배석할 때 이용
⑤ 각석(角石) : 각이진 돌로 3각, 4각 등으로 이용
⑥ 사석(沙石) : 비스듬히 세워진 돌로 해안절벽 표현, 풍경을 나타낼 때 사용

정답 14 ② 15 ② 16 ③ 17 ④ 18 ② 19 ② 20 ①

⑦ 와석(臥席) : 소가 누운 형태로 횡석보다 안정감
⑧ 괴석(怪石) : 괴상하게 생긴 돌, 태호석, 제주도의 현무암

21 구상나무(Abies koreana Wilson)와 관련된 설명으로 틀린 것은?

① 한국이 원산지이다
② 측백나무과(科)에 해당한다.
③ 원추형의 상록침엽교목이다.
④ 열매는 구과로 원통이며 길이 4~7cm, 지름 2~3cm의 자갈색이다.

해설 구상나무는 소나무과(科)에 속하는 상록침엽교목이다.

22 자연토양을 사용한 인공지반에 식재된 대관목의 생육에 필요한 최소 식재토심은? (단, 배수구배는 1.5~2.0% 이다.)

① 15cm ② 30cm
③ 45cm ④ 70cm

해설

형태상 분류	자연토양 사용 시 (㎝ 이상)	인공토양 사용 시 (㎝ 이상)
잔디/초본류	15	10
소관목	30	20
대관목	45	30
교목	70	60

23 건설재료용으로 사용되는 목재를 건조시키는 목적 및 건조방법에 관한 설명 중 틀린 것은?

① 중량경감 및 강도, 내구성을 증진시킨다.
② 균류에 의한 부식 및 벌레의 피해를 예방한다.
③ 자연건조법에 해당하는 공기건조법은 실외에 목재를 쌓아두고 기건상태가 될 때까지 건조시키는 방법이다.
④ 밀폐된 실내에 가열한 공기를 보내서 건조를 촉진시키는 방법은 인공건조법 중에서 증기건조법이다.

해설 인공건조법
① 증기건조법 : 건조실에서 온도, 습도를 조절하여 증기로 건조한다.
② 훈연건조법 : 연기를 보내어 건조하는 방법
③ 공기가열건조법 : 건조실내의 공기를 가열하여 건조시키는 방법
④ 진공건조법 : 밀폐된 용기에 목재를 넣고 급속하게 건조한다. 비용이 많이 든다.
⑤ 고주파건조법 : 고주파를 사용하여 급속히 건조하는 방법이다. 건조 비용이 많이 든다.
⑥ 자비법 : 열탕에 넣고 끓여서 건조하는 방법이다.

24 주로 감람석, 섬록암 등의 심성암이 변질된 것으로 암녹색 바탕에 흑백색의 아름다운 무늬가 있으며, 경질이나 풍화성이 있어 외장재보다는 내장 마감용 석재로 이용되는 것은?

① 사문암 ② 안산암
③ 점판암 ④ 화강암

해설 ① 화성암
- 마그마가 냉각하여 굳어진 것
- 대체로 큰덩어리, 대형석재 채취에 좋음
- 화강암, 안산암, 현무암, 섬록암 등

② 퇴적암
- 암석분쇄물 등이 물속에 침전되어 지열과 지압으로 다시 굳은 것
- 응회암, 사암, 점판암, 석회암

③ 변성암
- 화성암, 퇴적암이 지각변동, 지열에 의해 화학적, 물리적으로 성질이 변한 것
- 편마암, 대리석, 사문암 등

25 다음 인동과(科) 수종에 대한 설명으로 맞는 것은?

① 백당나무는 열매가 적색이다.
② 아왜나무는 상록활엽관목이다.
③ 분꽃나무는 꽃향기가 없다.
④ 인동덩굴의 열매는 둥글고 6~8월에 붉게 성숙한다.

정답 21 ② 22 ③ 23 ④ 24 ① 25 ①

해설 • 백당나무 : 인동과 낙엽활엽관목으로 흰색꽃에 붉은 열매가 매우 아름답다.
• 아왜나무 : 인동과 상록활엽교목
• 분꽃나무 : 인동과 분화목이라고 하며 꽃은 4~5월에 연한 자주빛을 띤 홍색을 띠며 향기가 있다.
• 인동덩굴 : 6~7월에 꽃이 피며 9~10월에 검은색 열매가 열린다.

26 다음 중 콘크리트 내구성에 영향을 주는 아래 화학반응식의 현상은?

$$Ca(OH)_2 + CO_2 \rightarrow CaCO_3 + H_2O \uparrow$$

① 콘크리트 염해
② 동결융해현상
③ 콘크리트 중성화
④ 알칼리 골재반응

27 다음 중 목재의 방화제(防火劑)로 사용될 수 없는 것은?

① 염화암모늄 ② 황산암모늄
③ 제2인산암모늄 ④ 질산암모늄

해설 방화제 : 목재를 타기 어렵게 만드는 약재
① 주입제
• 이인산수소암모늄 : 옛부터 알려지고 현재 가장 유효
• 황산암모늄 : 철을 침해하는 결점이 있으나 값이 싸서 상용된다.
• 그외 붕사, 염화칼슘(또는 마그네슘), 염화(또는 황산) 암모늄 등

28 다음 중 멜루스(Malus)속에 해당되는 식물은?

① 아그배나무 ② 복사나무
③ 팥배나무 ④ 쉬땅나무

29 콘크리트의 표준배합 비가 1:3:6일 때 이 배합비의 순서에 맞는 각각의 재료를 바르게 나열한 것은?

① 모래:자갈:시멘트
② 자갈:시멘트:모래
③ 자갈:모래:시멘트
④ 시멘트:모래:자갈

해설 콘크리트 배합 : (시멘트 : 모래 : 자갈)
① 철근 콘크리트 = 1 : 2 : 4
② 무근 콘크리트 = 1 : 3 : 6
③ 버림 콘크리트 = 1 : 4 : 8

30 콘크리트 다지기에 대한 설명으로 틀린 것은?

① 진동다지기를 할 때에는 내부 진동기를 하층의 콘크리트 속으로 작업이 용이하도록 사선으로 0.5m 정도 찔러 넣는다.
② 내부진동기의 1개소당 진동시간은 다짐할 때 시멘트페이스트가 표면 상부로 약간 부상하기까지 한다.
③ 거푸집판에 접하는 콘크리트는 되도록 평탄한 표면이 얻어지도록 타설하고 다져야 한다.
④ 콘크리트 다지기에는 내부진동기의 사용을 원칙으로 하나, 얇은 벽 등 내부진동기의 사용이 곤란한 장소에서는 거푸집 진동기를 사용해도 좋다.

31 다음 중 조경공간의 포장용으로 주로 쓰이는 가공석은?

① 견치돌(간지석) ② 각석
③ 판석 ④ 강석(하천석)

해설 규격재
① 각석
• 폭이 두께의 3배 미만이고 폭보다 길이가 긴 직육면체
• 용도 : 쌓기용, 기초용, 경계석에 사용
② 판석
• 폭이 두께의 3배 이상이고 두께가 15cm 미만인 판 모양의 석재
• 용도 : 디딤돌, 원로포장용, 계단 설치용
③ 마름돌
• 직육면체가 되도록 각면을 다듬은 석재로 형태가 정형적인 곳에 사용
• 석재중 가장 고급품 시공비가 많이 듦
• 용도 : 구조물 또는 쌓기용

정답 26 ③ 27 ④ 28 ① 29 ④ 30 ① 31 ③

④ 견치돌(견치석)
- 전면은 정사각형의 제두각추제에 가까움 주로 흙막이용 축석에 사용
- 옹벽, 흙막이용 돌쌓기 등의 쌓기용으로 메쌓기나 찰쌓기로 사용

32 다음 조경식물 중 생장 속도가 가장 느린 것은?

① 배롱나무 ② 쉬나무
③ 눈주목 ④ 층층나무

해설 내음성수종(생장 속도가 느림) : 비자, 굴거리, 음나무, 식나무, 당단풍, 독일가문비, 서양측백, 주목, 눈주목, 녹나무, 후박나무, 사철나무, 호랑가시나무, 회양목, 전나무

33 다음 중 목재에 유성페인트 칠을 할 때 가장 관련이 없는 재료는?

① 건성유 ② 건조제
③ 방청제 ④ 희석제

해설 페인트
① 유성페인트 : 안료, 건성유, 희석제, 건조제 등을 혼합한 것이다.
② 수성페인트 : 안료를 아교, 알비아 고무, 전분과 함께 물에 개어 묽게 한 것이다.

34 종류로는 수용형, 용제형, 분말형 등이 있으며 목재, 금속, 플라스틱 및 이들 이종재(異種材)간의 접착에 사용되는 합성수지 접착제는?

① 페놀수지접착제
② 카세인접착제
③ 요소수지정착제
④ 폴리에스테르수지정착제

해설
- 열경화성수지 : 한번 열을 가하여 성형하면 다시 열을 가해도 변하지 않는 수지(축합반응한 고분자 물질) – 페놀, 요소, 멜라민, F.R.P, 우레탄, 실리콘, 에폭시, 폴리에스테르
- 페놀수지 : 강도, 전기절연성, 내산성, 내수성 모두 양호하나 내알칼리성이 약함. 종류로는 수용형, 용제형, 분말형 등이 있으며 목재, 금속, 플라스틱 및 이들 이종재(異種材)간의 접착에 사용
- 멜라민수지 : 멜라민과 포름알데히드를 반응시켜 만든 열경화성 수지로 열, 산, 용제에 강하고 전기적 성질이 뛰어남 내수성, 내약품이 우수, 접착력이 강하여 합판의 접합 등에 사용하고 금속도료에도 유용
- 실리콘수지 : 내수성, 내열성, 전기절연성, 내약품성, 내후성이 우수 유리, 고무 등과의 접착력이 강하다.
- 방수제, 접착제, 도료로 사용
- 에폭시 : 물과 날씨변화에 잘 견디며 빨리 굳고 접착력이 강하다. 우레탄과 그 기능이 유사하며 물탱크, 수영장방수용, 주차장, 공장바닥 등에 사용
- 유리섬유강화 플라스틱(FRP, Fiberglass Reinforced Plastic) : 약한 플라스틱에 강화재를 넣어 만든 제품으로 벤치, 화단장식재, 인공폭포, 인공암 등에 사용

35 마로니에와 칠엽수에 대한 설명으로 옳지 않은 것은?

① 마로니에와 칠엽수는 원산지가 같다.
② 마로니에와 칠엽수의 잎은 장상복엽이다.
③ 마로니에는 칠엽수와는 달리 열매 표면에 가시가 있다.
④ 칠엽수 모두 열매 속에는 밤톨같은 씨가 들어 있다.

해설 칠엽수는 일본이 원산지이고 마로니에는 유럽이 원산지이다.

36 다음 중 조경시공에 활용되는 석재의 특징으로 부적합한 것은?

① 내화성이 뛰어나고 압축강도가 크다.
② 내수성 내구성 내화학성이 풍부하다.
③ 색조와 광택이 있어 외관이 미려 장중하다.
④ 천연물이기 때문에 재료가 균일하고 갈라지는 방향성이 없다.

해설 석재의 특성
- 외관이 아름답고 내구성과 강도가 큼
- 가공성이 있으며, 변형되지 않음
- 내화학성, 내수성이 크고 마모성이 적음
- 가공정도에 따라 다양한 외양을 가질 수 있음
- 석재는 석리, 절리, 층리 등으로 갈라지거나 방향성을 지니고 있어 관상 가치가 높다.

정답 32 ③ 33 ③ 34 ① 35 ① 36 ④

37 수간과 줄기 표면의 상처에 침투성 약액을 발라 조직내로 약효성분이 흡수되게 하는 농약 사용법은?

① 도포법 ② 관주법
③ 도말법 ④ 분무법

해설 ① 도말법 : 종자를 소독하기 위하여 분제농약(粉劑農藥)을 건조한 종자에 입혀 살균 또는 살충하는 방법
② 관주법 : 토양중의 병해충을 구제하기 위하여 약액을 흙속에 주입하거나 나무줄기에 식입(食入)하고 있는 해충을 죽이기 위해 약액을 줄기에 주입하는 방법 등을 말함.
③ 분무법 : 유제나 수화제와 같은 농약제제를 적당히 물에 희석해서 분무기를 사용해서 살포하는 방법

38 디딤돌 놓기 공사에 대한 설명으로 틀린 것은?

① 정원의 잔디, 나지 위에 놓아 보행자의 편의를 돕는다.
② 넓적하고 평평한 자연석, 판석, 통나무 등이 활용된다.
③ 시작과 끝 부분, 갈라지는 부분은 50cm 정도의 돌을 사용한다.
④ 같은 크기의 돌을 직선으로 배치하여 기능성을 강조한다.

해설 **디딤돌 배치**
- 크고 작은 것 섞어 직선보다는 어긋나게 배치
- 돌 간의 간격 – 보행폭을 고려하여 돌과 돌사이의 중심 거리로 잡는다.
- 돌의 좁은 방향이 걸어가는 방향으로 오게 방향성을 준다.
- 높이는 지표보다 3~5cm 정도 높게 해 줌
- 디딤돌이 움직이지 않게 굄돌, 모르다르, 콘크리트로 안정되게 놓는다.

39 우리나라에서 1929년 서울의 비원(秘苑)과 전남 목포지방에서 처음 발견된 해충으로 솔잎 기부에 충영을 형성하고 그 안에서 흡즙해 소나무에 피해를 주는 해충은?

① 솔껍질깍지벌레 ② 솔잎혹파리
③ 솔나방 ④ 솔잎벌

해설 솔잎혹파리는 소나무 기부에 혹을 만드는 충영형성해충으로 즙을 빨아먹으면서 소나무에 피해를 가한다.

40 다음 중 지피식물 선택 조건으로 부적합한 것은?

① 치밀하게 피복되는 것이 좋다.
② 키가 낮고 다년생이며 부드러워야 한다.
③ 병충해에 강하며 관리가 용이하여야 한다.
④ 특수 환경에 잘 적응하며 희소성이 있어야 한다.

해설 **지피식물의 조건**
- 치밀한 지표 피복
- 키가 작고 다년생일 것
- 번식력이 왕성하고 생장이 빠를 것
- 환경에 적응성이 강할 것
- 병해충에 대한 저항성이 강할 것
- 내답압성에 강할 것
- 부드럽고 관리가 용이 할 것

41 토양수분 중 식물이 생육에 주로 이용하는 유효 수분은?

① 결합수 ② 흡습수
③ 모세관수 ④ 중력수

해설 **토양중의 수분**
① 결합수(화합수) : 토양입자와 화합적으로 결합되어 있는 수분으로 결합력이 강하여 식물이 직접 이용할 수 없는 수분 (PF 7 이상)
② 흡습수(흡착수) : 토양 표면에 물리적으로 결합되어 있는 수분결합력이 강하여 식물이 직접 이용할 수 없는 수분 (PF 4.5 ~ 7)
③ 모관수(모세관수) : 흡습수 외부에 표면장력과 중력으로 평형을 유지하여 식물이 유용하게 이용되는 수분 (PF 2.7 ~ 4.5)
④ 중력수(자유수) : 중력에 의해 지하로 침투하는 물 지하수원이 된다. (PF 2.7 이하)

42 개화, 결실을 목적으로 실시하는 정지 전정의 방법으로 틀린 것은?

① 약지는 길게, 강지는 짧게 전정하여야 한다.

정답 37 ① 38 ④ 39 ② 40 ④ 41 ③ 42 ②

② 묵은 가지나 병충해 가지는 수액 유동 후에 전정함
③ 작은 가지나 내측으로 뻗은 가지는 제거한다.
④ 개화결실을 촉진하기 위하여 가지를 유인하거나 단근 작업을 실시한다.

43 다음 중 흙깎기의 순서 중 가장 먼저 실시하는 곳은?

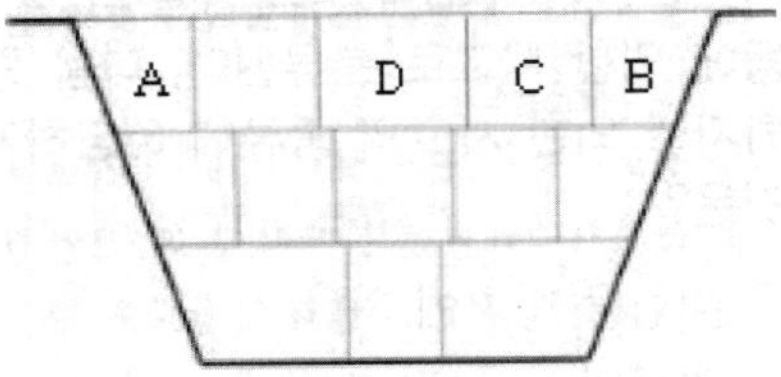

① A　　② B
③ C　　④ D

해설 흙깎기 순서 : D→C→A,B

44 다음 중 방제 대상별 농약 포장지 색깔이 옳은 것은?

① 살충제 – 노란색
② 살균제 – 초록색
③ 제초제 – 분홍색
④ 생장 조절제 – 청색

해설 농약의 포장지 색깔
- 살충제 : 초록색
- 살비제 : 초록색
- 살균제 : 분홍색
- 제초제 : 선택성 : 노랑색, 비선택성 : 빨강색
- 생장조절제 : 파랑색
- 보조제 : 흰색

45 다음 중 비료의 3요소에 해당하지 않는 것은?

① N　　② K
③ P　　④ Mg

해설 비료의 3요소(4요소) : 질소(N), 인 (P), 칼륨(K), 칼슘(Ca)

46 과다 사용 시 병에 대한 저항력을 감소시키므로 특히 토양의 비배관리에 주의해야 하는 무기성분은?

① 질소　　② 규산
③ 칼륨　　④ 인산

해설 질소비료 사용의 한계
- 질소비료는 식물 생장에 도움을 주지만, 과다하게 사용하면 비정상적으로 비대생장을 하여 오히려 쉽게 죽으므로 주의해야 한다.
- 질소비료와 같은 화학비료를 많이 사용하면 토양이 산성화되고 수질오염을 일으키는 등 환경적 측면에서의 문제점도 안고 있다.

47 합성수지 놀이시설물의 관리 요령으로 가장 적합한 것은?

① 자체가 무거워 균열 발생 전에 보수한다.
② 정기적인 보수와 도료 등을 칠해 주어야 한다.
③ 회전하는 축에는 정기적으로 그리스를 주입한다.
④ 겨울철 저온기 때 충격에 의한 파손을 주의한다.

해설 시설물 유지관리
① 목재 시설물의 관리
- 2년 경과한 것은 정기적인 보수를 한다, 썩지 않도록 방부처리
- 이음 부분은 스테인리스를 이용한다.

② 철재 시설물의 관리
- 녹 방지 – 녹막이칠(방청도료, 광명단) 2~3년에 한번
- 합부 손질 – 용접, 리벳, 볼트, 너트 등을 점검
- 회전축에는 정기적으로 그리스를 주입하고 베어링의 마멸 여부를 점검한다.

③ 합성수지 놀이시설물 관리
- 온도에 의해 굽어지거나 퇴색하기 쉽다.
- 재료에 흠이 생기면 같은 수지로 코팅 또는 교체한다.
- 겨울철 저온 때 충격에 의한 파손을 주의해야 한다

④ 콘크리트 놀이시설
- 무거워서 내려앉거나 기울어질 우려가 있음
- 콘크리트 모르타르면은 석고로 땜질하고 유성 또는 수성페인트를 칠한다.
- 도장은 3년에 1회 실시한다.

정답 43 ④　44 ④　45 ④　46 ①　47 ④

• 콘크리트 기초가 노출되면 위험하므로 성토, 모래 채움 등으로 보수한다.

48 **가지가 굵어 이미 찢어진 경우에 도복 등의 위험을 방지하고자 하는 방법으로 가장 알맞는 것은?**

① 지주설치
② 쇠조임(당김줄설치)
③ 외과수술
④ 가지치기

49 **도시공원의 식물 관리비 계산시 산출근거와 관련이 없는 것은?**

① 식물의 수량　② 식물의 품종
③ 작업률　④ 작업횟수

해설 수목의 관리비 = 작업률×식물의수량×작업횟수×작업단가

50 **참나무 시들음병에 관한 설명으로 틀린 것은?**

① 피해목은 벌채 및 훈증처리 한다.
② 솔수염하늘소가 매개충이다.
③ 곰팡이가 도관을 막아 수분과 양분을 차단한다.
④ 우리나라에서는 2004년 경기도 성남시에서 처음발견 되었다.

해설 매개충은 광릉긴나무좀으로 매개충이 5월초에 나타나 참나무로 들어가며 피해를 받은 나무는 빠르면 7월말부터 빨갛게 시들면서 말라 죽기 시작하여 8~9월에서고사목을 쉽게 볼 수 있다.
방제법으로 나무베기, 벌채훈증, 끈끈이트랩, 지상약제살포 등 복합방제를 한다.

51 **수목의 뿌리분 굴취와 관련된 설명으로 틀린 것은?**

① 분의 크기는 뿌리목 줄기 지름의 3~4배를 기준으로 한다.
② 수목 주위를 파 내려가는 방향은 지면과 직각이 되도록 한다.
③ 분의 주위를 1/2정도 파 내려갔을 무렵부터 뿌리감기를 시작한다.
④ 분 감기 전 직근을 잘라야 용이하게 작업할 수 있다.

해설 분감기 전 직근을 자르면 수목이 쓰러져 분을 감을 수 없으므로 분감기가 끝난 후 직근을 잘라야 한다

52 **안전관리 사고의 유형은 설치, 관리, 이용자, 보호자, 주최자 등의 부주의, 자연재해 등에 의한 사고로 분류된다. 다음 중 관리하자에 의한 사고의 종류에 해당하지 않는 것은?**

① 위험물 방치에 의한 것
② 시설의 노후 및 파손에 의한 것
③ 시설의 구조 자체의 결함에 의한 것
④ 위험장소에 대한 안전대책 미비에 의한 것

해설 ① 설치하자에 의한 사고
• 시설의 구조자체의 결함 : 접합부에 손이 끼거나, 사용상 내구성이 다하는 등의 결함에 의한 사고
• 시설 설치의 미비 : 본래 고정되어 있어야 할 시설이 제대로 고정되어 있지 않아 시설이 쓰러지거나 부서지는 등의 사고
• 시설 배치의 미비 : 그네에서 뛰어내리는 곳에 벤치가 배치되어 충돌하는 등 시설물 자체의 문제에 의한 사고

② 관리하자에 의한 사고
• 시설의 노후, 파손 : 시설의 노후화 및 파손에 의해 상처를 입거나 전락, 전도, 시설에 깔리는 등의 사고
• 위험 장소에 대한 안전대책 미비 : 연못 등의 위험장소에 접근방지용 펜스 등을 하지 않는 등에 의한 사고
• 이용시설 이외의 시설의 쓰러짐, 떨어짐 : 블록이나 간판 등이 떨어지거나 배수맨홀의 뚜껑이 제대로 닫혀 있지 않거나 시설이 부식되어 쓰러지는 등의 사고
• 위험물 방치 : 유리조각을 방치하여 손발을 베거나, 낙엽 등의 소각 후 재를 잘못 묻어 이로 인해 어린이가 화상을 당하는 등의 사고
• 기타 : 입장정리의 불충분에 의해 개찰구에서의 사고, 동물의 도망 등에 의한 사고

③ 이용자, 보호자, 주최자 등의 부주의에 의한 사고

정답 48 ② 49 ② 50 ② 51 ④ 52 ③

- 이용자 자신의 부주의, 부적정한 이용 : 그네를 잘못 타서 떨어지거나, 미끄럼틀에서 거꾸로 떨어지는 등의 사고
- 유아와 아동의 감독 및 보호의 불충분 : 유아가 방호책을 기어 넘어가서 연못에 빠지는 등의 사고
- 행사 주최자의 관리불충분 : 관객이 백네트에 기어 올라갔다가 백네트가 기울어져 떨어져 다치는 사고

53 다음 중 토양 통기성에 대한 설명으로 틀린 것은?

① 기체는 농도가 낮은 곳에서 높은 곳으로 확산작용에 의해 이동한다.
② 토양 속에는 대기와 마찬가지로 질소, 산소, 이산화탄소 등의 기체가 존재한다.
③ 토양생물의 호흡과 분해로 인해 토양 공기 중에는 대기에 비하여 산소가 적고 이산화탄소가 많다.
④ 건조한 토양에서는 이산화탄소와 산소의 이동이나 교환이 쉽다.

54 이종기생균이 그 생활사를 완성하기 위하여 기주를 바꾸는 것을 무엇이라고 하는가?

① 기주교대 ② 중간기주
③ 이종기생 ④ 공생교환

해설
- 기주교대 : 균류중에 녹병균은 그의 생활사를 완성하기 위해 전혀 다른 2종의 식물을 기주로 하는데 홀씨의 종류에 따라 기주를 바꾸는 것
- 중간기주 : 두 기주 중에서 경제적 가치가 적은 것
- 이종기생 : 생물이 일생 동안 두 가지 이상의 다른 생물에 기생하는 일

55 다음 그림과 같은 삼각형의 면적은?

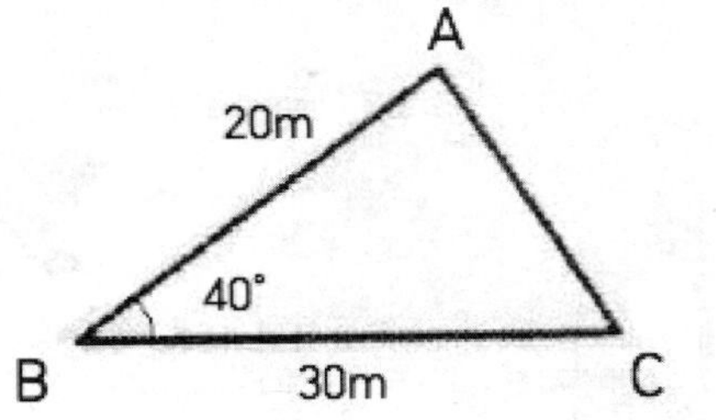

① 115m² ② 193m²
③ 230m² ④ 386m²

56 인공 식재 기반 조성에 대한 설명으로 틀린 것은?

① 토양, 방수 및 배수시설 등에 유의한다.
② 식재층과 배수층 사이는 부직포를 깐다.
③ 심근성 교목의 생존 최소 깊이는 40cm로 한다.
④ 건축물 위의 인공식재 기반은 방수처리한다.

해설 심근성 교목의 생존 최소 깊이는 90cm로 한다.

57 다음 중 콘크리트의 파손 유형이 아닌 것은?

① 균열(crack)
② 융기(blow-up)
③ 단차(faulting)
④ 양생(curing)

해설 콘크리트포장 파손형태 : 균열, 융기, 펌핑에 의한 침하, 줄눈에 의한 단차, 마모에 의한 바퀴자국

58 다음 그림은 수목의 번식 방법 중 어떠한 접목법에 해당하는가?

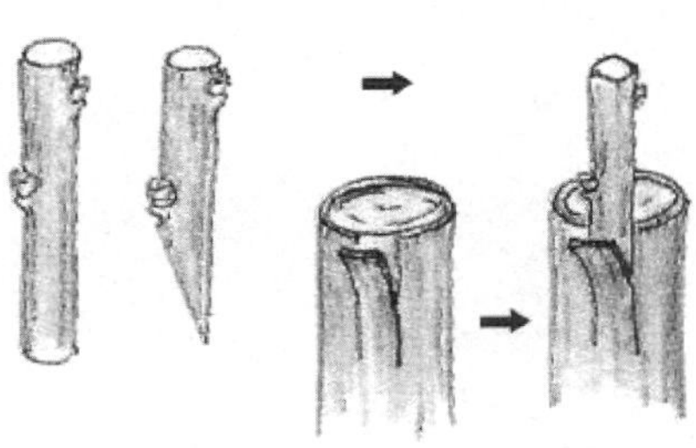

① 깍기접 ② 안장접
③ 쪼개접 ④ 박피접

정답 53 ① 54 ① 55 ② 56 ③ 57 ④ 58 ④

해설 ① 깎기접

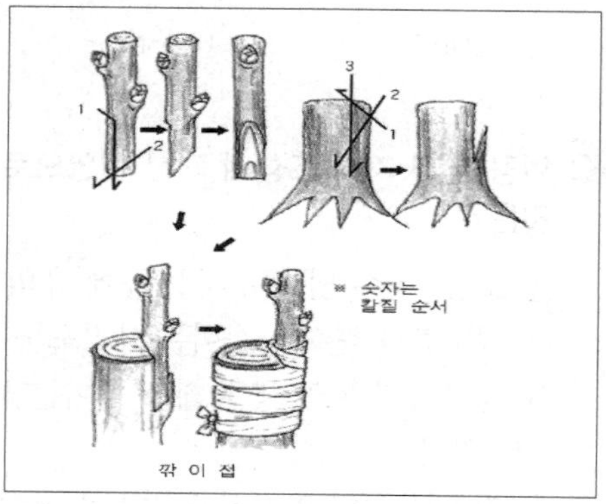

② 안장접

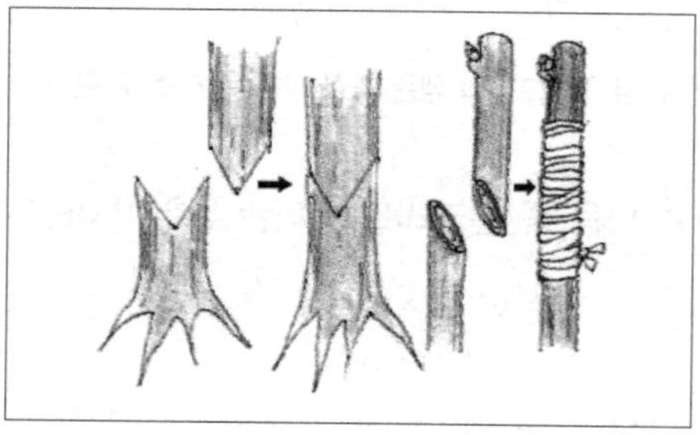

③ 쪼개접

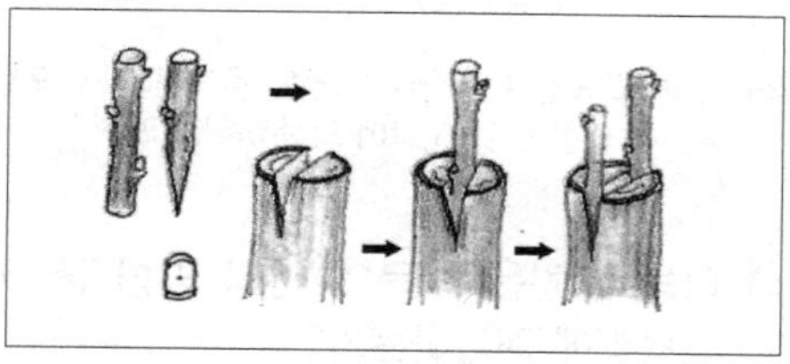

59 **목재를 방부제 속에 일정기간 담가두는 방법으로 크레오소트(creosote)를 많이 사용하는 방부법은?**

① 표면탄화법　② 직접유살법
③ 상압주입법　④ 약제도포법

해설 주입법 : 밀폐관 내에서 방부제 가압 주입, 크레오소트, 가장 효과적임

60 **적심(檣心: candle pinching) 에 대한 설명으로 틀린 것은?**

① 고정생장하는 수목에 실시한다.
② 참나무과(科) 수종에서 주로 실시한다
③ 수관이 치밀하게 되도록 교정하는 작업이다.
④ 촛대처럼 자란 새순을 가위로 잘라 주거나 손끝으로 끊어준다.

해설 적심(檣心 : pinching) : 주경(主莖)이나 주지(主枝)의 순을 질러서 그 생장을 억제하고 측지(側枝)의 발생을 많게 하여, 개화(開花), 착과(着果), 착립(着粒) 등을 촉진하는 것이다. 과수, 과채류, 목화, 두류 등에서 실시된다.

정답 59 ③　60 ②

국가기술자격검정 필기시험문제

2015년 01월 26일 시행

자격종목	코드	시험시간	형별	수험번호	성 명
조경 기능사		**1시간**			

1 **조경설계기준상의 조경시설로서 음수대의 배치, 구조 및 규격에 대한 설명이 틀린 것은?**

① 설계위치는 가능하면 포장지역 보다는 녹지에 배치하여 자연스럽게 지반면보다 낮게 설치한다.
② 관광지 · 공원 등에는 설계대상 공간의 성격과 이용특성 등을 고려하여 필요한 곳에 음수대를 배치한다.
③ 지수전과 제수밸브 등 필요시설을 적정 위치에 제 기능을 충족시키도록 설계한다.
④ 겨울철의 동파를 막기 위한 보온용 설비와 퇴수용 설비를 반영한다.

해설 설계위치는 가능하면 녹지보다는 포장지역에 배치하여야 한다.

2 **정토사상과 신선사상을 바탕으로 불교 선사상의 직접적영향을 받아 극도의 상징성(자연석이나 모래 등으로 산수자연을 상징)으로 조성된 14~15세기 일본의 정원 양식은?**

① 중정식 정원 ② 고산수식 정원
③ 전원풍경식 정원 ④ 다정식 정원

3 **다음 중 정신 집중을 요구하는 사무공간에 어울리는 색은?**

① 빨강 ② 노랑
③ 난색 ④ 한색

해설 한색계통(파랑)의 색이 차분한 느낌을 주는 색이므로 사무공간에 가장 바람직하다고 볼수 있다.

4 **브라운파의 정원을 비판하였으며 큐가든에 중국식 건물, 탑을 도입한 사람은?**

① Richard Steele
② Joseph Addison
③ Alezander Pope
④ William Chambers

해설 윌리엄 챔버(William Chaber)
큐 가든(Kew garden) : 풍경식 정원에 중국식 건물과 탑

5 **고대 그리스에서 청년들이 체육훈련을 하는 자리로 만들어졌던 것은?**

① 페리스틸리움 ② 지스터스
③ 짐나지움 ④ 보스코

6 **다음 중 추위에 견디는 힘과 짧은 예취에 견디는 힘이 강하며, 골프장의 그린을 조성하기에 가장 적합한 잔디의 종류는?**

① 들잔디 ② 벤트그래스
③ 버뮤다그래스 ④ 라이그래스

7 **다음 중 스페인의 파티오(patio)에서 가장 중요한 구성 요소는?**

① 물 ② 원색의 꽃
③ 색채 타일 ④ 짙은 녹음

해설 이슬람 정원에서 가장 중요한 요소는 물로서 물은 반영, 청량감, 관개의 기능도 있지만 종교적 의미로서의 사용이 두드러진다.

정답 1① 2② 3④ 4④ 5③ 6② 7①

8 다음 이슬람 정원 중 「알함브라 궁전」에 없는 것은?

① 알베르카 중정
② 사자의 중정
③ 사이프레스의 중정
④ 헤네랄리페 중정

해설
• 알함브라 궁전에는 4개의 중정(patio)로 조성되어 있으며 알베르카 중정, 사자의 중정, 사이프레스의 중정, 다라하의 중정이 있다.
• 헤네랄리페는 알함브라궁전에서 조금 떨어진 곳에 위치한 이궁이다.

9 제도에서 사용되는 물체의 중심선, 절단선, 경계선 등을 표시하는데 가장 적합한 선은?

① 실선 ② 파선
③ 1점쇄선 ④ 2점쇄선

해설
• 일점쇄선 : 중심선, 경계선, 절단선
• 이점쇄선 : 가상선, 경계선
• 실선 : 물체의 보이는 부분을 나타내는 선
• 파선 : 숨은선, 물체의 보이지 않는 모양 표시

10 보르 뷔 콩트(Vaux–le–Vicomte) 정원과 가장 관련 있는 양식은?

① 노단식 ② 평면 기하학식
③ 절충식 ④ 자연풍경식

해설 프랑스 평면기하학식정원은 보르뷔 콩트, 베르사이유궁전이 대표적인 정원이다.

11 조경계획 및 설계에 있어서 몇 가지의 대안을 만들어 각 대안의 장·단점을 비교한 후에 최종안으로 결정하는 단계는?

① 기본 구상 ② 기본계획
③ 기본설계 ④ 실시설계

해설 기본 구상
• 제반 자료의 종합, 분석을 기초로 구체적인 계획안의 개념을 정립한다.
• 문제 해결을 위한 적합한 계획 방향을 제시한다.
• 주요 문제점 및 해결 방안에 관한 개념은 다이어그램으로 표현한다.
• 대안을 작성하여 상호 비교한다.

12 다음 중 면적대비의 특징 설명으로 틀린 것은?

① 면적의 크기에 따라 명도와 채도가 다르게 보인다.
② 면적의 크고 작음에 따라 색이 다르게 보이는 현상이다.
③ 면적이 작은 색은 실제보다 명도와 채도가 낮아져 보인다.
④ 동일한 색이라도 면적이 커지면 어둡고 칙칙해 보인다.

해설 면적대비 : 면적이 큰 색이 명도와 채도가 높아져 실제보다 밝고 맑게 보이고 면적이 작은색은 어둡고 탁해 보인다.

13 조선시대 중엽 이후 풍수설에 따라 주택조경에서 새로이 중요한 부분으로 강조된 곳은?

① 앞뜰(전정)
② 가운데뜰(중정)
③ 뒤뜰(후정)
④ 안뜰(주정)

해설 조선시대에는 풍수설과 음양오행설에 입각하여 주택을 짓고 위치를 정했다. 뒤에는 산이 배경하고 있어 계단식의 후원을 꾸며 화계로 조성했으며 방지원도의 연못을 조성했다.

14 조경계획 과정에서 자연환경 분석의 요인이 아닌 것은?

① 기후 ② 지형
③ 식물 ④ 역사성

해설 인문환경분석 : 역사성, 토지이용, 이용자분석, 관련법규 등을 분석

15 다음 중 19세기 서양의 조경에 대한 설명으로 틀린 것은?

정답 8 ④ 9 ③ 10 ② 11 ① 12 ④ 13 ③ 14 ④

① 1899년 미국 조경가협회(ASLA)가 창립되었다.
② 19세기 말 조경은 토목공학기술에 영향을 받았다.
③ 19세기 말 조경은 전위적인 예술에 영향을 받았다.
④ 19세기 초에 도시문제와 환경문제에 관한 법률이 제정 되었다.

해설 20세기 초에 도시문제와 환경문제에 관한 법률이 제정되었다.

16 **화성암은 산성암, 중성암, 염기성암으로 분류가 되는데, 이 때 분류 기준이 되는 것은?**

① 규산의 함유량
② 석영의 함유량
③ 장석의 함유량
④ 각섬석의 함유량

해설 • 생성위치에 따른 화성암 분류 : 화산암, 반심성암, 심성암
• 실리카(규산) 함량에 따른 화성암 분류 : 염기성암, 중성암, 산성암

17 **가연성 도료의 보관 및 장소에 대한 설명 중 틀린 것은?**

① 직사광선을 피하고 환기를 억제한다.
② 소방 및 위험물 취급 관련 규정에 따른다.
③ 건물 내 일부에 수용할 때에는 방화구조적인 방을 선택한다.
④ 주위 건물에서 격리된 독립된 건물에 보관하는 것이 좋다.

해설 가연성 도료의 보관 및 장소는 환기가 잘 되도록 하여야 한다.

18 **가죽나무(가중나무)와 물푸레나무에 대한 설명으로 옳은 것은?**

① 가중나무와 물푸레나무 모두 물푸레나무과(科)이다.
② 잎 특성은 가중나무는 복엽이고 물푸레나무는 단엽이다.
③ 열매 특성은 가중나무와 물푸레나무 모두 날개 모양의 시과이다.
④ 꽃 특성은 가중나무와 물푸레나무 모두 한 꽃에 암술과 수술이 함께 있는 양성화이다.

해설 가죽나무(가중나무)는 소태나무과이다.

19 **조경 재료는 식물재료와 인공재료로 구분된다. 다음 중 식물재료의 특징으로 옳지 않은 것은?**

① 생장과 번식을 계속하는 연속성이 있다.
② 생물로서 생명 활동을 하는 자연성을 지니고 있다.
③ 계절적으로 다양하게 변화함으로써 주변과의 조화성을 가진다.
④ 기후변화와 더불어 생태계에 영향을 주지 못한다.

20 **회양목의 설명으로 틀린 것은?**

① 낙엽활엽관목이다.
② 잎은 두껍고 타원형이다.
③ 3~4월경에 꽃이 연한 황색으로 핀다.
④ 열매는 삭과로 달걀형이며, 털이 없으며 갈색으로 9~10월에 성숙한다.

해설 회양목은 상록활엽관목이다.

21 **다음 중 아황산가스에 견디는 힘이 가장 약한 수종은?**

① 삼나무 ② 편백
③ 플라타너스 ④ 사철나무

해설 • 아황산가스에 강한 수종 : 편백, 화백, 가이즈카향나무, 향나무, 가시나무, 굴거리나무, 녹나무, 태산목, 후박나무, 후피향나무, 가중나무, 벽오동, 버드나무, 칠엽수,

정답 15 ④ 16 ① 17 ① 18 ③ 19 ④ 20 ① 21 ①

플라타나스
• 아황산가스에 약한 수종 : 소나무, 잣나무, 전나무, 삼나무, 히말라야시다, 독일가문비, 낙엽송, 느티나무, 자작나무, 단풍나무

22 백색계통의 꽃을 감상 할 수 있는 수종은?

① 개나리 ② 이팝나무
③ 산수유 ④ 맥문동

23 목재 방부제로서 크레오소트 유(creosote 油)에 대한 설명으로 틀린 것은?

① 휘발성이다.
② 살균력이 강하다.
③ 페인트 도장이 곤란하다.
④ 물에 용해되지 않는다.

24 암석은 그 성인(成因)에 따라 대별되는데 편마암, 대리석 등은 어느 암으로 분류 되는가?

① 수성암 ② 화성암
③ 변성암 ④ 석회질암

해설
• 화성암 : 화강암, 안산암, 현무암, 섬록암
• 퇴적암 : 사암, 석회암, 점판암, 응회암, 혈암
• 변성암 : 대리석, 사문암, 편마암

25 목재가공 작업 과정 중 소지조정, 눈막이(눈메꿈), 샌딩실러 등은 무엇을 하기 위한 것인가?

① 도장 ② 연마
③ 접착 ④ 오버레이

해설
• 소지조정 : 칠할 바탕면을 고르는 작업
• 눈메꿈 : 금간부분, 깨진부분을 메꾸는 작업
• 샌드실러 : 밑칠한 도막위에 도장하는 도료

26 타일의 동해를 방지하기 위한 방법으로 옳지 않은 것은?

① 붙임용 모르타르의 배합비를 좋게 한다.
② 타일은 소성온도가 높은 것을 사용한다.
③ 줄눈 누름을 충분히 하여 빗물의 침투를 방지한다.
④ 타일은 흡수성이 높은 것일수록 잘 밀착됨으로 방지효과가 있다.

해설 흡수성이 높은 타일은 물이 흡수되어 동해가 일어나기 쉽다.

27 시멘트의 성질 및 특성에 대한 설명으로 틀린 것은?

① 분말도는 일반적으로 비표면적으로 표시한다.
② 강도시험은 시멘트 페이스트 강도시험으로 측정한다.
③ 응결이란 시멘트 풀이 유동성과 점성을 상실하고 고화하는 현상을 말한다.
④ 풍화란 시멘트가 공기 중의 수분 및 이산화탄소와 반응하여 가벼운 수화반응을 일으키는 것을 말한다.

해설 시멘트 풀이 아닌 시멘트 모르타르를 강도로 나타낸다. 이 때 사용하는 모래는 표준사를 사용한다.

28 토피어리(Topiary)란?

① 분수의 일종 ② 형상수(形狀樹)
③ 조각된 정원석 ④ 휴게용 그늘막

29 다음 수목들은 어떤 산림대에 해당되는가?

잣나무, 전나무, 주목, 가문비나무, 분비나무, 잎갈나무, 종비나무

① 난대림 ② 온대 중부림
③ 온대 북부림 ④ 한대림

정답 22 ② 23 ① 24 ③ 25 ① 26 ④ 27 ② 28 ② 29 ④

30 100㎝ × 100㎝ × 5㎝ 크기의 화강석 판석의 중량은? (단, 화강석의 비중 기준은 2.56 ton/㎥ 이다.)

① 128kg ② 12.8kg
③ 195kg ④ 19.5kg

해설 비중 = $\frac{무게}{부피}$ $2.56 = \frac{X}{0.05}$
X = 0.128ton = 128kg

31 친환경적 생태하천에 호안을 복구하고자 할 때 생물의 종다양성과 자연성 향상을 위해 이용되는 소재로 가장 부적합한 것은?

① 섶단 ② 소형고압블록
③ 돌망태 ④ 야자롤

32 소철과 은행나무의 공통점으로 옳은 것은?

① 속씨식물
② 자웅이주
③ 낙엽침엽교목
④ 우리나라 자생식물

해설 • 자웅동주 : 한나무에서 암수꽃이 모두 피는 식물. 단성화로 피기도하고 양성화로 핀다 .
  – 단성화로 피는 식물 : 호박, 오이, 수세미, 소나무 등
  – 양성화로 피는 식물 : 벚꽃, 진달래 등 대부분 식물
• 자웅이주 : 암수꽃이 별도의 나무에서 피는 식물(은행나무, 소철, 식나무, 삼, 뽕나무, 시금치)

33 다음 중 미선나무에 대한 설명으로 옳은 것은?

① 열매는 부채 모양이다.
② 꽃색은 노란색으로 향기가 있다.
③ 상록활엽교목으로 산야에서 흔히 볼 수 있다.
④ 원산지는 중국이며 세계적으로 여러 종이 존재한다.

해설 우리나라에만 자생하는 1종 1속이며 낙엽활엽관목으로 열매가 부채모양을 닮았다고 하여 미선(尾扇)나무라고 부른다.

34 다음 중 아스팔트의 일반적인 특성 설명으로 옳지 않은 것은?

① 비교적 경제적이다.
② 점성과 감온성을 가지고 있다.
③ 물에 용해되고 투수성이 좋아 포장재로 적합하지 않다.
④ 점착성이 크고 부착성이 좋기 때문에 결합재료, 접착재료로 사용한다.

35 다음 중 조경 수목의 생장 속도가 느린 것은?

① 모과나무 ② 메타세쿼이아
③ 백합나무 ④ 개나리

해설 • 생장 속도 빠른 수종 : 양수, 원하는 크기까지 빨리 자라나 수형이 흐트러지고 바람에 약하다.
  – 낙우송, 가중나무, 메타세퀘이아, 백합나무, 자귀나무, 층층나무, 개나리, 무궁화 등
• 생장 속도 느린 수종 : 음수, 수형이 거의 일정하고 바람에 꺾이는 일도 거의 없지만 자라는데 시간이 많이 걸린다.
  – 구상나무, 백송, 섬잣나무, 독일가문비, 감탕나무, 때죽나무, 산사나무, 감나무, 주목, 비자나무 등

36 석재판(板石) 붙이기 시공법이 아닌 것은?

① 습식공법 ② 건식공법
③ FRP공법 ④ GPC공법

해설 • 석재의 시공방법은 모르타르 사용여부에 따라 습식, 반건식, 건식, GPC공법 등으로 구분
• GPC공법 : 석재에 배면도포 후 콘크리트를 타설하여 일체화 시킨 후 양중하여 시공하는 방법

37 소나무류의 순자르기에 대한 설명으로 옳은 것은?

① 10~12월에 실시한다.
② 남길 순도 1/3~1/2 정도로 자른다.
③ 새순이 15㎝이상 길이로 자랐을 때에

정답 30 ① 31 ② 32 ② 33 ① 34 ③ 35 ① 36 ③ 37 ②

실시한다.

④ 나무의 세력이 약하거나 크게 기르고자 할 때는 순자르기를 강하게 실시한다.

해설 소나무 순지르기
- 소나무의 잎끝을 가위로 자르면 자른 자리가 붉게 말라 보기 흉하기 때문에 순지르기를 함
- 5~6월에 2~3개의 순을 남기고 중심순을 포함한 나머지 순은 제거하며, 남길 순도 1/2~2/3 손으로 꺾어 버린다.

38 일반적인 식물간 양료 요구도(비옥도)가 높은 것부터 차례로 나열 된 것은?

① 활엽수 〉 유실수 〉 소나무류 〉 침엽수
② 유실수 〉 침엽수 〉 활엽수 〉 소나무류
③ 유실수 〉 활엽수 〉 침엽수 〉 소나무류
④ 소나무류 〉 침엽수 〉 유실수 〉 활엽수

39 우리나라에서 발생하는 수목의 녹병 중 기주교대를 하지 않는 것은?

① 소나무 잎녹병
② 후박나무 녹병
③ 버드나무 잎녹병
④ 오리나무 잎녹병

해설 소나무 잎녹병 – 참취, 쑥부쟁이, 황벽나무

40 식물의 주요한 표징 중 병원체의 영양기관에 의한 것이 아닌 것은?

① 균사 ② 균핵
③ 포자 ④ 자좌

해설
- 영양기관에 의한 것 : 균체, 균사, 균핵, 자좌, 흡기
- 번식기관에 의한 것 : 포자, 자실체

41 다음 중 굵은 가지 절단 시 제거하지 말아야 하는 부위는?

① 목질부 ② 지피융기선
③ 지륭 ④ 피목

해설
- 지피융기선 : 줄기와 가지가 갈라지는 안쪽의 내부조직이 형성될 때 외부의 수피가 바깥쪽으로 불룩하게 올라가는데 이 부분을 지피융기선이라 한다.
- 지륭 : 줄기와 접한 가지의 기부하단을 둘러싸면서 부풀어 오르는 부분

42 다음 그림과 같이 수준측량을 하여 각 측점의 높이를 측정하였다. 절토량 및 성토량이 균형을 이루는 계획고는?

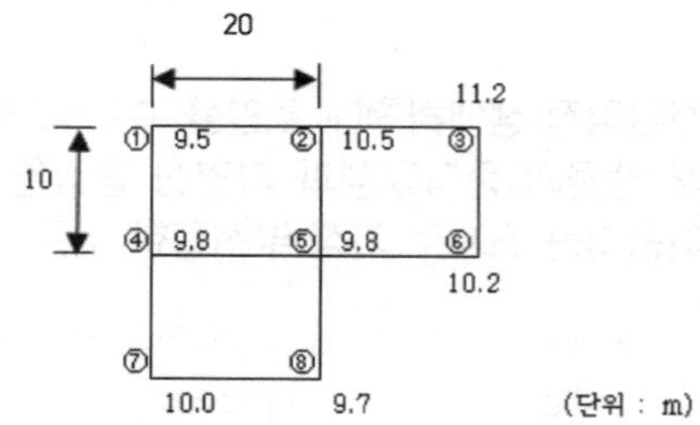

① 9.59m ② 9.95m
③ 10.05m ④ 10.50m

해설
- 토량 : $V = \frac{A}{4}(\Sigma h_1 + 2\Sigma h_2 + 4\Sigma h_3 + 4\Sigma h_4)$

$\Sigma h_1 = 50.6m$ $\Sigma h_2 = 20.3m$ $\Sigma h_3 = 9.8m$

$V = \frac{200}{4}(50.6 + 2\times20.3 + 3\times9.8) = 6{,}030m^2$

- 계획고 : $h = \frac{V}{nA}$ $h = \frac{6{,}030}{3\times200} = 10.05m$

43 다음 중 L형 측구의 팽창줄눈 설치 시 지수판의 간격은?

① 20m 이내 ② 25m 이내
③ 30m 이내 ④ 35m 이내

해설 도로공사 표준시방서
L형 측구 시공시 팽창줄눈에는 지수판을 설치하고 줄눈의 간격은 20m 이내로 하며, 팽창줄눈부의 전면은 밀폐 채움을 하여야 한다.

44 다음 중 생울타리 수종으로 가장 적합한 것은?

① 쥐똥나무 ② 이팝나무
③ 은행나무 ④ 굴거리나무

정답 38 ③ 39 ② 40 ③ 41 ③ 42 ③ 43 ① 44 ①

45 **조경관리 방식 중 직영방식의 장점에 해당하지 않는 것은?**

① 긴급한 대응이 가능하다.
② 관리실태를 정확히 파악할 수 있다.
③ 애착심을 가지므로 관리효율의 향상을 꾀한다.
④ 규모가 큰 시설 등의 관리를 효율적으로 할 수 있다.

해설 **직영의 장점**
- 책임 소재 분명
- 긴급한 대응 가능
- 관리 실태의 정확한 파악
- 관리자의 취지 분명
- 임기응변적인 조처 가능
- 이용자에게 양질의 서비스 제공
- 관리효율의 향상

도급의 장점
- 대규모 시설물의 효율적 관리
- 전문가의 합리적 이용
- 번잡한 노무관리의 단순화
- 전문지식, 기술, 자격에 의한 양질의 서비스 제공
- 관리비 저렴, 장기적으로 안정

46 **다음 중 시비시기와 관련된 설명 중 틀린 것은?**

① 온대지방에서는 수종에 관계없이 가장 왕성한 생장을 하는 시기가 봄이며, 이 시기에 맞게 비료를 주는 것이 가장 바람직하다.
② 시비효과가 봄에 나타나게 하려면 겨울눈이 트기 4~6주 전인 겨울이나 이른 봄에 토양에 시비한다.
③ 질소비료를 제외한 다른 다량원소는 연중 필요할 때 시비하면 되고, 미량원소를 토양에 시비할 때에는 가을에 실시한다.
④ 우리나라의 경우 고정생장을 하는 소나무, 전나무, 가문비나무 등은 9~10월보다는 2월에 시비가 적절하다.

47 **다음 중 한국잔디류에 가장 많이 발생하는 병은?**

① 녹병 ② 탄저병
③ 설부병 ④ 브라운패치

해설
- 붉은녹병 : 한국잔디의 대표적인 병으로 배수불량, 답압시 발생
- 브라운패치 : 서양잔디에만 발생, 잔디깎기 불량시에 발생

48 **시공관리의 3대 목적이 아닌 것은?**

① 원가관리 ② 노무관리
③ 공정관리 ④ 품질관리

해설 시공관리 3대 기능 : 품질관리(좋게), 공정관리(빨리), 원가관리(싸게)

49 **다음 중 토사붕괴의 예방대책으로 틀린 것은?**

① 지하수위를 높인다.
② 적절한 경사면의 기울기를 계획한다.
③ 활동할 가능성이 있는 토석은 제거하여야 한다.
④ 말뚝(강관, H형강, 철근 콘크리트)을 타압하여 지반을 강화시킨다.

해설 지하수위를 낮추어야 토사붕괴를 막을 수 있다.

50 **병의 발생에 필요한 3가지 요인을 정량화하여 삼각형의 각 변으로 표시하고 이들 상호관계에 의한 삼각형의 면적을 발병량으로 나타내는 것을 병삼각형이라 한다. 여기에 포함되지 않는 것은?**

① 병원체 ② 환경
③ 기주 ④ 저항성

해설 병원체, 환경, 기주를 병의 발생에 필요한 3가지 요인으로 이것을 삼각형의 면적으로 나타낸 것을 병삼각형이라 한다.

정답 45 ④ 46 ④ 47 ① 48 ② 49 ① 50 ④

51 목재 시설물에 대한 특징 및 관리 등의 설명으로 틀린 것은?

① 감촉이 좋고 외관이 아름답다.
② 철재보다 부패하기 쉽고 잘 갈라진다.
③ 정기적인 보수와 칠을 해주어야 한다.
④ 저온 때 충격에 의한 파손이 우려된다.

52 소나무좀의 생활사를 기술한 것 중 옳은 것은?

① 유충은 2회 탈피하며 유충기간은 약 20일이다.
② 1년에 1~3회 발생하며 암컷은 불완전변태를 한다.
③ 부화약충은 잎, 줄기에 붙어 즙액을 빨아 먹는다.
④ 부화한 애벌레가 쇠약목에 침입하여 갱도를 만든다.

해설
- 성충과 유충이 줄기의 수피 아래를 가해하는 1차 피해와 새로운 성충이 신초를 뚫고 들어가서 가해하는 후식 피해(2차 피해)가 있다.(천공성)
- 연 1회 발생하며 성충으로 나무 밑동의 수피 틈에서 월동한 후 3월에 평균기온이 15℃ 정도로 2~3일 계속되면 월동처에서 나와 수세가 쇠약한 나무의 줄기에 침입해 산란한다. (완전변태)

53 축척 $\frac{1}{1,200}$의 도면을 $\frac{1}{600}$로 변경하고자 할 때 도면의 증가 면적은?

① 2배　② 3배
③ 4배　④ 6배

해설 축척이 2배로 늘어나면, 길이는 2배, 면적은 4배로 늘어난다.

54 살비제(acaricide)란 어떠한 약제를 말하는가?

① 선충을 방제하기 위하여 사용하는 약제
② 나방류를 방제하기 위하여 사용하는 약제
③ 응애류를 방제하기 위하여 사용하는 약제
④ 병균이 식물체에 침투하는 것을 방지하는 약제

해설 응애는 살비제를 사용하되 동일 약종을 계속 사용하면 약제 대하여 저항성의 응애가 생기므로 같은 약종의 연용은 피해야 한다.

55 일반적인 공사 수량 산출 방법으로 가장 적합한 것은?

① 중복이 되지 않게 세분화 한다.
② 수직방향에서 수평방향으로 한다.
③ 외부에서 내부로 한다.
④ 작은 곳에서 큰 곳으로 한다.

해설 수량산출시 정확하게 산출하여되 중복 산출되지 않아야 한다.

56 수목의 필수원소 중 다량원소에 해당하지 않는 것은?

① H　② K
③ CI　④ C

해설
- 다량원소 : C, H, O, N, P, K, Ca, Mg, S
- 미량 원소 : 붕소(B), 구리(Cu), 철(Fe), 망간(Mn), 몰리브덴(Mo), 아연(Zn)

57 근원직경이 18㎝ 나무의 뿌리분을 만들려고 한다. 다음 식을 이용하여 소나무 뿌리분의 지름을 계산하면 얼마인가? (단, 공식 24+(N−3)×d, d는 상록수 4, 활엽수 5이다.)

① 80㎝　② 82㎝
③ 84㎝　④ 86㎝

해설 24+(18−3)4 = 84cm

정답 51 ④　52 ①　53 ③　54 ③　55 ①　56 ③　57 ③

58 농약은 라벨과 뚜껑의 색으로 구분하여 표기하고 있는데, 다음 중 연결이 바른 것은?

① 제초제 – 노란색
② 살균제 – 녹색
③ 살충제 – 파란색
④ 생장조절제 – 흰색

해설
- 살균제 – 분홍색
- 살비제 – 초록색
- 살충제 – 초록색
- 제초제 – 노랑색(선택성), 빨강색(비선택성)
- 생장조절제 – 파랑색
- 보조제 – 흰색

59 다음 중 순공사원가에 속하지 않는 것은?

① 재료비 ② 경비
③ 노무비 ④ 일반관리비

해설
- 공사비는 재료비, 노무비, 경비, 일반관리비, 이윤 등으로 구성된다.
- 순공사원가 : 재료비, 노무비, 경비
- 일반관리비 = 순공사원가(재료비+노무비+경비)5~6%
- 이윤 = (순공사원가+일반관리비–재료비)15%

60 20L 들이 분무기 한통에 1000배액의 농약 용액을 만들고자 할 때 필요한 농약의 약량은?

① 10mL ② 20mL
③ 30mL ④ 50mL

해설 $\text{원액량} = \frac{\text{살포량}}{\text{희석배수}} = \frac{20\text{ L}}{1,000} = \frac{20,000\text{ml}}{1,000} = 20\text{ml}$

정답 58 ① 59 ④ 60 ②

국가기술자격검정 필기시험문제

2015년 04월 06일 시행

자격종목	코 드	시험시간	형 별	수험번호	성 명
조경 기능사		**1시간**			

1 다음 중 주택정원의 작업뜰에 위치할 수 있는 시설물로 가장 부적합한 것은?

① 장독대　② 빨래 건조장
③ 파고라　④ 채소밭

2 상점의 간판에 세 가지의 조명을 동시에 비추어 백색광을 만들려고 한다. 이 때 필요한 3가지 기본 색광은?

① 노랑(Y), 초록(G), 파랑(B)
② 빨강(R), 노랑(Y), 파랑(B)
③ 빨강(R), 노랑(Y), 초록(G)
④ 빨강(R), 초록(G), 파랑(B)

해설 • 색광(빛)의 3원색 : 빨강(R), 초록(G), 파랑(B)
• 색료(물감)의 3원색 : 빨강(R), 노랑(Y), 파랑(B)

3 물체를 투상면에 대하여 한쪽으로 경사지게 투상하여 입체적으로 나타낸 것으로 다음 그림과 같은 것은?

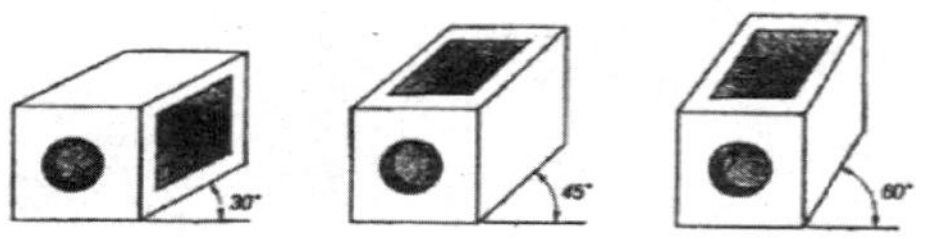

① 사투상도　② 투시투상도
③ 등각투상도　④ 부등각투상도

해설 투상도의 종류 : 등각투상도, 부등각투상도, 사투상도

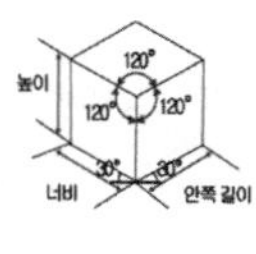

등각투상도

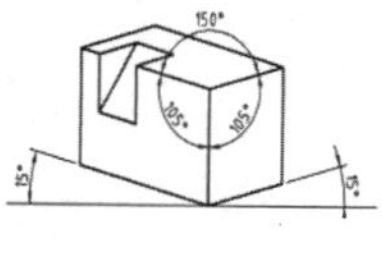

부등각투상도

4 사적지 유형 중 "제사, 신앙에 관한 유적"에 해당되는 것은?

① 도요지　② 성곽
③ 고궁　④ 사당

5 우리나라 조경의 특징으로 가장 적합한 설명은?

① 경관의 조화를 중요시하면서도 경관의 대비에 중점
② 급격한 지형변화를 이용하여 돌, 나무 등의 섬세한 사용을 통한 정신세계의 상징화
③ 풍수지리설에 영향을 받으며, 계절의 변화를 느낄 수 있음
④ 바닥포장과 괴석을 주로 사용하여 계속적인 변화와 시각적 흥미를 제공

해설 ①, ④ – 중국, ② – 일본

6 다음 중 통경선(Vistas)의 설명으로 가장 적합한 것은?

① 주로 자연식 정원에서 많이 쓰인다.
② 정원에 변화를 많이 주기 위한 수법이다.
③ 정원에서 바라볼 수 있는 정원 밖의 풍경이 중요한 구실을 한다.
④ 시점(視點)으로부터 부지의 끝부분까지 시선을 집중하도록 한 것이다.

정답 1 ③　2 ④　3 ①　4 ④　5 ③　6 ④

7 **도시공원 및 녹지 등에 관한 법률 시행규칙에 의한 도시공원의 구분에 해당되지 않는 것은?**

① 역사공원　② 체육공원
③ 도시농업공원　④ 국립공원

해설
- 도시공원 : 소공원, 어린이공원, 근린공원, 주제공원(체육공원, 역사공원, 조각공원, 문화공원, 교통 공원 등 주제를 갖고 있는 공원)
- 자연공원 : 국립공원, 도립공원, 군립공원

8 **중세 클로이스터 가든에 나타나는 사분원(四分園)의 기원이 된 회교 정원 양식은?**

① 차하르 바그　② 페리스타일 가든
③ 아라베스크　④ 행잉 가든

해설 이스파한(Isfahan) –차하르 바그
- 일련의 소정원을 연속적으로 이어가면서 도시 자체를 하나의 거대한 정원으로 조성
- 중부 이란 사막 지대 위치, 오아시스 도시
- 압바스 1세에 의해 계획 , 차하르 바그 를 척추로 전개
- 4분원 : 천국을 상징하는 4강을 의미

9 **다음은 어떤 색에 대한 설명인가?**

> 신비로움, 환상, 성스러움 등을 상징하며 여성스러움을 강조하는 역할을 하기도 하지만 반면 비애감과 고독감을 느끼게 하기도 한다.

① 빨강　② 주황
③ 파랑　④ 보라

해설
- 보라색 : 우아함, 품위, 화려함, 풍부함, 신비스러움, 개성, 고독, 추함, 통찰력, 직관력, 상상력, 자존심, 관용과 긍정적인 이미지와 사치, 타락을 상징
- 파랑색 : 상쾌함, 신선함, 신비로움, 차가움, 냉정
- 주황색 : 에너지, 성과, 활력, 만족, 약동, 적극성, 명랑, 친근
- 빨강색 : 정지, 금지, 위험 , 경고, 정열, 흥분, 관용, 사랑, 순교, 신의, 용기, 혁명, 사고, 생명, 재생, 태양, 불

10 **다음 그림의 가로 장치물 중 볼라드로 가장 적합한 것은?**

① 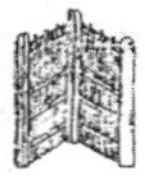
② 
③ 
④ 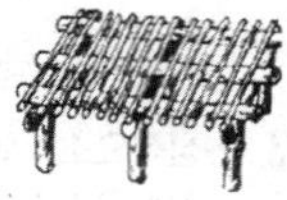

11 **다음 중 (　　)안에 들어갈 각각의 내용으로 옳은 것은?**

> 인간이 볼 수 있는 (　　　)의 파장은 약 (　　~　　)nm이다.

① 적외선, 560~960
② 가시광선, 560~960
③ 가시광선, 380~780
④ 적외선, 380~780

12 **회색의 시멘트 블록들 가운데에 놓인 붉은 벽돌은 실제의 색보다 더 선명해 보인다. 이러한 현상을 무엇이라고 하는가?**

① 색상대비　② 명도대비
③ 채도 대비　④ 보색대비

해설 색의 대비
- 명도 대비 : 명도가 다른 색이 배색될 경우, 밝은 색은 더 밝게 어두운 색은 더 어둡게 느껴지는 것. ※ 같은 명도의 회색을 백색과 흑색 위에 놓으면, 백색 위에 놓인 회색은 어둡게, 흑색 위에 놓인 회색은 밝게 느껴진다.
- 채도 대비 : 채도가 다른 색을 배열할 때 채도가 높은 색은 한층 더 선명하게 보이고, 채도가 낮은 탁한 색은 한층 더 회색이 많아 보인다.
- 보색대비 : 보색을 배열할 때 각기 채도가 높아지듯이 색의 선명도가 강조되어 보인다. 생동감이 있다.
- 색상대비 : 인접한 색 때문에 색상이 달라 보이는 현상. 파랑바탕위의 녹색은 연두색처럼 보이고 노랑바탕 위에 녹색은 청록색처럼 보인다.
- 면적대비 : 면적이 큰 색이 명도와 채도가 높아져 실제보다 밝고 맑게 보이고, 면적이 작은색은 어둡고 탁해 보인다.
- 연변대비 : 색과 색이 접하는 부분에서 일어나는 현상. 흰색에 접한 회색이 검정에 접한 회색보다 어두워 보인다.

정답 7 ④　8 ①　9 ④　10 ③　11 ③　12 ③

13 정원의 구성 요소 중 점적인 요소로 구별되는 것은?

① 원로 ② 생울타리
③ 냇물 ④ 휴지통

해설
• 점적요소 : 외딴집, 정자나무, 독립수, 분수, 경관석
• 선적요소 : 하천, 도로, 가로수, 냇물
• 면적요소 : 호수, 경작지, 초지, 전답, 운동장

14 다음 중 ( )안에 해당하지 않는 것은?

우리나라 전통조경 공간인 연못에는 ( ), ( ), ( )의 삼신산을 상징하는 세 섬을 꾸며 신선사상을 표현했다.

① 영주 ② 방지
③ 봉래 ④ 방장

해설 삼신산 : 중국 한나라 시대 태액지에서 유래한 신선의 거처를 마련한 신선사상을 반영한 수법 (봉래산, 영주산, 방장산)

15 다음 중 교통 표지판의 색상을 결정할 때 가장 중요하게 고려하여야 할 것은?

① 심미성 ② 명시성
③ 경제성 ④ 양질성

해설 색의 조합에 따라 더 잘 보이는 색이 있는데 이것을 명시성이라고 한다. 보색일 경우 명시성이 더 높아진다.

16 다음 지피식물의 기능과 효과에 관한 설명 중 옳지 않은 것은?

① 토양유실의 방지
② 녹음 및 그늘 제공
③ 운동 및 휴식공간 제공
④ 경관의 분위기를 자연스럽게 유도

17 어떤 목재의 함수율이 50%일 때 목재중량이 3000g이라면 전건중량은 얼마인가?

① 1000g ② 2000g
③ 4000g ④ 5000g

해설
$$목재의\ 함수율(\%) = \frac{건조전\ 중량-건조후\ 중량}{건조후\ 중량} \times 100$$
$$50 = \frac{3{,}000-건조후\ 중량(x)}{건조후\ 중량(x)} \times 100 = 13.0(\%)$$
0.5X = 3,000−X,
1.5X = 3,000
X = 2,000g

18 다음 시멘트의 성분 중 화합물상에서 발열량이 가장 많은 성분은?

① C_3A ② C_3S
③ C_4AF ④ C_2S

해설
• C_3A : 알루민산 3석회 – 수화작용이 매우 빠르고 수화열이 높다.
• C_3S : 규산 3석회 – C_3A보다 수화는 늦지만 수화시간이 길며 수화열도 상당히 높다.
• C_4AF : 알루민산 4석회 – 수화열이 낮으며 조기강도, 장기강도가 낮다.
• C_2S : 규산2 석회 – C_3S 보다수화가 늦고 장기간에 걸쳐서 강도가 증가한다.

19 다음 중 환경적 문제를 해결하기 위하여 친환경적 재료로 개발한 것은?

① 시멘트 ② 절연재
③ 잔디블록 ④ 유리블록

해설 잔디블럭 설치는 잔디성장을 보호하고 친환경적인 주변환경을 조성하며, 보행로, 산책로, 주차장, 공원, 골프장, 학교주차장 등에 설치

20 소나무 꽃의 특성에 대한 설명으로 옳은 것은?

① 단성화, 자웅동주
② 단성화, 자웅이주
③ 양성화, 자웅동주
④ 양성화, 자웅이주

해설 • 양성화 : 꽃 안에 암술과 수술을 모두 갖추고 있는 꽃. 대부분의 종자식물의 꽃들이 양성화로 핀다. (벚꽃, 진

정답 13 ④ 14 ② 15 ② 16 ② 17 ② 18 ① 19 ③ 20 ①

달래 등)
- 단성화 : 암꽃과 숫꽃이 별도로 나뉘어서 피는 꽃. 암꽃은 암술만 가지고 있고 숫꽃은 수술만 가지고 있다. (호박, 오이, 수세미, 박 등)
- 자웅동주 : 한 나무에서 암수꽃이 모두 피는 식물. 단성화로 피기도하고 양성화로 핀다.
  - 단성화로 피는 식물 : 호박, 오이, 수세미, 소나무 등
  - 양성화로 피는 식물 : 벚꽃, 진달래 등 대부분 식물
- 자웅이주 : 암수꽃이 별도의 나무에서 피는 식물(은행나무, 식나무, 삼, 뽕나무, 시금치)

21 다음 중 비료목(肥料木)에 해당되는 식물이 아닌 것은?

① 다릅나무 ② 곰솔
③ 싸리나무 ④ 보리수나무

해설 비료목 : 뿌리혹박테리아는 나무에 필요한 질소를 뿌리가 빨아들이기 좋게 공급해 주는 역할을 한다. 따라서 메마른 땅에 비료목을 심으면 오히려 토양이 비옥해진다고 한다. 비료목은 보통 콩과 식물들이 질소고정 박테리아와 공생하고 있으며 콩과가 아닌 식물로는 오리나무와 보리수나무를 들 수 있다.

22 암석에서 떼어 낸 석재를 가공할 때 잔다듬질용으로 사용하는 도드락 망치는?

①
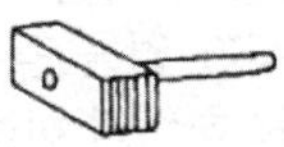
②
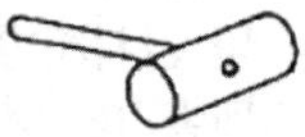
③
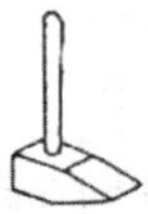
④

23 다음 중 가로수로 식재하며, 주로 봄에 꽃을 감상할 목적으로 식재하는 수종은?

① 팽나무 ② 마가목
③ 협죽도 ④ 벚나무

24 다음 중 강음수에 해당되는 식물종은?

① 팔손이 ② 두릅나무
③ 회나무 ④ 노간주나무

해설 음수 : 약한 광선에도 좋은 생육(전 광선량의 50%내외) 팔손이, 전나무, 비자나무, 주목, 가시나무, 식나무, 독일가문비, 광나무, 사철나무, 녹나무, 후박나무, 동백나무, 회양목, 눈주목, 아왜나무 등

25 석재의 분류는 화성암, 퇴적암, 변성암으로 분류할 수 있다. 다음 중 퇴적암에 해당되지 않는 것은?

① 사암 ② 혈암
③ 석회암 ④ 안산암

해설
- 화성암 : 화강암, 안산암, 현무암, 섬록암
- 퇴적암 : 사암, 석회암, 점판암, 응회암, 혈암
- 변성암 : 대리석, 사문암, 편마암

26 콘크리트의 연행공기량과 관련된 설명으로 틀린 것은?

① 사용 시멘트의 비표면적이 작으면 연행공기량은 증가한다.
② 콘크리트의 온도가 높으면 공기량은 감소한다.
③ 단위잔골재량이 많으면, 연행공기량은 감소한다.
④ 플라이애시를 혼화재로 사용할 경우 미연소탄소 함유량이 많으면 연행공기량이 감소한다.

27 금속을 활용한 제품으로서 철 금속 제품에 해당하지 않는 것은?

① 철근, 강판 ② 형강, 강관
③ 볼트, 너트 ④ 도관, 가도관

해설
- 점토제품 : 토관, 도관, 가도관, 벽돌, 타일, 도자기
- 금속제품 : 형강, 강봉, 강판, 철선, 와이어로프, 긴결철물, 스텐레스강, 알루미늄, 구리합금

28 「피라칸다」와 「해당화」의 공통점으로 옳지 않은 것은?

정답 21 ② 22 ① 23 ④ 24 ① 25 ④ 26 ③ 27 ④ 28 ③

① 과명은 장미과이다.
② 열매는 붉은 색으로 성숙한다.
③ 성상은 상록활엽관목이다.
④ 줄기나 가지에 가시가 있다.

해설 해당화는 낙엽활엽관목이다.

29 낙엽활엽소교목으로 양수이며 잎이 나오기 전 3월경 노란색으로 개화하고, 빨간 열매를 맺어 아름다운 수종은?

① 개나리 ② 생강나무
③ 산수유 ④ 풍년화

30 다음 중 목재의 함수율이 크고 작음에 가장 영향이 큰 강도는?

① 인장강도 ② 휨강도
③ 전단강도 ④ 압축강도

31 다음 중 수목의 형태상 분류가 다른 것은?

① 떡갈나무 ② 박태기나무
③ 회화나무 ④ 느티나무

해설
- 낙엽활엽교목 : 떡갈나무, 회화나무, 느티나무
- 낙엽활엽관목 : 박태기나무

32 목련과(Magnoliaceae)중 상록성 수종에 해당 하는 것은?

① 태산목 ① 함박꽃나무
② 자목련 ③ 일본목련

33 압력 탱크 속에서 고압으로 방부제를 주입시키는 방법으로 목재의 방부처리 방법 중 가장 효과적인 것은?

① 표면탄화법 ② 침지법
③ 가압주입법 ④ 도포법

34 다음 석재의 역학적 성질 설명 중 옳지 않은 것은?

① 공극률이 가장 큰 것은 대리석이다.
② 현무암의 탄성계수는 후크(Hooke)의 법칙을 따른다.
③ 석재의 강도는 압축강도가 특히 크며, 인장 강도는 매우 작다.
④ 석재 중 풍화에 가장 큰 저항성을 가지는 것은 화강암이다.

해설 대리석은 중국 운남성 대리부에서 가장 많이 산출되어 대리석이라 한다. 공극이 매우 작고(공극률이 낮다) 무늬가 아름답고 화려하다. 석질이 연해 가공이 용이하다.

35 통기성, 흡수성, 보온성, 부식성이 우수하여 줄기감기용, 수목 굴취시 뿌리감기용, 겨울철 수목보호를 위해 사용되는 마(麻) 소재의 친환경적 조경자재는?

① 녹화마대 ② 볏짚
③ 새끼줄 ④ 우드칩

36 다음 중 조경석 가로쌓기 작업이 설계도면 및 공사시방서에 명시가 없을 경우 높이가 메쌓기는 몇 m 이하로 하여야 하는가?

① 1.5 ② 1.8
③ 2.0 ④ 2.5

해설 돌쌓기 하루에 쌓는 높이가 1.2m 최대 1.5m로 쌓는다.

37 조경공사용 기계의 종류와 용도(굴삭, 배토정지, 상차, 운반, 다짐)의 연결이 옳지 않은 것은?

① 굴삭용 – 무한궤도식 로더
② 운반용 – 덤프트럭
③ 다짐용 – 탬퍼
④ 배토정지용 – 모터 그레이더

해설 무한궤도식 로더 – 싣기용

정답 29 ③ 30 ④ 31 ② 32 ① 33 ③ 34 ① 35 ① 36 ① 37 ①

38 물 200L를 가지고 제초제 1000배액을 만들 경우 필요한 약량은 몇 mL인가?

① 10　② 100
③ 200　④ 500

해설 원액량 = 물 200,00ml ÷1000 = 200ml

39 다음 [보기]의 뿌리돌림 설명 중 ( )에 가장 적합한 숫자는?

- 뿌리돌림은 이식하기 (㉠)년 전에 실시하되 최소 (㉡)개월 전 초봄이나 늦가을에 실시한다.
- 노목이나 보호수와 같이 중요한 나무는 (㉢)회 나누어 연차적으로 실시한다.

① ㉠ 1~2 ㉡ 12 ㉢ 2~4
② ㉠ 1~2 ㉡ 6 ㉢ 2~4
③ ㉠ 3~4 ㉡ 12 ㉢ 1~2
④ ㉠ 3~4 ㉡ 24 ㉢ 1~2

40 건설공사의 감리 구분에 해당하지 않는 것은?

① 설계감리　② 시공감리
③ 입찰감리　④ 책임감리

해설 건설공사 감리에는 설계감리, 시공감리, 책임감리 등이 있다.

41 동일한 규격의 수목이 연속적으로 모아 심었거나 줄지어 심었을 때 적합한 지주 설치법은?

① 단각지주　② 이각지주
③ 삼각지주　④ 연결형지주

42 측량시에 사용하는 측정기구와 그 설명이 틀린 것은?

① 야장 : 측량한 결과를 기입하는 수첩
② 측량 핀 : 테이프의 길이마다 그 측점을 땅 위에 표시하기 위하여 사용되는 핀
③ 폴(pole) : 일정한 지점이 멀리서도 잘 보이도록 곧은 장대에 빨간색과 흰색을 교대로 칠하여 만든 기구
④ 보수계(pedometer) : 어느 지점이나 범위를 표시하기 위하여 땅에 꽂아 두는 나무 표지

해설 보수계 : 보측(步測)에 의한 거리 측정에 사용되는 것으로, 가슴 또는 허리에 붙이고 걸으면 그 지침에 의해 보수(걸음수)를 알 수 있다. 속칭 만보계라 한다.

43 관리업무의 수행 중 도급방식의 대상으로 옳은 것은?

① 긴급한 대응이 필요한 업무
② 금액이 적고 간편한 업무
③ 연속해서 행할 수 없는 업무
④ 규모가 크고, 노력, 재료 등을 포함하는 업무

해설 **직영 대상**
- 빠른 대응이 필요한 업무
- 연속할 수 없는 업무
- 금액이 적고, 간편한 업무
- 일상적인 유지관리 업무
- 진척사항이 명확하지 않고 검사가 어려운 업무

도급 대상
- 장기간에 걸쳐 단순작업을 행하는 업무
- 전문적 지식, 기술, 자격을 요하는 업무
- 규모가 크고, 노력, 재료 등을 포함하는 업무
- 관리 주체가 보유한 설비로 불가능한 업무
- 직영의 관리원으로 부족한 업무

44 다음 중 유충과 성충이 동시에 나뭇잎에 피해를 주는 해충이 아닌 것은?

① 느티나무벼룩바구미
② 버들꼬마잎벌레
③ 주둥무늬차색풍뎅이
④ 큰이십팔점박이무당벌레

정답 38 ③　39 ②　40 ③　41 ④　42 ④　43 ④　44 ③

45 다음 [보기]의 식물들이 모두 사용되는 정원 식재 작업에서 가장 먼저 식재를 진행해야 할 수종은?

소나무, 수수꽃다리, 영산홍, 잔디

① 잔디 ② 영산홍
③ 수수꽃다리 ④ 소나무

해설 식재순서는 큰나무부터 작은나무, 지피순으로 식재한다.

46 다음 중 생리적 산성비료는?

① 요소 ② 용성인비
③ 석회질소 ④ 황산암모늄

해설 황산암모늄(유안) : 흙을 산성으로 변하게 한다.

47 40%(비중 = 1)의 어떤 유제가 있다. 이 유제를 1000배로 희석하여 10a 당 9L를 살포하고자 할 때, 유제의 소요량은 몇 mL 인가?

① 7 ② 8
③ 9 ④ 10

해설 $원액량 = \frac{살포량}{희석배수} = \frac{9\ L}{1,000} = \frac{9,000ml}{1,000} = 9ml$

48 서중 콘크리트는 1일 평균기온이 얼마를 초과하는 것이 예상되는 경우 시공하여야 하는가?

① 25℃ ② 20℃
③ 15℃ ④ 10℃

해설
- 서중콘크리트 : 하루 평균기온이 25℃ 초과할 때 사용
- 한중콘크리트 : 하루 평균기온이 4℃ 이하일 때 사용

49 흡즙성 해충으로 버즘나무, 철쭉류, 배나무 등에서 많은 피해를 주는 해충은?

① 오리나무잎벌레 ② 솔노랑잎벌
③ 방패벌레 ④ 도토리거위벌레

50 골프코스에서 홀(hole)의 출발지점을 무엇이라 하는가?

① 그린 ② 티
③ 러프 ④ 페어웨이

51 농약 혼용 시 주의하여야 할 사항으로 틀린 것은?

① 혼용 시 침전물이 생기면 사용하지 않아야 한다.
② 가능한 한 고농도로 살포하여 인건비를 절약한다.
③ 농약의 혼용은 반드시 농약 혼용가부표를 참고한다.
④ 농약을 혼용하여 조제한 약제는 될 수 있으면 즉시 살포하여야 한다.

52 목적에 알맞은 수형으로 만들기 위해 나무의 일부분을 잘라 주는 관리방법을 무엇이라 하는가?

① 관수 ② 멀칭
③ 시비 ④ 전정

53 다음 중 지형을 표시하는데 가장 기본이 되는 등고선은?

① 간곡선 ② 주곡선
③ 조곡선 ④ 계곡선

54 경관에 변화를 주거나 방음, 방풍 등을 위한 목적으로 작은 동산을 만드는 공사의 종류는?

① 부지정지 공사 ② 흙깎기 공사
③ 멀칭 공사 ④ 마운딩 공사

정답 45 ④ 46 ④ 47 ③ 48 ① 49 ③ 50 ② 51 ② 52 ④ 53 ② 54 ④

55 잣나무 털녹병의 중간 기주에 해당하는 것은?

① 등골나무 ② 향나무
③ 오리나무 ④ 까치밥나무

해설 잣나무털녹병의 중간기주는 송이풀, 까치밥나무

56 수준측량의 용어 설명 중 높이를 알고 있는 기지점에 세운 표척눈금의 읽은 값을 무엇이라 하는가?

① 후시 ② 전시
③ 전환점 ④ 중간점

해설
- 기준점(B.S) : bench mark, 평균 해수면
- 후시(B.S) : 알고있는 점에 표척을 세워 읽은 값
- 전시(F.S) : 구하고자 하는 점에 기계를 세워 읽은 값
- 중간점(I.P) : 그 점의 표고를 구하고자 전시만을 취한 점
- 이기점(T.P) : 기계를 옮기기 위한 점으로 전시와 후시를 동시에 취한 점
- 지반고(G.L) : 지점의 표고
- 기계고(I.L) : 망원경의 시준점까지의 높이

57 석재가공 방법 중 화강암 표면의 기계로 켠 자국을 없애주고 자연스러운 느낌을 주므로 가장 널리 쓰이는 마감방법은?

① 버너마감 ② 잔다듬
③ 정다듬 ④ 도드락다듬

해설 버너구이(화염방사) : 화강암 가공방법으로 화염을 방사하여 표면처리 하는 방법

58 공원의 주민 참가 3단계 발전 과정이 옳은 것은?

① 비참가 → 시민 권력의 관계 → 형식적 참가
② 형식적 참가 → 비참가 → 시민 권력의 단계
③ 비참가 → 형식적 참가 → 시민 권력의 단계
④ 시민 권력의 단계 → 비참가 → 형식적 참가

59 자연석(경관석) 놓기에 대한 설명으로 틀린 것은?

① 경관석의 크기와 외형을 고려한다.
② 경관석 배치의 기본형은 부등변삼각형이다.
③ 경관석의 구성은 2, 4, 8 등 짝수로 조합한다.
④ 돌 사이의 거리나 크기를 조정하여 배치한다.

해설 경관석의 구성은 3, 5, 7 등 홀수로 조합한다.

60 농약의 물리적 성질 중 살포하여 부착한 약제가 이슬이나 빗물에 씻겨 내리지 않고 식물체 표면에 묻어 있는 성질을 무엇이라 하는가?

① 고착성(tenacity)
② 부착성(adhesiveness)
③ 침투성(penetrating)
④ 현수성(suspensibility)

정답 55 ④ 56 ① 57 ① 58 ③ 59 ③ 60 ①

국가기술자격검정 필기시험문제

2015년 07월 20일 시행

자격종목	코드	시험시간	형별	수험번호	성 명
조경 기능사		**1시간**			

1 **다음 중 색의 삼속성이 아닌 것은?**

① 색상 ② 명도
③ 채도 ④ 대비

해설
- 색의 3요소 : 색상, 명도, 채도
- 색상(H) : 빨강, 노랑, 파랑 등 색의 구분, 또는 그 색만이 가지고 있는 독특한 성질
  - 3원색(빛–빨강, 녹색, 파랑. 물감–빨강, 노랑, 파랑)
  - 기본 5색 : 빨강(R), 노랑(Y), 녹색(G), 파랑(B), 보라(P)
  - 주요 10색상 : 빨강(R), 주황(YR), 노랑(Y), 연두(GY), 녹색(G), 청록(BG), 파랑(B), 남색(PB), 보라(P), 자주(RP)
- 명도(V) : 색의 밝고 어두운 정도(검정–0,흰색–10)
- 채도(C) : 색의 맑고 탁한 정도(1–14까지 14단계)
- H–V/C : 5R–4/14 (빨강), 5Y–9/14(노랑)

2 **다음 중 기본 계획에 해당되지 않는 것은?**

① 땅가름 ② 주요시설배치
③ 식재계획 ④ 실시설계

3 **다음 중 서원 조경에 대한 설명으로 틀린 것은?**

① 도산서당의 정우당, 남계서원의 지당에 연꽃이 식재된 것은 주렴계의 애련설의 영향이다.
② 서원의 진입공간에는 홍살문이 세워지고, 하마비와 하마석이 놓여진다.
③ 서원에 식재되는 수목들은 관상을 목적으로 식재되었다.
④ 서원에 식재되는 대표적인 수목은 은행나무로 행단과 관련이 있다.

해설 **서원조경의 배경**
- 성종 때에 사화당쟁(士禍黨爭)으로 인해 사림파가 낙향하여 은둔하는 과정에서 서원이 성립
- 최초의 사액(賜額)서원은 소수서원으로 국가가 서원을 인정, 토지, 문헌, 노비 등을 하사하고 세금을 감면
- 서원은 숭유사상을 바탕으로 형성된 장소
- 주로 산수가 뛰어난 지방에 입지
- 학자수(學者樹)로 알려졌던 느티나무, 은행나무, 향나무, 회화나무 등 식재
- 공자의 사당에 은행나무를 심어 행단이라 하였다.

① 소수서원 : 경북 영주, 주세붕, 강당이 병렬 배치, 죽계계곡과 강염정
② 옥산서원 : 경북 경주, 이제민, 용추폭포와 외나무다리, 수경연출이 독특함
③ 도산서원 : 경북 안동, 유림, 정우당과 몽천, 방지안에 연을 식재(애련설 영향) 절우사(節友社) 축조(사절우(四節友) 식재)
④ 병산서원 : 경북 안동, 유성용, 중심축을 벗어난 공간구성
⑤ 도동서원 : 대구 달성, 계류의 물을 서원 안으로 끌어들여 수(水)경관

4 **일본의 정원 양식 중 다음 설명에 해당하는 것은?**

> - 15세기 후반에 바다의 경치를 나타내기 위해 사용 하였다.
> - 정원 소재로 왕모래와 몇 개의 바위만으로 정원을 꾸미고, 식물은 일체 쓰지 않았다.

① 다정양식 ② 축산고산수양식
③ 평정고산수양식 ④ 침전조정원 양식

해설 **평정고산수 수법 (15C후반)**
- 축산고산수에서 더 나아가 초감각적 무(無)의 경지표현
- 식물의 사용 없고, 왕모래(바다)와 몇 개의 바위(섬)만 사용
- 용안사 방장선원 : 서양에서 가장 유명한 동양정원
- 두꺼운 토담으로 둘러 싸인 장방형의 방장마당에 백사를 깔고 물결 모양
- 15개의 정원석을 동에서 서로 자연스럽게 배치
- 극도의 추상적 고산수 수법

정답 1 ④ 2 ④ 3 ③ 4 ③

5 다음 중 쌍탑형 가람배치를 가지고 있는 사찰은?

① 경주 분황사 ② 부여 정림사
③ 경주 감은사 ④ 익산 미륵사

해설 감은사지 3층석탑
- 경상북도 경주시 양북면 용당리에 있었던 절이다.
- 이 절은682년(신문왕 2) 신문왕이 부왕 문무왕의 뜻을 이어 창건하였으며 신문왕이 부왕의 뜻을 받들어 절을 완공하고 감은사라 하였다.
- 절터에는 국보 제112호인 삼층석탑 2기가 있다. 제일 윗부분인 찰주(擦柱)의 높이까지를 합하면, 우리나라에 현존하는 석탑 중에서 가장 큰 것이다.

6 다음 중 프랑스 베르사유 궁원의 수경시설과 관련이 없는 것은?

① 아폴로 분수 ② 물극장
③ 라토나분수 ④ 양어장

해설 프랑스 베르사이유 궁원에는 물극장, 왕자의 가로, 자수화단, 오렌지원, 아폴로 분수, 스위스 호수, 라토나분수, 피라밋 분천, 님프의 연못, 용의 연못, 넵튠의 연못, 1.6Km의 대수로, Allee(소로), 총림의 비스타 등이 있다.

7 다음 설계 도면의 종류 중 2차원의 평면을 나타내지 않는 것은?

① 평면도 ② 단면도
③ 상세도 ④ 투시도

해설 투시도는 3차원적인 입체적인 도면이다.

8 중국 옹정제가 제위 전 하사받은 별장으로 영국에 중국식 정원을 조성하게 된 계기가 된 곳은?

① 원명원 ② 기창원
③ 이화원 ④ 외팔묘

해설 원명원 : 아편전쟁으로 파괴되고 지금은 폐허만 남아 있는 원명원은 이화원과 이웃하고 있으며 원명원, 장춘원, 기춘원 3원을 통틀어 원명원이라 부른다. 1709년 청나라 강희제가 아들 윤진(옹정제)에게 하사한 별장이었으나 옹정제가 즉위하자 1725년 황궁으로 다시 조성하였다.

9 자유, 우아, 섬세, 간접적, 여성적인 느낌을 갖는 선은?

① 직선 ② 절선
③ 곡선 ④ 점선

해설
- 직선 : 굳건하고, 남성적이며, 일정한 방향 제시
- 지그재그선 : 유동적, 활동적, 여러 방향 제시
- 곡선 : 부드럽고 여성적이며 우아하고, 섬세한 느낌

10 다음 중 휴게시설물로 분류할 수 없는 것은?

① 퍼걸러(그늘시렁)
② 평상
③ 도섭지(발물놀이터)
④ 야외탁자

해설 도섭지 – 경관시설

11 파란색 조명에 빨간색 조명과 초록색 조명을 동시에 켰더니 하얀색으로 보였다. 이처럼 빛에 의한 색채의 혼합 원리는?

① 가법혼색 ② 병치혼색
③ 회전혼색 ④ 감법혼색

해설
- 가법혼색 : 색광의 혼합을 말하며, 혼합하는 성분이 증가할수록 밝아진다. 모두 혼색하면 백색광이 되고, 빛을 혼합하여 모든 색을 만들 수 있다. 예) 컬러텔레비전
- 감법혼색 : 물체색(그림물감이나 염료)의 혼합이며, 혼합하면 색이 탁해져서 원래의 색보다 어두워지는 것으로 모두 혼합하면 암회색이 된다.
- 회전혼합 : 회전에 의해 두색이 혼색된 것처럼 보이는 혼합 예) 색팽이, 바람개비
- 병치혼합 : 모자이크처럼 색을 배치시키면 혼색된 것처럼 보인다.

12 이집트 하(下)대의 상징 식물로 여겨졌으며, 연못에 식재되었고, 식물의 꽃은 즐거움과 승리를 의미하여 신과 사자에게 바쳐졌었다. 이집트 건축의 주두(柱頭) 장식에도 사용되었던 이 식물은?

① 자스민 ② 무화과
③ 파피루스 ④ 아네모네

정답 5 ③ 6 ④ 7 ④ 8 ① 9 ③ 10 ③ 11 ① 12 ③

해설 **고대이집트**
- 정원수목은 과실, 목재, 녹음 제공하는 무화과, 아카시아, 포도, 석류, 대추야자 등이 사용
- 특히 시커모어를 신성시하여 죽은 자를 이 나무아래 그늘에서 쉬게하는 풍습
- 제지원료인 파피루스는 下이집트의 상징식물, 연꽃은 上이집트의 상징물

13 조경분야의 기능별 대상 구분 중 위락관광시설로 가장 적합한 것은?

① 오피스빌딩정원 ② 어린이공원
③ 골프장 ④ 군립공원

해설 위락관광시설 : 골프장, 스키장, 유원지, 관광농원 등

14 벽돌로 만들어진 건축물에 태양광선이 비추어지는 부분과 그늘진 부분에서 나타나는 배색은?

① 톤인톤(tone in tone) 배색
② 톤온톤(tone on tone) 배색
③ 까마이외(camaieu) 배색
④ 트리콜로르(tricolore) 배색

해설
- 톤온톤 : '톤을 겹친다'라는 의미로, 동일 색상 내에서 톤의 차이를 두어 배색하는 방법
- 톤인톤 : 동일 색상이나 인접 또는 유사 색상 내에서 톤의 조합에 따른 배색 방법

15 골프장에서 티와 그린 사이의 공간으로 잔디를 짧게 깎는 지역은?

① 해저드 ② 페어웨이
③ 홀 커터 ④ 벙커

16 골재의 함수 상태에 관한 설명 중 틀린 것은?

① 골재를 110℃정도의 온도에서 24시간 이상 건조시킨 상태를 절대건조 상태 또는 노건조 상태(oven dry condition)라 한다.
② 골재를 실내에 방치할 경우, 골재입자의 표면과 내부의 일부가 건조된 상태를 공기 중 건조 상태라 한다.
③ 골재입자의 표면에 물은 없으나 내부의 공극에는 물이 꽉 차 있는 상태를 표면건조포화 상태라 한다.
④ 절대건조 상태에서 표면건조 상태가 될 때까지 흡수되는 수량을 표면수량(surface moisture)이라 한다.

해설 절대건조 상태에서 표면건조 상태가 될 때까지 흡수되는 수량을 흡수량이라 한다.

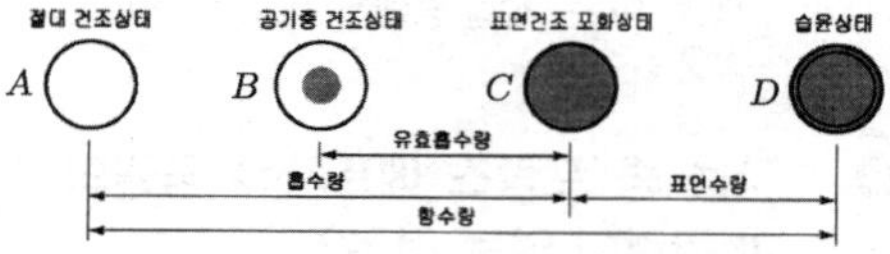

17 다음 중 가로수용으로 가장 적합한 수종은?

① 회화나무 ② 돈나무
③ 호랑가시나무 ④ 풀명자

18 진비중이 1.5, 전건비중이 0.54인 목재의 공극율은?

① 66% ② 64%
③ 62% ④ 60%

해설

$$공극율(V) = (1 - \frac{전건상태의\ 비중}{진\ 비중}) \times 100$$

$$= (1 - \frac{0.54}{1.5}) \times = 64\%$$

19 나무의 높이나 나무 고유의 모양에 따른 분류가 아닌 것은?

① 교목
② 활엽수
③ 상록수
④ 덩굴성 수목(만경목)

정답 13 ③ 14 ② 15 ② 16 ④ 17 ① 18 ② 19 ③

20 다음 중 산울타리 수종으로 적합하지 않은 것은?

① 편백 ② 무궁화
③ 단풍나무 ④ 쥐똥나무

해설
- 산울타리용 – 도로 경계 표시, 담장 역할
- 측백나무, 서양측백, 편백, 쥐똥나무, 사철나무, 개나리, 무궁화, 회양목, 명자나무, 매자나무, 탱자나무, 찔레, 호랑가시나무 등)

21 다음 중 모감주나무(Koelreuteria paniculata Laxmann)에 대한 설명으로 맞는 것은?

① 뿌리는 천근성으로 내공해성이 약하다.
② 열매는 삭과로 3개의 황색종자가 들어 있다.
③ 잎은 호생하고 기수 1회 우상복엽이다.
④ 남부지역에서만 식재 가능하고 성상은 상록 활엽교목이다.

해설 모감주나무 : 무환자나무과 낙엽활엽교목으로 중부지방에서도 자라며 높이가 8~10m로 자란다. 잎은 어긋나기(호생)로 기수 1회 우상복엽 꽃은 6월경에 노란색으로 피며 열매는 삭과로 꽈리 같으며 3개의 검은색 종자가 있어 염주로 사용한다.

22 복수초(Adonis amurensis Regel & Radde)에 대한 설명으로 틀린 것은?

① 여러해살이풀이다.
② 꽃색은 황색이다.
③ 실생개체의 경우 1년 후 개화한다.
④ 우리나라에는 1속 1종이 난다.

해설 복수초 : 미나리아재비과의 제주도를 제외한 전국에 자라는 여러해살이풀이다. 세계적으로는 중국, 일본, 러시아 동북부 등지에 분포한다. 잎은 어긋나며, 3~4번 깃꼴로 갈라지는 겹잎이다. 꽃은 3~4월 줄기 끝에 1개씩 피며, 노란색이다. 뿌리는 강심제로 쓰이고, 전초는 이뇨제, 정신 안정제로 쓰인다. 우리나라에는 1종 1속이 나며 해발 1500m 정도에서 군락을 이루며 자라는 것은 고산에서 적응성이 뛰어나고 저온에도 강하다.

23 다음 중 지피(地被)용으로 사용하기 가장 적합한 식물은?

① 맥문동 ② 등나무
③ 으름덩굴 ④ 멀꿀

해설
- 지피식물 : 지표면을 낮게 덮어 주는 키가 작은 식물(잔디, 맥문동 등)
- 덩굴식물 : 스스로 서지 못하고 다른 물체를 감아 올라가는 식물 (등나무, 능소화, 담쟁이 덩굴, 인동덩굴, 송악, 멀꿀, 으름덩굴, 칡 등)

24 다음 중 열가소성 수지에 해당되는 것은?

① 페놀수지 ② 멜라민수지
③ 폴리에틸렌수지 ④ 요소수지

해설
- 열가소성 수지 : 열을 가하여 성형한 뒤 다시 열을 가하면 형태의 변형을 일으킬 수 있는 수지 – 염화비닐수지, 폴리프로필렌, 폴리에틸렌(PE관), 폴리스티렌, 아크릴, 나이론
- 열경화성수지 : 한 번 열을 가하여 성형하면 다시 열을 가해도 변하지 않는 수지(축합반응한 고분자 물질) – 페놀, 요소, 멜라민, F.R.P, 우레탄, 실리콘, 에폭시, 폴리에스테르

25 다음 중 약한 나무를 보호하기 위하여 줄기를 싸주거나 지표면을 덮어 주는데 사용되기에 가장 적합한 것은?

① 볏짚 ② 새끼줄
③ 밧줄 ④ 바크(bark)

26 목질 재료의 단점에 해당되는 것은?

① 함수율에 따라 변형이 잘 된다.
② 무게가 가벼워서 다루기 쉽다.
③ 재질이 부드럽고 촉감이 좋다.
④ 비중이 적은데 비해 압축, 인장강도가 높다.

해설 ② ③ ④는 장점

정답 20 ③ 21 ③ 22 ③ 23 ① 24 ③ 25 ① 26 ①

27 다음 중 열매가 붉은색으로만 짝지어진 것은?

① 쥐똥나무, 팥배나무
② 주목, 칠엽수
③ 피라칸다, 낙상홍
④ 매실나무, 무화과나무

해설
- 붉은열매 : 오미자, 해당화, 자두, 마가목, 팥배, 동백, 산수유, 대추, 보리수, 석류, 남천, 화살, 가막살나무, 산사, 피라칸사, 산딸, 낙상홍, 백량금, 주목, 호랑가시, 매자, 아왜, 찔레, 백당, 석류, 일본목련, 앵도, 아그배, 먼나무, 감탕나무, 식나무 등
- 노란열매 : 살구, 매실, 복사, 탱자, 모과, 명자, 치자나무, 은행, 회화, 비파 등
- 검정색열매 : 벚나무, 생강, 쥐똥, 음나무, 팔손이, 말채, 꽝꽝, 이팝, 광나무, 굴거리, 병아리꽃

28 다음 중 지피식물의 특성에 해당되지 않는 것은?

① 지표면을 치밀하게 피복해야함
② 키가 높고, 일년생이며 거칠어야 함
③ 환경조건에 대한 적응성이 넓어야 함
④ 번식력이 왕성하고 생장이 비교적 빨라야 함

해설 키가 작고 다년생이어야 한다.

29 다음 [보기]의 설명에 해당하는 수종은?

- "설송(雪松)"이라 불리기도 한다.
- 천근성 수종으로 바람에 약하며, 수관폭이 넓고 속성수로 크게 자라기 때문에 적지 선정이 중요하다.
- 줄기는 아래로 처지며, 수피는 회갈색으로 얇게 갈라져 벗겨진다.
- 잎은 짧은 가지에 30개가 총생, 3~4cm로 끝이 뾰족하며, 바늘처럼 찌른다.

① 잣나무 ② 솔송나무
③ 개잎갈나무 ④ 구상나무

해설 개잎갈나무(히말라야시다, 히말라야 삼나무, 설송) : 상록침엽 교목으로 원산지는 히말라야 북서부이고 주로 남쪽 지방의 조경수로 식재한다.

30 다음 중 목재 접착시 압착의 방법이 아닌 것은?

① 도포법
② 냉압법
③ 열압법
④ 냉압 후 열압법

해설 도포법은 도장법이다.

31 목재가 함유하는 수분을 존재 상태에 따라 구분한 것 중 맞는 것은?

① 모관수 및 흡착수
② 결합수 및 화학수
③ 결합수 및 응집수
④ 결합수 및 자유수

해설 목재 내의 수분은 자유수와 결합수로 나누어 구분하는데 자유수는 세포 안 빈 공간에 존재하고 결합수는 세포와 분자 상태로 결합된 수분이다.

32 다음 설명의 (   )안에 가장 적합한 것은?

조경공사표준시방서의 기준 상 수목은 수관부 가지의 약 (   )이상이 고사하는 경우에 고사목으로 판정하고 지피 · 초본류는 해당 공사의 목적에 부합되는가를 기준으로 감독자의 육안검사 결과에 따라 고사 여부를 판정 한다.

① $\frac{1}{2}$ ② $\frac{1}{3}$
③ $\frac{2}{3}$ ④ $\frac{3}{4}$

정답 27 ③ 28 ② 29 ③ 30 ① 31 ④ 32 ③

33 벤치 좌면 재료 가운데 이용자가 4계절 가장 편하게 사용할 수 있는 재료는?

① 플라스틱 ② 목재
③ 석재 ④ 철재

해설 벤치의 좌판은 열전도가 낮은 목재를 사용하는 것이 가장 좋다.

34 다음 중 한지형(寒地形) 잔디에 속하지 않는 것은?

① 벤트그래스
② 버뮤다그래스
③ 라이그래스
④ 켄터키블루그래스

해설
- 난지형 잔디(하록형, 남방형) : 버뮤다그래스, 위핑러브그래스
- 한지형 잔디(상록형, 북방형) : 켄터키블루 그래스, 벤트그래스(골프장 그린), 훼스큐류, 라이그래스류

35 다음 중 화성암에 해당하는 것은?

① 화강암 ② 응회암
③ 편마암 ④ 대리석

해설
- 화성암 : 화강암, 안산암, 현무암
- 퇴적암 : 응회암, 사암, 점판암, 석회암
- 변성암 : 대리석, 사문암, 편마암

36 다음 중 시설물의 사용연수로 가장 부적합한 것은?

① 철재 시소 : 10년
② 목재 벤치 : 7년
③ 철재 파고라 : 40년
④ 원로의 모래자갈 포장 : 10년

해설 철재 파고라 : 20년

37 다음 중 금속재의 부식 환경에 대한 설명이 아닌 것은?

① 온도가 높을수록 녹의 양은 증가한다.
② 습도가 높을수록 부식속도가 빨리 진행된다.
③ 도장이나 수선 시기는 여름보다 겨울이 좋다.
④ 내륙이나 전원지역보다 자외선이 많은 일반 도심지가 부식속도가 느리게 진행된다.

38 다음 중 같은 밀도(密度)에서 토양공극의 크기(size)가 가장 큰 것은?

① 식토 ② 사토
③ 점토 ④ 식양토

해설 공극이큰 순서
사토(모래) 〉 사양토 〉 양토 〉 식양토 〉 식토(진흙)

39 다음 중 경사도에 관한 설명으로 틀린 것은?

① 45°경사는 1:1이다.
② 25% 경사는 1:4이다.
③ 1:2는 수평거리 1, 수직거리 2를 나타낸다.
④ 경사면은 토양의 안식각을 고려하여 안전한 경사면을 조성한다.

해설 1:2는 수평거리 2, 수직거리(높이) 1를 나타낸다.

40 표준시방서의 기재 사항으로 맞는 것은?

① 공사량 ② 입찰방법
③ 계약절차 ④ 사용재료 종류

해설 일반공사 시방서
- 감독관의 재량권에 관한 능력과 범위를 명시한다.
- 감독관이 할 수 없는 문제에 대한 대응책을 명시한다.
- 검수 기준을 명시하여, 검수는 누구나 가능하고, 검수범위는 미달 규격품일지라도 계약 당시 규격의 10% 이내로 검수가 가능하다.
- 안전사고 방지의 주의점과 사고 발생 시 처리 문제를 세부적으로 명시한다.
- 일일 업무 보고 방식에 대해 명시한다.

정답 33 ② 34 ② 35 ① 36 ③ 37 ④ 38 ② 39 ③ 40 ④

- 공사 후 뒤처리로 가설물과 청소 등을 어떻게 할 것인지 명시한다.
- 하자보증기간을 명시하고 그에 따른 제반 사항을 규정짓는다. 하자보증기간은 대부분 완공일로부터 2년이며, 그 안에 파손되거나 죽는 것은 보수한다.
- 각종 시설물의 공사 진행에 필요한 모든 설명과 재료, 순서, 방법, 요령, 절차 및 주의사항 등을 기록하고 명시한다.

41 다음과 같은 피해 특징을 보이는 대기오염물질은?

> - 침엽수는 물에 젖은 듯한 모양, 적갈색으로 변색
> - 활엽수 잎의 끝부분과 엽맥사이 조직의 괴사, 물에 젖은 듯한 모양(엽육조직피해)

① 오존 ② 아황산가스
③ PAN ④ 중금속

해설 **아황산가스의 피해**
중유, 경유, 연탄과 같은 연소 배기가스 중에 있는 아황산가스가 하우스내의 작물에 피해를 주는 현상. 경미할 때는 잎의 엽맥간에 백색 또는 갈색의 반점이 생겨서 점차 확대되어 가며, 심할 때는 잎이 뜨거운 물을 맞은 것 같이 시들어서 수일 후에는 백색이 되어 고사함

42 표준품셈에서 수목을 인력시공 식재 후 지주목을 세우지 않을 경우 인력품의 몇 %를 감하는가?

① 5% ② 10%
③ 15% ④ 20%

해설 **표준품셈 수목식재 시**
- 본품은 터파기, 나무세우기, 묻기, 물주기, 지주목세우기, 손질, 뒷정리 등을 포함한다.
- 운반은 별도로 계상한다.
- 지주목을 세우지 않을 때에는 본품의 20%를 감한다.
- 간사지와 염류토에 식재 시는 품을 할증할 수 있다.
- 암반식재, 부적기식재 등 특수 식재 시는 품을 별도로 계상할 수있다.
- 현장의 시공조건, 수목의 성상에 따라 기계사용이 불가피한 경우 별도 계상한다.
- 시비가 필요할 경우 비료 및 시비품을 별도로 계상할 수있다.
- 나무 높이가 6m를 초과할 때는 나무 높이에 비례하여 할증할 수 있다.
- 식재 시 객토를 할 경우에는 식재품을 10%까지 가산할 수 있다.

43 다음 중 멀칭의 기대 효과가 아닌 것은?

① 표토의 유실을 방지
② 토양의 입단화를 촉진
③ 잡초의 발생을 최소화
④ 유익한 토양미생물의 생장을 억제

해설 멀칭의 효과 : 토양수분 유지, 토양비옥도 증진, 토양구조 개선(입단화 개선), 토양침식과 수분손실 방지, 토양의 경화 방지(점토질 토양의 갈라짐 방지), 염분농도조절, 토양온도조절, 태양열 복사와 반사의 감소, 병충해 발생억제, 잡초발생억제

44 다음 중 등고선의 성질에 대한 설명으로 맞는 것은?

① 지표의 경사가 급할수록 등고선 간격이 넓어진다.
② 같은 등고선 위의 모든 점은 높이가 서로 다르다.
③ 등고선은 지표의 최대 경사선의 방향과 직교하지 않는다.
④ 높이가 다른 두 등고선은 동굴이나 절벽의 지형이 아닌 곳에서는 교차하지 않는다.

해설
- 지표의 경사가 급할수록 등고선 간격이 좁아진다.
- 같은 등고선 위의 모든 점은 높이가 서로 같다.
- 등고선은 지표의 최대 경사선의 방향과 직교한다.

45 습기가 많은 물가나 습원에서 생육하는 식물을 수생식물이라 한다. 다음 중 이에 해당하지 않는 것은?

① 부처손, 구절초 ② 갈대, 물억새
③ 부들, 생이가래 ④ 고랭이, 미나리

해설
- 습생식물 : 갈풀, 달뿌리풀, 여귀풀, 고마리, 물억새, 갯버들, 버드나무, 오리나무

정답 41 ② 42 ④ 43 ④ 44 ④ 45 ①

- 정수식물 : 택사, 물옥잠, 미나리, 갈대, 부들, 고랭이, 창포, 줄,속새, 솔잎사초 등
- 부엽식물 : 수련, 어리연꽃, 노랑어리연꽃, 마름, 자라풀, 가래
- 침수식물 : 말즘, 검정말, 물수세미, 붕어마름
- 부유식물 : 개구리밥, 생이가래, 부레옥잠
- 부처손 : 석송목 부처손과의 여러해살이풀. 건조한 바위면에서 자란다.
- 구절초 : 쌍떡잎식물 초롱꽃목 국화과의 여러해살이풀. 산기슭 풀밭에서 자란다.

46 인공지반에 식재된 식물과 생육에 필요한 식재 최소토심으로 가장 적합한 것은? (단, 배수구배는 1.5~2.0%, 인공토양 사용 시로 한다.)

① 잔디, 초본류 : 15cm
② 소관목 : 20cm
③ 대관목 : 45cm
④ 심근성 교목 : 90cm

해설

형태상 분류	자연토양 사용 시 (cm 이상)	인공토양 사용 시 (cm 이상)
잔디/초본류	15	10
소관목	30	20
대관목	45	30
교목	70	60

47 가로 2m × 세로 50m의 공간에 H0.4 × W0.5 규격의 영산홍으로 생울타리를 만들려고 하면 사용되는 수목의 수량은 약 얼마인가?

① 50주 ② 100주
③ 200주 ④ 400주

해설 규격 H0.4 × W0.5는 W0.5 이므로 1㎡에 4주를 심는다.
∴100㎡x4주 = 400주

48 식물병에 대한 「코흐의 원칙」의 설명으로 틀린 것은?

① 병든 생물체에 병원체로 의심되는 특정 미생물이 존재해야 한다.
② 그 미생물은 기주생물로부터 분리되고 배지에서 순수배양되어야 한다.
③ 순수배양한 미생물을 동일 기주에 접종하였을때 동일한 병이 발생되어야 한다.
④ 병든 생물체로부터 접종할 때 사용하였던 미생물과 동일한 특성의 미생물이 재분리되지만 배양은 되지 않아야 한다.

해설 코흐의 4원칙
- 미생물은 반드시 환부에 존재해야 한다.
- 미생물은 분리되어 배지상에서 순수 배양되어야 한다.
- 순수 배양한 미생물은 접종하여 동일한 병이 발생되어야 한다.
- 발병한 피해부에서 접종에 사용한 미생물과 동일한 성질을 가진 미생물이 반드시 재분리되어야 한다.

49 다음 중 철쭉류와 같은 화관목의 전정시기로 가장 적합한 것은?

① 개화 1주 전
② 개화 2주 전
③ 개화가 끝난 직후
④ 휴면기

해설 봄에 일찍 개화하는 수종은 꽃이 피었다 진 후에 전정해야 꽃을 볼 수 있다.

50 미국흰불나방에 대한 설명으로 틀린 것은?

① 성충으로 월동한다.
② 1화기 보다 2화기에 피해가 심하다.
③ 성충의 활동시기에 피해지역 또는 그 주변에 유아등이나 흡입포충기를 설치하여 유인 포살한다.
④ 알 기간에 알덩어리가 붙어 있는 잎을 채취하여 소각하며, 잎을 가해하고 있는 군서 유충을 소살한다.

해설 나비목 불나방과에 속하며 1년에 2회 발생하며 번데기로 월동한다. 애벌레는 3령까지는 모여 살면서 잎을 가해하고 4령부터 분산하여 단독으로 가해한다. 애벌레는 뽕나무이외의 활엽수 등 많은 식물을 가해한다.

정답 46 ② 47 ④ 48 ④ 49 ③ 50 ①

51 **다음 중 제초제 사용의 주의사항으로 틀린 것은?**

① 비나 눈이 올 때는 사용하지 않는다.
② 될 수 있는 대로 다른 농약과 섞어서 사용한다.
③ 적용 대상에 표시되지 않은 식물에는 사용하지 않는다.
④ 살포할 때는 보안경과 마스크를 착용하며, 피부가 노출되지 않도록 한다.

해설 될 수 있는 대로 다른 농약과 섞어서 사용하지 않는다.

52 **다음 중 시멘트와 그 특성이 바르게 연결된 것은?**

① 조강포틀랜드시멘트 : 조기강도를 요하는 긴급공사에 적합하다.
② 백색포틀랜드시멘트 : 시멘트 생산량의 90% 이상을 점하고 있다.
③ 고로슬래그시멘트 : 건조수축이 크며, 보통시멘트보다 수밀성이 우수하다.
④ 실리카시멘트 : 화학적 저항성이 크고 발열량이 적다.

해설
- 보통포틀랜드시멘트 : 시멘트 생산량의 90% 이상을 점하고 있다.
- 실리카시멘트 : 건조수축이 크며, 보통시멘트보다 수밀성이 우수하다.
- 고로슬래그 : 화학적 저항성이 크고 발열량이 적다.

53 **일반적인 토양의 표토에 대한 설명으로 가장 부적합한 것은?**

① 우수(雨水)의 배수능력이 없다.
② 토양오염의 정화가 진행된다.
③ 토양미생물이나 식물의 뿌리 등이 활발히 활동하고 있다.
④ 오랜 기간의 자연작용에 따라 만들어진 중요한 자산이다.

해설 우수(雨水)의 배수능력이 있다.

54 **잔디재배 관리방법 중 칼로 토양을 베어 주는 작업으로, 잔디의 포복경 및 지하경도 잘라 주는 효과가 있으며 레노베이어, 론에어 등의 장비가 사용되는 작업은?**

① 스파이킹　　② 롤링
③ 버티컬 모잉　　④ 슬라이싱

해설
- 코링 : 집중적인 이용으로 단단해진 토양에 지름 0.5~2m 정도의 원통형 모양을 2~5㎝ 깊이로 제거하고 구멍을 내고 물과 양분의 침투 및 뿌리의 생육을 용이하게 하는 작업이다.
- 슬라이싱(Slicing) : 칼로 베어 주는 작업. 잔디와 포복경과 지하경을 잘라 주며, 통기작업과 유사한 효과가 있으며, 잔디의 밀도를 높여 주는 효과도 있다.
- 스파이킹(Spiking) : 토양에 구멍을 내는 것으로 통기작업과 유사한 효과가 있다.
- 버티컬 모잉(Vertical Mowing) : 슬라이싱과 유사하다.
- 롤링(Rolling) : 표면 정리작업이다.
- 레이킹 : 표면 통기작업이다.

55 **벽돌(190×90×57)을 이용하여 경계부의 담장을 쌓으려고 한다. 시공면적 10㎡에 1.5B 두께로 시공할 때 약 몇 장의 벽돌이 필요한가? (단, 줄눈은 10㎜이고, 할증률은 무시한다.)**

① 약 750장　　② 약 1490장
③ 약 2240장　　④ 약 2980장

해설 표준형벽돌(190×90×57) 1.5B쌓기 224매/㎡당
224매×10㎡ = 2,240매

56 **평판측량의 3요소가 아닌 것은?**

① 수평 맞추기[정준]
② 중심 맞추기[구심]
③ 방향 맞추기[표정]
④ 수직 맞추기[수준]

해설 ① 도구 : 엘리데이드, 구심기, 평판, 삼발이, 자침기(방위), 줄자, 폴대
② 평판측량의 3요소
- 정준 : 수평맞추기
- 치심(구심) : 중심맞추기
- 표정(정위) : 방향맞추기, 오차에 가장 큰 영향을 끼침

정답 51 ② 52 ① 53 ① 54 ④ 55 ③ 56 ④

③ 평판측량의 종류
- 방사법 : 넓는지역에서 사방에 막힘이 없을때 사용
- 전진법(도선법):도시, 도로, 삼림 등 한 지점에서 여러방향의 시준이 어렵거나 길고 좁고 장소를 측량할 때
- 교회법(교선법) : 이미 알고 있는 2개, 3개의 측점에 평판을 세우고 이들 점에서 측정하려는 목표물을 시준하여 방향선을 그을 때 그 교점에서의 위치를 구하는 방법
  - 광대한 지역에서 소축척의 측량을 하는 것이며 거리를 실측하지 않으므로 작업이 신속하다. (전방교회법, 후방교회법, 측방교회법)

57 페니트로티온 45% 유제 원액 100cc를 0.05%로 희석 살포액을 만들려고 할 때 필요한 물의 양은 얼마인가? (단, 유제의 비중은 1.0이다.)

① 69,900cc ② 79,900cc
③ 89,900cc ④ 99,900cc

해설

$$원액량 = \frac{사용할\ 농도 \times 살포량}{원액농도}$$

$$100cc = \frac{0.05 \times (살포량)}{45}$$

살포량 = 90,000cc
물의양 = 살포량 − 원액량 = 90,000−100 = 89,900cc

58 대추나무에 발생하는 전신병으로 마름무늬매미충에 의해 전염되는 병은?

① 갈반병 ② 잎마름병
③ 혹병 ④ 빗자루병

해설 대추나무 빗자루병
- 병징 : 가지의 일부에 잔가지가 많이 생겨 빗자루 모양으로 변형된다.
- 병원균 : 마이코플라즈마
- 전염 : 마름무늬매미충
- 방제법 : 7 ~9월에 파라티온수화제, 메타유제 1,000배액을 2주 간격으로 살포하며, 옥시테트라사이클린 항생제를 4~8월에 수간주사 한다.

59 다음 복합비료 중 주성분 함량이 가장 많은 비료는?

① 21−21−17 ② 11−21−11
③ 18−18−18 ④ 0−40−10

해설 복합비교 : 질소−인−칼륨을 일정한 비율로 배합한 것을 말하며 수치가 많을수록 함량이 많다.

60 해충의 방제방법 중 기계적 방제방법에 해당하지 않는 것은?

① 경운법 ② 유살법
③ 소살법 ④ 방사선이용법

해설
- 물리적방제(기계적방제) : 전정가지 소각, 낙엽태우기, 경운, 알제거, 유살, 소살 등
  - 유살법 : 잠복소설치, 유인등을 설치하는 포살법
  - 소살법 : 가해충을 태워 죽이는 방법(소각)
- 화학적적 방제 : 농약사용
- 생물학적 방제 : 천적이용

정답 57 ③ 58 ④ 59 ① 60 ④

국가기술자격검정 필기시험문제

2015년 10월 11일 시행

자격종목	코드	시험시간	형별	수험번호	성 명
조경 기능사		**1시간**			

1 **조선시대 창덕궁의 후원(비원, 秘苑)을 가리키던 용어로 가장 거리가 먼 것은?**

① 북원(北園) ② 후원(後苑)
③ 금원(禁園) ④ 유원(留園)

해설 • 창덕궁의 후원을 비원, 북원, 금원이라 하였다.
• 유원은 중국 명나라 때 만들어진 소주지방에 만들어진 민간정원으로 서태시의 정원이다.

2 **이탈리아 바로크 정원 양식의 특징이라 볼 수 없는 것은?**

① 미원(maze) ② 토피아리
③ 다양한 물의 기교 ④ 타일포장

해설 바로크 정원 양식은 르네상스시대 이탈리아 노단식 정원 양식의 하나로 정형식 조경양식이므로 물을 이용한 다양한 시설들과 토피아리, 미로원, 무늬화단이 있으며 대표적인 정원으로 이졸라벨라, 가로조니, 알도브란디니장, 감베라이아장 등이 있다

3 **화단 50m의 길이에 1열로 생울타리 (H1.2 × W0.4)를 만들려면 해당 규격의 수목이 최소한 얼마가 필요한가?**

① 42주 ② 125주
③ 200주 ④ 600주

해설 50m ÷ 0.4 = 125주

4 **다음 [보기]에서 설명하는 것은?**

> • 유사한 것들이 반복되면서 자연적인 순서와 질서를 갖게 되는 것
> • 특정한 형이 점차 커지거나 반대로 서서히 작아지는 형식이 되는 것

① 점이(漸移) ② 운율(韻律)
③ 추이(推移) ④ 비례(比例)

5 **다음 중 식별성이 높은 지형이나 시설을 지칭하는 것은?**

① 비스타(vista)
② 캐스케이드(cascade)
③ 랜드마크(landmark)
④ 슈퍼그래픽(super graphic)

6 **서양의 대표적인 조경양식이 바르게 연결된 것은?**

① 이탈리아 – 평면기하학식
② 영국 – 자연풍경식
③ 프랑스 – 노단건축식
④ 독일 – 중정식

해설 • 이탈리아 – 노단건축식
• 프랑스 – 평면기하학식
• 독일 – 자연풍경식
• 스페인 – 중정식

7 **먼셀 표색계의 색채 표기법으로 옳은 것은?**

① 2040–Y70R ② 5R 4/14
③ 2:R–4.5–9s ④ 221c

해설 먼셀표색계 : 색의 표시방법으로 색상 명도/채도(H V/C)로 나타낸다. ※ 5R 4/14(빨강), 5Y 9/14(노랑)

8 **다음 제시된 색 중 같은 면적에 적용했을 경우 가장 좁아 보이는 색은?**

① 옅은 하늘색 ② 선명한 분홍색
③ 밝은 노란 회색 ④ 진한 파랑

정답 1④ 2④ 3② 4① 5③ 6② 7② 8④

해설 • 팽창색 : 실제보다 크게 보이는 색으로 진출색과 일치한다. 황색, 녹색, 적색, 청색, 자색의 순
• 수축색 : 실제보다 작게 보이는 색으로 후퇴색과 비슷하다. 냉색계통(파랑), 어두운 색 주변의 색이 밝을수록 내부의 도형은 작게 보인다.

9 다음 중 어린이들의 물놀이를 위해서 만든 얕은 물 놀이터는?

① 도섭지 ② 포석지
③ 폭포지 ④ 천수지

10 다음 중 배치도에 표시하지 않아도 되는 사항은?

① 축척 ② 건물의 위치
③ 대지 경계선 ④ 수목 줄기의 형태

해설 • 배치도 : 계획의 전반적인 사항을 알기 위한 도면으로서 계획 대상지 주변의 개략적인 구성을 표현한다.
• 시설물의 위치, 도로체계, 부지경계선, 지형, 방위, 식생 등을 표현한다.

11 해가 지면서 주위가 어둑해질 무렵 낮에 화사하게 보이던 빨간 꽃이 거무스름해져 보이고, 청록색 물체가 밝게 보인다. 이러한 원리를 무엇이라고 하는가?

① 명순응 ② 면적 효과
③ 색의 항상성 ④ 푸르키니에 현상

해설 푸르키네 현상 : 어두운 곳에서는 빛의 파장이 긴 적색이나 황색은 희미하게 보이고, 파장이 짧은 녹색이나, 청색은 밝게 보이는 현상이다.

12 도면의 작도 방법으로 옳지 않은 것은?

① 도면은 될 수 있는 한 간단히 하고, 중복을 피한다.
② 도면은 그 길이 방향을 위아래 방향으로 놓은 위치를 정위치로 한다.
③ 사용 척도는 대상물의 크기, 도형의 복잡성 등을 고려, 그림이 명료성을 갖도록 선정한다.
④ 표제란을 보는 방향은 통상적으로 도면의 방향과 일치하도록 하는 것이 좋다.

해설 도면은 그 길이 방향을 좌우 방향으로 놓은 위치를 정위치로 한다.

13 다음 중 전라남도 담양지역의 정자원림이 아닌 것은?

① 소쇄원 원림 ② 명옥헌 원림
③ 식영정 원림 ④ 임대정 원림

해설 임대정 : 전남 화순군 남면 사평리에 자리잡은 임대정원림(臨對亭原林)은 조선조 철종대에 병조참판을 지낸 사애 민주현 선생이 1862년 임대정이라는 정자를 짓고 그 주위에 조성한 숲을 가리킨다.

14 중국 조경의 시대별 연결이 옳은 것은?

① 명 – 이화원(頤和園)
② 진 – 화림원(華林園)
③ 송 – 만세산(萬歲山)
④ 명 – 태액지(太液池)

해설 이화원 – 청, 화림원 – 삼국시대, 태액지 – 한

15 다음 [보기]의 설명은 어느 시대의 정원에 관한 것인가?

> • 석가산과 원정, 화원 등이 특징이다.
> • 대표적 유적으로 동지(東池), 만월대, 수창궁원, 청평사 문수원 등이 있다.
> • 휴식과 조망을 위한 정자를 설치하기 시작하였다.
> • 송나라의 영향으로 화려한 관상위주의 이국적 정원을 만들었다.

① 조선 ② 백제
③ 고려 ④ 통일신라

16 다음 중 주택 정원에 식재하여 여름에 꽃을 관상할 수 있는 수종은?

① 식나무 ② 능소화
③ 진달래 ④ 수수꽃다리

해설 여름에 꽃을 관상 : 노각나무, 배롱나무, 자귀나무, 무궁화, 부용, 협죽도, 능소화, 싸리나무 등

정답 9 ① 10 ④ 11 ④ 12 ② 13 ④ 14 ③ 15 ③ 16 ②

17 목재의 치수 표시방법으로 맞지 않는 것은?

① 제재 치수　　② 제재 정치수
③ 중간 치수　　④ 마무리 치수

해설 • 재제치수 : 재제소에서 톱켜기를 한치수로 일반적으로 구조재, 수장재의 치수이다.
• 마무리치수 : 대패질까지 끝난 치수로 일반적으로 창호재, 가수구재의 치수이다.
• 재제정치수 : 재제목을 지정한 치수대로 한 것을 정치수라 한다.

18 용기에 채운 골재절대용적의 그 용기 용적에 대한 백분율로 단위질량을 밀도로 나눈 값의 백분율이 의미하는 것은?

① 골재의 실적율
② 골재의 입도
③ 골재의 조립률
④ 골재의 유효흡수율

19 겨울철에도 노지에서 월동할 수 있는 상록 다년생 식물은?

① 옥잠화　　② 샐비어
③ 꽃잔디　　④ 맥문동

해설 • 다년생 : 꽃잔디, 은방울꽃, 붓꽃, 옥잠화, 작약, 국화, 루드베키아, 숙근프록스, 맥문동(상록성 다년생)
• 1년생 : 팬지, 데이지, 프리물러, 금잔화, 알리섬, 양귀비, 금어초, 패랭이꽃, 안개초, 패튜니아, 색비름, 천일홍, 맨드라미, 채송화, 봉선화, 접시꽃, 메리골드, 백일홍, 과꽃, 샐비어, 나팔꽃

20 그림은 벽돌을 토막 또는 잘라서 시공에 사용할때 벽돌의 형상이다. 다음 중 반토막 벽돌에 해당하는 것은?

①
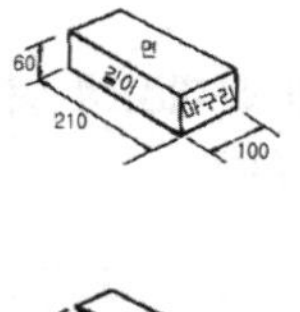

②
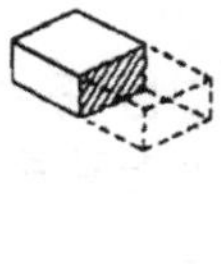

③
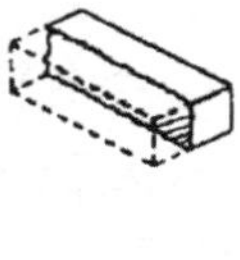

④
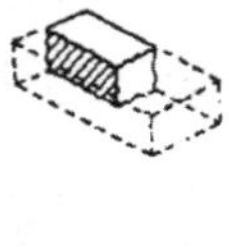

21 유동화제에 의한 유동화 콘크리트의 슬럼프 증가량의 표준값으로 적당한 것은?

① 2~5cm　　② 5~8cm
③ 8~11cm　　④ 11~14cm

해설 콘크리트의 슬럼프 증가량의 표준값은 무근콘크리트의 경우 5~8cm, 철근콘크리트의 경우 8~15cm이다.

22 다음의 설명에 해당하는 장비는?

> • 2개의 눈금자가 있는데 왼쪽 눈금은 수평거리가 20m, 오른쪽 눈금은 15m일 때 사용한다.
> • 측정방법은 우선 나뭇가지의 거리를 측정하고 시공을 통하여 수목의 선단부와 측고기의 눈금이 일치하는 값을 읽는다. 이때 왼쪽 눈금은 수평거리에 대한 %값으로 계산하고, 오른쪽 눈금은 각도값으로 계산하여 수고를 측정한다.
> • 수고측정 뿐만 아니라 지형경사도 측정에도 사용된다.

① 윤척　　② 측고봉
③ 하고측고기　　④ 순또(순토)측고기

23 다음 중 9월 중순 ~ 10월 중순에 성숙된 열매색이 흑색인 것은?

① 마가목　　② 살구나무
③ 남천　　④ 생강나무

해설 • 붉은색 열매 : 남천, 마가목
• 노란색 열매 : 살구나무
• 검정색 열매 : 생강나무

24 안료를 가하지 않아 목재의 무늬를 아름답게 낼 수 있는 것은?

① 유성페인트　　② 에나멜페인트
③ 클리어래커　　④ 수성페인트

해설 클리어 래커 : 안료(착색제)를 섞지 않은 래커 투명래커를 말하고 안료를 넣은 것을 래커 에나멜이라 한다.

정답 17 ③ 18 ① 19 ④ 20 ② 21 ② 22 ④ 23 ④ 24 ③

25 다음 중 시멘트가 풍화작용과 탄산화 작용을 받은 정도를 나타내는 척도로 고온으로 가열하여 시멘트 중량의 감소율을 나타내는 것은?

① 경화 ② 위응결
③ 강열감량 ④ 수화반응

해설
- 강열감량 : 건조한 재료를 규정온도 조건으로 가열하였을 때 나타나는 무게 감량 백분율을 말한다.
- 위응결 : 정상적인 시멘트에 적당량의 물을 가한 경우, 수화(水和)의 초기에 물이 가볍게 굳어지며 계속해서 반죽해 가는 동안에 굳어진 것이 풀리고 마침내 정상적인 응결 현상이 일어난다. 이와 같은 현상을 위응결 또는 이상 응결이라 한다.
- 수화반응 : 시멘트에 일정한 물을 가해 섞으면 화학 반응이 일어나 응결 작용 경화 현상이 생긴다. 이와 같이 시멘트와 물이 화합하는 것을 수화라 하고, 그 생성물을 수화물이라 한다. 시멘트와 물과의 수화 작용에 수반되어 발생하는 열을 수화열이라 한다. 특히 수화열은 단단한 콘크리트의 온도 균열의 원인이 되기도 한다. 수화열은 시멘트의 화학 조성, 분말도, 물 · 시멘트비, 혼합 재료 및 양생 조건 등에 따라 영향을 받는다.

26 다음 그림은 어떤 돌쌓기 방법인가?

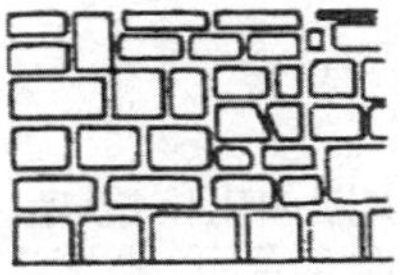

① 층지어쌓기
② 허튼층쌓기
③ 귀갑무늬쌓기
④ 마름돌 바른층쌓기

해설 귀갑무늬 : 육각형의 연속 모양, 거북등무늬

27 방사(防砂) · 방진(防塵)용 수목의 대표적인 특징 설명으로 가장 적합한 것은?

① 잎이 두껍고 함수량이 많으며 넓은 잎을 가진 치밀한 상록수여야 한다.
② 지엽이 밀생한 상록수이며 맹아력이 강하고 관리가 용이한 수목이어야 한다.
③ 사람의 머리가 닿지 않을 정도의 지하고를 유지하고 겨울에는 낙엽되는 수목이어야 한다.
④ 빠른 생장력과 뿌리뻗음이 깊고, 지상부가 무성하면서 지엽이 바람에 상하지 않는 수목이어야 한다.

해설 ① 방화식재
② 차폐, 경계식재
③ 녹음식재
④ 방풍, 방사, 방진식재

28 목재의 역학적 성질에 대한 설명으로 틀린 것은?

① 옹이로 인하여 인장강도는 감소한다.
② 비중이 증가하면 탄성은 감소한다.
③ 섬유포화점 이하에서는 함수율이 감소하면 강도가 증대된다.
④ 일반적으로 응력의 방향이 섬유방향에 평행한 경우 강도(전단강도 제외)가 최대가 된다.

해설 비중이 증가하면 강도, 탄성은 증가한다.

29 재료가 외력을 받았을 때 작은 변형만 나타내도 파괴되는 현상을 무엇이라 하는가?

① 취성 ② 강성
③ 인성 ④ 전성

해설
- 탄성 : 변형된 물체가 변형을 일으킨 힘이 제거되면 원래의 모양으로 되돌아가려는 성질(고무)
- 연성 : 탄성한도를 초과한 힘을 받고도 파괴되지 않고 늘어나는 성질
- 전성 : 금속재료를 얇은 판이나 박으로 만들 수 있는 성질
- 인성 : 굽힘이나 비틀림 등의 외력에 저항하는 성질, 높은 응력에 잘 견디면서 큰 변형을 나타내는 성질(보석)
- 취성 : 물체가 탄력을 갖지 않고 파괴되는 성질(유리)
- 강성 : 구조물 또는 그것을 구성하는 부재는 하중을 받으면 변형하는데 이 변형에 대한 저항의 정도, 즉 변형의 정도를 말한다.

정답 25 ③ 26 ② 27 ④ 28 ② 29 ①

30 조경에 활용되는 석질재료의 특성으로 옳은 것은?

① 열전도율이 높다. ② 가격이 싸다.
③ 가공하기 쉽다. ④ 내구성이 크다.

31 구조용 경량콘크리트에 사용되는 경량골재는 크게 인공, 천연 및 부산경량골재로 구분할 수 있다. 다음 중 인공경량골재에 해당되지 않는 것은?

① 화산재 ② 팽창혈암
③ 팽창점토 ④ 소성플라이애시

해설
- 천연골재 : 강모래, 강자갈, 산모래, 산자갈, 천연경량골재(화산재, 화산자갈)
- 가공골재 : 부순 돌, 부순 모래, 인공경량골재(혈암, 점토 등을 적당한 크기로 부수어 소성 팽창시킨 것)

32 다음 [보기]의 조건을 활용한 골재의 공극률 계산식은?

D : 진비중	W : 겉보기 단위용적중량

W_1 : 110℃ 로 건조하여 냉각시킨 중량
W_2 : 수중에서 충분히 흡수된 대로 수중에서 측정한 것
W_3 : 흡수된 시험편의 외부를 잘 닦아 내고 측정한 것

① $\frac{W_1}{W_3-W_2}$ ② $\frac{W_3-W_1}{W_1}\times100$

③ $(1-\frac{D}{W_2-W_1})\times100$ ④ $(1-\frac{W}{D})\times100$

33 다른 지방에서 자생하는 식물을 도입한 것을 무엇이라고 하는가?

① 재배식물 ② 귀화식물
③ 외국식물 ④ 외래식물

해설 귀화식물 : 재배를 목적으로 들여온 외국 식물, 공항 · 항만 등에서 들어오는 수입물류 또는 여행객을 통해 예기치 않게 들어온 외국 식물, 그리고 자연적인 현상(바람, 바다 등)으로 들어온 외국 식물 등이 국내에서 인간의 관리 없이 자연적으로 터전을 잡아 계속해서 생육, 번식, 확산하는 식물을 귀화식물이라고 한다.

34 시멘트의 저장과 관련된 설명 중 ( )안에 해당하지 않는 것은?

- 시멘트는 ( )적인 구조로 된 사일로 또는 창고에 품종별로 구분하여 저장하여야 한다.
- 저장 중에 약간이라도 굳은 시멘트는 공사에 사용하지 않아야 한다. ( )개월 이상 장기간 저장한 시멘트는 사용하기에 앞서 재시험을 실시하여 그 품질을 확인한다.
- 포대시멘트를 쌓아서 저장하면 그 질량으로 인해 하부의 시멘트가 고결할 염려가 있으므로 시멘트를 쌓아올리는 높이는 ( )포대 이하로 하는 것이 바람직하다.
- 시멘트의 온도는 일반적으로 ( )정도 이하를 사용하는 것이 좋다.

① 13 ② 6
③ 방습 ④ 50

해설 3개월 이상 장기간 저장한 시멘트는 사용하기에 앞서 재시험을 실시하여 그 품질을 확인한다.

35 다음 그림과 같은 형태를 보이는 수목은?

① 일본목련 ② 복자기
③ 팥손이 ④ 물푸레나무

36 어른과 어린이 겸용벤치 설치 시 앉음면(좌면, 坐面)의 적당한 높이는?

① 25~30cm ② 35~40cm
③ 45~50cm ④ 55~60cm

정답 30 ④ 31 ① 32 ④ 33 ④ 34 ② 35 ② 36 ②

37 건설재료의 할증률이 틀린 것은?

① 붉은 벽돌 : 3%
② 이형철근 : 5%
③ 조경용 수목 : 10%
④ 석재판붙임용재(정형돌) : 10%

해설
• 석재판붙임용재(부정형돌) : 30%
• 이형철근 : 3%, 원형철근 : 5%

38 콘크리트 포장에 관한 설명 중 옳지 않은 것은?

① 보조 기층을 튼튼히 해서 부동침하를 막아야 한다.
② 두께는 10cm 이상으로 하고, 철근이나 용접 철망을 넣어 보강한다.
③ 물 시멘트의 비율은 60% 이내, 슬럼프의 최댓값은 5cm 이상으로 한다.
④ 온도변화에 따른 수축 팽창에 의한 파손 방지를 위해 신축줄눈과 수축줄눈을 설치한다.

해설 슬럼프 값은 10~18cm의 범위가 적절 하다.

39 토양에 따른 경도와 식물생육의 관계를 나타낼때 나지화가 시작되는 값(kgf/㎠)은? (단, 지표면의 경도는 Yamanaka 경도계로 측정한 것으로 한다.)

① 9.4 이상 ② 5.8 이상
③ 13.0 이상 ④ 3.6 이상

40 콘크리트의 배합의 종류로 틀린 것은?

① 시방배합 ② 현장배합
③ 시공배합 ④ 질량배합

해설 콘크리트의 배합의 종류 : 시방배합, 현장배합, 무게배합, 용적배합 등

41 다음 중 과일나무가 늙어서 꽃 맺음이 나빠지는 경우에 실시하는 전정은 어느 것인가?

① 생리를 조절하는 전정
② 생장을 돕기 위한 전정
③ 생장을 억제하는 전정
④ 세력을 갱신하는 전정

해설 갱신을 위한 전정
• 맹아력이 강한 나무, 늙은 나무, 꽃맺음이 나쁜 나무에 실시
• 갱신 전정 수종 늙은 과일나무, 장미, 배롱나무, 팔손이나무

42 코흐의 4원칙에 대한 설명 중 잘못된 것은?

① 미생물은 반드시 환부에 존재해야 한다.
② 미생물은 분리되어 배지상에서 순수 배양되어야 한다.
③ 순수 배양한 미생물은 접종하여 동일한 병이 발생되어야 한다.
④ 발병한 피해부에서 접종에 사용한 미생물과 동일한 성질을 가진 미생물이 반드시 재분리될 필요는 없다.

해설 코흐의 4원칙
① 미생물은 반드시 환부에 존재해야 한다.
② 미생물은 분리되어 배지상에서 순수 배양되어야 한다.
③ 순수 배양한 미생물은 접종하여 동일한 병이 발생되어야 한다.
④ 발병한 피해부에서 접종에 사용한 미생물과 동일한 성질을 가진 미생물이 반드시 재분리되어야 한다.

43 아황산가스에 민감하지 않은 수종은?

① 소나무 ② 겹벚나무
③ 단풍나무 ④ 화백

해설 아황산가스에 강한 수종 : 편백, 화백, 가이즈카향나무, 향나무, 가시나무, 굴거리나무, 녹나무, 태산목, 후박나무, 후피향나무, 가중나무, 벽오동, 버드나무, 칠엽수, 플라타나스

44 식재작업의 준비단계에 포함되지 않는 것은?

① 수목 및 양생제 반입 여부를 재확인한다.
② 공정표 및 시공도면, 시방서 등을 검토한다.

정답 37 ② 38 ③ 39 ② 40 ③ 41 ④ 42 ④ 43 ④ 44 ③

③ 빠른 식재를 위한 식재지역의 사전조사는 생략한다.
④ 수목의 배식, 규격, 지하 매설물 등을 고려하여 식재 위치를 결정한다.

45 조경 목재시설물의 유지관리를 위한 대책 중 적절하지 않는 것은?

① 통풍을 좋게 한다.
② 빗물 등의 고임을 방지한다.
③ 건조되기 쉬운 간단한 구조로 한다.
④ 적당한 20~40℃ 온도와 80% 이상의 습도를 유지시킨다.

46 다음 중 측량의 3대 요소가 아닌 것은?

① 각측량　② 거리측량
③ 세부측량　④ 고저측량

해설 측량의 종류 : 평판측량(거리), 레벨측량(고저), 다각측량(각), 사진측량(항공사진)

47 비탈면의 녹화와 조경에 사용되는 식물의 요건으로 가장 부적합한 것은?

① 적응력이 큰 식물
② 생장이 빠른 식물
③ 시비 요구도가 큰 식물
④ 파종과 식재 시기의 폭이 넓은 식물

48 잔디깎기의 목적으로 옳지 않은 것은?

① 잡초 방제　② 이용 편리 도모
③ 병충해 방지　④ 잔디의 분얼 억제

해설 잔디의 분얼 촉진

49 토양 및 수목에 양분을 처리하는 방법의 특징 설명이 틀린 것은?

① 액비관주는 양분흡수가 빠르다.
② 수간주입은 나무에 손상이 생긴다.
③ 엽면시비는 뿌리 발육 불량 지역에 효과적이다.
④ 천공시비는 비료 과다투입에 따른 염류장해 발생 가능성이 없다.

해설 염류장해 : 비료 등 작물에 필요한 양분공급시 양분이 100% 흡수되지 않고 토양 속에 남는 현상으로 천공시비는 비료 과다투입시 염류현상이 발생한다.

50 파이토플라스마에 의한 수목병이 아닌 것은?

① 벚나무 빗자루병
② 붉나무 빗자루병
③ 오동나무 빗자루병
④ 대추나무 빗자루병

해설 벚나무의 빗자루병은 진균에 의한 병해이다.

51 소나무 순지르기에 대한 설명으로 틀린 것은?

① 매년 5~6월경에 실시한다.
② 중심 순만 남기고 모두 자른다.
③ 새순이 5~10cm의 길이로 자랐을 때 실시한다.
④ 남기는 순도 힘이 지나칠 경우 1/2~1/3 정도로 자른다.

해설 2~3개의 순만 남기고 중심순을 포함한 나머지 순을 모두 자른다.

52 콘크리트 시공연도와 직접 관계가 없는 것은?

① 물~시멘트비
② 재료의 분리
③ 골재의 조립도
④ 물의 정도 함유량

53 대목을 대립종자의 유경이나 유근을 사용하여 접목하는 방법으로 접목한 뒤에는 관계 습도를 높게 유지하며, 정식 후 근두암종병의 발병율이 높은 단점을 갖는 접목법은?

정답 45 ④ 46 ③ 47 ③ 48 ④ 49 ④ 50 ① 51 ② 52 ② 53 ②

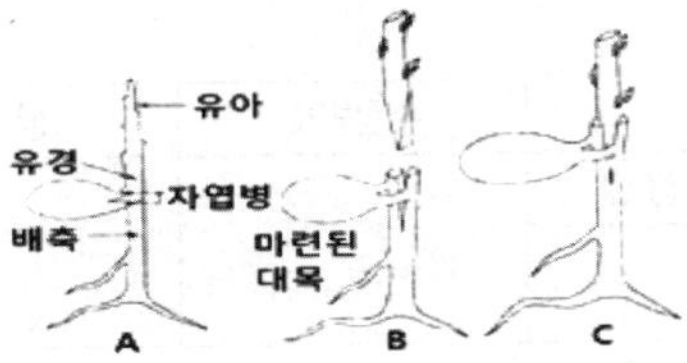

① 아접법 ② 유대접
③ 호접법 ④ 교접법

54 다음 중 관리해야 할 수경 시설물에 해당되지 않는 것은?

① 폭포 ② 분수
③ 연못 ④ 덱(deck)

55 현대적인 공사관리에 관한 설명 중 가장 적합한 것은?

① 품질과 공기는 정비례한다.
② 공기를 서두르면 원가가 싸게 된다.
③ 경제속도에 맞는 품질이 확보 되어야 한다.
④ 원가가 싸게 되도록 하는 것이 공사관리의 목적이다.

56 공사의 설계 및 시공을 의뢰하는 사람을 뜻하는 용어는?

① 설계자 ② 시공자
③ 발주자 ④ 감독자

해설 설계 및 시공을 의뢰하는 자를 발주자, 시행처, 시공주라 한다.

57 수목을 이식할 때 고려사항으로 가장 부적합한 것은?

① 지상부의 지엽을 전정해 준다.
② 뿌리분의 손상이 없도록 주의하여 이식한다.
③ 굵은 뿌리의 자른 부위는 방부처리 하여 부패를 방지한다.
④ 운반이 용이하게 뿌리분은 기준보다 가능한한 작게 하여 무게를 줄인다.

58 다음 입찰계약 순서 중 옳은 것은?

① 입찰공고 → 낙찰 → 계약 → 개찰 → 입찰 → 현장설명
② 입찰공고 → 현장설명 → 입찰 → 계약 → 낙찰 → 개찰
③ 입찰공고 → 현장설명 → 입찰 → 개찰 → 낙찰 → 계약
④ 입찰공고 → 계약 → 낙찰 → 개찰 → 입찰 → 현장설명

59 경사도(勾配, slope)가 15%인 도로면상의 경사거리 135m에 대한 수평거리는?

① 130.0m ② 132.0m
③ 133.5m ④ 136.5m

해설
• $\tan = \frac{15}{100}$, $\theta = \cot \times 0.15 = 8.53°$
수평거리 = $135 \times \cos 8.53 = 133.5$m
• 비례식 $x^2 = 100^2 + 15^2$ $x = 101.12$
$101.12 : 100 = 135 : y$ $y = 133.5$m

60 다음 중 원가계산에 의한 공사비의 구성에서 『경비』에 해당하지 않는 항목은?

① 안전관리비 ② 운반비
③ 가설비 ④ 노무비

해설
• 경비 : 안전관리비, 운반비 기계경비, 가설비, 보험료, 전력비 등
• 순공사비 : 재료비, 노무비, 경비

정답 54 ④ 55 ③ 56 ③ 57 ④ 58 ③ 59 ③ 60 ④

국가기술자격검정 필기시험문제

2016년 1월 24일 시행

자격종목	코드	시험시간	형별	수험번호	성 명
조경 기능사		1시간			

1 중세 유럽의 조경 형태로 볼 수 없는 것은?

① 과수원 ② 약초원
③ 공중정원 ④ 회랑식 정원

해설 • 중세 유럽의 수도원 조경은 실용적인 정원(채소원, 약초원, 과수원)과 장식적인 정원(회랑 중정식 정원)으로 조성하였다.
• 공중정원은 고대 서부아시아 시기에 만들어진 건축물이다.

2 일본 고산수식 정원의 요소와 상징적인 의미가 바르게 연결된 것은?

① 나무 – 폭포
② 연못 – 바다
③ 왕모래 – 물
④ 바위 – 산봉우리

3 다음 중 중국정원의 양식에 가장 많은 영향을 끼친 사상은?

① 선사상 ② 신선사상
③ 풍수지리사상 ④ 음양오행사상

해설 중국정원에서는 신선사상을 도입하여 정원에 신선의 거처를 현실화하고자 하였다.

4 다음 중 서양식 전각과 서양식 정원이 조성되어 있는 우리나라 궁궐은?

① 경복궁 ② 창덕궁
③ 덕수궁 ④ 경희궁

해설 덕수궁에는 서양식 건물인 석조전, 정관헌이 있고 서양식 정원인 침상지가 조성되어 있다.

5 고대 로마의 대표적인 별장이 아닌 것은?

① 빌라 투스카니
② 빌라 감베라이아
③ 빌라 라우렌티아나
④ 빌라 아드리아누스

해설 빌라 감베라이아는 후기 르네상스(17세기 바로크시대)에 만들어진 빌라이다.

6 미국 식민지 개척을 통한 유럽 각국의 다양한 사유지 중심의 정원 양식이 공공적인 성격으로 전환되는 계기에 영향을 끼친 것은?

① 스토우 정원
② 보르비콩트 정원
③ 스투어헤드 정원
④ 버컨헤드 공원

해설 버컨헤드 공원은 조셉 팩스턴이 조성한 최초의 공공공원으로 사회적, 재정적으로 성공한 사례이다.

7 프랑스 평면기하학식 정원을 확립하는 데 가장 큰 기여를 한 사람은?

① 르 노트르 ② 메이너
③ 브릿지맨 ④ 비니올라

8 형태와 선이 자유로우며, 자연재료를 사용하여 자연을 모방하거나 축소하여 자연에 가까운 형태로 표현한 정원 양식은?

① 건축식 ② 풍경식
③ 정형식 ④ 규칙식

정답 1 ③ 2 ③ 3 ② 4 ③ 5 ② 6 ④ 7 ① 8 ②

9 다음 후원 양식에 대한 설명 중 틀린 것은?

① 한국의 독특한 정원 양식 중 하나이다.
② 괴석이나 세심석 또는 장식을 겸한 굴뚝을 세워 장식하였다.
③ 건물 뒤 경사지를 계단모양으로 만들어 장대석을 앉혀 평지를 만들었다.
④ 경주 동궁과 월지, 교태전 후원의 아미산원, 남원시 광한루 등에서 찾아볼 수 있다.

해설 조선시대 후원의 특징
- 우리나라의 독특한 정원 양식이며, 경사지에 계단식으로 조성된 화계이다. 화계는 괴석이나 세심석 또는 장식을 겸한 굴뚝을 세워 장식하였고 경복궁의 교태전 후원, 창덕궁의 낙선재 후원 등이 대표적이다.
- 음양오행설의 영향을 받아 방지원도의 연못을 조성했다.

10 현대 도시환경에서 조경 분야의 역할과 관계가 먼 것은?

① 자연환경의 보호 유지
② 자연 훼손지역의 복구
③ 기존 대도시의 광역화 유도
④ 토지의 경제적이고 기능적인 이용 계획

11 다음 설명의 ( ) 안에 들어갈 시설물은?

> 시설지역 내부의 포장지역에도 ( )을/를 이용하여 낙엽성 교목을 식재하면 여름에도 그늘을 만들 수 있다.

① 볼라드(Bollard)
② 펜스(Fence)
③ 벤치(Bench)
④ 수목 보호대(Grating)

12 기존의 레크리에이션 기회에 참여 또는 소비하고 있는 수요(需要)를 무엇이라 하는가?

① 표출수요 ② 잠재수요
③ 유효수요 ④ 유도수요

해설
- 표출수요 : 기존의 레크리에이션 기회에 참여 또는 소비하고 있는 수요, 이를 통해 사람들의 선호도가 파악된다.
- 잠재수요 : 사람들에게 본래 내재하는 수요이지만 기존의 시설을 이용할 때에만 반영되어 나타난다.
- 유효수요 : 사람들에게 레크리에이션 패턴을 변경하도록 고무시켜 잠재수요를 개발하는 수요를 말한다.

13 주택정원의 시설구분 중 휴게시설에 해당되는 것은?

① 벽천, 폭포
② 미끄럼틀, 조각물
③ 정원등, 잔디등
④ 퍼걸러, 야외탁자

해설
- 경관시설 : 플랜터, 잔디밭, 산울타리, 연못, 폭포, 석등, 정원석, 징검다리 등
- 휴양시설 : 야외탁자, 야유회장, 야영장, 퍼걸러, 노인정, 노인회관 등
- 유희시설 : 시소, 정글짐, 사다리, 순환 회전차, 모노레일, 케이블카, 낚시터 등
- 운동시설 : 야구장, 축구장, 농구장, 배구장, 실내사격장, 철봉, 평행봉, 씨름장, 탁구장, 롤러스케이트장 등
- 교양시설 : 도서관, 온실, 야외극장, 전시관, 문화회관, 청소년회관 등
- 편익시설 : 우체통, 공중전화실, 대중음식점, 약국, 전망대, 시계탑, 음수대 등
- 관리시설 : 창고, 주차장, 게시판, 조명시설, 쓰레기처리장 등

14 조경계획 · 설계에서 기초적인 자료의 수집과 정리 및 여러 가지 조건의 분석과 통합을 실시하는 단계를 무엇이라 하는가?

① 목표 설정
② 현황분석 및 종합
③ 기본 계획
④ 실시 설계

정답 9 ④ 10 ③ 11 ④ 12 ① 13 ④ 14 ②

15 **채도 대비에 관한 설명 중 틀린 것은?**

① 무채색끼리는 채도 대비가 일어나지 않는다.

② 채도 대비는 명도 대비와 같은 방식으로 일어난다.

③ 고채도의 색은 무채색과 함께 배색하면 더 선명해 보인다.

④ 중간색을 그 색과 색상은 동일하고 명도가 밝은 색과 함께 사용하면 훨씬 선명해 보인다.

해설 **채도 대비** : 채도가 다른 색을 배열할 때 채도가 높은 색은 한층 더 선명하게 보이고, 채도가 낮은 탁한 색은 한층 더 회색이 많아 보인다.

16 **좌우로 시선이 제한되어 일정한 지점으로 시선이 모이도록 구성하는 경관 요소는?**

① 전망　　② 통경선(Vista)

③ 랜드마크　　④ 질감

17 **조경 시공 재료의 기호 중 벽돌에 해당하는 것은?**

① 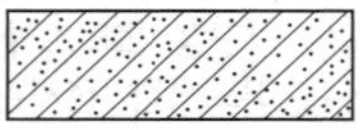

② 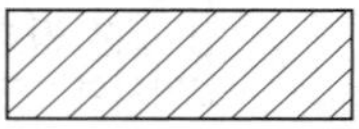

③ 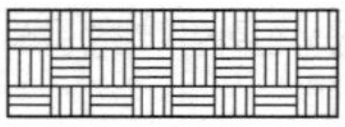

④ 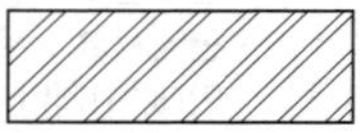

해설 ① 타일 및 테라코타　　② 벽돌

③ 지반　　④ 철재

18 **다음 중 곡선의 느낌으로 가장 부적합한 것은?**

① 온건하다.　　② 부드럽다.

③ 모호하다.　　④ 단호하다.

해설
- 곡선 : 부드럽고 여성적이며 우아하고, 섬세한 느낌
- 직선 : 굳건하고, 남성적이며, 일정한 방향 제시

19 **모든 설계에서 가장 기본적인 도면은?**

① 입면도　　② 단면도

③ 평면도　　④ 상세도

20 **조경 실시설계 단계 중 용어의 설명이 틀린 것은?**

① 시공에 관하여 도면에 표시하기 어려운 사항을 글로 작성한 것을 시방서라고 한다.

② 공사비를 체계적으로 정확한 근거에 의하여 산출한 서류를 내역서라고 한다.

③ 일반관리비는 단위 작업당 소요인원을 구하여 일당 또는 월급여로 곱하여 얻어진다.

④ 공사에 소요되는 자재의 수량, 품 또는 기계 사용량 등을 산출하여 공사에 소요되는 비용을 계산한 것을 적산이라고 한다.

해설 **일반관리비** : 회사가 사무실을 운영하기 위해 드는 비용
일반관리비 = 순공사원가(재료비+노무비+경비)×5~7%

21 **석재의 성인(成因)에 의한 분류 중 변성암에 해당되는 것은?**

① 대리석　　② 섬록암

③ 현무암　　④ 화강암

해설
- 화성암 : 화강암, 안산암, 현무암
- 퇴적암 : 응회암, 사암, 점판암, 석회암
- 변성암 : 편마암, 대리석, 사문암 등

22 **레미콘 규격이 25 – 210 – 12로 표시되어 있다면 ⓐ – ⓑ – ⓒ 순서대로 의미가 맞는 것은?**

① ⓐ 슬럼프, ⓑ 골재최대치수, ⓒ 시멘트의 양

정답 15 ④　16 ②　17 ②　18 ④　19 ③　20 ③　21 ①　22 ③

② ⓐ 물 · 시멘트비, ⓑ 압축강도,
   ⓒ 골재최대치수
③ ⓐ 골재최대치수, ⓑ 압축강도,
   ⓒ 슬럼프
④ ⓐ 물 · 시멘트비, ⓑ 시멘트의 양,
   ⓒ 골재최대치수

23 다음 설명에 적합한 열가소성 수지는?

> – 강도, 전기전열성, 내약품성이 양호하고 가소재에 의하여 유연고무와 같은 품질이 되며 고온, 저온에 약하다.
> – 바닥용 타일, 시트, 조인트 재료, 파이프, 접착제, 도료 등이 주용도이다.

① 페놀수지
② 염화비닐수지
③ 멜라민수지
④ 에폭시수지

해설
- 열가소성 수지 : 열을 가하여 성형한 뒤 다시 열을 가하면 형태의 변형을 일으킬 수 있는 수지
  – 염화비닐수지, 폴리프로필렌, 폴리에틸렌(PE관), 폴리스티렌, 아크릴, 나이론
- 열경화성 수지 : 한번 열을 가하여 성형하면 다시 열을 가해도 변하지 않는 수지(축합반응한 고분자 물질)
  – 페놀, 요소, 멜라민, F.R.P, 우레탄, 실리콘, 에폭시, 폴리에스테르

24 인공 폭포, 수목 보호판을 만드는 데 가장 많이 이용되는 제품은?

① 유리블록제품
② 식생호안블록
③ 콘크리트격자블록
④ 유리섬유강화플라스틱

해설 **유리섬유강화플라스틱(FRP, Fiberglass Reinforced Plastic)** : 약한 플라스틱에 강화재를 넣어 만든 제품으로 벤치, 화단장식재, 인공폭포, 인공암 등에 쓰인다.

25 알루미나 시멘트의 최대 특징으로 옳은 것은?

① 값이 싸다.
② 조기강도가 크다.
③ 원료가 풍부하다.
④ 타 시멘트와 혼합이 용이하다.

해설 **알루미나 시멘트(Alumina cement)**
- 초조강성으로 조기강도가 매우 높고(1일) 산, 염류, 해수 등에 대한 화학적 침식에 대한 저항성이 크다.
- 주성분이 알루미나이며 내화성이 우수하고 발열량이 크기 때문에 긴급을 요하는 공사나 한중콘크리트공사의 시공에 적합하다.

26 다음 중 목재의 장점에 해당하지 않는 것은?

① 가볍다.
② 무늬가 아름답다.
③ 열전도율이 낮다.
④ 습기를 흡수하면 변형이 잘 된다.

해설 ④는 단점이다.

27 다음 금속 재료에 대한 설명으로 틀린 것은?

① 저탄소강은 탄소함유량이 0.3% 이하이다.
② 강판, 형강, 봉강 등은 압연식 제조법에 의해 제조된다.
③ 구리에 아연 40%를 첨가하여 제조한 합금을 청동이라고 한다.
④ 강의 제조방법에는 평로법, 전로법, 전기로법, 도가니법 등이 있다.

해설
- 놋쇠(황동) : 구리와 아연의 합금
- 청동 : 구리와 주석의 합금

정답 23 ② 24 ④ 25 ② 26 ④ 27 ③

28 **다음 조경시설 소재 중 도로 절 · 성토면의 녹화공사, 해안매립 및 호안공사, 하천제방 및 급류 부위의 법면보호공사 등에 사용되는 코코넛 열매를 원료로 한 천연섬유 재료는?**

① 코이어 메시 ② 우드칩
③ 테라소브 ④ 그린블록

해설 **코이어 메시** : 야자나무 열매의 섬유질로 만든 코이어섬유 펠트와 디자인 메시철망, 비료 판넬 등으로 이루어져 있다.

29 **견치석에 관한 설명 중 옳지 않은 것은?**

① 형상은 재두각추체(裁頭角錐體)에 가깝다.
② 접촉면의 길이는 앞면 4변의 제일 짧은 길이의 3배 이상이어야 한다.
③ 접촉면의 폭은 전면 1변의 길이의 1/10 이상이어야 한다.
④ 견치석은 흙막이용 석축이나 비탈면의 돌붙임에 쓰인다.

해설 **견치석의 규격**
- 전체길이는 앞면 길이의 1.5배 이상
- 뒷면 너비는 앞면의 1/16 이상
- 이맞춤 너비는 1/5 이상
- 허리치기 평균깊이는 1/10
- 1개의 무게 보통 70~100kg

30 **무근콘크리트와 비교한 철근콘크리트의 특성으로 옳은 것은?**

① 공사기간이 짧다.
② 유지관리비가 적게 소요된다.
③ 철근 사용의 주목적은 압축강도 보완이다.
④ 가설공사인 거푸집 공사가 필요 없고 시공이 간단하다.

해설 철근콘크리트는 무근콘크리트에 비해 공사기간이 길고 인장강도를 보완한 것이며 거푸집 공사가 필요하고 시공이 간단하지 않다.

31 **Syringa oblata var.dilatata는 어떤 식물인가?**

① 라일락 ② 목서
③ 수수꽃다리 ④ 쥐똥나무

해설
- 수수꽃다리(Syringa oblata var.dilatata)
- 라일락(Syringa vulgaris)
- 쥐똥나무(Ligustrum obtusifolium S. et Z.)
- 금목서(Osmanthus fragrans var. aurantiacus)

32 **다음 중 수관의 형태가 "원추형"인 수종은?**

① 전나무 ② 실편백
③ 녹나무 ④ 산수유

해설
- 원추형(圓錐形) : 나무 끝이 뾰족한 긴 삼각형
  - 낙엽송, 리기다소나무, 메타세쿼이아, 낙우송, 삼나무, 전나무, 주목, 독일가문비 등

33 **다음 중 인동덩굴(Lonicera japonica Thunb.)에 대한 설명으로 옳지 않은 것은?**

① 반상록 활엽 덩굴성
② 원산지는 한국, 중국, 일본
③ 꽃은 1~2개씩 엽액에 달리며 포는 난형으로 길이는 1~2㎝
④ 줄기가 왼쪽으로 감아 올라가며, 소지는 회색으로 가시가 있고 속이 빔

해설 **인동덩굴**
- 줄기 : 반상록 여러해살이 덩굴식물이다. 줄기 아래는 목질화 되고, 오른쪽으로 감는다. 황갈색 털이 밀생하며, 오래된 줄기의 껍질이 얇게 벗겨지고, 속이 비어 있다.
- 잎 : 마주나며(對生), 톱니(鋸齒)가 없는 타원형이지만, 초봄의 잎이나 서식처 환경조건이 독특한 장소에 사는 개체들은 날개모양(羽狀)으로 갈라지기도 한다.
- 꽃 : 6~7월에 잎겨드랑이(葉腋)에서 1쌍으로 피며, 오후 느지막이 피기 시작하고, 향기가 좋으며, 백색으로 피었다가 꽃가루받이가 된 꽃은 황색으로 변한다.
- 열매 : 물열매(漿果)로 9~10월에 흑색으로 익는다.

정답 28 ① 29 ② 30 ② 31 ③ 32 ① 33 ④

34 **서향(Daphne odora Thunb.)에 대한 설명으로 맞지 않는 것은?**

① 꽃은 청색 계열이다.
② 성상은 상록활엽관목이다.
③ 뿌리는 천근성이고 내염성이 강하다.
④ 잎은 어긋나기하며 타원형이고, 가장자리가 밋밋하다.

해설 꽃은 암수딴그루로 3~4월에 개화하며 백색 또는 홍자색으로 향기가 있고 상록성의 진한 녹색 잎과 봄철에 피는 홍자색 꽃은 향기가 좋아서 나무 이름도 서향 또는 천리향이라 한다.

35 **팥배나무(Sorbus alnifolia K.Koch)의 설명으로 틀린 것은?**

① 꽃은 노란색이다.
② 생장 속도는 비교적 빠르다.
③ 열매는 조류 유인식물로 좋다.
④ 잎의 가장자리에 이중거치가 있다.

해설
- 꽃은 5월에 피고 흰색이며, 열매는 타원형이고 반점이 뚜렷하다. 9~10월에 붉은색으로 익는다.
- 잎과 열매가 아름다워 관상용으로 쓰인다.
- 열매가 붉은 팥알같이 생겼다고 팥배나무라고 한다.
- 한국 · 일본 · 중국에 분포한다.

36 **골담초(Caragana sinica Rehder)에 대한 설명으로 틀린 것은?**

① 콩과(科) 식물이다.
② 꽃은 5월에 피고 단생한다.
③ 생장이 느리고 덩이뿌리로 위로 자란다.
④ 비옥한 사질양토에서 잘 자라고 토박지에서도 잘 자란다.

해설 **골담초**
- 장미목 콩과식물로 5월경 노란색 꽃이 피고 비옥한 사질양토에서 잘 자라나 토박지에서도 잘 자란다. 튼튼하고 내한성과 내건성이 강하며 생장 속도가 매우 빠르고 위로 자란다.
- 양지나 음지를 별로 가리지 않고 토질도 가리지 않는다.
- 내조성이 강하여 해변이나 공해가 심한 도심지에서도 잘 자란다.

37 **다음 중 조경수의 이식에 대한 적응이 가장 어려운 수종은?**

① 편백
② 미루나무
③ 수양버들
④ 일본잎갈나무

해설
- 이식이 어려운 수종 : 소나무, 전나무, 자귀나무, 독일가문비, 주목, 때죽나무, 히말라야시다, 굴거리나무, 태산목, 후박나무, 배롱나무, 피라칸사, 목련, 느티나무, 자작나무, 칠엽수
- 이식이 쉬운 수종 : 낙우송, 메타세쿼이아, 편백, 화백, 측백, 가이즈카향, 은행나무, 플라타너스, 단풍나무류, 쥐똥나무, 박태기나무, 화살나무, 버드나무, 사철나무, 철쭉류, 무궁화, 명자나무

38 **조경 수목은 식재기의 위치나 환경조건 등에 따라 적절히 선정하여야 한다. 다음 중 수목의 구비 조건으로 가장 거리가 먼 것은?**

① 병충해에 대한 저항성이 강해야 한다.
② 다듬기 작업 등 유지관리가 용이해야 한다.
③ 이식이 용이하며, 이식 후에도 잘 자라야 한다.
④ 번식이 힘들고 다량으로 구입이 어려워야 희소성 때문에 가치가 있다.

39 **방풍림(Wind Shelter) 조성에 알맞은 수종은?**

① 팽나무, 녹나무, 느티나무
② 곰솔, 대나무류, 자작나무
③ 신갈나무, 졸참나무, 향나무
④ 박달나무, 가문비나무, 아까시나무

해설 **내풍력 큰 수종** : 곰솔, 구실잣밤나무, 갈참나무, 느티나무, 떡갈나무, 상수리나무, 밤나무, 편백, 화백, 녹나무, 팽나무 등

정답 34 ① 35 ① 36 ③ 37 ④ 38 ④ 39 ①

40 미선나무(Abeliophyllum distichum Nakai)의 설명으로 틀린 것은?

① 1속 1종
② 낙엽활엽관목
③ 잎은 어긋나기
④ 물푸레나무과(科)

해설 미선나무 : 물푸레나무과 낙엽활엽관목이다. 세계적으로 우리나라에 1종 1속이며 꽃은 흰색으로 3~4월에 개화하고 잎은 마주나기로 대생하며 열매가 부채 모양을 닮아 아름답다하여 미선나무라고 한다.

41 농약제제의 분류 중 분제(粉劑, Dusts)에 대한 설명으로 틀린 것은?

① 잔효성이 유제에 비해 짧다.
② 작물에 대한 고착성이 우수하다.
③ 유효성분 농도가 1~5% 정도인 것이 많다.
④ 유효성분을 고체증량제와 소량의 보조제를 혼합 분쇄한 미분말을 말한다.

해설 분제(분말, 미립제)
- 분제란 주제를 증량제, 물리성 개량제, 분해방지제 등과 균일하게 혼합 분쇄하여 만든 것을 말한다.
- 분말도는 250~300mesh 정도이며 유제, 수화제에 비하여 작물에 고착성이 불량하므로 잔효성이 요구되는 과수병해충 방제용으로는 부적합하다는 단점이 있다.
- 살포시 표류, 비산에 의한 농약의 손실뿐만 아니라 환경오염의 원인이 된다.

42 다음 중 철쭉, 개나리 등 화목류의 전정시기로 가장 알맞은 것은?

① 가을 낙엽 후 실시한다.
② 꽃이 진 후에 실시한다.
③ 이른 봄 해동 후 바로 실시한다.
④ 시기와 상관없이 실시할 수 있다.

해설 잎보다 꽃이 먼저 피는 화목류는 전년도 여름에 꽃눈이 형성되기 때문에 전정은 꽃이 진 후에 실시한다.

43 양버즘나무(플라타너스)에 발생된 흰불나방을 구제하고자 할 때 가장 효과가 좋은 약제는?

① 디플루벤주론수화제
② 결정석회황합제
③ 포스파미돈액제
④ 티오파네이트메틸수화제

해설
- 흰불나방 : 디프테렉스, 주론수화제(디밀린)
- 깍지벌레 : 포스파미돈(다무르)
- 흰가루병 : 석회황합제

44 조경 수목에 공급하는 속효성 비료에 대한 설명으로 틀린 것은?

① 대부분의 화학비료가 해당된다.
② 늦가을에서 이른 봄 사이에 준다.
③ 시비 후 5~7일 정도면 바로 비효가 나타난다.
④ 강우가 많은 지역과 잦은 시기에는 유실정도가 빠르다.

해설 늦가을에서 이른 봄 사이에 시비를 주는 비료는 지효성 거름(기비, 유기질 거름)이다.

45 잔디공사 중 떼심기 작업의 주의사항이 아닌 것은?

① 뗏장의 이음새에는 흙을 충분히 채워 준다.
② 관수를 충분히 하여 흙과 밀착되도록 한다.
③ 경사면의 시공은 위쪽에서 아래쪽으로 작업한다.
④ 뗏장을 붙인 다음에 롤러 등의 장비로 전압을 실시한다.

해설 경사면의 시공은 아래쪽에서 위쪽으로 작업한다.

정답 40 ③ 41 ② 42 ② 43 ① 44 ② 45 ③

46 다음 설명에 해당하는 것은?

> – 나무의 가지에 기생하면 그 부위가 국소적으로 이상비대한다.
> – 기생 당한 부위의 윗부분은 위축되면서 말라 죽는다.
> – 참나무류에 가장 큰 피해를 주며, 팽나무, 물오리나무, 자작나무, 밤나무 등의 활엽수에도 많이 기생한다.

① 새삼 ② 선충
③ 겨우살이 ④ 바이러스

해설 **겨우살이** : 참나무 · 물오리나무 · 밤나무 · 팽나무 등에 기생한다. 둥지같이 둥글게 자라 지름이 1m에 달하는 것도 있다.

47 천적을 이용해 해충을 방제하는 방법은?

① 생물적 방제
② 화학적 방제
③ 물리적 방제
④ 임업적 방제

해설
- 생물학적 방제법 : 천적의 이용
- 물리학적 방제법 : 전정 가지의 소각, 낙엽 태우기, 잠복소, 유살 등의 이용
- 화학적 방제법 : 농약 이용

48 곰팡이가 식물에 침입하는 방법은 직접 침입, 자연개구로 침입, 상처 침입으로 구분할 수 있다. 다음 중 직접 침입이 아닌 것은?

① 피목 침입
② 흡기로 침입
③ 세포 간 균사로 침입
④ 흡기를 가진 세포 간 균사로 침입

해설 **곰팡이의 침입방법**
- 직접 침입 : 기주의 각피 사이로 직접 침입, 흡기(부착기)로 침입 등
- 자연개구로 침입 : 기공으로 침입 등
- 상처 침입 : 뿌리 사이의 균열로 침입, 상처 침입 등

49 비탈면의 잔디를 기계로 깎으려면 비탈면의 경사가 어느 정도로 완만하여야 하는가?

① 1:1보다 완만해야 한다.
② 1:2보다 완만해야 한다.
③ 1:3보다 완만해야 한다.
④ 경사에 상관없다.

50 수목 식재 후 물집을 만드는데, 물집의 크기로 가장 적당한 것은?

① 근원지름(직경)의 1배
② 근원지름(직경)의 2배
③ 근원지름(직경)의 3~4배
④ 근원지름(직경)의 5~6배

51 토공사에서 터파기할 양이 100㎥, 되메우기 양이 70㎥일 때 실질적인 잔토처리량(㎥)은? (단, L = 1.1, C = 0.8이다.)

① 24 ② 30
③ 33 ④ 39

해설
- 토량의 증가율 $L = \frac{\text{흐트러진 상태의 토량}}{\text{자연상태의 토량}}$
- 토량의 감소율 $C = \frac{\text{다져진 상태의 토량}}{\text{자연상태의 토량}}$
- 잔토처리량 = (터파기−되메우기)×L = (100−70)×1.1 = 33㎥

52 다음 설명의 ( )안에 적합한 것은?

> ( )란 지질 지표면을 이루는 흙으로, 유기물과 토양 미생물이 풍부한 유기물층과 용탈층 등을 포함한 표층 토양을 말한다.

① 표토 ② 조류(Algae)
③ 풍적토 ④ 충적토

정답 46 ③ 47 ① 48 ① 49 ③ 50 ④ 51 ③ 52 ①

53 조경시설물 유지관리 연간 작업계획에 포함되지 않는 작업 내용은?

① 수선, 교체　　② 개량, 신설
③ 복구, 방제　　④ 제초, 전정

해설 제초, 전정작업은 조경 수목 연간관리에 포함되어야 하는 작업이다.

54 건설공사 표준품셈에서 사용되는 기본(표준형) 벽돌의 표준 치수(㎜)로 옳은 것은?

① 180×80×57　　② 190×90×57
③ 210×90×60　　④ 210×100×60

해설
- 표준형 벽돌 : 190×90×57
- 기존형 벽돌 : 210×100×60

55 다음 설명에 해당하는 공법은?

> (1) 면상의 매트에 종자를 붙여 비탈면에 포설, 부착하여 일시적인 조기녹화를 도모하도록 시공한다.
> (2) 비탈면을 평평하게 끝손질한 후 매꽂이 등을 꽂아주어 떠오르거나 바람에 날리지 않도록 밀착한다.
> (3) 비탈면 상부 0.2m 이상을 흙으로 덮고 단부(端部)를 흙속에 묻어 넣어 비탈면 어깨로부터 물의 침투를 방지한다.
> (4) 긴 매트류로 시공할 때에는 비탈면의 위에서 아래로 길게 세로로 깔고 흙쌓기 비탈면을 다지고 붙일 때에는 수평으로 깔며 양단을 0.05m 이상 중첩한다.

① 식생대공
② 식생자루공
③ 식생매트공
④ 종자분사파종공

해설 **식생공법**
- 식생판공법 : 종비토를 판상으로 형성하여 비탈면의 수평홈에 띠모양으로 입히는 공법
- 식생혈(구멍)공법 : 종비토를 비탈면 구멍에 채워 넣는 공법
- 식생자루공법 : 종비토를 채운 그물자루를 비탈면의 수평도랑에 덮는 공법
- 식생띠공법 : 인공뗏장을 줄모양으로 삽입하는 공법
- 식생매트공법 : 종자, 비료 등에 풀을 먹인 매트류로 비탈면을 전면적으로 피복하는 공법이며, 전면떼붙이기에 대체한다.

56 수준측량에서 표고(標高 : Elevation)라 함은 일반적으로 어느 면(面)으로부터 연직거리를 말하는가?

① 해면(海面)
② 기준면(基準面)
③ 수평면(水平面)
④ 지평면(地平面)

해설 **기준면** : 높이의 기준이 되는 수평면을 기준면이라고 하며 그 면의 높이를 0m로 정한다. 보통 평균 해수면을 기준면으로 정한다.

57 다음 중 콘크리트의 공사에 있어서 거푸집에 작용하는 콘크리트 측압의 증가 요인이 아닌 것은?

① 타설 속도가 빠를수록
② 슬럼프가 클수록
③ 다짐이 많을수록
④ 빈배합일 경우

해설 **측압** : 콘크리트 타설 시 그 무게에 의해 거푸집에 작용하는 압력을 말하는데, 콘크리트의 유동성이 클 때, 속도가 빠를 때, 높이가 높을 때, 습도가 높을 때, 온도가 낮을 때, 슬럼프 수치가 높을 때, 진동이 클 때, 경화속도가 느릴수록, 수직부재 〉 수평부재 일수록 측압이 크다.

58 다음 중 현장 답사 등과 같은 높은 정확도를 요하지 않는 경우에 간단히 거리를 측정하는 약측정 방법에 해당하지 않는 것은?

① 목측　　② 보측
③ 시각법　　④ 줄자 측정

정답 53 ④　54 ②　55 ③　56 ②　57 ④　58 ④

59 다음 [보기]가 설명하는 특징의 건설장비는?

> [보기]
> - 기동성이 뛰어나고, 대형목의 이식과 자연석의 운반, 놓기, 쌓기 등에 가장 많이 사용된다.
> - 기계가 서 있는 지반보다 낮은 곳의 굴착에 좋다.
> - 파는 힘이 강력하고 비교적 경질지반도 적용한다.
> - Drag Shovel 이라고도 한다.

① 로더(Loader)
② 백호우(Back Hoe)
③ 불도저(Bulldozer)
④ 덤프트럭(Dump Truck)

해설 백호우(Back Hoe)를 드래그 셔블이라고 한다.

60 토양환경을 개선하기 위해 유공관을 지면과 수직으로 뿌리 주변에 세워 토양 내 공기를 공급하여 뿌리호흡을 유도하는데, 유공관의 깊이는 수종, 규격, 식재지역의 토양 상태에 따라 다르게 할 수 있으나, 평균 깊이는 몇 미터 이내로 하는 것이 바람직한가?

① 1m ② 1.5m
③ 2m ④ 3m

정답 59 ② 60 ①

국가기술자격검정 필기시험문제

2016년 4월 2일 시행

자격종목	코드	시험시간	형별	수험번호	성 명
조경 기능사		**1시간**			

1 **형태는 직선 또는 규칙적인 곡선에 의해 구성되고 축을 형성하며 연못이나 화단 등의 각 부분에도 대칭형이 되는 조경 양식은?**

① 자연식 ② 풍경식
③ 정형식 ④ 절충식

2 **다음 중 정원에 사용되었던 하하(Ha-ha) 기법을 가장 잘 설명한 것은?**

① 정원과 외부 사이 수로를 파 경계하는 기법
② 정원과 외부 사이 언덕으로 경계하는 기법
③ 정원과 외부 사이 교목으로 경계하는 기법
④ 정원과 외부 사이 산울타리를 설치하여 경계하는 기법

해설 **하하wall** : 담을 설치할 때 능선에 위치함을 피하고 도랑이나 계곡 속에 설치하여 경관 감상 시 물리적 경계 없이 감상할 수 있게 한 것

3 **다음 고서에서 조경식물에 대한 기록이 다루어지지 않은 것은?**

① 고려사
② 악학괘범
③ 양화소록
④ 동국이상국집

해설 **악학괘범** : 조선시대의 의궤와 악보를 정리하여 성현 등이 편찬한 악서

4 **스페인 정원에 관한 설명으로 틀린 것은?**

① 규모가 웅장하다.
② 기하학적인 터 가르기를 한다.
③ 바닥에는 색채타일을 이용하였다.
④ 안달루시아(Andalusia) 지방에서 발달했다.

5 **다음 중 고산수 수법의 설명으로 알맞은 것은?**

① 가난함이나 부족함 속에서도 아름다움을 찾아내어 검소하고 한적한 삶을 표현
② 이끼 낀 정원석에서 고담하고 한아를 느낄 수 있도록 표현
③ 정원의 못을 복잡하게 표현하기 위해 호안을 곡절시켜 심(心)자와 같은 형태의 못을 조성
④ 물이 있어야 할 곳에 물을 사용하지 않고 돌과 모래를 사용해 물을 상징적으로 표현

해설 **고산수식 정원** : 나무를 다듬어 산봉우리 생김새를 얻게 하고 바위를 세워 폭포를 상징시키며 왕모래를 깔아 냇물이 흐르는 느낌을 얻게 하는 수법

6 **경복궁 내 자경전의 꽃담 벽화문양에 표현되지 않은 식물은?**

① 매화 ② 석류
③ 산수유 ④ 국화

해설 **화문장(꽃담)** : 벽면에 매화, 대나무, 난초, 석류, 모란, 국화, 나비, 연꽃을 부조 기하학적이고 화려한 무늬로 장식

정답 1③ 2① 3② 4① 5④ 6③

7 우리나라 부유층의 민가정원에서 유교의 영향으로 부녀자들을 위해 특별히 조성된 부분은?

① 전정 ② 중정
③ 후정 ④ 주정

해설 조선시대 민가정원은 유교의 영향으로 부녀자들에게 뒤뜰에 정원을 조성하는 후원양식이 발달하였다.

8 다음 중 고대 이집트의 대표적인 정원수는?

– 강한 직사광선으로 인하여 녹음수로 많이 사용 – 신성시하여 사자(死者)를 이 나무 그늘 아래 쉬게 하는 풍습이 있었음

① 파피루스 ② 버드나무
③ 장미 ④ 시카모어

9 다음 중 독일의 풍경식 정원과 가장 관계가 깊은 것은?

① 한정된 공간에서 다양한 변화를 추구
② 동양의 사의주의 자연풍경식을 수용
③ 외국에서 도입한 원예식물의 수용
④ 식물생태학, 식물지리학 등의 과학이론의 적용

10 다음 중 사적인 정원이 공적인 공원으로 역할 전환의 계기가 된 사례는?

① 에스테장
② 베르사이유궁
③ 켄싱턴 가든
④ 센트럴 파크

해설 **센트럴 파크** : 옴스테드가 설계한 최초의 도시공원

11 주택정원거실 앞쪽에 위치한 뜰로 옥외생활을 즐길 수 있는 공간은?

① 안뜰 ② 앞뜰
③ 뒤뜰 ④ 작업뜰

12 조경계획 및 설계과정에 있어서 각 공간의 규모, 사용재료, 마감방법을 제시해 주는 단계는?

① 기본 구상 ② 기본계획
③ 기본설계 ④ 실시설계

해설 **기본설계과정** : 설계원칙 추출 → 공간구성 다이어그램 → 입체적 공간의 창조(설계도 작성)

13 도시 내부와 외부의 관련이 매우 좋으며 재난 시 시민들의 빠른 대피에 큰 효과를 발휘하는 녹지 형태는?

① 분산식 ② 방사식
③ 환상식 ④ 평행식

해설 **녹지계통의 형식**

- 분산식 : 녹지대가 여기저기 여러 가지 형태로 배치된 상태이다.
- 환상식 : 도시를 중심으로 환상상태로 5~10km 폭으로 조성된 것으로 도시가 확대되는 것을 방지하는 데 효과가 크다.
- 방사식 : 도시의 중심에서 외부로 방사상의 녹지대로 조성하는 것으로 방사식 도로망에 따라 이용하며 재난 시 시민들의 빠른 대피에 효과가 있다.
- 방사환상식 : 방사식 녹지 형태와 환상식 녹지를 결합하여 양자의 장점을 이용한 것으로 이상적인 도시녹지대의 형식이다.
- 위성식 : 대도시에만 적용되는 것으로서 대도시의 인구분산을 위해 환상 내부에 녹지대를 조성하고, 녹지대 내에 소시가지를 위성적으로 배치하는 것이다.
- 방사분산식 : 분산식 녹지대를 방사 상태로 질서있게 조성한 것이다.
- 평행식 : 도시의 형태가 대상형일 때 띠 모양으로 일정한 간격을 두고 평행하게 녹지대를 조성하는 것이다.

정답 7 ③ 8 ④ 9 ④ 10 ④ 11 ① 12 ③ 13 ②

14 **다음 [보기]의 행위 시 도시공원 및 녹지 등에 관한 법률상의 벌칙 기준은?**

> [보기]
> – 위반하여 도시공원에 입장하는 사람으로부터 입장료를 징수한 자
> – 허가를 받지 아니 하거나 허가받은 내용을 위반하여 도시공원 또는 녹지에서 시설 · 건축물 또는 공작물을 설치한 자

① 2년 이하의 징역 또는 3천만 원 이하의 벌금
② 1년 이하의 징역 또는 1천만 원 이하의 벌금
③ 1년 이하의 징역 또는 500만 원 이하의 벌금
④ 1년 이하의 징역 또는 3천만 원 이하의 벌금

15 **표제란에 대한 설명으로 옳은 것은?**

① 도면명은 표제란에 기입하지 않는다.
② 도면 제작에 필요한 지침을 기록한다.
③ 도면번호, 도명, 작성자명, 작성일자 등에 관한 사항을 기입한다.
④ 용지의 긴 쪽 길이를 가로 방향으로 설정할 때 표제란은 왼쪽 아래 구석에 위치한다.

해설 표제란에 기입할 내용은 공사명, 도면명, 범례, 설계자명, 설계일시 등이다.

16 **먼셀 색채계의 기본색인 5가지 주요 색상으로 바르게 짝지어진 것은?**

① 빨강, 노랑, 초록, 파랑, 주황
② 빨강, 노랑, 초록, 파랑, 보라
③ 빨강, 노랑, 초록, 파랑, 청록
④ 빨강, 노랑, 초록, 남색, 주황

해설 **3원색 (빛 : 빨강, 녹색, 파랑 / 물감 : 빨강, 노랑, 파랑)**
- 기본 5색 : 빨강(R), 노랑(Y), 녹색(G), 파랑(B), 보라(P)
- 주요 10색상 : 빨강(R), 주황(YR), 노랑(Y), 연두(GY), 녹색(G), 청록(BG), 파랑(B), 남색(PB), 보라(P), 자주(RP)

17 **건설재료의 골재의 단면표시 중 잡석을 나타낸 것은?**

①
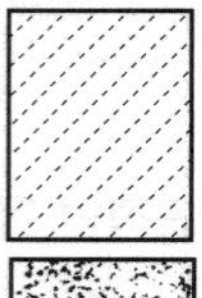
②
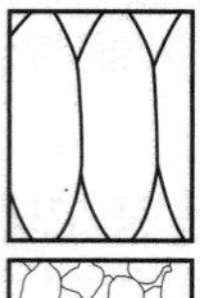
③
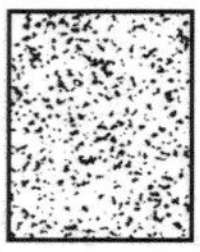
④
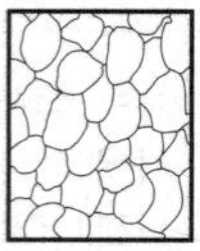

18 **대형건물의 외벽도색을 위한 색채계획을 할 때 사용하는 컬러샘플(Color Sample)은 실제의 색보다 명도나 채도를 낮추어서 사용하는 것이 좋다. 이는 색채의 어떤 현상 때문인가?**

① 착시효과　　② 동화현상
③ 대비효과　　④ 면적효과

해설 **면적대비** : 명도가 높은 색과 낮은 색이 병렬될 때 높은 것은 넓게 보이고 낮은 것은 좁게 느껴지는 현상이다. 면적이 크면 채도, 명도가 증가한다.

19 **색채와 자연환경에 대한 설명으로 옳지 않은 것은?**

① 풍토색은 기후와 토지의 색, 즉 지역의 태양빛, 흙의 색 등을 의미한다.
② 지역색은 그 지역의 특성을 전달하는 색채와 그 지역의 역사, 풍속, 지형, 기후 등의 지방색과 합쳐 표현된다.
③ 지역색은 환경색채계획 등 새로운 분야에서 사용되기 시작한 용어이다.
④ 풍토색은 지역의 건축물, 도로환경, 옥외광고물 등의 특징을 갖고 있다.

정답 14 ② 15 ③ 16 ② 17 ② 18 ④ 19 ④

20 오른손잡이의 선긋기 연습에서 고려해야 할 사항이 아닌 것은?

① 수평선 긋기 방향은 왼쪽에서 오른쪽으로 긋는다.

② 수직선 긋기 방향은 위쪽에서 아래쪽으로 내려 긋는다.

③ 선은 처음부터 끝나는 부분까지 일정한 힘으로 한 번에 긋는다.

④ 선의 연결과 교차 부분이 정확하게 되도록 한다.

해설 수직선 긋기 방향은 아래쪽에서 위쪽으로 긋는다.

21 다음 중 방부 또는 방충을 목적으로 하는 방법으로 가장 부적합한 것은?

① 표면탄화법

② 약제도포법

③ 상압주입법

④ 마모저항법

해설 방부처리방법에는 표면탄화법, 도장법(도포법), 침투법, 가압주입법 등이 있다.

22 조경공사의 돌쌓기용 암석을 운반하기에 가장 적합한 재료는?

① 철근

② 쇠파이프

③ 철망

④ 와이어 로프

해설 **와이어 로프** : 지름 0.26mm~5.0mm인 가는 철선을 몇 개 꼬아서 기본 로프를 만들고 이것을 다시 여러 개 꼬아 만든 것으로 케이블, 공사용 와이어 로프 등에 사용된다.

23 다음 [보기]가 설명하는 건설용 재료는?

> [보기]
> – 갈라진 목재 틈을 메우는 정형 실링재이다.
> – 단성복원력이 적거나 거의 없다.
> – 일정 압력을 받는 새시의 접합부 쿠션 겸 실링재로 사용되었다.

① 프라이머 ② 코킹

③ 퍼티 ④ 석고

해설 **퍼티** : 유지 혹은 수지와 탄산칼슘 등의 충전재를 혼합하여 만든 것으로 창유리를 끼우는 데 주로 사용하고 도장 바탕을 고르는 데 사용한다.

24 쇠망치 및 날메로 요철을 대강 따내고, 거친 면을 그대로 두어 부풀린 느낌으로 마무리하는 것으로 중량감, 자연미를 주는 석재가 공법은?

① 혹두기 ② 정다듬

③ 도드락다듬 ④ 잔다듬

해설 **석재의 가공방법**

- 혹두기 : 쇠메를 사용하여 석재 표면의 돌출된 부분을 깨어내는 것
- 정다듬 : 혹두기 면을 정으로 비교적 고르게 다듬는 작업
- 도드락다듬 : 정다듬한 면을 도드락망치로 두드려 거친 면의 독특한 아름다움을 얻을 수 있음
- 잔다듬 : 표면을 평활하게 하기 위해 작은 날망치로 정교하게 깎는 것

25 건설용 재료의 특징 설명으로 틀린 것은?

① 미장재료 : 구조재의 부족한 요소를 감추고 외벽을 아름답게 나타내 주는 것

② 플라스틱 : 합성수지에 가소제, 채움제, 안정제, 착색제 등을 넣어서 성형한 고분자 물질

③ 역청재료 : 최근에 환경 조형물이나 안내판 등에 널리 이용되고, 입체적인 벽면구성이나 특수지역의 바닥 포장재로 사용

정답 20 ② 21 ④ 22 ④ 23 ③ 24 ① 25 ③

④ 도장재료 : 구조재의 내식성, 방부성, 내마멸성, 방수성, 방습성 및 강도 등이 높아지고 광택 등 미관을 높여 주는 효과를 얻음

해설 역청재료는 도로의 포장재료, 방수용재료, 호안재료, 토질안정재료, 주입재료, 줄눈재료, 도포재료 등으로 사용된다.

26 내부 진동기를 사용하여 콘크리트 다지기를 실시할 때 내부 진동기를 찔러 넣는 간격은 얼마 이하를 표준으로 하는 것이 좋은가?

① 30㎝ ② 50㎝
③ 80㎝ ④ 100㎝

27 굵은 골재의 절대 건조 상태의 질량이 1000g, 표면건조포화 상태의 질량이 1100g, 수중 질량이 650g 일 때 흡수율은 몇 %인가?

① 10.0% ② 28.6%
③ 31.4% ④ 35.0%

해설
- 흡수율(%) = $\frac{B-A}{A}\times100$

A : 절건중량(g)
B : 표면건조 내부포화상태 중량(g)
C : 시료의 수중중량(g)

∴ 흡수율(%) = $\frac{1100-1000}{1000}\times100 = 10(\%)$

28 시멘트의 강열감량(Ignition Loss)에 대한 설명으로 틀린 것은?

① 시멘트 중에 함유된 H_2O와 CO_2의 양이다.
② 클링커와 혼합하는 석고의 결정수량과 거의 같은 양이다.
③ 시멘트에 약 1000℃의 강한 열을 가했을 때의 시멘트 감량이다.
④ 시멘트가 풍화하면 강열감량이 적어지므로 풍화의 정도를 파악하는 데 사용된다.

해설
- 강열감량이란 900~1000℃로 60분간 강열을 가했을 때의 감량(Cement 중 H_2O와 CO_2의 양)을 말하며 풍화와 중성화 정도를 파악하는 척도이다.
- 풍화한 Cement는 응결 지연, 강도 저하, 이상 응결, 비중 저하, 강열감량이 증가한다.

29 아스팔트의 물리적 성질과 관련된 설명으로 옳지 않은 것은?

① 아스팔트의 연성을 나타내는 수치를 신도라 한다.
② 침입도는 아스팔트의 콘시스턴시를 임의 관입저항으로 평가하는 방법이다.
③ 아스팔트에는 명확한 융점이 있으며, 온도가 상승하는 데 따라 연화하여 액상이 된다.
④ 아스팔트는 온도에 따른 콘시스턴시의 변화가 매우 크며, 이 변화의 정도를 감온성이라 한다.

30 새끼(볏짚제품)의 용도 설명으로 가장 부적합한 것은?

① 더위에 약한 수목을 보호하기 위해서 줄기에 감는다.
② 옮겨 심는 수목의 뿌리분이 상하지 않도록 감아 준다.
③ 강한 햇볕에 줄기가 타는 것을 방지하기 위하여 감아 준다.
④ 천공성 해충의 침입을 방지하기 위하여 감아 준다.

해설 추위에 약한 수목을 보호하기 위해서 줄기에 감는다.

31 무너짐 쌓기를 한 후 돌과 돌 사이에 식재하는 식물 재료로 가장 적합한 것은?

① 장미 ② 회양목
③ 화살나무 ④ 꽝꽝나무

해설 돌틈식재 : 자연석 무너짐 쌓기를 한 후 돌과 돌 사이에 식재하는 식물로 회양목, 철쭉, 맥문동 등을 식재한다.

정답 26 ② 27 ① 28 ④ 29 ③ 30 ① 31 ②

32 다음 중 아황산가스에 강한 수종이 아닌 것은?

① 고로쇠나무 ② 가시나무
③ 백합나무 ④ 칠엽수

해설 **아황산가스에 강한 수종** : 편백, 화백, 가이즈카향나무, 향나무, 가시나무, 굴거리나무, 녹나무, 태산목, 후박나무, 후피향나무, 가중나무, 벽오동, 버드나무, 칠엽수, 플라타너스

33 단풍나무과(科)에 해당하지 않는 수종은?

① 고로쇠나무 ② 복자기
③ 소사나무 ④ 신나무

해설 **소사나무** : 쌍떡잎식물 참나무목 자작나무과의 낙엽소교목으로 해안의 산지에서 자란다. 작은 가지와 잎자루에 털이 밀생하며 턱잎은 선형이다.

34 다음 중 양수에 해당하는 수종은?

① 일본잎갈나무 ② 조록싸리
③ 식나무 ④ 사철나무

해설 **양수** : 충분한 광선 밑에서 좋은 생육(전광선량의 70% 내외 광선 필요)
- 소나무, 해송, 일본잎갈, 측백, 자작, 향나무, 플라타너스, 은행나무, 느티나무, 무궁화, 백목련, 개나리, 철쭉류, 가문비나무, 모과나무 등

35 다음 중 내염성이 가장 큰 수종은?

① 사철나무 ② 목련
③ 낙엽송 ④ 일본목련

해설 **내염성이 큰 수종** : 해송, 리기다소나무, 비자나무, 주목, 측백, 가이즈카향, 녹나무, 굴거리, 태산목, 후박나무, 감탕나무, 아왜나무, 먼나무, 동백나무, 호랑가시, 눈향나무, 해당화, 사철나무, 동백나무, 회양목, 찔레 등

36 형상수(Topiary)를 만들기에 가장 적합한 수종은?

① 주목 ② 단풍나무
③ 개벚나무 ④ 전나무

해설 형상수(Topiary)는 다듬기 작업이 용이하고 맹아력이 커야 한다. (주목, 눈주목, 회양목, 꽝꽝나무, 옥향 등)

37 화단에 심는 초화류가 갖추어야 할 조건으로 가장 부적합한 것은?

① 가지 수는 적고 큰 꽃이 피어야 한다.
② 바람, 건조 및 병 · 해충에 강해야 한다.
③ 꽃의 색채가 선명하고, 개화기간이 길어야 한다.
④ 성질이 강건하고 재배와 이식이 비교적 용이해야 한다.

해설 가지 수는 많고 꽃이 작게 피어야 한다.

38 수종과 그 줄기색(樹皮)의 연결이 틀린 것은?

① 벽오동은 녹색 계통이다.
② 곰솔은 흑갈색 계통이다.
③ 소나무는 적갈색 계통이다.
④ 흰말채나무는 흰색 계통이다.

해설 흰말채나무는 적색 계통이다.

39 귀룽나무(Prunus padus L.)에 대한 특성으로 맞지 않는 것은?

① 원산지는 한국, 일본이다.
② 꽃과 열매는 백색계열이다.
③ Rosaceae과(科) 식물로 분류된다.
④ 생장 속도가 빠르고 내공해성이 강하다.

해설 귀룽나무의 꽃은 백색, 열매는 검정색 계열이다.

40 능소화(Campsis grandifolia K.Schum.)의 설명으로 틀린 것은?

① 낙엽활엽덩굴성이다.
② 잎은 어긋나며 뒷면에 털이 있다.
③ 나팔모양의 꽃은 주홍색으로 화려하다.
④ 동양적인 정원이나 사찰 등의 관상용으로 좋다.

해설 능소화잎은 마주나기이며 홀수 1회 깃꼴겹잎이다.

정답 32 ① 33 ③ 34 ① 35 ① 36 ① 37 ① 38 ④ 39 ② 40 ②

41 봄에 향나무의 잎과 줄기에 갈색의 돌기가 형성되고 비가 오면 한천 모양이나 젤리 모양으로 부풀어 오르는 병은?

① 향나무 가지마름병
② 향나무 그을음병
③ 향나무 붉은별무늬병
④ 향나무 녹병

42 잔디의 병해 중 녹병의 방제약으로 옳은 것은?

① 만코제브(수)
② 테부코나졸(유)
③ 에마멕틴벤조에이트(유)
④ 글루포시네이트암모늄(액)

해설 **테부코나졸(유제)** : 주로 탄저병에 쓰이는 약제로 잔디의 병해인 녹병에도 사용된다.

43 25% A유제 100mL를 0.05%의 살포액으로 만드는 데 소요되는 물의 양(L)으로 가장 가까운 것은? (단, 비중은 1.0이다.)

① 5　② 25
③ 50　④ 100

해설
• ha당 원액 소요량 = $\frac{\text{사용할 농도(\%)} \times \text{살포량}}{\text{원액 농도}}$

$$100\text{mL} = \frac{0.05(\%) \times \text{살포량(물의 양)}}{25}$$

$$\text{물의 양} = \frac{2{,}500}{0.05} = 50{,}000\text{mL} = 50\text{L}$$

44 해충의 체(體) 표면에 직접 살포하거나 살포된 물체에 해충이 접촉되어 약제가 체내에 침입하여 독(毒) 작용을 일으키는 약제는?

① 유인제　② 접촉살충제
③ 소화중독제　④ 화학불임제

해설
• 유인제 : 성 페로몬 등으로 해충을 일정한 장소로 유인하여 멸살시키는 약제
• 소화중독제 : 곤충의 먹이가 되는 부위에 약제를 살포, 해충이 먹게 하여 소화기 내로 독성을 흡수시켜 살충력을 나타내는 약제
• 불임제 : 해충을 불임시켜 자손의 번식을 막아 해충을 멸종시키는 약제

45 도시공원 녹지 중 수림지 관리에서 그 필요성이 가장 떨어지는 것은?

① 시비(施肥)　② 하예(下刈)
③ 제벌(除伐)　④ 병충해 방제

해설
• 수림지는 수목이 빼곡히 자라는 지역이므로 시비의 필요성이 없는 곳이다.
• 하예(下刈) : 풀베기
• 제벌(除伐) : 삼림에서 불필요한 수종 또는 임목을 제거하는 작업

46 다음 설명에 해당하는 파종 공법은?

> – 종자, 비료, 파이버(fiber), 침식방지제 등 물과 교반하여 펌프로 살포 녹화한다.
> – 비탈 기울기가 급하고 토양 조건이 열악한 급경사지에 기계와 기구를 사용해서 종자를 파종한다.
> – 한랭도가 적고 토양 조건이 어느 정도 양호한 비탈면에 한하여 적용한다.

① 식생매트공
② 볏짚거적덮기공
③ 종자분사파종공
④ 지하경뿜어붙이기공

해설 **식생매트공법** : 종자, 비료 등에 풀을 먹인 매트류로 비탈면을 전면적으로 피복하는 공법이며, 전면떼붙이기에 대체한다.

47 장미검은무늬병은 주로 식물체 어느 부위에 발생하는가?

① 꽃　② 잎
③ 뿌리　④ 식물전체

해설
• 잎, 꽃, 과일에 발생하는 병 : 흰가루병, 탄저병, 회색곰팡이병, 붉은별무늬병, 녹병, 균핵병, 갈색무늬병
• 줄기에 발생하는 병 : 줄기마름병, 가지마름병, 암종병

정답 41 ④　42 ②　43 ③　44 ②　45 ①　46 ③　47 ②

- 나무 전체에 발생하는 병 : 흰비단병, 시들음병, 세균성 연부병, 바이러스 모자이크병
- 뿌리에 발생하는 병 : 흰빛날개무늬병, 자주빛날개무늬병, 뿌리썩음병, 근두암종병

48 진딧물의 방제를 위하여 보호하여야 하는 천적으로 볼 수 없는 것은?

① 무당벌레류　② 꽃등애류
③ 솔잎벌류　④ 풀잠자리류

해설 진딧물 천적 : 무당벌레류, 꽃등애류, 풀잠자리류, 기생봉

49 수목의 이식 전 세근을 발달시키기 위해 실시하는 작업을 무엇이라 하는가?

① 가식　② 뿌리돌림
③ 뿌리분 포장　④ 뿌리외과수술

50 수목을 장거리 운반할 때 주의해야 할 사항이 아닌 것은?

① 병충해 방제
② 수피 손상 방지
③ 분 깨짐 방지
④ 바람 피해 방지

51 인간이나 기계가 공사 목적물을 만들기 위하여 단위물량당 소요로 하는 노력과 품질을 수량으로 표현한 것을 무엇이라 하는가?

① 할증　② 품셈
③ 견적　④ 내역

해설
- 할증 : 설계수량과 계획수량의 적산량에 운반, 저장, 절단, 가공 및 시공 과정에서 발생하는 손실량을 예측하여 부가하는 율
- 견적 : 적산에서의 수량에 단가를 곱한 것으로 공사비 산출을 하는 일련의 과정
- 내역 : 공사비를 산출하기 위하여 수량산출, 일위대가표를 작성하는 일

52 내구성과 내마멸성이 좋아 일단 파손된 곳은 보수가 어려우므로 시공 때 각별한 주의가 필요하다. 다음과 같은 원로 포장 방법은?

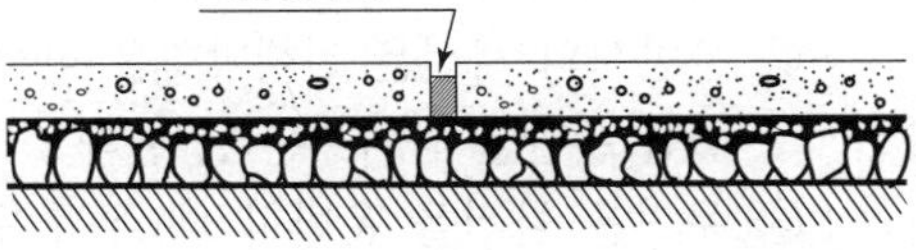

① 마사토 포장　② 콘크리트 포장
③ 판석 포장　④ 벽돌 포장

53 철근의 피복 두께를 유지하는 목적으로 틀린 것은?

① 철근량 절감
② 내구성능 유지
③ 내화성능 유지
④ 소요의 구조내력확보

54 다음 중 건설공사의 마지막으로 행하는 작업은?

① 터닦기
② 식재공사
③ 콘크리트공사
④ 급 · 배수 및 호안공

55 경사진 지형에서 흙이 무너지는 것을 방지하기 위하여 토양의 안식각을 유지하며 크고 작은 돌을 자연스러운 상태가 되도록 쌓아 올리는 방법은?

① 평석쌓기
② 견치석쌓기
③ 디딤돌쌓기
④ 자연석 무너짐쌓기

정답 48 ③　49 ②　50 ①　51 ②　52 ②　53 ①　54 ②　55 ④

56 작업현장에서 작업물의 운반작업 시 주의사항으로 옳지 않은 것은?

① 어깨높이 보다 높은 위치에서 하물을 들고 운반하여서는 안 된다.
② 운반시의 시선은 진행방향을 향하고 뒷걸음 운반을 하여서는 안 된다.
③ 무거운 물건을 운반할 때 무게 중심이 높은 하물은 인력으로 운반하지 않는다.
④ 단독으로 긴 물건을 어깨에 메고 운반할 때에는 뒤쪽을 위로 올린 상태로 운반한다.

57 예불기(예취기) 작업 시 작업자 상호간의 최소 안전거리는 몇 m 이상이 적합한가?

① 4m ② 6m
③ 8m ④ 10m

58 옹벽자체의 자중으로 토압에 저항하는 옹벽의 종류는?

① L형 옹벽
② 역T형 옹벽
③ 중력식 옹벽
④ 반중력식 옹벽

해설
- 중력식 옹벽
  - 옹벽의 무게에 의해 토압에 저항하는 것이다.
  - 높이가 높아지면 옹벽 밑부분의 폭이 커지므로 높이는 3m 정도가 경제적이다.
  - 상단은 좁고 하단은 넓은 형태의 구조를 갖는다.
- 반중력식 옹벽
  - 옹벽의 단면적을 작게 하여 무게를 가볍게 한 것이다.
  - 중력식 옹벽과 철근콘크리트 옹벽과의 중간 구조, 높이는 3m 정도가 경제적이다.
- 역T형 옹벽, L형 옹벽, 캔틸레버 옹벽
  - 저판(底板) 위의 흙의 중량이나 저판의 면적으로 안정성을 높이고자 한 것이다.
  - 높이는 5~7m가 경제적이다.
- 부벽식 옹벽, 지지식 옹벽
  - 부벽식 옹벽 : 토압을 받는 쪽에 부벽 부재를 갖는 것이다.

59 지형도상에서 2점 간의 수평거리가 200m 이고, 높이차가 5m라 하면 경사도는 얼마인가?

① 2.5% ② 5.0%
③ 10.0% ④ 50.0%

해설
- $경사도 = \frac{높이}{수평거리} \times 100(\%)$

$= \frac{5}{200} \times 100(\%) = 2.5\%$

60 옥상녹화 방수 소재에 요구되는 성능 중 가장 거리가 먼 것은?

① 식물의 뿌리에 견디는 내근성
② 시비, 방제 등에 견디는 내약품성
③ 박테리아에 의한 부식에 견디는 성능
④ 색상이 미려하고 미관상 보기 좋은 것

정답 56 ④ 57 ④ 58 ③ 59 ① 60 ④

국가기술자격검정 필기시험문제

2016년 7월 10일 시행

자격종목	코드	시험시간	형별	수험번호	성 명
조경 기능사		1시간			

1 조선시대 궁궐이나 상류주택 정원에서 가장 독특하게 발달한 공간은?

① 전정　② 후정
③ 주정　④ 중정

해설 **조선시대 후원의 특징**
우리나라의 독특한 정원 양식이며, 경사지에 계단식으로 조성된 화계이다. 화계는 괴석이나 세심석 또는 장식을 겸한 굴뚝을 세워 장식하였고 경복궁의 교태전 후원, 창덕궁의 낙선재 후원 등이 대표적이다.

2 영국 튜터왕조에서 유행했던 화단으로 낮게 깎은 회양목 등으로 화단을 여러 가지 기하학적 문양으로 구획 짓는 것은?

① 기식화단　② 매듭화단
③ 카펫화단　④ 경재화단

해설
- 기식화단 : 중앙에는 키 큰 초화를 심고 주변부로 갈수록 키 작은 초화를 심어 사방에서 관찰할 수 있게 만든 화단
- 화문화단 : 양탄자화단(카펫화단), 자수화단, 모전화단
- 경재화단 : 전면 한쪽에서만 관상(앞쪽은 키 작은 것, 뒤쪽은 키 큰 것) 도로, 산울타리, 담장 배경으로 폭이 좁고 길게 만든 것

3 중정(Patio)식 정원의 가장 대표적인 특징은?

① 토피어리　② 색채타일
③ 동물 조각품　④ 수렵장

해설 **스페인(중정식) 정원의 특징**
- 중정 구성의 독특함(파티오식)
- 물과 분수의 풍부한 이용
- 섬세한 장식
- 대리석과 벽돌을 이용한 기하학적 형태
- 다채로운 색채의 도입(매듭무늬 화단, 화려한 식물 사용)

4 16세기 무굴제국의 인도정원과 가장 관련이 깊은 것은?

① 타지마할　② 퐁텐블로
③ 클로이스터　④ 알함브라 궁원

해설 **타지마할** : 인도 무굴제국 샤자한 왕이 왕비 뭄타지마할을 기념하여 아그라에 세운 묘지정원

5 이탈리아의 노단 건축식 정원, 프랑스의 평면기하학식 정원 등은 자연 환경 요인 중 어떤 요인의 영향을 가장 크게 받아 발생한 것인가?

① 기후　② 지형
③ 식물　④ 토지

6 중국 청나라 시대 대표적인 정원이 아닌 것은?

① 원명원 이궁
② 이화원 이궁
③ 졸정원
④ 승덕피서산장

해설 **졸정원** : 명나라 시대 소주에 위치한 중국의 대표적 정원

7 정원요소로 징검돌, 물통, 세수통, 석등 등의 배치를 중시하던 일본의 정원 양식은?

① 다정원
② 침전조 정원
③ 축산고산수 정원
④ 평정고산수 정원

정답 1 ② 2 ② 3 ② 4 ① 5 ② 6 ③ 7 ①

해설 다정원(노지형, 다정)
- 다도를 즐기는 다실과 인접한 곳에 자연의 한 단편을 교묘히 묘사한 일종의 자연식 정원
- 음지식물을 사용, 화목류를 일체 사용하지 않음
- 좁은 공간을 이용하여 필요한 모든 시설 설치 윤곽선 처리에 곡선이 많이 사용
- 특정 구조물 : 징검돌, 자갈, 물통(츠쿠바이), 석등, 이끼 낀 원로

8 다음 중 창경궁(昌慶宮)과 관련이 있는 건물은?

① 만춘전　② 낙선재
③ 함화당　④ 사정전

해설 낙선재는 창덕궁과 창경궁 경계에 있는 궁궐로서 원래 창경궁의 침전으로 헌종 12년인 1846년에 세워진 궁궐건물이었으나 지금은 창덕궁에 포함되어 있다.

9 메소포타미아의 대표적인 정원은?

① 베다사원
② 베르사이유 궁전
③ 바빌론의 공중정원
④ 타지마할 사원

해설 ① 베다사원 – 인도(힌두교사원)
② 베르사이유 궁전 – 프랑스
③ 바빌론의 공중정원 – 고대서부아시아(메소포타미아)
④ 타지마할 사원 – 인도 아그라

10 경관요소 중 높은 지각 강도(A)와 낮은 지각 강도(B)의 연결이 옳지 않은 것은?

① A : 수평선
　B : 사선
② A : 따뜻한 색채
　B : 차가운 색채
③ A : 동적인 상태
　B : 고정된 상태
④ A : 거친 질감
　B : 섬세하고 부드러운 질감

해설 수평선에 비해서 사선이나 수직선이 지각강도가 높다.

11 국토교통부장관이 규정에 의하여 공원녹지기본계획을 수립 시 종합적으로 고려해야 하는 사항으로 가장 거리가 먼 것은?

① 장래 이용자의 특성 등 여건의 변화에 탄력적으로 대응할 수 있도록 할 것
② 공원녹지의 보전 · 확충 · 관리 · 이용을 위한 장기발전방향을 제시하여 도시민들의 쾌적한 삶의 기반이 형성되도록 할 것
③ 광역도시계획, 도시 · 군기본계획 등 상위계획의 내용과 부합되어야 하고 도시 · 군기본계획의 부문별 계획과 조화되도록 할 것
④ 체계적 · 독립적으로 자연환경의 유지 · 관리와 여가활동의 장은 분리 형성하여 인간으로부터 자연의 피해를 최소화 할 수 있도록 최소한의 제한적 연결망을 구축할 수 있도록 할 것

12 다음 중 좁은 의미의 조경 또는 조원으로 가장 적합한 설명은?

① 복잡 다양한 근대에 이르러 적용되었다.
② 기술자를 조경가라 부르기 시작하였다.
③ 정원을 포함한 광범위한 옥외공간 전반이 주대상이다.
④ 식재를 중심으로 한 전통적인 조경기술로 정원을 만드는 일만을 말한다.

해설 ①, ②, ③은 넓은 의미이고 ④는 좁은 의미이다.

13 수목 또는 경사면 등의 주위 경관 요소들에 의하여 자연스럽게 둘러싸여 있는 경관을 무엇이라 하는가?

① 파노라마 경관　② 지형경관
③ 위요경관　④ 관개경관

정답 8 ② 9 ③ 10 ① 11 ④ 12 ④ 13 ③

14 **조경양식에 대한 설명으로 틀린 것은?**

① 조경양식에는 정형식, 자연식, 절충식 등이 있다.
② 정형식 조경은 영국에서 처음 시작된 양식으로 비스타 축을 이용한 중앙 광로가 있다.
③ 자연식 조경은 동아시아에서 발달한 양식이며 자연 상태 그대로를 정원으로 조성한다.
④ 절충식 조경은 한 장소에 정형식과 자연식을 동시에 지니고 있는 조경양식이다.

해설
- 정형식 조경은 중세 중정식 정원에서부터 시작하여 이탈리아 노단식, 프랑스 평면기하학식 정원으로 발달하였다.
- 영국은 자연풍경식 정원이 처음 시작되었다.

15 **도시기본 구상도의 표시기준 중 노란색은 어느 용지를 나타내는 것인가?**

① 주거용지 ② 관리용지
③ 보존용지 ④ 상업용지

해설 **토지이용계획도(국제적 약속)** : 주거(노랑), 농경(갈색), 상업(빨강), 공원(녹색), 공업(보라), 개발제한구역(연녹색), 업무(파랑), 녹지(녹색), 학교(파랑)

16 **다음 그림과 같은 정투상도(제3각법)의 입체로 맞는 것은?**

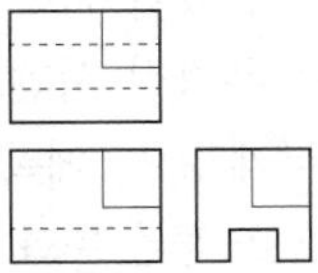

①
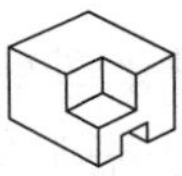
②
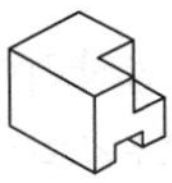
③
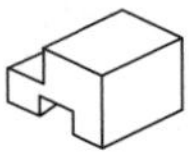
④
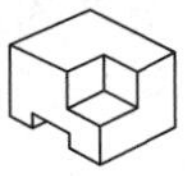

17 **가법혼색에 관한 설명으로 틀린 것은?**

① 2차색은 1차색에 비하여 명도가 높아진다.
② 빨강 광원에 녹색 광원을 흰 스크린에 비추면 노란색이 된다.
③ 가법혼색의 삼원색을 동시에 비추면 검정이 된다.
④ 파랑에 녹색 광원을 비추면 시안(cyan)이 된다.

해설 가법혼색의 삼원색을 동시에 비추면 흰색이 된다.

18 **다음 중 직선의 느낌으로 가장 부적합한 것은?**

① 여성적이다. ② 굳건하다.
③ 딱딱하다. ④ 긴장감이 있다.

해설 곡선 : 부드럽다, 여성적이다.

19 **건설재료 단면의 경계표시 기호 중 지반면(흙)을 나타낸 것은?**

① 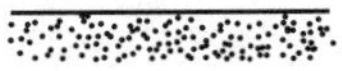
② 
③ 
④ 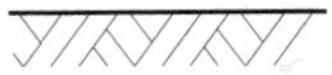

20 **[보기]의 (　　)안에 적합한 쥐똥나무 등을 이용한 생울타리용 관목의 식재 간격은?**

> [보기]
>
> 조경설계기준상의 생울타리용 관목의 식재 간격은 (　　~　　)m, 2~3줄을 표준으로 하되, 수목 종류와 식재장소에 따라 식재 간격이나 줄 숫자를 적정하게 조정해서 시행해야 한다.

① 0.14 ~ 0.20 ② 0.25 ~ 0.75
③ 0.8 ~ 1.2 ④ 1.2 ~ 1.5

정답 14 ② 15 ① 16 ② 17 ③ 18 ① 19 ④ 20 ②

21 일반적인 합성수지(Plastics)의 장점으로 틀린 것은?

① 열전도율이 높다.
② 성형가공이 쉽다.
③ 마모가 적고 탄력성이 크다.
④ 우수한 가공성으로 성형이 쉽다.

해설 ①은 단점이다.

22 [보기]에 해당하는 도장공사의 재료는?

[보기]
- 초화면(硝化綿)과 같은 용제에 용해시킨 섬유계 유도체를 주성분으로 하고 여기에 합성수지, 가소제와 안료를 첨가한 도료이다.
- 건조가 빠르고 도막이 견고하며 광택이 좋고 연마가 용이하며, 불점착성 · 내마멸성 · 내수성 · 내유성 · 내후성 등이 강한 고급 도료이다.
- 결점으로는 도막이 얇고 부착력이 약하다.

① 유성페인트 ② 수성페인트
③ 래커 ④ 니스

23 변성암의 종류에 해당하는 것은?

① 사문암 ② 섬록암
③ 안산암 ④ 화강암

해설
- 화성암 : 화강암, 안산암, 현무암, 섬록암
- 변성암 : 편마암, 사문암, 대리석
- 퇴적암 : 응회암, 사암, 점판암, 석회암

24 일반적으로 목재의 비중과 가장 관련이 있으며, 목재성분 중 수분을 공기 중에서 제거한 상태의 비중을 말하는 것은?

① 생목비중 ② 기건비중
③ 함수비중 ④ 절대건조비중

해설
- 생목비중 : 벌채 직후 생재의 비중
- 기건비중 : 공중습도와 평형되게 건조된 기건재의 비중
- 절대건조비중 : 100~102℃에서 수분을 완전 제거시킨 전건재의 비중

25 조경에서 사용되는 건설재료 중 콘크리트의 특징으로 옳은 것은?

① 압축강도가 크다.
② 인장강도와 휨강도가 크다.
③ 자체 무게가 적어 모양 변경이 쉽다.
④ 시공 과정에서 품질의 양부를 조사하기 쉽다.

해설 콘크리트의 특성
- 재료의 채취와 운반이 용이하다.
- 압축강도가 크다(인장강도에 비해 10배).
- 내화성, 내구성, 내수성이 크다.
- 유지 관리비가 적게 든다.
- 철근을 피복하여 녹을 방지, 철근과의 부착력이 크다.

26 시멘트의 제조 시 응결시간을 조절하기 위해 첨가하는 것은?

① 광재 ② 점토
③ 석고 ④ 철분

해설 석고를 첨가하면 응결시간이 지연된다.

27 타일붙임재료의 설명으로 틀린 것은?

① 접착력과 내구성이 강하고 경제적이며 작업성이 있어야 한다.
② 종류는 무기질 시멘트 모르타르와 유기질 고무계 또는 에폭시계 등이 있다.
③ 경량으로 투수율과 흡수율이 크고, 형상 · 색조의 자유로움 등이 우수하나 내화성이 약하다.
④ 접착력이 일정기준 이상 확보되어야만 타일의 탈락 현상과 동해에 의한 내구성의 저하를 방지할 수 있다.

정답 21 ① 22 ③ 23 ① 24 ② 25 ① 26 ③ 27 ③

28 미장 공사 시 미장재료로 활용될 수 없는 것은?

① 견치석 ② 석회
③ 점토 ④ 시멘트

29 알루미늄의 일반적인 성질로 틀린 것은?

① 열의 전도율이 높다.
② 비중은 약 2.7 정도이다.
③ 전성과 연성이 풍부하다.
④ 산과 알칼리에 특히 강하다.

해설 금속재료는 산과 알칼리에 특히 약하다.

30 콘크리트 혼화재의 역할 및 연결이 옳지 않은 것은?

① 단위수량, 단위시멘트량의 감소 : AE감수제
② 작업성능이나 동결융해 저항성능의 향상 : AE제
③ 강력한 감수효과와 강도의 대폭 증가 : 고성능감수제
④ 염화물에 의한 강재의 부식을 억제 : 기포제

해설 기포제는 시멘트 경화체 내에 다량의 공극을 발생시켜 제조한 것으로 단열성 및 내화성, 경량성이 뛰어난 경량기포콘크리트 제조 시 사용된다.

31 공원식재 시공 시 식재할 지피식물의 조건으로 가장 거리가 먼 것은?

① 관리가 용이하고 병충해에 잘 견뎌야 한다.
② 번식력이 왕성하고 생장이 비교적 빨라야 한다.
③ 성질이 강하고 환경조건에 대한 적응성이 넓어야 한다.
④ 토양까지의 강수 전단을 위해 지표면을 듬성듬성 피복하여야 한다.

해설 지피식물은 지표면을 치밀하게 피복하여야 한다.

32 줄기가 아래로 늘어지는 생김새의 수간을 가진 나무의 모양을 무엇이라 하는가?

① 쌍간 ② 다간
③ 직간 ④ 현애

해설
- 쌍간 : 주간의 본수가 두 개로 나란한 직간형 수형
- 다간 : 주간의 본수가 5개 이상인 직간형 수형
- 직간 : 조경 수목의 주간(主幹)이 지표면에서 나무의 끝부분까지 똑바로 자란 상태의 수형

33 다음 중 광선(光線)과의 관계 상 음수(陰樹)로 분류하기 가장 적합한 것은?

① 박달나무 ② 눈주목
③ 감나무 ④ 배롱나무

해설
- 음수 : 약한 광선에도 좋은 생육(전 광선량의 50% 내외)
  - 팔손이, 전나무, 비자나무, 주목, 가시나무, 식나무, 독일가문비, 광나무, 사철나무, 녹나무, 후박나무, 동백나무, 회양목, 눈주목, 아왜나무 등

34 가죽나무가 해당되는 과(科)는?

① 운향과 ② 멀구슬나무과
③ 소태나무과 ④ 콩과

해설 가죽나무 : 쌍떡잎식물 쥐손이풀목 소태나무과의 낙엽 교목. 중국 원산으로 가중나무라고도 한다. 상대적으로 죽나무를 '참죽나무'라 부른다. 대나무처럼 '순'을 먹을 수 있어 '죽나무'이다. 가죽나무도 생김새는 참죽나무와 닮았지만 먹지 못한다고 가짜죽이라고 부르던 것이 가죽나무가 되었다.

35 고로쇠나무와 복자기에 대한 설명으로 옳지 않은 것은?

① 복자기의 잎은 복엽이다.
② 두 수종은 모두 열매는 시과이다.
③ 두 수종은 모두 단풍색이 붉은색이다.
④ 두 수종은 모두 과명이 단풍나무과이다.

정답 28 ① 29 ④ 30 ④ 31 ④ 32 ④ 33 ② 34 ③ 35 ③

해설 고로쇠나무와 복자기나무는 단풍나무과에 속한 열매가 시과이지만 단풍색은 복자기는 붉은색, 고로쇠는 노란색이다.

36 **수피에 아름다운 얼룩무늬가 관상 요소인 수종이 아닌 것은?**

① 노각나무 ② 모과나무
③ 배롱나무 ④ 자귀나무

해설 노각나무, 모과나무, 배롱나무는 수피에 아름다운 얼룩이 있다.

37 **열매를 관상목적으로 하는 조경 수목 중 열매색이 적색(홍색) 계열이 아닌 것은? (단, 열매색의 분류 : 황색, 적색, 흑색)**

① 주목 ② 화살나무
③ 산딸나무 ④ 굴거리나무

해설 굴거리나무의 열매는 검정색이다.

38 **흰말채나무의 특징 설명으로 틀린 것은?**

① 노란색의 열매가 특징적이다.
② 층층나무과로 낙엽활엽관목이다.
③ 수피가 여름에는 녹색이나 가을, 겨울철의 붉은 줄기가 아름답다.
④ 잎은 대생하며 타원형 또는 난상타원형이고, 표면에 작은 털이 있으며 뒷면은 흰색의 특징을 갖는다.

해설 흰말채나무는 겨울철에 붉은색 수피로 관상 가치가 매우 높으며 꽃과 열매가 모두 흰색이어서 흰말채라고 부른다.

39 **수목식재에 가장 적합한 토양의 구성비는? (단, 구성은 토양 : 수분 : 공기의 순서임)**

① 50% : 25% : 25%
② 50% : 10% : 40%
③ 40% : 40% : 20%
④ 30% : 40% : 30%

해설 **토양의 구성** : 광물질 45%, 유기질 5%, 수분 25%, 공기 25%

40 **차량 통행이 많은 지역의 가로수로 가장 부적합한 것은?**

① 은행나무 ② 층층나무
③ 양버즘나무 ④ 단풍나무

해설
- 공해에 강한 수종 : 가중나무, 벽오동, 버드나무, 칠엽수, 플라타너스
- 공해에 약한 수종 : 느티나무, 백합나무, 단풍나무, 자작나무, 수양벚나무

41 **지주목 설치에 대한 설명으로 틀린 것은?**

① 수피와 지주가 닿은 부분은 보호조치를 취한다.
② 지주목을 설치할 때에는 풍향과 지형 등을 고려한다.
③ 대형목이나 경관상 중요한 곳에는 당김줄형을 설치한다.
④ 지주는 뿌리 속에 박아 넣어 견고히 고정되도록 한다.

42 **조경공사의 유형 중 환경생태복원 녹화공사에 속하지 않는 것은?**

① 분수공사
② 비탈면녹화공사
③ 옥상 및 벽체녹화공사
④ 자연하천 및 저수지공사

해설 분수공사는 콘크리트 시설물 공사에 속한다.

43 **수목의 가식 장소로 적합한 곳은?**

① 배수가 잘 되는 곳
② 차량출입이 어려운 한적한 곳
③ 햇빛이 잘 안들고 점질 토양의 곳
④ 거센 바람이 불거나 흙 입자가 날려 잎을 덮어 보온이 가능한 곳

정답 36 ④ 37 ④ 38 ① 39 ① 40 ④ 41 ④ 42 ① 43 ①

해설 가식 장소로는 식재지에서 가깝고 그늘지고 배수가 잘되는 사질양토 토양이 좋다.

44 수목의 잎 조직 중 가스교환을 주로 하는 곳은?

① 책상조직 ② 엽록체
③ 표피 ④ 기공

해설 식물은 기공을 통해서 호흡을 하며 이산화탄소를 들여마시고 산소를 공급한다.

45 곤충이 빛에 반응하여 일정한 방향으로 이동하려는 행동습성은?

① 주광성(Phototaxis)
② 주촉성(Thigmotaxis)
③ 주화성(Chemotaxis)
④ 주지성(Geotaxis)

해설 **주광성** : 빛의 자극에 대한 응답으로 일어나는 주성

46 대추나무 빗자루병에 대한 설명으로 틀린 것은?

① 마름무늬매미충에 의하여 매개 전염된다.
② 각종 상처, 기공 등의 자연개구를 통하여 침입한다.
③ 잔가지와 황록색의 아주 작은 잎이 밀생하고, 꽃봉오리가 잎으로 변화된다.
④ 전염된 나무는 옥시테트라사이클린 항생제를 수간주입 한다.

해설 매개충이 병든 식물을 흡즙할 때 구침을 통하여 체내에 들어간 병원체는 침샘 또는 중장에서 증식된 후 건전한 나무를 흡즙할 때 전염된다.

47 멀칭재료는 유기질, 광물질 및 합성재료로 분류할 수 있다. 유기질 멀칭재료에 해당하지 않는 것은?

① 볏짚 ② 마사
③ 우드 칩 ④ 톱밥

48 1차 전염원이 아닌 것은?

① 균핵 ② 분생포자
③ 난포자 ④ 균사속

해설 **분생포자** : 2차 전염원이고, 곰팡이 씨앗이며 눈에 보이지 않는 미세한 포자를 공기 중으로 퍼뜨려서 번식한다.

49 살충제에 해당되는 것은?

① 베노밀 수화제
② 페니트로티온 유제
③ 글리포세이트암모늄 액제
④ 아시벤졸라-에스-메틸 · 만코제브 수화제

해설 **페니트로티온 유제** : 수미티온 · 호리티온 · 아코티온이라는 상품명으로 개발한 유기인계 살충제로서 우리나라에서는 '메프'라는 품목명으로 고시되어 있다.

50 여름용(남방계) 잔디라고 불리며, 따뜻하고 건조하거나 습윤한 지대에서 주로 재배되는데 하루 평균기온이 10℃ 이상이 되는 4월 초순부터 생육이 시작되어 6~8월의 25~35℃ 사이에서 가장 생육이 왕성한 것은?

① 켄터키블루그래스
② 버뮤다그래스
③ 라이그래스
④ 벤트그래스

해설 **잔디의 종류**
- 여름형 잔디(남방형, 난지형) : 한국잔디, 버뮤다그래스, 위핑러브그래스
- 겨울형 잔디(북방형, 한지형) : 켄터키블루그래스, 벤트그래스, 라이그래스

정답 44 ④ 45 ① 46 ② 47 ② 48 ② 49 ② 50 ②

51 다음 설명에 적합한 조경 공사용 기계는?

> - 운동장이나 광장과 같이 넓은 대지나 노면을 판판하게 고르거나 필요한 흙 쌓기 높이를 조절하는 데 사용
> - 길이 2~3m, 나비 30~50㎝의 배토판으로 지면을 긁어 가면서 작업
> - 배토판은 상하좌우로 조절할 수 있으며, 각도를 자유롭게 조절할 수 있기 때문에 지면을 고르는 작업 이외에 언덕 깎기, 눈 치기, 도랑파기 작업 등도 가능

① 모터 그레이더
② 차륜식 로더
③ 트럭 크레인
④ 진동 컴팩터

해설 ① 모터 그레이더 : 정지작업
② 차륜식 로더 : 싣기작업
③ 트럭 크레인 : 운반작업
④ 진동 컴팩터 : 다짐작업

52 콘크리트용 혼화재료에 관한 설명으로 옳지 않은 것은?

① 포졸란은 시공연도를 좋게 하고 블리딩과 재료분리 현상을 저감시킨다.
② 플라이애시와 실리카흄은 고강도 콘크리트 제조용으로 많이 사용된다.
③ 알루미늄 분말과 아연 분말은 방동제로 많이 사용되는 혼화제이다.
④ 염화칼슘과 규산소다 등은 응결과 경화를 촉진하는 혼화제로 사용된다.

해설 알루미늄 분말과 아연 분말은 발포경량제로 많이 사용되는 혼화제이다.

53 콘크리트의 시공단계 순서가 바르게 연결된 것은?

① 운반 → 제조 → 부어넣기 → 다짐 → 표면마무리 → 양생
② 운반 → 제조 → 부어넣기 → 양생 → 표면마무리 → 다짐
③ 제조 → 운반 → 부어넣기 → 다짐 → 양생 → 표면마무리
④ 제조 → 운반 → 부어넣기 → 다짐 → 표면마무리 → 양생

54 다음 중 경관석 놓기에 관한 설명으로 가장 부적합한 것은?

① 돌과 돌 사이는 움직이지 않도록 시멘트로 굳힌다.
② 돌 주위에는 회양목, 철쭉 등을 돌에 가까이 붙여 식재한다.
③ 시선이 집중하기 쉬운 곳, 시선을 유도해야 할 곳에 앉혀 놓는다.
④ 3, 5, 7 등의 홀수로 만들며, 돌 사이의 거리나 크기 등을 조정배치 한다.

55 축척 1/500 도면의 단위면적이 10㎡인 것을 이용하여, 축척 1/1000 도면의 단위면적으로 환산하면 얼마인가?

① 20㎡ ② 40㎡
③ 80㎡ ④ 120㎡

해설 면적은 4배로 늘어난다.

56 토공사(정지) 작업 시 일정한 장소에 흙을 쌓아 일정한 높이를 만드는 일을 무엇이라 하는가?

① 객토 ② 절토
③ 성토 ④ 경토

정답 51 ① 52 ③ 53 ④ 54 ① 55 ② 56 ③

해설 • 객토 : 식재 시 필요한 흙으로 교체
• 절토 : 흙깎기
• 성토 : 흙쌓기

57 **옥상녹화용 방수층 및 방근층 시공 시 "바탕체의 거동에 의한 방수층의 파손" 요인에 대한 해결 방법으로 부적합한 것은?**

① 거동 흡수 절연층의 구성
② 방수층 위에 플라스틱계 배수판 설치
③ 합성고분자계, 금속계 또는 복합계 재료 사용
④ 콘크리트 등 바탕체가 온도 및 진동에 의한 거동 시 방수층 파손이 없을 것

해설 방수층 위에 플라스틱계 배수판 설치하게 되면 거동(움직임)이 일어날 수 있다.

58 **지표면이 높은 곳의 꼭대기 점을 연결한 선으로, 빗물이 이것을 경계로 좌우로 흐르게 되는 선을 무엇이라 하는가?**

① 능선 ② 계곡선
③ 경사 변환점 ④ 방향 변환점

해설 • 능선(산령선) : 분수령이며 지표면의 최고부를 연결한 선이다.
• 계곡선 : 합수선(合水腺)으로서 지표면의 최저부의 선이다.
• 방향전환점 : 계곡선 또는 산령선이 방향을 바꾸어 다른 방향으로 향하는 점으로서 계곡이 합류하는 점과 산령이 분기하는 점이 있다.
• 경사변환점 : 산령선이나 계곡선상의 경사상태가 변하는 경우의 점이다.

59 **수변의 디딤돌(징검돌) 놓기에 대한 설명으로 틀린 것은?**

① 보행에 적합하도록 지면과 수평으로 배치한다.
② 징검돌의 상단은 수면보다 15㎝ 정도 높게 배치한다.
③ 디딤돌 및 징검돌의 장축은 진행방향에 직각이 되도록 배치한다.
④ 물 순환 및 생태적 환경을 조성하기 위하여 투수 지역에서는 가벼운 디딤돌을 주로 활용한다.

해설 디딤돌의 무게가 무거워야 안정감이 있다.

60 **수경시설(연못)의 유지 관리에 관한 내용으로 옳지 않은 것은?**

① 겨울철에는 물을 2/3 정도만 채워둔다.
② 녹이 잘 스는 부분은 녹막이 칠을 수시로 해 준다.
③ 수중식물 및 어류의 상태를 수시로 점검한다.
④ 물이 새는 곳이 있는지의 여부를 수시로 점검하여 조치한다.

해설 겨울철 연못은 물을 전부 빼고 관리한다.

정답 57 ② 58 ① 59 ④ 60 ①

MEMO

부록

조경기능사 필기 모의고사

조경기능사 필기 모의고사 1회

조경기능사 필기 모의고사 2회

조경기능사 필기 모의고사 1회

1과목 조경일반 (15문제)

1 조경의 내용 범위에 포함하기 어려운 것은?

① 자연보호
② 도시지역의 확대
③ 경관보존
④ 공원의 조성

2 조경의 설명으로 잘못된 것은?

① 급속한 공업화를 도모해서 인간생활을 편리하게 하는 것이다.
② 도시를 건강하고 아름답게 하는 것이다.
③ 옥외에서의 운동, 산책, 휴양 등의 효과를 목적으로 한다.
④ 도시에 자연을 도입하는 것이다.

3 도시공원 및 녹지 등에 관한 법률 시행규칙에 의해 도시공원의 효용을 다하기에 의하여 설치하는 공원시설 중 편익시설로 분류되는 것은?

① 야유회장 ② 자연체험장
③ 정글짐 ④ 전망대

4 지면보다 1.5m 높은 현관까지 계단을 설계하려 한다. 답면을 30cm로 적용할 때 필요한 계단 수는? (단, 2a+b=60㎝로 지정한다.)

① 10단 정도 ② 20단 정도
③ 30단 정도 ④ 40단 정도

해설 a : 단높이, b : 답면(계단폭)
2a + 30 = 60, 2a = 6 0− 30
a = 30 / 2 = 15, a(단높이) = 15㎝
∴ 150㎝ / 15㎝ = 10

5 인출선에 대한 설명으로 옳지 않은 것은?

① 도면의 내용물 자체에 설명을 기입할 수 없을 때 사용하는 선이다.
② 인출선의 긋는 방향과 기울기는 서로 다르게 하는 것이 효과적이다.
③ 수목명, 본수, 규격 등을 기입하기 위하여 주로 이용되는 선이다.
④ 인출선은 가는 실선을 사용하며, 한 도면 내에서는 그 굵기와 질은 동일하게 유지한다.

6 정숙한 장소로서 장래 시가화가 예상되지 않는 자연녹지 지역에 10만제곱미터 규모 이상 설치할 수 있는 기준을 적용하는 도시의 주제공원은? (단, 도시공원 및 녹지 등에 관한 법률 시행규칙을 적용한다.)

① 어린이공원
② 체육공원
③ 묘지공원
④ 도보권 근린공원

7 다음은 정원과 바람과의 관계에 대한 설명이다. 이 중 적당하지 않은 것은?

① 겨울에 북서풍이 불어오는 곳은 바람막이를 위해 상록수를 식재한다.
② 주택안의 통풍을 위해서 담장은 낮고 건물 가까이 위치하는 것이 좋다.
③ 생울타리는 바람을 막는데 효과적이며, 시선을 유도할 수 있다.
④ 통풍이 잘 이루어지지 않으면 식물은 병해충의 피해를 받기 쉽다.

정답 1② 2① 3④ 4① 5② 6③ 7②

8 형광등 아래서 물건을 고를 때 외부로 나가면 어떤 색으로 보일까 망설이게 된다. 이처럼 조명광에 의하여 물체의 색을 결정하는 광원의 성질은?

① 직진성 ② 연색성
③ 발광성 ④ 색순응

9 선의 분류 중 모양에 따른 분류가 아닌 것은?

① 실선 ② 파선
③ 1점 쇄선 ④ 치수선

10 1/100 축적의 설계 도면에서 1cm는 실제 공사현장에서는 얼마를 의미하는 것인가?

① 1cm ② 1mm
③ 1m ④ 10cm

11 조선시대 사대부나 양반 계급에 속했던 사람들이 시골별서에 꾸민 정원의 유적이 아닌 것은?

① 정약용의 다산정원
② 퇴계 이황의 도산서원
③ 양산보의 소쇄원
④ 윤선도의 부용동 원림

12 일반도시에서 가장 많이 사용되고 있는 이상적인 녹지 계통은?

① 방사식 ② 환상식
③ 방사환상식 ④ 분산식

해설 그린벨트에 의한 도시계획
- 환상식(circle ferential) – 도시의 팽창을 저해하는 데 효과적 : 오스트리아(빈)
- 방사환상식(radial+circumferetial) – 가장 바람직(이상적) : 독일(koln)
- 대상식(평행식, linear belt) : 소련의 신도시

13 르네상스 문화와 더불어 최초로 노단건축식 정원이 발달한 곳은?

① 로마 ② 피렌체
③ 아테네 ④ 폼페이

14 스페인 정원의 대표적인 조경양식은?

① 중정정원 ② 원로정원
③ 공중정원 ④ 비스타정원

15 고대 로마의 정원 배치는 3개의 중정으로 구성되어 있었다. 그중 사적인 기능을 가진 제2중정에 속하는 곳은?

① 지스터스
② 페리스틸리움
③ 아트리움
④ 아고라

해설 페리스틸리움은 가족 또는 사적인 공간으로 꽃을 정형적으로 식재하고, 분수, 조각, 물, 제단, 돌수반 등을 정형적으로 배치한다.

2과목 조경재료 (20문제)

16 목재의 건조 조건 목적과 가장 관련이 없는 것은?

① 부패방지
② 사용 후의 수축, 균열방지
③ 강도증진
④ 무늬 강조

정답 8 ② 9 ④ 10 ③ 11 ② 12 ③ 13 ② 14 ① 15 ② 16 ④

17 목재의 옹이와 관련된 설명 중 틀린 것은?

① 옹이는 목재강도를 감소시키는 가장 흔한 결점이다.
② 죽은 옹이는 산 옹이보다 일반적으로 기계적 성질이 미치는 영향이 적다.
③ 옹이가 있으면 인장강도는 증가한다.
④ 같은 크기의 옹이가 한 곳에 많이 모인 집중옹이가 고루 분포된 경우보다 강도 감소에 끼치는 영향은 더욱 크다.

18 건조 전 질량이 113kg인 목재를 건조시켜서 100kg이 되었다면 함수율은?

① 0.13% ② 0.30%
③ 3.00% ④ 13.00%

19 일반적인 플라스틱 제품의 특성으로 옳은 것은?

① 내열성이 크고 내후성, 내광성이 좋다.
② 불에 타지 않으며 부식이 된다.
③ 마모가 적고 탄력성이 크므로 바닥재료 등에 적합하다.
④ 흡수성이 크고 투수성이 부족하여 방수제로는 부적합하다.

20 운반거리가 먼 레미콘이나 무더운 여름철 콘크리트의 시공에 사용하는 혼화제는?

① 경화촉진제 ② 감수제
③ 방수제 ④ 지연제

21 화성암의 일종으로 돌 색깔은 흰색 또는 담회색으로 단단하고 내구성이 있어, 주로 경관석, 바닥포장용, 석탑, 석등, 묘석 등에 사용되는 것은?

① 석회암 ② 점판암
③ 화강암 ④ 응회암

22 콘크리트의 측압은 콘크리트 타설 전에 검토해야할 매우 중요한 시공요인이다. 다음 중 콘크리트 측압에 영향을 미치는 요인에 대한 설명으로 틀린 것은?

① 콘크리트의 슬럼프가 커질수록 측압은 커지게 된다.
② 콘크리트의 온도가 높을수록 측압은 커지게 된다.
③ 콘크리트의 타설 높이가 높으면 측압은 커지게 된다.
④ 콘크리트의 타설 속도가 빠르면 측압은 커지게 된다.

해설 콘크리트 측압 : 콘크리트 타설할 때, 거푸집의 수직부재가 받는 유동성을 가진 콘크리트의 수평방향 압력온도가 낮을수록 측압은 커진다.

23 일반적인 금속재료의 장점이라고 볼 수 없는 것은?

① 여러 가지 하중에 대한 강도가 크다.
② 재질이 균일하고 불연재이다.
③ 각기 고유의 광택이 있다.
④ 가열에 강하고 질감이 따뜻하다.

24 플라스틱 제품 제작 시 첨가하는 재료가 아닌 것은?

① 가소제 ② 안정제
③ 충진제 ④ A.E제

정답 17 ③ 18 ④ 19 ③ 20 ④ 21 ③ 22 ② 23 ④ 24 ④ 25 ④

25 수목과 열매의 색채가 맞게 연결된 것은?

① 화살나무 – 청색계통
② 산딸나무 – 황색계통
③ 붉나무 – 검정색계통
④ 사철나무 – 적색계통

26 조경 수목을 이용 목적으로 분류할 때 바르게 짝지어진 것은?

① 방풍용 – 회양목
② 방음용 – 아왜나무
③ 가로수용 – 무궁화
④ 산울타리용 – 은행나무

27 다음 중 일반적으로 대기오염 물질인 아황산가스에 대한 저항성이 강한 수종은?

① 전나무 ② 산벚나무
③ 편백 ④ 소나무

28 통나무로 계단을 만들 때의 재료로 가장 적합하지 않은 것은?

① 소나무 ② 편백
③ 수양버들 ④ 떡갈나무

29 한여름에 뿌리분을 크게 하고 잎을 모조리 따낸 후 이식하면 쉽게 활착할 수 있는 나무는?

① 목련 ② 단풍나무
③ 소나무 ④ 섬잣나무

30 다음 중 단풍나무과 수종이 아닌 것은?

① 고로쇠나무 ② 이나무
③ 신나무 ④ 복자기

31 다음 중 상록침엽수에 해당하는 수종은?

① 은행나무 ② 전나무
③ 메타세쿼이아 ④ 일본잎갈나무

해설 은행나무, 메타세쿼이아, 일본잎갈나무, 낙우송은 나라의 대표적인 낙엽침엽수에 해당한다. 특히 은행나무는 잎모양은 활엽이나 나자식물로 식물분류상 침엽수에 포함

32 다음 중 교목에 해당하는 수종은?

① 꼬리조팝나무 ② 꽝꽝나무
③ 녹나무 ④ 명자나무

해설 꼬리조팝나무, 꽝꽝나무, 명자나무 – 관목
• 녹나무 – 상록활엽교목

33 다음 중 맹아력이 가장 약한 수종은 ?

① 가시나무 ② 쥐똥나무
③ 벚나무 ④ 사철나무

34 잔디밭 조성시 뗏장심기와 비교한 종자파종 방법의 이점이 아닌 것은?

① 비용이 적게 든다.
② 작업이 비교적 쉽다.
③ 균일하고 치밀한 잔디를 얻을 수 있다.
④ 잔디밭 조성에 짧은 시일이 걸린다.

35 식물의 생육에 가장 알맞은 토양이 용적 비율(%)은? (단, 광물질:수분:공기:유기질의 순서로 나타낸다.)

① 45 : 30 : 20 : 5
② 40 : 30 : 15 : 15
③ 50 : 20 : 20 : 10
④ 40 : 30 : 20 : 10

정답 26 ② 27 ③ 28 ③ 29 ② 30 ② 31 ② 32 ③ 33 ③ 34 ④ 35 ①

3과목 조경시공 및 관리 (25문제)

36 도급공사는 공사실시 방식에 따른 분류와 공사비 지불방식에 따른 분류로 구분할 수 있다. 다음 중 공사 실시 방식에 따른 분류에 해당하는 것은?

① 정액도급
② 실비청산보수가산도급
③ 단가도급
④ 분할도급

37 KS 규격에서 정하는 설계 도면상 표현되는 대상물의 치수를 보여 주는 기본단위는 무엇인가?

① 밀리미터(mm) ② 센티미터(cm)
③ 미터(m) ④ 인치(inch)

38 평판측량의 3요소에 해당하지 않은 것은?

① 정준 ② 구심
③ 수준 ④ 표정

39 사람, 동물 또는 기계가 어떠한 일을 하는데 있어서 단위당 필요한 노력과 물질이 얼마가 되는지를 수량으로 작성해 놓은 것을 무엇이라 하는가?

① 투자 ② 적산
③ 품셈 ④ 견적

40 다음 중 토피어리(Topiary)를 가장 잘 설명한 것은?

① 정지, 전정이 잘 된 나무
② 정지, 전정으로 모양이 좋아질 나무
③ 어떤 물체(새, 배, 거북등)의 형태로 다듬어진 나무
④ 노쇠지, 고사지 등을 완전 제거한 나무

41 파고라 설치와 관련한 설명으로 부적합한 것은?

① 높이에 비해 넓이가 약간 넓게 축조한다.
② 불결하고 외진 곳을 피하여 배치한다.
③ 파고라는 그늘을 만들기 위한 목적이다.
④ 보행동선과의 마찰을 피한다.

42 일반적으로 대형나무 및 경관적으로 중요한 곳에 설치하며, 나무줄기의 적당한 높이에서 고정한 와이어로프를 세 방향으로 벌려서 지하에 고정하는 지주설치방법은?

① 삼발이형 ② 당김줄형
③ 매몰형 ④ 연결형

43 굳지 않은 콘크리트의 성질을 표시하는 용어 중 거푸집 등의 형상에 순응하여 채우기 쉽고, 분리가 일어나지 않는 성질을 가리키는 것은?

① 워커빌리티(workability)
② 컨시스턴시(consistency)
③ 플라스티서티(Plasticity)
④ 펌퍼빌리티(pumpability)

44 화단을 조성하는 장소의 환경 조건과 구성하는 재료 등에 따라 구분할 때 "경재화단"에 대한 설명으로 바른 것은?

① 양쪽 방향에서 관상할 수 있으며 키가 작고 잎이나 꽃이 화려하고 아름다운 것을 심어 준다.

정답 36 ④ 37 ① 38 ③ 39 ③ 40 ③ 41 ④ 42 ② 43 ③ 44 ②

② 전면에서만 감상되기 때문에 화단 앞쪽은 키가 작은 것을, 뒤쪽으로 갈수록 큰 화초류를 심는다.
③ 화단의 어느 방향에서나 관상 가능하도록 중앙 부위는 높게, 가장 자리는 낮게 조성한다.
④ 가장 규모가 크고 화려하고 복잡한 문양 등으로 펼쳐진다.

45 다음 중 보행에 큰 어려움을 느낄 수 있는 지형에서 약 얼마의 경사도를 넘을 때 계단을 설치해야 하는가?

① 3% ② 5%
③ 8% ④ 18%

46 다음 흙의 성질 중 점토와 사질토의 비교 설명으로 틀린 것은?

① 투수계수는 사질토가 점토보다 크다.
② 압밀속도는 사질토가 점토보다 빠르다.
③ 내부마찰각은 점토가 사질토보다 크다.
④ 동결피해는 점토가 사질토보다 크다.

47 생울타리를 전지, 전정 하려고 한다. 태양의 광선을 가장 골고루 받지 못하는 생울타리 단면의 모양은?

① 원주형 ② 원뿔형
③ 역삼각형 ④ 달걀형

48 이식한 나무가 활착이 잘되도록 조치하는 방법 중 옳지 않은 것은?

① 유기질, 무기질 거름을 충분히 넣고 식재한다.
② 현장 조사를 충분히 하여 이식 계획을 철저히 세운다.
③ 나무의 식재방향과 깊이는 최대한 이식 전의 상태로 한다.
④ 주풍향, 지형 등을 고려하여 안정되게 지주목을 설치한다.

해설 뿌리가 내린 후에 잘 숙성된 유기질 거름을 사용해야 함

49 다음 중 봄에 꽃이 피는 진달래 등의 꽃나무류 전정시기로 가장 적당한 것은?

① 꽃이 진 직후
② 장마이후
③ 늦가을
④ 여름의 도장지가 무성할 때

50 일반적으로 수목을 뿌리돌림 할 때, 분의 크기는 근원 지름의 몇 배 정도가 적당한가?

① 2배 ② 4배
③ 8배 ④ 12배

51 추위에 의하여 나무의 줄기 또는 수피가 수선 방향으로 갈라지는 현상을 무엇이라 하는가?

① 고사 ② 피소
③ 상렬 ④ 괴사

52 덩굴식물이 시설물을 타고 올라가 정원적인 미를 살릴 수 있는 시설물이 아닌 것은?

① 파골라 ② 테라스
③ 아치 ④ 트렐리스

53 수목의 한해(寒害)에 관한 설명 중 옳지 않은 것은?

① 동면(冬眠)에 들어가는 수종들은 특히 한해(寒害)에 약하다.

정답 45 ④ 46 ③ 47 ③ 48 ① 49 ① 50 ② 51 ③ 52 ② 53 ①

② 이른 서리는 특히 연약한 가지에 많은 피해를 준다.
③ 추위에 의해 나무의 줄기나 껍질이 수선 방향으로 갈라지는 현상을 상렬이라 한다.
④ 서리에 의한 피해는 일반적으로 침엽수가 낙엽수보다 강하다.

54 **침엽수류와 상록활엽수류의 가장 일반적인 이식 적기는?**

① 이른 봄 ② 초여름
③ 늦은 여름 ④ 겨울철 엄동기

55 **8월 중순경에 양버즘나무의 피해 나무줄 기에 잠복소를 설치하여 가장 효과적인 방제가 가능한 해충은?**

① 진딧물류
② 미국흰불나방
③ 하늘소류
④ 버들재주나방

해설 물리적 방제 방법 : 10월 중순 부터 11월 하순까지, 다음해 3월 상순부터 4월 하순까지 월동하고 있는 번데기를 채취하여 제거한다.

56 **응애(mite)의 피해 및 구제법으로 틀린 것은?**

① 같은 농약의 연용을 피하는 것이 좋다.
② 살비제를 살포하여 구제한다.
③ 침엽수에는 피해를 주지 않으므로 약제를 살포하지 않는다.
④ 발생지역에 4월 중순부터 1주일 간격으로 2~3회 정도 살포한다.

57 **다음 중 소나무재선충의 전반에 중요한 역할을 하는 곤충은?**

① 북방수염하늘소 ② 노린재
③ 혹파리류 ④ 진딧물

58 **해충 중에서 잎에 주사 바늘과 같은 침으로 식물체내에 있는 즙액을 빨아 먹는 종류가 아닌 것은?**

① 응애 ② 깍지벌레
③ 측백하늘소 ④ 매미

해설 측백나무하늘소(향나무하늘소)는 천공성 해충으로 애벌레가 수피 밑의 형성층 부분을 갉아 먹어 심하면 나무가 말라 죽는다. 애벌레는 배설물을 밖으로 내보내지 않기 때문에 발견하기가 어렵다.

59 **잔디 1매(30×30cm)에 1본의 꼬치가 필요하다. 경사 면적이 45m²인 곳에 잔디를 면붙이기로 식재하려 한다면 이경사지에 필요한 꼬치는 약 몇 개인가? (단, 가장 근삿값을 정한다.)**

① 46본 ② 333본
③ 450본 ④ 495본

60 **잔디 깎기의 설명이 잘못된 것은?**

① 일정한 주기로 깎아 준다.
② 잘려진 잎은 한곳에 모아서 버린다.
③ 가뭄이 계속 될 때는 짧게 깎아 준다.
④ 일반적으로 난지형 잔디는 고온기에 잘 자라므로 여름에 자주 깎아 주어야 한다.

정답 54 ① 55 ② 56 ③ 57 ① 58 ③ 59 ④ 60 ③

조경기능사 필기 모의고사 2회

1과목 조경일반 (15문제)

1 제도용구로 사용되는 삼각자 한쌍(직각이등변삼각형과 직각삼각형)으로 작도할 수 있는 각도는?

① 65° ② 95° ③ 105° ④ 125°

해설 45+30=75°, 45+60=105°

2 경관구성의 미적 원리는 통일성과 다양성으로 구분할 수 있다. 다음 중 통일성과 관련이 가장 적은 것은?

① 율동 ② 강조
③ 균형과 대칭 ④ 조화

3 등고선 간격이 20m인 1/25000 지도의 지도상 인접한 등고선에 직간인 평면거리가 2cm인 두 지점의 경사도는?

① 2% ② 4%
③ 5% ④ 10%

4 전통민가 조경이 프로젝트의 대상이 되는 분야는?

① 공원 ② 문화재
③ 주거지 ④ 기타시설

5 다음 그림과 같이 구릉지의 맨 윗쪽에 세워진 건물은 토지의 이용방법 중 어떠한 것에 속하는가?

① 대비 ② 보존
③ 강조 ④ 통일

해설 강조 : 동질의 형태나 색감들 사이에 이와 상반되는 것을 넣어 시각적 산만함을 막고 통일감을 조성하기 위한 수법 (숫자, 흩어짐에 주의), 자연경관의 구조물(절벽과 암자, 호숫가 정자 등)

6 정원에서 미적요소 구성은 재료의 짝지음에서 나타나는데 도면상 선적인 요소에 해당되는 것은?

① 원로 ② 연못
③ 분수 ④ 독립수

해설 점적인 요소 : 외딴 집, 정자나무, 독립수, 분수, 경석, 음수대, 조각물 등
선적인 요소 : 하천, 도로, 가로수, 냇물, 원로, 생울타리 등
면적인 요소 : 호수, 경작지, 초지, 전답, 운동장 등

7 주택정원에 설치하는 시설물 중 수경시설에 해당하는 것은?

① 퍼걸러 ② 미끄럼틀
③ 정원등 ④ 벽천

해설 수경시설 : 벽천, 분수, 연못 등

8 조경식물에 대한 옛 용어와 현대 사용되는 식물명의 연결이 잘못된 것은?

① 산다(山茶) – 동백
② 옥란(玉蘭) – 백목련
③ 자미(紫微) – 장미
④ 부거(芙渠) – 연(蓮)

해설 자미 : 배롱나무

9 자연공원을 조성하려고 할 때 가장 중요하게 고려해야 할 요소는?

① 자연경관 요소 ② 인공경관 요소
③ 미적 요소 ④ 기능적 요소

정답 1③ 2① 3② 4② 5③ 6① 7④ 8③ 9①

10 다음 중 미기후에 대한 설명으로 가장 거리가 먼 것은?

① 계곡의 맨 아래쪽은 비교적 주택지로서 양호한 편이다.
② 야간에는 언덕보다 골짜기의 온도가 낮고, 습도는 높다.
③ 야간에 바람은 산위에서 계곡을 향해 분다.
④ 호수에서 바람이 불어오는 곳은 겨울에는 따뜻하고 여름에는 서늘하다.

11 정원의 개조 전후의 모습을 보여 주는 레드북(Red book)의 창안자는?

① 란 셀로트 브라운(Lan Celot Brown)
② 험프리 랩턴(Humphrey Repton)
③ 윌리엄 켄트(William Kent)
④ 브리지맨(Bridge man)

해설
- 윌리엄켄트 : 자연은 직선을 싫어한다, 브리지맨 양식을 수정
- 브리지맨 : 스토우원 설계, 하하(Ha–Ha)기법

12 중국 송 시대의 수법을 모방한 화원과 석가산 및 누각 등이 많이 나타난 시기는?

① 신라시대 ② 백제시대
③ 고려시대 ④ 조선시대

13 통일신라시대의 안압지에 관한 설명으로 틀린 것은?

① 물이 유입되고 나가는 입구와 출구가 한군데 모여 있다.
② 신선사상을 배경으로 한 해안풍경을 묘사하였다.
③ 연못의 남쪽과 서쪽은 직선이고 동안은 돌출하는 반도로 되어 있으며, 북쪽은 굴곡 있는 해안형으로 되어 있다.
④ 연못 속에는 3개의 섬이 있는데 임해전의 동쪽에 가장 큰 섬과 가장 작은 섬이 위치한다.

해설 물이 유입되는 입구와 나가는 출구가 따로 배치됨

14 부귀나 영화를 등지고 자연과 벗하며 농경하고 살기 위해 세운 주거지를 별서(別墅)정원이라 한다. 우리나라의 현존하는 대표적인 것은?

① 강릉의 선교장
② 윤선도의 부용동 원림
③ 구례의 운조루
④ 이덕유의 평천산장

해설 보길도에 조성된 세연정을 포함한 동천석실, 곡수정, 낙서재 등을 고산 윤선도의 부용동 원림이라고 부르고 있다.

15 녹지계통의 형태가 아닌 것은?

① 환산형 ② 분산형(산재형)
③ 입체분리형 ④ 방사형

해설 대규모의 녹지대를 의미하며, 대도시의 팽창을 억제 하는 동시에 도시환경 개선, 공지 확보, 레크리에이션 부지 확보 등을 위한 것이다. 도시계획적으로는 녹지계통이라 부른다.

2과목 조경재료 (20문제)

16 다음 중 암석 재료의 특징으로 틀린 것은?

① 가격이 싸다.
② 외관이 매우 아름답다.
③ 내구성과 강도가 크다.
④ 변형되지 않으며, 가공성이 있다.

정답 10 ① 11 ② 12 ③ 13 ① 14 ② 15 ③ 16 ①

17 다음 중 열경화성(축합형) 수지인 것은?

① 아크릴수지
② 멜라민수지
③ 폴리에틸수지
④ 폴리염화비닐수지

해설 멜라민수지(melamine resin) : 멜라민과 포름알데히드를 반응시켜 만드는 열경화성 수지로서 열·산·용제에 대하여 강하고, 전기적 성질도 뛰어나다. 식기, 잡화, 전기기기 등의 성형재료로 쓰인다.

18 일반적으로 추운 지방이나 겨울철에 콘크리트가 빨리 굳어지도록 주로 섞어주는 것은?

① 석회 ② 염화칼슘
③ 붕사 ④ 마그네슘

19 양질의 포졸란을 사용한 시멘트의 일반적인 특징 설명으로 틀린 것은?

① 수밀성이 크다.
② 해수(海水) 등에 화학 저항성이 크다.
③ 발열량이 적다.
④ 강도의 증진이 빠르니 장기강도가 작다.

20 재료의 기계적 성질 중 작은 변형에도 파괴되는 성질을 무엇이라 하는가?

① 취성 ② 소성
③ 강성 ④ 탄성

21 감수제를 사용하였을 때 얻는 효과로 적당하지 않는 것은?

① 수밀성이 향상되고 투수성이 감소된다.
② 소요의 워커빌리티를 얻기 위하여 필요한 단위수량을 약 30% 정도 증가시킬 수 있다.
③ 동일 워커빌리티 및 강도의 콘크리트를 얻기 위하여 필요한 단위 시멘트량을 감소시킨다.
④ 내약품성이 커진다.

22 콘크리트의 배합방법 중에 1:2:4, 1:3:6과 같은 형태의 배합방법으로 가장 적합한 것은?

① 용적배합
② 중량배합
③ 복식배합
④ 표준계량배합

해설
- 중량배합(무게배합) : 콘크리트 $1m^3$ 제작에 필요한 각 재료의 무게, 시멘트387kg:모래660kg:자갈 1,040kg으로 표시
- 용적배합 : 콘크리트 $1m^3$ 제작에 필요한 재료를 부피로 표시, 1:2:4, 1:3:6등으로 나타낸다.

23 일반적으로 건설재료로 사용하는 목재의 비중이란 다음 중 어떤 상태의 것을 말하는가? (단, 함수율이 약 15% 정도일 때를 의미한다.)

① 진비중 ② 기건비중
③ 포수비중 ④ 절대비중

해설 목재의 비중은 동일한 수종이라도 생육지역·밀도·부위에 따라 다르다. 일반적으로 목재의 비중은 기건비중으로 나타내며, 절대건조비중으로 나타낼 수 있다. 목재의 비중은 기건비중으로 0.9~0.3 정도이다.

24 목재를 방부처리하고자 할 때 주로 사용되는 방부제는?

① 알코올 ② 크레오소트유
③ 광명단 ④ 니스

해설 크레오소트유(一油, creosoe oil) : 콜타르를 분류할 때 온도 230~270℃ 사이에서의 잔류분, 방부력이 강하여 목재의 방부제로 쓰인다.

정답 17 ② 18 ② 19 ④ 20 ① 21 ② 22 ① 23 ② 24 ②

25 흙막이용 돌쌓기에 일반적으로 가장 많이 사용되는 것으로 앞면의 길이를 기준으로 하여 길이는 1.5배 이상, 접촉부 나비는 1/10 이상으로 하는 시공 재료는?

① 호박돌 ② 경관석
③ 판석 ④ 견치돌

해설 견칫돌 : 형상은 재두각추체에 가깝고, 전면은 거의 평면의 정사각형으로 뒷길이, 접촉면의 폭, 후면 등이 규격화된 돌로서, 사방락 또는 이방락으로 접촉면의 폭은 전면 1변 길이의 1/10 이상이어야 하며, 접촉면의 길이는 1변 평균 길이의 1/2 이상인 돌

26 수목식재 후 지주목 설치 시에 필요한 완충재료로서 작업능률이 뛰어나고 통기성과 내구성이 뛰어난 환경 친화적인 재료이며, 상열을 막기 위해 사용하는 것은?

① 새끼 ② 고무판
③ 보온덮개 ④ 녹화테이프

27 배수가 잘되지 않는 저습지대에 식재하려할 경우 적합하지 않은 수종은?

① 메타세쿼이아 ② 자작나무
③ 오리나무 ④ 능수버들

28 일반적으로 여름에 백색 계통의 꽃이 피는 수목은?

① 산사나무 ② 왕벚나무
③ 산수유 ④ 산딸나무

해설
- 산사나무 : 5월
- 왕벚나무 : 4월
- 산수유 : 3월
- 산딸나무 : 6월

29 다음 수종 중 양수에 속하는 것은?

① 백목련 ② 후박나무
③ 팔손이 ④ 전나무

30 황색 계열의 꽃이 피는 수종이 아닌 것은?

① 풍년화 ② 생강나무
③ 금목서 ④ 등나무

해설 등나무 : 등나무의 꽃은 연한 자줏빛이다.

31 다음 중 내염성에 대해 가장 약한 수종은?

① 아왜나무 ② 곰솔
③ 일본목련 ④ 모감주나무

32 다음 중 상록수로만 짝지어진 것은?

① 철쭉, 주목, 모과나무, 장미
② 사철나무, 아왜나무, 회양목, 독일가문비나무
③ 섬잣나무, 리기다소나무 , 동백나무, 낙엽송
④ 소나무, 배롱나무, 은행나무, 사철나무

33 다음 중 수목의 분류상 교목으로 분류할 수 없는 것은?

① 일본목련 ② 느티나무
③ 목련 ④ 병꽃나무

해설 병꽃나무는 낙엽활엽관목이다.

34 다음 중 방음용 수목으로 사용하기 부적합한 것은?

① 은행나무
② 구실잣밤나무
③ 아왜나무
④ 녹나무

해설 방음용 수목은 잎이 치밀한 상록교목이 바람직하다. 지하고가 낮고 자동차의 배기가스에 견디는 힘이 강한 구실잣밤나무, 녹나무, 식나무, 아왜나무, 후피향나무 등

정답 25 ④ 26 ④ 27 ② 28 ④ 29 ① 30 ④ 31 ③ 32 ② 33 ④ 34 ①

35 다음 중 심근성 수종이 아닌 것은?

① 후박나무 ② 백합나무
③ 자작나무 ④ 전나무

3과목 조경시공 및 관리 (25문제)

36 단독도급과 비교하여 공동도급(joint venture) 방식의 특징으로 거리가 먼 것은?

① 2 이상의 업자가 공동으로 도급함으로서 자금 부담이 경감된다.
② 대규모 공사를 단독으로 도급하는 것보다 적자 등의 위험 부담이 분담된다.
③ 공동도급에 구성된 상호간의 이해충돌이 없고 현장관리가 용이하다.
④ 각 구성원이 공사에 대하여 연대책임을 지므로 단독도급에 비해 발주자는 더 큰 안정성을 기대할 수 있다.

37 시방서의 기재사항이 아닌 것은?

① 재료에 필요한 시험
② 재료의 종류 및 품질
③ 건물인도의 시기
④ 시공방법의 정도 및 완성에 관한 사항

38 건설표준품셈에서 시멘트 벽돌의 할증율은 얼마까지 적용할 수 있는가?

① 3% ② 5%
③ 10% ④ 15%

해설 붉은벽돌 3%, 시멘트벽돌 5%, 내화벽돌 3%, 경계블록 3%, 호안블록 5%

39 다음 단계 중 시방서 및 공사비 내역서 등을 주로 포함하고 있는 것은?

① 기본 구상 ② 기본계획
③ 기본설계 ④ 실시설계

해설 실시설계 : 실제 시공이 가능하도록 시공도면을 작성하는 것, 평면상세도, 단면상세도, 시방서, 공사비 내역서 작성 포함

40 살수기 설계 시 배치 간격은 바람이 없을 때 기준으로 살수 작동 최대 간격을 살수직경의 몇 %로 제한하는가?

① 45~55% ② 60~65%
③ 70~75% ④ 80~85%

해설
- 무풍의 경우 – 살수직경의 65%
- 약 3m/sec이하 – 살수직경의 60%
- 3~4m/sec – 살수직경의 50%
- 4m/sec 이상 – 살수직경의 22~30%

41 비탈면 경사의 표시에서 1:2.5에서 2.5는 무엇을 뜻하는가?

① 수직고 ② 수평거리
③ 경사면의 길이 ④ 안식각

해설 1은 수직거리, 2.5는 수평거리

42 다음 중 호박돌 쌓기의 방법 설명으로 부적합한 것은?

① 표면이 깨끗한 돌을 사용한다.
② 크기가 비슷한 것이 좋다.
③ 불규칙하게 쌓는 것이 좋다.
④ 기초공사 후 찰쌓기로 시공한다.

해설 호박돌 쌓기, 자연스러운 형태로 사용, 찰쌓기수법(시멘트를 사용하여 롤을 고정)을 사용하고, 하루 쌓는 높이는 1.2m 이하로 하고, 깨지지 않고 비슷한 크기를 선택하여 사용한다. 규칙적인 모양을 갖도록 쌓는 것이 보기 좋고 안전성이 있다. +자 줄눈이 생기지 않도록 막힌줄눈으로 쌓는다. 육법쌓기(6개의 돌로 둘러쌓는 생김새), 줄눈 어긋나게 쌓기 방법이 있다.

정답 35 ③ 36 ③ 37 ③ 38 ② 39 ④ 40 ② 41 ② 42 ③

43 비교적 좁은 지역에서 대축척으로 세부 측량을 할 경우 효율적이며, 지역 내에 장애물이 없는 경우 유리한 평판측량방법은?

① 방사법 ② 전진법
③ 전방교회법 ④ 후방교회법

해설 방사법(放射, method of radiation) : 평판 또는 컴퍼스를 각 측점을 볼 수 있는 1점에 두고 그점에서 각 측점까지의 방향선 또는 방위와 거리로부터 각 측점의 위치를 정하는 간단한 측량방법(그림은 지상의 A, B, C,……, F가 O점에 둔 평판상의 a, b, c, ……, f에 각각 그려진 경우)

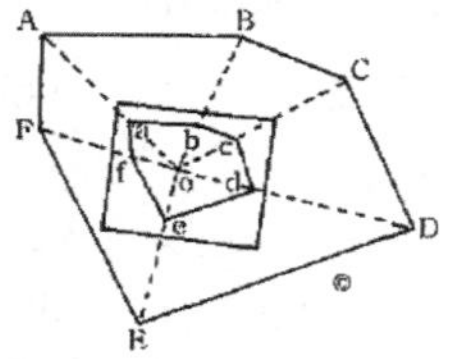

44 다음 설계 기호는 무엇을 표시한 것인가?

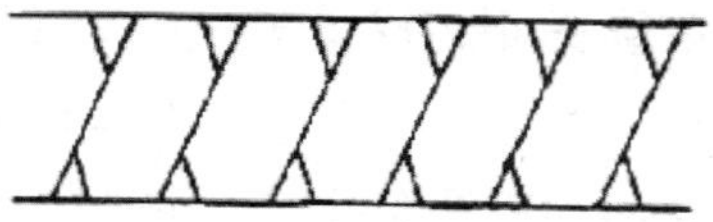

① 인조석다짐
② 잡석다짐
③ 보도블록포장
④ 콘크리트포장

45 터파기 공사를 할 경우 평균부피가 굴착 전보다 가장 많이 증가하는 것은?

① 모래 ② 보통흙
③ 자갈 ④ 암석

해설
- 공극률 및 실적률 – 합은 100%의 용적이 됨
- 공극률 – 골재의 단위용적중 공간의 비율을 백분율로 표시
- 실적률 – 골재의 실재 공간 차지 비율

46 축척 1/1000의 도면의 단위 면적이 $16m^2$일 것을 이용하여 축척 1/2000의 도면의 단위 면적으로 환산하면 얼마인가?

① $32m^2$ ② $64m^2$
③ $128m^2$ ④ $256m^2$

해설 1/1,000에서$16m^2$=4m×4m,4m는 1/2,000로 환산하면 8m, 8×8=$64m^2$

47 벽돌쌓기 시공에서 벽돌 벽을 하루에 쌓을 수 있는 최대 높이는 몇m 이하인가?

① 1.0m ② 1.2m
③ 1.5m ④ 2.0m

48 치장벽돌을 사용하여 벽체의 앞면 5~6켜까지는 길이쌓기로 하고 그 위 한켠은 마구리쌓기로 하여 본 벽돌벽에 물려 쌓는 벽돌쌓기 방식은?

① 영식쌓기 ② 화란식쌓기
③ 불식쌓기 ④ 미식쌓기

49 잔디밭을 만들 때 잔디 종자가 사용되는데 다음 중 우량종자의 구비 조건으로 부적합한 것은?

① 완숙종자일 것
② 본질적으로 우량한 인자를 가진 것
③ 여러 번 교잡한 잡종 종자일 것
④ 신선한 햇 종자일 것

해설 품종 고유의 순도가 높을수록 종자의 품질이 향상됨

50 성인이 이용할 정원의 디딤돌 놓기 방법으로 틀린 것은?

① 디딤돌 및 징검돌의 장축은 진행방향에 직각이 되도록 배치한다.
② 납작하면서도 가운데가 약간 두둑하여 빗물이 고이지 않는 것이 좋다.

정답 43 ① 44 ② 45 ④ 46 ② 47 ③ 48 ④ 49 ③ 50 ④

③ 디딤돌의 간격은 느린 보행 폭을 기준하여 35~50cm 정도가 좋다.

④ 디딤돌은 가급적 사각형에 가까운 것이 자연미가 있어 좋다.

해설 디딤돌 놓기 : 보행자를 위하여 공원, 정원, 계류, 연못, 보행자 공간, 기타 녹지 등에 적절한 간격과 형식으로 배치한다. 디딤돌 재료는 평평한 자연석 또는 판석 등의 가공석과 전돌로 구분하고 재질, 크기 모양새 등은 설계도서를 따른다. 디딤돌은 일반적으로 상부 노출면이 평평하고 지름 또는 한 변의 길이가 30~60㎝ 정도의 석재를 주로 이용한다.

51 다음 중 콘크리트 소재의 미끄럼대를 시공할 경우 일반적으로 지표면과 미끄럼판의 활강 부분이 수평면과 이루는 각도로 가장 적합한 것은?

① 15°　　② 35°

③ 55°　　④ 70°

해설 미끄럼판과 지면과의 각도 : 30~35°

52 시멘트 500 포대를 저장할 수 있는 가설창고의 최소 필요 면적은? (단, 쌓기 단수는 최대 13단으로 한다.)

① 15.4　　② 16.5

③ 18.5　　④ 20.4

해설 시멘트창고 필요면적

A = 0.4×N / n(m^2)=0.4×(500/13)=15.38, 약 15.4m

0.4 = 시멘트 1포당 면적(m^2)

A = 저장면적

N = 저장할 수 있는 시멘트량

n = 쌓기 단수(최고 13포대)

53 비탈면에 교목과 관목을 식재하기에 적합한 비탈면 경사로 모두 옳은 것은?

① 교목 1 : 3 이하, 관목 1 : 2 이하

② 교목 1 : 3 이상, 관목 1 : 2 이상

③ 교목 1 : 2 이하, 관목 1 : 3 이하

④ 교목 1 : 2 이상, 관목 1 : 3 이상

54 조경 수목의 관리를 위한 작업 가운데 정기적으로 해주지 않아도 되는 것은?

① 전정(剪定) 및 거름주기

② 병충해 방제

③ 잡초제거 및 관수(灌水)

④ 토양개량 및 고사목 제거

해설 토양개량 및 고사목 제거는 부정기 작업이다.

55 수목 줄기의 썩은 부분을 도려내고 구멍에 충진 수술을 하고자 할 때 가장 효과적인 시기는?

① 1~3월

② 5~8월

③ 10~12월

④ 시기는 상관없다.

해설 수목의 외과수술(충진)은 4~9월의 유합이 잘 될 때 실시한다.

56 소나무류를 옮겨 심을 경우 줄기를 진흙으로 이겨 발라 놓은 주요한 이유가 아닌 것은?

① 해충을 구제하기 위해

② 수분의 증산을 억제

③ 일시적인 나무의 외상을 방지

④ 겨울을 나기 위한 월동 대책

57 뿌리돌림의 방법으로 옳은 것은?

① 뿌리돌림을 하는 분은 이식할 당시의 뿌리분보다 약간 크게 한다.

② 뿌리돌림 시 남겨 둘 곧은 뿌리는 15~20cm의 폭으로 환상 박피한다.

③ 노목은 피해를 줄이기 위해 한번에 뿌리돌림 작업을 끝내는 것이 좋다.

④ 낙엽수의 경우 생장이 끝난 가을에 뿌리돌림을 하는 것이 좋다.

정답 51 ② 52 ① 53 ① 54 ④ 55 ② 56 ④ 57 ②

58 약제를 식물체의 뿌리, 줄기, 잎 등에 흡수시켜 깍지벌레와 같은 흡즙성 해충을 죽게 하는 살충제의 형태는?

① 소화중독제
② 침투성살충제
③ 기피제
④ 유인제

해설 침투성 살충제는 식물체 내에 약제가 흡수되므로 천적이 직접적으로 피해를 받지 않고 식물의 줄기나 잎 내부에 서식하는 해충에도 효과가 있다.

59 다음 기상 피해 중 어린 나무에서는 피해가 거의 생기지 않고 흉고직경 15~20cm 이상인 나무에서 피해가 많다. 피해 방향은 남쪽과 남서쪽에 위치하는 줄기부위이다. 특히 남서방향의 1/2부위가 가장 심하며 북측은 피해가 없다. 피해 범위는 지제부에서 지상 2m 높이 내외인 것은?

① 볕데기 ② 한해
③ 풍해 ④ 설해

해설 껍질데기(피소) : 여름철 석양볕에 줄기가 열을 받아 갈라짐. 약한 수종의 특징–껍질이 얇은 수종, 큰(흉고직경 15~20㎝)나무의 서쪽, 남서쪽 수간, 약한수종–오동나무, 일본목련, 호두나무, 느티나무, 버즘나무, 가문비나무, 전나무, 벚나무, 배롱나무, 단풍나무, 예방–하목식재, 새끼감기, 석회수(백토제)칠하기

60 다수진 25% 유제 100cc를 0.05%로 희석하려할 때 필요한 물의 양은?

① 5L ② 25L
③ 50L ④ 100L

해설 100cc×0.25% = 25cc의 유제,
희석0.05%(0.05/100) = 0.0005로 25cc/0.0005 = 50,000cc가 된다. 따라서 1L는 1,000cc이므로 50L의 물이 필요하다.

정답 58 ② 59 ① 60 ③

조경기능사
필기시험문제

발 행 일 2025년 1월 5일 개정10판 1쇄 인쇄
2025년 1월 10일 개정10판 1쇄 발행

저자협의
인지생략

저 자 임권희

발 행 처 크라운출판사
http://www.crownbook.com

발 행 인 李尙原

신고번호 제 300-2007-143호

주 소 서울시 종로구 율곡로13길 21

공 급 처 (02) 765-4787, 1566-5937

전 화 (02) 745-0311~3

팩 스 (02) 743-2688

홈페이지 www.crownbook.co.kr

I S B N 978-89-406-4889-6 / 13530

특별판매정가 25,000원

이 도서의 문의를 편집부(02-6430-7019)로 연락주시면
친절하게 응답해 드립니다.